谨以本书奉献给

下列三位在印刷史方面

有杰出贡献的学者

哥伦比亚大学

丁良中国史荣誉教授

富 路 德

芝加哥大学

图书馆学荣誉教授

霍华德·温格

美国国会图书馆

前中文及朝鲜文部主任

吴 光 清

中國科學技術史

李约瑟 著

冀朝鼎

李约瑟《中国科学技术史》翻译出版委员会

第五卷　化学及相关技术

第一分册　纸和印刷

翻译　刘祖慰

校订　潘吉星　张秀民

审定　钱存训

李约瑟

中国科学技术史

第五卷 化学及相关技术

第一分册 纸和印刷

钱存训 著

科学出版社

上海古籍出版社

图字：01-2018-4247 号

Joseph Needham

SCIENCE AND CIVILISATION IN CHINA

Volume V

CHEMISTRY AND CHEMICAL TECHNOLOGY

Pt. 1 Paper and printing

Tsien Tsuen-Hsuin

Cambridge University Press, 1985

图书在版编目(CIP)数据

李约瑟中国科学技术史．第五卷，化学及相关技术．第一分册．纸和印刷/钱存训著；刘祖慰译．—北京：科学出版社，2018.7

书名原文：Science and Civilisation in China Volume 5 Chemistry and Chemical Technology Part 1 Paper and Printing

ISBN 978-7-03-058173-0

Ⅰ.①李… Ⅱ.①钱…②刘… Ⅲ.①自然科学史-中国-古代②造纸工业-技术史-中国-古代③印刷史-中国-古代 Ⅳ.①N092

中国版本图书馆 CIP 数据核字(2018)第 139142 号

责任编辑：金良年　邹　聪

责任印制：赵　博 / 封面设计：无极书装

科学出版社
上海古籍出版社 出版

北京东黄城根北街 16 号

邮政编码：100717

http://www.sciencep.com

北京建宏印刷有限公司印刷

科学出版社发行　各地新华书店经销

*

2018 年 7 月第　一　版　　开本：787×1092　1/16

2025 年 3 月第六次印刷　　印张：31 1/4

字数：614 000

定价：290.00 元

（如有印装质量问题，我社负责调换）

目　录

插 图 目 录

凡　例

1. 本书悉按原著迻译，一般不加译注。第一卷卷首有本书翻译出版委员会主任卢嘉锡博士所作中译本序言、李约瑟博士为新中译本所作序言和鲁桂珍博士的一篇短文。
2. 本书各页边白处的数字系原著页码，页码以下为该页译文。正文中在援引(或参见)本书其他地方的内容时，使用的都是原著页码。
3. 为准确反映作者本意，原著中的中国古籍引文，除简短词语外，一律按作者引用原貌译成语体文，另附古籍原文，以备参阅。所附古籍原文，一般选自通行本，如中华书局出版的校点本二十四史、影印本《十三经注疏》等。原著标明的古籍卷次与通行本不同之处，如出于算法不同，本书一般不加改动；如系讹误，则直接予以更正。作者所使用的中文古籍版本情况，依原著附于本书第四卷第三分册。
4. 外国人名，一般依原著取舍按通行译法译出，并在第一次出现时括注原文或拉丁字母对音。日本、朝鲜和越南等国人名，复原为汉字原文；个别取译音者，则在文中注明。有汉名的西方人，一般取其汉名。
5. 外国的地名、民族名称、机构名称、外文书刊名称、名词术语等专名，一般按标准译法或通行译法译出，必要时括注原文。根据内容或行文需要，有些专名采用惯称和音译两种译法，如“Tokharestan”译作“吐火罗”或“托克哈里斯坦”，“Bactria”译作“大夏”或“巴克特里亚”。
6. 原著各卷册所附参考文献分A(一般为公元1800年以前的中文书籍)、B(一般为公元1800年以后的中文和日文书籍和论文)、C(西文书籍和论文)三部分。对于参考文献A和B，本书分别按书名和作者姓名的汉语拼音字母顺序重排；其中收录的文献均附有原著列出的英文译名，以供参考。参考文献C则按原著排印。文献作者姓名后面圆括号内的数字，是该作者论著的序号，在参考文献B中为斜体阿拉伯数码，在参考文献C中为正体阿拉伯数码。
7. 本书索引系据原著索引译出，按汉语拼音字母顺序重排。条目所列为原著页码。如该条目见于脚注，则以页码加＊号表示。
8. 在本书个别部分中（如某些中国人姓名、中文文献的英文译名和缩略语表等)，有些汉字的拉丁拼音，属于原著采用的汉语拼音系统。关于其具体拼写方法，请参阅本书第一卷第二章和附于第五卷第一分册的拉丁拼音对照表。

9. p.或pp.之后的数字，表示原著或外文文献页码；如再加有ff，则表示所指原著或外文文献中可供参考部分的起始页码。

序

《中国科学技术史》多卷本的写作，始于约三十六年前的1948年。当时我先后从中国和联合国教科文组织任满回到剑桥。和我一起写作本书的第一位合作者是王铃(字静宁)。八年以后，鲁桂珍从巴黎来此接替这一课题总副手的职务，直到今天。王铃侧重数学和化学，鲁桂珍侧重医学和生物学。大约十五年以前，我们陷入了两难的困境：是尽我们余生自己编写本书，能写到哪里就写到哪里；还是约请一些合作者，争取在有生之年早些完成它呢？我们决定采取后一种办法。这真是一大转折。

本册就是这种做法的第一个果实。我们请到了关于这一课题的世界最著名的权威学者之一、我们亲密的朋友芝加哥大学的钱存训教授来完成此事。他所作的一切令我们钦佩。当然，T. F.卡特的著作［Carter (1)］久已是这一领域的经典，无奈它现在已过时。这本书问世于1925年，1955年以来又未加修订，而正是从1955年以来，在考古和文献研究方面都有了不少卓有新意的发现，亟待综合。

我们期待不由我们亲自执笔的本书其它卷册都将陆续问世。特别是第六卷第二分册《中国农业史》，已由白馥兰(Francesca Bray)女士执笔。这一册的内容，又是中国科学技术史中极为重要的一个课题。近十年来，白馥兰在这方面研究工作的成功使我们深感幸运。希望其他一些卷册不久以后亦将由我们的合作者写成出版。

我以为在全部人类文明中没有比造纸史和印刷史更加重要的了。弗朗西斯·培根这位“唤起人类才智的警钟”就充分认识到了这一点[1]。在本册中，读者将能读到在欧洲对纸和印刷一无所知的几百年前，中国在这些工艺方面业已经历过的巨变始末。我一直觉得中国的佛教徒们在复制文献的技术上可能有过作为，因为这些善男信女对无休止地复制佛像具有狂热，正如我曾经在敦煌千佛洞唐代石窟的墙壁上有足够机会所观察的那样[2]。

1) 参阅本书第一卷，p. 19.

2) 本书第一卷，p. 126.

如果说约翰·谷腾堡在1454年前后，对中国当时业已流传了五个世纪的印刷书籍一无所知(甚至也没有听到过)，那是极难令人置信的。有些同时代的史料，确凿地说明他知道这些情况[1]。也许他对四百年前就发明了活版印刷的先驱者匠师毕昇知道得要少一些。我们以前提到过《梦溪笔谈》中有关毕昇的著名段落，还描述了后来王祯所作的活字转轮盘[2]。除中国外，朝鲜的印刷者也使用它这种技术，但是使用活字印刷的吸引力，对只需要26个字母的拼音文字来说，大大超过涉及53,500个表意单字和400个部首的文字，自不待言。

即使退一步说，我们也有足够的证据，说明中国的印刷和书籍出版，在谷腾堡所生活的年代以前，早已为全世界所熟知和称羡了[3]。嗣后多年，我们看到的耶稣会士的叙述也表明，他们对如此极大地丰富了人类学识的中国图书又是多么地景仰[4]。确实，正如弗朗西斯·培根所说过的那样："人类的智慧和知识赖书籍得以保存，免于时间的不公正待遇而永远不断更新。"让我们祈求，永远不要放任邪恶的烈燹狂飙为害人类，把纵然不是全部，也至少是极巨大的、世世代代积累下来的文化毁于顷刻，把用印刷和纸张所取得的人类最辉煌的成就摧残殆尽。让我们祝愿钱存训这本著作取得完满的成功。

李约瑟

1984年1月于剑桥

1）参阅本书第一卷，p. 244脚注。

2）本书第四卷第二分册，pp. 33, 533(图685)。在本书第五卷第三分册，p. 187有关化工的论述中还提到了毕昇。

3）例如，早在1317年，阿拉伯学者达乌德·巴纳基提(Dawūd al-Banākili)就这样说过；参阅李约瑟的著作[Needham (88)；又见(64)，pp. 22—24]。

4）本书第四卷第二分册，p. 439. 这是利玛窦(Matteo Ricci)本人的原话。

作者自序

本册的内容是研究中国文化中造纸与印刷术的起源与发展，从所能知道的最 xxiii
初阶段，写到19世纪末两项手工艺逐步为现代技术替代时为止。本书按通史规模写作，涉及全部历史的各个时期，以及工艺、美学、用途、对全世界的传播和影响等各个方面。写作的根据是：对文献的广泛研究、考古发现、科学报告和对可能见到的产品实物之考查。以往在这一领域内的许多著作，范围失之局限，或在许多方面过时。在西方学术界中，对大量关于纸张的中文文献缺乏研究，许多重要的课题仍是一片空白。另一方面，记载印刷细节的中文文献又甚为稀少，所幸自8世纪以降，印刷产品不止万千，堪供研究。本册试图对过去的研究，聊尽补罅更新之责，并根据新的材料和证据，提出新的解释。作者在本册"导言"的结尾，扼要地说明了在这方面所作的尝试。

本册的写作计划，开始于1968年的下半年，系遵李约瑟博士之嘱为他编写的巨著《中国科学技术史》撰写关于"纸和印刷"的一册。这一计划，实际上是希望我为自己的关于印刷发明前的中国纸与文献的论著再写作一部续篇[1]。感谢美国学术团体联合会理事会在1968—1969年度提供的旅费，使作者能够访问剑桥及许多欧美图书馆和博物馆，有机会作初步探讨。随后几年，作者陆续搜集遴选了一些素材，在几所大学举行了一系列讲演和讨论会，写完了关于纸的三节初稿。为了深入探讨印刷史，1972年在芝加哥大学开设了专题研讨班，1974年又办了一次，系统地考查了印刷的史料，也讨论了其它有关的问题。可是，随后的几节在实际写作中，却由于作者在芝加哥大学的任务加重，受到了干扰。后来由于取得美国国家科学基金会及美国全国人文科学基金会的慷慨资助，才使作者在1977年到1980年间摆脱了一部分教学和行政工作，有较多的时间来从事研究。加之又得到了剑桥东亚科学史基金董事会的资助，才使全书的写作得以在1982年底完成。

---

1) «书于竹帛：中国书和文字记录的起源»(*Written on Bamboo and Silk: The Beginnings of Chines Books and Inscriptions*), University of Chicago Press, Chicao, 1962; 3rd Printing, 1969.

* 该书中译本有：«中国古代书史»，香港中文大学，1978年，再版于1981年；«印刷发明前的中国书和文字记录»，印刷工业出版社，北京，1987年. 日文译本：«中国古代書籍史——竹帛に書す»，东京法政大学，1980年。——译者

我们原来只打算写一章约100页左右，但由于对史料的研究逐步深入，因而要写
xxiv 的范围大为扩充，写出的篇幅相应增加，耗费的时间也就不得不比原来计划的多得多了。

本册共十节，收录参考文献近2000种，插图或照片约200幅；除了作为全册综述和方针的“导言”外，纸和印刷(包括制墨和书籍装订)各占三节，以及这两者在全世界的传播和影响。最后一节是纸和印刷对世界文明的贡献，以之作为全册的结论。纸和印刷的各个章节，既按年代顺序，也分专题编写。对每一具体事物都着重叙述所涉及的技术和艺术方面以及该事物在社会中的作用。凡前人已有著述的，就扼要加以介绍；前人疏漏之处，则以较多的篇幅详细讨论。分册中提到特殊版本的中、日文著作，都在脚注或参考文献书名后以括弧形式说明出版单位、出版年月及收入该著作的丛书名称。在本册参考文献之前的缩略语表上，列入了刊物、资料汇编、专题论集和丛书的起首字母缩略名称。

在准备写作本册书的过程中，作者的许多友人、同事和以前的学生都作了重要的贡献。我特别要感谢三位造纸史和印刷史方面的学者和专家，他们是富路德教授(Professor L. Carrington Goodrich)、温格教授 (Professor Howard W. Winger)和吴光清博士(Dr K. T. Wu)，他们经常给以建议并通读全稿提出批评。顾立雅教授和夫人 (Professor and Mrs H. G. Creel) 则用了不少时间审阅了最后原稿。上述各位出于各种观点所作的评语，对改进本书质量极有裨益。作者也要感谢潘铭燊博士、郑炯文先生、马泰来先生、格罗鲍斯基先生 (Mr John Grobowski)、费迈克博士(Dr Michael Finegan)和琼华小姐(Miss June Work)，他们以各种方式给予了很可贵的帮助，也在不同的时期担任过本册编写计划的助理。

我很感谢芝加哥大学所有的同事们，特别是远东研究中心，远东语言和文化系、图书馆学研究院和大学图书馆的诸位同仁，感谢他们所给予的建议和不懈的支持。在写作中，作者还借重了自己所主持过的研讨班上几位同学撰写的优秀课程作业或学位论文，这几位是：米勒小姐 (Miss Constance Miller)、马丁尼克先生(Mr Edward Martinique)、陈家仁女士(Mrs Lily Chia-Jen Kecskes)和潘铭燊博士。各位的论文篇名，都在有关章节和参考文献中一一注明。

感谢下列各图书馆和博物馆的馆长和馆员，为本课题的研究提供了图书资料和插图用照片，它们是：英国不列颠博物馆和不列颠图书馆、剑桥和牛津大学图书馆、法国国立图书馆、基迈博物馆(Musée Guimét)、奥地利国立图书馆、柏林人类文化博物馆(Museum für Völkerkuwde)、皇家安大略博物馆、美国达德·亨特造纸博物馆(Dard Hunter Paper Museum)、菲尔德自然史博物馆(Field Museum of Natural History)、纽约大都会艺术博物馆(Metropolitan Museum of Art)、福格艺术博物馆(Fogg Art Museum)、纽伯里图书馆印刷部 (Printing Department of Newberry Library)、美国国会图书馆亚洲部、纽约公共图书馆斯宾塞特藏部 (Spencer Collection of New York Public Library)、哈佛燕京图书馆和哥伦比亚大学东亚图书馆。但是，作者研究的基本资料，依然大量获自芝加哥大学远东图书馆。谨对为本册提供资料和插图的所有单位和人士表示感谢。

作者在1979年远东之行中，从所访问的各图书馆、博物馆及会谈的专家处获得不少帮助和教益，为最后一次修订全稿搜集了补充资料。在中国和日本看到了古代纸张样品和罕见的珍贵印刷样品。在北京荣宝斋和上海朵云轩与雕版印刷师傅详谈，取得了宝贵的经验，并且搜集到一些工具和附件。作者曾多次拜访上海图书馆顾廷龙馆长，承他建议和合作，根据调查制成了一整套雕版印刷工序的照片和图样。作者也感谢中国科学院自然科学史研究所的潘吉星先生，承他以专家的卓识提出了建议，并且校读了关于纸张的三节书稿；也感谢北京图书馆前同事张秀民先生和上海胡道静先生所给予的建议和所介绍的资料。台北故宫博物院昌彼得先生寄给作者不少保存在台湾的罕见的古代印刷样品照片，对他的大力协助，作者深表谢意。

作者能够和剑桥李约瑟东亚科学史研究所同人共事，特别感到荣幸。研究所各位友人工作勤奋，对于作者研究工作的缓慢进展，始终耐心等待。作者感谢鲁桂珍博士的亲切建议，感谢索尔特博士(Dr Michael Salt)寄送有用的资料和罗南博士(Dr Colin Ronan)对全稿的熟练编辑，也感谢伯比奇先生(Mr Peter Burbidge)和剑桥大学出版社同仁的协助，使本书得以顺利出版。尤应特别感谢的是本书写作计划的组织者李约瑟博士。写作中许多的问题，都及时得到他的帮助和建议而逐一解决。如果没有他的鼓励、指导和不懈的支持，这项写作是无法完成的。

最后还要感谢我的妻子许文锦，多年来她不仅一贯鼓励和支持作者从事学术研究，还亲手书写了图1230所示的那首古老的咏纸诗，令全书增色。此外，还有不少亲友从各方面提出过帮助，这里不能一一列举，作者在此一并对他们表示衷心的感谢。

钱存训

1983年10月

于芝加哥大学

第三十二章 纸和印刷

(a) 导 言

古代世界的所有产品之中，论意义很少有比得上中国发明的纸张和印刷术的。 1
两者都对世界文明的形成起过深刻的作用，对各处广大人民的精神和日常生活产生过久远的影响。纸张被证明是表达人类思想的最令人满意的书写材料，而如果再加上印刷术，一个人的思想就能飞越时空的鸿沟传播给大众。总之，印刷出来的信息使人类思想的知识模式产生了变革，而纸张又为传播思想提供了最经济最方便的手段。当然，除了书写、出版之外，纸张还有别的用途，它已经深入古今社会的各个角落，成了人们日常生活的必需品。虽说近年来有了传播信息的其它媒介，但纸墨印刷的独特结合，仍然是根本、永久、轻便、也许是当今最廉价易得的信息传播方法。

(1) 纸张和印刷术的起源、发展和流传

众所周知，纸张是公元前发明于中国的。早在公元2世纪，造纸就有了改进，采用了新的原料和高超的技术。到了3世纪，纸张在中国已广泛使用，并且开始流传到域外，在近代开始前夕传入西方。公元700年左右，中国首先使用雕版印刷术，活字印刷也比谷腾堡早几百年。甚至许多世纪以来得到东西方学者和艺术家珍视的烟炱墨，虽然西方在仿制时误称之为“印度墨”，它在中国文明史上亦可追溯到上古时代。由于引入了这些精巧的东西，才使文字记载得以大量产生并广为传播。就以白纸黑墨印刷的现代书籍而言，中国人在材料和技术上对其发展都作出了最大的贡献。

所谓纸，是用筛子似的网帘从纤维悬浮液里捞出来的互相交结的纤维层。经滤水和干燥，交织的纤维层变成薄片，就是纸。从发明造纸起，两千年间，工艺迭有改进，工具越来越复杂，然而所依据的还是同样的基本原理和过程。 2

传统上把纸的发明归之于公元2世纪初年的蔡伦。但是近年来在中国北方和

西北发现的非常古老的纸张残片，把纸的发明年代至少提早到蔡伦前的两三百年之间。事实上，正如我们下面要谈到的，关于中国纸的发明，目前的看法是起源于早在公元以前几百年间在水中进行的漂絮过程，很可能由于偶尔把絮纤维放在席子上滤干了水，使人萌发了制造一张薄纸的念头。但最初发明纸，可不像人们所推想的那样是特意为了书写。纸张在中国广泛用于美术及装饰艺术、节日庆典、商务交易与记录、金钱信贷与兑换、个人服饰、家庭用品、医药卫生、娱乐消遣等等。这些不属于书写的用途，早在 9 世纪纸被传入欧洲以前，已经在中国社会里相当普遍了。

也许在公元 1 世纪初以前，纸还没有用于书写。即便从这时以后直到 3 世纪以前，它也没有取代较笨重的竹简木牍作为主要的书写用材。到了 3 世纪后，书籍才由于用纸抄写变得价格低廉，便于携带。然而在印刷术发明以前，手抄本书籍依然无法广为生产与大量流传。中国第一本印成的书诞生于何时何地、最早的印刷者是谁，已无从查考，也许这是一个逐渐演变的过程。

在中国，类似于印刷的技术，在印刷术发明前已有悠久的历史。其中包括用印章盖在陶器上，后来盖在丝绸和纸张上；也包括用模板把图案复印在织物和纸张上；还包括碑石的墨拓。所有这些过程逐渐演变为更有效地机械印制复本的方法，正如考古学及文献证据所表明的那样，在 7 世纪或 700 年左右印刷术已在中国出现了。活字是在 11 世纪中叶开始采用的，而套色印刷则是在 12 世纪的某个时候或在此以前开始的。活字最初以陶土制成，后来的几个世纪中，经常及间或采用其它材料，包括木材、各种金属和陶瓷。

由于汉文单字极多，直到近代以前，印起书来，雕版比活字用得更多。雕版简单、合算，易于保存，如果需要可随时重印。活字只在大量印刷长篇著作时才合用。从19 世纪中叶起，两者才逐渐让位给现代印刷机。

造纸术完备之后，不仅盛行于中国，也通过不同方向流传到世界各地，先是
3 于 2 世纪东传，后来于 3 世纪西渐。可是在 7 世纪以前，却未能传入印度。至于在印度流行，那已是 12 世纪间的事了。8 世纪中叶，纸张传入西亚；10 世纪到达非洲。在西方，阿拉伯人曾垄断造纸术达五百年之久。欧洲到 12 世纪才开始造纸。纸张于 16 世纪传入美洲，19 世纪传入澳洲。它由中国流传到全世界绝大部分地区，历时长达一千五百多年。

欧洲的印刷曾否受到中国人的影响，素有争议。但是可以断言，早在欧洲开始印刷之前，中国的印刷术和从中国运去的印刷品，已经在欧洲有所传闻了。可以料想，在印刷术传入欧洲的问题上众说纷纭，是不足为奇的。有人认为中国的印刷术是沿着中国纸张传入欧洲的类似途径传去的；也有人强调欧洲印刷术和中

国印刷术的差别，认为欧洲印刷术的兴起系另辟蹊径。然而从文化的角度考虑，却能找到有力的论据证明两者之间有密切的联系。造纸术源于中国，确实不容置疑，在流传到世界其它地区之前，它已获得了充分的发展。中国贡献给人类文明的各项发明中，它是最成熟的产品。

(2) 促使在中国较早发明纸和印刷的各种因素

任何一项有用的发明诞生之前，都要具备必不可少的物质和精神条件。除创造性思考和大众需求之外，还得有合适的材料和必要的基础技术。因为种种物质条件也同样存在于欧洲，就不能不使人产生某些疑问：为什么这项发明只在某一文明社会，却不在另一文明社会之中诞生呢？促成它发展的因素是什么？以造纸和印刷术而论，是什么促使这两项伟大的发明很早就诞生在中国文化之中，而在西方，造纸至少迟了一千年，雕版印刷迟了六百年，活字印刷则迟了四百年。要回答这些问题，就得探讨和比较一下当初促成它们发展的条件。

造纸的要素是水、纤维和帘模。水到处都有，而从古代纺织品出现时起，也就能从破布或麻类取得纤维。把这两者结合起来而加以利用是不足为奇的。可是要把破布经浸渍捣成分散的纤维，再用帘模捞起纤维并滤去水份，却不寻常。后文会提到[1]，中国早就有在水中漂絮的传统，也许这曾经使一些纤维偶而在席子上形成互相交结的薄层，从而导致了古代的这一发明。一般认为最初的纸模是绷 4
在框架上的布，用以挡住纤维而使水从布孔间流掉。

发明造纸当然是逐渐演变的长期过程，而非一日可以竟功的孤立事件。重要的一步是找到新的和新鲜的生纤维原料以保证生产不受限制。发现楮（又名构，*Brousonetia papyrifera*）的树皮适用，确实很重要。楮树虽然在其它温带和热带地区也广泛生长，但中国却是它的原产地。古时中国和赤道附近地区都曾经把楮皮捣成布用于衣着。中国古代文献证明华南的土著曾经生产这样的布，并且用来交易。这点后文还会提到[2]。把发明用树皮造纸归功于2世纪之初的蔡伦，就可能因为他家乡的人民对于楮树已经很熟悉[3]。蔡伦出生于今湖南省的耒阳。正是在这一地区，当时已经把楮树皮捣成布，又把它浸解后成为皮纸[4]。既然当时中国人已

---

1) 见本册 pp. 36ff.。

2) 见本册 pp. 56ff.。

3) 见凌纯声(7)，第1页起。

4) 3世纪时的陆玑说长江以南用楮皮制布或捶捣为纸，见本册 pp. 109 对"搨布"(*tapa*)和纸衣的论述。

经学会把絮离析浸渍为浆状，中国南方的人民很可能是首先把楮皮制成纸浆造纸的人。看来，欧洲从来没有利用过楮树，也从未使用过树皮布。即使到了18世纪，欧洲人也还不懂得种植楮树。这时欧洲科学家确实对各种植物作过造纸试验，却不包括楮树[1]。早期来华的耶稣会士曾怀着好奇心描述了楮树，正是在他们的建议下才把楮树移植到法国去的[2]。

另一项促成发明和利用纸的因素是公众普遍要求更好的书写材料。在中国，较之昂贵的缣帛和笨重的竹木，纸是价格低廉和更为理想的书写材料；可是在欧洲，比起纸莎草和羊皮来，纸却显不出多大的优越性。纸莎草来源丰富，加工容易，价格低廉，也许如同纸一样轻便。羊皮虽然较贵[3]，但表面比较光滑，而且比纸更经久耐用。确实，最初纸和羊皮间的差价远不如和缣帛相比的大，和莎草间
5 的轻便程度差距也远不如与竹木相比的大。由于纸张易破，欧洲还曾一度禁止把纸用于官方文书[4]。它最初从阿拉伯输入欧洲时，并不是受欢迎的商品。欧洲人在十字军东征开始后，对来自不友好地区的任何事物都心存戒备。甚至克吕尼(Cluny)修道院院长那样的僧侣，都对使用纸张颇有微词[5]。15世纪后半叶印刷事业普及以前，虽然纸已经在欧洲逐渐用来书写手稿和家庭记事，但是欧洲对纸的需求量始终不高。在中国，情况却与欧洲迥异。2世纪初，朝廷就指令官方文件必须用纸，在此以前，纸张已经用于书写，并且奠定了它的极重要的地位了。

雕版印刷的基本材料是木板、墨和纸。中国和西方都用梨木、黄杨木和其它落叶乔木木材雕版。烟炱墨也许很早就在各文明古国都发现了，因为只要控制燃烧就能收集烟炱。中国用黑墨或碳混合物的历史可以上溯到远古[6]，早在公元前1300年，埃及人也曾用烟炱和植物胶的混合溶液书写。不久，这种方法传到了西亚[7]。希腊人也用烟炱和胶制成和中国一样的墨块[8]。

1）雅各布·谢弗(J. Schaffer 1718—1790年)在1765—1771年出版的6卷本著作中谈到他为了寻找造纸原料试验过苔类、石棉、马铃薯、木材和三十多种植物，但是没有提到楮和竹这两种中国和东南亚造纸的主要原料；见亨特的有关著作[Hunter (9), pp. 309ff.]。

2）巴特和布里基尼编的15卷本《……研究报告》[Batteux & de Bréquigni (1), 1776—1791, Paris, vol. II, p. 295]。

3）1367年，31刀(每刀36张)羊皮在都尔(Tours)值76里弗尔(livres) 5苏(sous) 8的尼埃(deniers)；1359年，3刀纸值18的尼埃；1360年，4刀纸值2先令4的尼埃；见布卢姆[Blum (1), pp. 62—63; note 2]。

4）1145年，西西里国王罗杰(Roger)禁止用纸书写官方文件；1221年，德皇菲特烈二世(Frederick II)也颁布了相同的禁令；见勃鲁姆的著作[Blum (1), pp. 23, 30]。

5）见勃鲁姆的著作[Blum (1), p. 30]。

6）见本册pp. 233ff.的进一步论述。

7）参阅J. H. 白瑞司太德[Breasted (1), pp. 230—249]和维堡的著作[Wiborg (1), p. 7]。

8）参阅维堡的著作[Wiborg (1), pp. 71—72]。

在印刷所必需的三个基本条件中，纸张也许是最重要的。没有纸这样一种既柔软又能吸墨的材料，印刷是不可能出现的。中国人率先用纸，这无疑促成了印刷术最初发明于中国。纸张很晚才传入欧洲，显然影响到西方印刷事业的缓慢发展。

然而纸张确实不是发明印刷术的唯一前提，因为在中国，自从把纸用于书写之后，至少经历了六、七百年才有印刷术的发明。纸传入欧洲后，也过了四百年才出现印刷事业。中国的治印和用印、碑石和金属镌刻，以及用墨来取得镌刻的拓片，都很自然地会发展为印刷。无论在宗教或非宗教方面，都对大量复本有迫切的需要。这就促成采用某种机械的办法来取代单纯的手工抄写。

反体印文印于陶土，后来又加盖到纸张上，便显示出正体字，体现了最后导致印刷术发明的技术前提。印章的使用，在中国和西方都是古已有之。中国商代
刻有图纹或印文的青铜印，至今犹存。金属印章以及石、玉、象牙、牛角、陶料和 6
木料印章，现在依然普遍使用。印面一般平整，呈方形或长方形、椭圆，或者亦有其它形状。印文一般是姓名或官职，刻成阴文或阳文，均为反体字。印章代表所有权，也证明文件的效力和权威[1)]。

西方文化中，使用印章可能在有文字之前，开始和盛行于美索不达米亚和埃及[2)]。这些用石块、象牙、甲壳或金属制成的西方印章有两大类：滚筒状和平面状。滚筒状的用于美索不达米亚和巴比伦文化影响所及的地区。滚筒上的图形主要是神像、英雄人物、动物、天体、工具或徽识。使用的方法是把它滚动于陶土、胶泥、混凝土或蜡的平面上[3)]。平面印可以有各种形状。埃及使用的呈甲虫形，印纽是一个圣甲虫，它是复活和永生的神圣象征。底部则是平的，镌有各种图形或格言、人名、官衔等文字[4)]。这些印既有强烈的宗教寓意又有实际功能。在小亚细亚、叙利亚和巴勒斯坦，滚筒印和平面印都有使用。西罗马帝国覆亡后曾一度废弃。到了8世纪后半叶又流行起来。此后，在西方，镌有纹饰和题铭的圆形或椭圆形印章一直使用到今天。

一般说来，中国印章和西方印章之间既有相似也有不同之处。它们都是用同样的材料制成的，起初都盖在同样器物的表面上，其用途也大致相同。然而两者之间的主要差异可能导致它们向不同的方向发展。中国印章大都呈方或长方形，

1）一般认为中国的印章是中国发明印刷术的最主要的技术前提之一，参阅卡特的著作[Carter (1), pp. 11ff.]，以及本册 pp. 136ff..

2）参阅契拉的著作[Chiera (1), p. 192]。

3）滚筒印的发展，见艾森［Eisen (1)］、弗兰克福［Frankfort (1)］和怀斯曼的著作［Wiseman (1)］。

4）关于甲虫印和它们的宗教涵义，见纽伯里[Newberry (1)]和沃德的著作［Ward (1)］。

平底，按反体刻成，盖在纸张上即呈正体了，这和后来的雕版印刷非常接近。虽然大部分的印章面积小而且刻字有限，但是有些木印的尺寸已经和后来的雕版相仿；有些印文还长达百余字[1]。

西方的滚筒或圣甲虫状印章呈圆或椭圆形，主要雕刻图画或花纹，只有少数才刻有文字。滚筒形的印滚压于陶土表面，没有可能发展为凸版印刷[2]。圣甲虫印章的底面虽然平整，但是其宗教性质却处于支配地位，掩盖了它作为复印工具的
7 功能[3]。加之印纹总是按正体镌刻，又主要加盖于火漆等硬化的表面上，很少印在纸和羊皮等柔性物质上。这种不同的使用方法使西方的印章很难发展为印刷术。

作为法权和证明象征的印章，类似硬币上的铸文。古代金属硬币的流通和承兑，要靠官方的批准和颁行，币值、铸币地点甚至有时连官方批准的字样都铸在硬币上。这种古币上的印记，不是在钱范中浇铸出来的就是在硬币的正反面冲压出来的。中国古代的铲形、刀形、圆形或圜形硬币上的字样是钱范中浇铸出来的[4]。但西方最初是采用冲压，后来才改为浇铸。这种办法后来为书籍装钉商所借用，他们先铸造用来显示书名的单个金属字母，再把它们压印在书的封皮上。最后印刷商也采用了这种办法来铸造金属活字，从而成为西方印刷术的先驱[5]。

刻石技术接近于雕版，而墨拓碑铭又类似于雕版印刷过程。石刻在中国和西方都很早就开始了。中国至今还存有周代的石刻铭文。后来，石料成为刻写纪念文字、保存圣贤经典并使它成为标准文本最常用的办法。美索不达米亚人既用陶也用石刻字。埃及人在石碑上刻墓志，罗马人和其它古国的人都依此刻制纪念碑[6]。然而西方的刻碑，远不如中国所刻碑文那样广泛而精美，在规模上也远逊于中国。自古以来，中国石刻的汉文佛、道、儒家经典共达数十万字之多[7]。石料在西方主要是艺术材料，而在中国才主要是书写材料。石刻的这些性质、规模和内容上的不同，使它们在中国和西方向着不同的方向发展。

墨拓石刻铭文在原理和目的上与印刷类似，所不同的是操作过程及最后的产

1）见《抱朴子·内篇》，卷十七，第二十三页。译文见卡特的著作 [Carter (1), p. 13]。

2）可以考虑它是转轮印刷机的先驱，虽然转轮印刷机决不可能直接发源于这种滚压的做法。

3）见米勒的著作[Miller (1), pp. 14—26]。

4）最早有字样的金属货币可能是商代或周初铸造的，见王毓铨的著作[Wang Yü-Chhüan (1), p. 114];关于中国古货币上的印记，见钱存训的著作 [Tsien (2), pp. 50ff.]。

5）参阅布卢姆的论述[Blum (2), p. 21]。

6）参阅德林格的论述[Diringer (2), pp. 44—45、82、358]。

7）参阅钱存训的论述 [Tsien (2), pp. 64ff.]。

品[1]。两者都是把一种镌刻的对象翻印到纸张上，但是不同的操作方法造成了不
同性质的复印品[2]。墨拓石刻在中国终于发展成为可以拓印镌刻在任何坚硬表面 8
上的图形文字，这种技艺，在中国可以上溯到6世纪乃至更早。而在西方，拓印技术也许迟到19世纪才开始使用。这时，西方的文物研究者和艺术家，才试着用蜡笔之类，把黄铜纪念物、墓碑、砖墙、木刻和贵重餐具上的图案勾描下来[3]。这种勾描的复印品，论精细程度，远逊于最初中国人所使用的墨拓。正是这种用墨在纸张上拓印的技艺和反体刻印艺术的合流，孕育了雕版印刷的方法。

除了必不可少的材料和技术之外，社会和文化方面的因素也对应用或排斥印刷术起了重大的作用。因为印刷是书写的机械延伸，所用的文字体系也就成了影响印刷发展的最重要的因素之一。汉字从一开始起，就基本上是由许多形状各异而独立的笔划所组成的表意文字[4]。由于每个字都有明确而严格的形状，书法也就逐渐上升为一种艺术，因而汉文的书写远比拼音文字来得复杂而耗费时间，特别是遇到所写的内容正式而庄重的场合，尤其是如此。反之，西方文字早在腓尼基人发展拼音字母语言时起，就逐步演变为表音符号的体系。书写体的各个构成部分，只代替相应的发音。表音符号逐渐演变为以连续的线形成的简单字符[5]。抄写拼音文字要比抄写表意文字容易。因而，汉字抄写的缓慢而复杂，可能曾使中国人对机械复写的方法产生远胜于西方的需要。活字对拼音文字有更大的吸引力，而雕版印刷则更适合汉字的书写体系，这是很自然的。

在漫长的印刷发展史上，宗教作为另一种文化因素，起过重要的作用。将经文传播给所有信徒的热忱，也要求有迅速复写的手段，而佛教、伊斯兰教和基督教都曾有过这种影响。佛教的教义甚至说，大量抄写佛经，是求得菩萨保佑的门
径之一。事实上，据说释迦说过，“凡愿求得《陀罗尼(咒)》之善果者，必须抄写 9
七十七遍，藏诸浮屠(塔)……此咒为九十九万珂蒂(*koti*)诸天菩萨真言[6]，虔诚

1）慕阿德(A. C. Moule)在1926年英国皇家亚洲学会学报上(*JRAS*, 1926, p. 141)评卡特的著作[Carter (1)]时，对拓印是否影响过印刷表示怀疑，因为两种工序的本质不同。但是，某一方面的差异不足以排除另一方面的影响。这一点，从下列事实就可以看得出：公元10世纪首先用木版雕刻印刷儒家经典时，就曾特别参考石刻经文。见本册pp. 143ff. 及p. 370。

2）用墨拓印法的讨论，见钱存训的著作[Tsien (2), pp. 86ff.]及本册pp. 143ff.。

3）参阅斯塔尔的论述[K. Starr (2), p. 3]。1930年有一位考古学家说她学会了东方人拓印雕刻文字和图案的最好方法，就是“最精细的线条也极为清晰”，见阿什利的著作[Margret Ashley (1)]。

4）汉字由一个至三十多个的独立的点、横、竖、弯等组成。在秦汉时期，大约从公元之初发展成公文用的和规则的形式时起，汉字就成为方块形了。

5）关于音节词和字母拼音这两种体系的比较研究，见德林格的著作[Diringer (1)]和盖尔布的著作[Gelb (1)]。书写体的发展，则见安德森的著作[Anderson (1)]。

6）一“珂蒂”(*koti*)之数为十万、百万、千万不等，见卡特的著作[Carter (1), p.53, note 15]。

反复诵念，即可蠲免诸般罪过”[1]。虔诚的佛教徒复制大量佛经的热情，对中国印刷术的诞生，有过很大的影响。这时正当初唐，正是佛教鼎盛的年代。日本和朝鲜都发现了最早印刷的《陀罗尼经》，进一步证实了宗教因素是发展印刷的动力。

反之，西方却不象中国那样有大量复制文书的强烈需要。用奴隶抄写，已经足敷罗马帝国的需要。中世纪欧洲能阅读的公众为数很少，只在修道院和教会内才有设置抄书手的传统。要读的书手抄就行，没有大量复制的诱因。直到文艺复兴和宗教改革时，《圣经》及其他读物的需求量才明显增加。

影响欧洲印刷发展较慢的另一个因素，可能是各种手工业行会的兴起。这类组织始于希腊和罗马，使熟练工匠得以分享共同的利益。中世纪起，它们赢得了政治上的权力，起了保障会员专业技能和生计的作用[2]。这些行会自然控制极严，对会员有很强烈的排外性。例如，雕刻、印刷纸牌和宗教图像的印刷工，隶属于画工行会。这一行会所代表的是抄写工、插图工、雕塑工、石匠、玻璃制造工和木刻工匠等，活字印刷工就不允许入会[3]。迟至1470年，法国抄写工和插图工行会依然禁止用除手工摹绘以外的方法复制宗教画像[4]。1485和1590年之间，比利时安特卫普早期的活字印刷工，可能只有一个人获准参加了木刻工人的行会，这还很可能是由于他在印刷时要使用自行刻制的木刻插图[5]。中世纪行会限制会员从事某种行业的权力，很可能对欧洲印刷业的早期发展造成了不利的影响[6]。

总之，主要是由于很早就发明了纸；印章的特殊用法和拓印复制技术对以机械方法帮助复制用复杂的表意文字书写的著作的迫切需要；科举考试对儒家经典文本标准化的需要以及单靠手抄无法满足的大量佛经的需要，所有这一切使中国
10 很早就应用了印刷术。然而在西方，纸张很晚才传入；印章则从来没有用来复制文字；西方人得知拓印技术也是不久以前的事；印刷工更受到手工业行会的限制；加之拼音文字比较简单，减少了对机械复印方法的需求。因此，发明印刷所必需的材料和技术不是没有诞生，就是没有向印刷方面发展。此外，西方从来没有出现过象佛教那样大量复制佛经的需要，手抄即可满足一切需求。所以，直到15世纪上述因素有所改变以前，西方社会根本谈不上发明印刷。

1）见卡特的著作[Carter (1), p. 50]中所引的《陀罗尼》译文。
2）参阅弗雷的著作[Frey (1), pp. 9—17]。
3）查托和杰克逊的著作[Ghatto & Jackson (1), p. 121]。
4）布利斯的著作[Bliss (1), pp. 10—11]。
5）查托和杰克逊的著作[Chatto & Jackson (1), p. 122]。
6）参阅米勒的著作[C. R. Miller (1), pp. 53ff.]。

(3) 研究中国造纸和制墨的资料

研究纸和造纸史的史料，包括纸样、科学分析和实地调查的报告，早期文献记录，以及第二手史料。我们下面将逐一论述。

纸样很重要，因为纸样可以用显微镜、化学和物理分析来测定其成分和加工技术以及其他特征。本世纪以来，在中国境内外发现了成千上万件古纸样品，包括公元前2世纪的一些古纸残片，这些是迄今已知世界上最古老的纸。少数2世纪左右写有文字的纸样，说明在此之前，或在这一时期，纸张已经用来书写了[1]。

在现代新疆地区历次考察中发现的纸样和文书，主要是3至6世纪间魏晋南北朝的遗物，那时纸张已经开始在中国广泛使用，并且流传到国外[2]。在敦煌发现的4至10世纪的纸卷，代表了唐朝和唐以前所造纸和纸卷书籍的最好样品[3]。唐以后所造的各类纸，可以从目前还保存下来的书籍、文件、书画作品、信笺、剪纸和别的纸制品中找到样品。此外，中国境外也发现了一些保留下来的纸写文献，证明纸张很早就流传到了世界各地[4]。

这些古纸都经过采样和科学分析，对其纤维成分，施胶和涂布时使用的代用 11
品，厚度、强度、白度、吸水性等物理性能，以及是否有水纹都提出了实验报告。1885至1887年，约瑟夫·卡拉巴塞克[Joseph Karabacek (2)]和尤里斯·威斯纳[Jules Wiesner(1, 2)]对在埃及发现的9至14世纪所造的阿拉伯本文书先作了分析。后来，1902至1911年，威斯纳又对斯坦因两次去新疆和敦煌搜罗的古纸作了研究[Wiesner (3, 4, 5)]。在此以前，西方一直以为棉纸是在8世纪时由阿拉伯人首先制造的；用破布造纸的方法则是在13世纪由欧洲人发现的。然而上述这些研究工作证明，至迟在公元之初，中国人就发明了造纸，就像中国历史所记载的那样。根据这些分析取得科学数据，加上历史记载，就能弄清千余年之间中国的纸张是如何逐步西渐的。

1）直至目前(1983年)，根据考察报告已经发现了七件汉代古纸的残片，据说只有一两件汉代后期的残片上有字迹。见本册 p. 38ff. 的论述。

2）参阅钱存训的著作[Tsien (2), pp. 142—158]，及本册pp. 43ff.。

3）敦煌有一处石窟，藏有约三万卷纸卷书籍，首先由斯坦因(Aurel Stein)于1907年访问过，后来又有很多人去过。见斯坦因[Stein(4)]、翟林奈[Giles(13)]、伯希和[Pelliot(60)]的著作和陈垣(5)及藤枝晃[Fujieda (2)]的总结论述。

4）埃及发现了800至1380年所写的12,500件纸写文献，现保存在维也纳埃兹黑罗格·赖纳(Erzherog Rainer)特藏部。日本和朝鲜也保存了许多中国隋代和唐代的纸写文献。

敦煌故纸中，保存在不列颠博物馆的，在1934年由罗伯特·克拉珀顿[Robert Clapperton (1)]、1969年由哈德斯—施泰因豪泽尔[M. Harders-Steinhauser (1)]、1981年由让—皮埃尔斯·德雷热[Jean-Pierce Drège (1)]作了进一步的研究；保存在北京的，则在1966年由潘吉星作了分析[Phan Chi-Hsing (*2*)]。另一些出土纸样则由中国科学家作了检验。1942年在居延发现了一片东汉时期的有字古纸，由植物学家吴印禅作了分析，报告则由劳榦执笔[Lao Kan(*7*)]。现藏于新疆博物馆中的中国考古工作队近年在新疆发现的4至8世纪的古纸及北京故宫博物院保存的3至12世纪的书画用纸，也都由潘吉星作了研究并且写出了报告[Phan (*4*, *5*, *7*)]。利用对这些古纸的物理外观、所用纤维以及处理技术等方面的研究成果，加上古籍中的记载，重新探明了中国古代造纸的方法（图1052）[1]。

关于纸的汉文史料可以分为两大类：一类是通论，如史籍、方志、文集、别集、杂著、类书等其中有关纸的记载；另一类为论纸的专著或专文。例如纸的起源，可以从120年左右纂成的官修本朝史书《东观汉记》和根据更原始的史料写成的正史《后汉书》中找到记载。以后纸及其制造在不同时期的发展，可以从历代史
13 书和政典中读到，例如初唐的《唐六典》(738年)中，就列出了当时专司造纸、纸张分配、加工的官职和政府各部门用纸的情况。各地所产原料、纸张或纳贡情况，则见于各种地方志或各地风土记，包括唐代的地理著作《元和郡县图志》(814年)，以及浙江会稽的地方志《嘉泰会稽志》(1201年)、江西省志《江西省大志》(1556年)等和许多其他地方志。在唐宋名家的别集中，也偶或会看到他们馈赠纸张唱酬的诗篇，发现关于纸张的记载。回忆录如关于北宋京城开封的《东京梦华录》(1148年)，杂记如《陔余丛考》(1750年)内，也会发现描写纸张、纸制品以及节日庆典上使用纸张的情况。最后，有些类书如《太平御览》(983年)、《古今图书集成》(1726年)，也有专门叙述纸张的类目，其中系统辑录了史书、笔记、诗篇、散文和杂著内有关纸的记载，虽则这些摘录可能并非总与原著相符。

另一类文献资料，是关于纸和造纸的专文或专著。最早的是《文房四谱》，它是苏易简(953—996年)所编写的文人书房用具的综合论述，其中一卷专门谈纸，分四部分：纸的历史、制造、有关纸的逸事，以及早期史料特别是唐代史料的选编，其中许多史料在后来业已亡佚。另外一部著作仅限于地方性叙述，即14世纪费著所写介绍蜀纸的《蜀笺谱》，包括四川当地的产品、造纸者和设计者的史料。

1）根据对古纸的分析和汉代的记载，中国科学院自然科学史研究所在1965年用大麻纤维作了造纸的实验，而所报道的结果是成功的。见潘吉星(*6*)。

(a)

(b)

(c)

图1052　根据古书记载所画的中国古法造纸图。(a)原料的切、踩和浸洗；(b)蒸煮、舂捣和纤维与水的混合；(c)抄纸、晾晒和纸张的整理。采自潘吉星(9)。

有些类似的著作出自著名文人之手，如宋代艺术家米芾的《评纸帖》，谈纸的品质和对纸的鉴赏。最重要也是早期唯一记述造纸工艺的专篇收在宋应星（约1587—1660年）所著的《天工开物》中，其中专门有附有插图的一卷介绍用竹子和楮皮造纸的方法[1]。类似性质的晚期著作有黄兴三约在1850年写的造纸目击记[2]；有胡韫玉关于纸的系统论著［Hu Yün-Yü (*1*)］，其中对安徽名产宣纸制法的叙述非常详细；有罗济1935年出版的关于竹纸制法的技术专著［Lo Chi (*1*)］以及近年喻诚鸿和李沄的中国造纸用植物纤维图谱［Yü Chheng-Hung & Li Yün (*1*)］。

14 当代学术界对中国造纸史的贡献包括前面提到的古纸科学分析，对纸的起源、发展、流传的历史探讨，以及对现代社会中仍旧以传统方法造纸的实地调查。历史研究的筚路蓝缕之功，则归于下列汉学家：儒莲［Stanislas Julien (13)］、夏德［Friederich Hirth (29)］、沙畹［Edouard Chavannes (24)］、劳弗［Berthold Laufer (48)］，特别是卡特［Thomas Carter (1)］。卡特研究印刷的著作中有关纸的章节，依然是论述造纸西渐的权威之作。嗣后，造纸史学家和专家如安德烈·布卢姆［Audré Blum (1)］、阿明·伦克尔［Armin Renker (1)］、亨利·阿利博［Henri Alibaux (1)］、克拉珀顿［R. H. Clapperton (1)］，特别是达德·亨特［Dard Hunter (9)］等人的著作，都把中国这项发明放在造纸史中应有的地位上。亨特不是研究中国的专家，但是他对中国、朝鲜、日本、印度支那、泰国和印度手工造纸作坊的实地调查，以及他在手工造纸方面的经验，为亚洲文明传统造纸的比较研究开拓了新的领域[3]。

20世纪前半叶中国学者所发表的少数造纸论文，大半译自西方，或引申传统见解。1928年姚从吾（名士鳌）关于纸张传入欧洲的早期研究［Yao Tshung-Wu (*1*)］，所依据的也主要是西方的研究成果，只是补充了许多中文资料[4]。劳榦1942年撰写纸的起源［Lao Kan (*7*)］一文，诠释并进一步阐发了清代段玉裁的见解，即造纸的想法受到了使用丝纤维和在水中漂絮的启发。后来许多中、西方学者都因袭了这种解释[5]。

20世纪下半叶，造纸方面的西文著作很少增加，但是中、日文的论著却比较多了。值得一提的有三个方面：在纸的起源方面，新发现了一些西汉的古纸，

1）见孙任以都和孙守全的译文［Sun & Sun(1), pp. 223ff.］。

2）引文见杨钟羲(*1*)，第5章，第39—40页。

3）亨特发表了约二十部关于纸的专著，大部分是他用自制的纸张印刷的，见参考文献中的细目。他在历次旅行中所搜集的纸张样品，都在威斯康星州阿普尔顿的达德·亨特博物馆里公开展览。

4）本文最初于1928年以姚士鳌的名字发表，后又以善因的笔名于1966—1967年重印。见参考文献B"姚从吾"条。

5）见本册pp. 35ff.关于《说文解字》中纸的定义的讨论。

关于这些发现的报告和研究，不仅把纸的发明年代至少提早到蔡伦以前二、三百年，而且证实早期制出的是麻纸，而不是丝纤维纸。凌纯声还提出了一种理论[Ling Shun-Sheng (*7*)]，认为纸的发明可能受到过古代中国南方、太平洋和其它热带地区"搨布"(*tapa*)文化的影响。虽然这种理论已经并不新，许多结论也颇为可疑[1]，但是凌纯声找到了中文文献方面的支持，对问题提出了新的解释。 15

汉代开始造纸后历代的发展，早期的由张子高[Chang Tzu-Kao(*2*, *7*)]和袁翰青[Yüan Han-Chhing (*2*)]，隋唐时期由王明[Wang Ming (*1*)]，宋代由石谷风[Shih Ku-Feng (*1*)]，而在中国纸的所有方面则由潘吉星作了研究，潘吉星着重探讨纸的起源和造纸工艺[Phan Chi-Hsing (*1-12*)]。新近发现了一块刻有18世纪纸坊管理规则的碑文，为研究中国造纸的社会和经济情况提供了原始的文献资料[2]。最后，新近还出版了几本中国造纸通史，包括洪光和黄天佑的通俗性著作[Hung Kuang & Huang Thien-Yu (*1*)]，刘仁庆的简史[Liu Jen-Chhing (*1*)]，和潘吉星的渊博论著[Phan Chi-Hsing (*9*)]。潘吉星的这本书共十八章，包括不同时期造纸的历史以及基于对古纸的科学分析、中国少数民族造纸和各种原料造纸的实地调查等专题研究，这是迄今为止任何文字论著中最全面、最详尽的中国造纸技术史。

研究手工制纸的日本史料包括造纸工具的实物、古代文献和现代所编写的著作。奈良正仓院藏有许多中国和日本古代纸张的样品[3]。早期的历史文献包括《古事记》(712年)、《日本书纪》(720年)和《延喜式》，记载了纸张传入日本的经过、专司造纸的衙署、楮树的移植、各种纸张的制造，以及纸的书写、包装、衣着、屏风制作和裱糊墙壁房屋等用途。关义城编了一部选集[Seki Yoshikuni (*2*)]，摘引了有关纸的日文和中文重要文献，按年代顺序排列。他还出版了一本手工造纸史的书，附有朝鲜文献资料[4]，及一本各国各个时期造纸工序和作坊的图谱[5]。无数现代作者撰写的日本手工造纸专著和论文，可以在许多参考书目[6]、寿岳文章的著作[Jugaku Bunshō (*1*)]中查到。日本目前仍然以继续制造花色繁多的手工纸著称，样品搜集在好几种已经出版的纸谱中，包括托马斯和哈丽雅特·廷德尔、

1) 凌纯声曾经认为，纸币、纸甲和金粟笺都是用树皮布而不是用树皮造的纸来制成的。这种见解已被证明是错误的。文献和对此类制品的检验都证实它们的原料是真正的纸。

2) 见刘永成(*3*)，以及本册pp. 50ff.。

3) 见«正倉院の紙»，正仓院事务所编，本文为日文，刊有纸的样张、图片、英文导言。

4) 见关义城(*4*)，pp. 411—416。

5) 见关义城(*3*)，刊有200张以上来自日本、中国、朝鲜、欧洲和美国的图片。

6) 例如反町茂雄的«和紙関係文献目録»[Sorimachi Shigeo (*1*)]就是据已故的弗兰克·霍利(Frank Hawley)所搜集的422本各种语言的著作编成的书目。反町的书目存于奈良的天理(Tenri)图书馆。

[Thomas & Harriet Tindale (1)]、关义城(*1*)、《每日新闻》和竹尾株式会社
16 (Takeo Kabushiki Kaisha)的纸谱。《每日新闻》社出版的一套《手漉和紙大鑑》(《日本手工纸大观》)，分成五卷，于1973—1974年出版，用日、英文撰写，内容包括各种原料样品及约1000种手工纸的样品[1]。竹尾株式会社制作的一套取名为《紙》(《世界手工纸》)，包括用日、英文撰写的论文以及来自全世界23个国家的手工纸样品，中国有29种[2]。

与纸相应，也有不少研究中国墨的资料。墨和笔、砚、纸密切相关，并称“文房四宝”。墨的文献记载包括综论和历史、制墨家传记、制墨配方与工序、墨锭款式、墨商及鉴定家名录、关于墨的文集和现代用不同文字撰写的有关墨的著作等。此外，手工艺品、古文物书画上的墨迹，也可用以分析确定古墨的成分。

墨和纸一样，它的第一部综论也包括在10世纪出版的《文房四谱》内，此书的另外两谱当然是笔和砚了。嗣后，出现了大批论墨和制墨方法的专著：1100至1330年之间，出自宋、元作者之手的不下五、六种；1400至1900年间，出自明、清作者之手的几达二十四部之多。还有不少不易见到的重要论述，可在两部关于墨的综合选集之中发现，一部是《十六家墨说》，内容是明清十六家书名各异的著作，1922年由吴昌绶编印出版；另一部是《涉园墨萃》，包括宋代至民国初年十二家的著作，1927至1929年间由陶湘出版。

研究墨的雅兴，特别是探讨制墨新工艺和用墨艺术的兴趣至今不衰。有两部日文专著可以作为这方面的代表：一部的作者是渡边忠一[Watanabe Tadaichi (*1*)]，研究颜料、色粉和制墨；另一部的作者是外守素心庵[Togari Soshinan (*1*)]，介绍如何对中国、朝鲜和日本制造的墨进行艺术方面的鉴定。再晚一些，还有一本穆孝天用中文写的安徽歙县制墨史，数百年以来，歙县向为文房四宝的生产中心。1956年，北京还出版了一部四家藏墨图录[3]。

早期关于中国墨的西文论著，有儒莲与商毕昂于1833年合写的著作[Stanislas Julien & Champion (2)]、戈什克维奇的书[J. Goschkewitsch (1)]，以及
17 冉默德的作品[Maurice Jametel (1)]。冉默德把14世纪沈继孙撰写的制墨名著《墨法集要》分别于1858年译为德文，1869年译为法文。但是，把中国论墨的著作向西方介绍得最全面的，还是赫伯特·弗兰克的译文[Herbert Franke (28)]，他在1963年把四部宋元两代论墨的专著，全部翻译为德文，还迻译了16世纪前

1) 见参考文献B。
2) 参阅竹尾荣一(*2*)。
3) 见叶恭绰(*2*)。

十七家论墨著作的片断和六位诗人咏墨的诗篇[1]。有几本论述中国化学技艺、印刷和书写的著作中也提到了墨[2]。其他著作包括劳弗为维堡的专著[F. B. Wiborg (1)]撰写的论述中国、日本、中亚和印度墨的五章。此外，还有王际真根据纽约大都会艺术博物馆珍藏的样品撰写的鉴定中国墨的著作[Wang Chi-Chen (1)]和高罗珮的两本同类著作[van Gulik (9, 11)]。最后，约翰·温特不久前还著文发表了他使用扫描电子显微技术来分析中国古画墨迹的成果[John Winter (1)]，在中国墨的研究领域内，开创了新的途径。

(4) 研究中国印刷的资料

研究中国印刷史的资料主要来自原始的印刷工具、印刷品、书目提要以及其他文献记载。原始印刷工具包括各个时代以各种材料制成的雕版和活字，各种刻字和印刷的工具。这些实物提供了印刷技术的细节，而在一般文献记载中是不常见到的。上述实物样品中，只有少数早于明代。有一块据说是北宋时代雕成的《阿弥陀佛经》印版，目前收藏于美国[3]。另外两块或属同一时期的有人像的雕版，则保存在北京中国历史博物馆(图1053)[4]。16世纪的印版，宁波天一阁现存1200块以上[5]。至于清代及民国时代的印版，则北京、南京、杭州、四川及其他各地图书馆与出版社仍有大量存品[6]。宋、元两代印刷纸币用的铜版犹有留存[7]。纽约还 18
藏有一块19世纪晚期用水牛角镶雕印刷信用券的雕版[8]。各个不同时期的雕版样品，则散见于世界各处的公、私藏品中。

至于活字，汉文的已经很少有保存到今天的了。倒是其他文字的还能找到不少。最古老的是本世纪初敦煌发现的全副几百个古维吾尔文活字，是1300年左右

1) 17世纪中国的技术名著《天工开物》中也有一章谈朱砂和墨，见孙任以都和孙守全的英译文[Sun & Sun (1), Ch. 16, pp. 279—288]。

2) 例如，儒莲和商毕昂[Stanislas Julien & P. Champion (2)]、卡特[Carter (1)]、李乔苹[Li Chhiao-Phing (1)]和钱存训[Tsien (2)]的著作都有一章专门谈墨。

3) 据说发现于河北巨鹿，初由日本私人收藏，现为纽约公共图书馆斯宾塞(Spencer)特藏部藏品。《東洋古代版画集》(东京，1913年)有图片及简要说明。

4) 据说这两块雕版均为北宋之物，也发现于巨鹿。一块雕有一位唐代盛装妇女，双手抱握向上。另一块雕有帷帐下一排并坐的三位妇女，帷帐两侧下端镌有文字，左侧是"三姑置蚕大吉"，右侧是"收千斤百两大吉"，显为供奉蚕花娘娘之用。见《文物》，1981年第三期，第70—71页。

5) 关于这些雕版的书名，见冯贞群(*1*)，第6章，附录一。

6) 张秀民在1980年1月2日来函中提供的资料。

7) 已知现存最早的样品是大约于1024—1108年之间雕制的一块铜版(见图1080)。

8) 见白瑞华的著作[Britton (3), pp. 99ff.]。这块牛角版现由纽约美国钱币学会收藏。

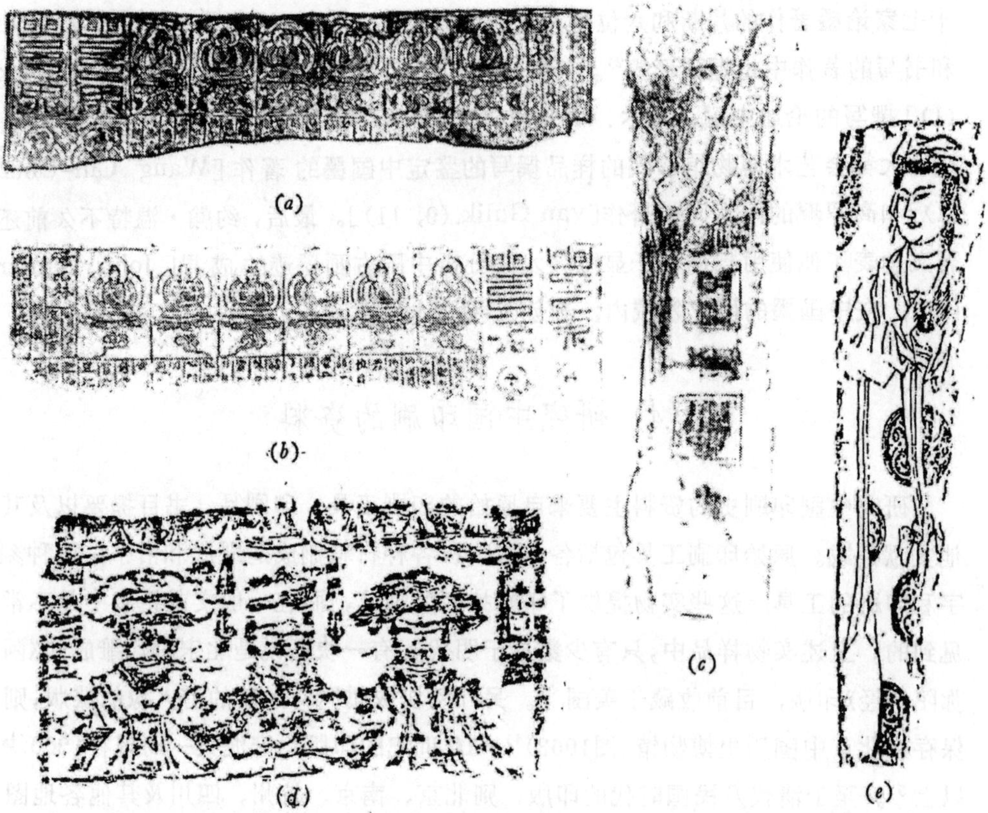

图1053 现存最早的雕版，据说是北宋遗物，发现于河北巨鹿：(*a*)显示反刻的佛像和经文，12.5×43.1厘米。(*b*)由(*a*)拓出的正像。(*c*)为(*a*)版背面的坐佛像。(*d*)三位蚕花娘娘雕版的拓片，13.8×26.4厘米。(*e*)唐代盛装妇女拓片，15.3×59.1厘米。(*a*,*b*,*c*)纽约公共图书馆斯宾塞特藏部，(*d*,*e*)北京中国历史博物馆。

刻制的[1]。朝鲜则以保存有50万个以上古代活字而著称，它们是18世纪后期起朝鲜人刻制的铜、铁、木和陶活字。比这更早一些的朝鲜文活字，则散见于不少图书馆和博物馆[2]。仅存于今的中国制作的汉文活字，有一套19世纪初烧制的陶
19 字和陶字模，发现于安徽徽州，目前收藏在北京中国科学院自然科学史研究所[3]，还有为数不多时期略晚些的木刻活字[4]。除此以外，则无论是陶、木、铜活字均已不复存在，连过去刻、刷、印的工具也找不到了。但是据说现在仍在从事雕版印刷的工匠所用的某些工具，和以往的也差不多[5]。

1）参阅卡特的著作[Carter (1), pp. 218—219.]。据富路德博士(Dr. Goodrich)说，伯希和夫人(Mme Pelliot)和她的律师在伯希和去世几年以后通知他，这些古维吾尔文活字已经找不到了。

2）参阅卡特的著作[Carter (1), pp. 230, 235, n. 27]。有几匣朝鲜早期的铜活字，现保存在纽约自然史博物馆内，见《自然史》(*Natural History*), Sept. 1980, p. 74.

3）参阅张秉伦(*1*)，第90—92页；另见图1141，照片也是张秉伦提供的。

4）1958年，北京图书馆曾经把常州的一套木刻活字送往莱比锡展出。

5）这些工具的式样在京、沪雕版工场都能见到，见图1135—1136。

现存的雕版和活字虽然为数不多，但是从最初采用雕版印刷时起，直至本世纪初仍使用传统雕版印刷术时止，历代印本书籍和单张印品都有留存，足资研究[1]。8至10世纪雕版印刷的样品，在中国和中国以外都可以见到[2]。世界各地公、私收藏品中，保存有2000种宋版书、元代套色印刷品[3]和大约三十种晚明用铜活字刊印的书[4]。仅在北美，各图书馆所拥有的400万册中文图书中，据说就有一半以上是用传统方法印刷的线装书，包括10万册宋、元、明版的古书[5]。

除了原版以外，这些书不少曾经用木刻、石印、胶印、影印或缩微的办法重印，除了纸张和墨色以外，不妨碍据以研究书体、版式和其他细节[6]。有好几种选编的珍本书影，如杨守敬(*1*)的木刻《留真谱》，瞿启甲(*1*)照相影印的宋、金、元本书影以及潘承弼和顾廷龙(*1*)的《明代版本图录》。这方面值得一提的还有北京图书馆编的《中国版刻图录》，它收入了中国印刷史上各代雕版、活字和套色印 20
刷的书影[7]。

在原书亡佚的情况下，还可以从公、私收藏者编的藏书目录中搜集不少资料，如出版日期、出版者，有时还能看到版式的说明。中国文献中关于印刷的记载非常少，不像关于纸那样多。除了偶然有些外国人把观察到的记录了下来之外[8]，有关印版的刻制和在印刷中的使用等技术问题，几乎在任何早期的文献中都没有提到。正史、典志、文集、杂著、方志和某些家谱中[9]，常常提及书籍版本和付梓的记载，但一般很零星或过于简略。

这里值得提出两部系统研究中国印刷的著作。一种是叶德辉的《书林清话》，1911年首刊，1923年增补。首卷论印书的道德意义（“刻书之益”），接着讲书籍

1）中国目前有少数技工仍在从事这种工艺，套色版已经恢复，上海等城市也在刻印珍本图书。

2）其中有在朝鲜发现的大约在704—751年印的‹陀罗尼经咒›，日本发现的770年印的一百万份同样经咒，敦煌发现的868年印的‹金刚经›、877和882年印的两份历书、十多种印本及单张佛像，成都发现的约850—900年印的梵文‹陀罗尼经咒›，吴越国分别于956、965及975年印的三种版本的经咒。以上均早于宋代。

3）现存者有敦煌发现的几幅唐代彩画，不过看来是在印好的轮廓内用彩色描上去的。巴黎国立图书馆内藏有一张观音像，就是用彩色描在印好的轮廓和背面的图案上。

4）宋版书目录见潘铭燊的著作[Poon Min-Sun (2)]附录。在日本的宋版书目见梁子涵(*1*)，明铜活字版书目则见张秀民(*9*)中的表和钱存训(*2*)的附录。

5）1957年调查北美图书馆藏中国珍本图书的结果，说明在美国和加拿大的13所图书馆内，共藏有28种887册宋版书，35种2445册元版书和4518种92，899册明版书，见钱存训的调查[Tsien (11), p. 10]。

6）包括如‹四部丛刊›中重印的和缩微胶卷摄下的大部头书或珍本书。

7）见参考文献B，Anon(*229*)中的说明。

8）第一篇介绍印刷工序的文章，是卢前在1947年写的[Lu Chhien (*1*)]。有关印版刻制和印刷的最早记载，是由波斯历史学家拉施德丁(Rashidal-Din)在1300年左右和由耶稣会士利玛窦(Matteo Ricci)在1600年写下的。见本册pp. 306ff.。

9）例如，青铜活字印刷者如15、16世纪的华燧、华珵和安国等人，虽然其生平可以在华、安两氏的宗谱中找到，但这却是由于他们各自在政治和学术上的声望，而并非由于他们在印刷事业上的成就。

的版本名称，然后分论钞本、印本、出版者和书坊、书肆，大体按朝代顺序一直写到清末。另一种是孙毓修以笔名"留庵"在1916年出版的《中国雕版源流考》，这是一部按照雕版活字、纸张、装订来分类摘引各种资料的总汇，未加评论。除了这两种早期的专著外，凡是关于印刷的资料，一般都纳入版本学著作之中。这类著作，有屈万里和昌彼得的《图书版本学要略》[Chhü Wan-Li & Chhang Pi-Te (*1*)]，陈国庆的《古籍版本浅说》[Chhen Kuo-Chhing(*1*)]，毛春翔的《古书版本常谈》[Mao Chhun-Hsiang (*1*)]，以及一般的书史和印刷史如刘国钧的三本简史和史话[Liu Kuo-Chün (*1,2,3*)]。对研究中国印刷的起源和发展方面作了主要贡献的是：研究唐五代时期的有向达(*13*)、王国维(*3—7*)和李书华(*1—11*)；宋代至清代的研究，有张秀民(*1—19*)和昌彼得(*2—8*)等作了各种专题论述。至于中国印刷的艺术和技术方面，则有张秀民(*7*, *9—12*)对活字，郑振铎(*1—2*)、郭味蕖(*1*)和王伯敏(*1—2*)对木刻和插图，马衡(*1*)、李文祷(*1*)和李耀南(*1*)对书籍形
21 制和装钉的演变，分别作了研究。上述诸人的诸作，代表了现代中国学术界在这方面的最高水平。

关于中国印刷术，除了中文资料以外，日文资料在数量和重要性上，远远超过了其他语言的资料。日本收集和重刻中文书籍，久有传统。这就为我们提供了许多为中国书籍编写的有用的目录和说明，也提供了古稀珍本的复制本以及版刻和书籍插图的重印本。日本对中国书籍编目，可以上溯到8或9世纪，这正是他们开始从中国大量输入佛教和儒家经典的年代。17和18世纪，编出了几种中文和日文活字版书籍的目录[1]。然而在20世纪初以前，对日本和中国印刷术，仍没有作有系统的研究。而在1905年由岛田翰(*1*)，在1909年由朝仓龟三(*1*)，在1930年由中山久四郎(*1*)分别作出了贡献。他们的成果，为中日两国进一步的研究奠定了基础。岛田对中国古代钞本和印本的评述中，有几章涉及装钉和印刷，虽然不无缺陷[2]，仍不失为这些方面的开创之作。朝仓的著作，首次对日本印刷术作了系统的研究；而中山的著作，虽然在某些方面已经过时，但直至今日仍然是最全面的印刷通史，对中国和日本印刷的论述尤为全面，对朝鲜的印刷也作了简短的介绍[3]。在过去的半个世纪中，日本学者对中国和日本印刷史研究所作的最重要贡献出于两位杰出的书志学家川濑一马(*1—5*)和长泽规矩也(*3—12*)之手。这些著作博大精深。川濑的成就主要在日本书史和印刷史方面，特别对活字和五山版的研究成就卓著。长泽写了二、三十本专著和众多论文，相当广

1) 见长泽规矩也(*4*)，pp. 14ff..
2) 例如，岛田翰根据旧说，认为印刷是在隋朝发明的。见本册pp. 148ff.的论述。
3) 原来想写成三卷本的世界印刷通史，但是关于西方印刷的最后一卷，始终未能出版。

泛地论述了中国的书籍、目录学和印刷的各个方面。他在1952年出版的日中印刷史论著(《和漢書の印刷とその歷史》)和在1976年出版的图解日中印刷史(《図解和漢印刷史》),史料丰富,立论精辟。他对宋、元刻工的研究,为鉴定古代印本提供了新的方法。

在朝鲜,能够找到的中国印刷史料不多,但却能找到不少原始印刷工具和辅
助史料来研究朝鲜的印刷术,特别是活字印刷。研究朝鲜早期活字印刷的现代权
威著者之一是金元龙(*1*)。这本书论述了朝鲜古代活字印刷的发展史,附有活字
型号表和英文摘要以及用活字印刷出来的朝鲜文献的样张。麦戈文的著作[Mc- 22
Govern (1)]中,则刊载了22幅原版和翻版书页图片。孙宝基用朝鲜文和英文写
的关于早期朝鲜印刷术的著作[Sohn Pow-Key (2)]中,也刊载了这类图片。两
书中的书影,都是采用对原页摄影后再腐蚀为凸版的方法,然后再印制的。印时
模仿古法,用手工纸和水磨的墨汁,结果比胶印或影印的更接近原版。

西方对中国印刷术的研究着重两方面,即其起源和西传。18世纪末以前,欧洲旅行者和传教士在这两方面有过一些著作,我们以后会谈到[1]。详细的论述和学术性的研究,则只有在进入19世纪以后才开始[2],这些成果包括1810年以赛亚·托马斯[Isaiah Thomas (1)]、1858年罗伯特·柯松[Robert Curzon(2)]和1876年西奥多·德·维恩的印刷史[Theodore de Vinne (1)],1836年德庇士爵士[John F. Davis (1)]和1848年卫三畏[S. Wells Williams (1)]的中国通史中论印刷史的部分,特别是1847年儒莲的中国印刷史专著[Stanislas Julien (12)]。儒莲论述中国雕版印刷和活字时,虽然使用了一些不准确的中文资料[3],但仍为后来西方学者的研究奠定了基础。

20世纪初,敦煌、中亚和非洲发现了写本文书和印刷品以后,有几位汉学家加以研究,这才大大地增加了我们对印刷史的知识。这些研究成果,分别在1923年由赫尔曼·许勒[Hermann Hülle (2)]、1925年由卡特[Thomas Carter (1)]、1931年由劳弗[Berthold Laufer (48)]写成了专著。伯希和的研究笔记[Paul Pelliot (41)],是他去世后,在1953年才出版的。特别重要的是卡特的书。它在1955年由富路德(L. Carrington Goodrich)修订。这本书综合了前人

---

1) 见本册pp. 313ff.的论述。

2) 许多关于印刷的著作同时谈到纸。见本册pp. 293ff. 所引关于中国纸张起源和发展的新近研究成果。

3) 儒莲在这本书[Julien (12)]中,根据不足信的第二手资料,把中国发明印刷术的年代定为593年。这一误断,被后来的许多著作,包括第11版《大英百科全书》,奉为圭臬。直到1919和1925年,才先后由阿瑟·韦利[Arthur Waley (29)]和卡特[Carter (1)]在各自的著作中纠正。见卡特著作的1925年版[Carter (1), p. 202, n. 13],他们的根据见叶德辉的《书林清话》,第20页。

研究的成果，从中西交通史的角度作了进一步的阐发，对中西方学者研究印刷史有重大的影响，目前仍不失为经典之作。自从首版问世以来，四分之三个世纪以上的岁月流逝了，然而在中国印刷史方面，还没有任何其他著作能够和它相提并论。我们再把近年来的重要作品综述如下：富路德对新发现的史料作了述评，对卡特的书作了修订[Goodrich (30—32)]。理查德·鲁道夫翻译和论述了清代的《武英殿聚珍版程式》[Richard Rudolph (14, 15)]。吴光清的多篇论文[K. T.
23 Wu (6, 7, 8, 9)]，旁搜博引，把印刷的发展从宋代写到现代。在木刻和套色研究方面，出版了下列诸人的著作：马克斯·勒尔[Max Loehr (1)]，约瑟夫·赫兹拉[Josef Hejzlar (3)]，和漆启贺[Jan Tschichold (1-7)]。特别在漆启贺的著作中，采用现代技术复制了一系列中国的套色印本，使读者得以研究和欣赏这项中国特有的艺术。

虽然有这样一批各国学者对研究中国造纸和印刷史作出了贡献，他们的专长涉及许多学科，然而在研究的领域中，还是留下了许多未曾涉足的空白。纸和印刷在中国历史上对社会、经济和传播知识方面的作用和影响，还没有人作过系统的研究。这两项发明在起源以及在东西方所引起的影响方面，特别需要进行比较研究。然而迄今为止，有不少问题从来没有人提出来讨论过。例如，为什么造纸和印刷首先在中国而不在其他文明古国中发明？这些发明对中国与西方社会变化的影响产生什么效果？

在对中国造纸史的研究中，很少有人研究当地造纸和运销的历史。对纸张各种不同用途的起源，也没有作过系统的探讨。例如，纸做的服装和装饰品，在西方文献中竟告阙如。据说墙纸和折纸工艺起源于中国，但是还需要进一步的证据支持这一说法。另一方面，水纹据说是在13世纪由西方发明的；云纹纸也说是16世纪西方发明的，然而无论是原始实物和文字记载都表明它们在中国比西方早几百年就制成了。此外，根据原料、制法、品质、产地、造纸人或设计者而命名的几百种纸的商品名称，对大部分外行人来说都无法了解，都需要搜集纸样并逐一加以说明。

过去研究中国印刷史，以它的起源和西传为重点。对印刷的发展和贡献，则不是写得过于简略，就是没有给以应有的重视。很多遗漏了的技术和艺术问题，特别是雕版和活字制备及印刷的各道工序，都应该逐个环节地详细加以介绍并且附以图解。对印刷中的书体、版式、用材、印法这些能为印刷年代和古印刷品真伪提供鉴别标准的事项，也应该分析研究。在本分册中，作者虽然努力来填补某些空白，但仍不免留下不少问题，有待作出满意的答复。

(b) 纸的性质和演变

(1) 纸发明以前的书写材料

在纸张于公元之初用于书写以前，中国人曾选用过各种软硬不一的材料来书写文件、史籍和私人信函。这些材料包括动物的骨、甲，象牙和丝帛，属于矿物的青铜、铁、金、银、锡镴、石、玉和陶泥，以及属于植物的竹和木。虽然这些材料有不少也曾在其他文明古国为人们所使用[1]，在中国却使用得更普遍、更广泛、更精巧。反之，兽皮和树叶，则纵然在别国广泛使用，但在中国特别在汉人中却很少用于书写。一般说来，中国人在陶器上书写，可以上溯到新石器时代；甲、骨、象牙、青铜和竹简文字，始于殷商；在石、玉、帛及其他金属上书写，源于周初；而木牍文字，则起于汉代。坚硬持久的材料，主要用来书写垂之久远的史实和纪念性铭文；竹、木、帛等易朽的材料，则广泛用于抄写书籍、文件及其他日用文字。前者为了代代相传，后者则主要是为了在同时代人之间进行信息交往[2]。 24

甲与骨是刻有文字的最古老的书写材料，迄今所知最早的汉字就载于其上。“骨”主要用牛的肩胛骨，有宽平的刻写表面。“甲”指龟的腹背甲（图 1054）。殷商王室用甲骨占卜，卜毕，一般就把卜辞和有关占卜的事项刻在甲骨上。已发掘的甲骨文片，系公元前 14 世纪早期至公元前 12 世纪后期共约 250 年间的文物[3]。周代继续用甲骨占卜[4]，但是也许除了周初一个时期以外，一般已经把卜辞和有关记载书写到竹简或缣帛上了。卜辞记事的内容有：日月食、雨、风、雪、晴等自然现象；某夕、某日、某旬、某年即将发生某事的预兆；旅行、狩猎、捕鱼、战争等的前景；出生、疾病、死亡等人生祸福及梦象解说；祖先、天帝或其他鬼神的祭祀等。铭文一般用针锥契刻，也有少数是用笔蘸着烟墨或朱砂书写的。契文上有时涂上鲜明的颜料，有时嵌入青绿石粉，作为装饰。由于商代传世的文献

1）关于古代书写材料，见德林格的著作［Diringer (1)］.

2）关于纸张发明以前的书写材料，在钱存训的著作［Tsien (2)］中，有详细的论述.

3）从1899到1937年，官方和私人一共发掘出10万片以上的甲骨．自1950年起，继续发掘．若干年后(1973年)，在河南省安阳附近又出土了5000片左右.

4）1954年在山西洪赵、1956年在沣西、1975年在北京发现了少量周代的甲骨文片．1977 年在陕西岐山发现了一批周初的甲骨文片．见《文物》，1979年第10期，第38—43页，图版肆至柒；又见《文物考古工作三十年(1949—1979)》，第4，5，126页.

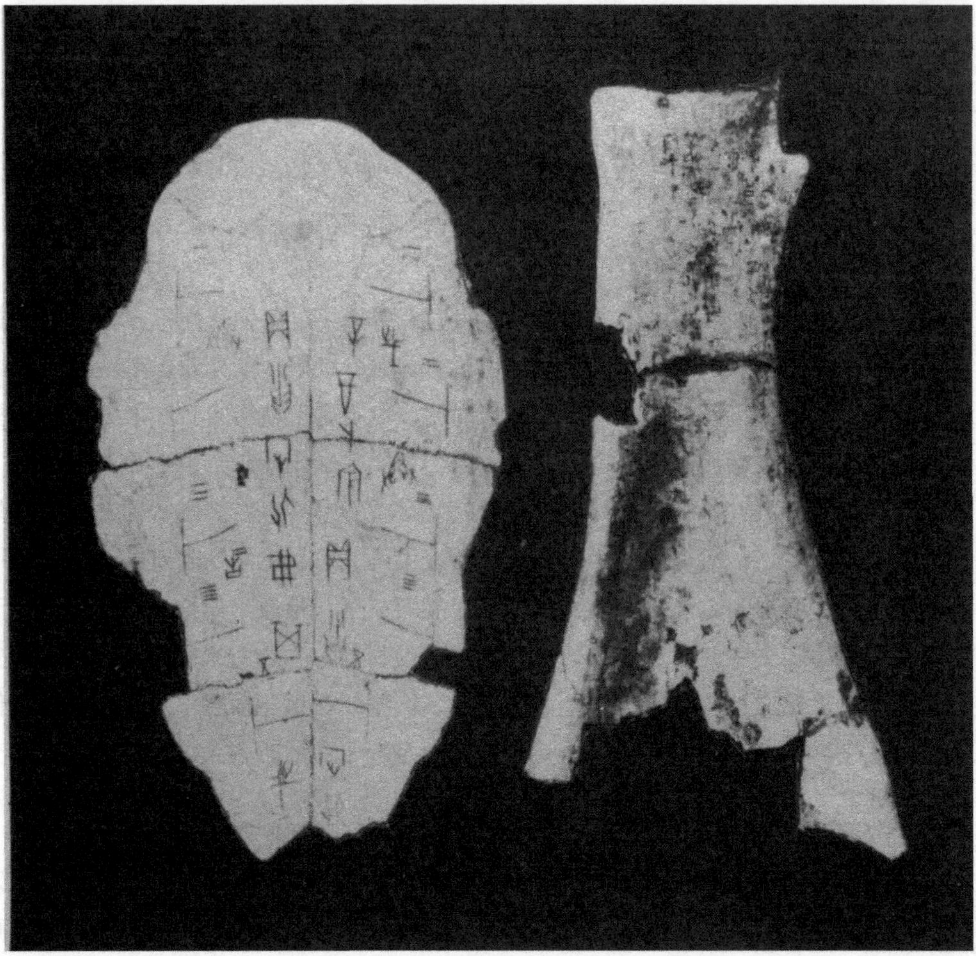

(a) (b)

图1054 商代甲骨文卜辞：(a)整块龟腹甲，约公元前12世纪，20×12厘米，中央研究院。(b)大块牛肩胛骨，上有25条关于收成和雨水的卜辞，约公元前12世纪，长28厘米。日本京都大学人文科学研究所。

资料寥寥无几，这些卜辞和记载，也就成为研究中国古代历史和制度的重要资料了[1)]。

各种金属、陶、土器皿上也有铭文，以商代至汉代的青铜铭文最为重要和广泛[2)]。这类青铜器包括祭器、乐器、食器、兵器、标准量具、镜鉴、钱币、印章及其他用具，但具有重要历史意义的铭文大多铸在礼器上，特别是周代的礼器。

1）详见顾立雅 [Creel (1), pp. 1ff.]、钱存训[Tsien (2), pp. 19ff.]、凯特利 [Keightley (1), pp. 134ff.]的有关著作。

2）刘体智《小校经阁金文拓本》(1935年)中有大约6500张金文拓片。此书问世后，又陆续发现了大量刻有铭文的青铜器。

图1055 西周青铜簋，内底铸有铭文(直径27厘米)，约公元前11世纪。不列颠博物馆。

每器的铭文短的只有几个字，长的达五百字，几乎相当于古书中的一整篇[1]。西周青铜铭文中有一些是长篇叙事文，记叙战事、盟誓、条约、任命、赏赐、典礼 26
及其他政治和社会活动事项(图 1055)。东周的铭文一般较短，趋于程式化，偶尔是韵文，用装饰性的字体缮写，有时是"鸟虫书"。

青铜镜铭文，出现在镜背圆形纹饰内外。战国至汉代的早期铭文，主要是表达精神上和物质上的愿望、问候祝福、政治方面的训示誓言和各种民间信奉的事物的引喻。隋唐时代的铭文，大多是几个字构成的套语[2]。几乎一切早期和后期的钱币上，都铸有钱币特有的铭文。其形状不是铲形、刀形，就是中有方孔的圆形。铭文主要是铸币的地名和币值[3]。古代的印章用材不一，有的用金属铸成。从历史上讲，印章在使用于帛或纸上以前，就已经用来加盖在封泥上，以示所封内容无虞。陶器、砖、瓦上也有铭文，远在新石器时代，陶器上已经可以见到一些

1) 近年来最重要的发现有：湖北省随县曾侯乙墓中出土的一套64件青铜编钟，共铸有约2800个字的乐律铭文；1974年河北省今平山县境约公元前308年所建的古墓中出土的两件战国时代古中山国青铜器——铸有469个字的大鼎和一个铸有448个字的方壶。见《文物》，1979年第10期，第6页；又《考古学报》1979年第2期，第147页起。

2) 参阅高本汉[Karlgren (18)]、梁上椿(*1—2*)和钱存训[Tsien (2), pp. 47ff.]的有关著作。

3) 参阅王毓铨[Wang Yü-Chhüan (1)]和钱存训[Tsien (2), pp. 50ff.]的有关著作。

(a)

(b)

图1056 陶器印文。(*a*)量器上印有公元前 221 年秦始皇命令统一度量衡的诏书。(*b*)公元 9 年王莽诏令的拓片。

加印的符号和数字，后来的陶器印文，已能说明制造者或物主的姓名、官衔，烧制的地点和年代，有的甚至印上了敕令(图1056)。砖上的印文大多是烧制年代、制砖人姓名及其他事项。瓦当纹饰中则含有祝福的字样和宫殿、庙宇、陵寝、仓 28
廪、公私宅第的名称，以纪念各该建筑物的落成[1]。

金石铭文是书法和考古方面的两大类研究资料。金文也许更古老，但是碑文更普遍，流行年代更长，更易得。因为石料来源丰富而耐久，能为镌刻提供更广阔的面积。因此，自2或3世纪起，碑刻就不仅仅用于标志和纪念，间或也用以作为一些经典的定本，使之留存久远。

最早的石刻文字中，具有重要历史意义的是被称为“石鼓文”的十个鼓形石上所刻写的韵文，其年代可以上溯到公元前8至前4世纪，说法不一[2]。内容则是描述隆重的田猎捕渔之举，原来约共700字[3]。此外，公元前219至211年，在秦始皇统治时期，曾在七处刻石来为他歌功颂德[4]。以上最早的石刻，都刻在粗糙不工整的岩石上。但是，从汉代开始，就刻在加工极为平整、叫做“碑”的石板上了。也正是从汉代起，开始大量勒石以纪念重要的历史事件、缅怀人物，并且以校正与持久形式作为标准的文本来统一经典了。

保存标准经文规模最宏大的盛举之一，是把全部儒家经典刻碑，以昭示天下、垂之久远。从2世纪后期起至18世纪末，至少刻过七种不同的碑。首次是在175至180年间完成的(图1057)，刻了七部经典20余万字，总共刻满了46块碑石的正反两面。最后一次是1791至1794年间清代所刻的全部十三经[5]。碑刻佛经，肇始于2世纪之后，但是规模和范围更加宏伟。佛门弟子属意于勒石，无非以为石碑是保存圣典的最佳材料，如一位施主所说：“帛易腐朽，竹不持久，金属难以永存，皮与纸则易于损毁”[6]。

〈缣缃有坏，简策非久；金牒难永，皮纸易灭。〉

605至1091年之间，教徒们建造过一座石窟书库，在7000余块碑石上刻下了105部佛经，共400多万字。时隔千余年，这些碑石依然保存在河北房山附近的

1）印章、封泥及陶器上的印文，可参阅钱存训的著作[Tsien(2)，pp. 54ff.]及本册pp. 136ff.。

2）石鼓文的年代颇有争议，见郭沫若(*14*)、马衡(*2*)、唐兰(*1*)、赤塚清(*1*)的有关著作及钱存训的总结[Tsien (1) pp. 73ff.]。

3）原石藏北京，现仅存300字左右。

4）参阅《史记》，卷六，第十四至二十七页、第三十页。

5）见张国淦(*1*)、马衡(*3*)、王国维(*10*)等人的有关著作及钱存训的总结[Tsien (2), pp. 73ff.]。

6）见《山左金石志》(1797年刊本)，卷十，第二十一页。

图1057 《公羊传》经文残石，2世纪所刻石经中现存最大的一块。正面，49×48厘米；反面，48×47厘米。1934年发现于河南洛阳。

29 石经山中[1]。道教经典的勒石比较晚些，最早的在708年落成于河北易州，以后几百年间又陆续刻成了好几种。

并非任何硬质材料上的文字都能称为书。中国书的直系祖先是用绳带穿在一起的竹简或木牍，用起来类似于现代的书页。在纸张发明以前，竹木曾是最普遍的书写材料，在中国书籍和文化传统上它的使用有着极为重要和深远的影响。不仅从上至下、从右至左的书写习惯可能来自竹简木牍，而且现在中国书籍的形式和许多通用的术语同样起源于竹木简牍[2]。

30 中国制书用材的演替，可以分为互有交叉的三个时期：竹木最早开始，止于3或4世纪；帛书肇始于公元前7或6世纪，结束于公元5或6世纪；纸书发轫于公

1）见《钦定日下旧闻考》（1774年刊本），卷一三一，第四页起；又《顺天府志》（1885年刊本），卷一二八，页九至十，页四十二至六十四；又沃德斯葛的著作[Vaudescal (1), pp. 375ff.]和钱存训的小结[Tsien (2), pp. 75—83]。

2）详见钱存训的著作[Tsien (2), pp. 90ff., 193—194]。

元1世纪，迄今仍在发展[1]。这样，竹、帛共存约1000年，帛、纸共存约500年，竹、纸共存约300年。新旧更迭，形式渐变。直到3世纪之后，纸张才完全取代了竹木。

19世纪末起，中国各地发掘出来的竹简、木牍，总共超过4万枚[2]。在中国历史上，它们使用的年代几乎长达1000年。重要的发现地区，有在中原的湖南、湖北、河南和山东，有在西北的敦煌、居延、酒泉和武威，有在今日新疆的楼兰、和阗和吐鲁番。以长沙、信阳和云梦出土的竹简年代最为古老，可上溯到战国和秦代。居延则发现了最多和最重要的汉代木牍精品。楼兰所得，全系晋代文书。这些竹简、木牍上的书写内容包括公文、书信、历书、启蒙读本、法令、医药处方、文学作品和杂记[3]。近年来最重要的发现有1959年甘肃武威东汉墓中出土的《仪礼》七篇的木牍(图1058)共490枚，1972年山东临沂西汉墓中出土的兵书竹简4,490余枚，1973年湖北江陵西汉墓中出土的租税和经济往来竹简400余枚，1973年湖南长沙马王堆西汉墓中出土的遣册竹简600余枚，1975年湖北云梦出土的秦国法律文书竹简1,100余枚，以及1972—1976年甘肃居延出土的公元前119年至公元26年间的木牍约2万枚。这批居延木牍之中，最有趣的是为数达75份完整或几乎完整的文书，这批木牍用两三道麻线编缀在一起，完全保持了旧观[4]。

竹简的制作分为几步：先把竹竿截为一定长度的圆筒，再剖成一定宽度的长片，然后把竹片的青绿外皮削去，再用文火把它烘干，使不易霉朽。一般就在去皮的那一面书写，有时也在内面书写。木牍的制作步骤是：先把木料截成平板，再 32
分割为各种尺寸的长条，最后将表面打磨光滑以便书写。木牍大半取材于色白、质轻、纹细而吸墨的松、柳、杨、柽柳等木材。书写过的牍，可以用“书刀”削去字迹后再写。遇有笔误，亦用同法削除[5]。

长条状的竹简，长度自八寸至二尺四寸不等[6]，分别用以书写经典、文章著作及礼节性文件。木牍之长，一般为五寸至两尺，主要用于公文、私函、短柬。简牍几乎都较窄，有时不过一寸。单枚的竹片称“简”，木片称“牍”。用绳将许多简编连在一起时称“册”。组成著作中某一单元(相当于现代之章)的若干册称为“篇”。有时也制作一些面较宽的方形或长方形木板，称为“方”或“版”，以容纳

1）见马衡(*1*)，pp. 201—202和钱存训[Tsien (2), p. 91]的著作。

2）包括1899至1930年间发现的10,000余枚，以及1951至1975年间发掘的近30,000枚。见《文物》，1978年第1期，第44页上的统计。

3）见《文物》，1978年第1期，第44页上的统计，及洛伊的著作[Loewe (14), pp. 101ff.]。

4）见《文物》，1978年第1期，第7页上的报告及图版捌、图三十五。

5）汉代“书刀”的用法，见钱存训(*1*)和温克尔曼的译文[John Winkelman (1), pp. 87ff.]。

6）尺寸按汉制，详见钱存训的著作[Tsien (2), pp. 109—111]。

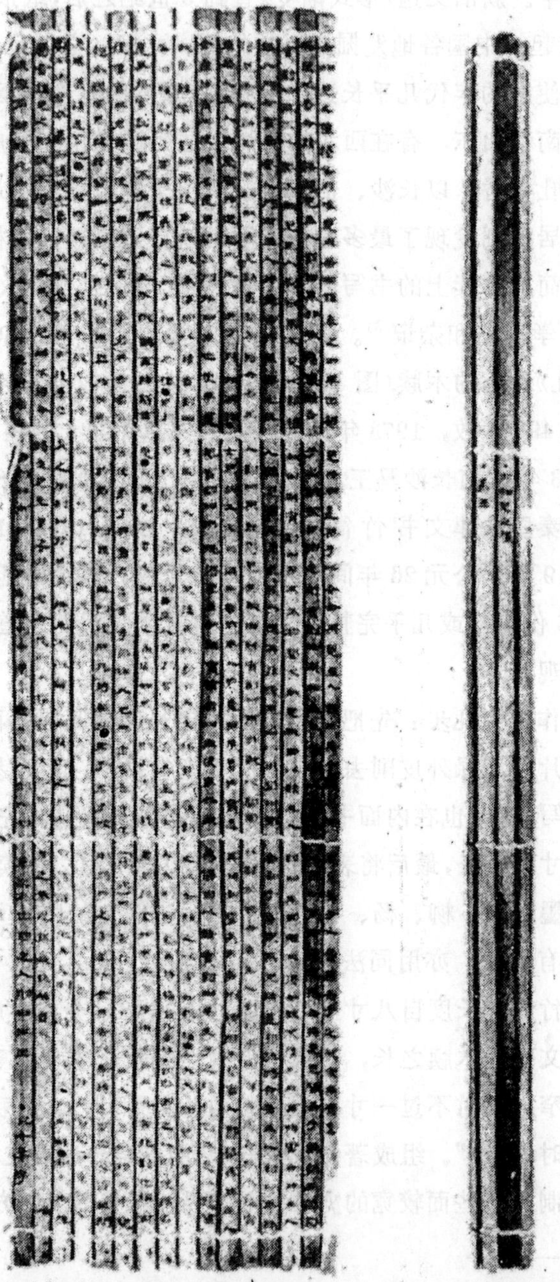

图1058　1959年出土于甘肃武威的《仪礼》残简。书写于长形木简，简册向左展开，向右卷拢。每枚木简宽1厘米，长54至58厘米不等，可写60至80个字。采自《武威汉简》，1964年。

多行文字，或绘制地图及插图。

一般情况下，文字总是用毛笔及烟墨写在简牍的一面，但有时也两面都写。每枚简上少则数字，多则可达八十字，平均约三十字左右。自古以来汉文直写，想必是写字时，竖放简牍，柔软的毛笔便于顺着竹木纹理向下直写之故。有趣的是，人们用现代科学方法进行研究，发现直读的速度比横读快[1]。人们惯用右手，所以，一般左手执简，右手用笔书写。写完一枚，会顺手置于左侧。起先放得近，以后顺序越放越远。这可能造成了后来汉文向左移行的书写和阅读习惯[2]。

上文提及，早在公元前6或7世纪，帛已与竹并用于书写。这种情况一直延续到公元3或4世纪结束以后，纸张成为书写的通用材料时为止。然而帛书的出现，可能更早，因为早在商代，帛、笔、墨就都已出现。帛轻柔坚牢，易于吸墨，
直到唐代还用于文书。“竹帛”一词在中国古代文献中，泛指文书[3]。帛虽可提供 33
宽阔的书写面积，但其价格远比竹木昂贵，因此仅在不宜用竹木的特殊情况时才用帛。我们知道有的书籍曾用竹简起草，然后再写在帛上作为定本[4]。帛特别用于书写占卜星相之书、绘画简册的附图和地图[5]、祭祀祖先及神灵、记载欲传诸后世的皇室贵胄言行及对功臣大将殊勋的歌颂文辞[6]。

虽然古代文献中经常提到帛书，实物却不多见。直到最近，才有一些载有长短不等文辞的帛书残片在中国和中亚好几处考古发掘地点出土[7]。在长沙出土了两件最早的实物，一幅是附有插图的缯书，另一幅是帛画。缯书分为两段，彼此上下颠倒，共约600字，四边都有彩绘的奇异动物或人像[8]。另一幅帛画中央是一位细腰妇女，她的头部上方有一奇异动物。这两件文物体现了楚文化的神秘特征。然而近年来考古发掘中最重要的收获，还是一大批用墨以隶、篆等字体缮写在帛上的古籍，其中有十几种先秦典籍，如《老子(道德经)》(图1059)、《战国策》和《易经》等，以及几幅古地图。其总的字数超过12万，还包括了一些早已亡佚

1）见格雷在联合国教科文组织主持下的研究成果[William S. Gray (1), p. 50]，以及钱存训的有关著作[Tsien (2), pp. 183—184; Chhien Tshun-Hsün (*5*), pp.176—177, 181—182]。

2）详见钱存训的著作[Tsien (2), pp. 90ff., 183—184]。

3）先秦哲学家时常提到，古代圣王以竹帛著说，见梅贻宝译《墨子》[Mei Yi-Pao (1), p. 167]及《淮南子》，卷十三，第二十页。

4）据说刘向(约公元前80—前8年)就曾经这样做。摘自《太平御览》，卷六〇六，第二页。

5）长沙马王堆西汉墓曾出土三件公元前2世纪的地图。

6）帛书的特殊用途，见钱存训的著作[Tsien (2), pp. 127ff.]中的引文。

7）关于早期斯坦因发现的帛书，见沙畹的著作[Chavannes (12a)]中所介绍的编号为398、398A、503的那三件。

8）长沙帛书研究的现况，见钱存训(*5*)，第112页起、注24。

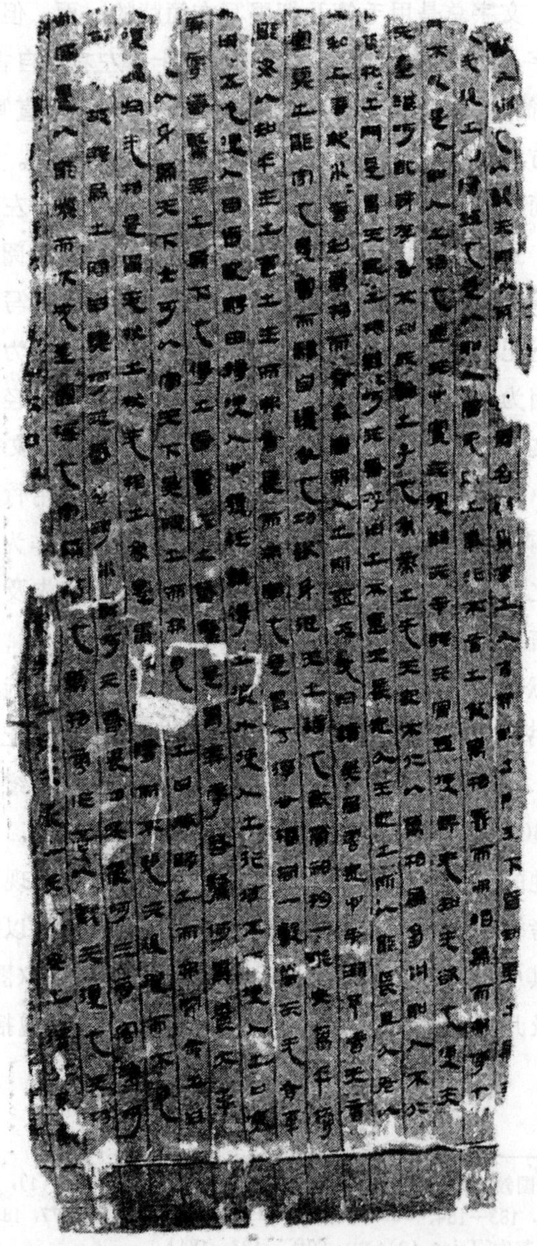

图1059 长沙马王堆出土的西汉帛书。《老子》现存最古老的两种文本之一，约2世纪，写在素色的丝织品上，高24厘米。采自《马王堆汉墓帛书》，1975年。

的古籍及某些不见于今本的佚文[1]。这是迄今所发现的最主要的帛书文献。

作为书写材料的帛，一般亦称“素”，是没有花纹或颜色的素白织物。“素”以外，薄而似纱的称“绢”，特别适用于书画；用双丝织成的细密而略带黄色的称“缣”，厚而色略深些也许是野蚕丝织成的称“缯”。它们在用于缮写书籍和写作时，可按 35
需要尺寸裁剪，并把某一单元的内容卷成一束，称之为“卷”。这种作法和名称，即便在纸张取代缣帛成为书写材料之后，也几乎全部沿用了下来。正像史书上所说的那样，“缣贵而简重”[2]，两者都不便于使用。这才终于采用了价廉而轻便的纸作为理想的书写材料。

(2) 纸的定义与特性

上文说过，纸是用细帘模从悬浮液里捞起来的一薄片交结的纤维，把水滤净之后，还必须将纤维片从帘模上取下并干燥[3]。这个定义，适用于古今的一切纸张。公元前后，纸张就是分散的纤维在平滑的模子上制成的，今天造纸依然如法炮制，唯一不同的是帘模的结构和纤维的处理过程有所改进而已[4]。因此可以说，造纸的主要原理含有两个基本因素：纤维和纸模。公元初年，正当纸张开始在中国使用时，在一部古老的中国字典为纸所下的定义中就清楚地包含了这两项要素。

公元100年左右，许慎编写的《说文解字》中对纸所下的定义是：“纸，絮一苫也”[5]。这里，关键的字是“絮”与“苫”[6]。根据同一部字典给出的定义和后世学者所作的注，可以得知“絮”是从漂絮或煮茧时得到的残余纤维，而“苫”则是用草类编成的用来遮盖的席子[7]。这说明，自古以来，造纸的两项基本因素就是纤维和滤水的帘席。在一部很古老的中国字典中对纸给出的定义所突出的这两项基本因素，与今天对纸的定义描述非常符合。

---

1) 中国刊物上发表过大量文章，报道这些帛书的发现、辨字和解释，特别在《文物》上刊登过不少专家的论文，论述这批帛书的内容、文体及其在历史上的重要意义。见《文物》，1974年第9期，第40页起；1975年第2期，第26页起；及洛伊的调查[Loewe (14), pp. 116—125]。

2) 见《后汉书》，卷一〇八，第五页。

3) 纸的各种定义，见美国纸张和纸浆联合会所编印的《纸张辞典》，1940年，p. 246；又见同一辞典第三版，p. 323。还可参考勃朗宁的著作 [Browning (1), p. 1; (2), p. 18]。由于近年来造纸纤维的原料大为扩展，新版《纸张辞典》就把纸的定义从“植物纤维薄片”改为“各种纤维交结的薄片(通常来自植物，有时也来自矿物、动物或合成材料)”。本册使用新的定义。

4) 见达德·亨特的有关著作[Dard Hunter (7), p. 10]。

5) 各家对这项定义所作的注，详见丁福保《说文解字诂林》，第5902页。

6) 在《说文解字》的早期版本中，“苫”有艸字根(见《四部丛刊》宋版影印本)，但在后世的版本中，却把此字加上竹字头及水旁，以适应各自的解释。见钱存训(5)，第127页，注8。

7) 本分册对“苫”字的解释，以早期版本中该字的写法为依据。其他写法(笘、箈)，见丁福保《说文解字诂林》第五九〇二页和补遗第八九六页。

36 有人认为，中国造纸起源于在水中捶打和漂絮。事后，也许敝絮中的纤维偶而汇集到了一张席子上，晾干之后，才诱发了造纸的灵感[1]。水中捶洗絮可能是很古老的中国传统，早在公元前许多世纪里就开始了。古代文献一再证实，妇女经常在水里洗涤、捶打和搅动絮。据说伍员（公元前6至前5世纪）因政治避难从楚国逃向吴国时，曾一度止于溧阳境内的濑水。当时在河边"击絮"的一位妇女曾经以食物周济他[2]。

〈子胥遂行至溧阳界中，见一女子击絮于濑水之中。子胥曰："豈可得托食乎？"女子曰："诺。"即发箪饭，清其壶浆而食之。〉

公元前3世纪问世的《庄子》中也提到，宋国有一家人善于制造防止手肤龟裂的药，其家族世代以漂絮（"洴澼絖"）为业[3]。

〈宋人有善为不龟手之药者，世世以洴澼絖为事。客闻之，请买其 方百金。聚族而谋曰："我世世为洴澼絖，不过数金，今一朝而鬻技百金，请与之。"〉

司马迁也曾写到，淮阴侯韩信（卒于公元前196年）在城郊垂钓时，一些妇女在淮河滨漂絮，其中之一见韩信饥饿，便给他食物，连续漂絮数十天[4]。

〈信钓于城下，诸母漂。有一母见信饥，饭信，竟漂数十日。〉

显然，在处理残丝、拆出绵衣内的绵絮来重新使用或洗涤麻织物时，都要把织物或丝絮放在水中捶打漂洗。也许有一次把败絮放到了一张席子上，晾干以后，它的形状诱发了照样试制一张薄纸的想法。

远在纸张造出之前，就已经有其他办法把纤维制成薄片，包括铺平压成薄的毡片，纺织成为布匹或呢绒，或者浸泡、捶薄制成名为"搨布"（*tapa*）的树皮布。制毡是最古老的工艺之一，早于纺织工艺。从远古时代起，亚洲北部和中部的居民就已经用毡来做衣服或被褥等覆盖物[5]。中国用毡始于何时，已不可考。但是，至迟在公元前3世纪就已经问世的《周礼》却记载了周朝掌管皮革的官吏——"掌皮"，使用兽毛制毡[6]。

〈掌皮……颁皮革于百工，共其毳毛为毡。〉

我们找不到根据来证明中国发明造纸曾经受到制毡工艺的启发，但是这两项工艺

1）见段玉裁（1735—1805年）等人对纸的定义所作的注，载丁福保《说文解字诂林》第5902页；又见劳榦、陈槃、钱存训的有关著作[Lao Kan (*1*), pp. 489—492; Chhen Phan (*12*), pp.257—265; Chhien Tshun-Hsün (*5*), pp. 126—128]。

2）《越绝书》，卷一，第三页。

3）《庄子》，卷一，第十五页。

4）《史记》，卷九十二，第一页。

5）见吉尔罗伊著作[C. G. Gilroy (1), pp. 414ff.]中关于古代人制造使用毡毯的论述；和劳弗的有关著作[Laufer (24), pp. 1ff.]。

6）参阅《周礼》，卷二，第二十四页。最初汉人从未利用羊毛纺织。制毡工艺可能是从北方少数民族学来的。

是很相似的。

纺织和造纸之间的关系则很密切。起初在两种制造过程中都使用同样的原料，连成品在形状和物理性能上亦有相似之处。甚至在用途上也经常可以相通。帛有时用于书画，纸有时取代织物用于衣着装饰。帛确曾长期用于书写，直到利用煮 37
茧时残余或水中捶洗絮时形成的纤维来造出一种薄层材料取代它时为止。当原料扩大到包括生麻和树皮这些新鲜纤维时，造纸史上便揭开了新的一页：从此，可以用新鲜植物纤维来大量生产纸张了。

生麻造纸似乎脱胎于破麻布造纸，用树皮造纸也可能得到楮树皮曾被用来造树皮布的启发。楮树一直在中国广为种植，中国南方也很早就使用树皮造树皮布[1]。楮树皮捶薄后，也曾经被全世界温热带地区的原始民族用来制作衣着、遮风挡雨的覆盖物或帷帐[2]。也有人认为，中国是树皮布的发源地，树皮布可能是从中国南方向东经过南中国海大小岛屿，最远传播到了太平洋彼岸的中部美洲；向西则横跨印度洋，到达了中部非洲，最后它几乎传遍了赤道附近的一切地区[3]。

树皮组织经过浸泡后，能捶薄到几乎十倍于原来的面积，还可以把几张薄皮沿边粘连成很大的一张。虽然从性质上看，树皮布色白柔软，轻便如纸，但是制造起来却费工费时。一个人每天只能制作一到三张，如果造纸，同样的工时却能造出2,000张。中国南方的居民，既然熟悉制造树皮布，也就很可能利用树皮纤维来造纸。一旦用浸解和抄造来代替捶捣，也就自然能用同样的材料造成一张薄纸。

除了纤维制成的薄片物以外，还有许多天然材料，如兽皮、树叶和莎草，都曾用于书写，只是在中国从来没有这样用过而已。从公元前2世纪开始，直到纸张传入以前，欧洲和中东都曾把绵羊、山羊、小羊、小牛和其他动物的皮制成羊皮纸。最上乘的羊皮纸叫做精皮(Vellum)，是极为细腻、洁白而润滑的书写材料，弥足珍贵[4]。它比纸坚韧，但是昂贵得多，单是一本书就要用大约两百头牲畜的皮张。

一切书写材料之中，也许最早使用的是树叶[5]。棕榈树叶又厚又窄，有时长达三英尺，使用于印度及南亚和东南亚其他国家。先用尖的铁笔在条状的叶片上 38

1）商代起，黄河流域就种植楮树。树皮布用于衣着，可以上溯到公元前6世纪的春秋时期。有关楮树造纸的情况，见本册pp. 56ff.。树皮布用于衣着装饰，则见本册pp. 109ff.。

2）见亨特的著作[Hunter (9), pp. 29—47]。

3）参阅勒伯尔的有关论述[E. G. Loeber (2), pp. 87ff.]。

4）参阅德林格的著作[Diringer (2), pp. 170ff.]。

5）普利尼(Pliny)说，最早的克里特(Cretan)文字是书写在棕榈树叶上的，然后再写在树皮上；见德林格的著作[Diringer (2), p. 42]。

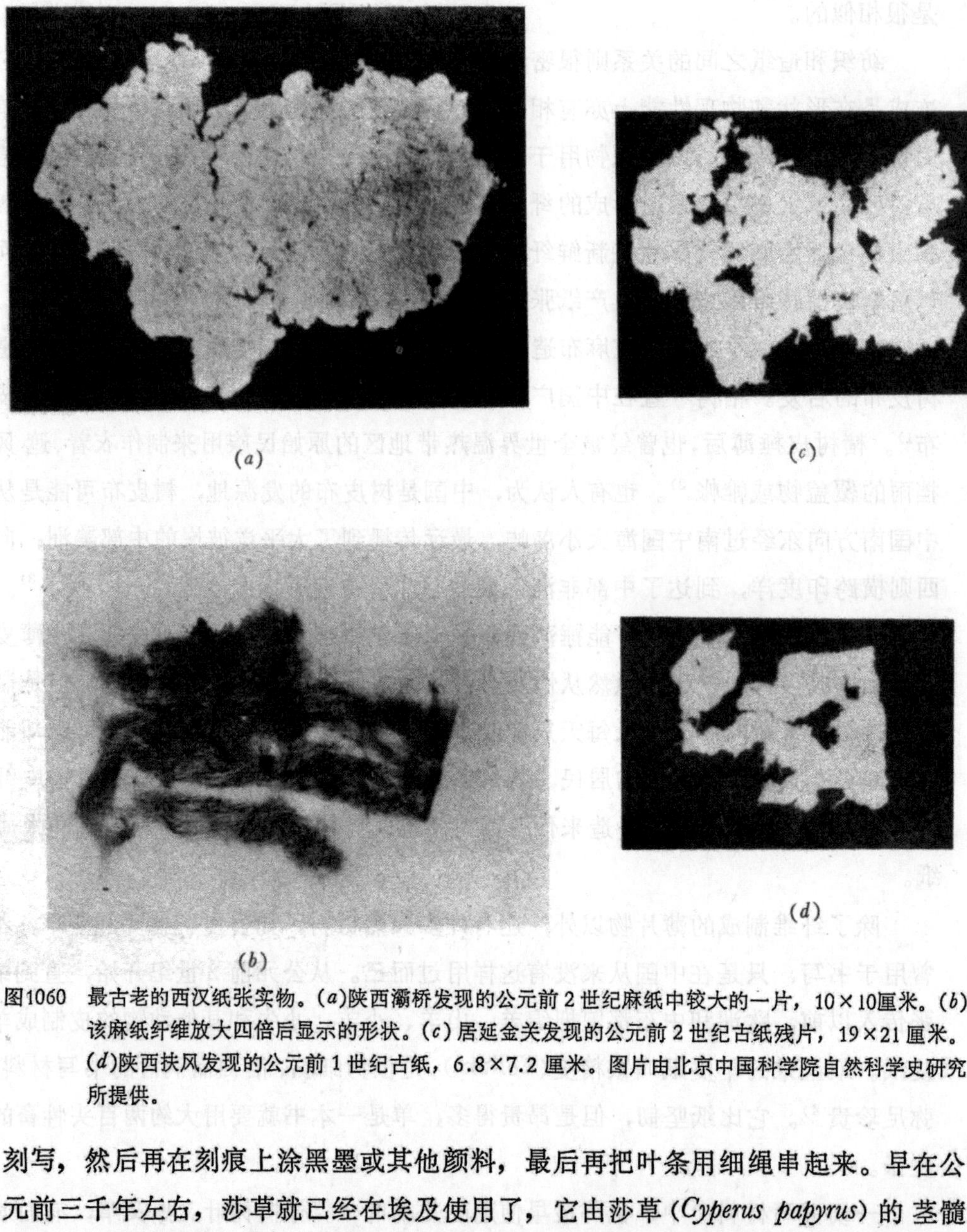

图1060 最古老的西汉纸张实物。(*a*)陕西灞桥发现的公元前2世纪麻纸中较大的一片，10×10厘米。(*b*)该麻纸纤维放大四倍后显示的形状。(*c*)居延金关发现的公元前2世纪古纸残片，19×21厘米。(*d*)陕西扶风发现的公元前1世纪古纸，6.8×7.2厘米。图片由北京中国科学院自然科学史研究所提供。

刻写，然后再在刻痕上涂黑墨或其他颜料，最后再把叶条用细绳串起来。早在公元前三千年左右，莎草就已经在埃及使用了，它由莎草(*Cyperus papyrus*)的茎髓制成。先把茎割成小片，再用胶汁把细片十字交叉地几层粘合在一起，然后加压晾干成薄片，最后再磨光以便书写[1]。东西方学者都曾一度认为纸和莎草理所当然地有同一性质，把两者混淆了起来，因而对造纸起源于中国发生了疑问[2]。

1) 参阅德林格的著作[Diringer (2), pp. 126ff.]。

2) 艾约瑟在有关著作中[Joseph Edkins (18), pp.67—68]，对纸张发明于中国的可靠性，提出疑问；中国历史学家翦伯赞也说雅典和亚历山大里亚早于中国400年就有纸了[Chien Po-Tsan (*1*), p.511]。著名的埃及学家雅罗斯拉夫则认为，中国发明纸是因为接触了埃及的莎草而受到了启发[Jaroslav (1) p. 31, n. 2]。见钱存训对西方纸张起源问题的评述[Tsien (2), pp. 140—142]。

之所以会造成这种混淆，一部分原因是由于欧洲语言中表示“纸”的词，如 paper、papier、papel，都是以莎草的拉丁文 papyrus 为词源而衍生出来的；另一部分原因则是由于对纸张本质的无知。莎草是直接由天然植物层压而成的，而纸张则是由借浸解而改变了其本性的纤维制成。

(3) 汉代造纸的起源

近年来在中国各地发现了一批公元前 2 世纪以来的古纸实物，证明纸是在汉代发明和发展起来的。现存最早的纸可能是1957年在陕西省西安附近灞桥的一座不晚于西汉武帝时期(公元前 140—前 87 年)的古墓中出土的。古纸是在三面青铜镜下发现的，较大的一片约10厘米见方(图 1060a)，其他还有若干较小的残片。据说纸色浅黄，质地粗厚不匀，纸面有纺织物的印痕 1)。纸片上可以见到未松散的纤维束和一小段双股细麻绳头。这表明灞桥纸的原料似乎是破麻布或其他废旧麻制品，而且当初是把湿的纸张放在纺织的席上晾干的。

西汉就有了植物纤维纸，又为考古发掘中出土的其他几种古纸所证实 2)。早在 1934 年，中国西北科学考察团的一位队员就在罗布淖尔一座烽燧遗址中发现
了一片残纸，大小是 10×4 厘米。根据发掘现场的情况，可以把它的年代大致确 39
定为公元前 49 年 3)。1974 年，又在居延附近的金关古要塞遗址中出土了两片大一些的纸，并断定其年代为公元前 1 世纪后期(图 1060c) 4)。1978 年，又在陕西
省扶风中颜村一处窖藏器物中发现了一些古纸的残片(图 1060 d，1064)，附着于 40
一件漆器附件之间，同时出土的有汉宣帝(公元前 73 — 49 年)时代的铜钱 5)。以上这些年代略晚于灞桥纸的古纸，在质地上也和灞桥纸相似，都是麻纸，微黄而厚，粗而不匀，表面可以见到纤维束。这些古纸，尤其是出土于时代较确定的中原地区遗址中的古纸，为纸的发明年代提供了一些新证据。

除了考古发掘出来的物证以外，在中国古代文献中，也有几处提到蔡伦以前

---

1) 这次考古发现的报告，首先刊登在《文物参考资料》上，见该刊1957年第 7 期，第78—79、81诸页及插图。最初曾说，这些纸由类似丝质的纤维制成，后来用显微镜观察，看出是大麻纤维。见潘吉星(*3*)，第45—47页。

2) 近年来关于出土西汉纸的断代问题，由中国造纸专家王菊华和李玉华(*1*)、郑志超和荣元恺(*1*)及潘吉星(*12*)进行了讨论。

3) 见黄文弼(*1*)，第168页，图版第23，图25。据说这片实物已经在三十年代的战火中焚毁。

4) 见《文物》，1978年第 1 期，第1至14页、图版壹至玖、图 1 至42的报导。遗址中及其周围还发现了约 2 万枚同一年代的木牍。

5) 见《文物》，1979年第 9 期，第17页起的两个报告。

就有了纸。有一个故事说，公元前93年，一个宫廷侍卫劝告一位王子用纸把他的鼻子遮盖起来[1]。

〈卫太子大鼻，武帝病，太子入省，江充曰："上恶大鼻，当持纸蔽其鼻而入。"〉

另外一个故事提到公元前12年的一件谋杀案中有两枚毒"药丸"，是用"赫蹏"裹起来的。按照应劭(约140—206年)的注解，"赫蹏"是红色的薄纸[2]。

〈裹药二枚，赫蹏书(应劭曰：赫蹏，薄小纸也)。〉

正史记载，汉光武帝(25—56年在位)即位后，改组掌管奏章文书的"尚书台"，令右丞掌管尚书台印绶以及纸、笔和墨[3]。

〈尚书令右丞，……假署印绶及纸笔墨诸财用库藏。〉

正史还记载，在76年(汉章帝建初元年)，有一位学者应朝廷召请为二十位学生讲学，授予每位学生一部抄在简和纸上的经典[4]。

〈帝……令(贾)逵自选《公羊》严、颜诸生高才者二十人，教以《左氏》，与简纸经传各一通。〉

102年，邓后诏令各郡国进贡纸张[5]，她爱好文学，对所谓蔡伦的发明起过赞助作用。

〈诸兄每读经传，辄下意难问。志在典籍，不问居家之事。……(永元十四年)冬，立为皇后。……是时方国贡献竞求珍丽之物，自后即位，悉令禁绝，岁时但供纸墨而已。〉

这些正史及其他文献的记载，都说明在105年以前已经有了纸。105年相传是蔡伦发明纸的年份，而从那时以后，蔡伦即被归之为造纸法的发明者或首倡者。

蔡伦(卒于121年)，字敬仲，桂阳(今湖南耒阳)人，75年或以前入宫为宦者，89年晋升为尚方令，掌管制造御用工具和武器。他被形容成为聪颖博学而忠诚谨慎的人。正史蔡伦传中说：

自古书契，多编以竹简，其用缣帛者谓之为纸。缣贵而简重，并不便于人。伦乃造意用树肤、麻头及敝布、鱼网所为纸。元兴元年(105年)，奏上之。帝善其能，自是莫不从用焉，故天下咸称'蔡侯纸'。[6]

---

1) 《三辅故事》，第九页。
2) 《前汉书》，卷九十七，第十三页。
3) 《后汉书》，卷三十六，第七页。参阅毕汉思的译文[Hans Bielenstein (3), p. 55]。
4) 《后汉书》，卷六十六，第十七页。
5) 《后汉书》，卷十上，第十九页。
6) 《后汉书》，卷一〇八，第五页。参考布朗歇的译文[Blanchet (1), pp. 13—14]以及卡特和亨特的有关著作[Carter (1), p. 5; Hunter (9), pp. 50—53]。

关于蔡伦造纸的类似记载，在25年至189年间编写的官修史书《东观汉记》中[1]以及其他文献资料中，也都能看到[2]。这些文献都提到了造纸的原料、把纸进献给 41
皇帝的年份和蔡伦的生平。

蔡伦以前已经有了纸，与正史所载蔡伦的功绩不一定抵触。他可能是一位在造纸中采用新原料的革新家。蔡伦传中的"造意"二字，确实可以理解为"首先提出"采用新原料来造纸，特别是树皮(树肤)和麻头。这两样原料和以前用于其他目的的废旧材料不同。至于破布和鱼网，虽说在此以前已用于造纸，不妨再作为最通常或正式建议的原料重申一下。总之，也许最初采用的是破布和其他废旧材料，但它们比起能大规模生产纸的树皮或其他植物和生纤维来说来源有限。还有人以为，蔡伦采用树皮造纸曾经受到过用树皮布文化的启发，因为在纸张出现以前，中国就已经把树皮制成树皮布了[3]。

正史上的文字记载，在近年来的几次考古发掘中得到了印证。1942年，中央研究院的一支考古队在居延附近查科尔帖(Tsakhortei)的一座古烽燧废墟中找到了一片古纸，上面有蔡伦同时代人写下的文字[4]。这张纸据说是由植物纤维制成，厚而粗糙，无清晰的帘纹，所载隶字有二十几个可以依稀辨认(图1061)，据说与一件年代确定为156年的陶器上的字体相似[5]。从历史上考证，这张残纸的年代可以推定为109至110年之际，即西羌扰边、汉军弃守这座烽火台的时期[6]。这是首次发现有字古纸，也是年代最早的字纸。近年出土的东汉古纸中，有1959年在新疆民丰一座古墓干尸附近发现的素纸[7]，以及1974年在甘肃武威旱滩坡古墓中发现的几片有字残纸，有的字迹已经不能辨认[8]。旱滩坡的古纸据说发现时三张一叠用木条钉在一架牛车的两侧。这些纸是麻纸，质地比起其他古纸来已经有所改进，有些呈白色，比灞桥纸薄得多，而且能用笔墨书写。这是第二次发 42
现的汉代有字古纸。

---

1) 重新辑出的《东观汉记》，卷二十，第二页中，关于这一段的记载较短，见钱存训的译文 [Tsien (2), p. 136]。重辑的记载与《北堂书钞》和《初学记》中的引文略有出入。

2) 见3世纪董巴所著的《舆服志》。《太平御览》卷六〇五，第七页上有引自该书引文。

3) 见凌纯声(*7*)，第11—16页，40-43页；及本册 pp. 110ff.有关"搨布"的讨论。

4) 见劳榦(*1*)，第496-498页。同一地点还发掘出一部分93-98年的木牍，同样的木牍在1930年也曾由中国瑞典联合考察队发现过，见伯格曼的著作 [Bergman (4), pp. 146—148]。

5) 见潘吉星(*1*)，第48页。

6) 发现者劳榦在1948年写的论文[Lao Kan (*1*)]中推定其年代在98年左右，后来据考证改定为109或110年；见钱存训(*5*)，第183-184页。

7) 见《文物》，1960年第六期；潘吉星(*9*)，第63页也谈到该处古纸的发现。

8) 见潘吉星(*10*)，第62—63页。

图1061　东汉有字古纸。发现于居延，年代约110年。

汉代有几位工匠以改良纸质著称于世。左伯(200年)，字子邑，汉末山东东莱人。据说他造的纸“研妙辉光”，与“张芝笔”、“韦诞墨”齐名[1]。孔丹则为传说人物。相传他是东汉宣城人，曾发现青檀皮在造高级书画纸(宣纸)时的价值[2]。除此之外，在早期文献记载及成品上，再也没有其他造纸工匠的姓名了，但是随着朝代的更替，中国的造纸术总随着新的原料和工艺的出现而不断改进。

(4) 晋代至唐代造纸术的进步

造纸固然始于汉代，但是，从晋到唐(3—10世纪)这六百多年间，无论从新原料的开发、技术的进一步改进、纸张用途的扩大等方面来看，也许都要算是最
43 重要的时期。新原料中有藤，主要产于中国东南各地。以藤造纸，是该时期造纸术中的一大进步。

用当地原料造纸，也许受当时政治、文化各因素所决定，特别是东晋从洛阳迁都建康偏安后，对书写纸及其他用途的纸需要量增加。虽然早在1世纪纸张已

1) 见《文房四谱》，第五十三页。

2) 见穆孝天(*1*)，第4页。

经用于书写，但是直到这一时期，写在竹木简上的书籍才完全为写在纸上的书籍所取代。我们知道，当时曾经把发现的一大批公元前3世纪写成的竹木书籍中的一部份转抄在纸上，保存于大内图书馆。晋代书目用“卷”来记录所有的书，取代了早期书目中所用的“篇”[1]。我们发现，也正是从这时起，已经用精细的竹帘模抄纸，进行适当施胶，并且用除虫剂染纸以便久存。这时还开始把纸制成彩笺，剪成图案作装饰，拓印碑文，用于文牍、书籍、书画、名刺以及扇、伞、灯笼、风筝等日常生活用品，甚至还开始有了卫生手纸[2]。

本世纪初，在中亚发现了大批晋纸残片，说明当时纸张已经从中国内地西传。其中有些残片上写有相当于252至310年的年代，是斯文赫定(Sven Hedin)于1900年在楼兰地区发现的[3]。1914年，斯坦因在同一地区发现了几百件263至280年遗留下来的残纸[4]，以及一些大约在312—313年间用古粟特语(Sogdian)写在纸上的文件和信函[5]。1902至1914年，普鲁士考古队在吐鲁番和高昌地区发现了相同年代遗留下来的一批纸文书[6]。另一批同类的文书则由日本西本愿寺考古队在1909—1910年间发现[7]。近年来，中国的考古队亦在这一地区挖出了一大批4至9世纪纸写的文书、典籍和纸制品(图1062)[8]。

另一方面，晋代初年外国所造的纸张也可能流传到了中国。据史籍记载，
284年大秦国向晋武帝赠送了三万枚蜜香纸，武帝把其中的一万枚赐给杜预(222 44
—284年)，用于抄写他撰著的儒家经典注释[9]。有些学者对蜜香纸来自大秦（罗马帝国）提出异议，说这种纸产于印度支那，原料为沉香木(*Aquilaria agallocha*)，由古代亚历山大里亚的商人就近从产地运往中国，以代替地中海沿岸的其他货物[10]。另一种说法是晋武帝(265—290年在位)赐给张华1万张南越(今越南)进贡

1) 《前汉书》卷三十《艺文志》书目中，有四分之三的典籍皆以“篇”计，参阅钱存训的著作[Tsien (2), pp. 92—93]。

2) 见本册pp. 84ff.关于纸和纸制品各种用途的讨论。

3) 见孔好古的著作[Conrady (1), pp. 93,99,101; pls. 16: 1—2,20:1, 22: 8]。

4) 见斯坦因[Stein (4), Vol. Ⅱ, p. 674]和沙畹[Chavannes (12a), nos. 706—708]的有关著作。

5) 这些文件的年代，起先曾推定为元嘉三年(153年)，系永嘉之误；后来修正为永嘉(303-313年)，才得到学界的公认。见亨宁的著作[Henning (2), pp. 601—615]。

6) 参阅姚从吾(*1*)，第27-29页。

7) 见大谷光瑞(*1*)中的序言。

8) 一共对26份年代确定为约346年至907年间的纸本文书，作了科学的分析和研究，确定了当时造纸的原料和探讨了当时造纸的方法。见潘吉星(*4*)，第52页起。

9) 见《南方草木状》，卷中，第六页。此书相传为嵇含(263—306年)所撰。近代的学者对作者是否嵇含及成书年代提出了疑问，还说类似蜜香纸的故事也曾出现在两部唐代著作中。见马泰来的著作[Ma Thai-Lai (1), pp. 239—240; Ma Thai-Lai (*1*), pp. 199—202]。即便如此，也不能据以否定外国纸在3世纪传入中国的论述。

10) 见夏德的著作[Hirth (1), pp. 274—275]。

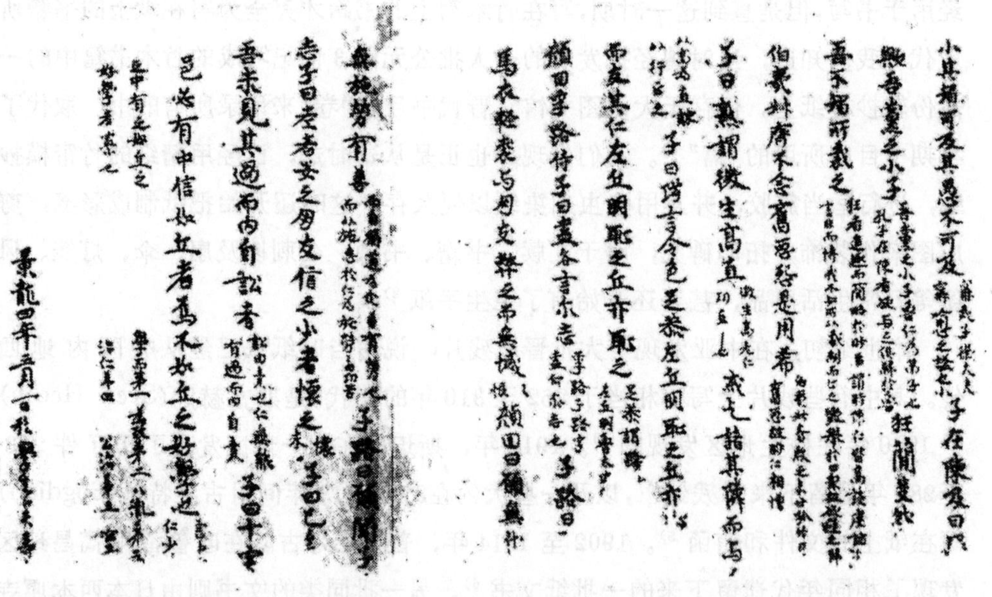

图1062 现存郑玄《论语注》的最早写本，年代为716年。抄写人为卜天寿，27×43.5厘米，是在新疆出土的一本唐代帐簿纸页背面发现的。

来的侧理纸，用以抄写《博物志》[1]。印支与中国接壤，可能造纸技术很早就传入了中国南方的邻邦，而南越把用当地原料制成的纸进贡给晋帝。

唐代政局安定、经济繁荣和官方对学术的扶持，都鼓励了纸张的增产，使纸质
45 更有改善。政府不仅挑选最好的纸来缮写公文并供其它官府之用，还指令全国一些地区制造品质特优的贡纸。史书记载，全国不下十一个州经常把这类纸贡入政府[2]。长安的宫廷藏书和后来在洛阳的藏书，一律用最佳蜀纸抄写[3]。而宫内学术部门均设专职来染纸、装潢、加工，以利保藏。政府还在南方长江流域广设造纸作坊。仅今天的江、浙、皖、赣、湘、川等省，当年即有作坊90余处。又制成尺寸一律的标准纸，供商贾、寺院、官绅府邸制作帐册之用。国计日隆，纸张也日益大量用于外贸、庆典、制作衣服甲胄和日常用具、裱糊居室、其它装饰及娱乐。

从4世纪起，已经有许多写在纸上的文献和书籍完整地保存到今天。这类书籍中，最古老而且数量最大的一批，就是本世纪初在敦煌石室中发现的年代为4—

1) 见4世纪的著作《拾遗记》，卷九，第七页。对这部著作的真伪，也有人提出疑问。见张德钧(*1*)，第88页。

2) 见《新唐书》，卷四十一，第一至二十二页；又《元和郡县志》，卷二十六，第六八一至六九四页；卷二十八；第七四三至七六三页。

3) 《旧唐书》，卷四十七，第四十六页。

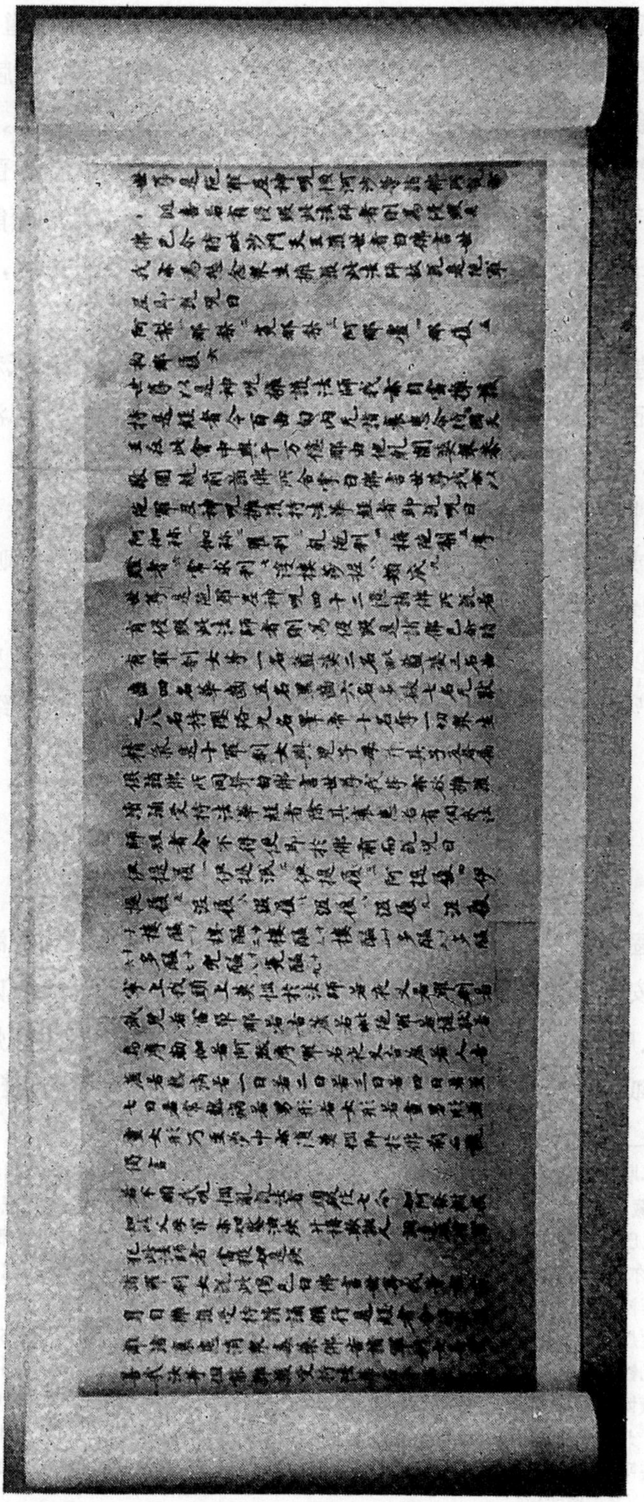

图1063 敦煌石窟中发现的《法华经》残卷。约9世纪，是唐代纸卷书的式样。芝加哥大学远东图书馆。

10世纪的3万多卷典籍[1)]。用佛像雕塑和壁画装饰的这座石窟建筑，于366年开始动工，经营了几百年。石窟中发现的纸卷大部分是佛经，也有些道教和儒家经典，以及政府公文、商务契约、日历、文集、类书、字典、韵书、尺牍、寺院幼僧使用过的作文卷等。大部分是用汉文写的，也有用梵文、古粟特文、伊朗文、回纥文、特别是藏文写的。除了少数早期的印刷品和碑拓外，大部分是晋代到五代的600年间的手稿，以隋、唐两代的居多(图1063)[2)]。全部纸卷可能在11世纪初
47 年就封存在石窟中的一面墙壁之后，因此免于自然和人为的损害，一直保存完好。

敦煌纸卷中最普遍的是大麻纸和穀(楮)皮纸，少量是苧麻纸和桑皮纸[3)]。虽然根据史书记载，当时已经用竹和藤来造纸，但是敦煌藏品中却没有这两种原料所造的纸。也许是由于竹和藤都生长在南方，边远地区不易利用之故。年代较早的纸，特别是7、8世纪的产品，据说大体是薄纸，制作精美，施胶适中，染成黄或黄褐色。年代较晚的纸，特别是10世纪的产品，则品质下降。除少数以外，均质地粗糙，色滞张厚[4)]。通常由十至二十八张首尾黏连，形成长卷。卷首复以厚纸黏在轴上。每一张纸平均约阔一尺，长两尺；整卷长度有的达二十三尺[5)]。早期的敦煌纸较狭，隋、唐时逐渐加阔，五代纸尺寸参差不齐。

(5) 宋代以后造纸术的发展

由于藤逐渐用尽，宋代广泛用竹造纸。宋代的造纸中心，在浙江有会稽和剡溪；在今日安徽境内有徽州和池州；在今日江西的有抚州；今日四川的有成都和广都，四川从唐代起就是造纸中心了。据说10世纪时，南唐后主李煜(937—978年)曾经设局造纸，召唤名匠，造出以他的一所书斋为名美誉不衰的佳纸(澄心

1) 1907年斯坦因所获的约7,000卷和3,000枚残片，现藏于伦敦不列颠博物馆；同年伯希和所得的3,500余卷，现藏于巴黎国立图书馆；1908—1914年日本考察队所得的几百卷，起先藏在神户附近大谷光瑞的私宅中，据说已转到辽宁大连的旅顺博物馆；1909年另有约10,000卷运到北京学部图书馆；1914—1915年谢尔盖·F·奥尔登堡所得的10,000余卷，大部已残，现藏于列宁格勒亚洲民族研究所；少数书卷分散于世界各地；见藤枝晃的著作[Fujieda Akira (1),(2)]和苏莹辉(*4*)，第73—85页。

2) 有关敦煌纸卷文献的总结，见藤枝晃的著作[Fujieda (2)]和苏莹辉(*4*)，第25—68页。关于这些文献的描述，则见钱存训有关著作[Tsien (10), pp. 436—441]中所开列的各处收藏品的目录。

3) 不列颠博物馆中年代为406—991年的十五份文书由克拉珀顿分析[Clapperton(1), P. 18]，绝大部分是楮皮纸。北京所藏的259—960年间的32种纸样，则大部份是麻纸，见潘吉星(*2*)，第40—41页。

4) 初唐纸平均厚0.002—0.005寸；晚唐纸厚0.008—0.012寸。见克拉珀顿的著作[Clapperton (1), p. 18]。

5) 潘吉星曾加分析，并列有附表。见潘吉星(*2*)，第39—42页。

堂纸）[1]。南唐覆灭后，这些工匠流亡到长江下游各地，形成新的造纸中心，堪与蜀纸抗衡。费著（盛年1265年）写道，江、浙、皖所造纸价为四川纸价的三倍，但是四川人喜爱远道而来的细薄佳纸，过于本地厚纸[2]。

宋代继续命令各地进贡纸张供官府之用。据史籍记载，1101年以前，新安（现安徽歙县）每年就要向汴京缴纳七种不同的贡纸150万张。这一年起，徽宗削减了贡纸的数量，因为民不堪其苦[3]。政府还自行设置了许多大纸坊，以供应印制纸币、 48
交易凭证及其他用纸之需要。单为印刷纸币，就有几家大作坊在徽州、成都、杭州和安溪等地开工。例如杭州的一处官办作坊，在1274年的雇工数即超过一千人。费著也提到成都有一座蔡伦庙，受到几百家造纸户的香火祭祀，这些造纸户都住在成都城南约五里的一处村庄内[4]。由于祭祀焚烧及别种用途的纸消耗量日益增长，农民为造纸的收益所吸引，纷纷离开农田去纸坊就业[5]。

宋代印刷术普及后，需要大量纸张用于印书，进一步刺激了造纸业的发展。不仅开封和后来在杭州的国子监担负着大规模的出版任务，成都、杭州、建阳等地的私家和商贾也纷纷从事造纸和印刷。宋代考古之风渐兴，金石拓印也开始盛行。学者个人珍藏的拓片有时多达几千卷[6]。为了迎合书画的特殊需要，专门制成了规格特大的"匹纸"。苏易简（957—995年）曾经叙述过徽州生产一种五十尺长纸张的过程：用船舱作为纸槽，大约有五十名抄纸工人以鼓声为号协同抬起一张巨大的帘模。为了使产品厚薄均匀，烘纸时不用通常的火墙，而采用巨大的炭盆[7]。许多其它品类的纸张，进入宋代后品质愈臻完善，包括抄写佛经用的名纸金粟笺[8]。大书法家米芾（1051—1107年）评论说，这一时期所造的纸品质优秀，洁白光滑，吸墨良好，最适合书法绘画[9]。也正是从这时起，纸首次列为文房四宝之一，由苏易简在986年写成了名著《文房四谱》。

纸和纸制品能进一步向西方和向其它各处传播，则要归功于蒙古人。马可· 49
波罗是从欧洲最早来到中国访问者之一。他目睹了纸币的广泛流通和成吉思汗帝

1）关于澄心堂书画用纸的制造，见本册p. 90上的论述。

2）见《笺纸谱》，第三页。

3）《新安志》（1888年刊本）卷二，第三十、三十一页。

4）《笺纸谱》，第一页。

5）见《高峰文集》，卷一，第十五至十七页中廖刚（1070—1143年）的记录。

6）欧阳修（1007—1072年）在《集古录》中列出所藏的一千卷拓片，赵明诚（1081—1129年）则藏有拓片两千卷，见李清照《金石录》序言。

7）《文房四谱》，第五十三页。

8）《金粟笺说》，第一二七至一三〇页。

9）见《美术丛书》所收录的《评纸帖》（又名《十纸说》）卷六，第三〇五至三〇七页。

国为了祭祀死者大量焚烧纸人纸钱的奢侈风俗。一位阿拉伯作家艾哈迈德·西巴德丁 (Ahmed Sibab Eddin, 1245—1338 年）根据别人亲眼见到的情况所写的一本书中，两次提到中国的纸币[1]。12 世纪，造纸术间接传到欧洲。此后，蒙古征服者于 13 世纪在波斯发行第一批纸币，14 世纪又在朝鲜、越南发行。日本则在同一时期也开始使用纸币。大约也在此时，纸牌和其它纸制品可能经由阿拉伯国家传到了欧洲[2]。

整个明代，造纸业持续发展，以满足政府的需要和书写、出版及日常生活的需要。明代造纸业中，竹子成为主要的原料，特别在浙江、江西、福建的广大接壤地区，那里遍山傍水生长着茂密的竹林。据明朝一地方志记载，单是江西铅山石塘镇就拥有造纸作坊不下三十家，每家雇工一、两千人。1597 年，该镇就有五、六万人以造纸为业[3]。据说铅山手工业中，唯造纸获利，所造的纸行销全国。

政府各部门征调各类纸张来供给各种用途。据明代的行政法典记载，工部一次就征调了 314，950 张各种纸张。司法用纸每季征集，年终汇报。为了举行文官考试，每年征调 16，800 张榜纸；遇闰月加收 1400 张。官方每十年向各省征集总共 120 万张规定为四尺四寸长、四尺阔的榜纸，存库备用。如数量不足，可用其它尺寸的纸折合代替。1537 年，榜纸每百张值银一钱，龙沥纸百张值银四钱[4]。

每年各省应缴纳总共150 万张纸供印盐、茶及其它商品交易凭证之用。1393 年规定的呈缴额中包括：直隶 38 万张，浙江 25 万张，江西 20 万张，两湖 17 万张，陕西 15 万张，山西、北京各 10 万张，山东、河南各 5.5 万张，福建 4 万
50 张。纸张缴到后，按规格仔细验明后存库。1422 年规定，如纸张品质不符合标准，应以等量的纸张更换。1424 年福建纸与规格不合，省按察司惩处了负责征缴的官员[5]。

有关造纸过程的详细叙述，首次出现于明末，1637 年宋应星撰写的《天工开物》中有“杀青”（造纸）一章[6]。这可能是有史以来最重要的造纸工艺记载之一。大约在这本著作出版的同时，出现了几种装饰华丽且有彩色图案的笺谱。从此诗歌、

1）见舍费尔的译本[Ch. Schefer (2), pp. 17, 20]。

2）见卡特的著作[Carter (1), pp. 183—188]，及本册 pp. 99ff.。

3）见《铅书》（万历刊本），卷一；及彭泽益(1)，第一卷第十一页。

4）见《大明会典》（1589 年刊本），卷一九五，第四至五页。

5）《大明会典》，卷一九五，第四、五页。

6）英译文见Sun & Sun (1), pp. 223—232;及本册 pp. 69ff.的论述。

笔记、私人信函和某些契约都有写在这种雅致而设计精美的笺纸上的了。这些都表明，明代的造纸已经达到了高超的艺术和技术水平。

明、清两代用各种纸张印刷和手写的无数书籍、文件和书画作品以及各种纸制品的标本，都保存了下来。清代的行政法典中详细规定了清廷文件使用的各色装璜华丽的纸张。1644年清世祖登基时，诏令以双层硬黄纸榜题殿试及第的进士名录。对诏书本身，则规定使用三类等级的加工笺：四层渗檀香末描金龙香笺、三层香墨画龙笺和双层香墨印龙镶边笺。1738年，特制了一千卷纸张专供缮写颁赐世袭荣衔的诏书之用；内300卷各长30—40尺，100卷长100尺，还有些长达500尺[1]。由皇家主编的著名类书《图书集成》5020册，于1725年进呈御览；约36，275册的《四库全书》共两百余万双页，于18世纪80年代缮写七部，这些都要求使用大量的高级纸张。宫内武英殿特别选择了一种被称为"开化纸"的由浙江开化制造的品质精良而柔韧的白纸来印制殿版书。

从近年来发现的刻有纸坊管理规程的一些石碑上，可以获知清初纸坊工匠的
劳动和工资收入情况。在苏州发现的1794年所刻的石碑上，记载了当时苏州府元 51
和、长洲和吴县三县有三十六处纸坊，一共雇佣工匠800多名。大部分雇工来自邻近的江宁（南京）和镇江。城内外每三至六家纸坊设立"监房"，专司稽查规程执行及劳动条件。工匠有常工、短工及徒弟之分，由坊甲、工头及匠总管理，接受监房稽查。1757年，工匠除"坊给食宿"外，每月每工给银七钱二分；1794年增至一两二钱[2]。以抄纸六百张为一工，并不按日计工。工匠超时劳动或每工抄纸超过六百张者，每月另给四分五厘，以示鼓励。徒工每月给以"浆洗"之费，学习三年期满转为合格工匠。纸坊所雇常工、短工及徒工的姓名，皆应登录在册，犯规革除的工匠不得更名易姓另投别坊佣工。禁止工匠夜不归坊，以防道德败坏。

根据另一块1757年刻的石碑，苏州这三县中34家纸坊曾经协议，染纸工每日染绿纸七百张给工银二分四厘，每超额七百张另加五分；染红纸一千张日给工银二分一厘，每超额一千张另加五分。碑文中还开列了染各种纸张的不同工价23项[3]。

1）见《大清会典事例》(1899年版)，卷九四〇，第四页。

2）这块石碑的全文见刘永成(*3*)，第85—87页。根据年代与这块碑石相当的一份地方志中的记载：纸坊中每槽纸浆由四名匠人协同操作，扶头一名，舂碓一名，捺料一名，焙干一名。别的史料上记载：1769年福建纸坊工价每月银五钱；1783年江西每月工价九百文；1807年浙江月工亦为九百文；1815年陕西月工则为一千二百文；见彭泽益(*1*)，第396—397页。按清代钱制：银每钱为0.1两，每两折合铜钱一千文。

3）部份碑文见《文物》，1957第10期，第38—39页。根据一块石碑上的记载：1716年的米价为每担银一两五钱。

19 世纪中叶洋纸打入中国市场以后，久享盛名的中国造纸工艺迅速衰落。历史学家刘锦藻指出：手制纸生产缓慢，造价高昂，不适合机器印刷，不能和外国生产的机制纸匹敌。当时消耗纸张最多的是印刷报纸和包装，然而手制纸不能两面印刷，不宜印刷报纸。进口的包装纸每磅售价十五分，同样重的毛边纸却为二十六分。又如 19 世纪末以前，江西省铅山县的手制纸每年产值达纹银五十万两。
52 洋纸输入后，骤降至十万两。20 世纪初年，江西省石城县的纸坊，十之八九都已歇业了[1]。

(c) 造纸技术和工序

造纸技术涉及原料、工具和制造方法。很早以来，中国造纸者就明智地选出了现代造纸工业所熟悉的一切植物原料，从其中所取得的纤维，不仅品质最佳，在经济上也最合算。发明造纸之后不久，中国造纸者便了解施胶、填料、涂布、着色和染色等化学药剂的应用。以水作为廉价的处理剂，不仅有助于纤维的膨胀和结合，也能提高纸张的机械强度。几百年前中国所用的工具如浆槽、帘模和压力榨，以及浸解、洗涤、抄造、压榨、焙干等工序，和现代造纸工业中所采用的工具和工序，基本原理相同。造纸史专家一致同意：古代造纸术的原理和实践是现代造纸机械所赖以设计与运转的基础。下面将详细探讨机械时代到来之前中国造纸的传统用料、工具和方法。

(1) 造纸的原料

从遗留下来的纸样和史籍记载来看，中国造纸使用的植物纤维，种类至为广泛。几乎任何植物都能提供纤维，但是只有纤维素丰富、来源不竭、易于处理和成本低廉的才最适合造纸。特别令人满意的原料，是那些含长纤维素较多，同时须离析掉的胶质较少的植物原料，包括大麻、黄麻、亚麻、苎麻、藤等韧皮植物；桑、楮(构)等的树皮；竹、芦苇、稻秆、麦秸等草本植物以及棉花等。大麻和棉花也许最好，因为它们能提供最多的纯纤维，但是它们主要用于纺织工业。于是，楮和竹就成为中国造纸的主要原料了。

从时间先后上说，大麻也许是最早的造纸原料，始于西汉（公元前 206—公元后 8 年）。接下是楮皮，始于东汉(25—220年)。用藤作造纸原料可以上溯到晋

1) 见刘锦藻(*1*)，第 11306，11314，11315，11419—11420 页。

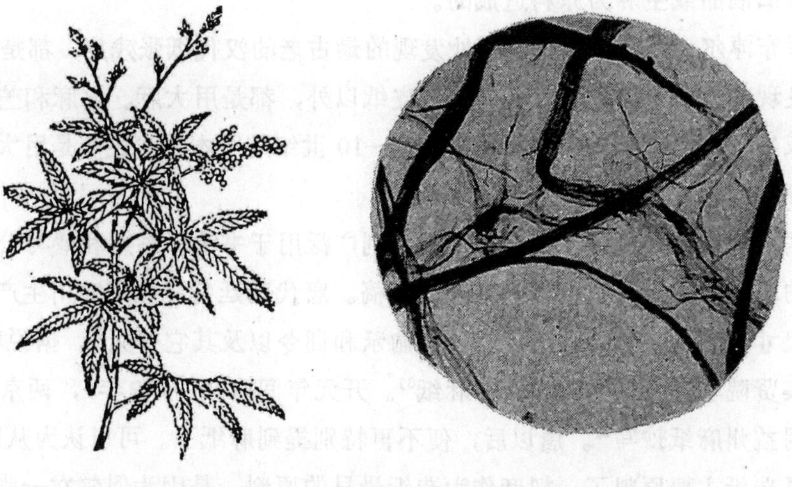

图1064　大麻及其纤维（×67，取样于1978年陕西扶风发现的西汉古纸）。

代(265—420年)。用竹可以上溯到唐代(618—906年)中叶。用草则也许在宋代(960—1280年)或更早一些就开始了。大麻在唐代以后不再大量使用，藤从宋代早年起就耗尽了，除这两类以外，上述其它原料直到今天还在用来造纸。各种生纤维用于造纸，在很大的程度上因产地而异。第一本造纸专著的作者苏易简(957—995年)写道："蜀中以麻为纸…。江、浙间多以嫩竹为纸。北土以桑皮为纸。剡溪以藤为纸。海人以苔为纸。浙人以麦茎、稻杆为之者脆薄焉，以麦藁、油藤为之者尤佳"[1]。这一段所提到的情况，无论在早期和以后看来，都是真实的。 53

(i) 大麻、黄麻、亚麻和苎麻

我们所知道的中国造纸中最早使用的原料，是一些能提供最多又最结实的韧皮纤维的植物，主要的品种有大麻(*Cannabis sativa*)、黄麻(*Corchorus capsilaris*)、亚麻(*Linum perenne*)和俗称"中国草"的苎麻(*Boehmeria nivea*)。中国各地都种植这些麻类植物，特别在华北和华西地区。这些麻类在古代中国文献中统称为"麻"，此字一般又都译成英文的"*hemp*"(图1064)。在明代棉纤维广泛用来纺织以前，麻类也许是中国最早用于衣着的纤维植物了。苎麻是多年生的植物。宋应星(约1587—1660年)描述说，苎麻有黄绿两种。苎麻的茎可以每年收割两、三次，以

1)《文房四谱》，第五十三页。

54 其纤维可以制成夏布、帘幕和蚊帐[1]。最早的纸张，大部分是以这些韧皮植物纤维的废旧制品或生麻为原料造成的。

罗布淖尔、灞桥、居延和别处发现的最古老的汉代纸张残片，都是麻纸[2]。在新疆发现的3—8世纪的古纸，除桑皮纸以外，都是用大麻、亚麻和苎麻制品的纤维或生纤维制成的[3]。敦煌发现的4—10世纪的写本，也主要是用大麻、黄麻和苎麻造的[4]。

据称麻纸柔软坚韧、细滑防水，特别广泛用于书法、书籍和缮写公文方面。晋代的著名书法家，都用麻纸挥毫、属稿。唐代朝廷特别选用四川生产的各种颜色和尺寸的麻纸，来缮写法令、日常谕示和训令以及其它公文[5]。据说朝廷每月授与集贤院学者5千张四川产的麻纸[6]。开元年间(713—742年)，两京内府藏书一律用益州麻纸抄写[7]。唐以后，便不再特别提到麻纸了。可以认为从唐以后麻不再是造纸主要原料了。把麻作为造纸最早的原料，是因为偶尔在一张席上发现滤去水后晾干的麻类纤维薄层竟成了纸。19世纪初以前，木浆纸已经商品化时，在欧洲仍用大麻造纸。即便在今天，许多高级纸张依然用麻作为原料。然而在中国，麻更需要用来纺织、制绳和制造别的用品。尤其在唐代以后，藤，特别是竹，就逐步代替麻来造纸了。

(ii) 藤

藤(*Calmus rotang*)(图1065)在中国某些地区早已用来造纸。特别在相当于今天的浙江和江西的东南地区，藤纸过去很普遍，几乎有一千年的历史。藤纸的起源可以上溯到3世纪的剡溪(在今浙江嵊县)。据说当年沿剡溪两岸连绵几百里的

55 山上都长满了藤。早年剡溪造的藤纸即称"剡藤"纸。河南人范宁(339—401年)曾在晋都当官，认为当地所产的纸不可作文书，就指示改用藤纸和皮纸[8]。

---

1) 《天工开物》，第三十九页；英译文见 Sun &Sun (1), p. 63.

2) 见潘吉星(*3*)，第47—49页。

3) 参考赫恩勒[Hoernle (1),pp. 665ff]和卡特[Carter (1), pp.6—7]的著作。潘吉星(*4*)，第54—55页中报导说在这一地区发现的古纸百分之九十以上是麻纸。

4) 对敦煌纸的论述，见克拉珀顿[Clapperton (1), p. 18]、翟林奈[Giles (17)]和潘吉星(*2*)，第40—41页。

5) 《唐六典》(1836年刊本)，卷九，第六十六页。

6) 《新唐书》，卷五十七，第二页。

7) 《旧唐书》，卷四十七，第四十六页。

8) 引自《北堂书钞》(1888刊本)，卷一〇四，第五页。

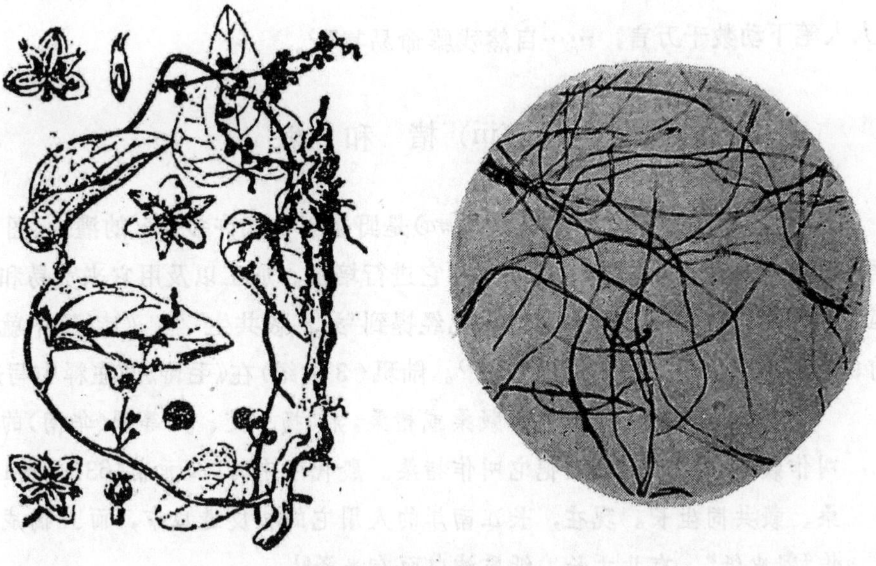

图1065　藤及其纤维(×50)。

唐代为藤纸极盛时期，产地扩及到剡溪以外的浙、赣邻近的许多县。8世纪前半叶，据官修地方志及其它文献记载，贡纸的州邑约十一处，包括专门进贡藤纸的杭州、衢州、婺州(今浙境)和信州(今赣境)等[1]。据说某些地方一次进贡六千张。杭州由拳村所制藤纸称"由拳纸"，尤负盛名。

一般认为藤纸滑、牢、细，又具有不同的颜色，因此选作抄印书籍、缮写公文、书法等用途。唐制：白藤纸专供缮写赏赐、征召、宣索、处分等诏令，青藤纸专供缮写太清宫道观荐告词文，黄藤纸专供缮写宫廷诏书[2]。著名的书法家米芾(1051—1107年)就曾说过："台藤背书滑无毛，天下第一余莫及"[3]。剡藤纸厚 56
密，也用于贮存炙茶，"使不泄其香也"[4]。

藤是在有限地区生长的野生植物，而且成长缓慢，不象麻可以每年一收，楮皮可以三年一收。这样，藤的来源就逐年枯竭。但这是个渐次的过程，而宋代剡溪的藤耗尽时，藤纸生产中心又由浙西移至浙东。天台产的台藤纸，也就成为与由拳齐名的名纸了。宋代以后，藤纸逐渐衰落。原因之一是早从唐代中叶起竹已逐渐取代藤、麻作为造纸的主要原料；其二是过度的砍伐，又不注意适当培植，

1) 见《元和郡县图志》，卷二十六，第六八一至六九四页；卷二十八，第七四三至七六三页。
2) 《翰林志》，第三页。
3) 《书史》，第二十页。
4) 《茶经》，卷二，第二页。

也使藤源枯竭。不少文人对此大为悲叹。唐代文人官吏舒元舆(835年卒)讽刺说："人人笔下动数千万言，……自然残藤命易甚"[1]。

(iii) 楮 和 桑

楮(构、榖[2]，*Broussonetia papyrifera*)是野生于中国许多地区的灌木(图1066)。据中国文献记载，远古以来，就已对它进行培植、加工以及用它来贸易和制造布匹了。司马迁在《史记·殷本纪》中已经提到"桑、榖共生"[3]。《诗经》中就有公元前9或8世纪创作的提到榖的诗篇[4]。陆玑(3世纪)在《毛诗》的注释中写道：

> 幽州(华北)人把它叫作榖桑或楮桑，荆、扬、交、广等州(华南)的人把它叫作榖，中州(华中)人把它叫作楮桑。殷代中宗时(公元前1637—前1563年)
> 57 桑、榖共同生长。现在，长江南岸的人用它的树皮造成布，而且捣成纸，叫作"榖皮纸"，有几丈长，纸质洁白而有光泽[5]。

> 〈榖，幽州人谓之榖桑，或曰楮桑；荆、扬、交、广谓之榖；中州人谓之楮桑。殷中宗时，桑、榖共生是也。今江南人绩其皮以为布，又捣以为纸，谓之"榖皮纸"。长数丈，洁白光辉。〉

《后汉书·蔡伦传》最早提到用树皮造纸，但未说明是什么树皮。3世纪初的董巴却说："东京(洛阳)有'蔡侯纸'……，用故麻名麻纸，木皮名榖纸，用故鱼网作纸名网纸也"[6]。

最早提到种植、收割楮和处理楮皮方法的是古代农书《齐民要术》，作者是高
58 阳(今山东境)太守贾思勰(盛年553—559年)。书中有一篇专门谈到种植楮树：

> 楮树应当种植在山谷之间的溪流边。要挑选最好的土地。秋季楮实成熟后，可大量采收，洗净晒干。把地耕深翻细备用。第二年二月，犁过地之后，把楮籽掺和麻籽漫播，把地整平。秋冬之际，留下麻不割，来为楮苗保温(否则多半会冻死)。翌年正月，紧贴着地皮(留根)把楮苗芟割下来放火焚烧。这样，再一年之后，楮树就能长得比人还高了(如果不芟不烧，长得就会歪斜，而且缓慢)。满三年后，就可以斫树了(不满三年，树皮就太薄，不堪使用)。

---

1) 舒元舆《悲剡溪古藤文》，《全唐文》(1818年刊本)，卷七二七，第二十、二十一页。

2) 据说榖、楮和构(亦读 gǔ)是同一树种的异名，但也有人认为虽是同属，品种却各异，树叶形状有细微的差别；见劳弗的著作 [Laufer (1), p. 558]。

3) 《史记》，卷三，第七页。

4) 《毛诗》，卷十一，第四、五页，参阅理雅各的英译文[Legge (8), pp. 297、301]。

5) 《毛诗草木鸟兽虫鱼疏》，第二十九、三十页。中宗是商王太戊的庙号。

6) 《太平御览》，卷六〇五，第七十二页引。

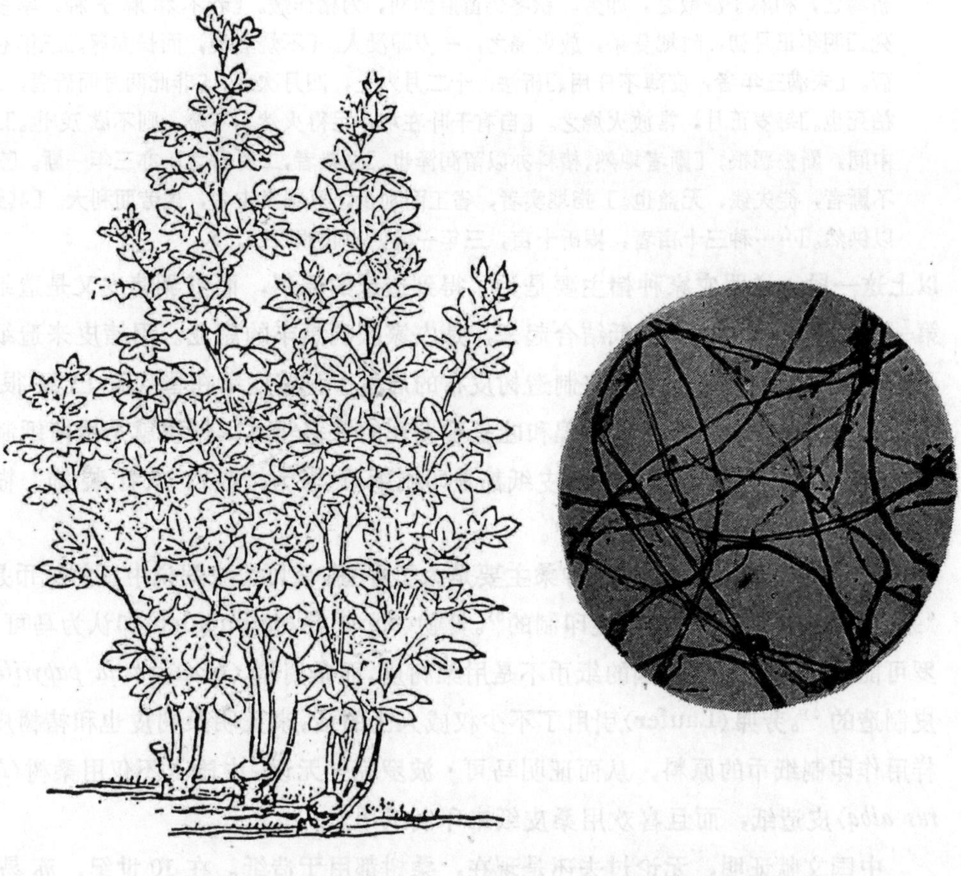

图1066 楮及其纤维(×50)。近根部的树墩是先前砍伐留下的。

斫楮的方法：最好的时节是十二月，其次是四月（如果在其它月份斫，树会迅即枯萎死亡）。每年正月，放火烧地(地上的枯叶就够烧的了，如不烧，树就长得不茂盛)。二月中，连根间去弱苗(间苗是为了使剩下的苗长得苗壮，也为了保持地力和保墒)。移栽的苗，也应该在二月种下。三年一伐。如果满了三年还不伐，不仅钱不能及时到手，到头来还无利可图。

如果不把楮树斫下就连片出售，虽可省工，获利会少些。如果把楮煮剥后卖皮，工是费一些，通扯下来获利会更高。种三十亩的人，每年可以收斫十亩，土地三年一轮。每年所获之利相当于一百匹[1]绢的价钱[2]。

〈楮宜涧谷间种之。地欲极良。秋上候楮子熟时，多收净淘，曝令干。耕地令熟。二月

1) 根据《说文》和《魏书》，卷一一〇，第四页的说法，"长四十尺为一匹(疋)"。

2) 见《齐民要术》，卷五，第九十二、九十三页；参阅石声汉《齐民要术今释》[Shih Sheng-Han (*1*)]。此处引文括弧内的文字，在原书中安排为小字，显然是作者本人或早期注家所作的诠释。

耕耩之，和麻子漫散之，即劳。秋冬仍留麻勿刈，为楮作煖。[若不和麻子种，率多冻死。]明年正月初，附地芟杀，放火烧之，一岁即没人。[不烧者瘦，而长亦迟。]三年便中斫。[未满三年者，皮薄不任用。]斫法：十二月为上，四月次之。[非此两月而斫者，则多枯死也。]每岁正月，常放火烧之。[自有干叶在地，足得火然。不烧，则不滋茂也。]二月中间，斸去恶根。[斸者地熟，楮料亦以留润泽也。]移栽者，二月莳之，亦三年一斸。[三年不斸者，徒失钱，无益也。] 指地卖者，省工而利少。煮剥卖皮者，虽劳而利大。[其柴足以供然。]……种三十亩者，岁斫十亩，三年一徧，岁收绢百匹。〉

以上这一段，说明农家种楮主要是为了得到造纸的原料，而煮剥楮皮又是造纸的第一道工序。把种楮和造纸结合起来，是农家获利颇丰的副业。用楮皮来造纸，可能受到过中国人更早用楮皮制造树皮布的启发[1]。楮皮纸在晋代就已经很普遍，唐代以后依然很普及。敦煌和吐鲁番发现的许多写本，据说就是用楮纸制成的[2]。在过去的任何年代里，楮皮纸都是印刷纸币(名为楮钞)、衣着装饰、糊裱窗户、作书皮等用途的主要纸种。

桑也是中国的土生树种，种桑主要是为了养蚕。马可·波罗说中国的纸币是用
59 "某种树皮，实际上是桑树"皮印制的[3]。贝勒(Emil Bretschneider)却认为马可·波罗可能弄错了。他说中国的纸币不是用桑树皮，而是用楮(*Broussonetia papyrifera*)皮制造的[4]。劳弗(Laufer)引用了不少权威人士的话，来证明桑树皮也和楮树皮一样用作印制纸币的原料，从而证明马可·波罗完全无误：中国人不仅用桑树(*Morus alba*)皮造纸，而且喜欢用桑皮纸来印制纸币[5]。

中国文献证明，无论过去还是现在，桑树都用于造纸。在10世纪，苏易简(957—995年)就提到"北土以桑皮为纸[6]。《明史》特意讲明，当时的大明宝钞"以桑穰为料，其制方，高一尺、广六寸，质青色"[7]。1644年，显然由于通货膨胀，一次就向民间强征桑皮两百万斤来印制纸币，几乎官逼民反[8]。17世纪的宋应星(约1587—1660年)提到，"又桑皮造者曰桑穰纸，极其敦厚，东浙所产，三吴收蚕种者必用之"[9]。甚至今天，也还有人说，中国各省都产桑树，桑皮是造纸的极佳

---

1) 见凌纯声(*7*)，第2—5，29—31页；及本册 pp. 109ff 的论述。

2) 参阅王明(*1*)，第120页。

3) 见玉尔的著作[Yule (1), p. 423]。

4) 见贝勒的著作[Bretschneider (10), Vol. I, p. 4]。

5) 见劳弗的著作[Laufer (1), pp. 560—563]。他引的权威人士包括儒莲、艾哈迈德·西巴德丁、斯坦因、威斯纳(J. Weisner)及某些中国人士，证明"好样儿的马可·波罗无误，他忠实、严谨的名声得以恢复"。

6) 《文房四谱》，第五十三页。

7) 《明史》，卷八十一，第一页。

8) 《倪文正公年谱》，第六十页；《日知录》，卷四，第一〇三页。

9) 《天工开物》，第二一九页；英译文见 Sun & Sun (1), p. 230。又参阅劳弗 [Laufer (1), p. 561, n. 1-2]所引儒莲(S. Julien)的下列一段话："按照中国人的观念，任何麻制品，如麻绳、麻布，都禁止在蚕房使用，"他还说"看来是迎合以桑叶饲蚕而又以桑皮纸育蚕种而萌生的观念。"

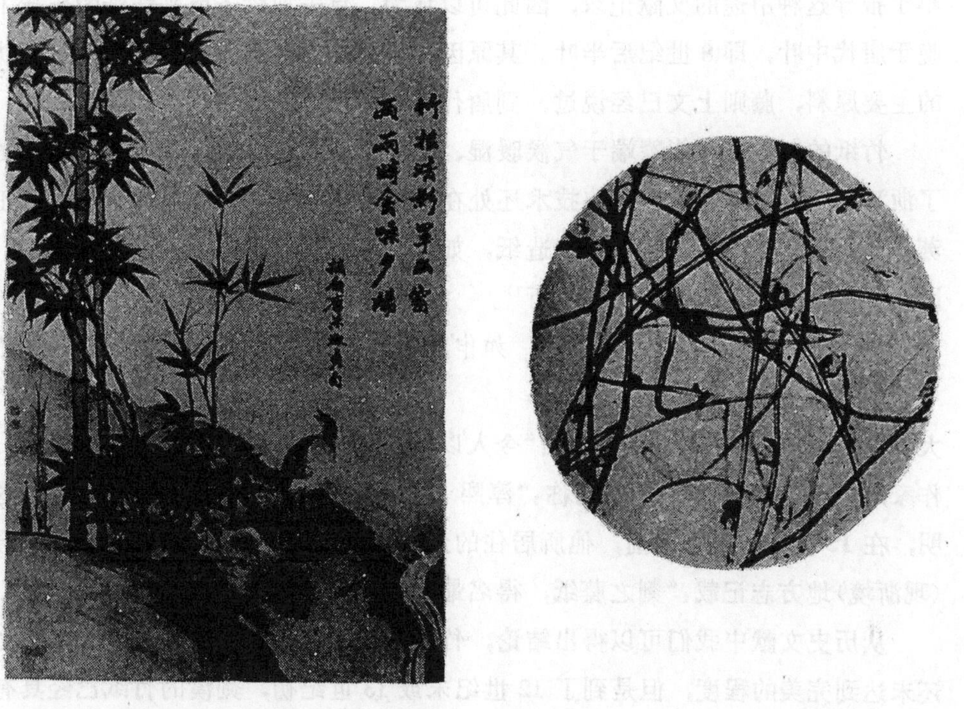

图1067 竹及其纤维(×50)。绘画蒙台北张毅宏先生(Mr N.H. Chang)惠赠。

原料[1]。

(iv)竹

除了极北方各省以外，中国各地都普遍种竹(图 1067)。古时，可能北至黄河流域各省都曾种竹，后来由于气候变化或砍伐无度，生长区远移南方。如今只在长江流域及以江南各省，特别是江、浙、闽、广才大量生长。竹纤维长、成长迅速、价廉，唐代中叶起，即已逐步成为造纸用的生纤维的主要来源了[2]。

提到中国生产竹纸的最早文献是唐代史官李肇（盛年 806—820 年）的历史著 60
作，其中说："纸则有……韶（今广东韶关）之竹牋"[3]。他的同时代人段公路（盛年 850 年）也提到使用睦州(今浙境)"竹膜纸"[4]。因为第一次使用某种实物，必然会

1）见喻诚鸿和李沄(*1*)，第 37 页；插图 XXXIV。

2）晋(265-420 年)有竹纸之说，一般认为不可信。此说的根据是赵希鹄(盛年 1225—1264 年)在《洞天清录》中说"若二王真迹，多是会稽竖纹竹纸。"但赵希鹄后来又在同一本书中提到，以上"真迹"在他写书时已不复存在。然则"真迹"云云必然是晋代以后的临摹之作。

3）《唐国史补》，卷三，第十八页。

4）《北户录》，卷三，第七页。

早于报导这种用途的文献记录，因此可以认为，首先把竹子用来造纸的年代不会晚于唐代中叶，即8世纪后半叶。其原因，显然是为了取代麻和藤，而麻是纺织的主要原料，藤则上文已经说过，到唐代末年几乎已经耗尽了。

竹纸的制造，可能肇端于气候暖湿、盛产竹类的广东。到了宋代，制法传到了浙江和江苏，但看来当时的技术还处在初期的实验阶段，产品并不完善。正如苏易简所说，当时江、浙以嫩竹造纸，如果密密地写满了小字，就不能再折叠了，因为再经接触就会断裂，无法重折[1]。

〈今江浙间有以嫩竹为纸，如作密书，无人敢拆发之，盖随手便裂，不复粘也。〉

61 大诗人苏轼(1036—1101年)也说："今人以竹为纸，亦古所无有也"[2]。宋代另一位作家周密（1232—1298年）则称："淳熙（1174—1189年)末，始用竹纸"[3]。这说明，在12世纪后半叶之前，他所居住的地方还不知有竹纸。编于1201年的会稽(现浙境)地方志记载："剡之藤纸，得名最旧，其次苔笺。今独竹纸名天下"[4]。

从历史文献中我们可以得出结论，竹纸发明于8世纪后半叶，直到10世纪还未达到完美的程度，但是到了12世纪末或13世纪初，剡溪的竹纸已经具有许多品种和颜色，特别为书画家所喜爱了。可是我们还不清楚从8世纪竹纸问世起到12世纪它臻于完善这数百年间，具体的发展情况究竟如何。《嘉泰会稽志》则使人想到，竹纤维的加工显然曾经借助于历史悠久的造藤纸经验。

(v) 其它原料

除了上文谈过的主要原料外，还采用了其它植物。最常用的是稻、麦茎纤维。草纸的制造方法，远比用其它原料的方法简单。草纤维柔弱，舂捣起来不需要很多时间。一位宋代的作者说："浙人以麦茎、稻杆为之……。以麦藁、油藤为之者尤佳"[5]。《天工开物》的作者宋应星说："包裹纸，则竹麻和宿田晚稻藁所为也"[6]。据说办法是先把草舂捣，浸透灰汁，埋在坑中沤烂至适度后，再装入透水的布袋，悬于流水中冲尽灰汁[7]。今天，草还是制造包装纸、火纸和卫生纸最常用的原料之一。

1）《文房四谱》，第五十六页。
2）《东坡志林》，第四十三页。
3）《癸辛杂识》，卷一，第三十二页。
4）《嘉泰会稽志》(1926年版)，卷十七，第四十二页。
5）《文房四谱》，第五十三页。
6）《天工开物》，第二一九页；英译文见 Sun & Sun (1), p. 230.
7）参阅亨特的著作[Hunter (2), p. 16].

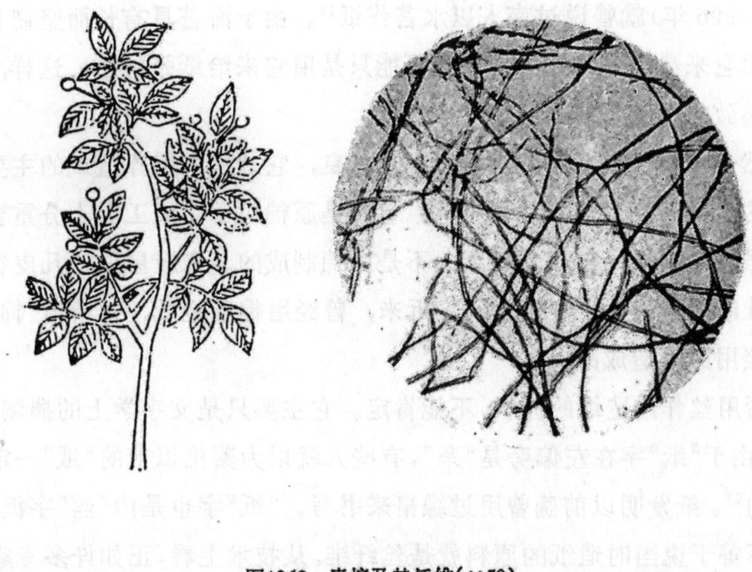

图1068　青檀及其纤维(×50)。

称为青檀(*Pteroceltis tartarinouii*, Maxim.)的树，是书画名纸宣纸的主要原
料。宣纸由主要产于宣城地区的檀树制成，造纸则在泾县，这两个地方在唐代都
属宣州。纸的质量取决于用料的比例，可以用纯檀皮或五至七成檀皮，其余用稻 62
草。树皮的比例越高，纸质也越佳[1]。今天，在制造宣纸的泾县地区，还传说东
汉的孔丹曾偶然在溪水中发现了沤烂成白色的一株檀树的皮[2]。由于从未发现更
早的檀皮纸实物，也没有发现任何更早的资料谈到檀皮纸的应用，看来它不可能
在东汉那样早的时代被利用。

另外一种经常提到的造纸用生纤维原料，来自木芙蓉(*Hibiscus mutabilis*)的
皮。一般认为，唐代四川女校书薛涛(768—831年)设计的名笺，就是用木芙蓉
皮制成的[3]。宋应星写道:“四川薛涛笺，亦芙蓉皮为料煮糜，入芙蓉花末汁。或
当时薛涛所指，遂留名至今。其美在色，不在质料也”[4]。

在早期中国文献中，经常提到据说是用海藻(*Algae marina*)制成的纹丝精致的
“侧理纸”。4世纪的王嘉说，张华(232—300年)“造《博物志》……奏于武帝，……
(帝赐)侧理纸万番。此南越所献，后人言陟里，与侧理相乱。南人以海苔为纸， 63
其理纵横邪侧，因以为名”[5]。后来的一些作者，继续提到用海苔来造纸[6]。苏易

1) 宣纸的制法，到1923年才首先由胡韫玉(*1*)写下，参阅陈彭年(*1*)。

2) 见穆孝天(*1*)，第4页。

3) 参阅《笺纸谱》，第一、二页。

4) 《天工开物》，第二一九页；英译文见 Sun & Sun (1), p. 231.

5) 见《拾遗记》，卷九，第七页；亦见《太平御览》，卷六〇五，第七页。

6) 见《文房四谱》第五十四页上陶弘景(451—536年)、苏晋(7世纪)等的论述，亦见贝勒的著作[Bretschneider (1), pt. 3, pp. 369-370]。

简(957—995年)就曾说过南人以水苔作纸[1]。由于海苔具有长而坚韧且带粘性的丝体，用它来造纸是可能的[2]。也可能只是用它来给纸张施胶，这样，纸面上也会出现精致的毛发状装饰纹理。

虽然一切植物中棉所提供的纤维最优良，它却从未用作造纸的主要原料。即使现代的造纸工业也从不使用生棉，也许是原棉对于纺织工业十分重要之故。有一种纸虽然叫棉纸，实际是楮纸，不是由棉制成的。宋应星说："凡皮料坚固纸，其纵文扯断如绵丝，故曰绵纸"[3]。近来，曾经用棉茎造纸，但所谓"棉纸"则肯定不是直接用原棉造成的。

是否用丝作过造纸的原料，不能肯定。它主要只是文字学上的揣测，缺乏充分的论据。由于"纸"字在左偏旁是"糸"，有些人就以为蔡伦以前的"纸"一定是用丝纤维制成的[4]。纸发明以前确曾用过缣帛来书写，"纸"字也是由"丝"字派生出来的，但这并不等于说当时造纸的原料就是丝纤维。从技术上看，正如许多专家说过的那样，丝纤维并不具有将植物纤维粘连起来的那种非常必要的粘合性[5]。目前还不知道有过任何完全由丝纤维所制的早期纸张，文献上也从未找到过丝纤维制纸记载。

然而，可能曾经把丝纤维和别种纤维混用，或者用过蚕茧外的乱丝造纸。有几项资料曾经提到过蚕茧纸，其中有一项8世纪初的资料说，著名的晋代大书法家王羲之(321—379年)"用蚕茧纸"作书[6]。据说，1068至1094年在苏州为抄写
64 藏经所制的金粟纸，就是用蚕茧制造的[7]。宋应星则说："凡双茧，并缫丝锅底零余，并出种茧壳，皆绪断乱不可为丝。用以取绵，……名锅底绵，装绵衣衾内……"[8]。看来乱丝、废丝可能曾经用来造丝纸，因为蚕茧上含有使纤维连结的丝胶，但是一旦经过缫丝，胶质即会脱尽。

12世纪中叶造纸术传入欧洲时，欧洲人显然并不知道可以用植物的生纤维作造纸的原料，因为自那以后五百余年间，西方所造的纸仍旧以破麻棉织物或这一类旧纤维的混合物为原料。18世纪初以后，破布的来源减少，经济上也不再

1）《文房四谱》，第五十三页。

2）18世纪欧洲造纸业使用的原料中即有海苔，见亨特的著作[Hunter (9), p. 316]。

3）《天工开物》，第二一九页；英译文见 Sun & Sun (1), p. 230。

4）见沙畹[Chavannes (24), p.12]、卡特[Carter (1), p.4]、钱存训[Tsien (2), pp.133—135]的著作及劳榦(*1*)，第489—491页。

5）阿明·伦克尔在他的一本著作[Armin Renker (1)]中对用丝纤维造纸是否行得通，表示怀疑；里昂造纸商会主席亨利·阿利博在著作[Henri Alibaux (1)]中表示同意伦克尔的怀疑。

6）见《兰亭考》，卷三，第九页引唐代何延之所著《兰亭记》原文。有一位宋代学者评论说，所谓蚕茧纸其实还是缣帛；见《负暄野录》，卷一，第四页。

7）参阅《金粟笺说》，第一至十七页。潘吉星(*9*)，第97页中说，他检验出金粟笺的原料为桑皮。

8）参阅《天工开物》，第三十三、三十四页；英译文见 Sun & Sun(1), p. 48。

合算了，欧洲科学家才开始寻找代用原料来应付造纸工业日益增长的需要[1]。为此，曾试验过很多植物，包括麻、树皮、木材、草、藤、海苔和谷皮，虽然中国早已把这些原料用于造纸达数百年之久了。最终，欧洲采用了木浆，从19世纪初起木浆成为现代造纸工业的主要原料[2]。中国则由于林业资源有限，大部分木材必须用于建筑，能用于造纸的极为有限，即便是今天，也鼓励使用木材以外的原料来造纸[3]。

(2) 帘模的发明

(i) 纸模的作用

把分散悬浮的纤维从水中捞出来，使它们形成薄薄的一层或一张。由于在一块布或席子上形成了这样的一薄层纤维，才萌发了整个造纸的设想，全部过程的关键，是发明一种既能捞取一薄层纤维，又能让多余的水滤去的工具。后来特别设计了一种帘子，才使这种技术得到改进。几百年以来，在手工造纸中纸模始终是主要的工具，即便是现代造纸机械，也依然是在同一原理的基础上发展起来
的。纸模的构造，确实与整个造纸业的发展密切相关。只有仔细研究纸模，才能 65
懂得纸的起源和发展。

纸模可以有两种不同的使用方法。一是垂直插入悬浮着业已浸解分散的纤维的水中，然后从纤维层下面水平提起，就象筛子一样把混乱的纤维层捞起来，让水从帘下滤走。二是平持纸模，把悬浮着纤维的纸浆水倾倒上去。纸模上的编织物就会把纤维留住，形成潮湿的薄层，水则从缝隙间滤下，然后再把纸模上附着的一薄层纤维放到阳光下晒干。

(ii) 浮　帘

一般认为浮模或织模是古代中国人最早使用的纸模，用法则是把悬浮着浸解纤维的浆液往模子上倾倒[4]。达德·亨特于30年代在中国旅行时，看到广东省

1) 参阅亨特的著作[Hunter (9), pp. 312—340]。

2) 用木材造纸，是1719年法兰西学院院士雷奥米尔(Réaumur)提出的；用这种纸印刷，则在1727—1730年间由布鲁克曼(Bruckmann)首创；木浆则在1800年于英国进入商品化，并取得专利。

3) 参阅喻诚鸿和李沄(*1*)，第1页。

4) 参阅亨特的著作[Hunter (9), pp. 78—79]。北京中国科学院自然科学史研究所曾经用这种原始纸模实验造纸成功，见潘吉星(*6*)，第55—57页。

图1069 造纸用的浮模或织模。这是30年代在福建、广东发现的原始纸模。达德·亨特造纸博物馆。

还在使用这种织模(图1069)[1]。据说这种纸模是用苎麻布绷在方形的竹架上，再
66 用细竹丝把麻布缝在竹架的横竿上。水分蒸发后，纸张就会很容易地从模上揭下来。模上织物的经纬纹可能会在纸上留下痕迹，就象今天手工纸上的水纹一样。从发现于华南的原始纸模看来，这种假设是有些根据的。

至于古代纸模的构造，则中国文献中从未提到过。然而从古时对"纸"所下的定义中，可以窥测到一些有关纸模形状和制作材料的情况。上文提到过，《说文解字》中"箈"字有草字头。按照古代注家的说法，它是一种用茅草编成(茅编)作苫盖之用的织物[2]。汉代用于造纸的最早的编织物，就很可能是用草编成的席子，上面可以留下一层浸解的纤维，水却能从缝隙中漏去。抄纸工具可能始终大体保持了这种最初的形式，其基本构造从未有过什么大的变动。使亨特特别感到兴趣的是：从他找到这种织模的地点算起，到蔡伦出生的原籍地耒阳，一共不超过200英里[3]。

亨特同时指出，在亚洲从未发现过任何2世纪的纸上留有编织物压痕[4]。确实，

1）美国威斯康辛州阿普尔顿的造纸博物馆中，还保存着一具广东佛山的织模。麦克卢尔在其著作[F. A. McClure (2), pp. 115—129]中说，他发现广州附近有两所村庄仍旧在用旧法的织模造纸。

2）见本册pp. 35ff的论述。

3）参阅亨特的著作[Hunter (9), p. 83]。据说河北地区仍在用萱草茎里的纤维织造帘模，见潘吉星(2)，第45页，注5。

4）参阅亨特的著作[Hunter (7), p. 82]。

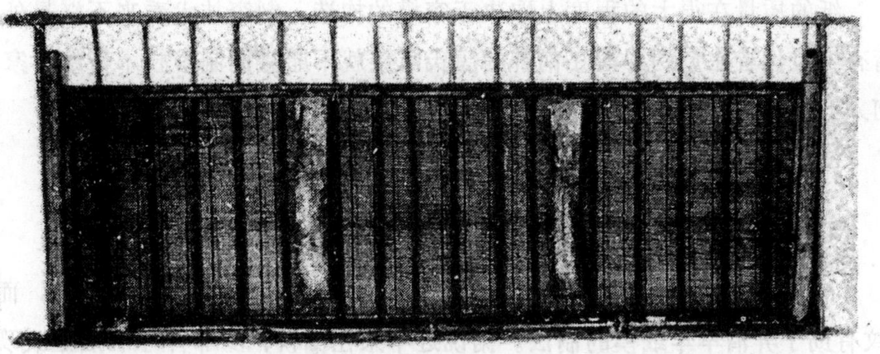

图1070 浸式或床式模。模上的帘子是用细竹丝编的，可以固定在框架上。达德·亨特造纸博物馆。

当时还没有找到2世纪以前所造而帘纹清晰的古纸样品，可是据说1957年发现的灞桥古纸及近年来发现的其它古纸样品上，就都有织物的压痕了。如果真是这样，它们就能为这种理论提供有力的支持：即汉代用于造纸的纸模，正是这种最古老形式的浮帘。

(iii) 浸 帘

另一方面，在研究晚期一切纸样之后，就发现古代造纸还曾使用过另外一种纸模。这种所谓浸式或床式的帘模(图1070)，在操作时要浸入悬浮着纸纤维的纸浆槽里。它肯定是一种后来的发明。制成这种纸模的设想是，使新形成的纸层能趁湿时就可揭取下来，这种想法是造纸史上最重大的改进，但将湿的物质从纸模移到木板上又不致使其破损，便要求制成一种极其光滑而又坚挺的帘子，使湿纸容易脱离。为了这样的目的，纸帘由极纤细而又打磨得极为光滑的竹丝制成，使其逐根横向或纵向连成一排，再在固定的间隔内用丝线、麻线或动物鬃毛将竹丝缠在一起。

早期文献中，从来没有说明过这种纸模是如何制成的，也没有说明它的形状。
明代末年，宋应星在《天工开物》里第一次画出了这种纸模的插图，并且作了说明。 67
他说造纸中捞纤维的这种帘模是用极细的竹丝制成的，当荡帘时，下面由有纵横棍的框架来支承。显然，帘子并不固定在框架上。把帘模浸在浆槽的纤维悬浮液里抄荡时，上面就会捞起一层纤维，滤水后，把帘模翻过来，让这一薄层湿纤维落到一块木板上。然后逐层叠起，压榨去水，再烘干[1]。

纸的质量在很大的程度上取决于帘模的构造，制帘技术看来不轻易外传。晚清有一位作者注意到，浙江南部的唐氏家族就不愿意把制帘技术传给本家外的任何人[2]。

(iv) 帘 纹

帘模上的竹丝在纸上留有痕迹，现在的水纹纸就是用同法形成的，而这些帘纹有助于弄清早年纸模的制法。据说近年来在灞桥、罗布淖尔和居延发现的汉代古纸上，都没有清晰的帘纹。在新疆等地发现的2、3世纪所造的古纸上，情况亦是这样。然而在几千种唐代及以后所制的纸张样品上，就都能清晰看得出当时帘模的结构，3世纪后期和4世纪起所造的纸上，帘纹清晰可见，据报道说，敦
68 煌古纸样品上有两种不同的帘纹。晋代和六朝（265—581年）乃至五代（907—960年）的纸上，都有宽而横的帘纹，隋唐（581—907年）纸上，则显示细而密的帘纹[3]。亨特报导说，在他检视过的一些唐代纸上，每一寸内就印有23条竹丝的痕迹，模上的鬃毛编织间隔约为$1^1/_{16}$寸[4]。

竹帘的形状，可能因地而异。宋代有一项资料表明，华北的竹丝帘，是横向排列的，因此北方所造的纸张，帘纹也是横的；华南的竹帘丝，则是直向排列的，因而南方所造的纸张，帘纹也是直的[5]。从那时起，这种理论被鉴赏家和收藏家用来作为鉴别古纸的依据。然而近年来对这一时期纸张现存样品分析的结果，说明这种依据不尽可信[6]。后代虽然找不到关于横直帘纹的记录，却有实物可查。实物显示，从4世纪开始，几乎一切纸张上的帘纹都是横的了。

可以作以下的结论：3世纪以前的纸模是用布做的织纹模；4世纪时，开始使用以竹丝编成的床式帘模。使用前者时，湿纸层在织物模上直接晒干，不需要帘床。使用帘床纸模时，纸层形成后即趁湿脱落在一块木板上，无需象西方造纸者那样再在中间加上衬垫的呢布。由于湿的纸层不会象粘附在粗布上那样粘附在光滑的竹帘上，这种后来发明的工具就无需等待纸层留在帘上晒干，便可连续用同一纸模造出无限张纸。在造纸技术中，这肯定是最重大的进步。

1）《天工开物》，第二一八页；英译文见 Sun & Sun (1)，p. 227.

2）见杨钟羲(*1*)，卷五，第三十九页。

3）潘吉星(*2*)，第45页。

4）亨特的著作[Hunter (9), p. 86]。

5）《洞天清录》，第二五六页。

6）见潘吉星(*9*)，第63页。

(3) 造纸工序

过去大部分纸都是借助自然资源、工具、器皿和化学制剂用手工制成的。作坊通常设在山区，便于得到原料和燃料的供应，而且靠近小溪，以便用溪水来沤泡、舂捣和洗料。造纸的方法，可以因不同的原料、时期和地点而略有不同，但是多少世纪以来，其基本工序大体相同。

大部分早期文献所论述的，是供各种用途的纸的品质和式样，没有一种透露过造纸的细节。这种情况直到 17 世纪初宋应星写成《天工开物》时才有所改变。 69
他用了整整的一卷来描写和说明制造竹纸和楮皮纸的工艺。在第十三篇《杀青》中，他逐步地讲述了造纸过程，包括原料加工时的纤维浸沤、舂捣、蒸煮、洗涤、漂白；用帘模抄纸；压去湿纸中的水分以及最后在火墙上焙干(图1071)。现将他的详细说明介绍如下[1]：

(i) 原料加工

制造竹纸，是南方的技艺，福建省最为盛行。竹笋开始生长以后，就要在山区把地形勘察一下。竹子快要长出枝叶时，最适宜作为造纸的原料。到了芒种[2]，就登山砍伐，把竹子截成5—7尺长的段。就在山里挖一口塘，灌满水，把竹竿都浸泡在水塘里(图1071a)。要用竹管不断往塘里加水，防止塘水干涸。

竹料浸沤到100多天以后，就要加工捶洗，把外面的粗壳青皮都去掉(这叫做"杀青")[3]。里面的竹纤维形状如同苎麻。把它用上好石灰化成的浓浆涂满，放入一口锅内，下面用火连煮八昼夜。煮竹的锅直径4尺，外面围着一座直径4尺开外，周长15尺的大木桶(图1071b)。锅和桶之间用泥和石灰封接。锅与桶中应能容水10余斤。桶上加盖，连煮8天。

歇火一天后，把桶中的竹纤维取出，在池塘里用清水彻底洗净。池塘的底和四周，都要用木板合缝砌紧，防止污泥渗入(造粗纸则不必如此)。竹纤维洗净后，浸以柴灰浆，再放到一口锅中，上面压平后，再铺上约一寸厚的一层稻草

---

1) 见《天工开物》，第二一七至二一九页；英译文见 Sun & Sun (1), pp. 224—227. 括弧里是原文中的小字。

2) 按太阳黄道位置所定的节气之一，大约是在6月6日左右。

3) 古时，"杀青"这个术语表示削去竹简外的青皮以便书写。显然是在这种意义下才借用了这一术语，因为在两种场合下它都是加工书写材料的一部份过程。

图1071 17世纪中国工艺著作中所载的造纸过程图。上图依次显示造纸的若干工序。(*a*)砍竹、浸沤竹料。(*b*)用楻桶煮竹穰。(*c*)从纸浆槽中抄纸。(*d*)榨去纸张中的水分。(*c*-*f*)在火墙上焙纸。采自《天工开物》(1637年刊本)。

灰。锅中的水煮沸后，把竹料放入另一口桶中用柴灰水喷淋。如果水冷了，则烧滚再淋。这样连续10余天，竹纸浆自然就烂了发出臭气。然后取出放入臼内舂捣(山区中水碓很普遍)，直到舂成泥面一般后，倾倒在纸浆槽内备用。”

《凡造竹纸，事出南方，而闽省独专其盛。当笋生之后，看视山窝深浅，其竹以将生枝叶者为上料。节界芒种，则登山砍伐。截断五、七尺长，就于本山开塘一口，注水其中漂浸。恐塘水有涸时，则用竹枧通引，不断瀑流注入。

浸至百日之外，加工槌洗，洗去粗壳与青皮〔是名杀青〕，其中竹穰形同苎麻样。同上好石灰化汁涂浆，入楻桶下煮，火以八日八夜为率。凡煮竹，下锅用径四尺者，锅上泥与石灰捏弦，高阔如广中煮盐牢盆样，中可载水十余石。上盖楻桶，其围丈五尺，其径四尺余。盖定受煮，八日已足。

歇火一日，揭楻取出竹麻，入清水漂塘之内洗净。其塘底面、四维皆用木板合缝砌完，以防泥污〔造粗纸者不须为此〕。洗净，用柴灰浆过，再入釜中，其中按平，平铺稻草灰寸许。桶内水滚沸，即取出别桶之中，仍以灰汁淋下。倘水冷，烧滚再淋。如是十余日，自然臭烂。取出入臼受舂〔山国皆有水碓〕，舂至形同泥面，倾入槽内。〉

(ii) 抄纸、烘纸

纸浆槽形如匣子，其大小视帘模的大小而定，而帘模的大小，又视所造 70
纸张的大小而定。把备好的纤维倾入槽内的水中，等它们漂浮沉淀到水面以
下3寸时，加入处理纸的水溶液（这种溶液由形似桃竹叶的植物中提炼，这种 71
植物没有定名，因地而异）。当纸干燥后，就会色泽洁白。

纸帘子由细而光滑的竹丝编成。把竹帘打开时，下面用长方形框架来支承。用双手握住帘模，沉到槽内搅动悬浮的纤维（图1071c）。提起纸模时，帘上就会附着一层纤维。纸层的厚度由人的手法决定，在浅处轻荡就薄，到深处重荡就厚。多余的水从帘模的四边流回到槽中去。然后把纸模翻过来，让纸层下落到木板上，这样连续迭起到很高的厚度。

达到足够数量后，纸上面再压上另一块木板，并且用绳索捆棒象榨酒一样地把水分榨干（图1071d）。然后再用一把小镊子，把纸逐层揭起。

焙干纸张时，用砖砌成夹巷，两层墙之间的地面用砖复盖。墙下部隔一定距离少砌一块砖以留出空隙。在第一个洞穴处点火烧柴，使热气通过孔隙传播到墙上，把砖都烧热。把湿纸逐张贴到墙上焙干，揭下后即为成品（图1071e）。

〈凡抄纸槽，上合方斗，尺寸阔狭，槽视帘，帘视纸。竹麻已成，槽内清水浸浮其面三寸许，入纸药水汁于其中（形同桃竹叶，方语无定名），则水干自成洁白。

凡抄纸帘，用刮磨绝细竹丝编成。展卷张开时，下有纵横架框。两手持帘入水，荡起竹麻入于帘内。厚薄由人手法，轻荡则薄，重荡则厚。竹料浮帘之顷，水从四际淋下槽内，然后覆帘，落纸于板上，叠积千万张。数满则上以板压，俏绳入棍，如榨酒法，使水气净尽流干。然后以轻细铜镊逐张揭起焙干。

凡焙纸，先以土砖砌成夹巷，下以砖盖。巷地面数块以往，即空一砖。火薪从头穴烧发，火气从砖隙透巷外。砖尽热，湿纸逐张贴上焙干，揭起成帙。〉

(iii) 造竹纸的步骤

在宋应星两百年后，又有一位学者杨钟羲（1850—1900年）在《雪桥诗话续集》中，提供了一位目击其事者对造竹纸各道工序的描述。其描述和宋应星所说的相似，有些说法可以作为对宋应星说法的补充。杨钟羲说，从砍竹到烘纸，原料要过手七十二次，才能做成纸张。造纸行业中有一项谚语："片纸非容易，措手七十二"[1]。

杨钟羲还说，有位钱塘人黄兴三曾经到过常山（今浙江境内），山里人告诉他，造纸要有十二道主要工序。下面是杨钟羲记录黄兴三所述的造纸十二道工序：

1）砍竹。选取尚未分枝的嫩竹，折下竹梢，一月之后，砍成小段。

2）提纯纤维。把竹段用石灰浆浸沤，直到外皮和硬壳都脱尽，只留里面的竹纤维。它们乱蓬蓬地和大麻丝一样。这就是造纸用料[2]。

3）蒸煮。把纤维割成两段，扎成束，再用石灰浆浸渍，然后放到大锅中用大火蒸煮。

72 4）洗料。用水把竹料洗清后，放到阳光下去曝晒。

5）曝料。曝晒的场地要拣几顷大的平地，下面用卵石铺砌，还要撒上绿矾，防止杂草生长。因此，晒纸的场地就不能耕作了。

6）灰沤。曝晒完毕后，又用灰汁浸渍，渍完再蒸三次或多次，直到料由黄变白。灰沤用水，必须用桐子或黄荆（*Vitex negundo*）木烧成的灰加水兑成。

7）碓舂。把纸料放到水下去舂捣，每天可以舂成三斤，竹丝就完全粉碎成浆状了。

8）提纯浆料。如果纸浆还不够纯，就倾入细布袋中，沉入深溪，布袋里还要插入一块木板，不时上下搅动。这样，则灰汁可以洗净，纸料也就变成雪一般地洁白。

9）作浆槽。用大块的石料凿成纸浆槽，要比纸幅的尺寸略为大一些。

10）织造竹帘。用竹丝织成竹帘，尺寸视浆槽而定。这是极其精巧的手艺，只有山间唐氏一家才能从事，手艺从不外传。竹帘织成后，把纸浆倾入槽内，加水，再加入胶料和木槿（*Hibiscus syriacus*）的液汁，使纤维能相互粘附。由两个人提着帘模荡动[3]，使帘上形成一薄层纸。

1）见杨钟羲（*1*），卷五，第39—40页。

2）这道工序是为了提取纤维及清除杂质。

3）帘模小的，只需一人。

11）榨干水分。把湿的纸张叠放在石板上。满100张以后，加压榨去水分。

12）焙干纸张。然后再逐张揭起，贴到火墙上去烘干。火墙是中空的夹墙，中间用火加温。工人揭起湿纸，一张张紧挨着贴在墙面上。贴下一张时，前一张已经干了。抄纸与烘干的时间，有时快有时慢；一旦熟练地掌握了技术，做起来并不难。

〈造纸之法，一曰折梢，取稚竹未柿者摇折其梢，逾月斫之。二曰练丝，渍以石灰，皮骨尽脱，而筋独存，蓬蓬若麻，此纸材也。三曰蒸云，乃断之为二，束之为包，而又渍之。四曰浣水，渍已，纳之釜中，蒸令极热，然后浣之。浣毕，曝之。五曰曝日，凡曝，必平地数顷如砥，砌以卵石，洒以绿矾，恐其莱也。故曝纸之地不可田。六曰渍灰，曝已复渍，渍已复曝，如是者三，则黄者转而白矣。其渍也必以桐子或黄荆木灰，非是则不白……。七曰碓雪，伺其极白，乃赴水碓舂之，计日可三担，则丝者转而粉矣。八曰簸谏，犹惧其杂也，盛以细布簸，坠之大溪，悬板于簸中，而时上下之，则灰质尽矣。皎然如雪……。九曰样槽，其制，凿石为槽，视纸幅之大小，而稍加宽焉。十曰织帘，织竹为帘，帘又视槽之大小，尺寸皆有度。制极精，唯山中唐氏为之，不授二姓。槽帘既备，乃取纸材受之，渍水其间，和之以胶及木槿，质取粘也。然后两人取帘对漉，一左一右，而纸以成。十一曰翦水，即举而复之傍石上。积百番，并榨之以去其水。十二曰炙槽，然后取而炙之墙。炙墙之制，……虚其中而纳火焉。举纸者以次栉比于墙之背，后者毕，则前者干…。凡漉与炙，高下急徐，得之于心，而应之于手…。〉

(iv) 造皮纸法

谈到造楮皮纸时，宋应星只提到楮的栽培以及楮皮和竹料、稻杆的掺合使用。除了介绍一下砍楮以外，他没有再详谈造皮纸的工序，显然是由于这些工序和造竹纸的相仿。他只加上了下面这些话：

制造皮纸时，每四十斤最嫩的竹料中要加上60斤楮树皮，同样放到池塘里浸沤，涂上石灰浆后，放到锅里去蒸煮烂。近来又有一种节省的办法，用七成树皮、竹料与三成稻杆混合，只要加上适当的纸药，造成的纸张依然洁白[1]。

〈凡皮纸，楮皮六十斤，仍入绝嫩竹麻四十斤，同塘漂浸，同用石灰浆涂，入釜煮糜。近法省啬者，皮竹十七而外，或入宿田稻秆十三，用药得方，仍成洁白。〉

达德·亨特亲自考察了中国的造纸方法之后，介绍了类似的造皮纸方法。他说，在抄纸之前要往皮纸浆中兑入用某些落叶树的叶子制成的粘液[2]。一般说来，处理树皮要比加工竹料繁重和艰巨得多。 73

1）《天工开物》，第二一九页；英译文见 Sun & Sun (1), p. 230.

2）见亨特的著作[Hunter (2), pp. 15—16].

(4) 纸张的加工

抄纸之前，一般要往纸浆内兑入粘性药液或某种不溶性矿物质，以改善成品的物理及化学性能。纸张造成后，有时还要施用特殊的药剂来防蠹或进行艺术加工。这类工序包括施胶、填料、染色、着色以及涂布。作这类处理所用的药剂，涉及各种植物、动物及矿物性物质，其制备和施用方法，有时十分精细复杂。这些也都是技术上和艺术上改进造纸方法的主要步骤。

(i) 施胶及填料

要使纸适用于以墨书写，而且使纸能受墨而又不过分渗化，则必须施胶。这不仅是为了满足书画的艺术需要，在造纸技术上说也是必要的。胶料使纤维在浆槽的水中保持悬浮，使抄出的纸张厚薄均匀，纤维间粘着紧密。尤其重要的是：当纸张从帘模移至木板准备压榨与烘干时，施胶可使纸张免于粘在一起。用某种精细的粉剂填充，能改善最终产品的亮度和质地，纸质也更为厚重。

最初的纸是一张张纤维层，既不施胶，也不填料，但是这两项方法，可能最早都在3世纪以前就用上了。新疆发现的晋代(265—420年)古纸，已很好地施胶与填料。这些纸先用石膏涂布，再施用地衣制成的胶料。后来用淀粉来使纸质坚挺[1]。近年来，中国科学家研究古纸时发现，4世纪末及5世纪初期的纸正面用粉浆涂布，并以石砑光，而敦煌及新疆发现的5世纪初期的纸，也在纸浆中施胶[2]。近代广东造纸所施胶料是将细叶冬青(*Ilex pubescens*)的树叶和嫩枝煮后制得的，或红
74 楠(*Machilus thunbergii*)的刨花，中国妇女曾用其浸出的粘液固定发型[3]。

在一本关于竹纸制造的现代著作中[4]，还可以找到别的配制胶料的方法，据说施胶和填料，既来自植物，也来自动物。动物胶是用牛皮熬成的，把牛皮胶用热水溶化后，调和磨细的滑石粉，再加到纸浆中去。每二十斤纸浆，兑入二至三两牛皮胶和二两滑石粉。植物胶来自一种叫做黄蜀葵或秋葵(*Hibiscus abelmoschus*)的木槿属的植物，之所以乐于使用它，因为它比动物胶价廉。把黄蜀葵的根洗净切片，放在冷水中浸一夜，再用手把粘液揉出，用细布绞滤后，兑入纸浆

1) 克拉珀顿的著作[Clapperton (1), p. 8]。
2) 潘吉星(*9*)，第61—62页。
3) 亨特的著作[Hunter (17), p.24]。
4) 罗济(*1*)，第89—94页。

使纸纤维软化。别的资料还说，杨桃藤和木槿(*Hibiscus syriacus*)也可施胶。

中国造纸术中用黄豆浆汁作填料。把黄豆浸入水中五至六小时后，磨成糊状，在水中用细布滤去豆渣。经几次淘洗后，倾于约一尺深的槽内所装生纤维上。必要时，槽中还可以加入另外拌过粉浆的生纤维。粉浆可使纤维软化，并且易于相互粘附。用清水洗涤后，再赤脚反复践踏纤维，或用水碓舂捣[1]。

(ii) 染　色

把纸用药染成黄色的过程称为"染潢"，显然很早就开始使用了，而且在2或3世纪纸广泛用于抄写书籍时，染潢已经很普遍了。大约在200年，刘熙编写的古代词书《释名》中已把"潢"字定义为"染纸"，而3世纪的孟康说当时已经把纸染成黄色[2]。西晋时著名文学家陆云(262—303年)写信给兄长陆机说："你的第一部文集二十卷中，已经抄好十一卷，即将去染潢了"[3]。

〈前集兄文二十二，适讫一十，当潢之。〉

显然当时的普遍作法是，一般纸张在书写前后都染潢以防蠹，并且使表面光滑。 75
染剂是由黄蘖(*Phellodendrum amurense*)中取得的药液，有香味及驱虫的毒性[4]。其法是把黄蘖的色黄味苦的内皮加以浸渍，制成用作染色的液体。

贾思勰(5世纪)叙述的染潢方法如下：

> 准备要染潢的纸，应当是未施胶的，因为它坚厚，特别适于染色。通过处理，只要白色去掉了就行，黄色不宜染得太深，否则年代久了纸色就发暗。
>
> 当黄蘖浸透时，如果把渣滓去尽只用纯汁，则不免浪费。浸渍黄蘖后，应将渣滓捣碎并水煮，放入布袋内挤之，再捣、再煮，共三次。而后将此液体加入纯汁中或与纯汁混合。这样做可以节省四倍染液，染成的纸依然色泽明净。
>
> 书写过的纸张，应当经过一个夏季后再行染潢，这样则纸缝不至于松开。新写过字的纸，要先用熨斗熨过纸缝才可以染，否则纸缝就脱落了[5]。

〈凡打纸欲生，生则坚厚，特宜入潢。凡潢纸，灭白便是，不宜太深，深色年久色闇也。

1）罗济(*1*)，第77—81页。

2）《前汉书》，卷九十七下，第十三页。

3）《陆士龙文集》，卷八，第五十一页。

4）见潘吉星(*2*)，第46页中的化学式。

5）《齐民要术》，卷三，第五十七页。参阅钱存训 [Tsien (1), p. 152] 和高罗珮[van Gulik (9), pp. 136—137]的著作。

纸浸蘖熟即弃滓直用纯汁，费而无益。蘖熟后漉滓擣而煮之，……凡三擣三煮，添和纯汁者，其省四倍，又弥明净。写书经夏然后入潢，缝不绽解。其新写者，须以熨斗缝缝熨而潢之。不尔，久则零落矣。〉

敦煌现存写本所用的纸张很多都是用黄蘖汁染过的。最早的已知年代的纸样是写于500年的经卷，大约有26尺长，除了尾端仍旧保留本色外，其余部分都染成了黄色[1]。别的纸样中也有这样染过的，特别是7、8世纪间的写本。据说凡用这种过程处理的，其保存情况就比没有染过的好。有时写本底页上还写上了染潢者的姓名，说明这类匠师在制作过程中的重要性。

671—677年写成的20部经卷中，写明了染潢人的姓名，诸如解善集、王恭、许芝和辅文开。少数经卷提到染潢者，但未具其名[2]。染潢者称为"装潢匠"，和别的匠师如抄写、拓印、制笔等匠师一起在朝廷各部门服役。723—738年的《唐六典》和新、旧《唐书》都记载说，在各种学术机构中，都设有装潢匠、熟纸匠之职：如门下省有九名，集贤殿六名，崇文院三名，秘书省十名[3]。675年有一道诏书
76 说：颁发诏令既然是永久性的制度，而以往用白纸又多遭受虫蛀，则从今以后，应该令尚书省宣布各级政府和州、县一律采用黄纸[4]。

〈高宗上元二年，诏曰："诏敕施行既为永式，比用白纸，多用虫蠹，宜令今后尚书省颁下诸司诸州、县，宜并用黄纸。"〉

这种染纸的办法一直延续到宋代书籍的形式改变以后才停止。

另外一种用除虫药处理纸张的办法是施用红丹（铅丹），所谓红丹是铅、硫和硝石的混合物。用这种化学品的溶剂处理过的纸张呈鲜明的橘红色，称为"万年红"，对虫类有毒性作用[5]。明、清两代在广东用这种纸印刷、装订的许多书籍都免遭虫蛀而保存得很好。17世纪的宋应星介绍这种红丹的制法如下：

制造铅丹（红丹）的原料是自然硫十两、硝石一两和铅一斤。先把铅熔化，加上几滴醋。乘醋在熔铅内沸腾时投入一块硫黄。过一会再加入一点硝石。沸腾停止后，加更多的醋，再一点点地重复加入硫黄和硝石，直到大量物质都成为粉末，就炼成红丹了[6]。

〈凡炒铅丹，用铅一斤、土硫黄十两、硝石一两。熔铅成汁，下醋点之。滚沸时下硫

1）见翟林奈的著作[Giles (17), p. 813, no. S. 2106]。

2）见翟林奈著作[Giles (13), p. xv] 中关于写本底页的目录以及潘吉星(*2*)，第46页的论述。

3）《唐六典》，卷八，第四十三页；卷九，第三页；卷十，第二页；卷二十六，第四页。《旧唐书》，卷四十三，第四十页；《新唐书》，卷四十七，第八至九页。

4）《文房四谱》，第五十一页。

5）有关用红丹染纸、其化学分析以及书蠹等方面的研究，见周宝中(*1*)，第194—206页。

6）《天工开物》，第二三五页；英译文见 Sun & Sun (1), p. 256。

一块，少顷，入硝少许，沸定再点醋，依前渐下硝、黄。待为末，则成丹矣。〉

将红丹粉末与水和植物胶混合并加热成溶液，而后涂在白纸上。待干后，就可把这样处理过的纸用作书皮内页，以保护未经处理过的书页不受虫蛀[1]。自从中国书由卷装改为册页装后，就不能象以前那样将全卷书都染了。用铅丹处理过的纸解决了这个问题，而且证明是比旧法更为简易有效。

(iii) 着　色

染纸主要是为了防蠹和保存，但也为艺术的目的而附加染色。最早的色纸，可能就是汉代的“赫蹏”，3世纪的孟康将其形容为“染纸素令赤而书之,若今黄纸也”[2]。如果这是正确的，则早至公元前1世纪就已经用上红纸了,而黄纸则在3世纪时已成为时尚。东汉(25—220年)宫廷中，凡是敕封皇太子时则赐以赤纸及缥红麻纸一百枚。黄纸沿用了几个世纪，可能到唐代达到了顶峰，因为下令公文以黄纸书写。别的有必要长期保存的书写物如佛经，也都用黄纸缮写。 77

其它各种色纸也很早就用上了，而在唐代达到了数量多而普及的程度。4或5世纪时，四川已经用上了呈缥绿、青、赤色的“桃花笺纸”[3]，而在唐代，四川的笺纸已被染成深红、粉红、杏红、明黄、深青、浅青、深绿、浅绿、蓝绿(铜绿)和“浅云”等十种不同颜色[4]。此外，还出现了专为书写和装饰之用的艺术纸，具有不同颜色和式样[5]。唐代还设计出了红色小幅的“薛涛笺”，为此后几百年所仿制。

有些纸张的染色方法，显然只是往纸浆中加入颜料，但许多是在纸张制成后才染色的。有一项资料说明：染时先把十张纸叠在一起，用竹夹固定每叠纸的一端，再用各色染液逐张染之，干后纸张色调鲜明[6]。

〈造十色笺，凡十幅为一榻。每幅之尾,必以竹夹夹之。和十色水逐榻以染，…逮干，则光彩相宣。〉

还可以用染和熏的办法来仿制古纸，这是伪造古代书画者的伎俩。有时把香灰撒在纸面上，再用硬毛刷把灰刷去，或把灰与水混起后施用。这样便使纸获得黄或灰色，俨然是几百年前的旧物了。不过用染色使纸人工变古的颜色，也会出

1）《文物》，1977年第1期，第47页起有北京中国历史博物馆研究纸张防蠹的实验报告。
2）《前汉书》，卷九十七下，第十三页。
3）《文房四谱》，第四十九页。
4）《笺纸谱》，第二页。
5）见本册 pp. 91ff.对装饰性笺纸的论述。
6）《文房四谱》，第五十三页。

现在纸张的背面，于是它便与真正的古纸分辨开来，而真正古纸的另一面并不褪色。宋代鉴赏家赵希鹄(约1200年)说:“鬻书者多以故纸浸汁染赝迹，…令纸闇。殊不知尘水浸纸，表里俱透，若自然色者，其表色故，其里必新。微揭视之，则见矣”[1]。米芾(1051—1107年)也说:“用烟熏纸卷使之变古,必然会留下一种气味。所有真正的古纸，正面发暗的程度深，背面程度浅。还有，真正的古代纸、帛有一种特殊的幽香”[2]。

〈卷…干熏者烟臭，上深下浅。古纸素有一般古香也。〉

(iv) 涂 布

78 用一种黄蜡涂在纸上，使纸张光亮、硬密、半透明。这种蜡纸称为“硬黄”纸，也有的学者称之为“黄硬”[3]。把蜡用热熨斗涂布在纸上后，就能取得上述的效果，并可以用这种纸来描摹书画。用同样的办法也可以使年久发暗的纸光亮。自从唐代起，为此目的这种办法沿用了好几个朝代。因而张彦远(约840年)说:“好事者家宜置宣纸百幅，用法蜡之，以备摹写”[4]。后来张世南(13世纪)也说:“硬黄，谓置纸热熨斗上，以黄蜡涂匀，俨如明角，毫厘必见”[5]。明代学者李日华(1565—1635年)写道:

所以制造硬黄纸，是因为人们不喜欢普通纸不透明，纸面粗涩，所以他们把纸放在热熨斗上，再用黄蜡均匀地涂布在纸上。纸虽然变得略为硬一些了，却光亮而半透明，象鱼骨或半透明的牛角片。把这种纸蒙在别物上，就是最细微之处也完全辨认得出来。魏晋书法家钟繇(151—230年)、索靖(239—303年)或王羲之(321—379年)等人的真迹，由于年久发暗，一般都用这种方法处理”[6]。

〈硬黄者嫌纸性终带暗涩,置纸热熨斗上，以黄蜡涂匀，纸虽稍硬，而莹沏透明，如世所为鱼枕明角之类,以蒙物，无不纤毫毕见者。大都施之魏、晋钟、索、右军诸迹,以其年久本暗。〉

显然曾经有过两种硬黄纸：一种是用黄色除虫剂染成的书写用纸，另一种是黄蜡涂布纸，用来描摹书画。董逌(盛年1127年)写道:“硬黄唐人本用以摹书，

1) «洞天清录»，卷八，第二五七页；参阅高罗珮的著作[van Gulik (9), pp. 100—101].
2) «画史»，第六十三页；参阅高罗珮的著作 [van Gulik (9), p. 184].
3) 参阅鲁道夫的著作[Rudolph (13), pp. 15—17].
4) «历代名画记»，第七十五、七十六页；亦见«文房四谱»，第五十六页.
5) «游宦纪闻»，卷五，第二十八页.
6) «紫桃轩杂缀»(1768年刊本)，卷三，第六页；参阅高罗珮的著作[van Gulik (9), p. 137].

唐又自有书经纸。此虽相近，实则不同。惟硬厚者知非经纸也”[1]。一般认为，硬黄纸的特点是厚、硬、有光泽或半透明、份量重、纸幅较小。清代有一位学者说，唐代硬黄纸“长二尺一寸七分，阔七寸六分，重六钱五分”[2]。

除了“硬黄”以外，还应该提一下“雌黄”一词。根据早年文献，“雌黄”指类似雄黄的一种矿物(As_2Se)，有毒，辟蠹。此物不溶于水，而借研磨制成粉状，再用 79
胶混合，捏成棒状。用时，把雌黄锭用水研磨成液汁，并涂在纸上辟蠹。贾思勰(5世纪)记下了用雌黄处理书卷的方法[3]。雌黄也用来改正笔误。由于绝大多数文书都写在黄纸上，错字就容易用雄黄涂去。沈括(1030—1094年)说：“馆阁新书净本有误书处，以雄黄涂之”[4]。因之雌黄也一般用来涂去笔迹。

(5) 纸张的保护

中国的纸一般很薄，只用单面书写或印刷。为了使它经久耐用，过去采用过很多方法。纸本艺术作品通常都在背面裱上一层或多层纸来增加重量、耐折性，也特别改善了其艺术质地。纸张老化时，可以再重裱，使其面目一新。撕裂磨损之处，则可以修补。折叠的书面之间，也可以插入另一层纸张来加固，为了长久保存免受虫蛀，每年都在一定的季节晾晒，使之适应干湿度及温度。很多古代的藏书家，都曾经告诫要小心处理书卷，以延长其寿命。许多千年纸本书画和古籍，至今完好无损，这在很大程度上要归功于裱装、修补等保存工作和对它们的特别的小心处理。

(i) 裱装

最先提到纸的裱装的资料，出现于4或5世纪，那时纸张已经广泛用于书写和抄制书卷。760年，唐代鉴赏家张怀瓘写道，直到晋代，裱糊纸背的工作还不能令人满意，因为用作裱背的纸出现皱纹，然而《后汉书》作者范晔(398—445年)对装裱作过一些改进，刘宋孝武帝(451—464年)令徐爰掌重裱书卷，每卷用纸十张，限每卷长二十尺[5]。裱装技术逐步改进，而且裱装成了装饰和保藏纸本艺术

1) 《广川书跋》，卷六，第七十三页。
2) 《巾箱说》，第二十二页。
3) 《齐民要术》，卷三，第五十七、五十八页；参阅高罗珮的著作[van Gulik (9), p. 137, n.2]。
4) 《梦溪笔谈》，卷一，第四页。
5) 见《法书要录》，第六十四页的引文，及高罗珮的著作[van Gulik (9), pp. 139—140]。

80 作品的最主要手段之一。明代学者张潮为《装璜志》写小引时说："书画之有装潢，犹美人之有装饰也。"不然，"即风韵不减，也甚无谓"[1]。

裱装是专业性很强的技术，需要有技巧和处理各种不同材料的艺术知识——新作装裱、旧作重裱、古代艺术作品复原等。不论要做哪一样，都包括仔细研究原作的许多步骤，要花费数日至数周的时间完成一件装裱。一般公认，纸本艺术品的寿命取决于装裱技艺的高低。装裱师也就成了"书画命运的主宰"[2]。

新的纸本作品装裱，一般先用稀的明矾水处理，防止墨迹或颜料走样。先把明矾晶体溶于冷水中，把它涂刷在有墨迹或颜色处的正面。俟完全干燥后，再在背面如法刷涂。另以薄而韧的背纸展平，用大而软的毛刷沾清水润湿，放在原纸的背面。覆盖之前，先以扁的浆糊刷将薄的一层浆糊刷在两张纸上，将其用硬毛刷轻轻敲打，使两层纸完全粘牢（图 1072）。如果裱背一层纸嫌不足，还可以如法加裱一层或多层。等浆糊有足够时间渗透纸层但还没有干透时，必须把整个纸卷从桌上揭下，转移到墙上，放一周或更长时间干燥。还可以决定是否再加裱一层。在顶部的横棍、挂线和下部的卷轴连结之前，还可再加最后一张背纸，这样整个卷幅的装裱工作就算完成了。

重新装裱古代纸本艺术品时，先把它面朝下铺在桌上，用大的软毛刷沾清水反复润湿。过一会，乘湿用竹括刀或竹镊子把旧裱层逐层揭下。碰到原幅上出现空洞或撕裂处，则用同色的狭长纸条从背面粘补。如果原件正面由于年代久远蒙上了灰尘，就用含去垢剂的纯枇杷子、金合欢荚浸汁或皂荚（*Gleditschia sinensis*）水洗去灰尘[3]。尘埃洗净后，原幅就重现鲜明的面貌，颜色也不会褪落。原幅干透后，再重新裱褙，其方法就和裱装新卷一样。这时还可以如法重加修饰。

裱装墨拓的方法略有不同，要看原件是否已裁剪和逐页卷装或平装册页而
81 定。裱装未裁件，则要在背面糊上一薄层皮纸，来加固拓件。大幅拓件可以折叠起来保藏在匣内，或者制成有轴的卷子，像画卷一样悬挂起来。裱装剪裁的拓件需要专门的技巧。可以把一块巨碑的拓件裁成长而垂直的长条，象传统书籍中的纵行一样，再裱装成册页形式。裱装技艺的高下，表现在将拓片裁剪成块的功夫上。垂直裁剪要使拓页前后连接无缝，横平裁剪要使上下对齐无缝。裁剪得当，也就大功告成了[4]。

1）见周嘉胄（约 1590—1660 年）《装璜志》。见高罗珮的英译文[van Gulik (9), p. 289]。

2）参阅高罗珮的著作[van Gulik (9), p.8]。

3）唐代即已用皂荚水清洗古画，见张彦远《历代名画记》，卷三，第一〇七页。《装璜志》，第二至三页则提到使用枇杷子，见高罗珮的著作[van Gulik(9), pp. 114, 293—294]。

4）墨拓件的裱装，见《装璜志》，第七页，参阅高罗珮的著作[van Gulik (9), p. 305]。

图1072 北京荣宝斋裱装画幅的实况。

(ii) 浆糊制备

裱装是否能成功，在很大程度上取决于浆糊是否调配得当，特别要求稠粘合度，防蠹性强。所用的基本原料是面粉或米粉，还加上一种叫做白芨(*Bletilla striata*)的植物根部制成的粉，则据说是为了增加粘着力。陶宗仪(1320—1399年)在《辍耕录》中引了一位学者王古心和一位八十四岁高龄保管寺院藏经的僧人永光之间的谈话。当这位长老去访问王古心书房时被问道："前代藏经，接缝如一线，日久不脱，何也？"长老回答说："古法用楮树汁、飞面、白芨末三物调和为糊，以之粘接纸缝，永不脱解，过如胶漆之坚"[1)]。 82

白芨是一种兰科植物，味苦，含有粘液汁。根部的液汁，既用于医药，也用以制浆糊。葛洪(4世纪)在《抱朴子·仙药》篇中就已经谈到："作糊之白芨"[2)]。有时还加上别的原料如胡椒、乳香和明矾来产生香味，增加保存和防蠹的效果。周

1)《辍耕录》，卷二十九，第八页。
2)《抱朴子·内篇》，卷十一，第三页。

嘉胄所提供的配方则说："糊用白芨、明矾，少加乳香、黄蜡，又用花椒(*Xanthoxylum pipertum*)、百部(*Stemona tuberosa*)煎水投之。"花椒和百部都有防蠹的功效。这样，则制成的浆糊"可永无蠹蚀、脱落等患"[1]。

(iii) 复 原

修复传统书籍损毁部分的方法，在某些地方与装裱古代艺术珍品的方法相似。造成中国传统书籍纸张损毁的原因，一是淀粉浆糊招引虫蛀，二是潮湿和温热引起霉变，水渍、尘垢、烟熏等也都会损坏纸张。蠹虫会在纸上蛀孔，霉菌会引成斑痕腐蚀纸质。修补虫孔、撕裂、磨损的方法是在背面糊上薄而坚牢的皮纸。如果需要修复的纸张是黄纸，则褪色部分可以用加除虫剂的茶汁补染。不太大的虫孔可以逐个粘补。把书页面朝下覆于涂过蜡的木板上，在虫孔四周涂上浆糊，再
83 用另纸补贴。干后细心地把书页从板上揭下来。如果虫蛀部分形状复杂，则先把补贴用纸铺在板上涂刷浆糊，把损坏的纸页面朝上地覆盖上去。然后用镊子沿破孔边缘一点点地粘贴在正确的位置上，使原页和补页完全粘合，在板上干透后(图1073)，再小心地揭下来[2]。

如果纸质已变脆易碎，或损毁程度较大，就必须逐页用薄的坚韧皮纸来裱装，和上面介绍过的装裱艺术珍品的办法一样。在折叠的双页之间，则要插入一般说来更长一些的另一纸页来加固。如果将白纸插入黄纸，就叫做"金镶玉"。

纸张普遍用于书写之后，显然很快就出现了修复的办法。贾思勰(5世纪)说："书卷损坏时，如果用厚纸去补，补的地方会硬得象伤痂或疤痕。这种硬痂或疤痕
84 反过来破坏书本身，如果用薄得象葱叶的纸去粘补，则除了透过光线去仔细检查以外，很难看得出补贴的痕迹来。如果裂痕是弯曲的，补上去的纸也应该按照形状剪好再贴上去。如果不修剪而使用过分大的纸去粘补，原来的裂痕处会皱缩起来"[3]。

〈书有毁裂劘方纸而补者，率皆挛拳瘢硬。厚瘢痕于书有损裂。薄纸如薤叶以补，纤微相入，殆无际会。自非向明举而看之，略不觉补裂。若屈曲者，还须于正纸上逐屈曲形势裂取而补之。若不先正元理，随宜斜裂纸者，则令书拳缩。〉

1) 《装璜志》，第八至九页。浆糊的制法，见高罗珮的英译文[van Gulik (9), pp. 307—308]，及诺德施特兰德的论述[Nordstrand (1), pp. 129—130]。

2) 这里主要转载了诺德施特兰德的著作[Nordstrand (1), pp. 112—128]中有关修复和保藏中国折页古书的情况。它大体上以几个世纪以来中国匠师的传统技艺为依据。

3) 《齐民要术》，第五十七页；参阅高罗珮的著作[van Gulik (9), p. 142]。

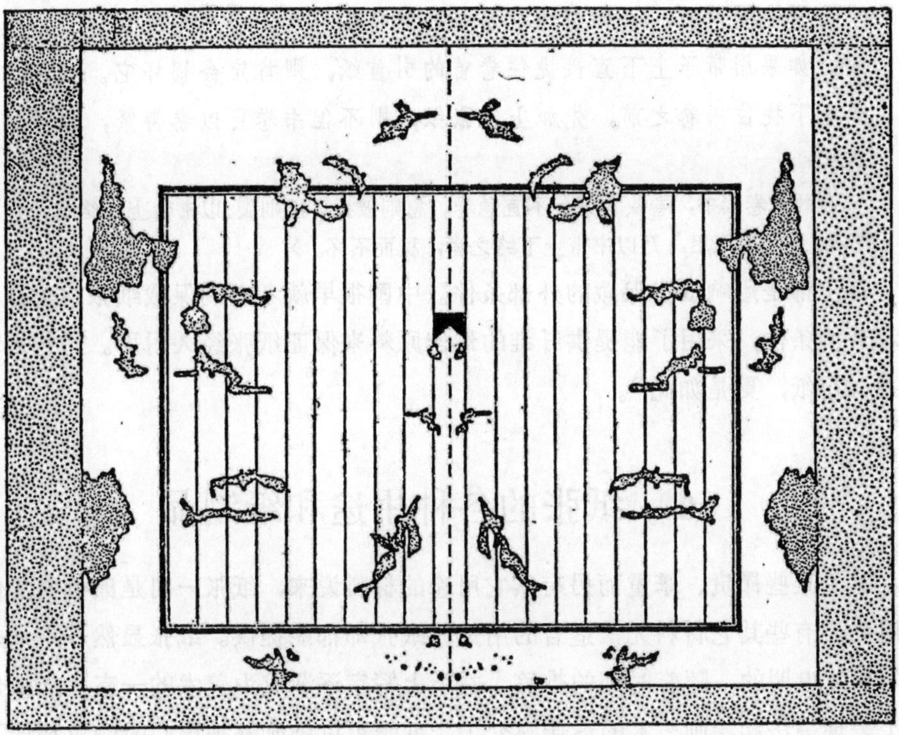

图1073　虫蛀书页的复原。在书页背面裱装一层新纸，干后再把孔边多余的部分剪去。采自诺德施特兰德的著作[Nordstrand(1)。]

(iv) 保　藏

贾思勰建议，书橱内要放上麝香和木瓜(*Cydonia sinensis*)防止蠹虫孳生，以保护纸张。五月气候湿热，正是书蠹将生的季节。如果夏季不把书卷打开去湿，就必然生虫。五月十五日到七月二十日这两个多月内，要把藏书打开、卷上至少三次。选晴日在风凉的大屋内进行，不要直接曝晒在阳光下，不然纸会泛黄，而且太阳晒热了的书卷极易生虫。特别要避免阴雨天气。如果小心做到这一切，则几百年内可保藏书无虞[1]。

〈书橱中欲得安麝香、木瓜，令蠹虫不生。五月湿熱（热），蠹虫将生。书经夏不舒卷者，必生虫也。五月十五日以后，七月二十日以前，必须三度舒而卷之。须要晴时，于大屋下风凉处，不见日处，曝书令干。若乘热气卷暍热卷，生虫弥速。阴雨润气，尤须避之。慎书如此，则数百年矣。〉

贾思勰还告诫看书的人，在开阖书卷时不能掉以轻心。他提出不但动作要慢，而且还要多用一两张包装纸来保护书卷，他说：

1）《齐民要术》，第五十八页。

开卷阅读时，不要匆匆把卷首的引首纸打开。否则它就会皱折，造成断裂。如果用带子上下直接拢住卷首的引首纸，则肯定会损坏它。如果在用带子上下拢住书卷之前，先加上几张纸，则不但书卷可以卷得紧，也不致于损坏[1]。

〈凡开卷读书，卷头首纸，不宜急卷。急则破折。折则裂。以书带上下络首纸者，无不裂坏。卷一两张后，乃以书带上下络之者，稳而不坏。〉

以上都是影响纸张保藏的外部条件。中国很早就考虑到保藏纸张的物理、生物和环境条件，采用了能提供纤维的最佳原料来保证纸张经久耐用。对艺术珍品和书画用纸，更是如此[2]。

（d）纸张的各种用途和纸制品

对于某些昂贵、笨重而另有其它用途的材料说来，纸张一向是廉价而方便的代用品。有些其它材料无法适合的用途，纸张却都能提供。纸张显然并不只是为了写作才发明的，随着时间的推移，在纸上写字逐渐成为美术的一支。纸张也就
85 成了表现书法和绘画艺术的最佳媒介了。纸张可以染成各种称心的颜色和加工成各种格式优雅的信笺和装饰品以后，在用途上又有了进展。纸张低廉而轻便，取代了笨重的贵金属作为货币，或用于个人服饰、家庭日用和娱乐。在婚丧喜庆时，也用于制作象征性的金银财宝。今天，在通讯、商业、工业和日常生活中，纸和纸制品有着成百种的用途，几乎到处可见。几百年以前，无论在中国还是在其它地方，纸张业已广泛用于各种目的。因而纸张的很多用途，都可以上溯到千百年以前。

一般说来，可能远自西汉发明造纸以来，就已经把纸张用于包装物品，东汉开始用于书写，3 或 4 世纪开始用于剪纸和制造信笺、纸扇和纸伞，不迟于 5 或 6 世纪开始用于制造衣着、装饰品、名刺、风筝、灯笼、手帕和手纸，7 世纪开始用于婚丧喜庆，8 世纪开始用于祭祀及制作冥钱，9 世纪开始用于制作纸牌和代替金属作为通货。换言之，早在西方知道有纸张之前，中国的纸张就已经有了上述一切用途了。

造纸术的进步，可以从纸张的不同品种和名称上看得出来，它们都有不同的来历。有的指造纸的原料，有的指造纸的地点，还有的因设计人或特殊制作它的殿堂而得享盛名。也有些品种，是根据特殊的施胶、涂布、染色、添加香料等加

1）《齐民要术》，第五十七页；参阅高罗珮的著作[van Gulik (9), p. 141]。

2）布朗宁[Browning (1), pp. 31—33]曾经论述过影响纸张耐用程度和寿命的各种因素。

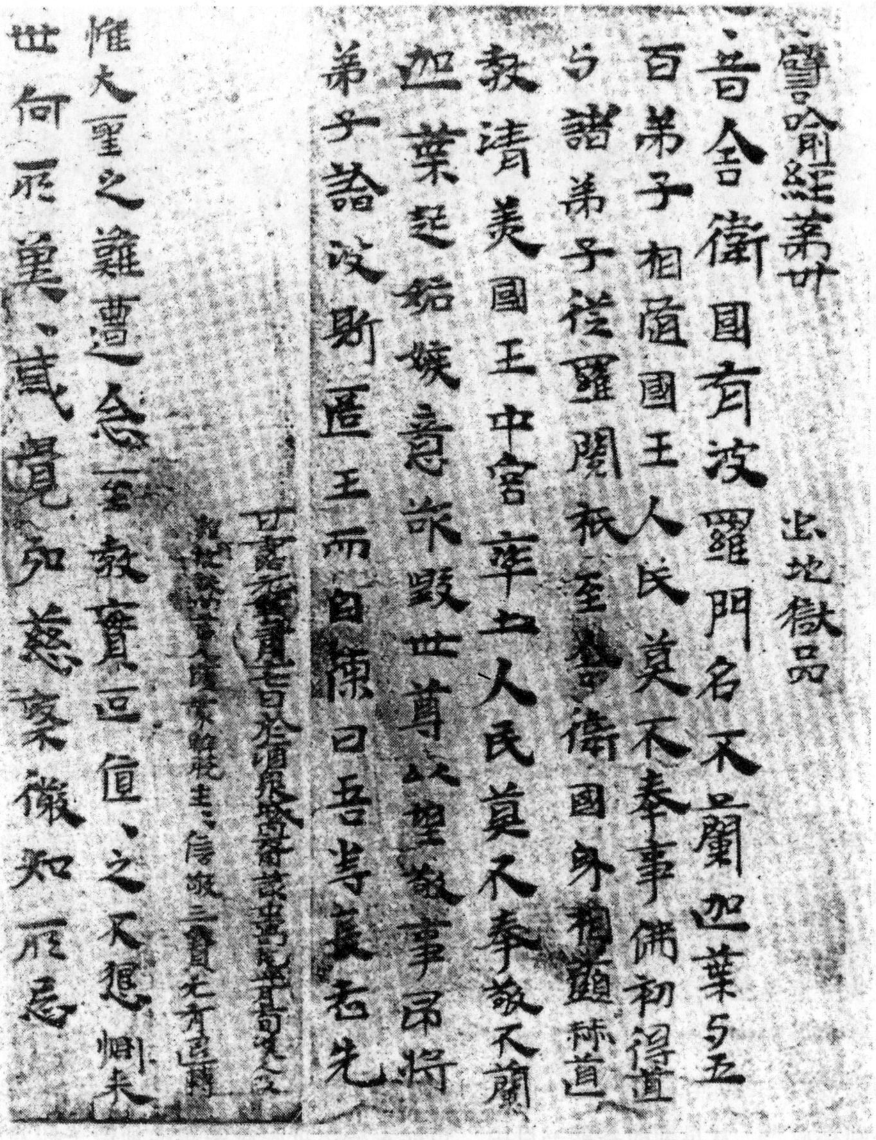

图1074　以介于楷、隶之间字体书写的《譬喻经》残卷。现存最古老的纸写本，256年。东京书道博物馆。

工方法，外表尺寸，或特定的用途而得名的。在以下几页中，将要论述一下几种文献中有记载或还能见到实物的品种和特种用途的纸制工艺品，并且探讨一下它们的起源和发展。

(1) 书画纸和笺纸

纸张很早就取代简、帛成为书写材料，但在迄今发现的最古老的纸样上，还未发现有任何字迹。西汉文献也没有用纸来书写的记载，虽然纸肯定从东汉起就

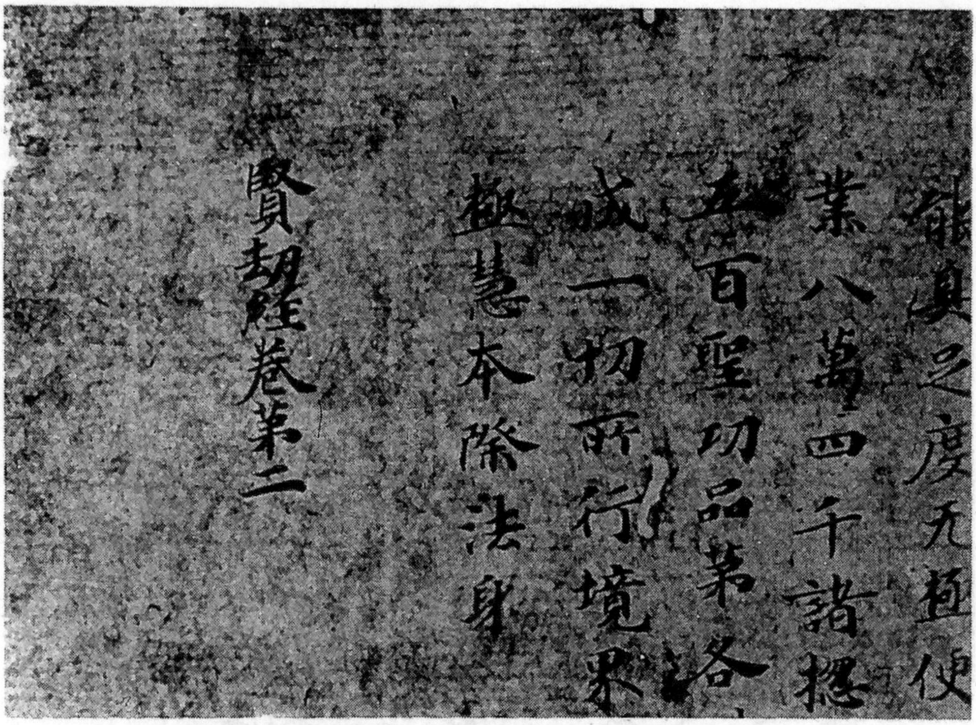

图1075 《贤劫经》古写本，缮写于隋代。奈良正仓院藏品。从背面对着光源能看出纸上的帘纹。

已经用来著书和书写。根据文献记载，宣帝(25—56年)时，朝中已经把纸和笔墨一起使用了[1]。76年，朝廷赐给在朝中学习《春秋左传》的高材生每人一部纸
86 写经传[2]。前述居延发现的写有二十几个字的古纸残片(图1061)，断为约110年之物。近年在甘肃旱滩坡发现的古纸上也有几个字[3]，为2世纪晚年之物。至于在新疆发现的无数纸本文书，则更是3世纪及以后写成的。晋代宫中掌管经籍的荀勖(231—289年)写道：281年在魏襄王冢中掘得的竹简书籍，曾用纸抄写三份，分别存放[4]。从早期的各朝书目中，也能看得出纸张越来越多地用于抄写书籍。以上这些证据可以确定，从1世纪起纸已用于书写，2世纪末或3世纪时纸才被广泛用于抄写书籍文件。

现存最古老的整部纸本书籍，可能要算256年抄写在六合纸上的《譬喻经》(图1074)。这种纸张的名称，有人说来自六种不同的造纸原料，也有人说来自它的产地——苏北的六合[5]。可能这种纸一直到宋代还在使用。因为著名的书法家

1) 《后汉书》，卷三十六，第七页。
2) 《后汉书》，卷一〇八，第五页。
3) 潘吉星(*9*)，第62—63页的报导。
4) 见《穆天子传》，第三页，荀勖所作的序。
5) 它是东京书道博物馆所藏最早的写本之一，见中村不折(*1*)。

米芾(1051—1107年)说:“六合纸自晋已用”[1]。现存其它早期的书卷一般都写在麻纸、楮皮纸、苧麻纸或混合使用这些原料所造成的纸上[2]。有些还保管得极好(图1075)。

唐代最常用的是麻纸、楮皮纸和藤纸。这已经在研究实物和文献记载后得到证明。克拉珀顿(Clapperton)对六十几件5—10世纪所造的敦煌文件用纸作了显微照相分析以后说[3],早期的纸不但薄而透明,而且几乎都是用充分打散后的浆料精心抄制的,纸质细腻,不见“针眼”,没有厚薄不匀的补痕,显示抄纸匠师技艺高超。此外,大部分纸张都施胶合度,易于用现代墨水和钢笔在上面书写。然而8世纪中叶以后的纸,品质就急骤下降了,显得厚而疏松,质地不匀,易于走墨。这种突然的变化,一般认为是唐代后期混乱的政治经济局面造成的。

唐代用来抄写佛经等书籍的纸张有两种,主要的原料都是麻。白色的叫做“白经笺”,纸幅小,涂布和填料使它分量略重;黄色的叫做“硬黄纸”,由于用除虫 87
液处理过而纸面光泽,纸质坚牢紧密[4]。厚些的纸产于四川,薄些的则分别产于长安、洛阳和安徽。这种纸在宋代还在生产。那时,已经在浙江沿海海盐金粟山 88
下的广惠寺造出了专供抄写佛经的“金粟笺”。11世纪后期苏州所造的金粟笺纸质坚牢,帘纹不显,由于两面施蜡而表面异常光滑[5]。每一幅上面都加盖着小红印章,印文是:“金粟山藏经纸”。大约以十五幅左右联成一卷[6]。《大藏经》共有一万余卷。这种纸不久成为收藏家的珍品,并且在以后各代中均有仿制品出现。仿制的称为“藏经笺”,目前仍旧普遍为书法家所使用,或用作书卷的引首[7]。

南宋时,福建建阳还曾造出同样加工精良的金黄色“椒纸”,用秦椒(*Zanthoxylan piperitum*)染成,既能防蠹,又有浓香。椒纸牢固,其香气据说延续数百年, 89
而椒纸印的书至今犹存。宋代普遍用来印书的还有:江西抚州可能用爬蔓植物萆薢(*Dioscorea quinqueloba*)所造的亮白色的“萆钞纸”,湖北蒲圻造的稍重的“蒲圻纸”,四川广都楮皮造的“广都纸”,浙江杭州由拳村藤造的“由拳纸”和朝鲜所造

1) 见《评纸帖》。

2) 关于敦煌纸卷的纸质和原料,见翟林奈[Giles (6), (7)]、哈德斯-施泰因豪泽尔[Harders-Stein-häuser (1)]和潘吉星(*2*),第40—41页。

3) 克拉珀顿的著作[Clapperton (1), p. 18]。

4) 见《广川书跋》,卷六,第七十三页;及本册pp. 78ff.对硬黄纸的论述。

5) 曾经有人说金粟笺是由丝质纤维造成。但是经过现代人的分析,它的原料是桑和麻,并不含有丝质。见潘吉星(*9*),第97页。

6) 见海盐人张燕昌(1738-1814年)所著的《金粟笺说》。他曾是许多收藏家之一。书中复制了金粟笺前后所盖的印鉴,并且提供了丰富的文献资料。

7) 高罗珮在其著作[van Gulik (9), Appendix v, no. 19]中介绍了现代仿制的样品。

非常光滑而较重的“鸡林纸”[1)]。

宋代起，印刷日益普遍，造纸续有进展。除了翰林院以外，在开封、成都、宣城、杭州和建阳等地增加了印书中心，也是造纸中心，由官府、寺院、私家和商贾经办。仔细检视一下现存宋、元、明、清各种版本的用纸，就能发现这些纸张的品质都很精良，一般说来都具备薄、软、轻、细的特点。原料大多是嫩竹和楮皮，偶而也掺入了稻草等其它材料。元、明两代，还出产一种特别宽的书写用竹纸，叫做“大四连”；某些地区还用嫩竹造出了特别重而坚牢的“公牍纸”，主要用于官府公文。明朝印书的纸，据说以白而牢的“棉纸”最为上乘，其实它是在江西永丰用竹料造成的；其次是浙江常山造的软而重的“柬纸”；再次是福建顺昌较廉价的“书纸”；最后则是福建的“竹纸”，它不仅短、狭、暗、脆，品质和价格也都最低[2)]。至于浙江开化所制品质特优的“开化纸”，则为清廷特别选为武英殿印制“殿本”书籍用纸。

众多的艺术用纸特别是书画用纸中，最负盛名的当然一向是，而且今天仍然是宣纸，即宣州(今安徽宣城)所造的一种精细、洁白而柔软的纸张。唐代文献中，首先提到它是宣州的贡品。嗣后，它就一贯为书画家所称道乐用。然而宣州地区
90 所造的纸张，也并非一概品质高超适用于艺术。许多别种宣州纸是用竹或稻草造来供包装、祭供焚化及制造雨伞等手工产品使用的，只有用纯青檀树皮或树皮掺稻草所制的才适用于书画。高级纸包括大幅、洁白、量重的“玉版”，书画家珍爱的“画心”纸，和显然制成具有纺织纹理的“罗纹”纸了。与书写和印刷不同，艺术作品有时需用很大尺寸的纸张，而宣纸则以纸幅特大著称，通常可达到纵十二尺、宽八尺的程度。抄纸时可有一至三层。有一种叫作“匹纸”的竟长达五十尺[3)]。抄纸时，从浆槽中只抄起一次的，纸张就只厚一层，两次就厚达两层，三次厚三层。要两位或更多的抄纸师傅才能共同操作这样巨大的模子。宣纸柔软、吃墨、光滑、坚韧和有弹性，适用于印制书籍、缮写文件和私人书信及拓印金石，尤其适用于书画。

另外一种久享盛名的艺术加工纸，就是在安徽专门为南唐后主兼词人李煜(937—978年)所制的“澄心堂纸”。这种纸的名称，无疑来自李煜宫中的一处御书房。原料虽不外楮皮，却因工序特别繁复，使纤维达到了极度精细纯洁的程度。纸张制成后，对纸面又加工施蜡研磨来提高它的品质和外观。一般认为它细、薄、滑、亮，适墨，为一时之甲。明代鉴赏家张应文(16世纪)说它“肤如卵膜，坚洁

1) 关于用这些纸印成的书目，见叶德辉的《书林清话》，第163—166页。

2) 见《少室山房笔丛》(北京，1964年)，第五十七页。

3) 《新安志》(1888年刊本)，卷十，第十七页中叙述了抄制特大纸张的情况。目前其它各处均已能制造宣纸。

图1076　黑白纸条编成的工艺品。这是46幅描绘农事的《耕织图》之一，附有康熙皇帝的题诗。采自施特雷尔内克[Strehlneek (1)]。

如玉，细箔光润”[1]。明代还有位收藏家屠隆(1542—1605年)则说它“极佳，宋诸名公写字及李伯时(李公麟)画多用此纸”[2]。还据说欧阳修起草《五代史》也用澄心堂纸。显然，这种制法，宋代及以后都依旧沿用了下来，虽然澄心堂早已不复存在了[3]。

很早时起，无论中国人还是东亚其它国家的人，都把纸当作最普遍的美术表现用材，不仅用于书画，也用于拓印碑文及雕刻的图案和制成许多不同的美术装

1）《清秘藏》，第二一六页.

2）《纸墨笔砚笺》，第一三六页.

3）见本册 pp. 361ff.中的论述.

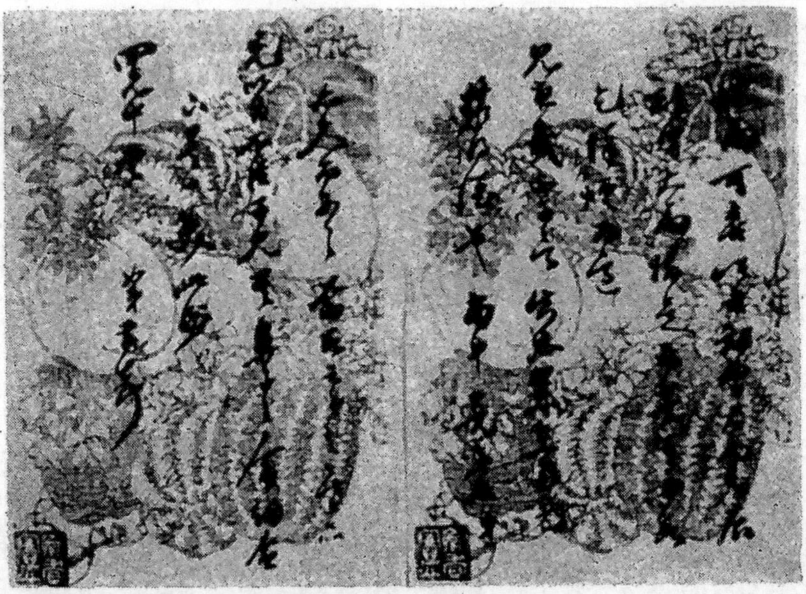

图1077 彩色装饰笺。内容是清代学者潘祖荫(1830—1890年)写给同治皇帝的业师李鸿藻(1820—1897年)的信。芝加哥大学远东图书馆。

饰品，如用极细的彩色或黑白纸条编织成的书画复制品，它们看来就象是用别种
91 纤维织成的织物一样。用这种纸条织成的一整套《耕织图》共有46幅，连康熙皇帝御笔所题的诗词也逼真地体现出来，却丝毫没有借助于笔墨(图1076)[1]。

千百年来，中国人曾经设计出有各种图案的有色加工纸，供私人信函、酬答
92 诗词和书写商契之用。这些笺纸先染成单色，再用套色印刷(图1077)，压出各种花纹，或以金银色粉喷涂，以尽可能取得幽雅悦目的效果。这种加工出来的纸本身就是一种艺术品。许多美术家和诗人都曾为这种装饰技术的发展作出过贡献。例如大书法家王羲之(321—379年)就用过紫色笺纸，桓玄(404年卒)则在四川设计出"桃花笺纸"，染成缥绿、青、赤色[2]。数百年间，四川都是以加工笺纸而享有盛名的中心。

根据早期文献记载：唐代做官的四川人谢师厚造出了十色笺纸[3]。笺纸的名目繁多，有"松花"、"金沙"、"莹沙"、"彤云"、"金花"、"龙凤(红色描金)"、"桃红洒金"等。然而千百年来最著名的笺纸，可能还要数唐代四川女校书薛涛(779—813年)所设计的红色小幅诗笺(图1078)。薛涛就用它与元稹(779—813年)、白
93 居易(772—846年)等著名诗人唱和。"薛涛笺"的原料为芙蓉皮，入芙蓉花末汁以增加纸的光泽度[4]。从唐代起，千百年来，以"薛涛笺"为名的笺纸一直没有中

1) 这套纸编的《耕织图》高$9\frac{3}{4}$寸，阔$11\frac{3}{8}$寸，由斯德哥尔摩的一位收藏家所得；见施特雷尔内克的著作[Strehlneek (1), pp. 238—257]。

2) 《文房四谱》，卷四，第四十九页。

3) 《笺纸谱》，第二页。

4) 《天工开物》，第二一九页；英译文见Sun & Sun (1), p. 231。

图1078 自行设计诗笺的唐代女校书薛涛。此图载吴友如所绘《百美画谱》，1926年于上海石印。

断生产。产地已由四川扩大到全国。

可能在宋代以前，就已经造出了附有五色图画的最早期的笺纸。姚顗（盛年 94
940年）一家就能制造色泽上乘的笺纸，纸上有美丽的图案，包括山水、林木、花果、狮凤、虫鱼、寿星、八仙、钟鼎文等[1]。

1）《清异录》，卷二，第三十四页。

〈姚颢子侄善造五色笺，光紧精华，砑纸版乃沉香，刻山水、林木、折枝花果、狮凤、虫鱼、寿星、八仙、钟鼎文……。〉

当时还有一首诗，专门形容笺纸上的风景画，画中有大雁、芦苇和落日[1]。砑花纸、水纹纸，甚至还有一种云纹纸，也显然是这时或更早时造出来的。苏易简(957—995年)说，四川人制造笺纸，上面的图样是把纸放在木板上砑出来的，有花、木、麟、凤等无数式样。他还说有一种"鱼子笺"，制法是先用浆糊涂在一块织得很紧的布上，再从布上反印出类似鱼子的暗纹来[2]。

〈蜀中造…笺…逐幅于方版上砑之，则隐起花、木、麟、鸾，千状万态。又以细布，先以面浆胶令劲挺，隐出其文者，谓之鱼子笺。〉

10世纪所造的隐花纸或水纹纸，不少至今犹存；有一件是书法家李建中(945—1013年)的真迹。一般认为，这种中世纪的透纹纸是现代水印纸的前身[3]。此外，还有一种"流沙纸"，制法是先在面浆上洒上不同的颜色，再把纸覆盖上去沾色，以取得"流离可爱"的不规则效果。

〈亦有作败面糊，和以五色，以纸曳过令沾濡，流离可爱，谓之流沙纸。〉

有时用皂荚子(*Gleditschia sinensis*)调和巴豆油及水来制浆，面上洒以墨汁和颜色。此时，把姜加上去颜色就会散开，用一把毛刷把头垢刷上去颜色就会聚拢。这样形成的种种图案，有的象人形，有的象云彩或飞鸟。然后再用纸覆上去把图案沾到纸上，就可以取得云纹的效果[4]。

〈亦有煮皂荚子膏，并巴豆油，傅于水面，能点墨或丹青于上，以姜揾之则散，以狸须拂头垢引之则聚。然后画之为人物，砑之为云霞，及鸷鸟翎羽之状，繁缛可爱，以纸布其上而受来焉。〉

西方的权威学者把欧洲水纹纸出现的年代定为1282年，并且认为云纹纸是波斯人在1550年发明的[5]。但无论是文献记载还是实物，都证明中国至少领先了三、五百年。

明代后期，书写纸和色笺印刷之间更产生了一种密切的联系。最有名的事例，是胡正言大约于1645年出版的《十竹斋笺谱》[6]。搜集了十竹斋所设计的各种

1) 见李少言的文章[Li Shao-Yen (1), pp. 135—137]。

2) 《文房四谱》，第五十三页。

3) 潘吉星曾经研究过北京故宫博物院的藏品，见潘吉星(*7*)，第38—39页；又见师道刚(*1*)，第51页起。

4) 《文房四谱》，第五十三页。

5) 参阅拉巴尔[Labarre (1), p. 260]和亨特[Hunter (9), pp. 474, 479]的著作。

6) 《十竹斋笺谱》的序中说它是1644年出版的，但是卷二中收入的一幅兰花笺上注明的年代却是1645年。1935年，北京版画协会翻印了全谱，见本册pp. 283ff.。

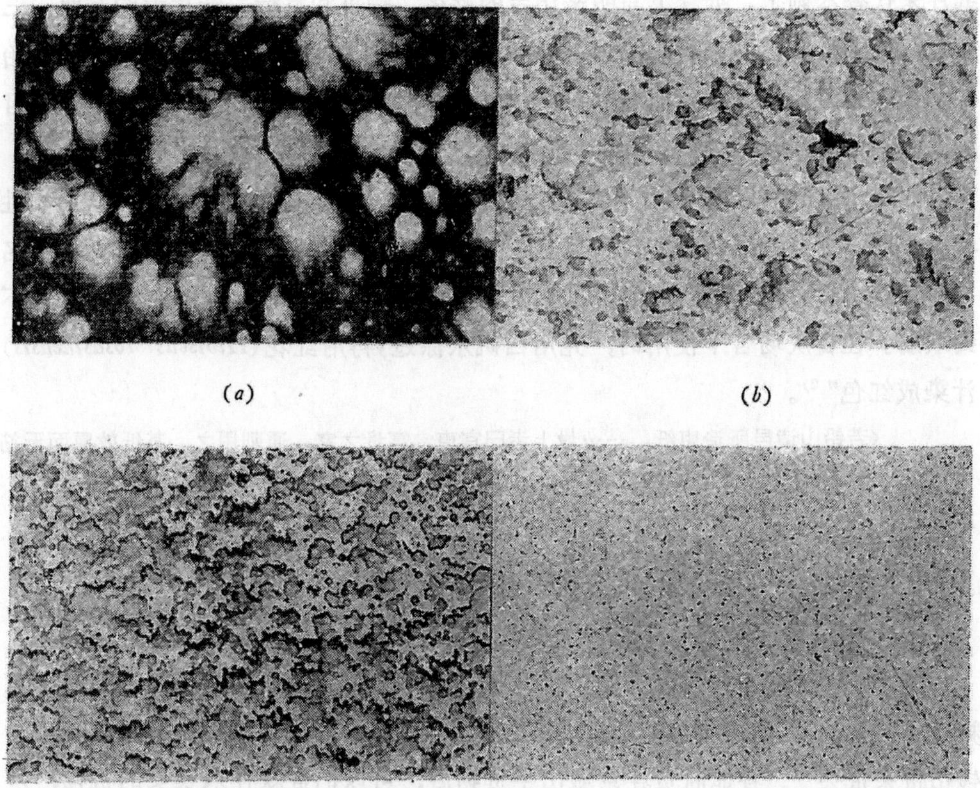

(a) (b) (c) (d)

图1079 中国各种色彩和图案的云纹纸，19世纪。(a)黄色"虎皮"纸。(b)绿色"槟榔子"纸。(c)粉红色"槟榔"纸。(d)洒金纸。

笺纸式样，或以多色套印，或用无色凹板砑成。然而现存最古老的笺谱式样，却 95
搜集在17世纪初年出版的《殷氏笺谱》和《萝轩变古笺谱》[1]中。这两种笺谱中所搜集的式样，有的和《十竹斋笺谱》中的式样相似，只是要简单一些。这显然说明，无论在印制技法和美术设计上，胡正言都受到过更早的类似笺谱的影响。

装饰性笺纸除用于书写信函外，也书写商业契约。这种特殊设计的笺纸叫做"简帖"，是明末清初时在徽州（现安徽境内）由雕版印刷工人首创的。最先的契约，可能是用普通笺纸写的，后来造出了特别的契约用笺，上面的图样有较浓厚的民族特色，不同于文人所欣赏的古山水画风格[2]。

拜客时，有一种用以通报来访者姓名的纸片，叫做"名刺"或"拜帖"。这种 96
习俗起源于汉代，"削木以书姓名，故谓之刺"。可能在5或6世纪时起，开始用

1）见沈之瑜（*2*），第7—10页。1923年，东京摹印了这种笺谱的第二卷。制造装饰笺纸的技艺一直传到今天。这类笺纸仍在大量使用。北京荣宝斋曾印过几种著名的笺谱。

2）见赖少其（*1*）。这本著作中搜集了四十种契约用纸的彩色图案，其中有一种契约上的年代为1640年。

纸片来代替木刺了。纸片上写明来访者的姓名、籍贯和官衔。纸片大约有两、三寸宽，最初是白色的，唐代改用红色的，据说唐代红纸身价十倍。同时，还开始了另外一种习俗：去府衙或私邸拜访上级官员时，先要投递名状，写清拜访的目的，由被访者“于状后判引，方许见”[1]。

明代中叶的名帖尺寸大了起来。翰林学士可以在红色名帖上用大字书写姓名。一般人则只能用白色的。宋应星说：“铅山（今江西境）所造最上乘的柬纸名‘官柬’，是高级官员和富有之家用来作为名帖的。这种纸厚实光滑，纸面上见不到纸筋。在吉庆场合下使用时，先用白矾水涂过，再用红花（*Hibiscus rosasinensis*）汁染成红色”[2]。

〈若铅山诸邑所造柬纸，……最上者曰官柬，富贵之家，通刺用之。其纸敦厚而无筋膜，染红为吉柬，则先以白矾水染过，后上红花汁云。〉

(2) 交换媒介用纸

用纸来代表货币，可能开始于9世纪初。当时由于商业和官方经济交往日趋频繁，鼓励了“飞钱”制度的设立。这是一种方便的办法，可以避免把笨重的金属钱币带来带去[3]。各地商贾在京城出手货物后，可以把货款存入长安的机构，换取一纸证明，到指定的外地去兑现。这种办法最初只在商贾私人之间通行，812年起才由政府接手作为向京师递解地方税收的办法。由于“飞钱”主要是汇票，一般认为它只是信用凭据而不是真正的钱币[4]。

唐代起，“飞钱”延续了几个朝代，逐渐演变为真正的纸币。铁钱每千文重二十五斤。这种不便到了五代和宋初，促使四川的人们把钱存入钱庄，用其收据来
97 作交易。11世纪，政府授权十六户私商发行一种叫“交子”的纸币（图1080）。最初，“交子”也是民间通融的办法，到了1023年，政府在益州（今成都）设了官方机构“交子务”，以各种面额发行这种纸币，并为此作了现金储备和规定了三年的流通期。1107年，发行了用六块木板套印的有精细图案的蓝色新币，名曰“钱引”[5]。到北宋末年，发行额已经达到了七百万缗[6]。

1）见《陔余丛考》(1750刊本)，卷三十，第二十四页。

2）见《天工开物》，第二一八至二一九页；英译文见 Sun & Sun (1), p. 230。

3）“飞钱”的用料文献中没有提起过。一般认为一定是纸张，因为8世纪起已经用纸张造出了冥间楮钱于祭奠鬼神时焚化。“飞”字意味着纸一般轻的物质。

4）见杨联陞 [Yang Lien-Sheng (3), pp. 51—52]；曾我部静雄 (*1*)，第6—7页和彭信威 (*1*)，第280页。

5）大约使用于1024—1108年的纸币铜版至今犹存；参阅彭信威 (*1*)，第280页。

6）一缗相当于钱币1000文。

图1080 现存最早印纸币的雕版。上图印自北宋"交子"雕版，约1024—1108年。采自彭信威（*1*）。

南宋纸币有各种不同名称，通行于全国更广泛的地区。虽然"交子"和"钱引"通行一时，纸币中最普遍的却还要数"会子"。它最初也是发源于首都临安（今杭州）民间的。1160年由户部接办，每次发行均有相同通行期和固定限额，通行区 98
也由四川扩大到沿海及长江下游、淮河两岸等地。结果重蹈覆辙，到南宋末年，由于政府开支日益庞大，而无休止地发行纸币，远远超出了原来的定额和流通限期，造成了惊人的通货膨胀[1]。

除了两宋时期通行纸币以外，还使用了别种纸制的信贷证券。有一种由太府寺特别发行的"交引"，在采办时付给特定的商贾。它可以兑换现金，在出产盐、茶及某些商品的省份中，可以转让，也可以赎回。南宋交引库所发行的交引证券以特种纸张为原料，由首都临安的太府寺交引库中印制，并且由太府寺掌管交引库

1）关于"会子"的流通情况，见杨联陞［Yang Lien-Sheng (3), pp. 55—57］；曾我部静雄（*1*），第37—55页及彭信威（*1*），图43。

的寺丞监督印制及发行[1]。

据说1167年—1179年间发行的纸币，是用彩色印在特制的纸张上的，图纹异常精美，有文字指明发行的分期数、年份、流通时限及该期发行的限额。纸币的两面加盖蓝、红、黑三色图案的印章[2]。最初印制纸币的纸张是从民间纸坊购得的，由于需求量和伪造者日增，政府就在徽州和成都设立了自己的纸坊来生产印纸币的特殊用纸。造纸原料是楮皮，因而纸币最初就叫做“楮币”或“楮钞”。原料中也许还搀入了丝、别种纤维和成分，使之难以伪造。成都的官办纸局成立于1068年，据说在1194年雇佣了61名纸工和其他杂工31人[3]。由于把川纸运往杭州不便，1168年又合并了安溪原有的纸局，在杭州附近另设一所官办纸局，到1175年雇工达1200人左右。纸币的印刷在户部会子库进行，雇日工204人[4]。除了用木版印刷外，据说还用了铜版[5]。

纸币上的图案花纹设计得很复杂，纸张是特制的，上面还要以各种彩色附加签
99 名和印章，对伪造的处罚又很重。这一切无非都是为了防止伪造，然而还是防不胜防。朱熹(1130—1200年)就曾奏明1183年发生的一起伪造案，涉及曾多次伪造纸币的雕版匠蒋辉。根据记录，他供认曾用梨木描着面额为一缗的“会子”刻了一块印版。赝币上有一幅传奇人物的形象，用蓝色印上了编码中的文字和数字，加上了红色的印记，纸张则是浙江婺州乡间特制的，他花费了10天来雕成这块版。在1183年中的6个月内，他前后约20次一共印了2600张左右，每次印100至200张[6]。

当时在北方，金朝的女真人也使用一种名为“交钞”的纸币，于1153年首次发行。这必然是效法宋朝的结果。金朝的纸币面额有大有小，用坏了的纸币只要付给印刷费用就能换成新的。起先还能遵制流通，但是到了12世纪末和13世纪初，由于军费开支无度，不可避免地造成了通货膨胀，纸币贬值到原值的万分之一。

蒙古族入主中原后，元朝发行了几种纸币。1260年起发行的“丝钞”以丝线为储备，中统年间发行的“中统钞”终于统一了中国的币制。1965年在陕西山阳发现了两张这种纸币[7]。先前发行的旧钞可换成新钞，它不仅通行于元帝国境内各地，也传播到了世界其它地方。1280年这种纸币传到了维吾尔地区，1294年传到了

---

1) 见《咸淳临安志》(1830年刊本)，卷九，第八页；《梦粱录》，第七十七页。

2) 明末曹学佺《蜀中广记》，卷六十七，第十八至二十三页上介绍了十种交子的式样。

3) 《蜀中广记》，卷六十七，第十四页。

4) 《咸淳临安志》(1830年刊本)，卷九，第七至八页；《梦粱录》，第七十七页。

5) 见《文献通考》，卷一百，第三页。

6) 见《朱文公文集》，卷十八，第十七至三十二页；卷十九，第一至二十七页；英译文见杨联陞的著作[Yang Lien-Sheng (9), pp. 216—224]。

7) 两者都用汉文印下了至元年号(1264—1294年)和面额，发行机构的印章是用红色蒙文印下的。见山阳博物馆的报告，载《考古与文物》，1980年第3期，第70页起。

波斯，并于后来的几个世纪中传入了许多别的国家。1296年纸币传到了朝鲜，并在1334年在朝鲜流通使用。日本在1334年首次发行"铜楮"，越南在1396年印制了纸币。然而，直至17世纪后半叶以前，西方国家尚未开始使用纸币[1]。可能某些欧洲的银行、会计乃至存款凭单制度，都通过来华商人和旅行者受到过中国榜样的启发[2]。

许多早期的欧洲作家，以极大的兴趣论述了纸币，认为它能取代笨重而珍贵 100
的金属钱币，是有价值的交换媒介。马可·波罗谈得最详细："大汗每年下令制造这类钱币，其数量之大，足可与全世界财货之值相当，但他却不必为这付出任何代价。"他接着说：

> 所有这些纸片，隆重发行，如同纯金纯银一样具有威信。每张上都由各类负责官员签名盖印。一切准备妥善之后，再由大汗委任的主官，在授给他的大印上涂朱盖到纸上，让纸上留下红色的印记，它就成为可靠的通货了。伪造者都处以极刑[3]。

蒙古人确曾使纸币极为有效地在广大地区内大量通行，但短期内纸币的名称和发行情况却经常变更。明代则不同，纸币的效力虽然要小一些，但是整个朝代只发行了一种纸币。1375年，发行了新的"大明通宝"，上面加印的洪武年号不再变更。明代的纸币从一开始就不能兑成硬币，但是和铜钱一并通行。大约200年间，它是唯一通行的纸币，然而它渐渐贬值，银子成为主要的通货。15世纪以后，纸币几乎不再通行了。明代除了纸币外，还发行了茶、盐和别种商品的交换券，为此曾向各产地省区征调需用的纸张[4]。

明末又想恢复纸币，却失败了。显然是通货膨胀的缘故。1643年，一位明代的官员曾经历数纸币的好处：它不仅印制价格低廉、流通广泛、携带方便、易于藏匿，而且可以避免银子成色不纯的弊病，交易时无需称量、剪动，盗贼面前不露白，而且最后还有一宗好处，可以节省金属移作别用[5]。然而显然1644年为印制纸币而征索二百万斤桑穰之举几乎酿成了民变[6]。

满族统治者喜欢使用硬币，除了作为应急措施以外，没有大规模发行过纸币。
然而为商务贸易又时常用纸张印制官票(图1081)。到了1853年，镇压太平军的 102

1) 瑞典于1661年，美国于1690年，俄国于1768年，英国于1797年，德国于1806年首次发行纸币。

2) 马克斯·韦伯(Max Weber)说，旧时汉堡银行的会计制度(Verrechungswesen)曾以中国模式为根据；罗伯特·艾斯勒(Robert Eisler)则说，旧时瑞士的银行和存款凭单均系学自中国的制度。见杨联陞的著作[Yang Lien-Sheng (3), p. 65]。

3) 英译文见Yule (1), vol. 1, p. 424。

4) 见《大明会典》(1589刊本)，卷一九五，第四至五页。

5) 《明季北略》，卷十九，第十五、十六页。

6) 见《倪文正公年谱》，第六十页；《日知录》，卷四，第一〇三页。

图1081 清政府户部1855年发行的面值为纹银一两的官票。芝加哥大学远东图书馆。

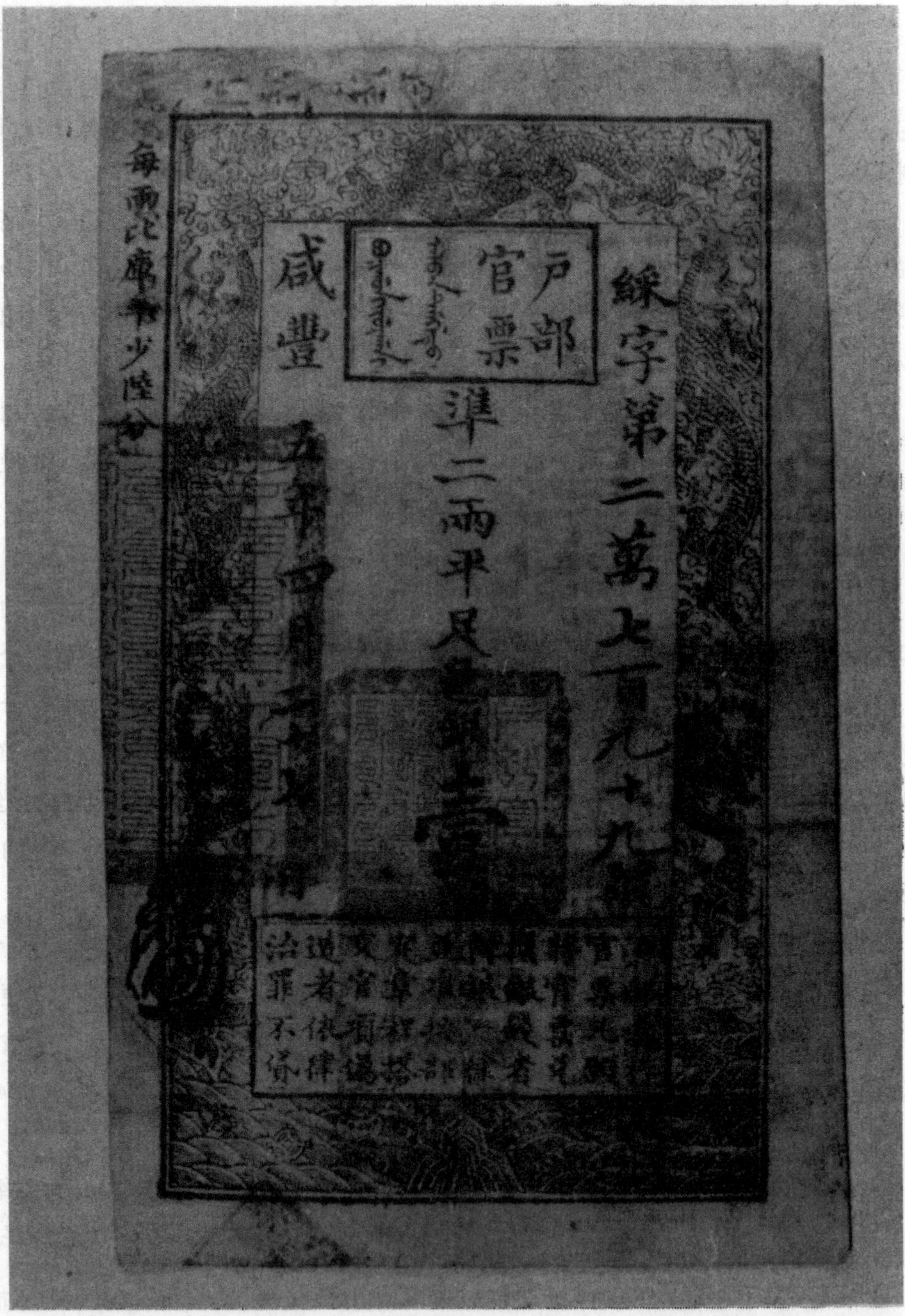

图1081 清政府户部1855年发行的面值为纹银一两的官票。芝加哥大学远东图书馆。

巨大军事开支迫使清廷发行了"官钞"、"宝钞"等纸币[1]。由于不能兑成硬币，都急骤贬值，短期内即停止使用。直到19世纪后半叶，才有一家中国银行发行新的纸币，主要是受西方的影响。

(3) 礼仪用纸

在中国人崇拜祖先、民间宗教和某些祭祀的典礼及节日的许多活动中，纸张都有重要的作用。家庭礼仪和国家献祭等场合下，都要使用或焚烧以一般或特制纸剪、折或装饰成象征实物的祭品。象征性的纸品成为昂贵实物的廉价替身。一般需要代替的实物有钱、衣着、生活用具、车辆、仆人、家畜及房屋等。殡葬、节日及祭祖时都少不了这类代用品。把纸制模拟品烧掉，是为了给另一世界里的神鬼献祭[2]。

礼仪纸制品焚烧时最初是可能用来代替金属铸币的。上古用大量的财宝乃至活人和动物陪葬。到了汉代，就把金属钱币置入坟墓代替珍贵的财宝和生命体。后来又由于经济和别的原因，包括防止盗墓，才使用了纸制品代替钱和实物。

献给死者的纸制冥币，有模拟金属钱币的，也有模拟真正纸币的。模拟真正纸币的冥钞，上面的铭文和图案都与伪钞有别。模拟硬通货的，有的只是在普通纸张上刻出钱币的式样，有的则在小张纸上贴上锡箔，再折成金、银元宝的形状。有时还用槐(*Sophora japonica*)花液染黄[3]。锡的本色象征银子，黄色则代表金子。这正和7世纪一部佛教著作中说的相符：祭奠时用白纸剪成钱币，死者就享用银钱；用黄纸，死者就享用金钱[4]。

〈解祠之时，剪白纸钱鬼得银钱用，剪黄纸钱鬼得金钱用。〉

焚纸钱的风俗初起时，看来烧的是纸制的冥镪或楮(纸)钱。真纸币流通后，才把冥钞和这些一起用作祭物(图1082)。楮钱显然比真正的纸币问世早，后者要到9世纪初才采用。现已在新疆一座667年的唐墓中发现一连串纸剪的楮钱(图 103
1086f)[5]。唐代的学者兼官吏封演(约726—790年)则说："过去以丝帛陪葬，今日则焚烧楮钱。这表明人们并不懂鬼神真正需要的是什么"[6]。

---

1) 参阅彭信威(*1*)，第557—558页，图80。

2) 关于礼仪用纸，见亨特的著作[Hunter (2), pp. 1—79; (9), pp. 203—217]。

3) 亨特的著作[Hunter (2), p. 24]。书中还有图片介绍各种锡箔纸和装纸锭的纸封袋，袋上写着给受祭死者的祝词。

4) 见《法苑珠林》，卷四十八，第八至十九页。

5) 见斯坦因的著作[Stein (2), IV, pl. XCIII]。

6) 参阅《封氏闻见记》(北京，1958年)第五十五页。

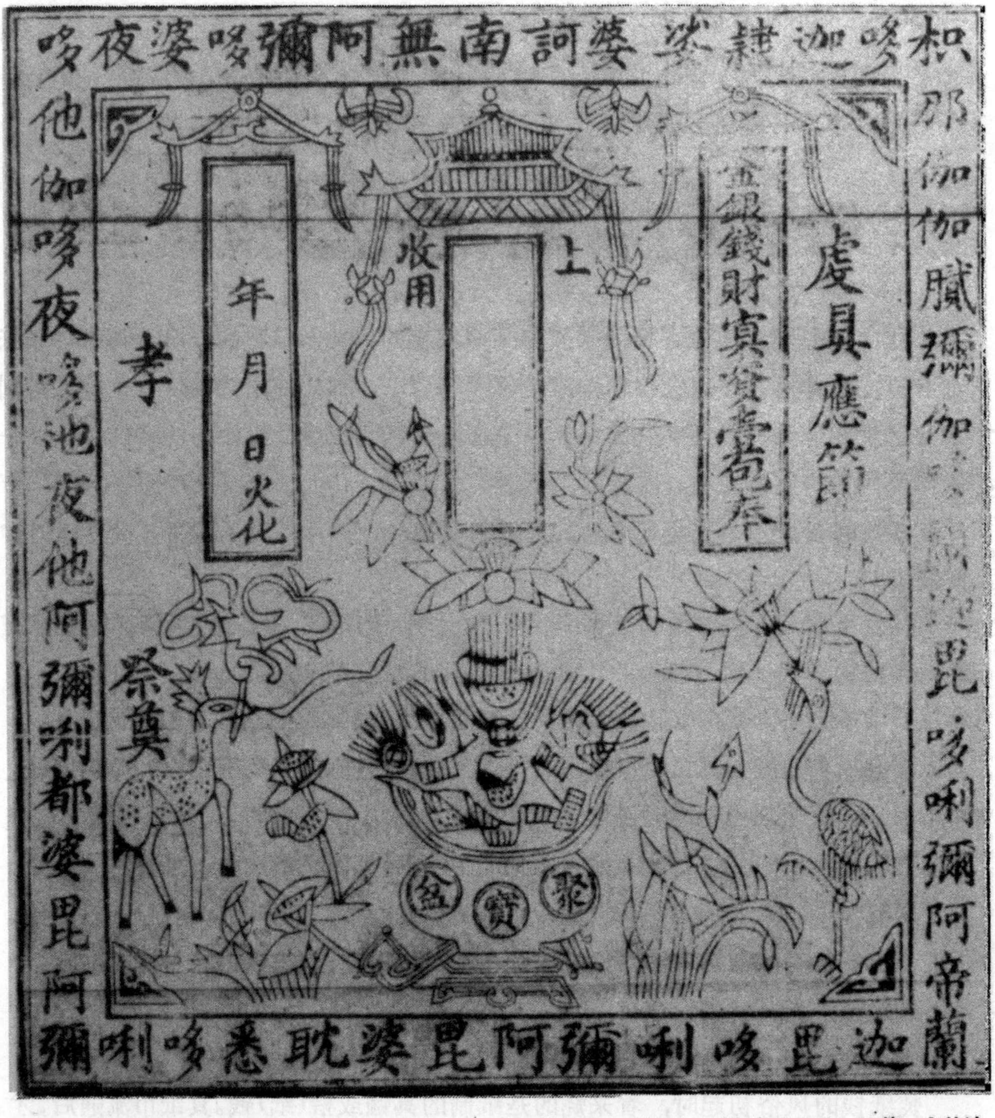

图1082　祭祖用楮镪纸袋上的印文，四边是经文，上部写上收用人的姓氏，下部是聚宝盆。达德·亨特造纸博物馆。

〈古埋帛，今纸钱则皆烧之，所以示不知神之所为也。〉

104　738年，唐代的侍御史充祠祭使王玙正式把焚纸钱之举引入宫廷祭仪[1]。此举无论在当时还是在以后都不断在官吏和学者中引起争议。有的谴责它是荒诞之举；也有的赞成用纸钱代替银锭和铜钱等实物，因为它不但能使盗墓者觊觎之心稍敛，亦能省下真正的钱币以供流通。

宋代有一位名叫廖用中（1070—1143年）的大臣奏请朝廷禁止焚烧纸钱。他认为这种做法“非无荒唐不经之说，要皆下俚之所传耳。使鬼神而有知，谓之慢神

1）参阅《旧唐书》，卷一三〇，第一页；亦见《新唐书》，卷一〇九，第十三页及《资治通鉴》（1956年版），第6831页。

图1083 葬礼中焚烧给死者的纸袍，20世纪。采自曾幼荷的著作[Ecke(2)]。

欺鬼可也"[1]。著名的哲学家朱熹(1130—1200年)在谈到家庭祭祀时则说，根据唐礼书所载，有些官吏在祭祖时最初不烧纸币，"而衣冠亦效之"。到了宋代初年，研究礼仪的人在读到这一段记载时，把代表士绅的"衣冠"误会为实物了，于是在祭祀时就用纸制的衣冠来代替纸钱[2]。祭祀时焚烧纸制品以代替纸币，究竟是否起源于误读礼书，尚难定论。但是朱熹的这种说法，看来告诉我们，唐代就已经有了焚烧纸币的习俗，而焚烧别种纸制摹拟品，则肇端于宋代初年。因为当时已经有人穿戴纸制衣冠[3]，在祭祀时用它们来代替丝绸或别种织物献给死者，也就很自然了(图1083)。此后数百年间，虽然不断有学者对使用这些祭物的动机提出疑问，在葬礼时使用纸制摹拟品献祭却一直是中国的风俗。

根据孟元老(盛年约1126—1147年)的回忆，北宋时，京都开封每遇节日，都用纸钱及其它纸制品祭祀鬼神[4]。他说，春节时，出售纸制摹拟品的店家，都用纸在街上扎成亭台房屋。他还说，每逢阴历七月十五"中元节"，市上就出售无数的纸扎祭物，如纸靴、纸鞋、纸制头饰、纸帽、附有装饰物的纸带、彩色纸衣和纸写的《目莲经》。当街设有一座三至五尺高的竹鼎，顶部有一个盆子，叫做"盂

1) 见《就日录》，卷十四，第四页。
2) 《朱子全书》(江西书局刊本)，卷三十九，第十六、十七页。
3) 关于纸制衣冠，见本册 pp. 109ff 中的论述。
4) 《东京梦华录》，第一二六、一六一、一六二页。

兰盆”。纸衣、纸钱就都放入盂兰盆焚化，以献给需要享用的鬼神[1]。这也许是儒
105 家反对焚烧纸扎代用品祭祖的理由。因为使用这类祭品，和佛门仪式之间有一定的联系。

马可·波罗曾经目睹与火葬有关的焚烧纸人之举[2]：

> 他们用棉纸剪成大量的摹拟物，如鞍辔华丽的马匹、男女奴仆、骆驼、盔甲、金色衣着(和钱币)等。这一切都放在尸体旁，一并火化。他们还告诉你，死者将在另一个世界中，拥有全部火化了的作得象活的奴仆和动物以及金币，来供他享用。

祀祭用的纸叫做“火纸”，原料为竹，把竹料蒸煮后，淋以草木灰汁，再用清水漂洗，和制造其它原料纸张的工序大致相同。只是不用火墙烘纸，而是晒干。明代作者宋应星说[3]：

106 唐朝兴盛时期，拜神祭鬼的事情很多，祭祀时焚烧纸钱来代替烧帛。因此这种纸叫火纸。根据湖南、湖北一带近来的风俗，一次浪费烧掉的纸张可以达到一千斤。这种纸张有十分之七用于祭祀鬼神，只有十分之三才供日常使用。

> 〈盛唐时，鬼神事繁，以纸钱代焚帛…，故造此者名曰火纸。荆楚近俗，有一焚侈至千斤者。此纸十七供冥烧，十三供日用。〉

直到本世纪初，这种火纸的生产还在中国手工造纸中占很大的比重[4]。借焚纸以通鬼神的传统，可能在中国本土的一些地方及在海外华侨之间，依然奉行[5]。制造纸糊摹拟物已经成为专门工艺，差不多任何物品都能唯妙唯肖地仿制出来。

在许多中国家庭和店铺中，纸印或纸绘的彩色神灵或民族英雄占有显著的地位，可以悬挂或糊在墙上或门上，主要是为了崇拜或驱邪，其中有灶神、户神及守门的神灵，这些都在家庭五护神之列[6]。灶神的像悬挂在灶间的墙上，每年腊

---

1) “盂兰盆”显然是梵文 *ullanbana* 的音译。它指的是一种佛教的仪式。这项仪式与佛和弟子目莲(Maudgalyāyana)的饥饿的母亲有关。参阅卜德的著作[Bodde (12), pp. 61—62]。

2) 见玉尔的著作[Yule (1), Ⅱ, p. 191]，慕阿德及伯希和的著作中[Moule & Pelliot (1), Ⅰ, p. 337等处]也用了“棉纸”这个字眼。马可·波罗还曾描写过西夏人焚烧纸钱冥器的类似风俗。但无疑是受了汉人的影响。见玉尔的著作[Yule (1), Ⅰ, pp. 204, 207, n. 4]。

3) 《天工开物》，第二一八页；英译文见 Sun & Sun (1), p. 229。

4) 《浙江之纸业》第358页上说，该省25,000家纸坊所产手工纸，分为迷信用纸、书写纸、包装纸及其它四大类。1930年两千多万元总产值之中，火纸及其它宗教用纸约占30%，是最大的一类。

5) 亨特[Hunter (9), pp. 207—211]谈到他在1930年的见闻时说：在中国许多城市和亚洲其它地方的华侨聚居区中，往往沿着某些街道都可以见到在敞开的店铺中陈列着纸制的摹拟品——装饰精美的纸箱配上了闪着金银光芒的纸锁，宽大飘逸的纸袍上画着金龙和其它复杂的图案，以及鞋、帽等一应纸做的衣着物，还有与实物一样大小的车辆、房屋甚至汽车。

6) 家庭五护神为灶神、门神、户神、室神及井神，见卜德的著作[Bodde (12), p. 4]。

图1084　纸印的彩绘门神，图为唐代全身披挂手执武器的两员大将秦琼和尉迟敬德。19世纪。菲尔德(Field)自然史博物馆。

月二十三日供以糖果及纸钱。供后，就把神像焚化，把灶神送上天。除夕夜，再把他请回来，办法是糊上一幅新的神象[1]。

最普遍的是大门神像，糊在进入房内的大门两扇门板上。据说是唐代两位大将秦琼和尉迟敬德，都身着盔甲，手执武器(图 1084)[2]。至于挑选其它神像的原则，主要是为了满足一般人间的要求，如寿星和财神。有时还把福、禄、寿三星画或印在一起，以便糊贴在墙上，或悬挂于堂中。

有些店铺或作坊中，还供着为本行业作出过贡献者的神像或民族英雄肖像。例如诗人李白就成为酒肆中的祖师，肉铺中则崇拜传说中的屠户张飞，三国英雄 107
关羽则成为许多家庭的护神，因为他是战神，足以驱除灾邪。

我们最感兴趣的是蔡伦的神像。在传说中，他是发明造纸术的人。自从那时起，他就成了造纸行业的祖师，受到行业内外的崇拜。在他原籍耒阳（今湖南境内)故宅附近一口水塘边，有一具传说蔡伦曾经用来造纸的石臼，耒阳在历史上有不少人以造纸为业。在蔡伦出生的耒阳和封侯与葬地的龙亭(今陕西洋县)以及成

1) 卜德的著作[Bodde (12), p. 98].

2) 见沃尔纳[Werner (1), pp. 172—174]和卜德[Bodde (12), p.100]的著作.

图1085 造纸业祖师蔡伦的纸印画像，约 18 世纪。原画用五色套印，上方正中书有“禹亭侯蔡伦祖师”七字。蔡伦蓄黑色长须，手持如意。四名侍卫手执毛笔等书写工具。座前有猪和鸡作为祭品。传说是这两种动物首先用鼻和喙把湿纸分开的。采自漆启贺的著作[Tschichold (2)]。

都等手工造纸业的中心，都为蔡伦修造了庙宇[1]。中国乃至日本的许多纸坊纸肆中，都曾悬挂过纸绘或纸印的蔡伦像。图 1085 就是一幅典型的 18 世纪用木版印刷的蔡伦像[2]，共用六色（绿、红、黄、粉红、紫红、黑）套印，蔡伦坐在中央，手执剑形而象征吉祥的如意，由四名侍者服伺，其中两名手捧纸卷书册，座前陈 109
列着猪和鸡作为祭物。画幅上方正中写着"禹亭侯蔡伦祖师"字样。

崇拜纸绘神像，固然主要是受了佛教的影响，然而道教本身也大量使用认为是具有神力的符箓，在纸上写下或画上象征吉祥如意的词句或图案，涂上朱砂祈求神灵保护。有时用大印把符箓印在陶土上，后来又用朱印印在纸上来显示权威[3]。看来道教也利用纸符来象征法力。

儒家对于写有字迹的纸张也怀有敬意。由于儒家学者在社会上享有崇高的声誉，他们写下的多是圣贤名言，值得崇敬保存，因此无论是写下或印出的片纸只字，也不容亵渎。"敬惜字纸"成了中国社会的格言。字纸不容践踏或作不正当的用途。这种习俗，无疑出于儒家学者的授意，以自抬身价，但最早出现于何时，则无从得知。6 世纪有一项资料提到，著名的学者颜之推（530—591 年）在家训中写道："其故纸有五经词义及贤达姓名不敢秽用也"[4]。中国社会中的佛教徒，也遵守这种习俗。他们教导说："一切闲文字，皆与藏经同，故自古惜字纸者，每得科名…长寿…广嗣报"[5]。

为了慎重处理字纸，寺庙庭院中都用砖砌成焚化炉，集中焚烧。纸灰贮放在缸内，最终倒入河中[6]。通往名山大刹的道路两旁，都贴有敬惜字纸的布告。这也有可能是为了美化环境，但无疑与儒教及崇尚学术有直接的关系。

(4) 纸制的衣饰

中国文献提到过用纸来代替织物，制成各种衣着、床上用品和别的家用物品。但用的是真正的纸张还是树皮布，则难以肯定[7]。早期的中国资料说明曾经有过一种树皮布，叫作"搨布"或"縠布"。这可能与别处称为 *tapa* 的类似。*tapa* 是 110

1）《笺纸谱》，第一页。

2）漆启贺的著作[Tschichold (2)]曾转载此图。

3）见卡特的著作[Cater (1), p.13, nn. 13—14]中关于道教符箓钤记的论述。

4）《颜氏家训》，篇五，第十三页；见邓嗣禹的英译文[S. Y. Teng (3), p. 21]。

5）见《修慝余编》，第一页；《公门不费钱功德录》，第二页。

6）参阅亨特的著作[Hunter (9), pp. 78—79]，亨特的另一部著作中[Hunter (2), p. 213]，则附有插图，介绍了一座15世纪中的字纸焚化炉。

7）捶薄树皮布，或制造"搨布"(*tapa*)的手艺，几乎普及太平洋地区。然而它只是为了衣着，一般并不用于书写。见亨特的著作[Hunter (9), pp. 27—47]，参阅本册pp. 37, 56.

靠捶打楮树皮制成的，用于衣着，因而称为"树皮布"，不称"纸"。中文的"搨布"二字，意义可能是"捶打出来的布"，也可能是"縠布"；很可能指的是树皮布或 *tapa* 的一个品种。

《史记》中最先提到"搨布"。司马迁(约公元前145年—前86年)在该书中说有一个商人一年之中就设法售出了"搨布…千石"[1]。"搨布"又名"縠布"，3世纪时又有另外几项早期记载提到了它。陆玑说："今江南人绩其皮以为布，又捣以为纸，谓之'縠皮纸'"[2]。显然楮(縠)树的内皮可以有不同的用途，采取不同的加工方法。由于中国资料中把这些衣着及床上用品都形容为纸制品，我们可以假定它们是用皮纸制成的。

汉代的文献有几处提到用楮制造冠帽及头饰。公元前3世纪，韩婴提到孔子的弟子"原宪居鲁，…楮冠"[3]。到了东汉，男子以使用楮皮所制的红色及别色束发带为尚，叫做"绡头"或"幧头"[4]。这些当然不一定就是真纸。唐、宋时，道士戴楮冠，文人骚客亦以楮冠为时尚。王禹偁(954-1001年)还确实在一首题《道服》诗中提到"楮冠布褐皂纱巾"[5]。陆游(1125-1210年)则在一首诗中写道："楮弁新裁就，翛然新道装"，下注"新作两楮冠"[6]。还有许多诗篇都能证明，当时道士以使用楮冠为尚。近年来，还在新疆一座唐墓中发现几顶用硬纸裁制的冠帽，上面蒙着黑色的素绢[7]。近来还在吐鲁番发掘出来的文物中，找到另一顶纸冠、一条纸腰带和一只418年用麻纸制成的色黄而厚、带有纺织图案的纸鞋(图1086)[8]。过去曾大量使用纸张来作为布鞋的内衬。

112 早在汉代就已记载用楮皮制作服饰，但是并非真纸。《后汉书》记载，武陵(今湖南境内)人"织绩木皮，染以草实"[9]。中国南部和西南的少数民族以它作为土产向朝廷进贡。《广州记》作者裴渊(3世纪)和名医陶弘景(456—540年)也提到"武陵人作縠皮衣，甚坚好"[10]。唐大历(766—779年)中，"有一僧…，不衣缯絮布绝之类，

---

1) 《史记》，卷一二九，第十五页。早期的注家把"搨布"称为"粗厚之布"或"非中国所有"；沃森[Watson (1)，Ⅱ，p. 494]把它译成"植物纤维织物"；凌纯声(7)，第30页把它叫作"树皮布"；也见伯希和的详细论述[Pelliot (47)，Ⅰ，pp. 445—447]。

2) 《毛诗草木鸟兽虫鱼疏》，第二十九、三十页。

3) 见《韩诗外传》，第四页。

4) 见《后汉书》，卷七十一，第三十二页；卷七十三，第七页。

5) 见《小畜集》，卷八，第二十二页。

6) 见《剑南集》，卷三十七，第二页。

7) 见斯坦因的著作[Stein (2)，IV，pl. XCIII]。

8) 见潘吉星(*4*)，第54页；及(*9*)，第135页。

9) 《后汉书》，卷八十六，第一页。

10) 见《本草纲目》(北京1975年版)，卷三十六，第七十八、七十九页。

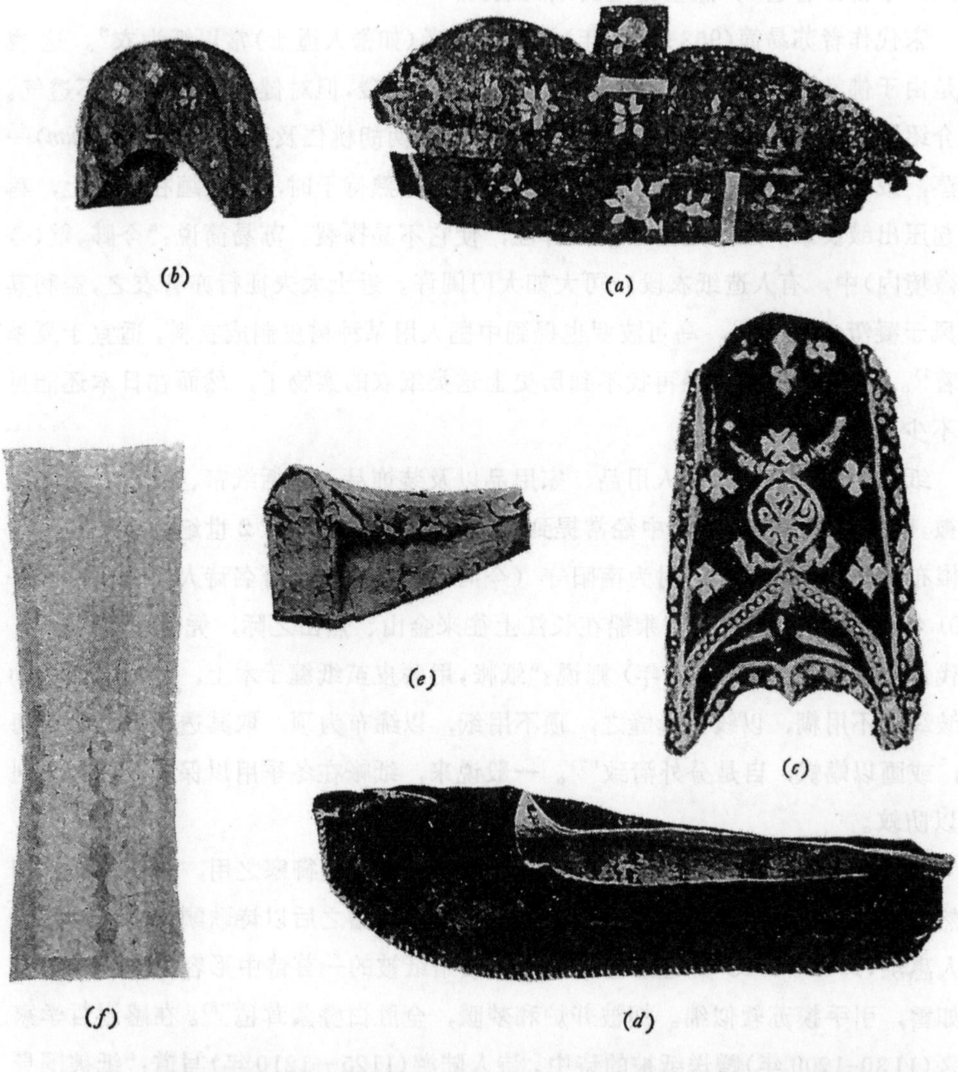

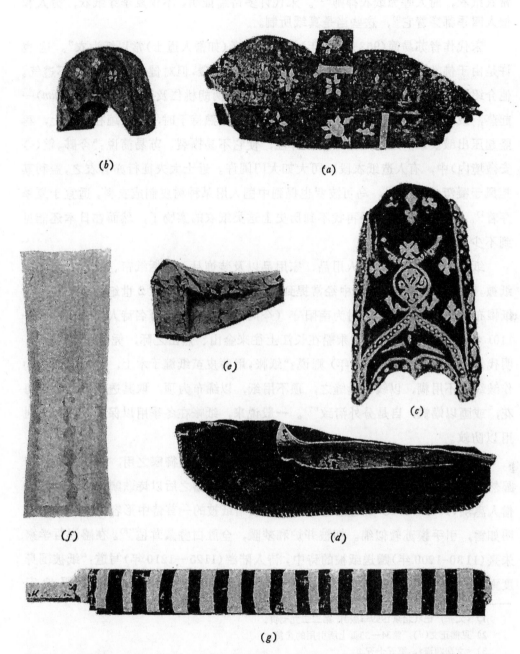

图1086 新疆发现的唐代纸制品。(a,b,c)纸帽或纸冠；(d)纸鞋；(e)纸棺；(f)祭鬼神的纸钱；(g)一卷黑色条纹的纸幡。(a,d,f,g)采自斯坦因的著作[Stein(2)]，(b,c,e)由北京中国科学院自然科学史研究所提供。

常衣纸衣，时人呼为纸衣禅师”[1]。宋代许多诗篇证明，不仅夏季穿纸衣，穷人和僧人四季都穿着它[2]，这些当是真纸所制。

宋代作者苏易简(953—996年)说："山居者(如僧人道士)常以纸为衣"。这也许是由于佛教传统禁着丝绸之故。他说纸衣虽很温暖，但对健康不利，因为不透气。他介绍这种纸的制法说，先把一百张的纸料和一两胡桃仁及乳香(*gum olibanum*)一起蒸，或在蒸料时不时洒以乳香或别种水剂。蒸熟待干时，横着缠在木棍上，再竖起压出皱纹来，显然是为了增强弹性，使它不易撕裂。苏易简说："今黟、歙(今安徽境内)中，有人造纸衣段，可大如大门阖许。近士大夫征行亦有衣之，盖利其拒风于凝沍之际焉"[3]。马可波罗也提到中国人用某种树皮制成衣料，适宜于夏季穿着[4]。今天在中国已经再找不到历史上这类纸衣的实物了，然而在日本还能见到不少(图1087)。

纸品中，还有其它个人用品、家用品以及装饰品，包括纸帘、纸幕、纸帐和纸被，唐宋诗篇和其它著作中经常提到。苏易简写道："羊续(2世纪)…以清率下，纸帷布被，以败纸补之，时为南阳守(今河南境内)"[5]。著名诗人苏轼(1036—
113 1101年)说，金山有一老僧乘船在长江上往来金山、焦山之际，凭纸帐保暖[6]。明代作者屠隆(1542—1605年)则说："纸帐，用藤皮茧纸缠于木上，以索缠紧，勒作皱纹，不用糊，以线折缝缝之，顶不用纸，以绵布为顶，取其透气，或画以梅花，或画以蝴蝶，自是分外清致"[7]。一般说来，纸帐在冬季用以保暖，在夏季则用以防蚊。

114 纸被和纸褥，则主要供僧人、道士及某些寒士冬夜御寒之用，虽然价廉，却显然不可多得。因为文献中不乏提到纸被、纸褥馈赠之后以诗歌酬答之例。北宋僧人惠洪(1071—1128年)在感谢玉池禅师馈赠纸被的一首诗中形容说："就床堆叠明如雪，引手摸苏软似绵。拥被并炉和梦暖，全胜白叠紫茸毡"[8]。在感谢哲学家朱熹(1130-1200年)赠送纸被的诗中，诗人陆游(1125—1210年)写道："纸被围身度雪天，白于狐腋软于绵"[9]。他深感纸被的温软，几次说纸被使他能舒服地安

1)《太平广记》(北京1959年版)，第二二九七页。

2) 见熊正文(*1*)，第34—35页上所引用的诗篇。

3)《文房四谱》，第五十五页。

4) 见玉尔的著作[Yule (1), II, p. 191]。

5)《文房四谱》，第五十五页。

6)《集注分类东坡诗》，卷二十三，第四二四页；在苏辙的《栾城集》卷四，第四页上，以及明代许多作家的作品中，也有类似有关纸帐的诗篇。

7)《考槃余事》，第七十三页。

8)《石门文字禅》，卷十三，第一二八页；参阅伯希和著作[Pelliot (47), I, pp. 442—456]中关于白叠"的论述。

9)《剑南集》，卷三十六，第八页；也见卷二十一，第十四页；卷七十四，第八页。

图1087 日本的紙衣(かみこ)，以特殊加工的紙制成。

睡。据说纸被产于福建、云南等地[1]。

战争中还使用纸甲、纸铠来保护身躯和手臂。纸甲、纸铠轻便，特别适合南方陆战之用。南方地形崎岖，不便披挂骑兵或水军用的笨重铁甲。由于722—738年编的《唐六典》没有把纸甲列入十三种甲胄，一般认为它在晚唐才出现。当时徐商(盛年期约在847—894之间)官拜河东(今山西境内)节度，置备征军，凡千人"襞纸为铠，劲矢不能洞"[2]。宋代的禁军队长李韬(卒于968年)进攻河中(东)时，发现"城中人悉被黄纸甲，为火光所照，色俱白"[3]。纸甲虽然主要供步兵所用，水军有时也使用。浙东安抚史洪适(1117-1184年)于招安海寇第二劄子中谈到，

1) 《福建通志》(1737年刊本)，卷十一，第四页。

2) 《新唐书》，卷一一三，第十页。

3) 《宋史》，卷二七一，第十页。

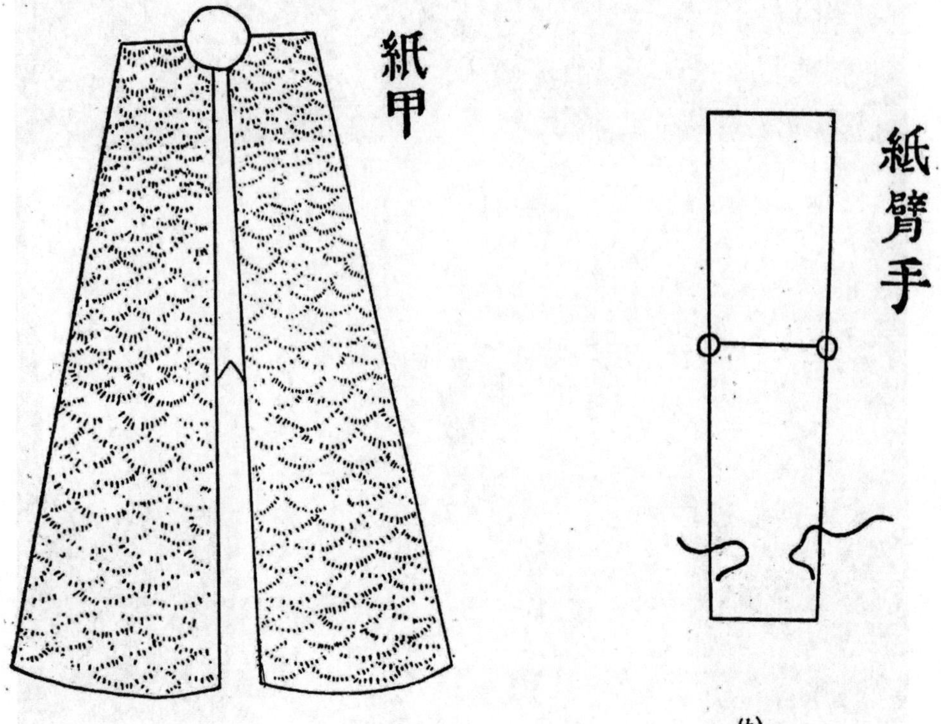

(a) (b)

图1088 明代纸甲，约17世纪。(a)护身甲。(b)纸臂手。采自1621年刊本«武备志»。

在两艘敌船“内有纸甲一百一十副，枪刀弓弩旗鼓等军器共一千五百六十八件”[1]。泉州知州真德秀(1178—1235年)则在奏折中写道：“所有本寨军器却稍足备，但水军所需者纸甲。今本寨乃有铁甲百副，今当存其半，以五十副就本军易纸甲”[2]。

115 但是，明代1621年茅元仪(1629年卒)所著的《武备志》，对纸甲(图1088)介绍得最为详尽[3]：

纸甲是兵士的基本装备，使其经受住敌方的锋利武器，不致挫败。南方地形险要低湿，一般要使用步兵。但步兵如身负重荷则无法迅速行动。如果地上潮湿，或遇天雨，铁甲极易锈烂失效。日本海盗和土匪都经常使用枪炮火器，即使可以使用藤角制成的铠甲，也不免为子弹洞穿。加之它们很重，无法长时间地穿在身上。对步兵来说，最好用混有各种丝布的纸甲。但是如果纸和布太薄，则箭矢已经能够洞穿，更不用说子弹了。因此纸甲要内衬一寸厚的棉布，全部编褶，一直覆盖到膝部。太长则在泥泞地区不便穿用，太短则不足以蔽身。笨重的铠甲只能在战船上披挂，水军无需在泥泞的战场上走

1) «盘洲文集»，卷四十二，第四页.
2) «真西山文集»(1665年版)，卷八，第十六页.
3) «武备志»(1621年刊本)，卷一〇五，第十七、十八页.

动。水上敌人因能用枪炮子弹打到目标上，不用重甲不足以防身。

〈甲为用命之本，当锋镝而立于不败之地者此也。南方地形险陷，固多用步，步驰难以负重，天雨地湿，铁甲易生锈烂，必不可用矣。倭夷土贼率用火铳神器，而甲有藤有角，皆可着用。但铅子俱能洞入，且体重难久。今择其利者，步兵性有缉甲，用缉布不等。若纸绵俱薄，则箭亦可入，无论铅子。今须厚一寸用绵密缉，可长至膝。太长则田泥不便，太短则不能蔽身。惟舟中可用重甲。盖不行路不蹈泥田。贼惟锐子可及，非坚不能御。〉

同一部著作说，还使用一种"纸臂手"来保护臂和手。每副纸臂手用四层布，内外层有一定长度，加上若干棉花、若干张茧纸和若干丝线。纸臂手和北方用铁制成的相似，但是更加灵活轻巧。它和整个衣袖一样长，上厚下薄，中央部位则很薄，以利手臂伸屈[1]。 116

〈纸臂手每一副用布内外四层，若干丈尺；绵花若干；茧纸若干张；绢线若干钱；如北方之铁者。同此，则活便轻巧。俱用整袖，上厚下薄，中有薄处在股曲之间，以便屈伸。〉

直到清代，云南、贵州和广西的某些土著还继续使用纸甲[2]。

（5）壁纸和家庭用纸

一般认为，壁纸是在16世纪首先由法国传教士从中国传往欧洲的，后来又由荷兰、英国和法国商人经广州外传。17世纪，欧洲才开始仿制[3]。从17到19世纪，中国手绘套印的色彩绚丽，由花鸟、山水、人物起居画面构成的壁纸，无疑风靡了欧洲（图1089）。1735年，它又传到美洲，约50年后，才在美洲生产。在19世纪中叶开始用机器印制壁纸之前，一直按照中国的方式，以小幅为单位，用铜版或木刻一张接一张连续拼印的。正如劳弗所说的那样："在裱糊纸或壁纸方面，我们同样应该特别感谢中国"[4]。

1693年，英国有一项论述玛丽皇后所拥有的中国和印度珍品柜、屏风和挂纸的资料，首先提到了中国的壁纸。所谓挂纸大约就是中国手印的彩纸[5]。大约在1772年，约翰·麦基（John Macky）形容旺斯特德宫（Wanstead Palace）"用中国壁纸装饰得异常华丽，壁纸上画着他平生从未见到过的最生动的中国人物和花

1）《武备志》，卷一〇五，第十九页。

2）见《广西通志》（1801年刊本），卷二七八，第二十二页。

3）关于欧洲的中国壁纸，见阿克曼[Ackerman (1), pp. 11—20]、恩特威斯尔[Entwisle (1), pp. 43—48]和桑伯恩[Sanborn (1), pp. 14—29]的著作。有关这种艺术的发展史，则见恩特威斯尔的著作[Entwisle (2), pp. 11ff.]。

4）参阅劳弗的著作[Laufer (48), p. 19]。

5）参阅恩特威斯尔的著作[Entwisle (1), pp. 21, 43—44]。

图1089 让·巴比隆(Jean Papillon，1661—1723年)设计的旧式欧洲五色壁纸，显示当时所受中国的影响。黄、黑、红色套印，兰、绿色则是用画笔添上去的。画幅尺寸为42×21吋。采自麦克莱兰的著作[McClelland (1)]。

图1090 印制壁纸的单元图案雕版。达德·亨特造纸博物馆。

鸟”。有些简直维妙维肖，不禁令人觉得“只要仔细研究这些壁纸，就无需再研究中国的一切了。植物之中，有一种在中国和爪哇都很普通的竹子，其形象比我看到过的培植出来最美的植物还要婆娑多姿”[1]。即使在本世纪，一般认为，中国手绘壁纸仍然令其它壁纸逊色。一位英国建筑界的权威人士说过："没有比一觉睡醒见到卧室中的北京画纸，更令人赏心悦目的了”[2]。

中国壁纸的历史，不象在欧美那样清楚。西方研究壁纸的作者，一致指出它 118
起源于中国。但却找不到17世纪以前的中文资料，说清它的来龙去脉。研究壁纸历史的作者和汉学家都一致同意，1630年鲁昂法国印刷工制造的和大约同时期英国人制造的糊墙用的所谓“毛面纸”(flock paper)，曾经受到从中国进口的彩色纸的启发[3]。后来有些到过中国的人，提到从17世纪开始，华北使用壁纸。因为

1）见恩特威斯尔的著作[Entwisle (2)，pp. 13，23，49]。

2）见西特维尔的著作[Sitwell (1)，p. 196]。

3）劳弗在著作[Laufer(48)，pp.19—21]中提到过中国的影响。他引用了凯特·桑伯恩(*Kate Sanborn*)所著的《旧日壁纸》(*Old Time Wallpaper*, New York，1905，pp.14—16)中的话。桑伯恩的根据则是明茨(Muntz)所著的《意大利、德国、英国、西班牙悬挂饰品通史》(*Histoire générale de la tapisserie en Italie,en Allemagne, en Argleterre, en Espagne*, 3 vols. Paris，1878—1884)。

图1091 用单元雕版拼印的壁纸。达德·亨特造纸博物馆。

清朝皇帝，特别是康熙（1662-1722年在位），对于发展装饰艺术，包括壁纸艺术[1]，饶有兴趣。很多中国壁纸上的图案，确实和中国传入欧洲的磁器上的图案相似。也许就出于同一批艺术工匠之手。他们主要是为了出口贸易，才专门掌握了这种风格。后来才把单元图案（图 1090）用来逐张拼印到大幅纸张上，作为群体的装饰图案（图 1091）。

119 中国家庭最初在什么年代使用壁纸，还找不到答案。中国建筑物中赖以分割为房间的大部分隔墙，不是木板就是抹灰的墙。有时在这种墙或天花板上直接

1）见阿克曼的著作[Ackerman (1), pp, 10—20]。

画出彩色图案[1]。16或17世纪里，中国一定已经用上了壁纸。因为已有不少中国著作表示，在墙上糊纸显得粗俗，为风雅之士所不喜。著名的山水画和书法家文震亨(1585—1645年)说："小室忌中隔"，"忌纸糊"。他认为"今即使顾陆点染，钟王濡笔，俱不如素壁为佳"[2]。另一位著名的作家李渔(1611—1680年)，即"芥子园"的主人，也反对用白纸糊墙，并且建议："糊书房壁，先以酱色纸一层糊壁作底。后用豆绿云母笺，随手裂作零星小块……贴于酱色墙上"[3]。这是拼贴画的滥觞。 120

李渔接着建议："厅壁不宜太素，也忌太华。"他赞成展示"名人尺幅"，主张"裱轴不如实贴，轴虑风起动摇，损伤名迹，实贴则无是患。"他还主张把手迹贴在"用木条纵横作槅，如书围之骨子"上[4]。壁纸的起源，可能要追溯到中国人用风景、花鸟等为主题的画轴装饰墙壁。早年传教士从中国带到欧洲去的可能就是这种画幅，最初安装在框架中，后来才以粘贴代替悬挂。有一项提到使用壁纸的早期欧洲资料说，旧法是用楔子把框架固定在素砖墙上，于是框与墙间留有空隙，再在框架上绷上帆布，然后在帆布上贴上墙纸。因此，在绝大多数情况下，壁纸可以移动取下[5]。这种壁纸可能类似中国人装饰房屋的画轴。

唐代以来，用以分隔房间的活动纸屏风一直在中国房屋的内部装饰中显得非常重要。它有两种主要的形式：一种是可以折叠的，另一种则是固定的。最初屏风都是用木板制成的，有时先涂漆，漆上再画画。纸张盛行后，才用纸代替木板。纸屏上展示书法的叫书屏，绘画的叫画屏。著名书画家的手迹，则极其昂贵。有一部唐代著作提到一具名家折屏就"值金二万"，"次者售一万五千"[6]。日本还留存一具折屏，共六扇，用缎子绷在漆好的木架上[7]。当时还使用整块木板制成的固定屏风，叫做"障子"或"画障"。画轴上的画时常随心所欲地移到屏风上，或由 121
屏风上移到画轴上[8]。

中国建筑中，上至皇宫下至农舍，都普遍用白纸代替玻璃装饰门窗。窗扇上

1）见《图书集成》(台北，1964年)，卷九十八，第五十六页上有关壁画的引语。近年来对徽州(现安徽休宁)吴姓明代建筑物的墙和天花板上的绘画，进行了整理复原。参阅张仲一(*1*)，第32页，图75—80。

2）见《长物志》，第五页。北京中国科学院考古研究所长夏鼐在1972年7月17日写的一封信上，提供了这一资料。

3）《李渔全集》(台北，1970年版)，第六册，第三四〇三至三四四〇页。

4）《李渔全集》，第六册，第二三九八页；参阅高罗佩的译文[van Gulik (9), pp. 258—259]。

5）见钱存训(*6*)，第94页。

6）见《历代名画记》，卷二，第八十一页。

7）见石田茂作及和田军一(*1*)编著的《正倉院》(东京，1954年版)，卷一，北部，第xvii、36页。日本和朝鲜建筑中，都普遍使用纸屏风来分隔房间。

8）参阅高罗佩的著作[van Gulik (9), p. 159]。

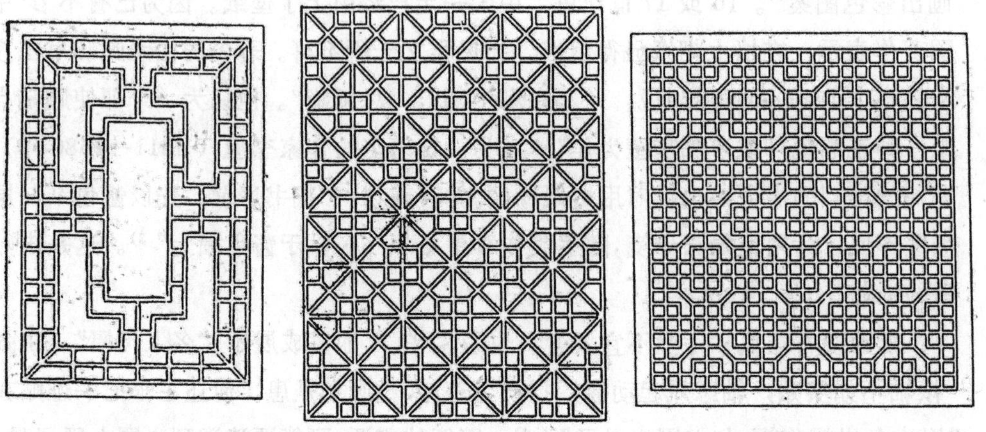

图1092　中国西部房舍中用以蒙上半透明纸幅的木制窗棂式样，约19世纪。采自戴伊 的 著 作[D. S. Dye (1)]。

的格子设计成各种图案[1]，上面糊上白纸，使日光柔和(图 1092)。起居室的门，上部同样设计成木格图案，下部则是整块木板。古时曾用薄纱蒙在格子上，后来才改用薄而坚韧的大幅纸张。一般是用楮皮杂以竹料制成的纸张，偶而掺以稻草。这种坚韧而施胶的皮纸不易横向撕裂。宫中使用的最佳品种叫做“棂窗纸”。明代大内用的产于广信郡(今江西境内)，每张长过七尺，阔过四尺，有些染成各种颜色[2]。

清代从一开始起，就在《会典》中详细规定了宫中糊窗棂的纸种[3]。“太和殿、保和殿、中和殿、文华殿窗格，用朝鲜贡纸，每年糊饰，黄绫博缝，二年一次糊饰。各坛、庙窗格路镫，由太常寺移咨；外藩朝贡各馆舍，由礼部理藩院移咨到
122 部，委官糊饰。”据文件记载，清代“设市于中江，……每岁春秋望月后，以……布……易朝鲜……大小纸十万八千张”[4]。直到今天，中国、日本和朝鲜房屋中的门、窗上，使用纸张的情况，仍很普遍[5]。

每年除夕，中国住宅的两扇大门上都各糊上一张红纸；纸上写着吉祥的语辞，或以诗句组成的对联，叫做“门帖”，其起源不详。也许是由汉代或更早时在大门上安放“桃符”的习俗演变而来的。桃符是用桃木削成的牌子，据信可以作为驱邪的符箓。唐代起，看来已经用红纸代替。有一则早期的资料提到，在 10 世纪时，每逢除夕就从《千字文》中选出四个字，写到红纸上来作为宫中的对联。宋明

1）中国建筑中的窗棂格子，历史悠久。现存者中有明代木结构房屋中的遗物。关于中国窗格的式样，有戴伊所著的简史[D. S. Dye (1)]。

2）《天工开物》，第二一九页；英译文见 Sun & Sun (1), p. 230.

3）见《大清会典事例》，卷九四〇，第五页。

4）见徐珂《清稗类钞》(1917年)，第三册，外藩类，卷十四，第十四至十五页。

5）纸窗纸门的照片，见亨特的著作[Hunter(9), pp. 221, figs. 193—194]。

两代继承了这种做法。明太祖（1368—1398年在位）都金陵，“除夕前忽传旨公卿庶家门上，须加春联一幅[1]。其作用与门神相仿，主要为了辟邪，也同时为了装饰[2]。

纸张用于书写之前，可能曾用于包装。1957年在陕西灞桥出土的最古老的西汉纸残片，就可能用来作过包装，或作为青铜镜的衬垫物，因为在一座公元前2世纪的汉墓中发现它时，它就是这样使用的。正史中提到，公元前2世纪时，曾经用可能是楮皮制的早期纸张，叫做“赫蹏”的，来包裹毒药[3]。由于纸张柔软价廉，用它来包装许多物品就很自然。唐代就用剡溪（今浙江嵊县境内）藤皮纸折叠缝制成纸囊来贮藏“所炙茶，使不泄其香”。当时，奉茶用白蒲草编成的篮子畚，篮子中放着茶杯，和用剡藤纸折叠成方形的纸帊[4]。据说杭州有一家姓于的藏有一套大小颜色不同式样雅致的数十个纸杯[5]。南宋时，朝廷赏赐给官员的礼款装在纸包中[6]。宋应星则说，纸中“最粗而厚者，名曰包裹纸，则竹麻和宿田晚稻藁所为也”[7]。现代还用同样的原料制包裹纸，占造纸总产量的百分之二十以上[8]。 123

使用卫生纸的做法，至迟在6世纪已经开始。虽然一般说来，中国史料中对排泄后的拭秽用纸避而不谈，可是有一项早至6世纪的资料，提到禁止把字纸作为手纸。著名的学者颜之推（531—591年）在大约589年写的家训中说：“其故纸有五经词义及贤达姓名，不敢秽用也”[9]。早期有一位来华旅行的阿拉伯人，从穆斯林必须斋浴的观点出发，好奇地评论中国人使用手纸的办法。他在851年的一篇报告中说：“他们（中国人）不注意卫生，便后不用水洗身，只用纸擦拭”[10]。

手纸（草纸）是用稻草制的。稻草纤维柔软，不需许多时间和劳力来加工，因此价廉。手纸日常耗费量大。1393年有规定：宝钞司单是为宫中一般使用，就要造两尺宽三尺长的手纸720,000张；还要特别造三寸见方、浅黄色、厚而软、带香味的手纸15,000张，专供皇室使用。由于每年制造量巨大，“由池中滤出的石灰草渣陆续堆集，竟成一卧象之形，名曰象山”[11]。本世纪初，单是浙江每年就造手

1）《陔余丛考》（1750年版），卷三十，第二十二、二十三页。

2）见本册pp. 287ff. 上关于年画的论述。

3）《前汉书》，卷九十七下，第十三页。

4）《茶经》，卷二，第一页。

5）见施鸿保(*1*)，第125页。

6）《通俗编》（1977年重版），第五一三页。

7）《天工开物》，第二一八页；英译文见Sun & Sun(1), p. 229.

8）《浙江之纸业》，第358—359页。

9）《颜氏家训》，篇五，第十三页；见邓嗣禹的英译文[Teng (3), p. 21]。

10）见勒诺多[Renaudat (1), 1718, p. 17]、雷诺[Reinaud (1), p. 23]和索瓦热[Sauvaget(2), P. 11]的译文。

11）《酌中志》，第一一三页。

纸一千万刀，每刀为一千张至一万张不等[1]。

(6) 纸工艺品和文化娱乐用纸

在应用于娱乐方面，纸的潜力巨大，可以剪成各种图案，贴在窗、门、灯及其它器物上；或代替刺绣，贴在衣、鞋上；可以折叠成平面或立体的消遣工艺品；
124 还可以剪、折、贴成纸花，供公众赏玩。纸张很轻，特别适合制作风筝。许多用品以往须用昂贵得多的材料如绸、皮、角、象牙等制成，后来都改用纸张了。纸牌、玩具等消遣品，也采用坚韧的纸或纸制品，来取代许多较昂贵的材料。早在3或4世纪，就有用纸来部分作为上述用途的；到6或7世纪，就几乎全部都用纸了。

在节日或其它场合下，用剪子和刀把纸剪成装饰性图案，是有几百年历史的中国民间艺术。它也许是从春节用丝绸剪成人物、花卉或风景的习俗衍变而来的。宗懔（6世纪）说："正月七日为人日，以七种菜为羹，剪纸为人，或镂金箔为人，以贴屏风，亦戴之头鬓"[2]。据说，"华胜头饰起于晋代（265—420年），见贾充（217—282年）李夫人典戒云像图金胜之形。"唐时盛行的类似习俗，还有"立春日士大夫之家，剪纸为小幡，或悬于佳人之首，或缀于花下"[3]。近年在新疆发现了5或6世纪时美丽的几何图形剪纸（图1093a）。在敦煌，还发现了贴在黑底上浅黄色纸剪成的神龛，以及几朵用纸剪成各种形状花瓣的纸花[4]。大诗人杜甫也在一首诗中写道："剪纸招我魂"[5]。这些都是我们今天所知道的最早的剪纸实物或资料。还有许多故事提到剪纸艺人及其精美的作品。宋代的学者周密（1232—1298年）就提到："向旧都天街有剪诸色花样者极精妙，随所欲而成。又中原有俞敬之者，每剪诸家书字皆专门。其后忽有少年，能于衣袖中剪字及花朵之类，更精…"[6]。虽然这些故事只提到男艺人，许多艺人则是女性，农闲时以此为业。

剪纸的作品中，有不少以农业为题，如耕地、纺织、捕鱼（图1093d）、牧牛等，也有些是吉祥如意的象征，还有些是民间传说和戏剧人物，有些则是花卉植物和鸟兽。有时是单一的图案，有时是对称的一双或四至二十四幅的群体，如果要贴在角上，一般则是四张一套的三角形图案，如果要贴在顶蓬上，则以圆形群体

1）这是《浙江之纸业》中估计的数字，见该书第236，245—246，276—283页。
2）《荆楚岁时记》，第三页。
3）《酉阳杂俎》，见《文物》，1957年第8期，第13—15页上的引文。
4）见潘吉星(*9*)，第56页；及斯坦因的著作[Stein (4)，Ⅱ，p. 967，Ⅳ，pl. XCVII]。
5）见洪业(*1*)，58/19/32。
6）《志雅堂杂钞》，卷一，第三十八页。

(a)

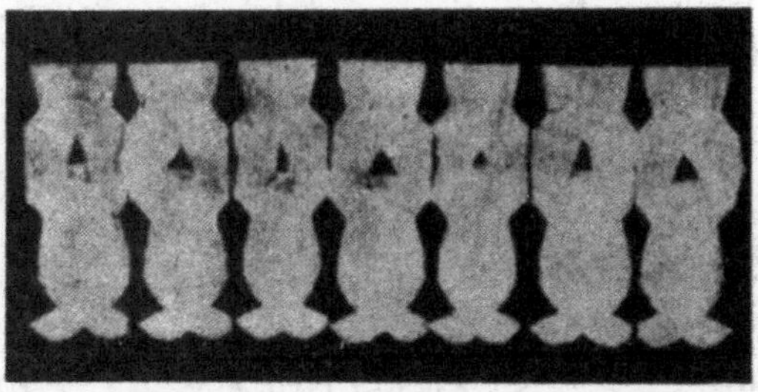

(b)

(c)

(d)

图1093 古今剪纸作品。(a)新疆出土现存最早的六朝几何图案剪纸，约5或6世纪。(b)剪纸人形，约7世纪。(c)粘贴在黑底上的神龛剪纸，敦煌文物，采自斯坦因的著作[Stein (4) pl. XCVII]。(d)现代渔业剪纸。

花样为主。剪纸和绘画不同，一般都讲究对称、平衡、以精致的图案满布全局，散发着浓郁的乡土气息。

剪纸分为几道工序。先剪出图样，再在下面衬以白纸固定在木板上，然后用 125 水沾湿纸层，用烟薰黑。图样取下后，黑色的背景上就留下了白色的图案。再在图案下放一叠白纸，在四角及中央用纸制的线固定，再把黑色背景覆盖的部分剪或刻去。凡是重复对称的图案，则把纸折叠起来剪，但一次只能剪少数几张。完整的单个图案通常可以用刀一次刻六、七十张之多。可以把正象刻出来，也可以 126 只留下图案以外的部分形成空的负象。简单的线条用一般刻刀即可，复杂的则须使用特别锋利尖锐、小而圆的刻刀。先刻下中间的部分，再刻下外围部分。刻完

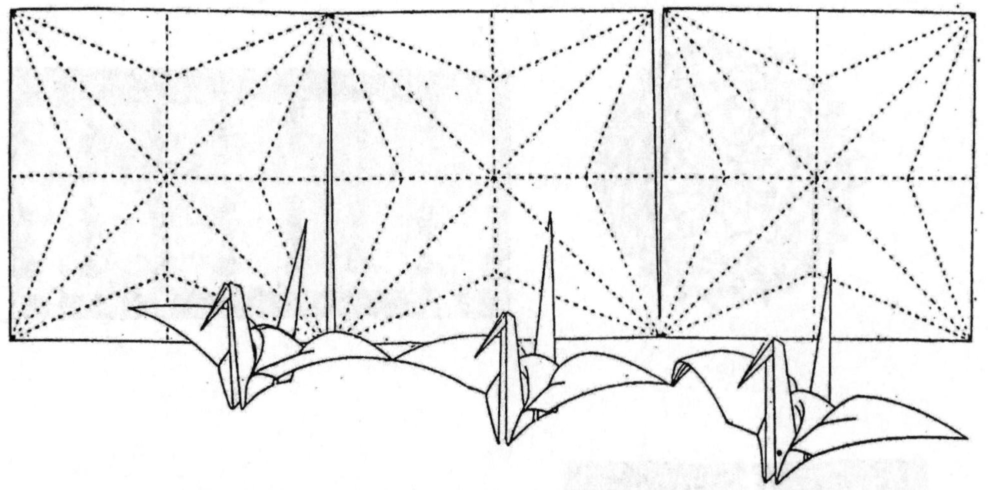

图1094 三联鹤折纸。采自本多功的著作[Honda Iso (1)]。

后，用白酒或砒霜调和颜料，一次可染四十张之多。设色繁复的，则分别进行，前色干透后才能染上新色。装饰室内时，吉庆喜事用红或多色，丧事用蓝色[1]。

一张平滑的纸可以折叠出各种不同的人物、动物、花卉、衣着、家具、房屋及许多其它形状(图1094)。折纸(おりがみ)也许是最饶有雅趣的民间艺术了。它可以锻炼手指灵活，也可以培养成平衡而对称的意识，还可以用来作为现代物理和几何形状的直观教具[2]。也确实有很多数学家对折纸显示了科学方面的，特别是处理三维空间和正多面体几何结构问题方面的浓厚兴趣[3]。

虽然折纸艺术在传播到全世界之前，可能已经在中国盛行了几百年，却从来缺乏清晰的史料说明它始于何时。现有的证据说明，其起源可能不会晚于初
127 唐[4]。因为在敦煌出土的几件折剪的纸花(图1095)，已经体现了纸艺术品方面高度精湛的工艺[5]。今天，无论在教室中给孩子们讲课，还是在成年人之间，折纸都是全世界最普及的技艺和娱乐，在日本、欧洲和美洲尤为盛行。介绍这种技艺的资料很多，且用不同的文字写成[6]。

放纸鸢是春、秋两季孩子们喜爱的运动和娱乐。据说纸鸢高飞时，孩子们翘

1) 参阅阿英(*3*)，第1—9页。

2) 见沈宣仁的著作[Shen (1), pp. 7—8]。沈博士是折纸问题方面的专家。他提供了很多情况来介绍折纸艺术是怎样普及于全球的。

3) 罗氏的著作[Row (1)] 专门介绍了折叠艺术在几何学方面的应用。还可以读一下库柏联合博物馆(Cooper Union Museum)的专著《平面几何和异样图形：折纸展览 (*Plane Geometry and Fancy Figures: an Exhibition of Paper Folding*, Philadelphia, 1959)，由爱德华·卡洛普(Edward Kallop)作序。

4) 瓦卡在其著作[Vacca(1), p. 43]中说杜甫曾在一首诗中提到过折纸。但他引证的资料有误。杜甫确实提到了"剪纸"，却并未提"折纸"。见本册pp. 124ff.。

5) 斯坦因的著作[Stein (4), II, p. 967; IV, pl. XCII]。

6) 莱格曼在其著作[Legman (1), pp. 3—8]中提到了200种这类著作。

图1095 敦煌出土的彩色纸花，直径约10厘米。不列颠博物馆。

首张口，深深地呼吸，有利于健康。每年阴历九月九日“重九”节，更是专门放纸鸢的大好时光。纸鸢由坚韧的纸糊在竹架上制成，拴着线，形状有蝴蝶、人物、鸟兽虫鱼等，大多绘有彩色。在纸张普及以前，可能鸢子是用轻的木料和丝绸制成的。什么时候才开始用纸来制作纸鸢，却无从得知。然而早在549年左右，就有一则故事说，某城内被围的军队“以纸鸢告急于城外”的援军。这说明纸鸢的问世必然更早[1]。

别的中国文献资料，经常提到用鸢子来测量距离、试验风向风力、载人及在军事上用以沟通信息。现知最初提到把鸢子用于娱乐的是：10世纪时有人于宫中在鸢子上缚上一个竹簧，使它在空中发出象筝一般的乐声。这就是“风筝”这个名 128
词的由来[2]。放纸鸢之举很早就传播到东南亚各国，特别是朝鲜、日本、印度支那半岛和马来亚。有时和宗教活动结合在一起。16世纪末，纸鸢作为中国人的发明，传播到了欧洲[3]。

中国的灯笼，一般是在木或竹制的架子上蒙上各种半透明的材料，如牛角、丝绸或皮子制成。但是据说以纸灯笼最为雅致，工艺最精巧。这些灯笼内燃蜡烛，悬挂于屋内外作为装饰，并于夜行时持以照明。特别有趣的是每年阴历正月十五日前后的“上元灯节”(图1096b)。虽然早自6世纪起就写出了关于夜间展示灯笼的诗篇，但灯节却自唐代起才开始成为常规[4]。

1）《陔余丛考》(1750年刊本)，卷四十，第二十五页。
2）《询刍录》，第三页。
3）参阅劳弗的著作[Laufer (4), p. 36]。
4）《陔余丛考》(1750年刊本)，卷三十一，第十九页。

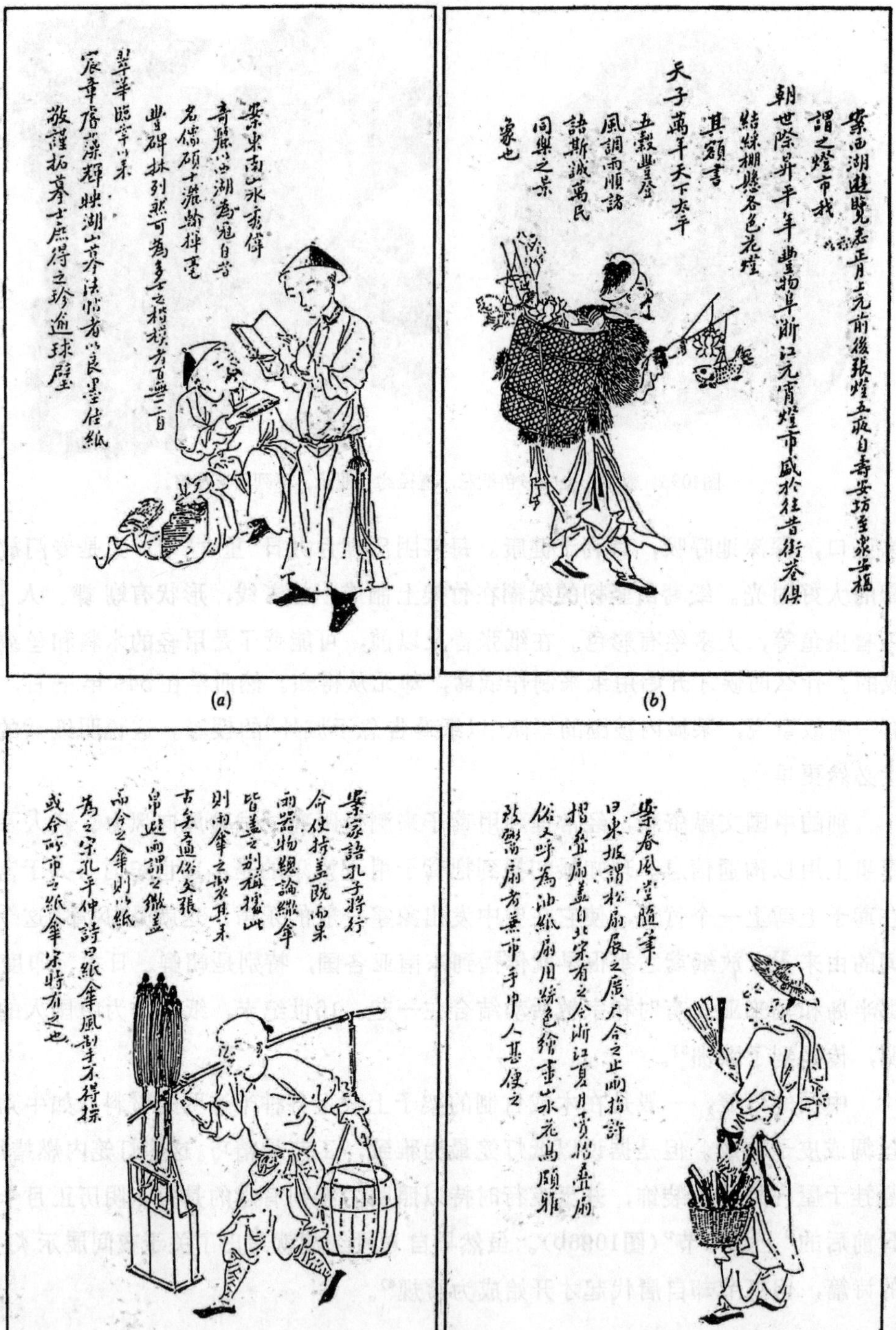

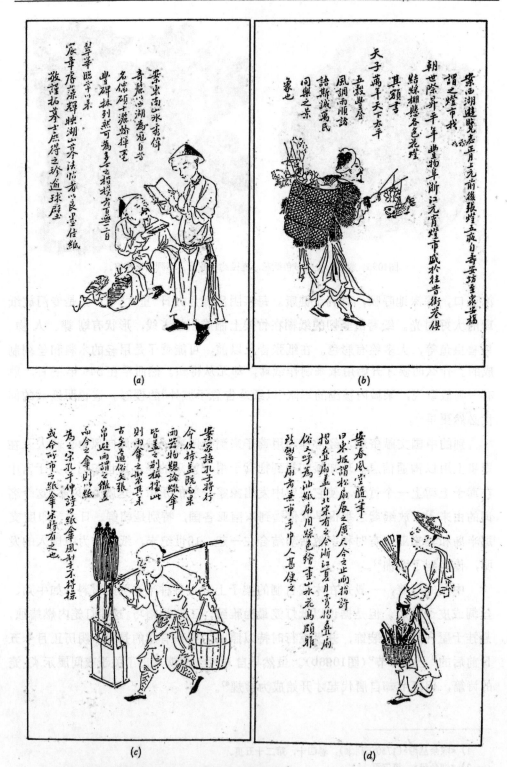

图1096 小贩沿街出售纸制品。(*a*) 向少年书生出售碑帖拓片。(*b*) 正月十五叫卖纸糊灯笼。(*c*)肩挑纸伞求售的小贩。(*d*)手提一竹篮纸折扇的小贩。采自金德舆绘《太平欢乐图》，1888 年上海石印。

灯笼在何时才开始用纸糊制，并不清楚，但肯定在唐代已经做到了。因为在新疆和阗一所寺院里发现的一本唐代流水帐中，记着有“买白纸二帖(帖别五十文)，糊灯笼”等字样[1]。周密(1232—1298年)则说，孝宗(1163—1189在位)时，杭州灯节悬挂的灯笼品种极多，最好的来自苏州和福州，而新安所制最新款式的灯笼则极为华丽。这许多品种之中，无架子的“没骨”灯、鱼子及珠花灯、鹿皮灯、绸灯及彩色蜡纸制的靠蜡烛热气迅速转动的走马灯。有些心灵手巧的妇女剪制的人物特别雅致[2]。

〈灯品至多，苏福为冠。新安晚出，精妙绝伦。……(有)所谓无骨灯……鱿灯……珠子灯……羊皮灯……罗帛灯之类……。此外有五色蜡纸菩提叶若沙戏影灯，马骑人物，旋转如飞。又有深闺巧娃，剪纸而成，尤为精妙。〉

孟元老(盛年约1126—1147年)回忆北宋都城开封每年的风俗时说，沿大街挂出形形色色的彩灯足有几万盏。在四周用棘刺隔开人群的区域内，树立起两根几十丈高的长竿，用彩绸围绕。竿上悬挂着无数纸糊的剧中人物，随风飘荡时就和飞着的仙人一样[3]。

〈密置灯烛数万盏……。自灯山至宣德门楼大街约百余丈，用棘围绕，谓之棘盆。内设两长竿高数十丈，以缯綵结束。纸糊百戏人物悬于竿上，风动宛若飞仙。〉

明代也奉行类似的风俗，只是把原来从正月十五起的灯节，由两夜扩展到五夜。正月十三日夜，就沿街逐屋搭起竹棚，用无数的彩灯装饰。其中特别精美动人的是用纸糊的灯笼[4]。

〈元宵，每至正月十三夜，民则比户接竹棚，悬灯，……其纸灯颇呈纤巧。〉

日常生活之中，扇子经常用来阻挡日晒飞尘。最初的扇子是用羽毛制的，后来则使用了绢绸、竹、骨、檀香木、芭蕉叶等作为原料。一般认为纸扇是在西 130
晋时问世的。不久，由于东晋孝武帝(373—397年在位)、安帝(397—418在位)两度禁止用绢制扇，纸扇才多了起来。宫廷中就保存了王羲之(321—379年)及其子献之所作的“扇书”[5]。官员在内廷讲课后，一般赐给扇子。据说宋哲宗(1086—1100年在位)“独用纸扇”，“群臣降阶称贺”，以为用纸扇是“人君俭

1) 见沙畹的著作[Chavannes (12a), nos. 969, 971]。
2) 《乾淳岁时记》，卷六十九，第九至十页。
3) 《东京梦华录》，第一一〇至一一一页。
4) 《古今图书集成》，卷九十八，第九七八页引文。
5) 《法书要录》，第六十四页。

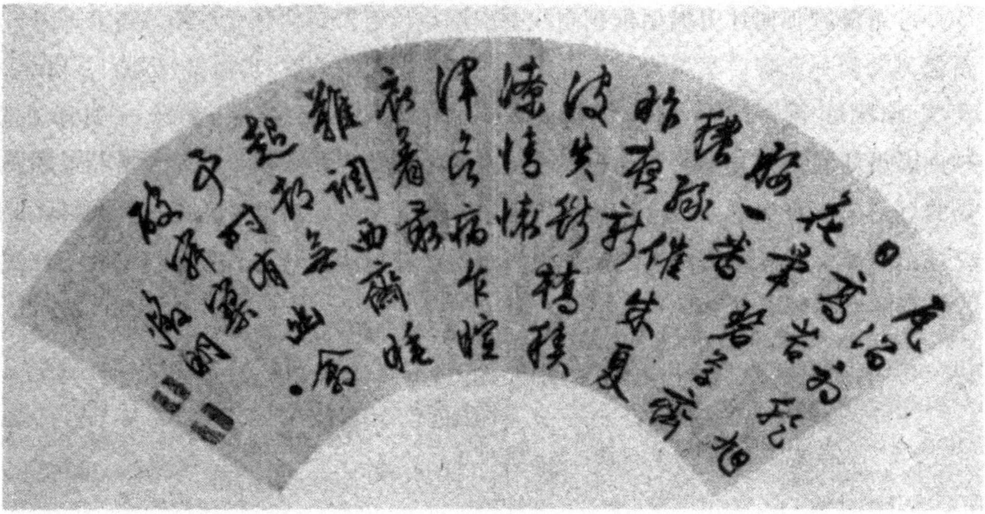

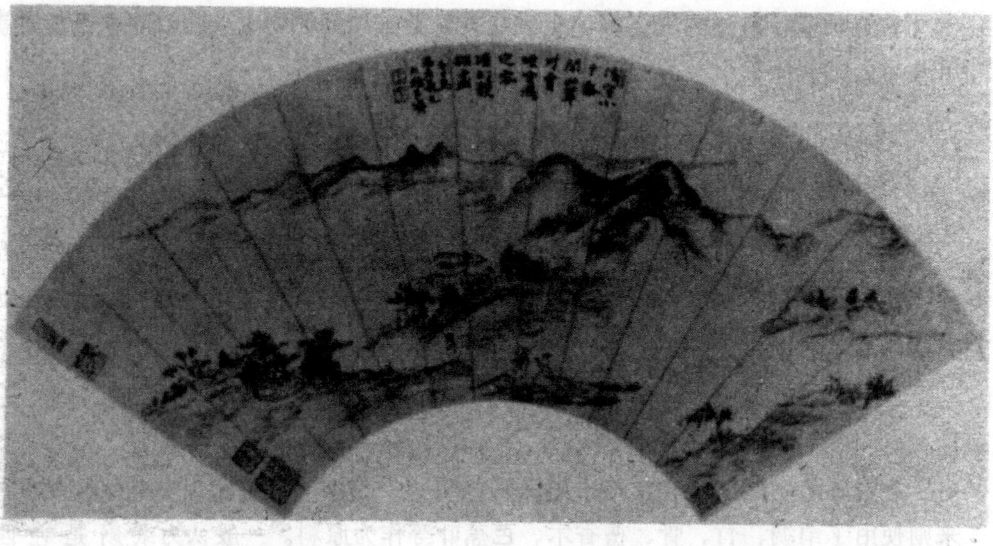

图1097 明、清书画家文徵明(1470—1559年)及僧人道济(即石涛，卒于1719年)所作扇面书画。

德”1)。

宋代流行纸制的团扇。用坚韧纸张制成的各色折扇，则是在 11 世纪中由日本通过朝鲜介绍到中国来的。苏轼(1036 — 1101 年)说朝鲜用枞木制成的折扇，打开时有一尺见方，合上则只占两指宽的体积(“高丽白松扇，展之广尺余，合之只两

1) 《曲洧旧闻》，第十四页。

指”)。宋代许多作者，都作诗描述折扇。折扇也开始用书画来点缀[1]。据说金章宗完颜璟(1190—1200年在位)曾经在折扇上写诗，然而可能直到15世纪之前，这种做法还不普遍。明宪宗(1465—1488年在位)才在折扇上写下格言，赐给群臣。折扇乃为当时士大夫所行用。明、清两代中，扇面书画成了专门的艺术形式(图1097)。明代还用小张坚韧经过妥善施胶的皮纸糊制油纸扇[2]，专供一般人夏季使用，扇上没有美术装饰(图1096d)。

明代时油纸也用来制雨伞(图1096c)。伞起源于上古马车上的“盖”。后来，为了遮雨，人们就在头顶上撑开一块绸制的“伞”。据说，拓跋氏于386至532年在华北建立魏朝时，纸伞才在4世纪末或5世纪初传入中原。用伞，规定“天子用红黄二等，而庶僚通用青”色[3]。1638年，更明令绸伞专供皇室使用，平民只能用油纸伞遮雨。伞不仅是遮雨遮阳的器具，节庆日也少不了它。官员的卤簿中，就包括“罗伞”或“遮阳”[4]。百姓对某些官员表示特别崇敬时，则献上写有赠送者姓名的“万民伞”。

纸幡必然问世甚早。新疆的唐墓中就出土了好几面。其中有一面由好几层 131
写过字的手稿糊成，画上有黑白相间的横向条纹，一端固定于木棍上(图1086g)[5]。

印有或画有图案的纸牌，可能不晚于9世纪即已问世。据说当时同昌公主的韦姓亲戚就玩过“叶子戏”[6]。还有几处史料，也说明它起源于唐代，其中包括著 132
名学者欧阳修(1007—1072年)的《归田录》。他说叶子格自唐中世以后方才盛行，并且认为，叶子格起源于把书的形式由书卷改成书本时为备检之用而写的“叶子”[7]。又据说，唐代末年，有一位妇女曾经写过一本名为《叶子格戏》的作品[8]。嗣后好几代中都有作者提到这本书。更晚些时候，论述叶子戏的各种著作陆续出过不少。

明代有一部叫做《运掌经》的著作，描述纸牌的形状说它大可一寸，高倍之，

1) 见《陔余丛考》(1750年刊本)，卷三十三，第十三至十四页；及《三才图会》(1609年刊本)，卷二十一，第四十二页上的图画。关于纸扇上的书画，见罗切斯特美术画廊(Rochester, 1972)的藏品目录《中国扇画》(*Chinese Fan Paintings*)及香港艺术博物馆(Hong Kong Museum of Art)的展品目录《晚清上海画家的扇画》(*Fan Paintings by Late Chhing Shanghai Masters*, 1977)。

2) 《天工开物》第二一九页；英译文见Sun & Sun (1) p. 230。

3) 见《三才图会》(1609年刊本)，卷十二，第二十二页。

4) 见《古今事物考》，第一四〇页。

5) 见斯坦因的著作[Stein (4), IV, pl. XCIII]。

6) 《叶戏原起》，第一页。

7) 《归田录》，卷二，第十三页。

8) 《文献通考》，第一八三四页。

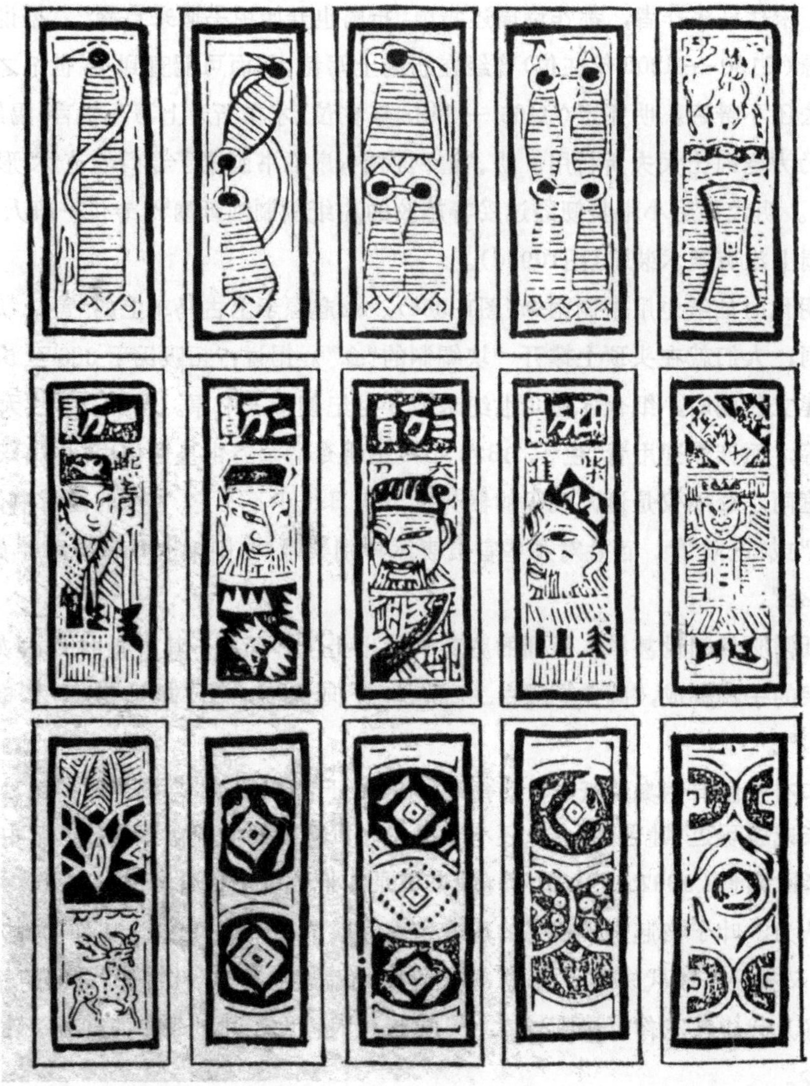

图1098 中国纸牌。采自德·维恩的著作[de Vinne (1)]。

厚度只有手指的数十分之一(图 1098， 1204)。这部著作还列举了纸牌的许多优点，说它“便宜挟以游，一也；灵活可思，二也；无弹棋坐隐之烦，三也；可容坐四人……，四也；可以聚谈不厌，五也”。书中还说它几乎在任何情况下都可以消遣，不受时间、地点、气候和对手水平的限制[1]。叶子纸牌上画着明末家喻户晓的小说《水浒》中的梁山英雄作为代表。这类由陈洪绶(1598—1652年)画上人物的纸牌，至今还可以见得到。到了清代，显然由于赌风过盛，刑法上规定凡印制、出售纸牌一千副以上的或官员从事赌博的，都要处罚[2]。

---

1) 见《叶戏原起》，第十九页。

2) 《大清律例事例》(1890年刊本)，卷八二六，第十三页；卷八二七，第三、四、六页。

图1099 纸老虎。东京造纸博物馆。

文学艺术作品中，还经常提到其它纸制的家用或文化娱乐器具(图1096)[1]，如代替云南石制棋子的纸棋、纸笛、纸箫等，据说纸笛、纸箫的音色胜于竹制的。其它值得一提的纸制物品中，还有影戏人物、焰火、鞭炮、纸老虎（图1099）等。

1)《菽园杂记》，卷二，第一四〇页；《闽小记》，第二十六、二十七页；施鸿保(*1*)，第123页；及邓之诚(*1*)，第一卷，第132页。

(e) 中国印刷术的起源和发展

(1) 印刷的历史背景

印刷是用油墨把反体或翻转的形象翻印到纸张上或其它表面上去的方法。它至少包括三项主要程序：一、把图像翻转在平滑表面上；二、制备反体雕版；
133 三、用墨色把雕版翻印到要印的表面上。简单地说，印刷术的发明要求发展这样一种必要技术，即创造一种方法将反刻文字转移到接收它的载体上并满足多次复制副本的大规模需要。中国应用印刷术之已经有了许多复制图文的办法。最初当然只能手录副本，后来逐渐想出了机械办法，包括用模子把图文印到陶土上及后来印到绸帛和纸张上、用金属铸出和在石料上刻出图文、用墨拓印碑文以及用漏板把花样印到织物和纸张上去。这些方法，为雕板印刷及后来的活字印刷铺平了道路。

(i) 指纹印记及手抄

134 也许从很早的时候起，就自然而普遍地产生了复制某些图象和文字的需要。“二”字代表两个或两倍，“副”字代表第二或复件，都在上古文件中即已出现，证
135 明了复制的性质和当时已经有了复制件的事实。于公元前 8 世纪一前 4 世纪制作的石鼓文中，两个笔划的“二”字，被用作记号表示和上文相同[1]。周代各封建诸侯国家之间的盟约一般是一式三份，除双方各执一份外，另一份昭告神灵[2]。西汉高后二年(公元前 186 年)，除了把列侯的功劳簿的原件存放在宗庙中外，还把副本存放在政府部门(“副在有司”)[3]。

手抄复本之前，早在上古就有留下指纹和掌纹印记的做法。这可以从陶土器皿和文件上见到，史料中也有记载[4]。不识字的人用指纹表明身分、证实意向，也许是为了代替读书人的印章，因为两者都是本身独有的，只有自愿认可时，才能留下印记。

1）见郭沫若(*14*)，第一卷，第12－25页中对石鼓文的解释。

2）见顾立雅的著作[Creel (1), pp. 37—38]上所举《左传》中晋楚于公元前578年会盟的内容。

3）《前汉书》，卷十六，第二页。

4）劳弗在其著作[Laufer (51), pp. 631 ff.]中记述了中国指纹制度的起源，以及这种做法经由印度传播到欧美的经过；文件上盖指纹的例证，则见仁井田陞的著作[Niida Noburu(1), pp. 79—131]。

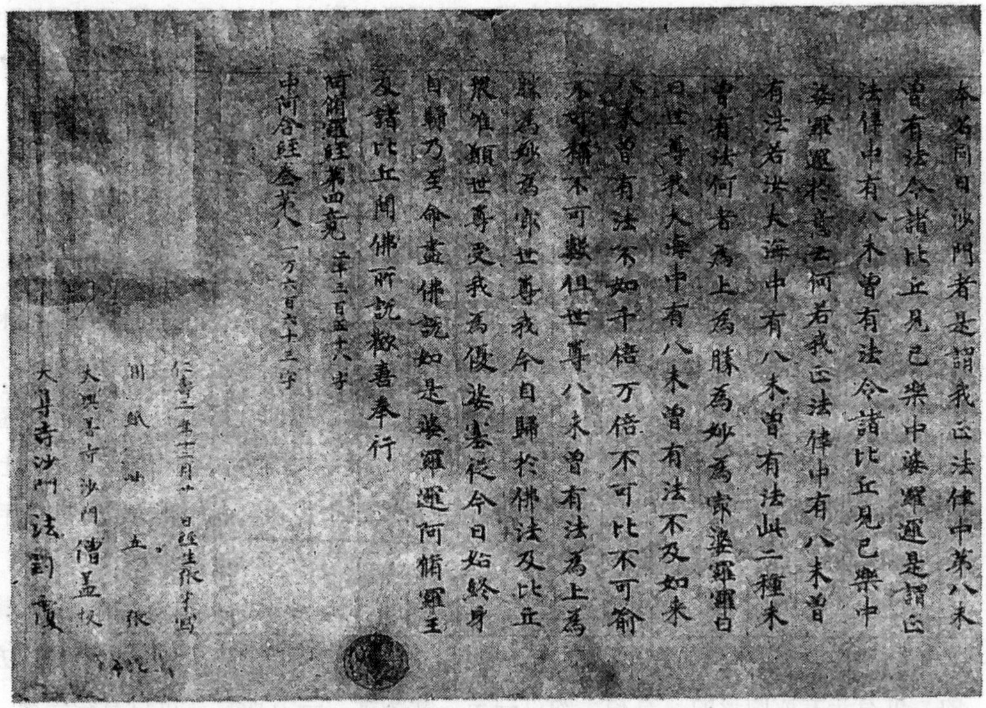
本若同日沙門者是謂我正法律中第八未
曾有法令諸比丘見已樂中婆羅邏是謂正
法律中有八未曾有法令諸比丘見已樂中
婆羅邏於意云何若我正法律中有八未曾
有法若汝大海中有八未曾有法此二種未
曾有法何者為上為勝為妙為最婆羅邏白
曰世尊我大海中有八未曾有法不及如來
八未曾有法不如千倍万倍不可比不可諭
不可稱不可數但世尊八未曾有法為上為
勝為妙為最世尊我今自歸於佛法及比丘
衆唯願世尊受我為優婆塞從今日始終身
自歸乃至命盡佛說如是婆羅邏阿脩羅王
及諸比丘聞佛所說歡喜奉行
阿脩羅經第四竟　二千三百五十六字
中阿含經卷第八　一万六百六十三字
仁壽二年十二月卅日經生張才寫
用紙廿五張
大興善寺沙門僧蓋校
大導寺沙門法藏覆

图1100　敦煌发现的佛经《中阿含经》(*The Middle Āgama*)卷八，全卷共10,663字。602年由经生张才抄录在廿五张纸上，由两位僧人各校阅了一遍。不列颠图书馆。

在印刷术推广之前和印本书籍广泛应用之后，手抄本仍很普遍。因为手抄不只比印刷价格便宜，在只需抄录一本或少数几本时更为方便。据说著名炼丹家和医生陶弘景（451 —536 年）之父就曾在5世纪中叶抄写经典著作出售，每页价四十文[1)]。许多故事中都提到，9世纪初，著名女书法家吴彩鸾曾以秀丽的书法抄写韵书出售给应试的考生，每本价五千文[2)]。敦煌发现的佛经抄本，许多都是由专职的经生用工整的书法抄成，出售给许愿传播佛经广积功德的人（图1100）[3)]。

朝廷有专门抄写宫中所藏图书的人员。早在3世纪，晋代秘书监就在“广内置楷书吏”以楷书在纸上抄录书籍[4)]。据史料记载，隋炀帝(605—617年在位)时，

1）见毛春翔《古书版本常谈》，第73页。

2）叶德辉《书林清话》，第285—288页。

3）末页上那两位僧人的书法和本文中的书法很不相同。张才应该是专职的经生。唐代有专门抄写佛经的店铺。714年曾诏令取缔与佛规不合的此类店铺；见《唐大诏令集》（上海，1959年），卷一〇三，第五八八页。

4）《纬略》，第一二五页。

有“正御本三万七千卷纳于东都脩文殿，又写五十副本，……于东都观文殿东西
136 厢构屋以贮之”[1]。由于手抄可以完成这样大量的工作，不是需要很多的复本时，就不必用印刷的办法了。

(ii)　印文的加盖

一般认为，刻印和用印是中国发明印刷术的技术先驱之一。在一方石料、木板或别的物品上，将反体字刻出制成印章。这种技艺，和在木板上雕出很多字，或分别刻出可以拼版的许多字型以用于印刷的技艺几乎相同。可能只是篇幅长短和主观上用途不同而已。至于铸金属印章，则和铸活字模的办法也相差无几。上
137 古时，在陶土器皿上盖上印文，后来发展到在帛或纸上用印，都可能是复制文字最原始的机械方法[2]。

几乎任何物质，只要表面有一定的硬度都可以制成印章，可以用青铜、金、银和铁来铸印，也可以用石、玉、陶土、象牙、牛角和木料来刻印。印章一般是方的，也有长方或圆形的，直径大约以一至二寸为度。一方印章，可以只在一面，也可以在几面刻、铸印文。印章顶上有时用纽来作装饰，纽上可以系上带子。一般的印文只有几个字，或是姓名，或是官衔，或是书斋的斋名，或是其它用来表示所有权、真实性或权威性的字样[3]。

用印的历史可以上溯到商代。据说安阳出土了三方青铜铸的印章[4]。在中国各地，还出土了周、秦、汉等朝代形状不同的许多印章，有青铜的，也有金、玉、玳瑁、皂石等制成的。大部分周代的青铜印铸成阳文。现存者之中，只有几方是阴文的。秦代的印章与周代的相似，但是有一方公元前213年制成的四寸见方的大型御玺却是玉的，上面刻着八个字，显示秦始皇的威权。这方玉印，为汉代皇帝所沿用，作为传国玺[5]。大部分汉印却是以金属铸成的阴文印。汉以后，一切

1）见《文献通考》，卷一七四，第一五〇六至一五〇七页。这里还指出，观文殿藏书和阅书处设有机关装置，以启闭门、帘：“于观文殿前为书室十四间，窗户、床褥、橱幔咸极珍丽。每三间，开方户，垂锦幔，上有二飞仙。户外地中施机发。帝幸书室，有宫人执香炉前行，践机则飞仙下，收幔而上。户扉及橱扉皆自启。帝出，则复闭如故。”

2）汉代作为印章用的“印”字，后来在中国开始有了印刷术时，也就用它来指“印刷”了。参阅本册pp. 5ff.及pp. 148ff.。

3）参阅钱存训[Tsien (2), pp. 54—58]和李书华[Li Shu-Hua (4), pp. 61—73]的著作。

4）见于省吾(*1*)，第二册，第11—13页。

5）《史记》，卷六，第四页。

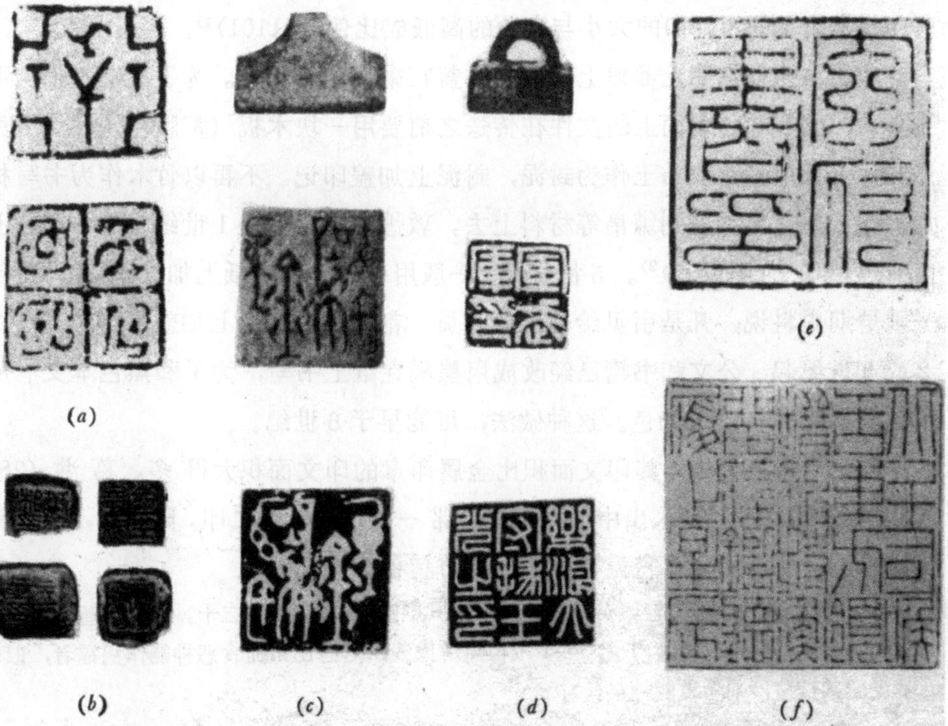

图1101 历代的印章、印记和加盖印记的封泥。(a)商代青铜印印记。(b)汉代盖上印记的封泥。(c)先秦锲刻的印章，它的上背和印记。(d)两枚汉代的印记。上面的一枚，背上有半圆形的纽。(e)北宋的阳文官府书印。(f)约1850年所刻的诗文石制印章，全诗共20字。

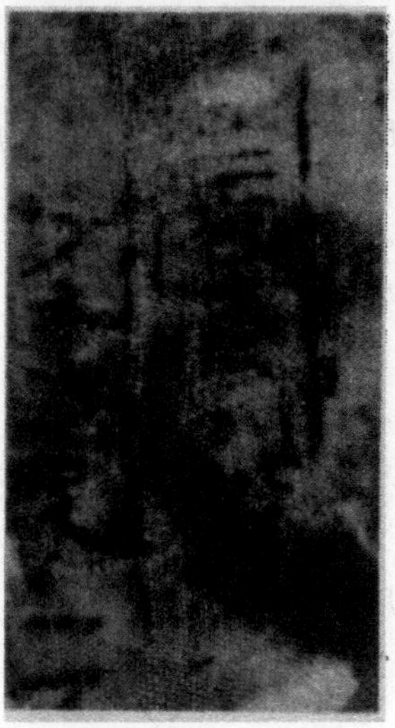

图1102 山东任城(今济宁)发现的最早的帛上阳文印记，约公元100年。照片比原物放大一倍。采自钱存训的著作[Tsien (2), pl. VIII$_E$]。

官印都是阳文的了，印的大小与官阶的高低成比例(图1101)[1]。

印文最初盖在陶土器皿上，后来才盖在缣帛和纸张上。为了保密，也为了区别真伪，书写在竹木简上的文件在传送之前要用一块木板（赘牍）盖好，用绳索结扎，上面用一小块粘土作为封泥，封泥上加盖印记。不再以竹木作为书写材料后，印记就直接加盖到缣帛等材料上去，敦煌发现了一块1世纪时的缣帛，上面盖有黑墨印文(图1102)[2]。5世纪起，一般用硃红印泥在纸上加盖印文。517年有一则早期史料说，凡是引见给朝廷的官员，都必须在名录上加盖朱红印[3]。由于2或3世纪起，公文和书籍已经改成用黑墨在纸上书写，为了和黑色本文有所区别，开始把印文改用红色。这种做法，可能早于6世纪。

139 印章也有木刻的，其印文面积比金属印章的印文面积大得多。葛洪（284—363年）曾说，古时进入山中的人都要携带一方黄神越章之印，阔四寸，上面刻着一百二十个字，沿途用它盖在泥上，可防猛兽和恶神[4]。

〈古之人入山者，皆佩黄神越章之印。其广四寸，其字一百二十，以封泥著所经之四方各百步，则虎不敢近其内也。……不但只辟虎狼，若有山川血食恶神能作祸福者，以印封泥断其道路，则不复能神矣。〉

还有一项资料则说，“道士当刻枣心作印，方四寸也”[5]，显然也是用来把符箓印到泥上去的。后来改用朱墨印到纸上。史书还记载说，北齐（550—577年）时，专门使用一方长一尺二寸、阔两寸半的大木印，上面刻着四个字，盖在公文纸张的连接处[6]。

〈北齐制……有…印一纽，以木为之，长尺二寸，广二寸五分，……腹下……凡四字……唯以印藉缝用。〉

这些都可以证明：以反字阳文在木块上镌刻、印文长达百余字的做法，确实可以视作雕版印刷术的先驱。

(iii) 铸青铜及石刻

直接或间接助成发明印刷术的另外两项技术，是铸青铜和石刻。古时，在铸

1）参阅李书华的著作[Li Shu-Hua (4), pp. 65—73]。
2）见钱存训的著作[Tsien (2), 55—56; Pl. VIII, fig. E]。
3）见卡特[Carter (1), p. 13, n. 10]和李书华[Li Shu-Hua (4), p. 63]的著作。
4）《抱朴子·内篇》，卷十七，第二十三页。
5）《初学记》(北京，1962年)，第624页。
6）《通典》，第三五八六页。

图1103 由多块字范翻铸的《秦公簋》铭文，约公元前7世纪。采自容庚(*4*)，图35。

青铜器皿和铭文方面采用了两种方法：陶范法和失蜡法。失蜡法要先用蜡制成有字的铸模，再把蜡熔去，灌以青铜。这种方法，又可能导致采用刻反体字来在铸件表面留下正象的做法。后来更应用到了印刷术中去[1]。

有些早期的冶铸技术，甚至可能启发后代采用活字法铸成大段文字。因为有时用几块模，每块模上有一字或一组字，再拼合成整段铭文。公元前7世纪左右铸成的“秦公簋”，是现存最有趣的实例。我们可以看得出，它上面的铭文，一字来自一范，其边缘痕迹，在字里行间清晰可辨（图1103）[2]。另外一个实例是晚周的青铜“奇字钟”。钟上装饰性的古文字是逐一用单独的字范翻铸的[3]。多字字范的例子也不少。秦代的“秦瓦量”上有40个字，是用每块四个字的10块字范印下的[4]。看来，这种用多块字范组成全文的办法，可以看作是活字印刷的先驱[5]。 140

一般认为，石刻是雕版印刷的另一个先决技术条件。不但在镌刻技术方面是

1）参阅颜慈的著作[Yetts (1), pp. 34—39]。

2）见罗振玉(*4*)，第32页上的叙述；容庚(*4*)，第一册，第88页(图35)、158页；苏莹辉(*8*)，第19页。

3）见容庚(*4*)，第一册，第89页(图89)及第158页。

4）见罗振玉(*5*)，卷二，第2页。

5）见罗振玉(*4*)，第32页。

图1104 河北省房山县石窟中所存七千块石刻佛经中的一块，550年开始镌刻。每块碑石高3米。采自钱存训的著作[Tsien (2), pl. XIV]。

这样，单是由石料换成木料，对发明印刷术就至关重要。中国很早就有在碑石上刻字来庆祝或纪念某事。现存最古老的实物，是秦代刻在十个鼓形石上的石鼓文。每块上各刻诗一首，最初一共有700字左右，现已大半剥泐[1]。秦代建立了统一的帝国以后，秦始皇还于公元前219年至公元前211年之间在全国刻下了七块巨碑，为他自己歌功颂德，特别表扬统一度量衡和文字的功绩[2]。

2或3世纪起，碑石已不限于庆祝纪念之用，还用来永久保存儒、佛、道家
141 的经典著作[3]。175至183年，一共在约46块碑石上刻下了七部儒家经典的全文，共20余万字。后来又把儒家经典的标准文本重刻了不下六次。最后一次完成于18世纪末。833至837年唐代所刻的石经，至今仍完好地保存在西安的碑林。

佛门弟子也选择碑石来刻下佛经，以避免在佛教式微时遭到毁灭。最大型的石刻佛经群，可能就是河北省房山县附近石窟中所保存的7000块碑石了。从6

1）石鼓文的情况及年代，见钱存训[Tsien (2), pp. 64—67]和卜士礼[Bushell (5), pp. 133ff.]的著作。

2）见钱存训的著作[Tsien (2), pp. 68—69]。

3）关于儒、佛、道家石经的论述，见钱存训的著作[Tsien (2), pp. 73—83]。

图1105 河南龙门石雕背面的碑文，呈阳文正体，并带有方格。刻于5世纪。

世纪起，连续刻到11世纪(图1104)。道教石经问世较晚，唐代至少刻了八次《道德经》，但无论在规模和数量上，都无法与儒、佛石经相比。

石刻有时也和后来印刷用的雕版一样，刻成阳文反字。但有时也刻成阴文反字，与一般刻成阴文正字的作法相反。现知或有现存实物为证的，有好几例。一 142
例刻在龙门某座石雕的背面，约刻成于477至499年；另一例的问世年代则在570至575年之间，两例均为阳文正字(图1105)[1]。碑刻阴文反字的实例，则可于南京附近找到。有一对神道碑，一块上刻有阴文正字，读法从右至左；另一块上刻有阴文反字，读法从左至右，两者对称(图1106)[2]。特别有意义的是：石碑上的镌刻有时还被人转刻到木板上来，正如杜甫（710—770年）在一首有关法帖的诗中

1）见苏莹辉(*8*)，第22页。

2）见《六朝陵墓调查报告》(南京，1935年)，图版11，图20a、b；又见《六朝佚书》(北京，1981年)，图284—285。

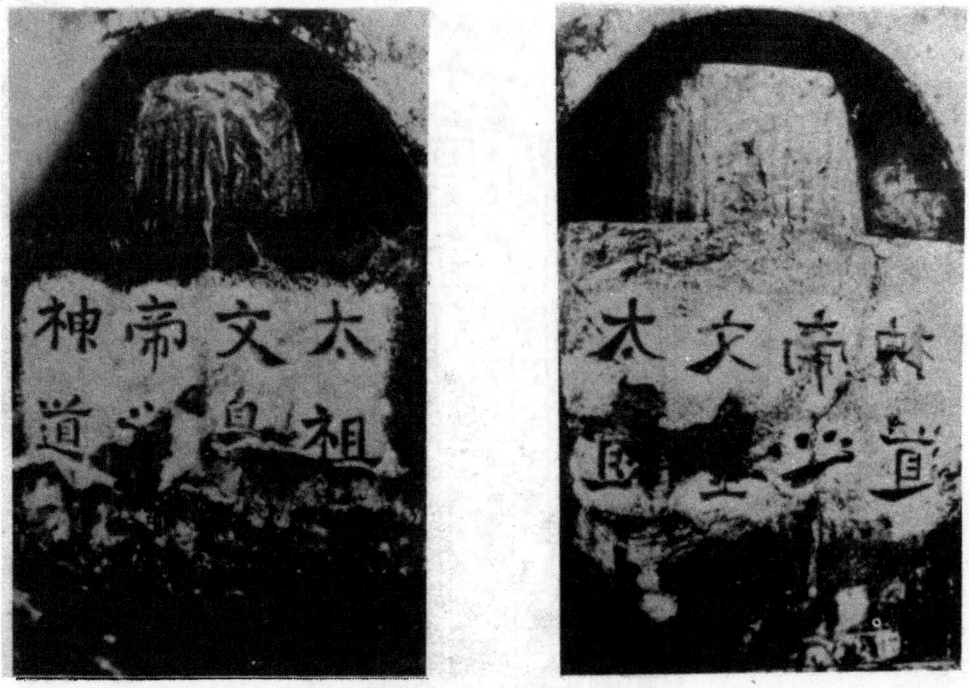

图1106 梁文帝陵前神道碑上的铭文，约556年。左碑为正字，右碑为反字。采自《六朝陵墓调查报告》，1935年。

所说的："峄山之碑野火焚，枣木摶拓肥失真。"[1]。

(iv) 墨拓与漏印

143 墨拓是把纸复盖在碑文、金文、甲骨文等坚硬表面所刻的图文上，把图文用墨汁拓下的办法。它很象雕版印刷，只在雕刻和复制方面略有区别。碑文除少数情况外，一律呈阴文正字。拓印时，用纸复盖碑文把墨汁拓在纸面上。碑上的阴文就在拓黑的纸面上形成白文。雕版印刷则不同，印版上刻出来的是阳文反字。印刷时，先在版上涂以墨汁，再把纸复上。在纸背上用毛刷轻轻的拭刷一下，另一面的白纸上就留下黑字。虽然刻在不同的材料上，产品也有所不同，但都是用纸墨来复印。

拓印，先把纸铺在石碑上，把纸各处轻轻捶打一下，使纸在刻去的部位上略略陷下，再上墨，完工后再把纸从碑上揭下来[2]。全部过程，比印刷要复杂和缓

1）见《杜诗引得》，第 2 册，第216页。

2）有关墨拓的详细论述，见马子云(*1*)。

图1107 圆形青铜器的立体组合拓片。菲尔德自然史博物馆。

慢得多。通常要先把柔软的纸张折叠起来，略加润湿。有时用清水或淘米水，但 144
更普通的是把热带兰科植物白芨（*Bletilla byacinthina*）的干根切片浸水应用。有时还掺用胶矾溶液。由于矾液会损伤石碑，使纸发脆，拓印老手都不主张用它。

把纸张妥善地蒙在石碑上以后，用一把通常是棕毛制成的刷子，轻轻地把纸张压向每一个凹处。等纸紧贴碑面将要干燥时，就用一个沾了墨汁的拍子把墨汁轻轻地扑打上去。起先要轻轻地在整幅纸张上用淡墨扑打一遍，最后才施用浓墨。如果碑面平滑光整，则敷上一层薄薄地墨色就可以了。这会产生一种薄如蝉翼的效果，名为“蝉翼拓”。如果在施过薄墨以后，再加浓墨，就会产生一种浓亮的效果，名曰“乌金拓”。施墨适度以后，就可以把拓片从碑面上揭下、压平。这必须小心从事。如果不慎在揭下时把纸拉长了，就会使拓下的碑文扭曲。揭纸的难易，取决于纸张的素质和厚度。

有时还可以从立体的器物，如圆形或方形的青铜容器上拓出图文，按照透视画法，产生出具有摄影效果的拓片来，名曰“全形拓”（图 1107）。拓印之前，一

图1108 《温泉铭》，敦煌发现的现存最古老的碑文拓片之一。刻于654 年之前。巴黎国立图书馆。

般需要对器物作仔细的观察和研究，把器物的形状、表面曲线、器物前后之间的距离和其它情况画出轮廓来。然后把轮廓描到用来拓印的纸上去，再把纸用白芨浸汁润湿，放到器件的表面上。等纸几乎完全干燥时，在器件的凸出部分拓上浓墨，凹入部分拓上淡墨。有时要分别用几张纸来拓下器件的不同部分，再拼成整幅拓片。但也有时只用一张纸来复盖整个器件。全形拓片的关键技术，主要是要按照轮廓确定适当的浓淡层次[1]。

一般认为，中国的拓印在6世纪以前已经问世。其后数百年间，它日趋完善[2]。唐代已有“拓书手”。他们和精于抄写、染纸、制笔的匠师一起供职于国子监、翰林院等学术机构和掌管皇家图书的秘书监。敦煌曾发现一些唐代碑文拓片，其中有现存最古老的632年写刻的《化度寺塔铭》。其它敦煌碑文拓片中，还
145 有公元654年题为唐太宗御书的《温泉铭》（图1108）和824年刻的柳公权书《金

1）见《文物》，1962年第11期，第59—60页。

2）见钱存训的著作[Tsien (2), pp. 86—89]。

刚经》。自宋代开始，拓印已不限于石碑文字，而扩大到金文、陶文、甲骨文和其它物件表面上的图文了。拓印成了一项精美细致的复制艺术。它巧妙而忠实地再现了镌刻在各种器物上的精细图文，其独到的传神之功甚至超过了摄影。

漏版的使用，是印刷术诞生之前的又一种图文复制方法。所谓漏版，一般用厚纸制成，上面用针刺下无数针孔，形成要复制的图案。把漏版放在纸或别的物质表面上，通过针孔施墨，就可以把图案复制下来了。最早出现漏印的年代不详，但是近年发现，长沙马王堆汉墓中的绸帛上印有彩色图案。这表明漏印的
出现，可以上溯到公元前2世纪。当时很可能把动物皮革或薄的绸帛先用清漆或 146
别的树汁处理过，以用作漏版[1]。皮制和纸制的漏版，唐宋时肯定已很普遍。在敦煌就发现了几张刺有佛象的纸制漏版和漏印到纸、绸和石膏墙上的图象（图1109）[2]。各地博物馆藏品中，有不少年代较晚、用来在织物上复制图案的纸制漏版[3]。

(2) 雕版印刷的开始

对中国雕版印刷的问世，历来有各种不同的说法，其年代从6世纪中叶到9世纪末不等[4]。现存文物中，没有早于8世纪的。但是有文献记录说明，印刷的
开始年代，可能早于8世纪。其实，大部分意见分歧，只是由于对早期文献中几 148
乎可以作镌刻讲又可以作印刷讲的关键名词解释不同而已。这些名词中，有指镌刻方法的，如“刊”、“刻”、“雕”和“镂”；也有指印刷出版方法的，如“印”、“刷”和“行”；还有指雕版用材的，如“木”和“板”；也有指木板原料的，如“梨”、“枣”和“梓”。因此，由这些字组合成的名词如“雕版”、“版印”、“梓行”，就曾不同地用来指镌刻和出版。有些说法，把印刷最早年代推定为6世纪，但由于所引的论据不相关，肯定不足取。它们对某些关键名词不是作了错误的解释，就是以讹传讹，要不就是资料的来源有疑问。

这里举出主张6世纪就有印刷，但显然错误的四个例子：岛田翰根据550—577年《颜氏家训》中有“书本”一词，就推测已经有了印刷术。然而这个名词指的

1）参阅王孖(*1*)，第474—478页。

2）参阅斯坦因的著作[Stein (4), IV, pl. XCIV]。

3）芝加哥菲尔德自然史博物馆中还有劳弗(B. Laufer)收集的一件用牛皮纸涂油制成的漏版。

4）岛田翰(*1*)、孙毓修(*1*)、伯希和[Pelliot (41)]、卡特[Carter (1)]、李书华(*11*)和张秀民(*5*)总结和论述了大约二十几种在这个问题上的不同理论。

图1109 纸制针孔漏版及其漏印到纸上的图像。不列颠图书馆。

只是“书”或“写本”，并不指“印刷”。其次，593年一部佛教著作中的“雕撰”二字，原指雕刻佛象和撰写经文，却在不少引用它的资料中误为“雕版”（雕刻木版）。某些早期西方汉学家用西文写成的著作，包括《大英百科全书》早期版本中，也就这样错了下去。再次，有人把敦煌文物中印于980年的《陀罗尼经》认为是翻印自隋代（581—618年）所印的原版。因为他把佛教的某一专用名称“大随求”，误会成“大隋”了。其实，8世纪末以前，这部《陀罗尼经》还根本没有译成汉文。最后，斯坦因曾在新疆发现一张残破有字的纸片，报导中把它写成是某种公告的印刷品。后经不列颠博物馆实验室检验，它并非印刷品[1]。这样，上述四例无一可以作为6世纪就有了印刷术的证据。

主张7世纪已有印刷的论据，要可信一些，虽然有人对其中某些论据曾经提出过异议。唐代有一部著作中谈到，624—645年间访问过印度的高僧玄奘（602-664年）曾用纸印制过普贤佛像。这也许是他返唐后逝世前的事，即使著作本身问世的年代有争议[2]，这种说法依然可信。另外一项资料，涉及去印度朝圣过的高 149
僧义净（634—713年）。他于692年报导说，印度的佛教徒把佛像“印”在绸帛和纸上。然而他所说的“印”字，不一定就是“印刷”，可能只是把刻好的佛像再盖到帛或纸上去而已[3]。600年时，高僧慧净（盛年600—650年）来到长安，他为了替佛教教义辩护，说为了保存佛经，把经文加以“缮刻”。有人因此认为事情已很清楚，慧净说的“缮刻”指的就是印刷[4]。但是，当时佛教徒刻石保存经文已很普遍。这里的“刻”字，仍然可能只是勒石，而不是刻在印版上。因此，这一项资料又不能作为当时已经有了印刷术的确证。

最后，还有一项文献上提到，唐长孙皇后于636年逝世后，太宗曾命令把她编写的《女则》加以“梓行”。这一条似乎指当年已经有了印刷术[5]。然而以上这则故事来自明代历史学家邵经邦（1491—1565年），两种唐代正史中虽然载有这则故事，但都没有“梓行”的字样。因此，这只是一条后出的间接资料。7世纪已有

1）参阅卡特的著作[Carter（1），pp. 40—41]。

2）这则故事见冯贽《云仙散录》，序言中的年份为926年。但是有些评论家认为它是伪书，因为有一个版本在序言中把年份误为901年，序言中却又写道这部书是他904年回家以后写的。如果宋版上注明的成书年代926年为真，则这部书的真实性应该没有疑问。向达（*13*），第5—6页和张秀民（*17*），第346页都认为7世纪开始有印刷术是颇为可信的。

3）李书华（*11*），第82—84页和伯希和[Pelliot（41），pp. 14—19]都在著作中表示相信，印度使用纸张的印刷术是由中国传过去的。因为印度在12世纪建立回教朝廷之前，纸张还很稀少。

4）见张志哲（*1*），第154—155页。于为刚（*1*），第231—234页则说，“缮刻”一词源自《庄子》，并不指缮写和镌刻。

5）见《弘简录》，卷四十六，第三页；及张秀民（*5*），第59页。

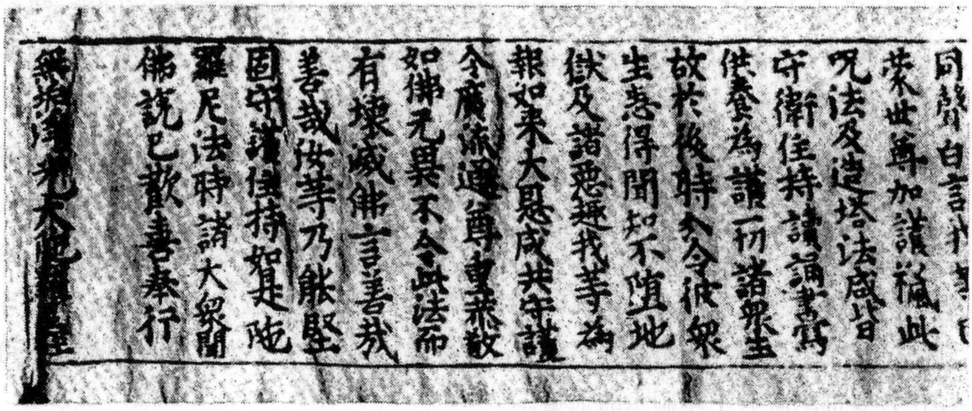

图1110 《陀罗尼经咒》的结尾部分，印于8世纪初。1966年发现于朝鲜东南部的佛国寺。

印刷的主张，依然缺乏确证[1]。

至于说8世纪已有印刷术，就有几项实物为证了。最早的是一件《陀罗尼经咒》(图1110)。它是1966年才在朝鲜半岛东南部庆州佛国寺的舍利塔中发现的。经卷上没有注明年份，但经文中有几个写法特殊的汉字，是唐代武则天皇后在位时(680—704年)创造和使用的。一般认为，这部经咒印刷的年份不会早于704年，因为这一年它才译成了汉文；然而也不会晚于751年，因为这一年佛国寺和舍利塔才完工[2]。另外一件早期印刷品是保存在日本的《莲华经》卷十七，据说是在吐鲁番发现的。它印刷在浅黄色的麻纸上，每行十九字，经文中也使用了武后诏令创造的那几个特殊字体[3]。如果使用这种特殊字体是武后在位时印刷的论证，则
150 它可能与朝鲜发现的《陀罗尼经咒》属于同一时代。

朝鲜发现的《陀罗尼经咒》，其年份比日本印于764—770年左右的《陀罗尼经咒》要早一些。1966年以前，一般认为日本的这些经咒是全世界现存最古老的印刷品[4]。几种同一时代的文件，都记录了这样一件事实：当时在日本有一百万份这样的经咒，并说764年日本称德女皇下令，在十处庙宇内分置小木塔一百万座(图1215)，每座内放入四种《陀罗尼经咒》译文中的一种。虽然这些记录并没有说经咒是印刷出来的[5]，但却有不少实物为证，况且看来如果不靠印刷肯定难以取

1）张秀民(*17*)，第345页中争辨说，正史中没有提到这个名词，不一定就证明整则故事不确，特别由于邵经邦是享有盛名的学者，他一定在正史之外另有根据。

2）参阅富路德[Goodrich (31, 32)]、莱迪亚德[Ledyard(2)]、李弘植(*1*,*2*)及本册p.322。

3）见长泽规矩也(*3*)，第5—6页。东京书道博物馆藏。

4）有关这种经咒的详细介绍，见卡特 [Carter (1), Ch. 7]、亨特 [Hunter (9), Ch. 3]和长泽规矩也(*3*)，第6—8页；并参阅本册 pp. 336ff.。

5）张秀民(*5*)，第134页中对此提出疑问，因为所有的文件都没有提到它们是印刷出来的，而且从来没有任何文献提到日本在1172年以前已经有了印刷品，也没有见到过此类实物。

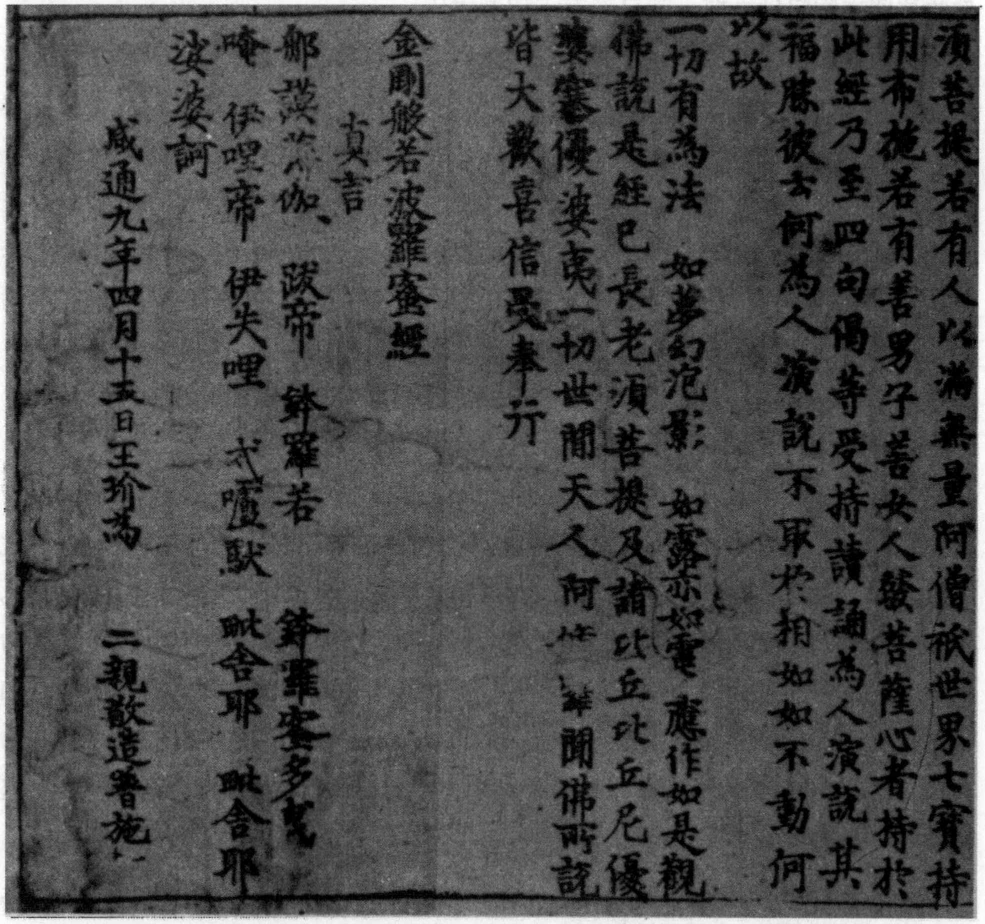

图1111 署有印造人的《金刚经》卷末，印于868年，敦煌出土。不列颠图书馆藏。

得这么多的份数。虽然这些实物与朝鲜发现的同属《陀罗尼经咒》，但是日本的只限于几十至一、二百个由梵文音译来的汉字咒语，而朝鲜的经卷内容要长得多，不仅有咒语，还包括了经文。

由于这些实物都不是在中国发现的，当然就可以提出疑问：它们是不是中国的印刷品？一般认为，日本的《陀罗尼经咒》是在日本印的，因为有日本的文献记录为证，但是在朝鲜发现的那唯一的一份《陀罗尼经咒》，却很可能是在中国印刷的。当时朝鲜僧侣和留学生经常来到唐朝的首都长安，朝鲜新罗王国又热衷于学习中国的文化和制度，加之经卷中出现武后时特有的字体，又无有力的旁证证明朝鲜在这么早的年代里已经掌握了印刷术，这一切都意味着，这份经卷是在中国印成，很可能是在佛国寺建成时带往朝鲜作为贺礼的。无论如何，中国一定在日本和朝 151

鲜的这些文物问世之前，就已经有了印刷术[1]。

上面提的两种《陀罗尼经咒》都是小张印刷品，和中国书籍的一般尺寸不同。斯坦因于1907年第二次探险时，在敦煌发现了著名的868年印成的《金刚经》。这可能是现存最早的完整印书[2]。这部印本依然呈卷状，由七张白纸粘贴而成，全长十七尺半。每张长两尺半，高十寸半。经文全称是《金刚般若波罗蜜经》。它是由鸠摩罗什(生于344年)在4世纪时由梵文的《*Vajracchedikâ Prajñâ Paramitâ*》译成汉文的(图1167)。从字体上看，刻印技艺均极高超，比上述日本、朝鲜文物及谷腾堡以前欧洲的刻工和印工都要精致。经卷尾部底页上注明："咸通九年四月十五日王玠为二亲敬造普施"(图1111)。这是现存最早明确注明印刷年、月、日的整本书籍。

唐代印刷品中，还有几个实例值得一提，包括敦煌发现的以短诗形式写的陀罗尼经咒《一切如来尊胜佛顶陀罗尼》(图1112)以及两份最古老的历书[3]。历书之一是877年的历书残页(图1113)，上面有小的画像和图表、历日以及十二生肖。这些甚至和现代所用的历书都非常近似。另一份是882年的历书残页，上面作为标题，印着一行粗而黑的字，说明是剑南西川成都府樊赏家历书。显然当时在四川和长江沿岸私印家用历书已很普遍。835年，四川有一位东川节度使冯宿(767—836年)奏请朝廷禁止民间私印历书，因为在司天台把钦准的新年历呈送给皇帝以前，就已经有大量未经批准的年历在印刷或在市场上出售了[4]。

〈准敕禁断印历日版。剑南两川…，皆以版印历日鬻于市。每岁司天台未奏颁下新历，其印历已满天下。有乖敬授之道。〉

唐代除了佛经和历书以外，还印刷了许多其它书籍在坊间出售。唐代官吏柳玭曾于883年伴随流亡的僖宗去四川，他在《家训》中说他在四川时见到当地正在
152 用雕版大量印刷占星术、圆梦术、堪舆风水的书以及字典和别的词书，但他评论说这些印刷物往往墨迹模糊，不能完全辨认[5]。

〈中和三年…余…阅书于重城之东南。其书多阴阳杂说、占梦相宅、九宫五纬之流。又

1）虽然在中国以外找到了最早的印刷实物，但这些印刷品都无疑严格符合中国印刷的模式和方法。正如富路德在其著作[Goodrich (32), p. 378]中所说的那样："在我看来，每件事都指出，印刷术是在中国发明的，并且由中国传播到国外。"

2）妥善地保存在不列颠博物馆中，参阅翟林奈[Giles (17), pp. 1030—1031]和卡特[Carter(1), Ch. 8]的著作。

3）见翟林奈的著作[Giles (17), pp. 1033—1034, 1036—1037]。

4）见《全唐文》(1818年刊本)卷六二四，第14—15页。

5）见《爱日斋丛钞》，卷一，第三页。

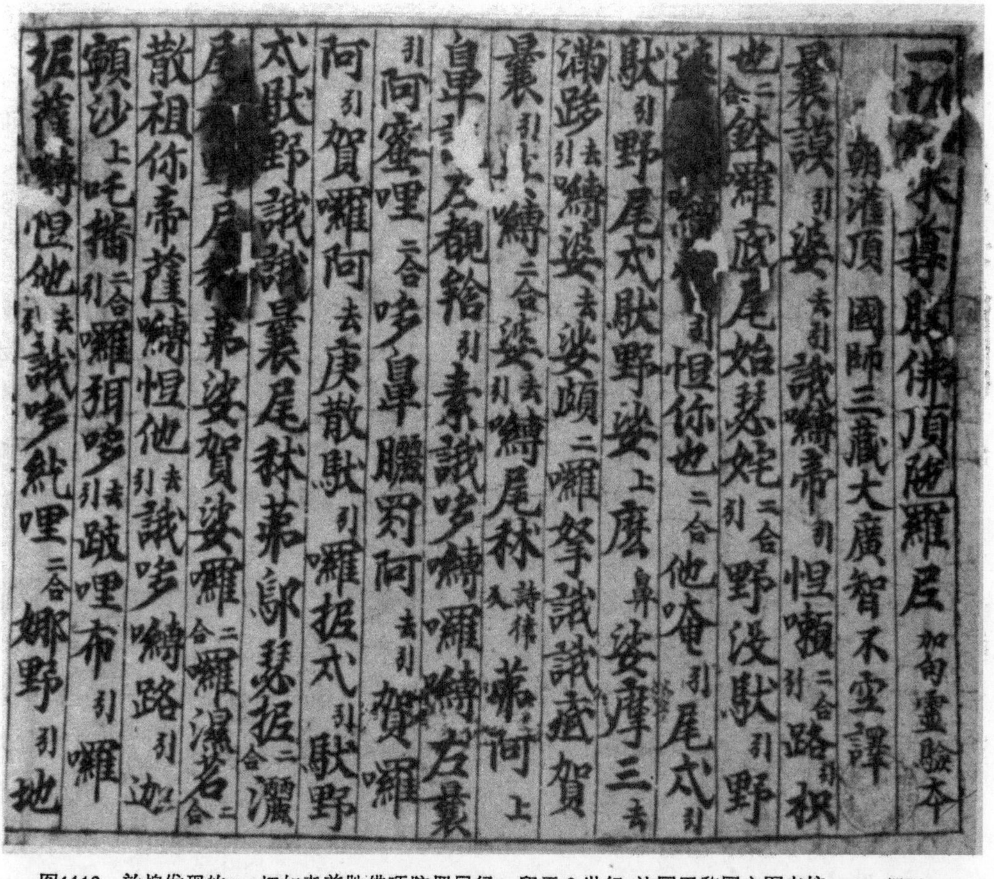
一切如来尊勝佛頂陀羅尼 加句靈驗本
灌頂國師三藏大廣智不空譯

图1112 敦煌发现的《一切如来尊胜佛顶陀罗尼经》，印于9世纪。法国巴黎国立图书馆，p. 4501。

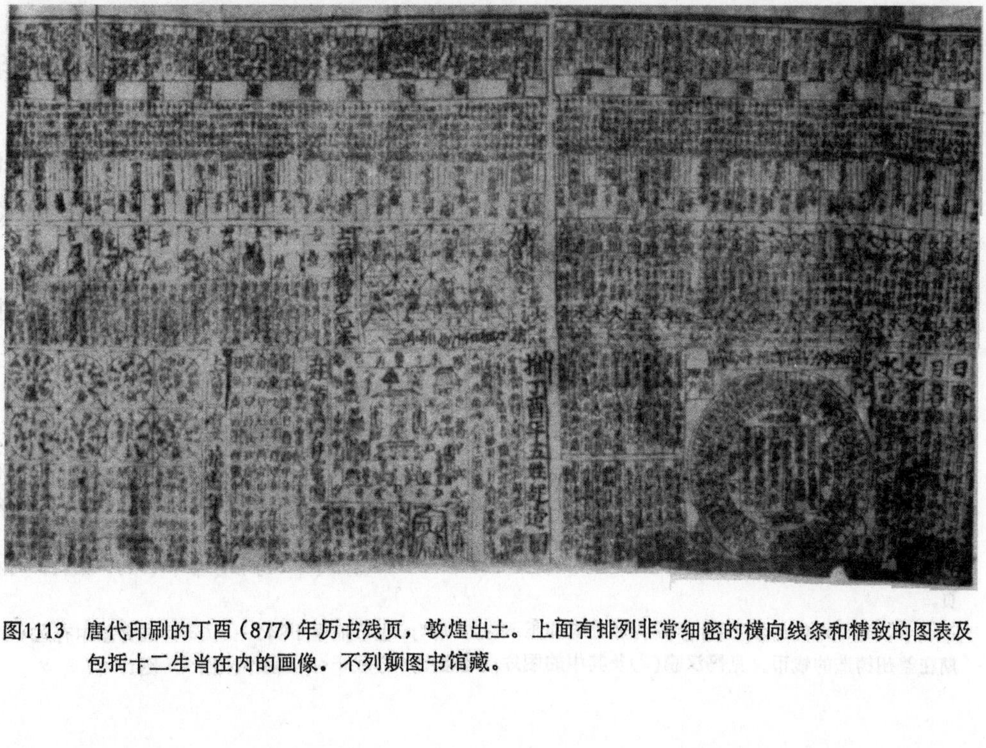

图1113 唐代印刷的丁酉(877)年历书残页，敦煌出土。上面有排列非常细密的横向线条和精致的图表及包括十二生肖在内的画像。不列颠图书馆藏。

有字书小学，率雕版印纸，浸染不可尽晓。〉

另一位唐代江西观察史纥干皋（盛年 847—859 年）据说曾多年研究道家炼丹术。他负责编写过刘弘的传记，于 847 至 851 年之间印刷过几千份，散发给炼丹同道[1]。

〈纥干尚书皋，苦求龙虎之丹，十五余稔，及镇江右，乃大延方术之士，作刘泓传，雕印数千本，以寄中朝及四海精心烧炼之者。〉

865 年，日本僧人宗睿由中国返回日本时，携带了《唐韵》和《玉篇》两本书。
154 史籍记载说，这两部韵书印于西川（今四川）。和这两本韵书一起由宗睿带回日本的，除佛经外，从书名上看显然还有一些历书抄本、医方和别的非宗教书籍[2]。唐代另一位官员司空图（837—908年）于871—879 年左右说，洛阳敬爱寺所藏《毗尼藏》印本已经毁去（可能毁于 845 年唐武宗敕毁佛寺时），应予重印[3]。《毗尼藏》的印本，必然在它被毁以前就已经存在。

此外，1944 年还在成都唐墓内一只空手镯中发现了一纸卞家刻印的《陀罗尼经咒》，约一尺见方，纸质极薄而坚牢，可能是由丝、楮、麻及青檀（*Pteroceltis tartarinowii*, Maxim）树皮的混合纤维制成的。上面右边有一行汉字，有些已不复能辨认，写明是何地何人印刷的，四周印有小佛像，当中也有佛像，四周及中央佛像之间则是梵文的《陀罗尼经咒》，共十七行，形成正方框状（图 1114）。右边那行汉字读作："…成都府成都县龙池坊…近卞家…"。这份印刷品上没有注明年代，但是经过鉴定，坟墓建于约 850—900 年间的唐代末年[4]。这又是一件中国现存早期印刷的实物。

到了 10 世纪初五代（907—960 年）时，刻书不仅选题广泛得多了，就是刻印中心也传播到各地。印刷的材料除了佛经、历书外，首先包括道家和儒家经典、文学选集、历史评论和类书。刻印中心有现在河南境内的洛阳和开封，大部分北方各朝（907—960 年）国子监选校的"监本"书籍都是在这里印刷的，南方各国的刻印中心有前后蜀的四川、南唐的金陵和吴越的杭州。

第一部刻印的道家经典，是道士杜光庭研究唐玄宗（713—755 年在位）所注

1）见《云溪友议》，卷十，第六页。

2）《大正藏》卷五十五（《目录部》）第一一〇八至一一一一页中有这些书的目录。另一位日本僧人圆仁（793—864年）说，他在838年在大唐购得一部《维摩诘所说经》，付出了四百五十文；并说他于839年在五台山见到一千部《大涅槃经》。这样低廉的售价和这样大量的数量，使人认为这些都是印本。见赖肖尔[Reischauer (4), pp. 48, 137]和富路德[Goodrich (28), p. 38]的著作。

3）向达(*1*)、(*9*)、(*12*)推算的年代，亦见卡特[Carter (1), p. 61]和李书华(*11*)，第117—121页。

4）它不可能早于757年，因为那时成都还不称为"府"；也不能早于841—846年，因为墓中有这一时期在益州铸造的钱币。见冯汉骥(*2*)及其中的图片。这幅图片亦载于《中国版刻图录》，图1。

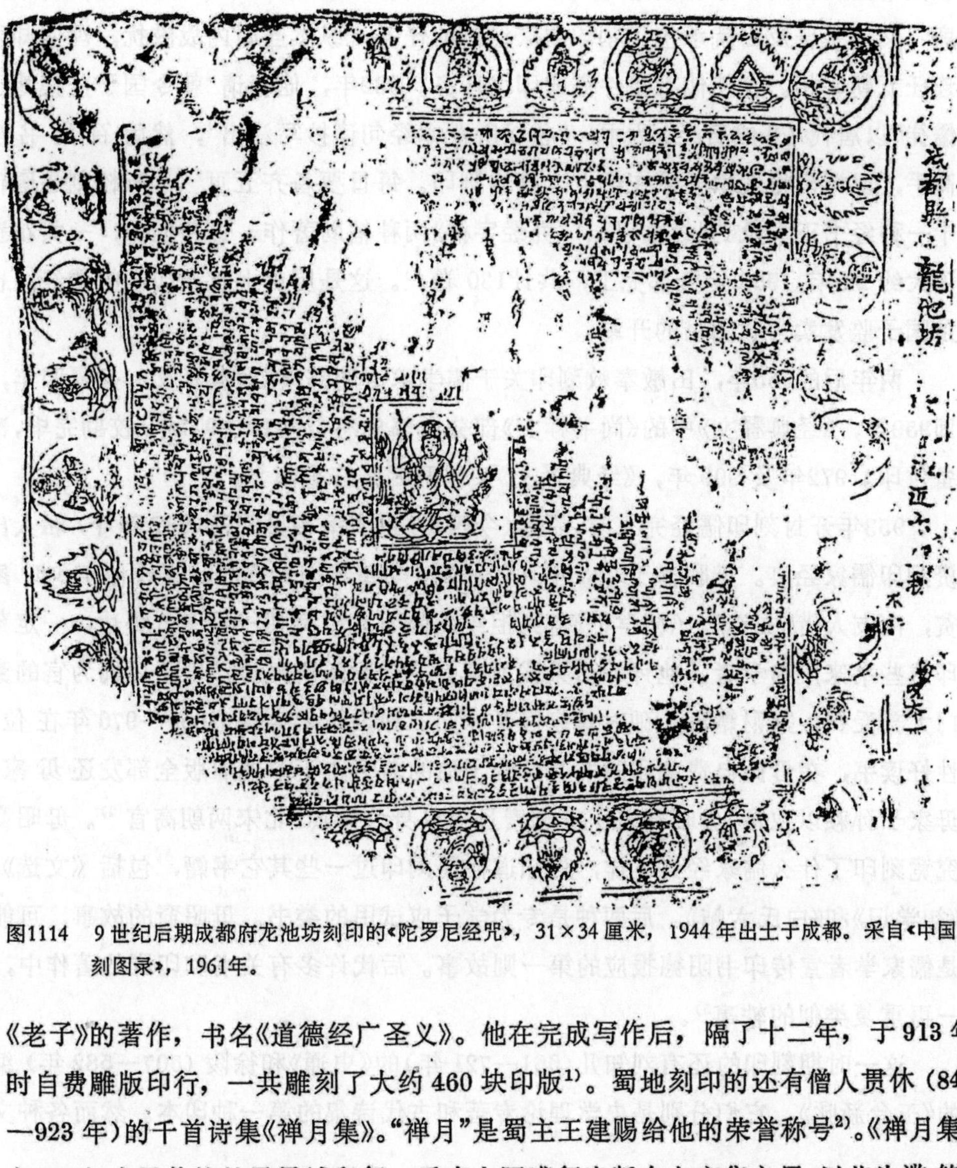

图1114　9世纪后期成都府龙池坊刻印的《陀罗尼经咒》，31×34厘米，1944年出土于成都。采自《中国版刻图录》，1961年。

《老子》的著作，书名《道德经广圣义》。他在完成写作后，隔了十二年，于913年时自费雕版印行，一共雕刻了大约460块印版[1]。蜀地刻印的还有僧人贯休（842 155
—923年）的千首诗集《禅月集》。"禅月"是蜀主王建赐给他的荣誉称号[2]。《禅月集》在923年由贯休的弟子昙域印行。后来中国盛行出版个人文集之风，以此为滥觞。在北方，后晋高祖石敬塘于940年赞助道士刻印道家经典，由和凝（898—955年）重新作序。和凝还刻印了几百份自己的百卷诗歌集，分惠于人[3]。

然而，五代最重要的出版物，还要数两地刻印的儒家经典。从2世纪末起， 156
为了统一儒家经典文本，至少镌刻过三次石经。后唐明宗时，印刷的宗教和非宗

1）见李书华(*11*)，第142—143页。

2）叶德辉《书林清话》第22页，《禅月集》的影宋抄本收入《四部丛刊》。

3）《旧五代史》，卷一二七，第七页。

教图书流行坊间。宰相冯道(882—954年)及同僚李愚(935年卒)见到它们价格既廉，又便于普及，就承担了刻印儒家经典的任务。纵然当时内战滋扰，冯道却能连任五朝宰相。这使他有条件完成印书任务。932年，他奏请“敕令国子监集博士儒徒”以唐代《开成石经》为本，“各以所业本经句读抄写注出”，然后召集书法高手，以端楷将经本抄录在纸上，随帙刻印。每日要备齐五页[1]。所校刻是唐代十一种经书正本及《五经文字》、《九经字样》两种辅助著作。这项任务，一共花费了大约22年。953年全部完工，共计130卷[2]。这是历史上首次印刷的儒经，也是国子监发卖官版图书的开端。

两年后的955年，田敏奉敕刻印关于儒学术语的辞典《经典释文》。又隔四年，即959年，《经典释文》中的《尚书释文》部分由郭忠恕(约918—977年)校勘完毕，准备付印。972年及999年，《经典释文》又曾两度修订重印[3]。

953年开封刻印儒经完工时，后蜀(今四川)也由宰相毋昭裔(967年卒)私人出资刻印儒家经典。毋昭裔于935年入仕后蜀，944年擢升蜀相。据说他年少时家贫，向友人借《文选》、《初学记》遭到拒绝，因而发誓有朝一日飞黄腾达，一定刻印这些书来广飨学者。他拜相后果践前言。后蜀为宋所灭时，曾于后蜀为官的豪门大部受罚，家财籍没，独对毋家网开一面。原因是宋太祖(960—976年在位)性好读书，在毋氏自费刻印的书上见到了他的名字，下令把雕版全部发还毋家，
157 毋家子孙赖以致富，毋昭裔之子毋守素且得以身为后蜀、北宋两朝高官[4]。毋昭裔究竟刻印了什么儒家经典不详，只知道他还刻印过一些其它书籍，包括《文选》、《初学记》和《白氏六帖》。后两种是专为学子应试用的类书。毋昭裔的故事，可能是儒家学者宣传印书阴德报应的第一则故事。后代许多有关书和印刷的著作中，一再重复类似的轶事[5]。

这一时期刻印的还有刘知几(661—721年)的《史通》和徐陵(507—582年)编的《玉台新咏》，它们分别是史学理论专著和古代诗集的第一种印本。然而各种文

---

1)《五代会要》，第九十六页上说这些由“能人”缮写的经文书法端整，“每日五纸”付梓。然而《册府元龟》(1640年刊本)，卷六〇八，第三十至三十一页上则说，“(召能人谨楷写出，旋付匠人雕刻，)每五百纸(与减一选，所减等第优与选转官资)”。其准确含义不清楚。

2) 见卡特[Carter (1), pp. 70—72, 76—79]所译的一切有关文献。

3) 国子监本九经由于12世纪曾经复刻得以传世。有一种以书法家李鹗署名的《尔雅》印本，保存在日本，后被收入1884年刊印的《古逸丛书》。

4) 毋昭裔的故事，看来出自门人孙逢吉(不要与南宋的孙逢吉相混)。10世纪时，秦再思首先在他写的《纪异录》中引了孙逢吉的话。明、清两代作者又一再引用《纪异录》，但在事实方面略有出入。见李书华(*11*)，第145—150页；翁同文(*3*)，第27—28页。

5) 见叶德辉《书林清话》，第1—4页。

图1115 吴越国王钱俶所印经咒，975年。芝加哥大学远东图书馆。

献中谈到的这些印本均已散佚，只剩下10世纪末印刷的少数佛教经卷和图像。其中最著名的是钱俶(929—988年在位)所印的经咒《宝箧印陀罗尼经》。钱俶是吴越(今浙江及江苏、福建部分地区)国主，建都于今杭州。目前至少已找到了这种印刷经卷的三种印本，日期各不相同。956年所印的一种高二寸半，长约二十寸。它是在1917年发现于湖州天宁寺的一座塔中的。经文共341行，每行8至9字，卷前有人像，并有题字："天下都元帅吴越国王钱弘俶印宝箧印经八万四千卷在宝塔内供养。显德三年丙辰岁(956年)记"[1]。

另一种印本上标明年份为"乙丑"(965年)。它是1971年在浙江绍兴一座涂金 158
舍利塔中发现的。发现时，它安放在一个长10厘米的红竹筒中。经文每行11至12字，前面也有与另两种版本中类似而不雷同的图象和题字。此本雕刻精细，纸为白色藤纸。另两种印本的纸色则发黄[2]。

第三种印本经卷长6.35尺，高1.2寸，是1924年雷峰塔在风雨中倒塌时发现的。经文共271行，每行10或11字。卷前画着王后、侍女正在上供许愿(图1115)。所题的字和另外两种印本略有不同，但有吴越国王的名字钱俶，年份是"乙亥"(975年)。这是吴越为宋朝吞并的前三年[3]。

钱俶并非当时唯一主办印刷的人。杭州名刹灵隐寺的方丈延寿(904—975年)就可能亲手印过10余种经文、符咒和佛像，已知总数达40余万份，包括2万多

1) 见王国维(*3*)、翟林奈[Giles (15), pp. 513—515] 和艾思仁的著作 [Sören Edgren (1), pp. 141ff.]中所附有题字的图片。据知这种版本只找到两份。一份收藏在瑞典皇家图书馆中，得自纽约私人收藏家之手。另一份据说是1971年在安徽无为找到的。无为当年不属吴越国领地，说明这种印经的流传已经超出了国境。见张秀民(*14*)，第74页。

2) 这项新发现的报导，见张秀民(*14*)，第75页。

3) 这种印本比较常见，见王国维(*4*)、庄严(*1*)、卡特[Carter (1), pp. 73, 80—81]、李书华(*11*)，第150—155页和翟林奈[Giles (15), pp. 513—515]的著作。在有些空心砖内，经咒旁还有佛塔像，见张秀民(*14*)，第74页。

份印在丝绸上的观音像和14万份弥勒佛塔像[1]。这些再加上钱俶的三种经咒印文8.4万份，则单是杭州地区在36年(939—975年)短时期内刻印的总数已极可观。这不但是我们所知当时最大规模的印刷，它对宋代初年的印刷也有重大影响。有些刻工和印工可能投入了宋代初年的印刷事业，或为它培养了徒工。总之，嗣后三、四百年中，杭州成了最繁荣的印刷中心。

159 除了中国东部印的纸卷本外，还在敦煌发现了同一时期所印的残帙和单张[2]，很多都没有注明年代。但也有一些注明了精确的年、月、日，捐款刻印者和刻工的姓名。还有一些看来是用同一印板印出来的复本。有些两面都以手工涂上了彩色[3]。有两件947年印的单张，上半页是观音等佛像，下半页是长100字左右的颂文(图1116)。有一件950年印刷物，是长达8页的《金刚经》中的一部分。这也许是现存最古老的多页的册页装书本了。还有一种韵书《切韵》，残存半页，也公认为是这一时期印的[4]。

(3) 宋版书和辽、金、西夏、蒙古四朝的印刷术

印刷初起时不免简陋，到了宋代(960—1279年)，就已经成了充分发达和先进的技术。技术有了改进，使用了新的方法，印刷的规模也进一步扩大。各种印刷技艺不单传播到了千百年来与中国文化不断接触的东、西、南方邻国，也首先传播到了汉族以外的一些北方少数民族。印刷术还跨过国境，通过邻国西传。宋代卓越的雕版印刷技术成了后代印刷的楷模。活字的发明，更是历史上最重大的发明之一。宋代是中国印刷术的黄金时代。宋版图书的重要性，足以与三、四百年后欧洲的“摇篮本”抗衡。

宋代初年，佛教徒开始大量印刷大藏经，官府也开始印刷儒家经典、正史及其它文学作品。道士则开始印刷道藏，此时其规模、数量已可与释藏相比。许多官衙、学校、寺院、私宅家塾和书坊都从事刻印书籍。印刷的内容已经无所不包，从经典扩大到历史、地理、哲学、诗文、小说、戏剧、占卜谶纬、科学技术，特别是医学。印刷中心，北有开封、南有杭州这两处宋代名都，再加四川的眉山，

161 它自唐和五代以来就是中国西部的文化中心。此外，福建的建阳历来是南方造纸的重镇之一，此时印刷业也很繁荣。

---

1) 见延寿著并加注的宋版《心赋注》，1160年印于杭州；又张秀民(*14*)，第74页。

2) 参阅卡特的著作[Carter (1), pp. 57—58, 64—65]。

3) 见本册p. 280及脚注。

4) 巴黎国立图书馆藏有敦煌发现的《切韵》残页，出自两种印本(Nos. p. 2214、p. 5531)。

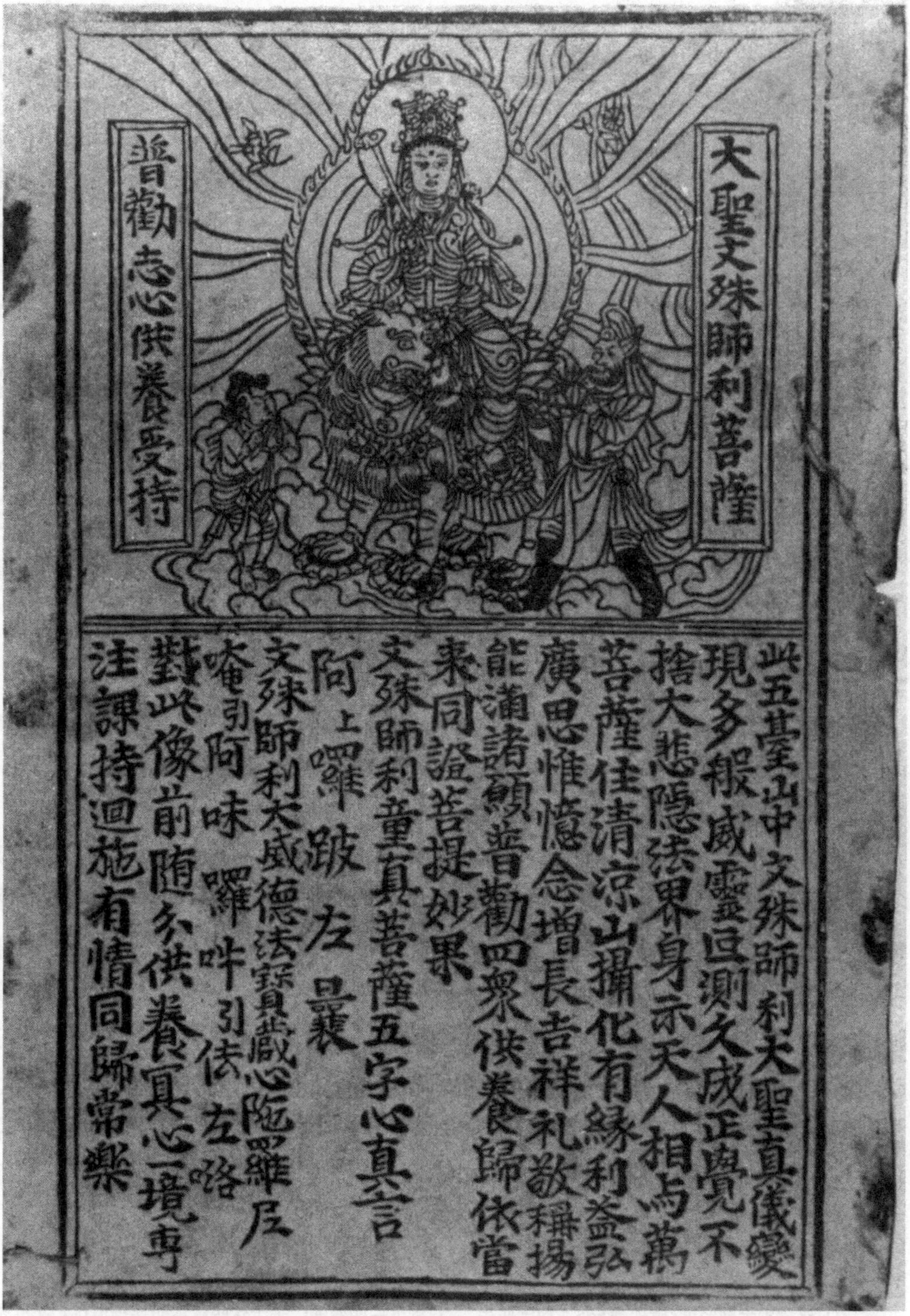

图1116 白色皮纸上印刷的祈祷经文，绘有文殊骑狮像，旁边有两尊侍者，约950年。不列颠图书馆。

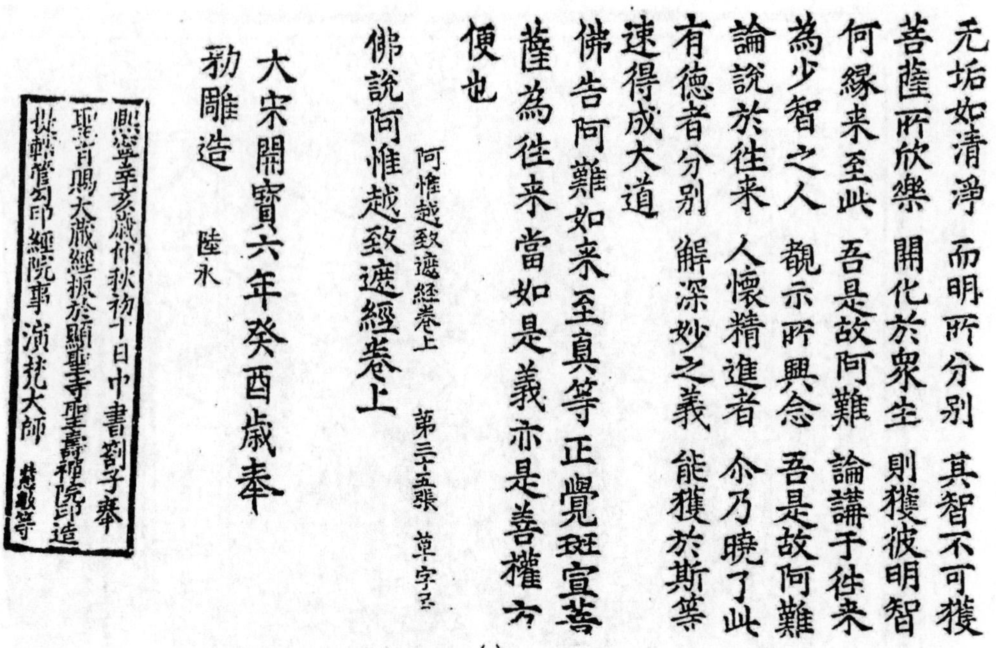
无垢如清淨 而明所分别 其智不可獲
菩薩所欣樂 開化於衆生 則獲彼明智
何緣来至此 吾是故阿難 論講于往来
為少智之人 覩示所興念 吾是故阿難
論說於往来 人懷精進者 尒乃曉了此
有德者分别 解深妙之義 能獲於斯等
速得成大道
佛告阿難如来至真等正覺斑宣菩
薩為往来當如是義亦是善權方
便也
阿惟越致遮經卷上 第三十五張 草字号
佛說阿惟越致遮經卷上
大宋開寶六年癸酉歲奉
勑雕造 陸永
熙寧辛亥歲仲秋初十日中書劄子奉
聖旨賜大藏經板於顯聖寺聖壽禪院印造
提轄管勾印經院事演梵大師 慧敏等

(a)

图1117 佛教大藏经的早期印本。(*a*)《开宝藏》残卷，印于973年。

整个宋代三百年间，至少刻印了六种版本的大藏经[1]。这是印刷释藏最多的时代。这六种版本是：971—983年印于益州(今成都)的《开宝藏》(图1117a)，1080—1112年印于福州的《崇宁藏》，1112—1172年同样印于福州的《毗卢藏》，1132年印于湖州(浙江境内)的《圆觉藏》，1175年印于安吉(浙江境内)的《资福藏》及1231—1321年印于平江(今苏州)的《碛砂藏》(图1117b)[2]。除了一种以外，其余都多达5000甚至几乎7000卷，版式为连续的"梵夹式"，即经折装。唯一的例外是《开宝藏》，它是卷状的[3]。假定平均一卷须刻板15块，则一种版本就一定雕
162 刻了60,000至80,000印板[4]。要完成这项任务，必须在各地大量训练书法端正的经生、刻工、印工及其他技艺高超的匠师。这样，也就把刻印技艺传播开来了。这些版本到底印行了多少份，找不到文献记录。但是除了满足全国许多寺院的需求外，一定还要印出足够的份数，以便分送许多少数民族和邻国，如党项（西

1）辽、金两代同时期印的两种版本不在其内，也不包括其它四种版本，其一是元代用西夏文印的，下文将提到。

2）这六种大藏经除《碛砂藏》外，均已佚失，只剩下一些残帙；关于这些版本的详细情况，见叶恭绰(*1*)和陈观胜[Kenneth Chhen (*8*)]的著作。

3）已经发现了开封(河南)印的几卷《开宝藏》，但不知当年是否在成都和开封都印《开宝藏》，还是把一部分雕版从四川运到了河南。

4）这项估计，是从1481年印的《朝鲜大藏经》得来的。它有6791卷，一共刻了81,258块印版。这些印版仍旧保存在朝鲜的海印寺。

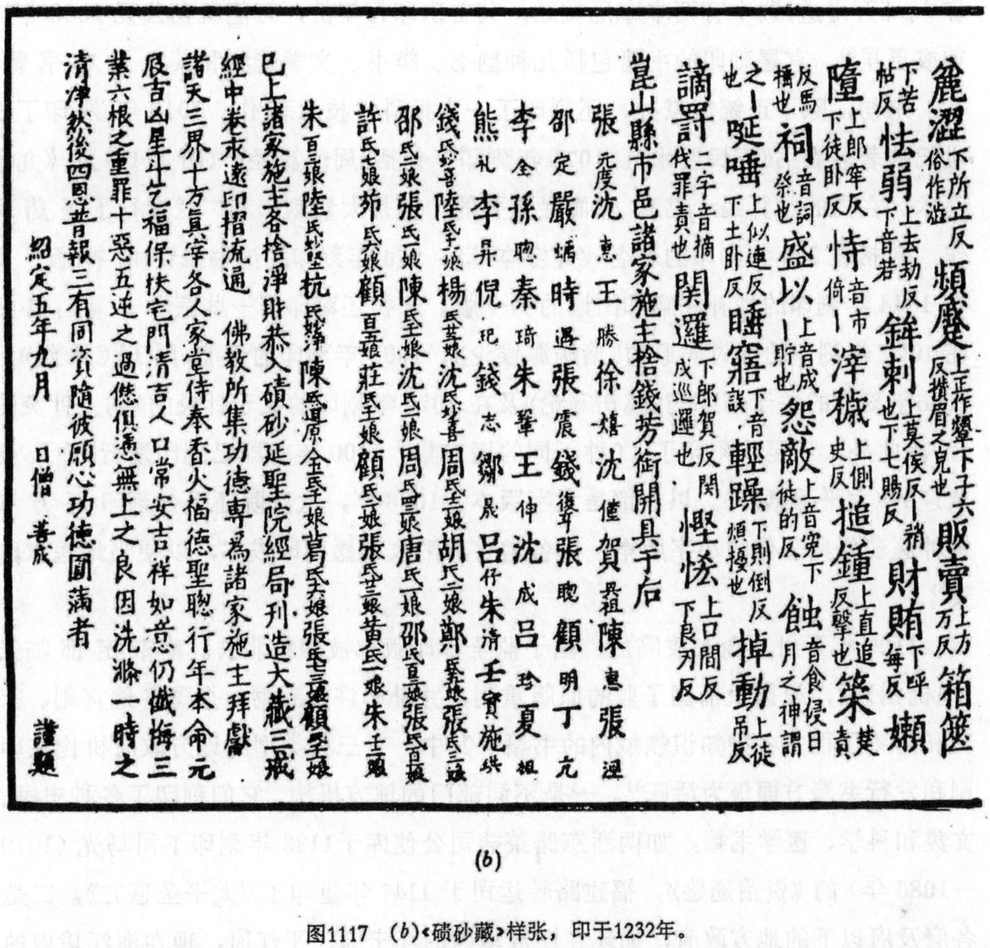
麁澀下所立反俗作澁 頻蹙上正作顰下子六反攢眉之皃也 販賣上方万反 箱篋
下苦怗反 怯弱上去劫反下音若 鉾刺上莫侯反ー矟也下七賜反 財賄下呼每反 嬾
墮上郎牢反下徒卧反 恃音市倚ー 滓穢上側史反 搥鍾上直追反擊也 箠楚責
反馬播也 祠音詞祭也 盛以上音成ー貯也 怨敵上音宛下徒的反 蝕音食侵日月之神謂
之ー也 蜒蝪上似連反下土卧反 瞎窹下音誤 輕躁下則倒反煩擾也 掉動上徒吊反
謫罸二字音摘伐罪責也 閑邏下郎賀反閑戍巡邏也 慳悋上口間反下良刃反
崑山縣市邑諸家施主捨錢芳銜開具于后
張元度 沈惠 王勝 徐塘 沈僮 賀昇祖 陳惠 張遷
邵定 嚴嫣 時遇 張震 錢復 張聰 顧明 丁亢
李全 孫聰 秦琦 朱翚 王仲 沈成 呂珍 夏祖
熊礼 李昇 倪玘 錢志 鄒晟 呂仔 朱清 壬實 施烘
錢氏妙吾 陸氏十娘 楊氏廿娘 沈氏妙喜 周氏十三娘 胡氏二娘 鄭氏廿娘 張氏三娘
邵氏三娘 張氏一娘 陳氏十娘 沈氏二娘 周氏四娘 唐氏一娘 邵氏百三娘 張氏百娘
許氏七娘 茆氏六娘 顧百三娘 莊氏十娘 顧氏二娘 張氏廿三娘 黃氏一娘 朱壬娘
朱百三娘 陸氏妙堅 杭氏妙淨 陳氏道原 金氏十娘 葛氏六娘 張氏七三娘 顧氏十娘
已上諸家施主各捨淨財恭入磧砂延聖院經局刊造大藏三藏
經中卷永遠印摺流通　佛教所集功德專爲諸家施主拜獻
諸天三界十方眞宰各人家堂侍奉香火福德聖聰行年本命元
辰吉凶星斗乞福保扶宅門清吉人口常安吉祥如意仍懺悔三
業六根之重罪十惡五逆之過愆俱憑無上之良因洗滌一時之
清淨然後四恩普報三有同資隨彼願心功德圓滿者
紹定五年九月　日僧　善成　謹題

(b)

图1117　(b)《碛砂藏》样张，印于1232年。

夏）、朝鲜、日本和越南。有时这些少数民族和邻国，一次就请要不止一部[1]。

10世纪80年代后几年，在宋代建立后大约30年左右，国子监开始刻印儒家经典和正史。所印者包括为988—996年印的十二种经典所作的"注疏"和"正义"。1005年，又重刻冯道十二种经典的旧监本。这些加上1011年刻印的《孟子》，就构成了今天标准的"十三经"。994年开始刻印的"十七史"，于1061年竣工[2]。严谨的校勘、抄写、核对、雕版和印刷工序，共费去了三分之二个世纪。这是首次由皇帝诏令系统刻印的历代正史。大约在同时，也开始刻印几种道教著作，包括收集、整理和校勘的540函5,481卷《万寿道藏》，于1116—1117年送往福建刻 163

1）《大藏经》及其它书籍由中国传入其它国家的情况，将在论述中国印刷术的传播时谈到，见本册pp. 319ff.。

2）见王国维《五代两宋监本考》中对这些书名的论述及提供的文献根据，有些《史记》、《汉书》和《后汉书》的残帙尚存。

印[1]。《万寿道藏》中有两本摩尼教经，其首次印行年份，可能就在公元1000年以前或更早[2]。官署刻印的书籍包括几种韵书、类书、文学选集和其它选本书籍。

宋初，除了正统文献外，还刻印了一大批科学技术著作。1018年刻印了6世纪的著名农书《齐民要术》。1074年刻印了包括《周髀算经》(图1118)及《九章算术》在内的《算经十书》。然而最重要的，还是大量刻印和广泛发行了医药著作，包括在973年刻印的著名《开宝本草》，974年刻印的该书修订增补版，及在1044年刻印的增补注解和图谱的另一版。宋初还刻印了一些医学专著，包括在1027年刻印的探讨病原的《诸病源候论》，1068年刻印的切脉原理《脉经》，1065年刻印的关于伤寒病的《伤寒论》及在1026年刻印的关于针灸的《铜人针灸图经》。此外，还至少刻印了10种不同的医方集。1100年前即已刻印发行了最受欢迎的《太平圣惠方》。以上都是大字版本。1088年，太医院还下令刻印医方和别种医药经典著作的小字版本，由各地官府酌收纸墨刻印成本，以便当地医家购买[3]。

1126年开封为金人攻陷后，国子监全部印版都被捆载北去。南宋定都临安
165 (现杭州)后，根据以前国子监的原版重刻，并补印许多阙书。全国各地官刻、家刻和坊刻了很多各种知识领域内的书籍。其中，有三种类型的地方政府机构在印刷和发行书籍方面极为活跃[4]。一是不同部门的地方机构，它们刻印了各种史书、文集和科学、医学书籍，如两浙东路茶盐司公使库于1133年刻印了司马光(1019—1086年)的《资治通鉴》，福建路转运司于1147年重印了《太平圣惠方》。二是各府及府以下的地方政府，如现在江苏境内的江宁府、平江府，现在浙江境内的临安、余姚、严州和现在四川境内的眉山，它们也都刻印了不少书籍。最著名的是1144年眉山版的七部南北朝正史和1145年平江府刊印的建筑经典李诫《营造法式》[5]。三是各地的公私书院、家塾、孔庙及祠堂。例如环溪书院就在1264年出版过五部医书，金华吕氏祠堂也在1215年出版了《童蒙训》。以上这类省以下的地方机构选本校勘均较精当，且以提供各地所需书籍为己任。

宋代有些著名的版本是私家刻印的。最杰出的书业家族是福建建阳的余家。他家连续从事书业达500余年。早在11世纪时，全家已经在建阳刻印书籍。自那

1）参阅张秀民(*6*)，第15页和柳存仁[Liu Tshun-Jen (2), p. 113]的著作。

2）参阅卡特[Carter (11), pp. 93—94]、沙畹及伯希和[Chavannes & Pelliot (1), pp. 300—302]的著作。

3）见王国维«五代两宋监本考»中引述的文献记录。

4）书名和刻印的机构，详见叶德辉的«书林清话»，第60—85页。

5）这部书初版于1103年，1145年重印。这些初版及重版书已不复存在。1956年只找到了1145年版的一些残帙。1925年，根据手抄本排印新版，并且加上了彩色图解。

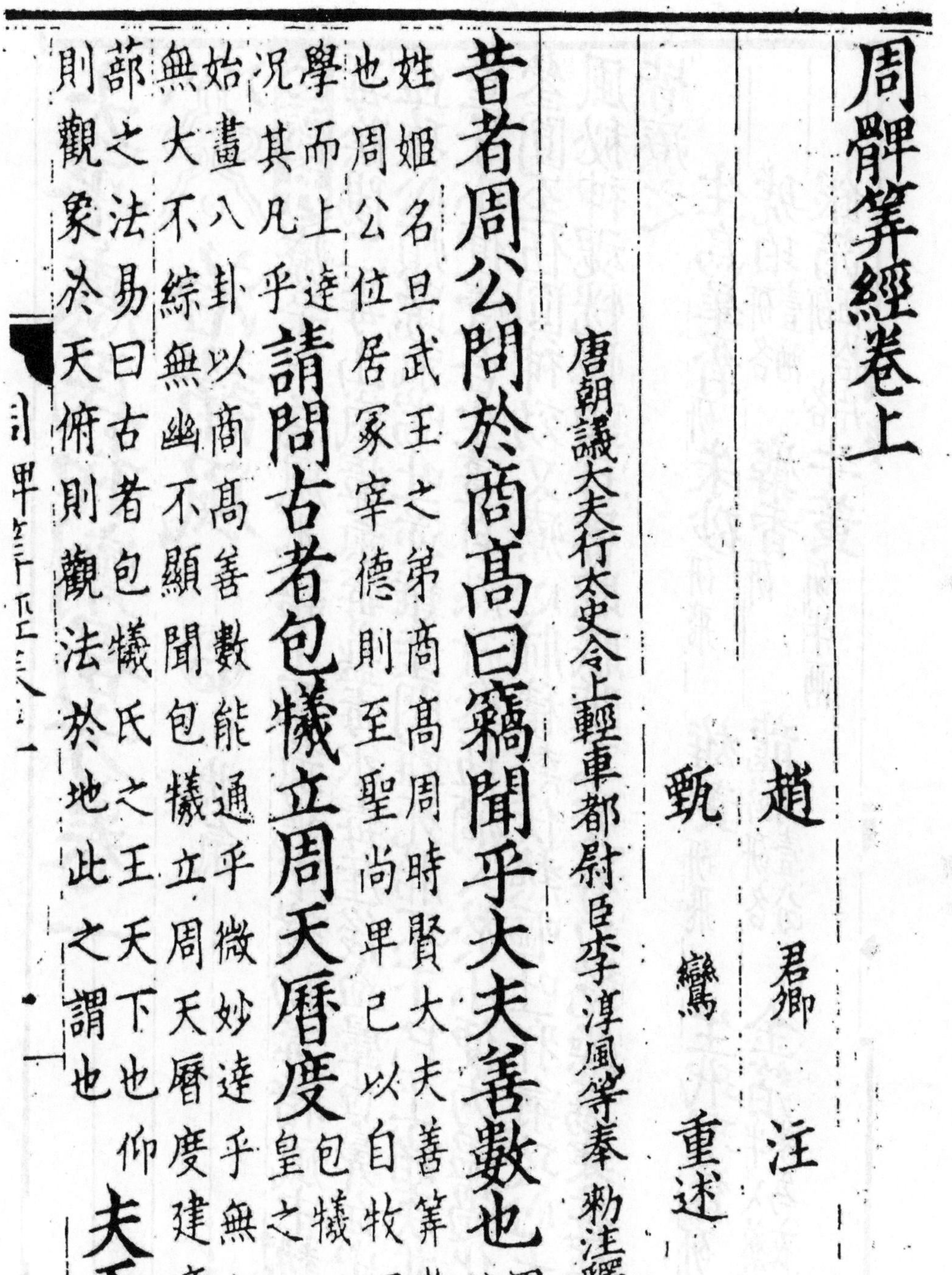

周髀筭經卷上

趙 君卿 注

甄 鸞 重述

唐朝議大夫行太史令上輕車都尉臣李淳風等奉 勑注釋

昔者周公問於商高曰竊聞乎大夫善數也周公姓姬名旦武王之弟商高周時賢大夫善筭者也周公位居冢宰德則至聖尚卑己以自牧下學而上達況其凡乎請問古者包犧立周天曆度包犧三皇之一始畫八卦以商高善數能通乎微妙達乎無方無大不綜無幽不顯聞包犧立周天曆度建章蔀之法易曰古者包犧氏之王天下也仰則觀象於天俯則觀法於地此之謂也夫天

图1118 宋版《周髀算经》，约著于公元前1世纪。

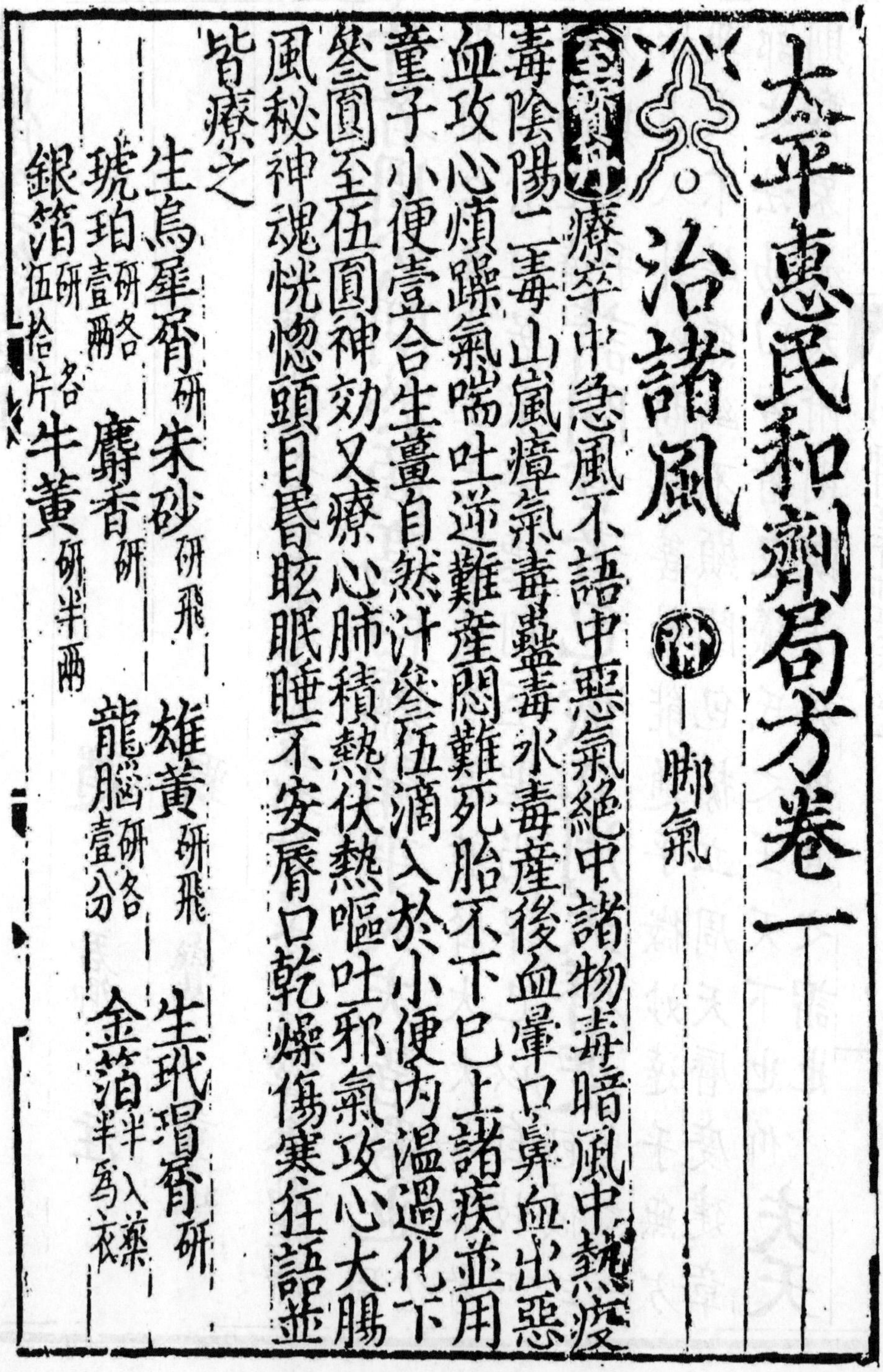

太平惠民和劑局方卷一

治諸風 附 脚氣

至寶丹 療卒中急風不語中惡氣絕中諸物毒暗風中熱疫毒陰陽二毒山嵐瘴氣毒蠱毒水毒產後血暈口鼻血出惡血攻心煩躁氣喘吐逆難產悶難死胎不下已上諸疾並用童子小便壹合生薑自然汁叄伍滴入於小便內溫過化下叄圓至伍圓神効又療心肺積熱伏熱嘔吐邪氣攻心大腸風秘神魂恍惚頭目昏眩眠睡不安脣口乾燥傷寒狂語並皆療之

生烏犀屑研 朱砂研飛 雄黃研飛 生玳瑁屑研

琥珀研各壹兩 麝香研 龍腦研各壹分 金箔半入藥半爲衣

銀箔伍拾片研各 牛黃研半兩

图1119 元版《太平惠民和剂局方》，著于1151年。

时起，建阳逐渐成为著名的书业和刻印书籍的中心。15和16世纪时，余家的刻本依然名闻遐迩。直到18世纪，余氏家族中还有人在建阳原址经营一家书肆[1]。宋代余家最杰出的代表是余仁仲(盛年期1130—1193年)。他中过进士，平生搜集的书籍达1万余卷，因而就以“万卷堂”作为他书斋的名称和刻书牌记。他所刻印的书籍有些我们至今还知道，包括12世纪末出版的“九经三传”。然而到了元代，余氏子孙之一余志安（盛年期1300—1345年）却刻印了更多的书。余志安的刻书牌记是“勤有堂”。他所印的书中有1304年出版的《太平惠民和剂局方》(图 167
1119)和1311—1312年间出版的李白、杜甫诗注。1335到1345年这10年间，余氏勤有堂出版了大批经典和历史书籍[2]。

宋代福建另一家著名的印书铺是廖莹中(约1200—1275年)主持的“世彩堂”。廖莹中是学者型官员，原籍邵武(属福建)。他在1270年左右出版了“九经三传”精刻本，以校勘严谨、刻印精美、纸墨优良、装订豪华著称。不幸的是，印版不久就在蒙古入侵南方时毁去。后来在1300年重印了摹刻本。和摹刻本同时出版的还有一种名为《刊正九经三传沿革例》的校勘手册。这本手册对选版、字体、校勘、音韵、句读和核对都提供了规范[3]。从此，它就享有刊正和印刷经书楷模的美名。

与福建书铺竞争的是开设在开封和临安（现杭州）这两座宋代名都的无数书铺。开封相国寺附近是书市中心[4]。《清明上河图》中，沿河许多店铺间就有一家是书铺(图1120)。大批书肆的存在，证明了杭州(临安)书业之盛。从各种版本书籍的扉页上，至少可以数出十几家书铺的详细地址。其中一家还设有两、三家分铺。很多书铺专事印售特定类别的书籍[5]。

南宋都城最有名的印书业主是陈起(盛年期1167—1225年)。他不仅以刻书为业，也是一位诗人。他的儿子在乡试中获榜首，也称陈解元(盛年期1225—1264年)。解元和家人一起继承父业。陈家书铺以“书棚”为名，一共刻印了100多种

1）余氏家族有志于书业的长期传统，使得清代的乾隆皇帝于1775年也要了解一下。见叶德辉《书林清话》第42—43页摘录的谕敕和军机大臣的复奏。

2）余氏家族所刻印的书名，见《书林清话》第43—47页。

3）印行这一版和撰写《沿革例》的功绩，历来归诸相台(现河南汤阴)岳珂(约1183—1242年)。他是宋将岳飞(1103—1142年)之孙。但现在认为应该归功于元初江苏宜兴的岳浚。他是岳飞的九世孙。见翁同文[Weng Thung-Wen (1), pp. 429—449]及(*1*)，第199—204页；方志彤[Achilles Fang (3), pp. 65 ff.]的著作以及埃尔武艾著作[Hervouet (3), p. 53]中的注。

4）见《东京梦华录》，卷三，第十九页。

5）杭州(临安)书铺的名称、地址和分布情况，见费迈克的著作[Finegan (1), pp. 374ff.]中的表格和地图。

图1120 北宋书铺，12世纪初张择端所绘的《清明上河图》细部（据可能是元代的旧摹本放大）。

著作，特别是诗选，唐宋两代有名诗人几乎无一遗漏[1]。此外还有临安尹家、建 169
安黄家、建阳麻沙镇刘家、闽侯(福建)阮家以及四川、山西、江淮、湖广（现江苏、安徽、江西、湖南）等地的许多私家刻书铺。所刻书目门类众多，包括经、史、诗选、各文学名家选集及医药书籍。

与宋代同时代的契丹、党项、女真、蒙古这四个游牧民族也在北方边区分别建立了统治，并逐步侵入宋土。由于文化落后，他们在征服和治理汉族时，随即也吸收了汉族的文化，而且利用了印刷技术。早在10世纪，契丹族的辽(907—1125年)就以汉文为基础，创造了共有3000词汇的契丹文字系统，以表达和记录本族语言，并且把许多汉文经、史、医药书籍译成契丹文印刷出版，虽然在流通方面只能限于契丹族所统治的地区。这些辽代刻本很少保存，现能见到的有宋代重刻的《龙龛手鉴》汉文本。它是辽释行均撰写的难字集解。由序文看它印于997和1034年。辽代流传最广的是1031—1064年刊印的汉文大藏经《契丹藏》，一共579函6000卷左右，用的是高丽纸和北京墨。现在也只有残卷留存[2]。

地处东北地区和蒙古西北的党项或西夏(990—1227年)，是在1031年建立政权的。都城在今宁夏境内。它在1036年以汉文和契丹文为蓝本，创造了西夏文，并用它来翻译印刷了不少汉文书籍。西夏经常与宋朝交换礼品和书籍，它曾不下6次得到佛经，并把有些佛经译成了西夏文印行。蒙古族征服了西夏和宋后，在杭州开始印刷一部3620卷的西夏文《大藏经》。1302年完成后，以100部左右分送以前西夏境内的各寺院。本世纪初年，发现了不少用西夏文和汉文印刷的残帙零页，其中有1016和1189年印的两种版本的《金刚经》，以及以这两种文字印的难字汇解《西夏字书韵统》(1132年）和《番汉合时掌中珠》(1190年)。显然，在党项人执政时，西夏王国一定用西夏文刻印过许多书籍[3]。

崛起于东北地区的金(1114—1234年)先后于1125年击败契丹和1126年击败
宋军占领宋都开封后统治了中国北方。开封原国子监所有的书籍和印版都被北 170
运。四年后，在平阳（今山西境内）成立了金朝官办的刻印中心。1194年更成立了弘文院。各类官署和私人书坊刻了许多经、史、子、文集和科学书籍[4]。其中有1204年平阳重印的大观版《经史证类本草》(图1121)。公元1148—1178年之

1）宋代私人印书的情况，见叶德辉《书林清话》，第42—59页。

2）见张秀民(*16*)，第11—12页和陈观胜［Kenneth Chhen (8), p. 212]的著作。

3）1908年柯兹洛夫(Kozlov)和1914年斯坦因都在哈拉和托(Khara-Khoto)镇的废墟中发现了西夏文的印刷品，后来又在敦煌、吐鲁番和宁夏找到了一些，见吴光清的著作［K. T. Wu (7), pp. 451—453]；近年来还发现了1139—1194年左右的活版印刷品，见王静如(*2*)和张思温(*1*)的报导；1971年，印度德里还出版了九部份西夏文《大藏经》的残篇，见富路德的著作［Goodrich (29), pp. 64—65]。

4）金朝国子监刻印了30多种汉文和15种以上的女真文著作。私家和坊刻的有11种。见叶德辉《书林清话》，第89—90页；吴光清的著作［K. T. Wu (7), p. 454]及张秀民(*6*)，第12—15页。

图1121 金代所刊《本草》中的制盐运盐图，印于1204年。剑桥东亚科学史图书馆提供。

间，山西解州(今运城)用楮纸印了另一种版本的《大藏经》，共682帙7182卷[1]。能与之媲美的是1188—1191年间印于开封搜罗广泛的道藏《大金玄都宝藏》，共602帙6455卷[2]。1123—1135年之间，女真人以汉文和契丹文为借鉴，创造了自己的文字，并把许多汉文经、子典籍译成了女真文。

171 蒙古人在1235年兼并了北方的金，又在1280年征服了南宋，在元朝(1260—1368年)之下统一了全国。特别在初年它继承了宋代刻印的遗风和精美技艺，并加以发扬创新。除国子监外，还专门成立了许多官署来编校刻印书籍，包括大都的编修所、山西平阳经籍所以及兴文署和秘书监。据说秘书监到1273年已拥有106名工匠编制，其中包括40名镌字匠、39名一般工匠、16名印匠[3]。元代印刷特别重要的是：它实行了地方各路儒学合作刻印的办法。典型的例子是1305年由建康路九所儒学分刻的"十七史"(完成了9种)。更早还有江西路儒学的11种经书[4]。至于十五卷13册的《金陵新志》，则是用多所儒学和官署凑齐的1217块印版印刷的。为了印王应麟(1273—1296年)编撰的类书《玉海》及其它13种书籍，

1) 1934年在山西赵城发现了这部卷状藏经的一部分，共4330卷。现藏于北京图书馆。
2) 参阅张秀民(*6*)，第14-15页和柳存仁[Liu Tshun-Jen (5), p. 114]的著作。
3) 《秘书监志》，卷七，第十七页。
4) 见吴光清的著作[K. T. Wu (7), pp. 464—469]。

一共刻了5688块印版。这笔费用，也是用同样的办法筹措的[1]。许多类似方式刻印的书籍，都提到合资的办法，有的至今尚可读到。

蒙古继续刻印其它版本的《大藏经》，包括1277—1294年北京印的7182卷《弘法藏》和1278—1294年杭州印的6010卷《普宁藏》。早在宋代1231年开始刻印的6362卷《碛砂藏》，直到元代1322年才完成[2]。前面提到的用西夏文刻印的《大藏经》于1302年刻印完成。金《道藏》又名《玄都宝藏》，在1237—1244年又重新印成7800卷。然而在蒙哥汗统治时，早在1258年已开始迫害道教，因而《玄都道藏》也被毁。不过，还是有人抗命藏匿了一些印版。直到1281年，北方一些道观内还至少保存着六、七套印《道藏》的雕版[3]。

由于大部分刻工、印工都是宋代在浙江、福建训练出来的，这两个刻印中心，172
到元代仍很兴盛。那里的107家刻印铺，至少印了220种书籍，大部分是经、史、名家诗文集、字典、类书和医药书（图1122）[4]。医药书籍方面，平阳（山西）、建安（福建）及其它各地的高、梁、刘、司、曹、段、许各刻印家，至少刻印了五版《本草》及二十多种验方集[5]。虽然这些刻书家不屑自称书商，但是看来他们刻印技术书籍，还是为了谋利。

元代，北方的平阳和南方的建安是两大商业印刷中心。光是建安一地开业的书肆就有48家之多，其中最兴旺的有刘锦文日新堂和余志安勤有堂。每家都刻印了近20种著作。从1335至1357年，日新堂平均每年刻印一部书。而从1304至1345年，勤有堂每两年刻印一部书[6]。勤有堂和郑天泽的宗文书堂连续数百年营业不衰。它们分别自11和14世纪开业，到16世纪时依然昌盛。大部分书肆选题广泛，少数几家则专刻某一类书籍。例如建阳的圆沙书院在1315至1325年之间至少出版过4部大型类书，而庐陵（今江西境内）的古林书堂、燕山（今河北境内）的活济堂和建安的广勤堂则精于刻印医药书籍[7]。元代还有一项重要的特色：它出版的通俗小说和杂剧盛极一时，但是能保存到今天的已经不多了[8]。

1）见吴光清的著作[K.T. Wu (7), pp. 69—71]，又《四明续志》(1854年刊本)卷七，第12—14页。

2）见陈观胜的著作[Kenneth Chhen (7), pp. 213—214]。今日还能见到两部几乎完整的《碛砂藏》，1931年发现的一部，已于1935年重印。另一部5000卷以上的现保存在普林斯顿大学的葛斯德(Gest)东方图书馆内。其中有近700卷是宋代刻印的，其余各卷则是元及元以后的印本。见胡适的著作[Hu Shih (12), pp. 113—141]。

3）见张秀民(*6*)，第15页和柳存仁[Liu Tshun-Jen (5), p. 115]的著作。

4）见长泽规矩也(*8*)，第35—46页和吴光清[K. T. Wu(7), pp. 493—494]的著作。

5）书目见叶德辉《书林清话》第97—103页。

6）见吴光清的著作[K. T. Wu (7), pp. 487—488]。

7）见王国维(*5*)，第4521—4522页上的书目。

8）1914年，日本重印了元版30种杂剧。柯兹洛夫还在哈拉和托发现了大约1300年出版的一部未完成的戏剧故事。

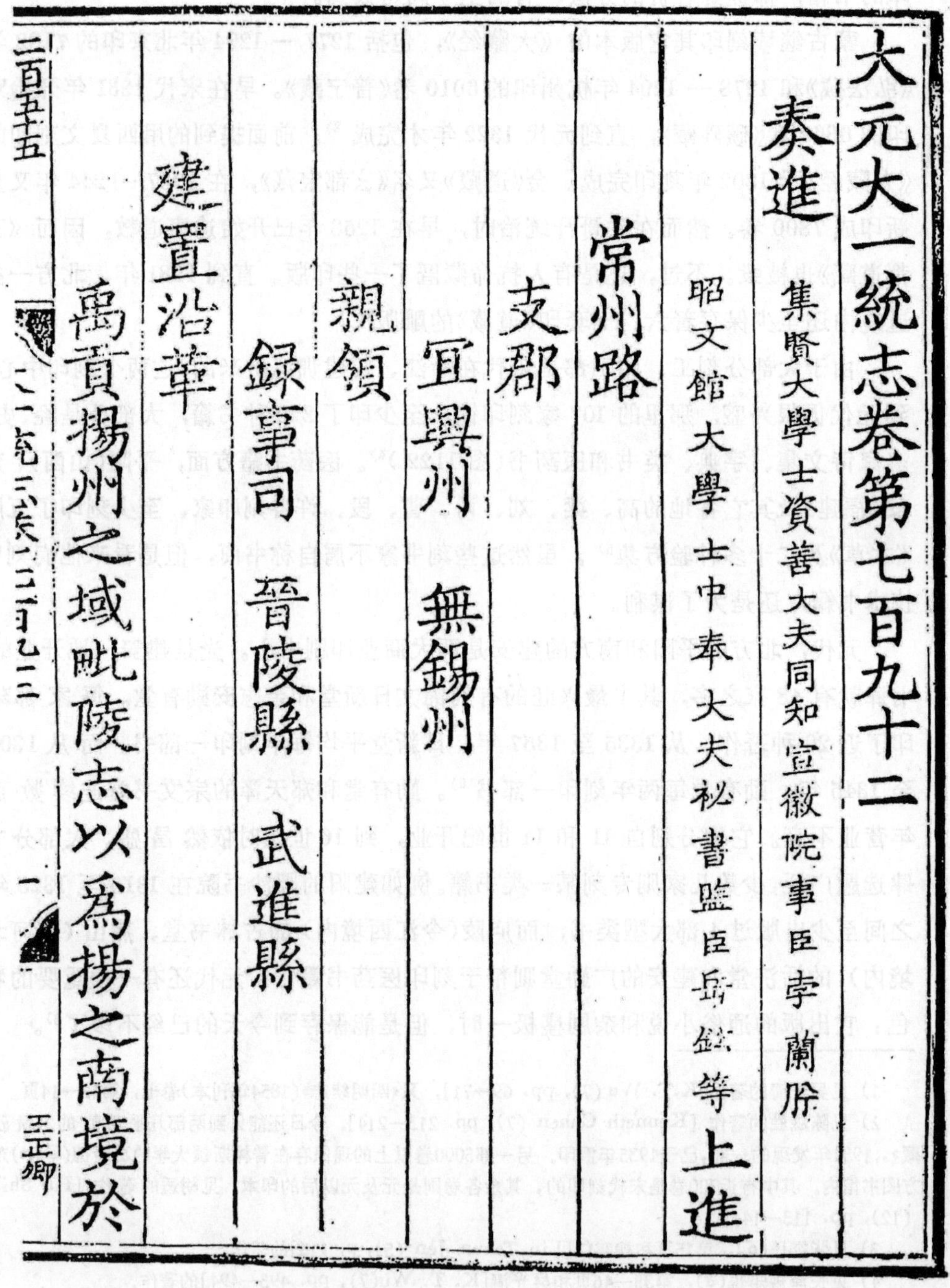

二百五十五

大元大一統志卷第七百九十二

奏進

集賢大學士資善大夫同知宣徽院事臣孛蘭肹

昭文館大學士中奉大夫秘書監臣岳鉉等上進

常州路

支郡

宜興州　無錫州

親領

録事司　晉陵縣　武進縣

建置沿革

禹貢揚州之域毗陵志以爲揚之南境於

一

图1122 《大元一统志》，1347年印于杭州。

(4) 明代印刷术的创新

明代印刷术的特色是题材广泛、技术创新和艺术精湛。与前代相比，选材不仅有传统的经、史、释道藏和文集，也包括许多新题材如通俗小说、音乐、工艺、航海记、造船及西方科学论述，大多是中国从未刻印过的。此外，重要的新增题材还有戏曲、医药、国外(特别是南亚及东南亚各国的)见闻、地方志以及丛书、类 174
书等大部头书籍。技术上，明代创造了金属活字，改进了多色板套印工序，使插图愈益精美，并且使用了木刻来仿制古书[1]。无论在内容还是技术上，明代印刷都有许多杰出之处。

明代印刷术的发展，可以分为两个各有特色的时期，大致以1500年为分野。前100多年，主要是继承了元代的传统，体现在技术和版式上，也体现在受科举考试的影响上。国子监和别的官署继续刻印经、史及应试者所需的别种参考书；书坊商人，也主要忙于刻印课本类的书籍。

明代15世纪政局稳定、经济发展，与国外，特别是面向南方与沿海各国的交往激增。由于航海频繁，特别由于1405年至1431年间郑和作了七次远航，因而出版了无数有关“西洋”、航海和造船的著作。这一时期中智识和文化方面的重大发展，体现在宫廷藏书大量充实、私人藏书蔚然成风，以及《永乐大典》的编撰。《永乐大典》是规模空前的类书，共22,937卷。其内容摘自7000多种著作，包括经典、历史、哲学、文学、宗教、戏曲、小说、工艺和农业，按韵目分列单字，按单字依次分类辑入与此字相关联的各项文史记录。1403至1408年间，动员了3000位学者来编撰抄写。全书达5000万字，以黄锦封面装订成11,095册，高16寸，宽10寸[2]。正文以黑墨书写，标题及出处为朱色，纸张洁白，行间划以红色行格。原拟付梓，看来由于费用太大，只实现了一小部分[3]。连手抄副本也只有一份[4]。

原本《永乐大典》最初保存在南京文渊阁，1421年移往北京文渊阁。于是北

1）参阅钱存训(*2*)和吴光清[K. T. Wu (*6*)]的著作。

2）参阅郭伯恭(*1*)、吴光清[K. T. Wu (5), pp. 167ff.]、翟林奈[Giles (1)]和富路德 [Goodrich (26)]的著作，因为不同的资料提供的数字不同，这里的数字以北京1960年影印版前言中提供者为据。

3）据说清代高官兼藏书家端方(1861—1911年)曾对伯希和说过他曾亲自见到过《永乐大典》中约100种书籍的刻印本，见富路德的著作 [Goodrich (34), p. 18]。

4）《四库全书》曾从《永乐大典》中选录收入了385种著作，共4946卷。明末，《永乐大典》的原本及部分副本被毁，剩下的也有许多毁于1900年的战乱中。今天，据说全世界各图书馆所藏残本约800卷。1960年北京影印了730卷，共200册。1962年台北也影印了742卷，共100册。

175 京宫中汇集了宋、金、元各朝宫中的藏书，至1441年已达7350种，共约43,200册，100万卷。其中三成是印本，七成是抄本[1]。

1500年后一段时期，成了中国文学、艺术和技术发展史上硕果累累的年代。这时以民间口语撰写的通俗小说，在风格上成为此后几百年间中国传统小说的楷模。1600年后，小说和戏剧文学的发展又促使通俗文学中的木刻插图日趋精美。同时，工艺著作中的木刻插图、墨谱、画谱笺纸印刷，都达到极高的艺术水平。木版彩色套印，由两种颜色发展到五种以上，用于印制正文以外的批注、地图、笺谱及别种艺术作品[2]。

16世纪末，耶稣会士来华。从此西方知识开始不断介绍给中国的知识界。嗣后200年间，400多种有关基督教、西方人文科学和制度以及科学论述等崭新知识领域的著述和译作补充到中国的学界中。最早传来的西方书籍中，有罗明坚(Michele Ruggieri)的基督教问答集《圣教实录》，1582年印于广州；有利玛窦的世界地图集《坤舆万国全图》(1584)，还有利玛窦与徐光启合译的《几何原本》(1607，Clavius' *Euclidis Elementorum*)。晚明和清初印刷的书籍中，除基督教书籍外还包括许多数学、天文、物理、地质、生物、心理、医学、世界史地等著作[3]。

中央和地方政府各衙署开设的官办书局，都为不同的读者印了各种书籍。主持内府刻书的是司礼监，它是明初设置的十二监之一，下设三个经厂，分别刻印儒经、佛经和道经。儒经厂印了许多作为“标准本”的五经四书，1415年还刻印了《性理大全书》，它是理学的总汇[4]。虽然制版甚精，学术价值却不太高，因为主持司
176 礼监及经厂的都是学力不逮的太监。内府刻本中还包括敕文政典。例如，1461年出版了明帝国的官方志书《大明一统志》90卷(图1123)，1511年出版了法规汇编《大明会典》180卷，并于1587年出了修订版228卷。官报《京报》的前身《邸报》，最初是用手抄写的，1628年开始用木活字印刷。据说常用字要比不常用字
177 刻得多些[5]。

据知其它中央政府各部，如礼部、兵部、工部、都察院、钦天监、国子监和太医院都曾刻印过书籍。例如，1526年初，礼部就曾奉敕编印过《大礼集义》四卷。这是一部有关赐谥的书。又如，兵部也曾于1538年刻印论述北方边防并附有地图

---

1) 参阅吴光清的著作[K. T. Wu (5), p. 184]。

2) 本册 pp. 262ff. 将较详细地论述书籍插图和彩印。

3) 参阅费赖之[Pfister (1)]、裴化行[Bernard Maître (18), (19)]和钱存训[Tsien (12), p. 306]的著作。

4) 关于内府刻本，见周弘祖的《古今书刻》；关于明代敕撰书籍，见李晋华的著作[Li Chin-Hua (1)]。

5) 见《亭林文集》，卷三，第十五页。

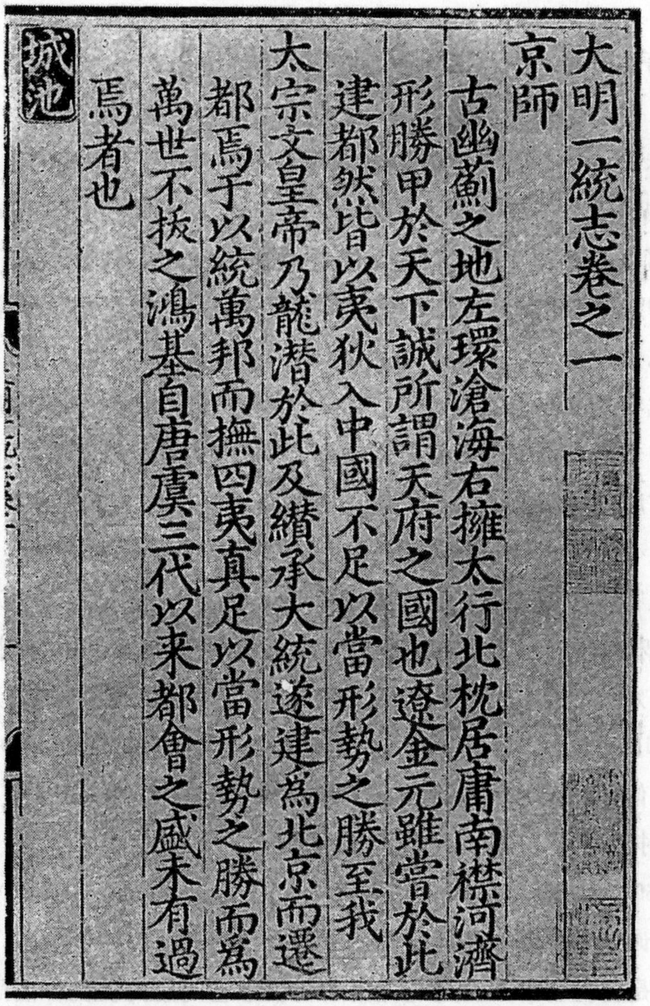
大明一統志卷之一

京師

古幽薊之地左環滄海右擁太行北枕居庸南襟河濟形勝甲於天下誠所謂天府之國也遼金元雖嘗於此建都然皆以夷狄入中國不足以當形勢之勝至我

太宗文皇帝乃龍潛於此及纘承大統遂建爲北京而遷都焉于以統萬邦而撫四夷真足以當形勢之勝而爲萬世不拔之鴻基自唐虞三代以来都會之盛未有過焉者也

城池

图1123 内府本《大明一统志》，印于1461年。芝加哥大学远东图书馆。

说明的《九边图说》，并把它呈献给皇帝。再如太医院也曾于1443年奉敕出版过几种医书，包括宋拓论针灸及穴位的《铜人针灸图经》三卷，其中画出了青铜人体模型上的针灸部位。虽然政府各部门刻印的图书，大部分与其行政业务有关，却也有不少是无关的，如都察院所刻印约30种图书中，就有《三国志演义》和《水浒传》这两种通俗小说及三种关于奕棋、两种论音乐与歌曲的书[1]。

官刻书推南北国子监本最盛。两监刻印了不下300种经、史、地方志、诏令、法帖、类书及医学、农业、技术书籍等。其中最重要的是“十三经”和“二十一史”，最初是用前朝七百年积聚的旧板印的，后来用1530—1596年间重刻的新板印刷。国子监师生都负责校勘、修订、印刷和保管印板。因而他们的姓名经常出现在印

1）书目见《古今书刻》。

板上[1]。

明代著名的刻本中包括各类地方官刻本，如布政司、按察司、藩王及某些州府刻本。几乎全国各省，包括边省和内地僻远省分如两广、云、贵的州府，有些
178 在前朝从未刻印过书籍的，这时也都刻印了不少书籍。特别有意义的是各地都编撰出版了地方志，报导范围遍及各省、府、州、县乃至边僻乡、镇[2]。

各地官刻本之中，最有趣的是以皇子身份分封到外地的藩王。他们富有钱财和闲散精力，拥有搜集善本和组织刻印的便利条件。他们的藏书中，有皇帝赐给的宋、元珍本。有些藩王本人就是杰出的作者、收藏家和善本刻印家。他们本身就代表了有明一代学术方面的显著特色。有 30 多人从事写作和印书，所刻印的不仅是他们自己的著作，也包括当地学者的作品，有的学者就是受了藩命才编撰书籍的。藩刻本总数超过 250 种，其中宁藩刻本就有 137 种之多[3]。藩刻本的内容除传统题材外，还有术数、养生、禅功、雅趣、音乐、游戏、宗藩训典、女训等。在所有这些出版物中，最著名的有郑世子朱载堉（1536—1611 年）1606 年左右刻印的音乐著作《乐律全书》三十八卷（图 1124），周藩朱有燉 1391 年初印、1505 年重印的分类医方《新刊袖珍方大全》，徽藩 1533 年刻印的类书《锦绣万花谷》，益藩 1640 年刻印的《香谱》和《茶谱》以及秦藩重印的烹饪书《饮膳正要》。藩刻本以校勘精当、版本佳善、刻印俱优、纸张上乘著称[4]。据说 16 世纪中，蜀藩、益藩还曾用木活字排版[5]。

明代 1500 年以前，私家刻印还不普遍，但是进入 16、17 世纪后，就蓬勃发展起来了。许多私刻者，包括学者、家庭、藏书家、私塾和寺院，刻书不是为了谋利，也不是应付公事，而是纯粹出于传播学艺的崇高动机。因而私家刻本一般校勘谨慎、内容和工艺皆臻上乘[6]。私人著作，一般在作者身后才由子孙、亲友整理出版，但也有在作者生前就自行筹措出版的。如宋应星的工艺学名著《天工
180 开物》，就是由作者在 1637 年刻印的。又如图解类书《三才图会》一百零六卷，虽由上海人王圻（1565 年进士）和儿子王思义共同编撰，却由友人在 1609 年印行（图 1125）。至于著名学者兼官员上海人徐光启（1562—1633 年）所撰附有插图的农业百科全书《农政全书》六十卷，则是在他身后由弟子之一的陈子龙编辑，并

1）参阅柳诒徵(*1*)对南京国子监印刷的论述。

2）见《古今书刻》中的书目，朱士嘉《中国地方志总录》第一版中记载了770种明代地方志，而宋代只有28种，元代只有11种。

3）《宁藩书目》(在《四库全书总目提要》的存目中)。

4）见昌彼得(*7*)。

5）参阅张秀民(*11*)，第58页。

6）参阅吴光清的著作[K. T. Wu (5), p. 231]。

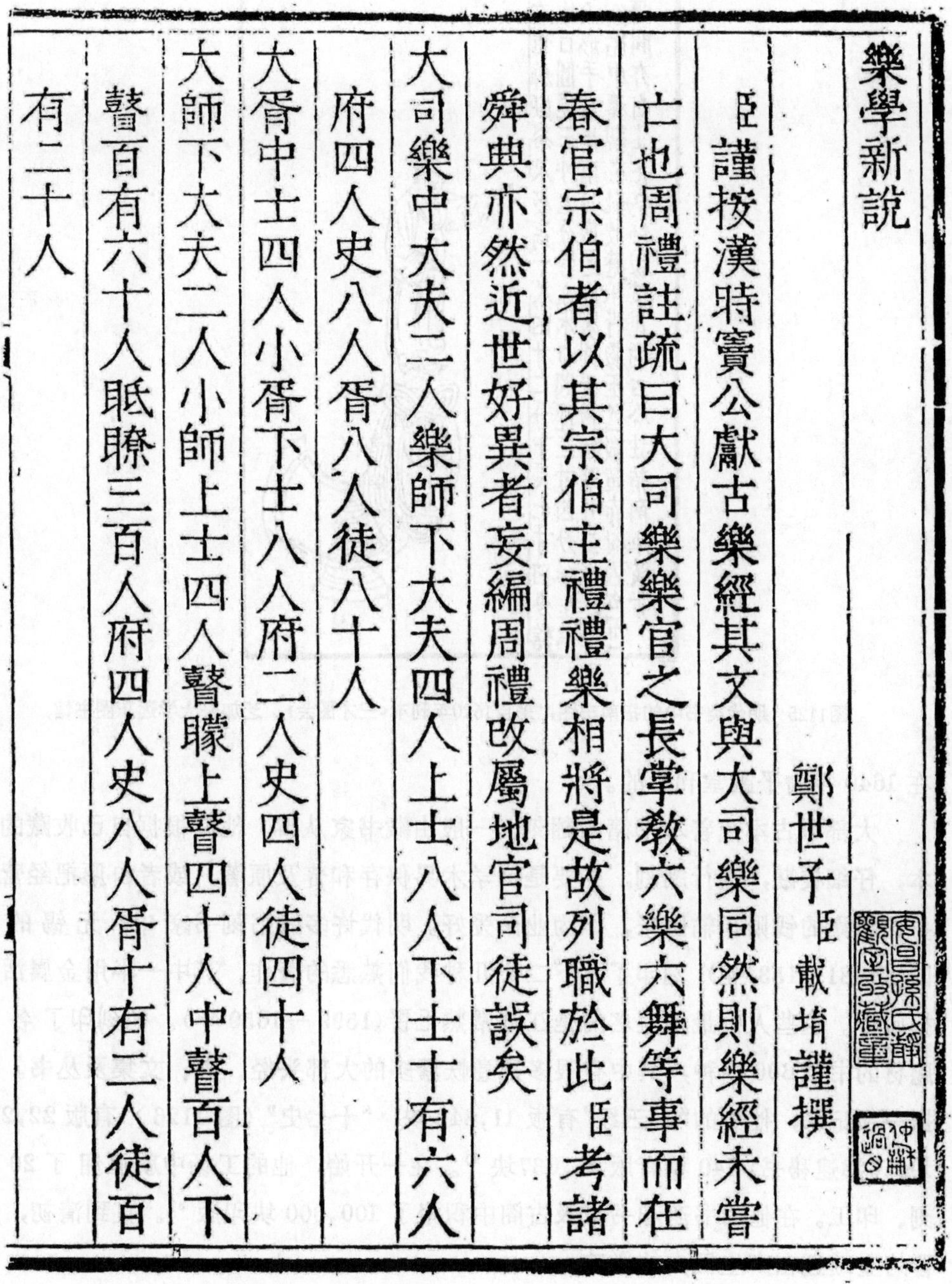
樂學新說

鄭世子臣載堉謹撰

臣謹按漢時竇公獻古樂經其文與大司樂同然則樂經未嘗亡也周禮註疏曰大司樂樂官之長掌教六樂六舞等事而在春官宗伯者以其宗伯主禮禮樂相將是故列職於此臣考諸舜典亦然近世好異者妄編周禮改屬地官司徒誤矣

大司樂中大夫二人樂師下大夫四人上士八人下士十有六人府四人史八人胥八人徒八十人

大胥中士四人小胥下士八人府二人史四人徒四十人

大師下大夫二人小師上士四人瞽矇上瞽四十人中瞽百人下瞽百有六十人眡瞭三百人府四人史八人胥十有二人徒百有二十人

图1124　明世子朱载堉刻印的《乐律全书》，约1606年。芝加哥大学远东图书馆。

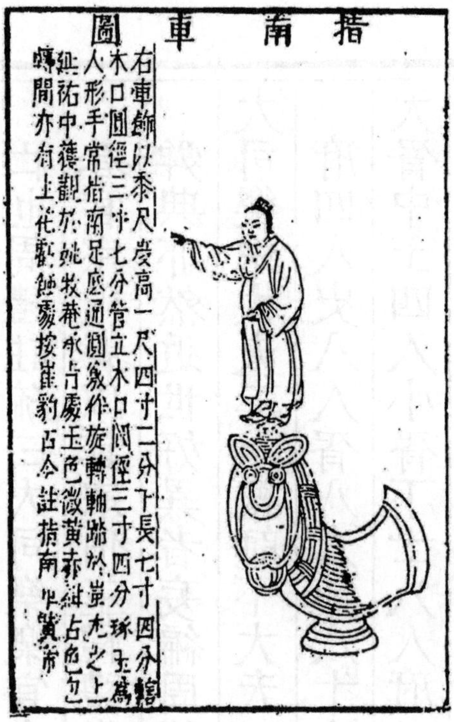

图1125 明代类书中的指南车图，采自1620年刊本《三才图会》。芝加哥大学远东图书馆。

在1640年由平露堂刊行的。

大部分古本或善本书籍的翻刻，一般由藏书家从事。他们根据自己收藏的珍本，仔细校勘，进行翻刻，主要是为学术界保存和普及原著，或者自愿把经营业务而积聚的钱财捐输出来，作为业余爱好。明代许多藏书刻书家中，无锡的安国（1481—1534年）刻印了不下二十几种我们熟悉的著作，其中一半用金属活字排印[1]。这些人中最负盛名的是江苏常熟毛晋（1599—1659年）。他刻印了各种
181 题材的书籍600多种，其中有很多是卷帙繁多的大部头经、史、文集及丛书。根据一项记录，他刻的“十三经”有版11,846块，“十七史”（图1126）有版22,293块，《津逮秘书》140种有版16,637块[2]。在一开始，他的工场中就雇佣了20名刻、印工。在他的书斋和书坊汲古阁中积聚了100,000块印版[3]。直到清初，毛晋的业绩还在产生巨大的影响。

许多私立书院也为学生刻印课本及其它重要的学术著作。广东崇正书院1535

1）见钱存训(2)，第14—15页上明代金属活字本书籍的目录。

2）王鸣盛(1722—1797年)在《蛾术编》(1841年刊本)卷十四，第十四页上记下了折页总数，与印版数相符。

3）引自杨绍和解题书目，见吴光清的著作[K. T. Wu (5), p. 245]。

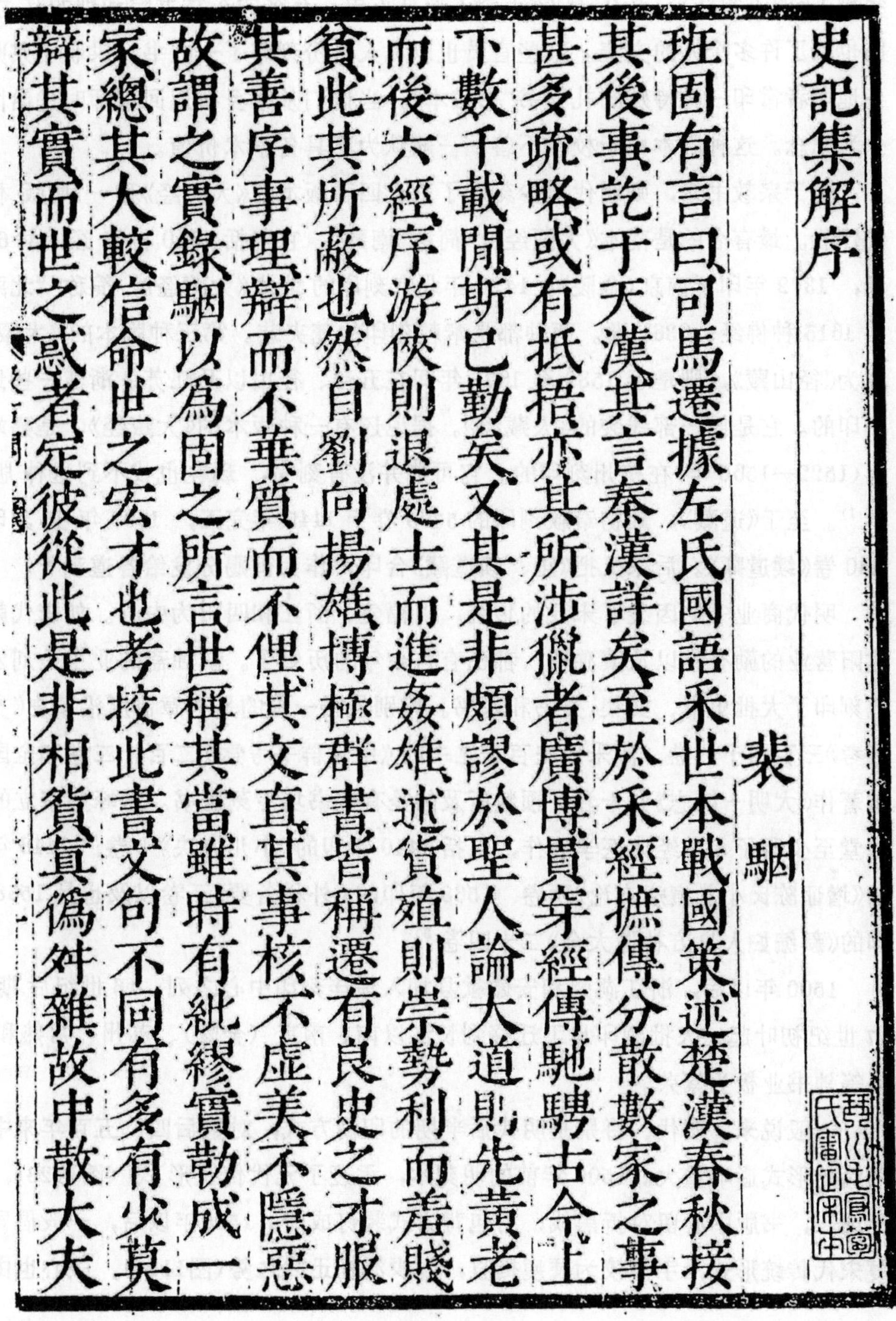
史記集解序
裴　駰
班固有言曰司馬遷據左氏國語采世本戰國策述楚漢春秋接其後事訖于天漢其言秦漢詳矣至於采經摭傳分散數家之事甚多疏略或有抵捂亦其所涉獵者廣博貫穿經傳馳騁古今上下數千載閒斯已勤矣又其是非頗謬於聖人論大道則先黃老而後六經序游俠則退處士而進姦雄述貨殖則崇勢利而羞賤貧此其所蔽也然自劉向揚雄博極群書皆稱遷有良史之才服其善序事理辯而不華質而不俚其文直其事核不虛美不隱惡故謂之實錄駰以為固之所言世稱其當雖時有紕繆實勤成一家總其大較信命世之宏才也考校此書文句不同有多有少莫辯其實而世之惑者定彼從此是非相貿真偽舛雜故中散大夫

图1126　《史记》，毛晋汲古阁以匠体字刻印的“十七史”之一，约17世纪。芝加哥大学远东图书馆。

年刻了《四书集注》，又在1537年刻了部分正史。有名的东林书院和别的私立书院也刻了许多个人的文集。某些官员也以私人身份刻印了一些书。供职于京师的各地学者常印一种特殊的礼物书“书帕本”，当他们从家乡省返回京师时送给同僚作为纪念。这种版本由于校勘不善，一般认为不具备学术价值。

至于宗教书籍，则明代至少刻印了三、四种版本的《大藏经》和一种版本的《道藏》。最有名的是南本《大藏经》，简称“南藏”。它包括1610种佛经，共6331卷，1372年印于南京(金陵)。1420年北京刻印的北本《大藏经》，简称“北藏”，共1615种佛经、6361卷。两种都是奉敕刻印的梵夹装。第三种版本的《大藏经》称为《径山藏》，则是于1589至1677年间在五台、径山以及江苏、浙江一些地方刻印的。它是第一部线装的《大藏经》。据说还有一种版本的《大藏经》，是嘉靖年间(1522—1566年)在杭州刻印的。它可能并没有刻完，现在也找不到这种版本了[1]。至于《道藏》，最初奉敕刻印的5305卷于1445年完工，1607年又刻印了180卷《续道藏》。后来又把《正、续道藏》合印，作为御赐分发给各道观[2]。

183 明代商业书坊因袭了宋元的传统，以福建、浙江和四川为中心。如宋代就在建阳营业的勤有堂以及慎独斋，都已有百余年的历史了。慎独斋的业主是刘宏。他刻印了大批史书、文集、类书和医书。特别值得一提的是典章制度沿革史《文献通考》三百四十八卷、博采经史百家之书的《山堂群书考索》二百十二卷和全国舆地著作《大明一统志》九十卷。预料所及的是有些书坊专刻医书。鳌峰熊宗立的种德堂至少印了8种经典医学著作，包括1440年印的《小儿方诀》十卷、1448年印的《增证陈氏小儿痘疹方论》两卷、1568年印的《外科备要》三卷以及也是1568年印的《新编妇人良方补遗大全》二十四卷[3]。

1500年以后，浙江湖州和安徽歙县加入最佳刻印中心之列。16世纪后期或17世纪初叶起，大批刻印良工迁移到长江以南。南京(金陵)、苏州、常熟和无锡等地书业极为繁荣。

一般说来，明代、特别是明代后半期的印刷方式，对嗣后四、五百年来中国书籍的形式影响重大。1500年前的明刻本，承袭了元代传统形式(图1123)，字体绵软，书版中心留对折黑线，用包背方式装钉成册。1500年以后，一般倡导回复宋代传统形式，字体较为硬瘦挺直，殊少流畅迅活之势(图1124)，版心也由黑

---

1) 参阅叶恭绰(*1*)。

2) 参阅柳存仁的著作[Liu Tshun-Jen (5), p. 104]，戴遂良在其著作[Wieger (6)]中，开列了1464种著作，所根据的是17世纪白云霁的目录。全藏的印本原存于北京白云观，现存北京图书馆，1923年曾由上海商务印书馆影印。

3) 见叶德辉《书林清话》第127—142页上的书目。

口改为白口，上下端刻上写、刻工姓名及每页字数，一如宋制。16世纪中叶起，字体愈益肤廓拘板（图 1126），直到现代，这一直是中国印书的标准字体。纸张方面，明代初年一般使用未经漂白的黄竹纸，1500 年改用漂白纸，接近 16 世纪末时又改用黄纸。此时装钉方式也从包背改成线装。这种线装书方式一直延续到现代[1]。

(5) 清代传统印刷的兴衰

由于中国进入清代（1644—1911）后，承自以往的是一个伟大的文化传统，因此虽处在来自北方的满族统治之下，总的说来还算是得以安享了一段文化蓬勃发展的繁荣时期。文学创作、经学考据以及书籍文献的编纂、收集和撰写刻印都硕果累累，特别可观。整个清代前半期，从 17 世纪后半叶到 18 世纪中叶，当政者都在倡导学术研究。这使印刷事业大为普及。无数杰出的学者和官吏，都被征召来编撰书籍。他们的学术成果，自然也都要出版。全国经济的稳定发展，也使各地涌现了一批藏书家。他们广有资财，有条件刻印搜集到的珍版书籍和手稿。 184

清代后半期，即自 19 世纪初年起，渐趋式微。这使各地的文化活动呈现衰退，不能抵御西方的影响。印刷事业虽然得以延续，但即使官刻和私刻的数量不减，质量已大不如前。也正是从这一时期起，传统印刷方式不复能满足现代需要，只能逐步让位给西方新技术。

清代由于朝廷本身在印刷和编撰上很有作为，北京也就自然在出版方面举足轻重。然而南京、苏州、杭州、扬州等地的出版事业，依旧昌盛。对比之下，福建的影响已不如前，建刻本的流通范围也有所萎缩。四川则由于战祸连年，出版业也不免走下坡路。有清一代，浙江和江苏由于地理位置优越、资源丰富和商业繁荣，始终保持了重要的藏书和出版中心的地位。随着时间的推移，湖南和湖北也逐渐列入出版中心之林。上海由于是西方影响的门户，到 19 世纪末，已经成为主要的出版都市[2]。

清朝和前代同样倡导编书和出版，只是倾注了更多的精力。清统治者在入主关内之前，就已经从事印刷事业，虽然早期印的主要是汉文著作的清文译本。他们取得全国统治权之后，推行了与所有前代相同的出版政策。负责中央政府出版

1）见本册 pp. 222 ff. 关于版式及装钉的论述。

2）参阅叶德辉《书林清话》第253—254页，关于明清两代出版通俗小说的80 家书局的分布情况，见柳存仁的著作 [Liu Tshun-jen (4), pp. 36—44]。

185 的是内务府武英殿修书处。它就设在皇宫大院内。武英殿出版的书籍通称“殿本”，以校勘精当、纸墨上乘、字体秀美疏朗、装钉典雅端庄、作风一丝不苟著称(图 1127)。

殿本包括各种方式产生的书籍文献。写本有圣训、实录、大型丛书《四库全书》等[1]；刻本有会典会要、刑法律例、万寿圣典、行幸盛典、方略和经、子、集、字典(图 1128)及小型的“袖珍本”书籍。还用铜、木活字印过大部头的类书、文集和学艺要籍等。据记载，1644 至 1805 年之间武英殿(修书处)总共抄写和印刷了 382 种名目的书籍[2]。

大部头书中，堪称巨编的有 1728 年用铜活字排印的《古今图书集成》5052 册[3]。它分为六彙编、三十二典、6109部。这六彙编是：历象、方舆、明伦、博物、理学、经济。每一部之下根据资料性质分立更多的小类，再引用原文并在必要时予以图解。全书共有一亿字[4]。另一部大型丛书是《武英殿聚珍版丛书》。它收书 134 种，于 1773 至 1800 年左右用木活字排印[5]。佛教《大藏经》之一的《龙藏》，也是在北京印刷的。清末以前中国所印的十五部《大藏经》中，《龙藏》收罗了 1662 种佛经，共 7168 卷，可能是收罗最富的一部，印刷得也最快。它印刷的时间只有 1735 至 1738 之间的三年[6]。

与前代相同的是：清代中央政府的出版事业，也为地方各种机构所仿效。而且这种地方出版事业同样得到朝廷的鼓励。例如，1776 年就曾把殿本《武英殿聚
188 珍版丛书》的一些印本分送东南各省，并准予在当地翻刻。不久，南京、浙江、江苏、福建就都在当地刻印。太平起义平定后，为了补充动乱中失去的书籍，地方官刻勃兴，许多省分如金陵、扬州、苏州、杭州、武昌、长沙、南昌、成都、济南、福州、广州、昆明等城市中都设立了官书局。这些官书局均以作风严谨，又能相互配合著称[7]。

在清统治之下，出于不同的原因，许多人纷纷自发从事学术活动，有些忠于明朝的人潜身于书斋，以为隐身之道；有些告老或失意退职的官员原来就是学人，以书籍为最终的伴侣；还有些学者担心罹祸，埋头考据经史，觉得这样在政

---

1) 1773—1782年奉敕编纂的《四库全书》共收书 3511种，36,275卷。最初的四部抄本分别藏于大内及北京圆明园、盛京、热河。1790年又缮写了三部，分藏于杭州、镇江和扬州。

2) 见邵卢秀菊著作[Shaw (1), p. 20]中的表。

3) 参阅本册 pp. 215ff. 的论述。

4) 关于这部丛书的来历、性质和规模，见翟林奈著作 [Giles (2)]中的前言。

5) 参阅鲁道夫的著作 [Rudolph (14), pp. 323—324]。

6) 另两部收罗与《龙藏》相仿的是1171—1194年间印于北京的一部及1589—1677年间印于径山的另一部，两部皆各收佛经1654种；但前者有7182卷，后者为6956卷。

7) 参阅净雨(*1*)，第342—343页。

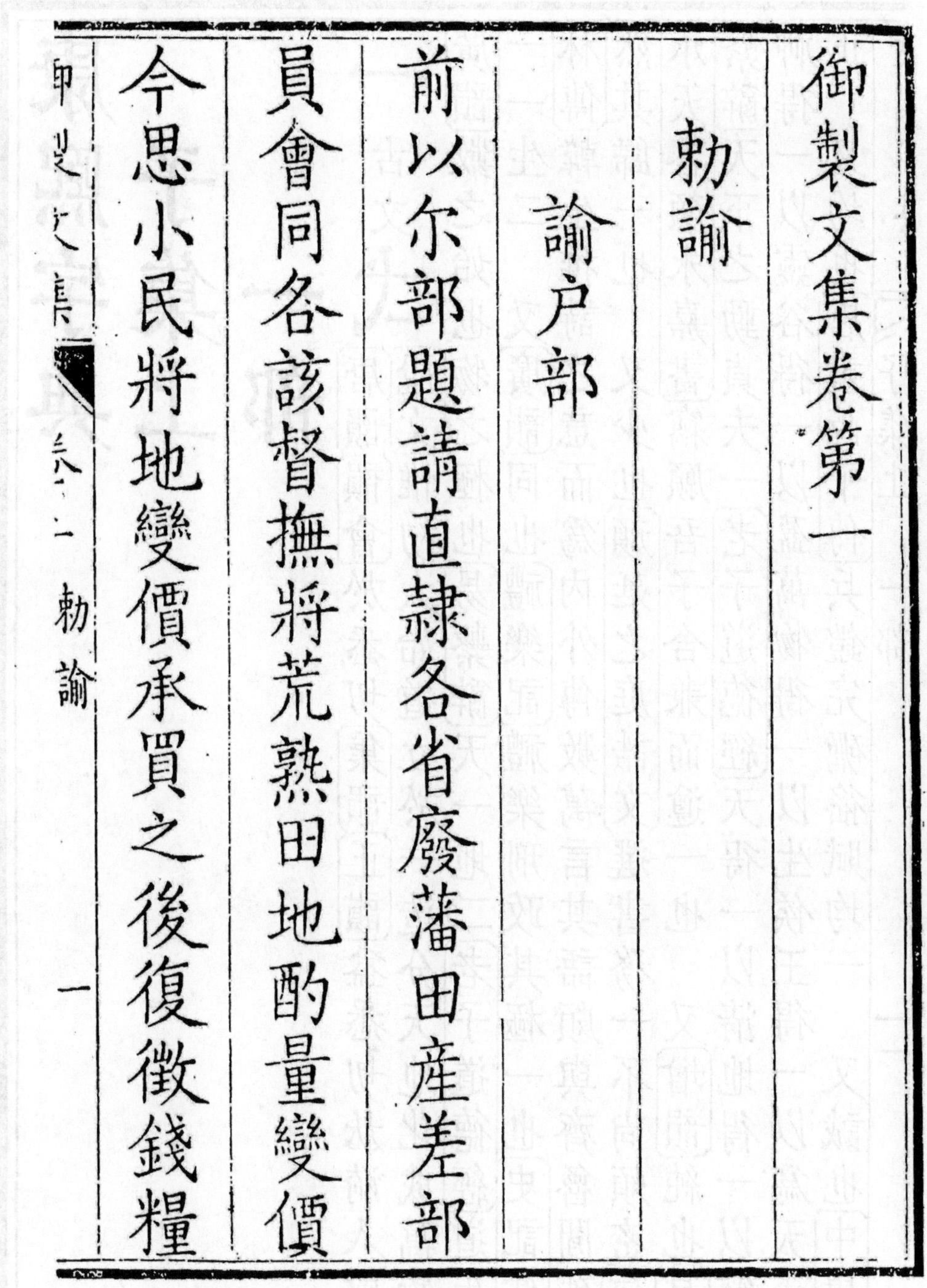

御製文集卷第一

勅諭

諭户部

前以尔部題請直隸各省廢藩田產差部員會同各該督撫將荒熟田地酌量變價令思小民將地變價承買之後復徵錢糧

图1127　《御制文集》，1711年武英殿刻印的康熙皇帝著作。芝加哥大学远东图书馆。

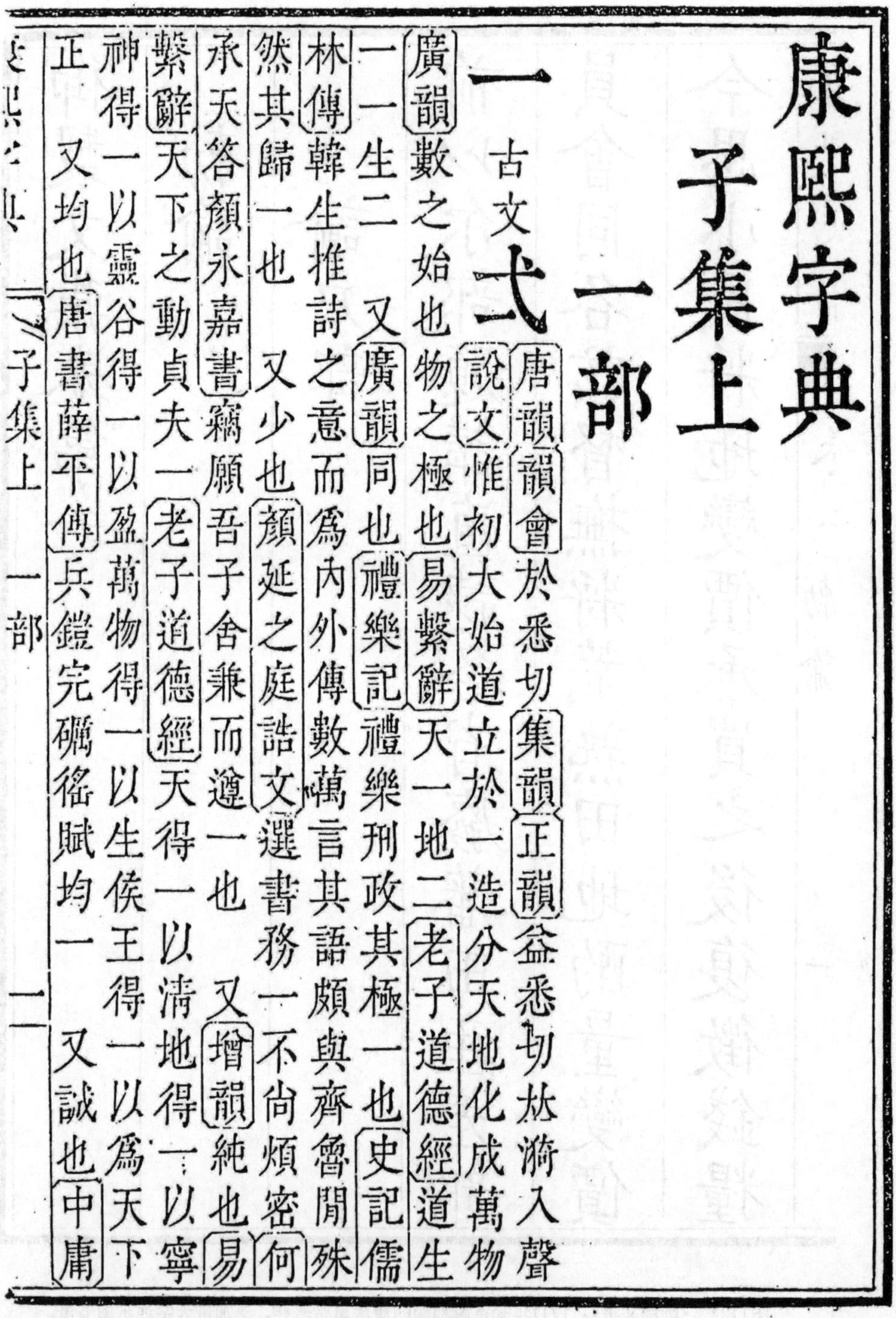
康熙字典

子集上

一部

一 古文弌 唐韻韻會於悉切集韻正韻益悉切𠀤漪入聲

說文惟初大始道立於一造分天地化成萬物

廣韻數之始也物之極也易繫辭天一地二老子道德經道生

一一生二 又廣韻同也禮樂記禮樂刑政其極一也史記儒

林傳韓生推詩之意而爲內外傳數萬言其語頗與齊魯閒殊

然其歸一也 又少也顏延之庭誥文選書務一不尚煩密何

承天答顏永嘉書竊願吾子舍兼而遵一也 又增韻純也易

繫辭天下之動貞夫一老子道德經天得一以清地得一以寧

神得一以靈谷得一以盈萬物得一以生侯王得一以爲天下

正 又均也唐書薛平傳兵鎧完礪徭賦均一 又誠也中庸

康熙字典 子集上 一部 一

图1128 初版的《康熙字典》，当时最流行的一部字书，收字4.9万，约印于1716年。芝加哥大学远东图书馆。

新刻滿漢字書經

乾隆三年春鐫

京都鴻遠堂梓

图1129 1738年北京鸿远堂刻印的《满汉书经》。芝加哥大学远东图书馆。

治上比较安全。不论动机是为了求得虚名，还是为了保存文献，或是为了传播学术，他们在学术上取得的成就都大大地促进了新书的印行，更多地是推动了旧书的重版。学塾和书院也和前代一样，越出了印刷教科书的范围，出版了不少一般的书籍。为了迎合读者不同的兴趣，这些书籍的内容和出版水平各有不同。

当官的学人，有时也用公、私款项刻书。由于地位显要，他们能取得大儒的协助，使出版物达到很高的水平。另外一些人大多是饱学之士，则主要是为了传播自己的研究成果，才从事刻书。由于前代辗转抄印的书籍中，经常出现很多窜改、脱漏的痕迹，特别是晚明刻印的，错误更多。清代就涌现了一批立志于为传世之作提供最完美版本的学者，他们以毕生的精力从事考据。辑佚、校勘和出版成了他们乐而不疲的事业。还有一些爱书或嗜书成癖的人专一致力于扩大收藏，有时甚至视所获珍本为偶像加以崇拜。当他们把最好的藏品拿出来刻印时，也可能是为了普及，以避免散佚泯毁。

最后一批人是书商或印书的商人，他们从事书业是为了谋利。由于他们富有从业经验，又熟悉公众需要，所出版的书往往更真实地反映了当时公众阅读的兴趣。有人记录了北京琉璃厂六十二家书肆所出版的 246 种书籍的名称[1]。其中有一家就出了 49 种。有些书肆专门出版某一类的书籍。例如，三槐堂和鸿远堂（图 1129）就专门出版满汉两种语言的书籍；聚珍堂擅长活字版；尊古斋则善于印刷美术、考古著作。至少还有一家邃雅斋，专门刻印自己的藏书。琉璃厂某一时
190 期同时开业的书肆曾经超过三百家。它从康熙年代（1662—1722年）后期到今天为止，一直是北京的书业中心，也一直是许多学术活动的重要地点[2]。

清代印刷者们的联合努力形成了出版的高潮，在几种类型书籍的出版上，无论是在数量还是在规模上，都非以往的出版业所能望其项背。第一种类型，是由各省、府、州、县、村政府，甚至名山、关隘、河流、堤坝、桥梁、盐井、庙宇、书院、陵墓、名苑、行会的管理机构所主持编印的地方志和专志。现存7000种地方志中，百分之八十是在清代编撰刻印的[3]。另一大类主要在清代刻印的文献是各种宗谱和家谱。目前全世界公有藏书中，它有 4000 种以上。在来源明确的 1550 种此类文献中，有 1214 种编撰于清代（图 1130）[4]。再一类主要在清代编印的文献品种是别集。清代的五种全集中，可稽的清代作者估计有 14,000

1）这份目录收集了清代中叶至民国初年刻印的书籍名目，见孙殿起(*1*)，第127—156页。

2）关于北京琉璃厂的情况，见孙殿起(*1*)和王冶秋(*1*)。

3）朱士嘉(*3*)的1935年版中所列出的5832种书目，其中4655种印于清代；1958年版中加上了1581种，但并未分类。

4）只有14种编撰于元明两代，322种编撰于民国时期，见多贺秋五郎(*1*)，第220—249页及莱斯利的著作[Leslie (1), p. 86]。

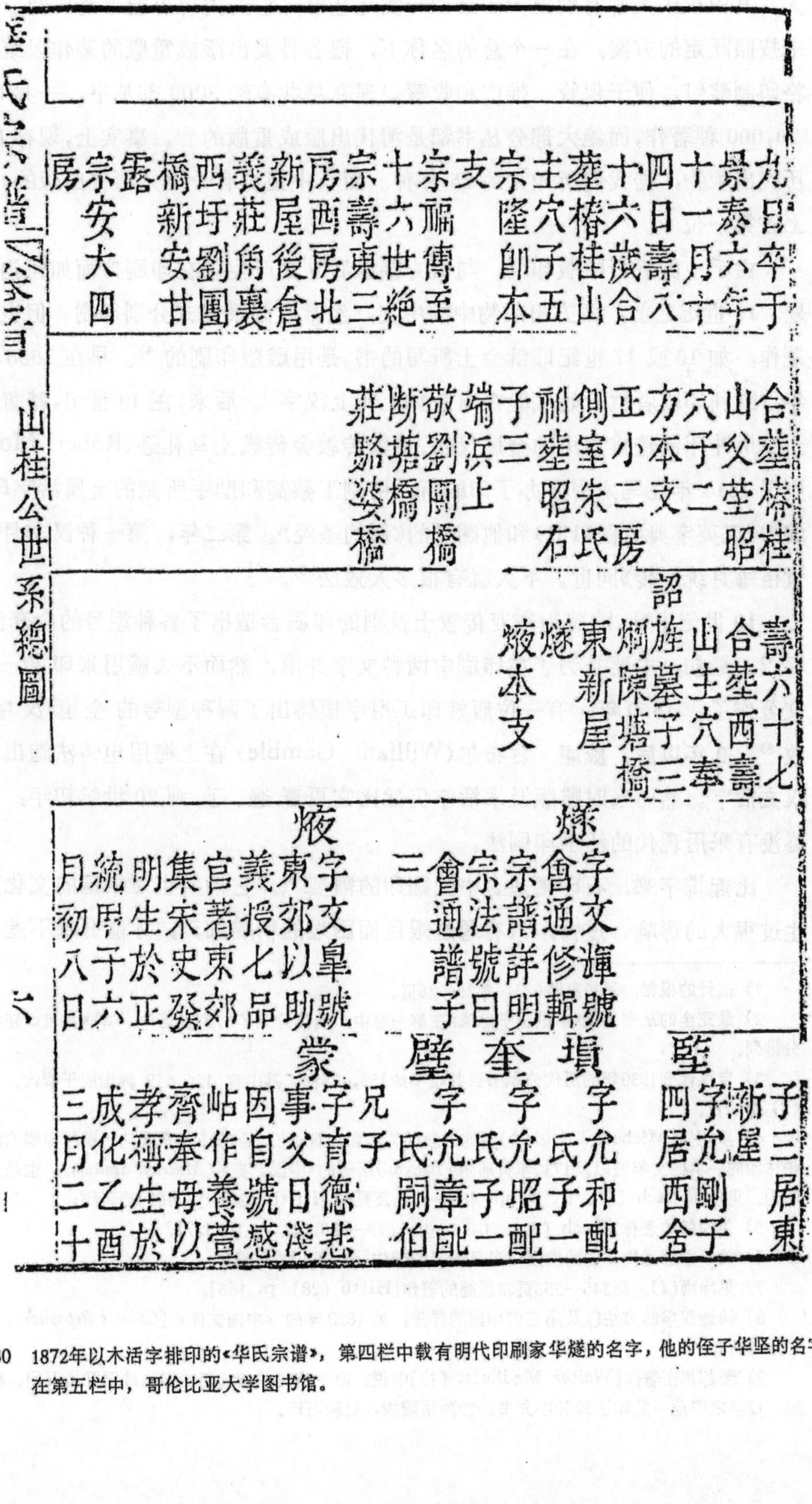

图1130　1872年以木活字排印的《华氏宗谱》，第四栏中载有明代印刷家华燧的名字，他的侄子华坚的名字在第五栏中，哥伦比亚大学图书馆。

人，其中很多人都有别集[1]。最后一类是丛书，它的内容可能最为广泛。一部丛书按照既定的方案，在一个总的名称下，把各种要出版或重版的著作以统一的规格印制装钉，便于保管、推广和收藏。现在总共有约3000部丛书，一共收入了70,000种著作，而绝大部分丛书都是清代出版或重版的[2]。事实上，现存的中国历代出版物，据我们所知共约25万种。而其中至少有一半是清代出版的，在历史上占第一位[3]。

由于中国盛行雕版印刷，与西方接触后立刻产生了在印刷方面如何沟通的问题。19世纪之前，西方出版物中的中文，经常以附录方式分别印刷。但也有一些
192 著作，如16或17世纪耶稣会士所写的书，是用雕版印刷的[4]。早在1555或1570年，欧洲印刷者就开始试验在出版物上印上汉字[5]。后来，在19世纪，基督教传教士试用冲床制造排版用的金属汉字。伦敦传教会传教士马礼逊(Robert Morrison)则于1814年在马六甲开办了印刷所，用刻工蔡高和助手所刻的金属活字印刷他编的《汉英字典》(图1131)和他翻译的《新约圣经》。第二年，第一种汉文月刊《察世俗每月统纪传》问世。不久就有很多人效法[6]。

19世纪中叶，欧美为东亚传教士及别的印刷者造出了各种型号的全套汉文活字[7]。最初，主要是为了在印刷中两种文字并用，然而不久就用来印单一的中文著作了。1850年，有一位唐姓印工用字模铸出了两种型号的全套汉字15万枚[8]。9年以后，威廉·甘布尔(William Gamble)在上海用电铸法造出了大批汉文活字。然而当时雕版及木活字仍然比它更普遍。直到20世纪初年，中国始终没有采用现代的活字印刷法。

比起排字来，石印更适合中国翻印的需要[9]。它确实也对中国的文化艺术产生过很大的影响。过去，只有通过艰巨而困难的精雕细刻，才能分毫不差地仿印

1）估计的根据，见杨家骆(*2*)，第25—26页。

2）最完全的丛书目录《中国丛书综录》在第一卷中，按类分列了2797种著作，有些类目中还按时代区分排列。

3）自汉代到1930年的历代公私书目共收书约253,435种，其中有126,649种出版于清代。见杨家骆(*2*)，第27页。

4）罗明坚(Michele Ruggiero)编的宗教问答集和拉汉词汇，是1585年在澳门用雕版印刷的；1696年柏林印的一本德文年表以及1730年贝耶尔(Baeyer)所著的《中国艺苑》(*Museum Sinicum*)，也是用雕版印刷的。见拉赫[Lach (5)，Ⅱ，3, pp. 486—497]及夏德[Hirth (28)，p. 165]的著作。

5）见拉赫的著作[Lach (5)，Ⅰ，1, pp. 679—680；Ⅱ，3, p. 527]。

6）关于中国现代印刷的发展，见吴光清的著作[K. T. Wu(8)]。

7）见净雨(*1*)，第345—355页和夏德的著作[Hirth (28)，p. 166]。

8）铸造汉字的方法以及用它们印出的样张，见1850年的《中国文库》[*Chinese Repository*，19, pp. 247—249]。

9）麦都思在著作[Walter Medhurst (1)]中说，他于1828或1829年在巴达维亚开始石印。从1823年起，12年之中他一共印了30种中文书，19种用雕版，11种石印。

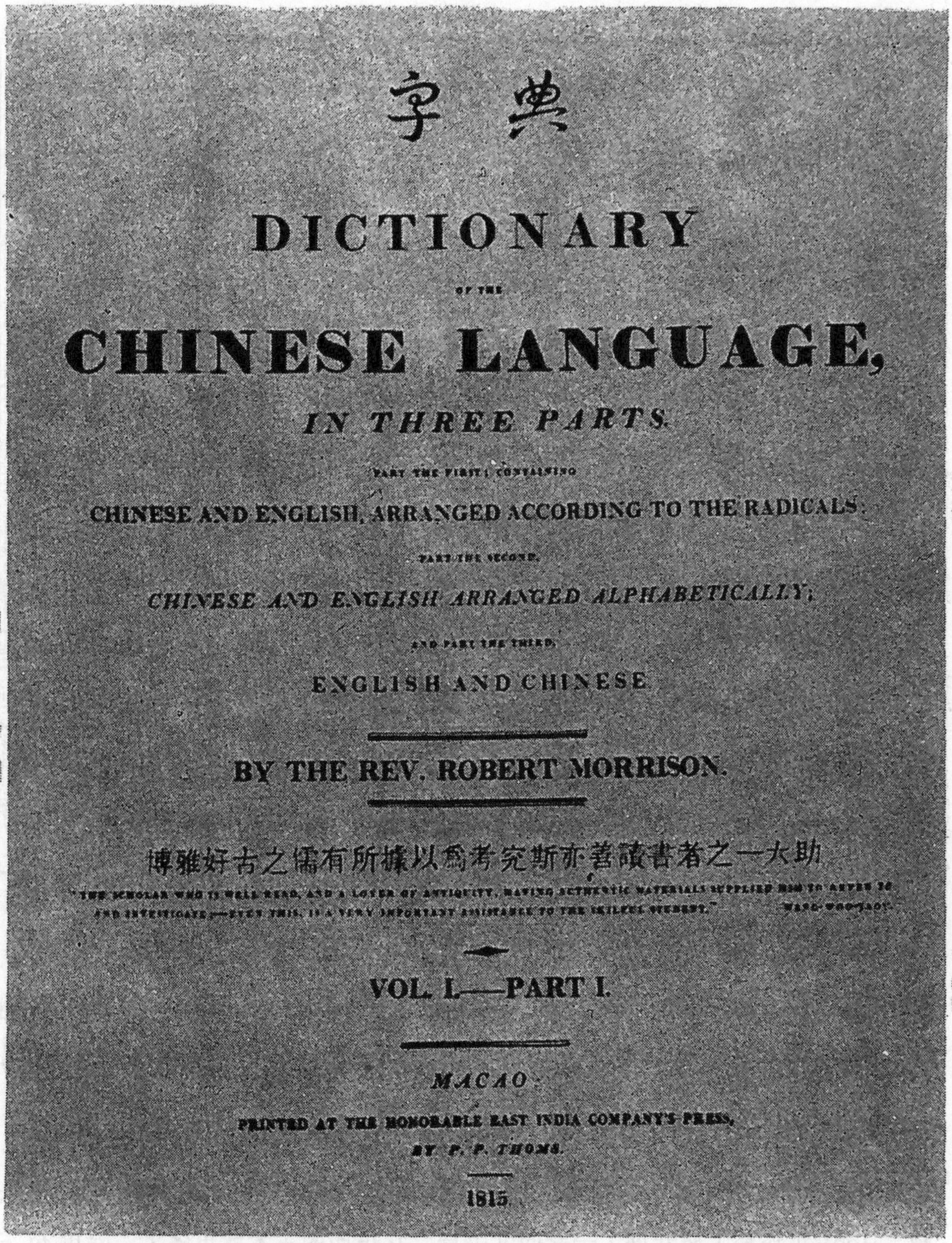

字典

A

DICTIONARY

OF THE

CHINESE LANGUAGE,

IN THREE PARTS.

PART THE FIRST; CONTAINING

CHINESE AND ENGLISH, ARRANGED ACCORDING TO THE RADICALS;

PART THE SECOND,

CHINESE AND ENGLISH ARRANGED ALPHABETICALLY;

AND PART THE THIRD,

ENGLISH AND CHINESE.

BY THE REV. ROBERT MORRISON.

博雅好古之儒有所據以為考究斯亦善讀書者之一大助

"THE SCHOLAR WHO IS WELL READ, AND A LOVER OF ANTIQUITY, HAVING AUTHENTIC MATERIALS SUPPLIED HIM TO REFER TO AND INVESTIGATE;—EVEN THIS, IS A VERY IMPORTANT ASSISTANCE TO THE SKILFUL STUDENT." WANG-WOO-JAOU.

VOL. I.—PART I.

MACAO:

PRINTED AT THE HONORABLE EAST INDIA COMPANY'S PRESS,

BY P. P. THOMS.

1815.

图1131 以金属活字在澳门印刷的第一本汉英字典，1815年。芝加哥大学图书馆。

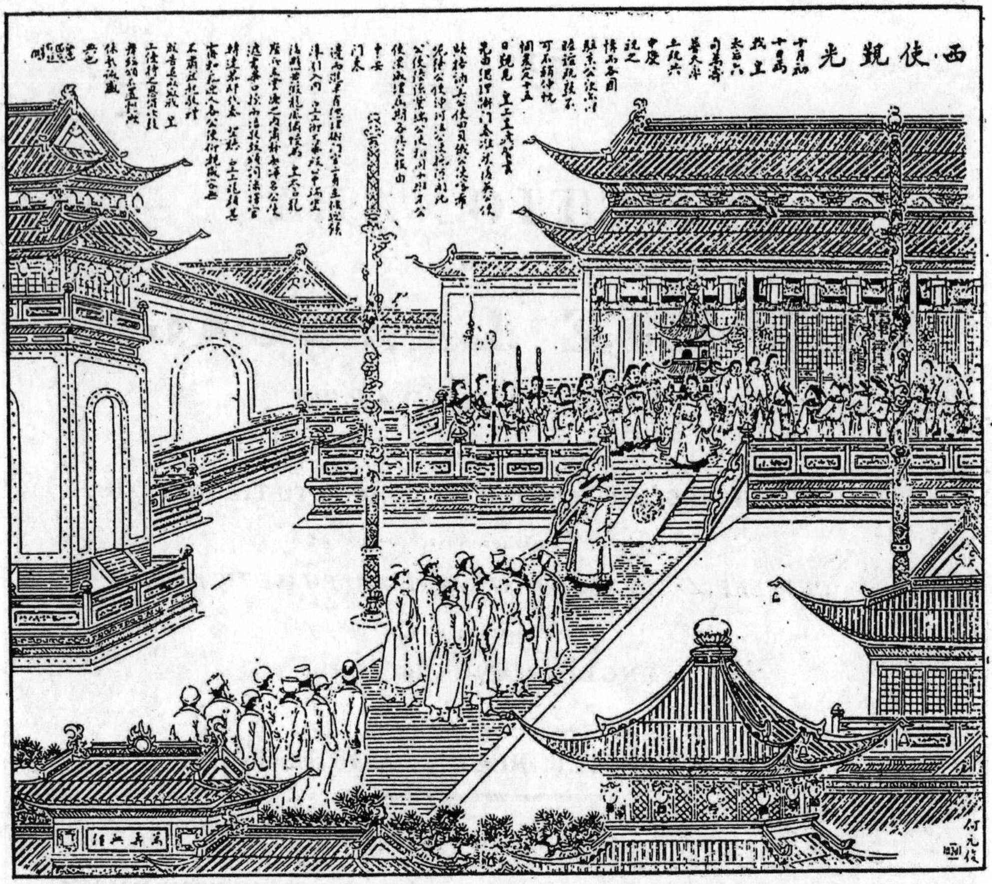

图1132 1894年光绪皇帝在宫内接纳各国驻京公使为慈禧太后六十寿辰呈递的贺书。何元俊绘，石印。

善本。石印可以直接翻印书画手迹，高度逼真地复制珍本，自然有巨大的吸引力。19世纪后期，就已经采用缩版影印法，来为考生提供对付考试的参考书。影印绘画和插图，更特别令人满意（图 1132）。

上海天主教土山湾印书馆率先引进照像石印法来印刷教会文献。1874年，点石斋亦在上海开业（图 1133），它印的书字迹绝小，因而有时还随书奉送放大镜。1881年还在上海开办了一家同文书局，它仿印的古本就更多了。除单色石
194 印外，彩色石印也由上海的富文阁、藻文书局及商务印书馆开始应用了。此后，石印技术逐步传播到了许多其它城市[1]。商务印书馆开办于1897年，后来又逐步扩大，成为远东最大的印刷业，它一直是现代中国文化教育发展的标志[2]。

1）见净雨(*1*)第356－357页和夏德的著作[Hirth (28), pp. 169—171]。

2）关于商务印书馆的历史和发展，见钱康馨的著作 [Florence Chien (1)]。

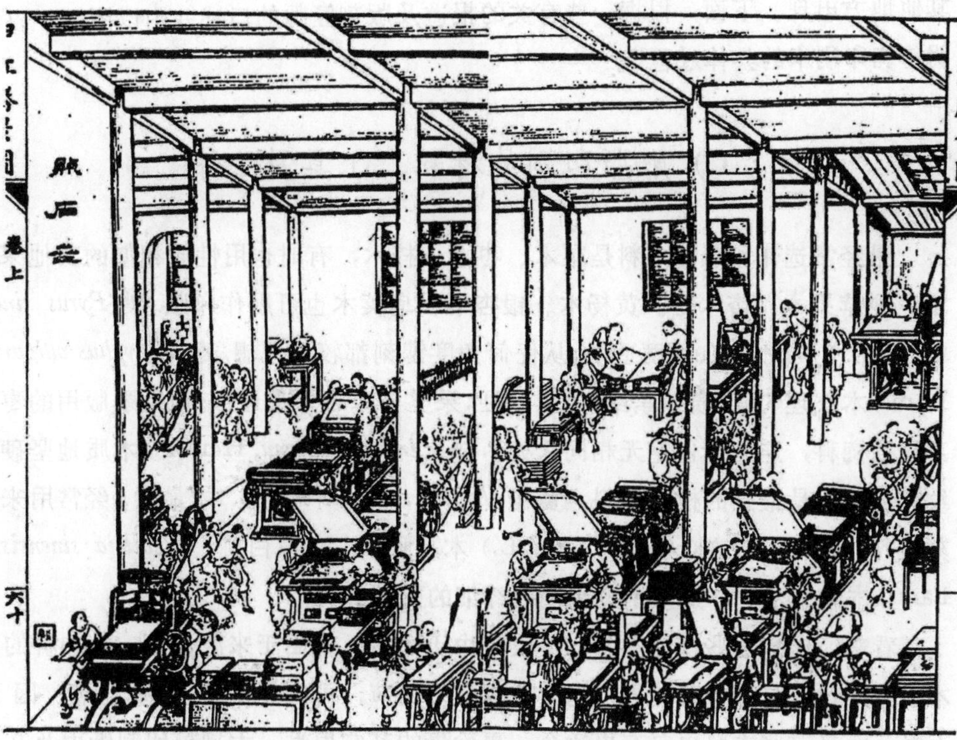

图1133 从事石印的点石斋书局，1874年后开业于上海。吴友如绘，约1884年。

（f）中国印刷术的各种技艺和工序

印刷术和造纸术不同。中国文献资料中，很少记载印刷技术和方法。早期的印版究竟如何刻制，每块印版究竟能印多少印张，更无从得知。只有少数见到过它的外国作者，才偶而提到它[1]。中国的文献中，只有一些关于活字的记载。版印的细节，如材料、工具、工序等，从20世纪初这些技艺逐渐退出历史舞台时起，只能从有关术语的解释以及从版本研究中去揣测。此外，也就只能从少数还健在的匠师和目击者的口述中去获得验证了。近年来有一篇论述版印的文章，介绍了某些细节[2]。但还有不少问题依然没有得到充分的解释。 195

“灾梨”、“锓枣”、”付梓”等印刷传统名词，指的是木料；而“印刷”、“活字”等现代名词，则指的是方法。这些名词，有的经常在书内印者的牌记中，或书中 196

1）拉施德丁（Rashid al-Din）在1300年左右，利玛窦在1600年左右，以赛亚·托马斯（Isaiah Thomas）在1810年，都只是简单地报导了中国的印刷术。还有一些人虽然谈到中国的印刷，却不提技术方法，见本册pp. 306 ff.。

2）见1947年卢前的著作［Lu Chhien (*1*)］。他曾与一位健在的雕版印刷匠师面谈，得知这些情况。

其他地方出现。下面，根据一些有关的报道及版刻匠师的口述并附以图解，以说明传统印刷术的具体过程[1]。

（1）雕版印刷的材料、工具及工序

最经常选作印版的木料是梨木、枣木、梓木，有时也用性质相似的其他果树木料如苹果木、杏木等。黄杨木、银杏木、皂荚木也可用作印版。梨（*Pyrus sinensis, Ldl.*）木质滑均匀、硬度适中，从任何角度镌刻都较为理想。枣（*Zizyphus vulgaris*, Lam.）木纹理匀直，质地紧细，比梨木硬，果实与海枣外观近似。但是雕版用的枣树不属棕榈科，连外观也毫无相同之处。梓（*Lindera tsu-mu*, Hemsl.）木质地坚硬，纹理粗直，是最好的棺木材料。黄杨（*Buxus sempervirens*, L.）木最软，经常用来镌刻整齐的正文。银杏（*Gingko biloba* L.）木易吸墨。皂荚（白桃，*Gleditsia sinensis*, Lam.）木较为坚硬，适用于刻制线条纤细的插图。

看来，选择这些落叶乔木，不仅是由于适用，也由于来源充足。松柏科的树木虽然柔软，纹理也直，却因饱含树脂且多疤节，可能会造成墨迹不匀，因而不用。而且这些木料也自有更适合、更珍贵的其它用途。大规模印制纸币及文书时，有时也选用铜版或其它材料[2]。

锯解木料制作雕刻版片的办法有两种：一种是顺着木纹切割，随纹理的顺直而制成印版；另一种则是不顾纹理切割成材。中国匠师一般使用前面的办法，选用纹理直而密的木料，要求不仅有充分的镌刻面积，还要避开树心部分。当然不能有节疤，否则会影响镌刻及印刷。雕成后的印版在使用前，通常还要在水中浸泡一
197 个月。急用时，则可以用蒸煮的办法补救。然后取出阴干，再把两面刨平。用植物油遍涂表面，再用芨芨草（*Achnatherum*）的茎部细细打磨平滑。印版的大小视纸幅而定。一般印版呈长方形，平均宽十二寸，高八寸，厚半寸。印版通常两面都刻，这样每版能印两页，亦即每面正好印出一张对折页（图 1134）。

雕刻印版的工序是：先由专门的书手把手稿誊写到薄纸上。此纸上有预先划成的直格，每一格内有一条中线，称为“花格”。这是为了在格中书写时，可以取准，以免字行偏斜。书写纸还须用抛光石以蜡轻轻打磨光滑，以易于书写。誊写好的薄纸要面朝下放到均匀而薄薄施过米浆的印版上去（图1136a）。用平的棕毛

1）作者感谢上海图书馆长顾廷龙先生所提供的有关雕版工序的情况介绍、照片和绘图；还要感激他在 1979年 9 月安排工作人员陪同作者访问了仍在印制刻本书和套色版画的上海书画社和朵云轩的印刷工场。

2）19世纪某中国钱庄存款单印版由 14 块牛角拼成，见白瑞华著作［Britton (3), pp. 103—105］中的插图。

图1134 雕好准备付印的印版。上面一块是《论语》正文和注，浮雕出来的字形都左右相反；下面一块是《红楼梦》中的插图。这两块印版两面都刻。芝加哥大学远东图书馆。

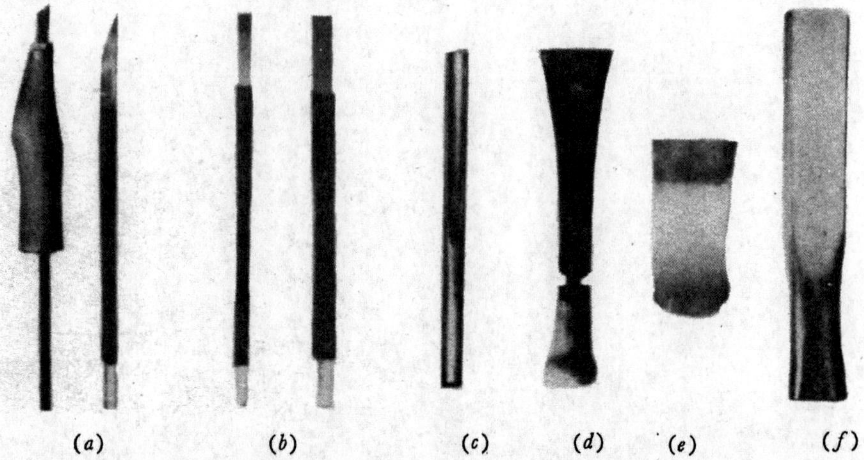

图1135 雕版工具。(*a*)刻刀。(*b*)两头忙。(*c*)半圆刃的凿子。(*d*)平錾。(*e*)刮刀。(*f*)木槌。北京荣宝斋和上海朵云轩提供。

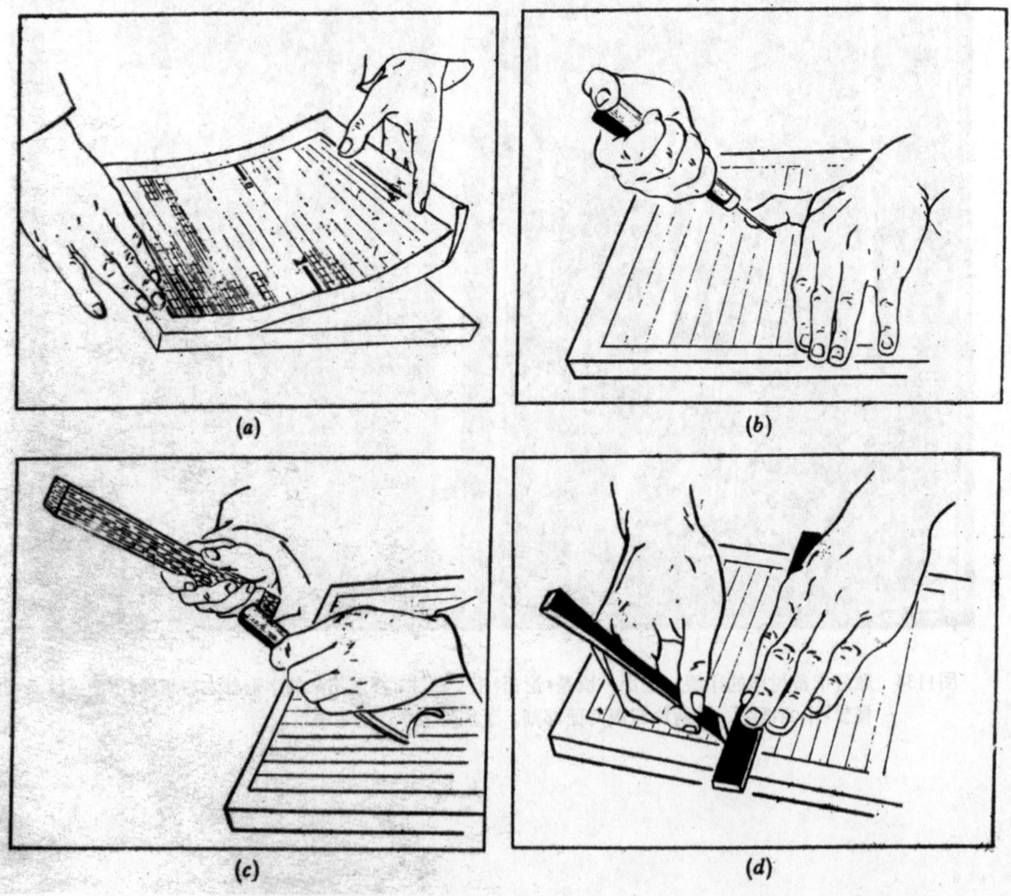

图1136 雕刻工序。(*a*)墨迹上版。(*b*)发刀。(*c*)打空。(*d*)拉线。上海图书馆工作人员绘。

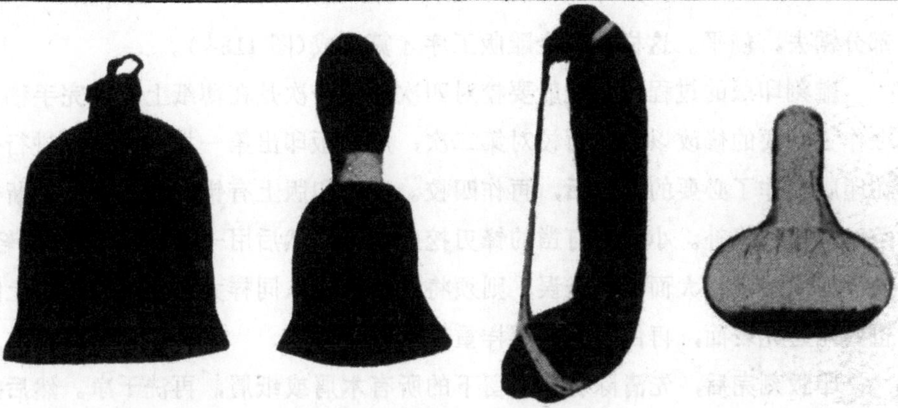

(a) (b) (c) (d)

图1137 印刷和刷板用的工具及附件。(a)将正文转到雕版或石面上的平刷。(b)蘸墨的圆刷。(c)刷印的长刷。(d)拓墨的软垫。纽约翁万戈提供。

刷在纸的背面轻轻拂拭(图1137a)，使纸上的墨迹清晰地转到木板上。薄纸干后，用指尖和毛刷轻轻地把背面一层磨掉，显露出已经翻转上板的字迹和图画，使之清晰如同直接绘写在板上一样。这时，就可以镌刻了。

雕版时，要使用一套形状不同的锋利工具(图1135)[1]。锐利的钢制刻字刀最为重要。先用它来沿着墨迹四周刻出主要的线条来。然后用双刃錾子錾去表面不着墨处。再用凿子凿，把多余的部分挖去，有时在直行无字处就挖成了凹槽。最后，遇到精细的部位，别的刀具都难奏效时，就用两头锋利的“两头忙”来加工。

其实，雕刻印版就是把翻转上板的一切黑色线条浮雕出来。先紧挨着每个字迹的四周刻出一条细线来，这叫作“发刀”(图1136b)。刻时，用右手像握匕首一样把刻刀握住，左手中指笼住刀头，以防打滑。一般是从外向内(向刻工自已)而不是从内向外刻。这种刻法，可以保证能精确地沿着需要浮雕出来的黑色线条刻。先朝一个方向，把所有的竖线条都刻出来，再转动木版角度，以同样的方法刻出横线条、斜线条和墨点。然后再把内外线条中间需要空白出来的部分铲去。这种分毫不爽的刻法，叫做“挑刀”，刻出来的字，要凸出约八分之一寸左右。然后用半圆刃的凿子，挖去一切多余部分，这叫做“打空”(1136c)。打空时，用一种叫做“拍子”的长方木槌(图1135 f)，轻轻捶拍凿柄，使凿刃便于入木。直行两
旁的行格及印版四周的边栏，粗刻后还要用小的直刃刻刀细细修整，使浮雕的线 200
纹清晰爽目，这叫做“拉线”(图1136d)。最后，再沿着印版四周的边栏，把多出的

1)《中华图书馆协会会报》4:5(1929年4月3日)第12—23页，刊登了1929年罗马第一届国际图书馆展览会上展出的雕版工具目录。

部分锯去，刨平。这样，整个雕版工序才算完成(图 1134)。

雕刻印版的过程中，一般要校对四次：第一次是在薄纸上誊写完手稿之后；在作了必要的修改以后，再校对第二次；用印版印出第一批样张后，进行三校；在印版上作了必要的修刻后，再作四校。发现印版上有错误，或不慎刻断一根线条时，可以修补。小错用钉凿的锋刃挖成凹槽，然后用一小块楔形木料轻轻嵌入。如果出现较大面积的错误，则须将其挖去镶入同样大小的木块。补上的木块也要先磨光表面，再像第一次那样重新镌刻。

印版刻完后，先清除表面上留下的所有木屑或纸屑，再洗干净。然后把印版固定在桌上，手边安放着纸、墨、刷子和其他用具(图 1137)。印工先用马鬃制成的圆墨刷，沾上用水磨成的墨汁，轻轻涂在印版的浮雕面上，然后立即覆上一张纸，用长刷或耙子轻轻在纸背上刷动，纸面上就会印上字迹或图画的正像。随
201 后把纸揭下阴干。这样一张张地重复，直到印完足够的份数为止[1]。有时把样张印成红色或蓝色，但正张一般都印成黑色。据说，一位熟练的印工每天最多能印出 1500 到 2000 张对折页[2]。新的印版可以连印 1.5 万次，稍加修饰后，可以再印 1 万次。印完后可以把印版保存好，要加印时可以随时取出来再印。

(2) 活字印刷的种类和方法

发明活字印刷，是由于雕版印刷笨重不便，想提供另外一种简便的办法。为了节省财力和提高效率，自然会时时用活字作试验，尽管用它印刷汉文并不尽如人意。用若干个单独的字能拼成一篇文章的原理，可以追溯到公元前许多世纪。这可以从青铜器铭文、陶器印文和用金属铸造的印章上找到证明[3]。然而把活字用于印刷，却一直要到 11 世纪中叶方才开始。

(i) 泥活字

目前，关于“布衣”毕昇(约 990 — 1051 年)发明活字的唯一可靠记载，就是毕昇的同时代人沈括(1031 — 1095 年)著作中的那一段了，内容是：

1) 一种版本平均要印多少份，很难估计。卢前(*1*)，第 632 页中说，一般在开印时，总是先印三十份，以后需要时再加印。

2) 根据利玛窦的说法，一天可印 1500 份；见加拉格尔的著作 [Gallagher (1), p. 21]。但是德庇士爵士 [John F. Davis (1)]说，可以印到 2000 份。还有人估计每天如工作 10 小时，可以印到 6000 — 8000 份。

3) 见本册 pp. 132 ff. 关于印刷史前情况的详细论述。

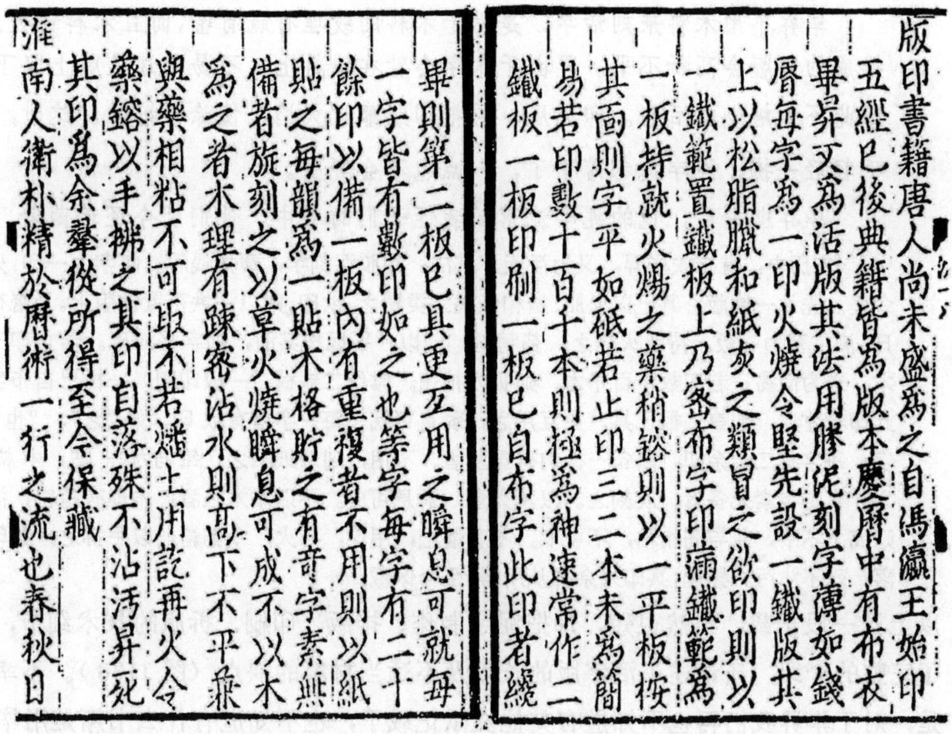
版印書籍唐人尚未盛爲之自馮瀛王始印五經已後典籍皆爲版本慶曆中有布衣畢昇又爲活版其法用膠泥刻字薄如錢脣每字爲一印火燒令堅先設一鐵版其上以松脂臘和紙灰之類冒之欲印則以一鐵範置鐵板上乃密布字印滿鐵範爲一板持就火煬之藥稍鎔則以一平板按其面則字平如砥若止印三二本未爲簡易若印數十百千本則極爲神速常作二鐵板一板印刷一板已自布字此印者纔畢則第二板已具更互用之瞬息可就每一字皆有數印如之也等字每字有二十餘印以備一板內有重複者不用則以紙貼之每韻爲一貼木格貯之有奇字素無備者旋刻之以草火燒瞬息可成不以木爲之者木理有疎密沾水則高下不平兼與藥相粘不可取不若燔土用訖再火令藥鎔以手拂之其印自落殊不沾汚昇死其印爲余羣從所得至今保藏

淮南人衛朴精於曆術一行之流也春秋日

图1138　现存《梦溪笔谈》的最早版本，印于14世纪。上面这个对折页是经过剪贴的，以使记载毕昇在11世纪中叶用泥活字印刷的整段文字都能纳入。北京图书馆藏。

庆历年间(1041—1048年)有一位名叫毕昇的平民，造出了活字。他的方法是这样的：先用胶泥镌刻成薄如铜钱的字。每一个字单独刻成一小方泥印。再把泥字在火上焙烧成坚硬的陶质。事先准备好一块铁版，上面敷上松脂、蜡及纸灰。需要印刷时，就把一副铁制的框架安放在铁版上。在框架中紧挨着放下一个个的泥字。放满以后，就成了一整块印版。然后把印版靠近火烘烤，等泥字下面的涂料稍为熔化时，另外用一块平板按在字上，使整个印版平得就像一块磨石一样。

如果只需要印两三份，则这种办法自然既不简单，也不容易。但是要印几百几千份时，就极为神速了。一般总是使用两块铁版。用一块印刷时，又在另一块上排字。一版印完，另一版已排字就绪。这样轮番进行，印刷的速度就很快。

每一个字形要造出很多个泥字。常用活字要造二三十个，以备同一页上 202
出现多次。泥字不用时，用纸贴上标签。同韵的泥字用一张标签，以木盒贮藏。如果出现少用的异体字或奇字，事先又没有准备好，则可以现刻现用草火焙烧，不一会就造成了。

毕昇不用木料来刻活字，是由于木料的纹理有疏有密，而且木料还吸水，排成的印版会高低不平。更由于木字会粘在涂料上，不易迅速从版上取下。因此不如焙烧泥活字。印完后，再把印版靠近火焰，使涂料熔化。这时，用手轻轻一拂，泥字就都落下了，一点也不会弄脏。

毕昇逝世后，他的泥字流落到我侄子们的手中。他们至今还珍藏着。[1]

〈庆历中，有布衣毕昇，又为活版。其法：用胶泥刻字，薄如钱唇。每字为一印，火烧令坚。先设一铁版，其上以松脂、蜡和纸灰之类冒之。欲印，则以一铁范置铁版上。乃密布字印，满铁范为一版。持就火炀之。药稍熔，则以一平板按其面，则字平如砥。若止印三二本，未为简易；若印数十百千本，则极为神速。常作二铁板，一板印刷，一板已自布字。此印者才毕，则第二板已具。更互用之，瞬息可就。每一字皆有数印，如"之"、"也"等字，每字有二十余印，以备一板内有重复者。不用，则以纸贴之。每韵为一贴，木格贮之。有奇字素无备者，旋刻之。以草火烧，瞬息可成。不以木为之者，木理有疏密，沾水则高下不平，兼与药相粘，不可取。不若燔土，用讫，再火，令药熔，以手拂之，其印自落，殊不沾污。昇死，其印为余群从所得，至今保藏。〉

以上这一段记载，虽然很短，却把泥字制作、排版、印刷、拆版的技术细节，作了完整的介绍，还论述了活字版的长处及不适当材料的缺点（图 1138）。不幸的是，对于毕昇我们再也不知道有其他文献记载了，也不知道有什么书籍是用毕昇
203 的活字印刷的[2]。虽然这一技术诞生后不久即归湮没，但它却是一项完整的发明，早于谷腾堡整整 400 年[3]。

毕昇之后约 600 年间，曾经有过两次纪录谈到泥活字的使用。忽必烈汗的行台郎中姚枢（1201 — 1278 年）曾经劝说他的学生杨古以"沈括活版"印刷宋代理学家（程朱学派）的入门书籍及其他著作[4]。王祯（盛年期 1290 — 1333 年）在《农书》中介绍他的木活字版之前，提到别人还有一种把泥活字和泥范一起焙烧，再排字成为整块印版的办法[5]。两项记载都晦涩不详，但是至少说明，在 13 世纪中叶可能重新使用过泥活字。

没有证据说明明代曾经用过泥活字，直到清代中叶它才和磁版同时得到使

1）《梦溪笔谈》，卷十八，第一一七页；参阅卡特的英译文 [Carter (1), pp. 212—213]。1145 年江少虞编的《皇朝事实类苑》中有部分引文。

2）有人推测说，毕昇在发明泥活字几年之后，即于皇祐年间（1049 — 1053 年）去世，因此来不及向同行介绍他的巧妙方法。这可能是泥活字印刷术湮没以及很少资料记载的原因。还有人进一步推断说，沈括的侄辈得到活字后的住处是杭州。杭州正是领导宋代印刷的中心。它后来之所以成了活字版印刷的策源地，也就合乎情理。见胡道静 (*14*)，第 61—62 页。

3）约翰·谷腾堡（Johann Gutenberg，约1400—1468 年）于 1455 年左右印成了 42 行本的《圣经》。

4）见《牧庵集》，卷十五，第四页。

5）见《农书》(北京，1956年)，第五三八页。

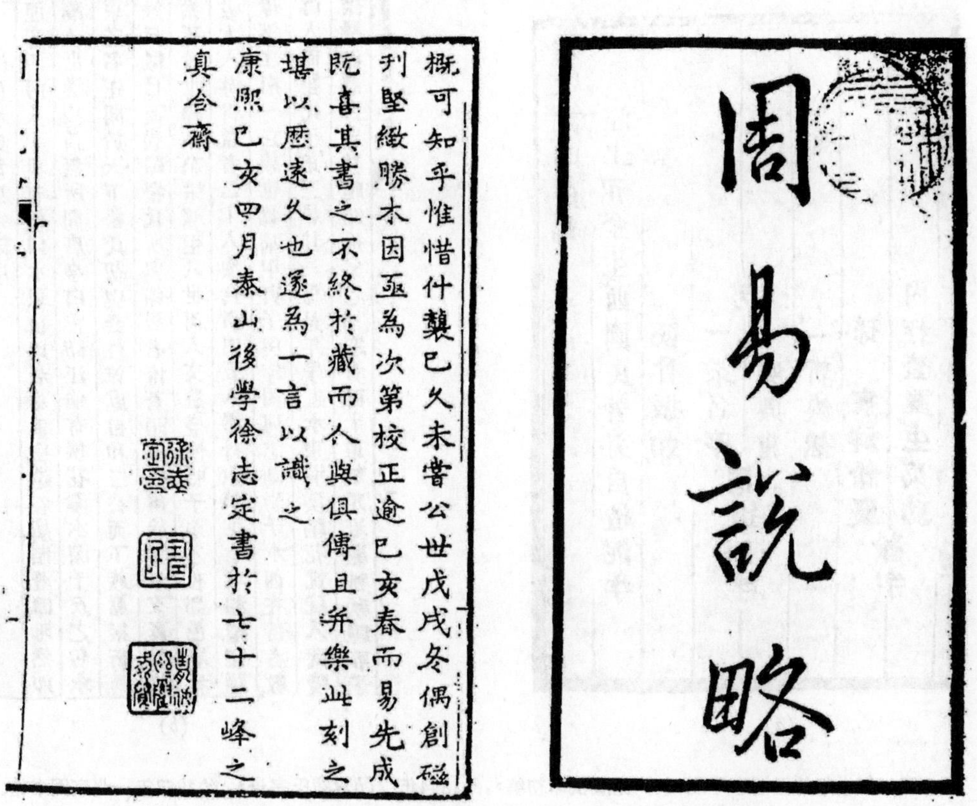
概可知乎惟惜什襲已久未嘗公世戊戌冬偶創磁
刋堅緻勝木因亟為次第校正逾已亥春而易先成
既喜其書之不終於藏而又與俱傳且并樂此刻之
堪以歷遠久也遂為一言以識之
康熙已亥四月泰山後學徐志定書於七十二峰之
真合齋

周易說略

图1139 用磁版印刷的《周易说略》，约1719年。北京图书馆藏。

用[1]。1718年，山东泰安学者徐志定(1723年中举，书斋名真合斋)发明了磁版印刷。据我们所知，他至少用它印刷了《周易说略》(1719年印，图1139)和《蒿庵闲话》(张尔岐编的杂记，约印于1730年)两部著作[2]。另一项记载也谈到泰安有一位学者曾于1718至1719年用磁活字印过书。这项记载没有说明学者的姓名，看来极可能就是徐志定[3]。

沈括的记载，还启发过其他学者试用活版印刷。安徽泾县秀才教师翟金生(生于1784年)花费了30年光阴，发动全家制成了一整套泥活字。1844年，他们制成泥活字10万多个，分成大小五种型号，并且用这些泥活字至少印了三种著作。第一种是翟金生本人的诗集，集名《泥版试印初编》。集中有五首诗，是有关他自己的写作、编辑、刻字、排字和印刷过程的(图1140a)。他确是最早并也许是我们所知道的唯一的一位中国作家兼印工了。1847—1848年，他还用自

1) 王士禛(1634—1711年)在《池北偶谈》(1701年刊本)卷二十三，第七页中说："益都翟进士某，为饶州府推官……造青磁《易经》一部……凡数易然后成。"但是他并未说明用的是整体烧成的青磁印版，还是用青磁活字来排版。

2) 见朱家濂(*1*)，第61—62页。

3) 同上。

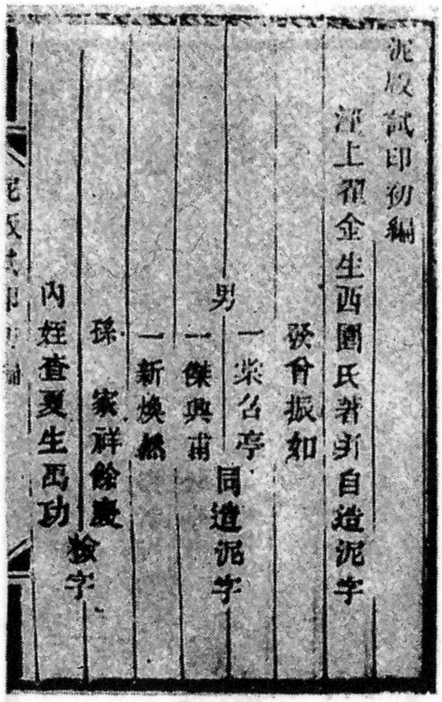
泥版試印初編
涇上翟金生西園氏著并自造泥字
孫發育振如
男一棠名亭 同造泥字
一傑與甫
一新換然
孫家祥餘慶 檢字
內姪查夏生禹功

(a)

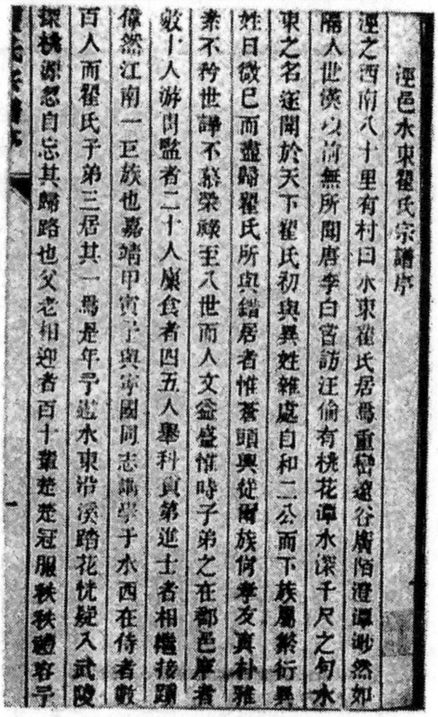
涇邑水東翟氏宗譜序
涇之西南八十里有村曰水東翟氏居焉重巒邃谷廣陌澄潭渺然如
隔人世漢以前無所聞唐李白嘗訪汪倫有桃花潭水深千尺之句水
東之名遂聞於天下翟氏初與異姓雜處自和二公而下族屬繁衍異
姓日微已而盡歸翟氏所與錯居者惟蒼頭與從爾族尚孝友真朴雅
素不矜世譽不慕榮祿至八世而人文益盛惟時子弟之在郡邑庠者
數十人游國監者二十人廩食者四五人舉科貢第進士者相繼接踵
偉然江南一巨族也嘉靖甲寅予與寧國同志講學于水西在侍者數
百人而翟氏子弟三居其一焉是年予遊水東沿溪踏花恍疑入武陵
探桃源忽自忘其歸路也父老相迎者百十輩楚楚冠服秩秩禮容予

(b)

图1140 19世纪的泥活字印刷。(*a*)《泥版试印初编》，约1844年。(*b*)《翟氏宗谱》，约1857年。北京图书馆。

204 已的泥活字排印了一位朋友的诗集，一共印了 400 部，还在 1857 年印了《翟氏宗谱》(图 1140b)[1]。近年来，在安徽徽州发现了他印书用过的泥活字、陶范和毛胚。这些泥活字的字体和据说用它们所印书籍中的字体完全相符(图 1141)[2]。

除了上述这些事例外，据知清代还有江苏常州、无锡和江西宜黄也都从事过泥活字印刷[3]。常州的泥活字印刷，以独特的排字方法著称。排字时，先在框架内填上一层泥，再把泥活字排在泥上。泥把活字紧紧固定住。用此法印出来的

205 书，印刷质量如此受到称赞，以至全国各地委托印刷的人都来常州。木活字只能一个个地刻，看来泥活字和磁活字也是这样。但据说翟金生的泥活字却是用字范印出来以后，再焙烧为坚硬的陶质[4]。

有些学者怀疑制造泥字是否可行。然而现存徐志定和翟金生所印各种书籍的版本足以证明泥活字确实存在过。事实上，有人甚至认为磁活字“坚致胜

1）见张秀民在(*7*)，第 30 — 32 页中对翟金生及其泥活字印本的论述。

2）这套胶泥活字有四种不同大小的型号，长 9 至 4 毫米，阔 8.5 至 3.5 毫米，高均为 12 毫米。它们是在 1962 年发现的，现在保存在北京中国科学院自然科学史研究所，见张秉伦(*1*)，第90—92页。

3）参阅张秀民(*5*)，第 79 页和胡道静(*4*)，第 63 页。

4）见张秀民(*7*)，第31页。然而，那些字范究竟是铜还是陶土的，却不能确定，因为据说 1962 年在徽州发现的是陶土的，见张秉伦(*1*)，第 92 页。

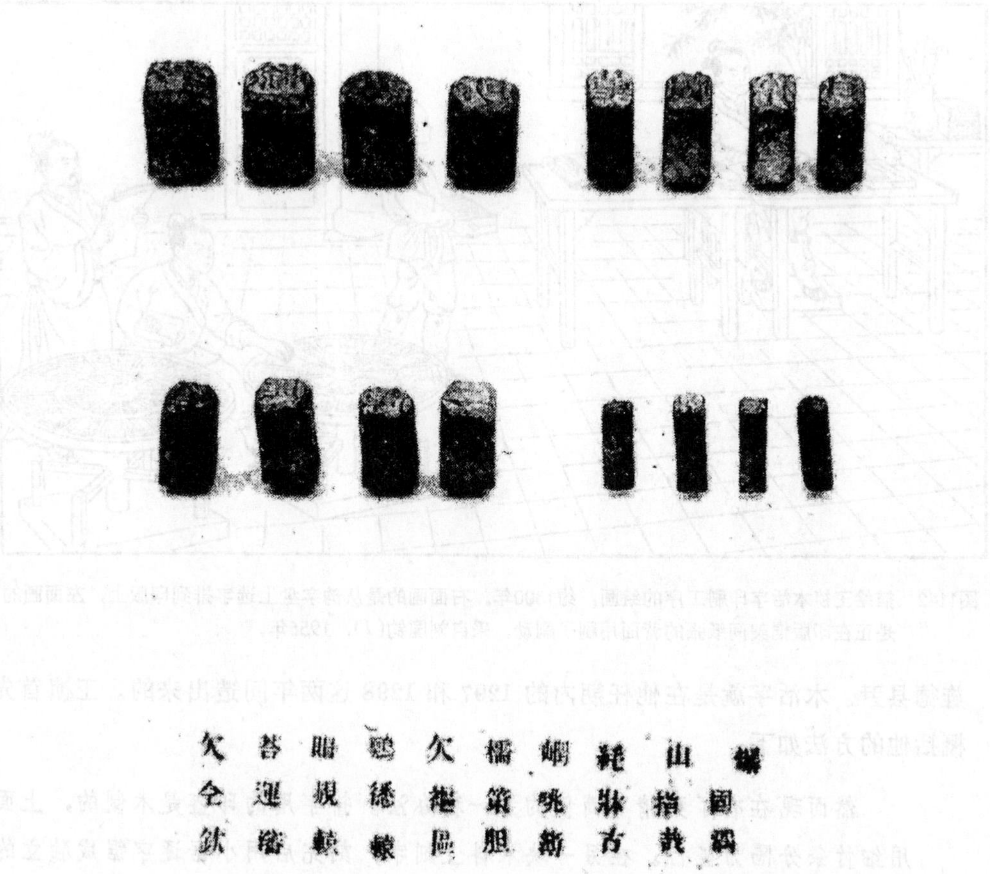

图1141　翟金生制作的泥活字，约1844年，1962年于安徽徽州发现。上方是四种大小型号的泥字。下面是用大号字印出来的字体。图片承蒙张秉伦提供。

木”[1]，而泥活字则和石头、骨角一样坚实，更有胜过木活字之处，因为“木字印二百部，字画就胀大模糊”了[2]。

(ii) 木活字

毕昇之前，就有人试验过木活字版，但是发现它不适于印刷，就放弃了。后来一定克服了这方面的技术困难，因为300年以后，又重新使用了木活字。发明 206
第一套实用木活字之功，必须归于王祯(盛年期约1290—1333年)。他著的《农书》中，就有关于使用木活字的第一次详细介绍。王祯从1295到1300年是安徽

1）见徐志定《周易说略》序；朱家濂(*1*)，第61页有引文。

2）见《泥版试印初编》序；张秀民(*7*)，第32页有引文。

图1142 描绘王祯木活字印刷工序的绘画，约1300年。右面画的是从韵字盘上选字排到印版上，左面画的是正在印版框架间纸张的背面用刷子刷动。采自刘国钧(*1*)，1955年。

旌德县尹。木活字就是在他任期内的1297和1298这两年间造出来的。王祯首先概括他的方法如下：

然而现在有了更精巧简便的另一种办法。排字用的印盔是木制的，上面用细竹条分隔为竖行。在另一块木料上刻字，刻完后用小锯逐字锯成独立的
207 小方块，再用刀把字块四面修削，一面削，一面比试，直到所有的字块都一样高、一样大小。然后逐字排到印盔的竖行中去，竖行之间用准备好的竹条压入。排完字以后，凡是空的地方都用木楔塞紧，使木字无法松动。全版确实挤紧后，就在字面上涂墨，开始印刷[1)]。

〈今又有巧便之法：造板木作印盔，削竹片为行，雕板木为字，用小细锯锼开，各作一字，用小刀四面修之，比试大小、高低一同。然后排字作行，削成竹片夹之。盔字既满，用木掮掮之，使坚牢，字皆不动。然后用墨刷印之。〉

这一段文字之后，他又详细介绍每道工序，包括锼字和修字、造贮放木活字的字盔和转轮架以及排字和印刷。首先，把所有的字分为五声，按照官韵分类。然后，由书法家把要刻的字写下，贴到木板上，以便镌刻，但各字之间要留出间隔，以便可以锯开。常用字要多写多刻，总共要刻出三万多字。把木板上刻完的字样逐个用细齿小锯锯开，锯成四方形，再把每个木活字用小刀修理齐整。先要立下准则，以此来测试木活字，务使大小高低一律。然后把活字嵌于木框架做

1）《农书》，第五三八页；见卡特的英译文［Carter (1), pp. 213—217］。

成的字盘内，用竹片行行夹住。字盘摆满后，用木楔塞满缝隙，再把字盘按声、韵排列到轮架上去。各韵门类用大字写出，贴于字盘上作为标志。

转轮架的直径约七尺，轮轴座高三尺许（图 1142）。转轮架的台面上用竹片围成圆框，来框住中间的字盘。依号数把字盘由内向外摆满全架。转轮架要有 208
两个。一个是按官韵排列的字盘，另一个放常用字及杂字。排字工坐在两个转轮架之间，可以左右推动轮架，以便从字盘中选取要用的木活字，用完后按韵放回原处。按官韵写制成木字的字盘要抄出一册，编成字号，和转轮架字盘上的字号相同。由一个人拿着韵册按号数报出要用的字，另一人据此从转轮架字盘内取出木活字排入印版。遇到字盘上没有的字，可随时要刻字工添补。

王祯的方法中，还讲清了排字工序：用平直干板，照书面大小，四边作栏。先空着右边，到活字排满，再安上界栏，用木楔塞满缝隙。界行内字样务必要求个个修理平正。碰到字体高低不平或歪斜时，就用小竹片嵌垫。整版字体平稳后，就开始印刷。

王祯发明木活字印刷的动机，是想排印他自己的农学著作《农书》。虽然《农书》最后还是用雕版法印刷的[1]，但是据说 1298 年用他的那套木活字排过 6 万多字的《旌德县志》，并印出 100 部，总共还不到一个月[2]。王祯对中国印刷所作的主要贡献是：他发明了简单的机械装置，使排字速度大增。而且他还给后人留下了木活字的系统排列法。只是当时用这套办法印成的书籍，目前已经找不到了。

王祯之后 20 年，1322 年浙江奉化知州马称德用自己的一套 10 万活字，印成了 20 册一部的《大学衍义》若干部以及另外一些书籍[3]。虽然记载中没有提到他的活字是用什么材料制成的，一般认为是木活字[4]。

明代官刻是否用过木活字不详。但各地藩王及其他刻书家对木活字却很感兴趣。至少有两位藩王印过几种大小型号活字版的书籍。1541 年，蜀藩于成都印过宋代诗人苏辙的集子。同年，益藩也印了一位元代著者破除迷信的书籍《辨惑 209
编》及续编。益藩早些时候还印过一部韵书。明代使用过木活字的还有金陵、苏州、常州、杭州、温州、福州、四川和云南等地的书院、衙署、私家和书肆[5]。木活字版的题材也大为扩充，包括了小说、艺术、科学、技术等著作，特别是家谱

1）王祯于 1300 年迁居江西永丰，他的著作是在永丰写成的，而且也就于 1313 年在永丰用雕版印刷。见王祯在《农书》第五四〇页上的跋。

2）同上。

3）见张秀民(*11*)，第 57 页。

4）由于铜、泥、磁活字版书籍中一般都明确讲清用料，没有讲清的就可能是木活字版。

5）张秀民(*11*)，第 58—60 页。

和方志[1]。

清代使用木活字的范围就大得多了。不但宫廷正式使用，用于私刻就更普遍。甚至有时还专门制造木活字来投资，以便日后可以典当、出售或作为馈赠的礼品。还曾有人提议用木活字来印大部头的“儒藏”，以与《佛藏》、《道藏》媲美，只是没有实现[2]。编纂《四库全书》时，曾经打算把据《永乐大典》辑校的佚著和各省进呈的遗书刊刻流通。那时早年的铜活字已经毁去，管理武英殿刻书事务的金简（1795年卒）建议采用木活字来印，皇帝就在1773年诏令刻了二十五万三千五百个木活字，于1774年完成。这是一项宏伟的工程，但仅一年就完成了。

用这套活字印了《武英殿聚珍版丛书》134种，共2300余卷。先用开化白纸印5—20部存放内府，再用竹纸（太史连纸）印300部准由各省锓木通行发售[3]。金简还写了《武英殿聚珍版程式》记其始末。这卷图文并茂的《程式》分为十九节，详细介绍了成造木子、刻字、字柜、槽板、夹条（长短不一）、顶木、中心木、类盘、套格、摆书、垫板、校对、刷印、归类、逐日轮转办法等工序（图1143）。

金简的方法是：首先把枣木锯成板以便竖裁成长方条，架叠阴干后刨平，再横截成木子。把一定数量的木子放在用硬木制成的刨槽内，用活闩挤紧后统一刨到与槽口相齐为止，以便保证达到统一的长、阔、高度。这样刨出的木子，大的每块厚0.28寸，宽0.3寸，长0.7寸。小的长、厚与大的相同，但宽仅0.2
211 寸。刨完后，还要逐块通过用铜铸成的大小方漏子。其中空尺寸与要求大小木子的标准尺寸相同，以检验是否符合规格。

应该刻的木字先要写在薄纸上，再翻过来贴在木板上逐字裁开。把若干木字紧紧安放在木“床”上。这样，就和雕刻整版无异了。刻完的木活字按《康熙字典》给出的顺序放在活字匣中。排版时，先要编成字表，按每个字固有的号从活字匣中取出，放到分类盘中。其次，比照要印的文章，加上框边木条及显示无字空行的顶木摆入槽版。再在每块槽版上贴上相应书籍的名称、卷数和页数，以便查对。

此时，还要先用梨木板刻成套格，印好有格线的空白页备用。排完字的槽版经过逐块校对无误后，印时使用套格纸，每行文字就都整齐地印到了格线中间。每块槽版都印过后，全书印刷就算完成了[4]。

1）《亭林文集》，卷三，第十五页；又见本册pp. 172ff.。
2）见张秀民(*12*)，第60页。
3）现存《武英殿聚珍版丛书》有不少是各地雕版重印的。
4）参阅鲁道夫对《程式》的译文及论文 [Rudolph (14), (15)]。

图1143　清内府印书处的木活字制作及排版，约1773年。(*a*)成造木子。(*b*)刻字。(*c*)制槽版。(*d*)摆书。采自《武英殿聚珍版程式》，约1773年。

王祯和金简详细记录的木活字印刷法互有区别。首先，在制造木活字时，王祯的办法是把字都刻在木板上，再逐个锯开。金简的办法却是先制成木子，再固定在一起刻。其次，在排字时，王祯的办法是以字就人，而金简的办法是以人就字。第三，王祯是先排好字再加行线，金简却是在纸上先印行线，再用有行线的纸印本文。

清代很多地方政府和书院也用木活字印刷。私营印刷业用木活字的就更多了。木活字印刷业中还出现了有趣的特色：从事木活字印刷的商人带着设备到各地去为雇主印家谱。特别在江苏和浙江，这些人更活跃。每年秋收后，他们就5—10人一伙，带着2万多个用梨木刻成的大、小活字到各地去寻找雇主。他们通力合作，在1—6个月的期限内就能印完一份家谱。遇到行囊中没有的字，当地又无梨木，就用泥活字补充。这些人当然也印家谱以外的书籍，一般把印刷当作副业[1]。

(iii) 铜及其他金属活字

15世纪后期，铜活字开始盛行于中国。它始行于鱼米之乡江南的富户，继
212 而得到福建书肆的推广。江南业主中最负盛名的，是江苏无锡的华、安两家。他们和别的发了大财的人一样，想以刻书来博得声誉。华燧(1439—1513年)直到“知命”之年才有志于学。但他狂热地沉缅于书本，致使他不惜听任家道“少落”，专心和族人一起率先以铜活字印书。他所印的书署名“会通馆”，意思是他已融会贯通了活字印书的方法。20年之间，会通馆用铜活字印刷的书籍至少有15种，共约1000卷以上[2]。

他第一次试验用铜活字印的是《宋诸臣奏议》的两种版本，一种用大字，另一种用小字(图1144)。他的远亲中有一位古玩和书籍收藏家华珵，称自己的书斋
213 为“尚古斋”。华珵每次得到稀有书籍，很快就能把它排印出版，因为他使用的是铜活字。比华珵晚一辈的华燧也于1501年用铜活字印有《百川学海》一百六十卷。它是最早的丛书之一。华氏家族中还有华燧的侄子华坚(盛年期1513—1516年)，也用铜活字印了许多书。华坚以“兰雪堂”为名，于1515年印了唐代类书《艺文类聚》一百卷。华家还有其他亲属印书只自称“华氏”而不具体署名的。总之，从1490至1516年，不到30年间，华氏家族一共用铜活字排印了约24种书籍，卷

1) 见张秀民(*12*，第61—64页。
2) 潘天祯(*1*)中说，华家所用的不是一般所谓的铜活字，而是锡活字，只有活字架才是铜的。

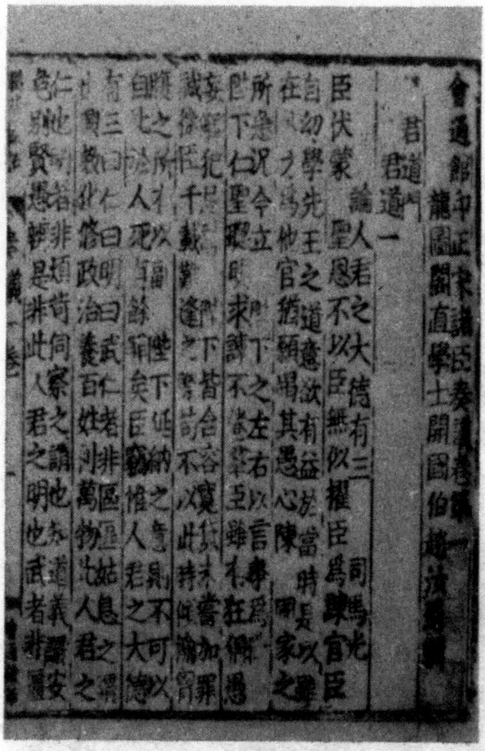

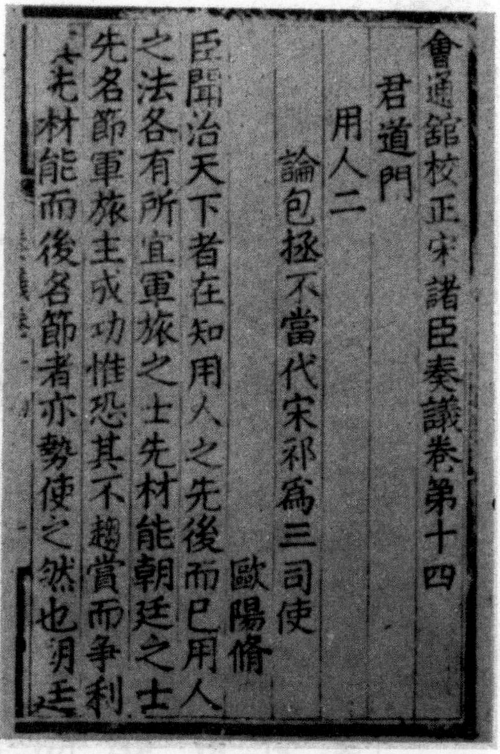

會通舘校正宋諸臣奏議卷第十四
君道門
用人二
論包拯不當代宋祁爲三司使　歐陽脩
臣聞治天下者在知用人之先後而已用人
之法各有所宜軍旅之士先材能朝廷之士
先名節軍旅主成功惟恐其不趨賞而爭利
先材能而後名節者亦勢使之然也朝廷

图1144　中国最早以金属活字印刷的书籍。1490年华燧以大、小铜活字排印的《宋诸臣奏议》。台北中央图书馆。

数在 1500 以上[1]。

继华氏从事铜活字印刷的是安国（1481—1534年）。他也是无锡人，是一位富几敌国的巨商。据说，从1516年起到去世以前，他以“桂坡馆”的名义印了至少10种著作，内容有地方志、水利通志、文集及两种类书，均以印刷精美、校勘严谨著称[2]。

常州、苏州和金陵使用铜活字印书的情况，也和华、安两家属于同一类型。据说业主也都是富有事业心的人或富户。相形之下，福建芝城（建宁）和建阳的铜活字印刷则纯属商贾性质。有时一副铜字由不止一家商人合营。以这种方式印成的杰出例子是印刷得异常精美的《墨子》蓝印本（图1145）[3]。还有50种唐人诗集（图1146），大概是正德年间江苏地区所印。

由于安国参与铜活字印刷也是在无锡，在时间上比华家略晚[4]，看来是受到了华家的启发。然而华家的铜活字又是哪里来的呢？据说明代江苏南部的活字，受到

1）见钱存训（*2*），第11—14页中介绍的书目以及富路德的著作[Goodrich (30), pp. 647—649]中钱氏论述华燧的文章。

2）见钱存训（*2*），第5—6、14—15页及富路德的著作[Goodrich (30), pp. 9—12]。

3）《中国版刻图录》，第一册，第101页。

4）有些学者误认为华家的铜活字印刷是效法安家，事实却相反。见钱存训（*2*），第6页。

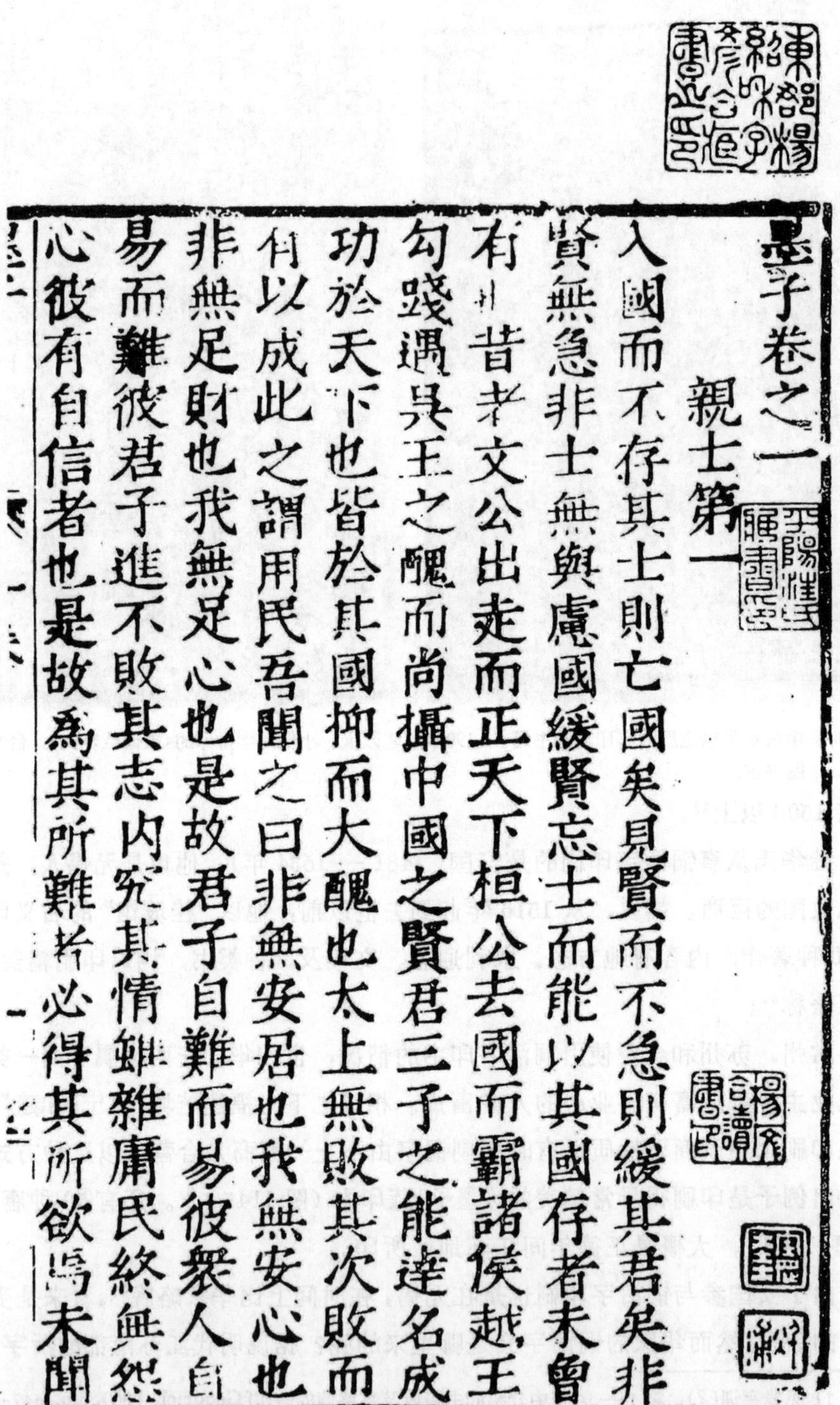

墨子卷之一

親士第一

入國而不存其士則亡國矣見賢而不急則緩其君矣非賢無急非士無與慮國緩賢忘士而能以其國存者未曾有也昔者文公出走而正天下桓公去國而霸諸侯越王勾踐遇吳王之醜而尚攝中國之賢君三子之能達名成功於天下也皆於其國抑而大醜也太上無敗其次敗而有以成此之謂用民吾聞之曰非無安居也我無安心也非無足財也我無足心也是故君子自難而易彼衆人自易而難彼君子進不敗其志内究其情雖雜庸民終無怨心彼有自信者也是故為其所難者必得其所欲焉未聞

图1145　1552年的铜活字蓝印本《墨子》。北京图书馆。

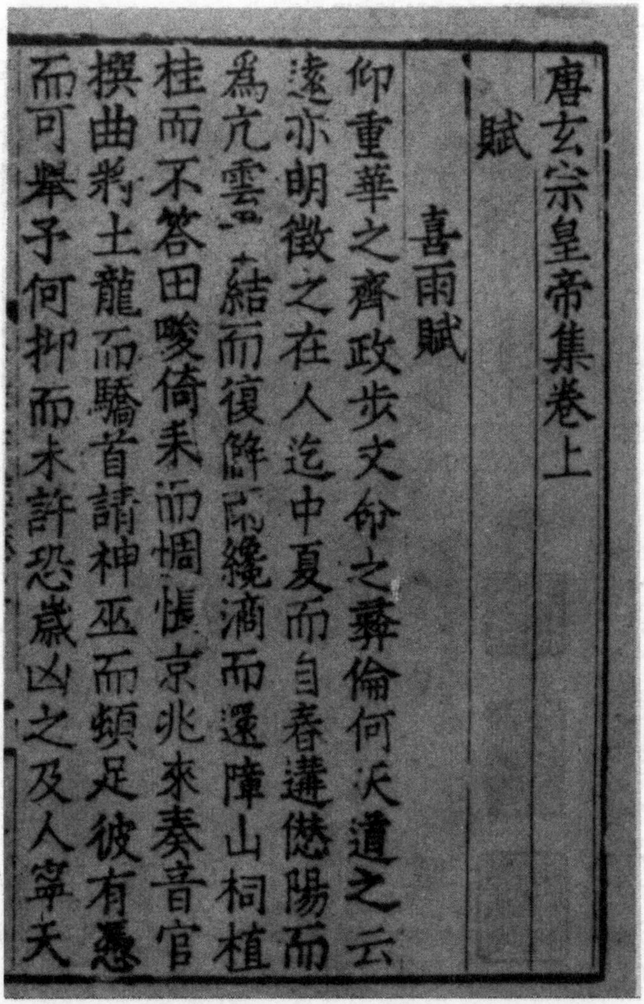
唐玄宗皇帝集卷上
賦
喜雨賦
仰重華之齊政步文命之彝倫何沃遺之云
遠亦明徵之在人迄中夏而自春逮愆陽而
爲亢雲屢結而復解雨纔滴而還障山祠植
桂而不答田畯倚耒而惆悵京兆來奏音官
撰曲將土龍而驕首請神巫而頓足彼有懸
而可舉予何抑而未許恐歲凶之及人寧夭

图1146 16世纪的铜活字版《唐玄宗皇帝集》。台北中央图书馆。

了沈括《梦溪笔谈》中那一段文字的影响[1]。但由于泥活字和铜活字在技术方面显然不同，把泥字改成铜字涉及镌刻、铸造、排字、施墨及印刷等许多技术问题，没有一副创造性的头脑，是难以竟其功的。看来明代第一位用铜活字印书的华燧只是一位略为富有而书卷气十足的人，自称对铜活字不过是“会而通矣”，而且他沉缅于 215
书籍和印刷时已经超过了五十岁。他在所印的书中还从未提及自己就是铜活字的发明者。于是有人认为他是受了朝鲜的影响。但是这种说法却缺乏具体的证据[2]。

由于明代印刷者充分证实铜活字印刷可行，清代早年就在宫廷中造出了铜活字25万枚，虽然在1728年曾用它排印过篇幅巨大的类书《古今图书集成》(图1147)，但是根据记载，清代更早一些时候就已经不乏铜活字印刷的事例。《古今

1）见《渭南文集》，祝允明跋。
2）参阅钱存训(2)，第7—8页。

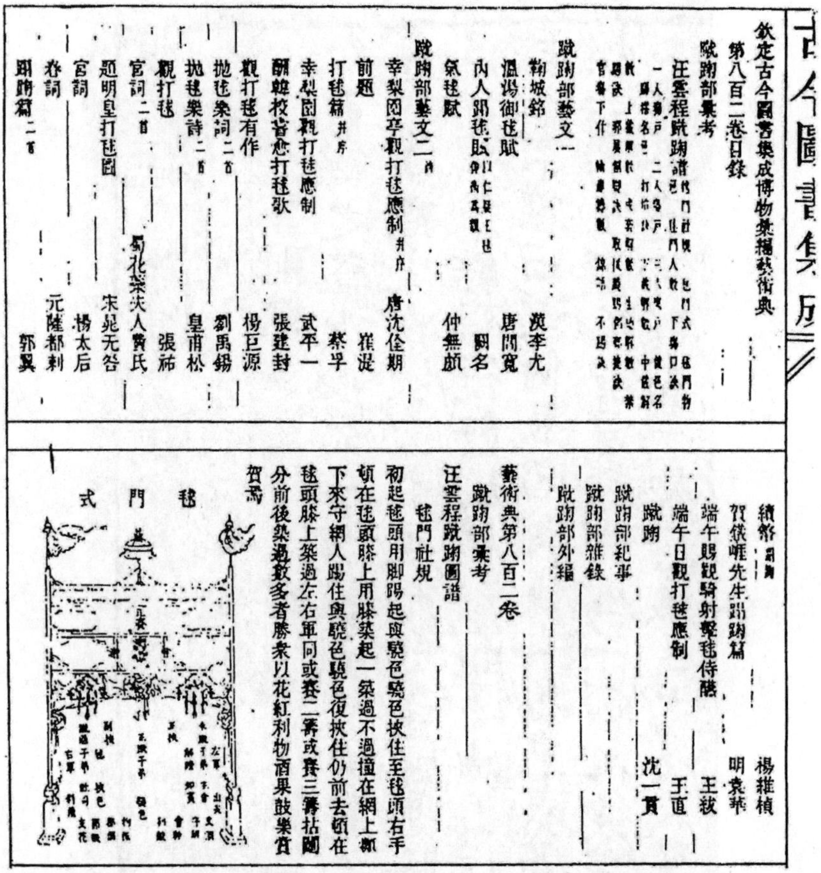

欽定古今圖書集成博物彙編藝術典
第八百二卷目錄
蹴踘部彙考
汪雲程蹴踘譜
蹴踘部藝文一
鞠城銘 漢李尤
溫湯御毬賦 唐閻寬
內人蹴毬賦 闕名
氣毬賦 仲無頗
蹴踘部藝文二詩
幸梨園亭觀打毬應制并序 唐沈佺期
前題 崔湜
打毬篇并序 蔡孚
幸梨園觀打毬應制 武平一
酬韓校書愈打毬歌 張建封
觀打毬有作 楊巨源
拋毬樂詞二首 劉禹錫
拋毬樂詩二首 皇甫松
觀打毬 張祜
宮詞二首 蜀花蕊夫人費氏
題明皇打毬圖 宋晁无咎
宮詞 楊太后
春詞 元薩都剌
蹴踘篇二首 郭翼
賀鐵崖先生蹴踘篇 明袁華
端午賜觀騎射擊毬侍讌 王紱
端午日觀打毬應制 王直
蹴踘 沈一貫
蹴踘部紀事
蹴踘部雜錄
蹴踘部外編

藝術典第八百二卷
蹴踘部彙考
汪雲程蹴踘圖譜
毬門社規
初起毬頭用腳踢起與驍色驍色挾住至毬頭右手頓在毬頭膝上用膝築起一築過不過撞在網上擲下來守網人踢住與驍色驍色復挾住仍前去頓在毬頭膝上築過左右軍同或賽二籌或賽三籌拈鬮分前後築過數多者勝衆以花紅利物酒果鼓樂賞賀焉

毬門式

图1147　1728年以铜活字排印的《古今图书集成》。上图所示的是摘自明代著作中关于足球和毬门式的内容。采自1934年影印本。

216 图书集成》原版实际一共印成了66部，每部5020册[1]。所用的全副铜活字当时存放在武英殿，但是后来在1744年却把它熔化铸成了钱币[2]。

宫廷以外，还有一些私营书坊也使用了铜活字[3]。常熟的吹藜阁在1686年印过一部文集，满族将领武隆阿于1807年左右在台湾印过《圣谕广训注》。此外，福州的林春祺在1846—1853年之间，杭州的吴钟骏在1852年，太平天国官员在1862年，都从事过铜活字印刷。1858年，常州还有一家书坊印过一部徐氏宗谱。

217 特别重要的是林春祺(生于1808年)所制造的铜活字。他从1825到1846年花了21年时间刻成了大小40万枚铜字，名曰“福田书海”，一共耗费银子20万两以上。这副铜字用正楷书写，镌刻工整，曾用它印过音韵、医学及兵法等方面的书籍。

1）见张秀民(*10*)，第49—50页。

2）由于主事官员的盗窃，这副铜活字逐渐减少。他们乘1744年北京钱币短缺之机，奏请把铜字熔掉，来掩盖自己的罪行；见《大清会典事例》(1899年刊本)，卷一一一九，第一页。

3）见张秀民(*10*)，第50—53页。

楊容賴蔡邱黎潘聶張杜金石莫杜麥蕭徐陸侯金謝吳廖何羅
黃招孔桂崔李鄧蕭盧孫詹蕭侯游葉馬梁徐尹金鄭江蕭彭蕭
尹彭招孔麥桂江游崔王李侯徐鄧詹洪馮黃羅金吳謝鄭陸蕭
盧石楊蔡葉張金邱梁孫賴黎廖何杜林徐金馬容潘錢莫侯陸
尹陸吳林蕭石侯張梁容侯黃錢馬盧金蕭游彭招崔徐鄧洪王
蔡楊賴徐黎侯金蕭何杜廖潘孫王葉莫謝鄭麥江馮孔桂王彭
孔謝莫鄒鷄嚴蕭潘容侯石馬徐林盧侯金邱鄧李崔王游桂詹
黃江尹麥馮賴楊鄒張鄒孫梁招詹洪徐金侯嚴杜何廖黎鄭李
彭孔李招鄧徐馮金黃侯江蕭尹麥侯羅詹崔王游桂杜賴何廖
馬潘莫謝鄭吳錢陸容林石葉盧徐聶金邱鷄梁蕭楊蔡黎張孫

图1148 广东唐氏的锡活字印样，1850年。采自《中国文库》，vol. 19，p. 248。

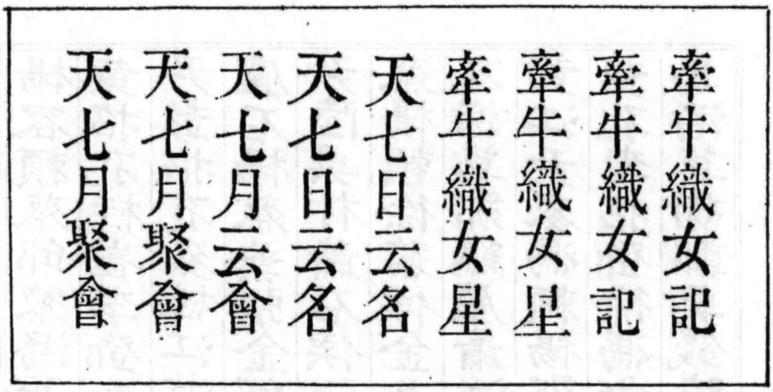

图1149 《古今图书集成》同一页上出现的同一个字的变异，说明铜活字可能是手工刻制而不是用字模浇铸的。

也许1852年杭州吴钟骏还用它来印过其他两种著作。

由于锡的熔点低，适宜于用字模来浇铸活字。事实上，早在13世纪末，就铸过这样的锡字。王祯说过：

> 近世又铸锡作字，以铁条贯之作行，嵌于盔内界行印书。但上项字样，难于使墨，率多印坏，所以不能久行[1)]。

看来不用锡来浇铸活字的原因是它不受墨。显然到19世纪中叶，已经克服了这种缺点。据说当时广东有一位唐姓印工曾经成功地铸造了一副锡活字（图1148）[2)]。

在近代活字的主要原料中，铅从未为中国印刷者普遍使用。陆深（1477—1544年）只是含糊地提到，在16世纪初年常州印刷者曾制成过“铜铅字”[3)]。但是指的可能是铜与铅的合金，而不是两种单独金属的活字。所谓“铜”活字，必然是合金，因为纯铜太软，不能使用。铜中必须掺入锡或铅来增加硬度，就和古代制造青铜兵刃和器物时一样。

剩下未决的问题是：中国传统印刷中的金属活字，究竟是用模子铸成的，还是逐个刻成的？我们已经找不到实物来检查，在文献资料中也找不到现成的答案，只能比较不同版本的字体加上对现有文献资料的分析来作为依据。研究一下明代的铜活字印品就能发现，它们在字体和风格上显然不规则。一般说来，用铜活字所印的字体并不圆活，却瘦硬斩方。即使在同一页上某些字的字体也不一致，似乎活字是个别雕刻的而不是用字模铸的。然而光是这一点，还不能认为就是个别
218 镌刻的确证，因为同一个字的字模不一定只有一个，而且活字出模后还可能要经

1）《农书》（北京，1956年），第五三八页。

2）见1850年的《中国文库》[Chinese Repository, vol. 19, pp. 247—249]以及夏德的著作[Hirth (28), pp. 166—167]。

3）《金台纪闻》，第七页。

过人工修改的过程[1]。

然而，为了充分发挥活字印刷的优势，看来理应铸字，因为青铜比木料难刻得多，而且每个写法相同的字都要有几十、几百乃至上千个，逐个手工雕刻，就 210
违背了采用活字的经济原则。但是，有些事情并不一定总是那么合乎原则，于是仍然会有人逐个刻制。事实上，以《古今图书集成》的铜字为例，看来就是手刻的。当然，根据正式记载，镌刻铜字的工价比木刻高出几倍[2]，这已经表明青铜难刻得多。专家们在检视了版本之后得出的结论是：几乎可肯定，所用的铜活字是手工刻的，不是用字模浇铸的（图1149）[3]。

由于一副金属活字可能要达到20—40万枚，我们不难想像铜活字制作工程之艰巨和费用的庞大。最普通的情况之下，也得制成大小两副活字，分别排印正文和注。华、安两家和林春祺都是这样做的。佛山的锡活字甚至有三种型号。

活字印刷除了像雕版印刷那样要用墨涂在板上尔后再用纸在版上刷印外，还要拼排活字，印完后还得拆版把活字放回原处，看来只有靠劳动分工才能进行。有些聚珍版本上所记载的匠工名字也证实了这一点。例如，1574年建阳印刷的活字版宋代类书《太平御览》一千卷，就记清了排版和印刷各用工两人[4]。由于金属本身不吃墨，很难使墨色均匀。要使印刷质量提高，就需要不断改进技术。明代华燧所印的最初几种铜活字版，字面就不均匀，甚至墨迹模糊不清，不能与华 220
坚、安国及其他较晚各家版本的字行匀直、墨色一致相比。后来的铜活字版本，有很多在审美水平上甚至超过了雕版本[5]。

有时，一眼就可以识别活字版，特别是早期试行阶段或排印不佳的版本。明显的标志是错字、错序和行线不匀。然而也有些活字本达到了较高的印刷水平，不易与其他善本区别。一般说来，活字版的字体和雕版字体没有区别，经常会有学者把同一种版本说成是活字版或雕版而相持不下。活字版之间，是铜活字还是木活字版，即使不是完全不能区别也确实难以讲清。看来，唯一可靠的证据，如果找得到的话，就是书中印刷者本身的说明了。

1）朝鲜的活字都是用字模铸的，但是同一写法的字体经常并不规则，笔划也不一致，说明这个问题并不是明代活字独有的。

2）参阅《大清会典事例》，卷一一一九，第一、二页。

3）翟林奈在其著作[Giles(2)，p. xvii]中说，不列颠博物馆的艾尔弗雷德·波拉德（Alfred Pollard）及巴黎国立图书馆的埃米尔·布洛歇（Emile Blochet）都偏向于认为活字不是铸成的。

4）见钱存训(2)，第15页中的第七项。

5）例如芝城（建宁）的铜活字本《墨子》（蓝印本）及唐人诗集。

(iv) 中国印刷术中活字版的缺点

现代印刷开始之前，雕版一直是中国传统印刷的主要形式。人们自然会问，既然活字印刷早在11世纪就发明了，为什么它未能在中国得到更广泛的应用？最重要和最明显的理由，当然还是中国文字的性质。它有几万个汉字，任何内容丰富一些的写作都要用上几千个单字。一副活字中，同样写法的字至少要几个，常用字要二十个乃至更多，因而，总数超过20万是常事[1]。如果能意识到，拼音文字的全副印刷符号包括大小写字母、数字及其他总共不到100个，那么两者的优劣就很清楚了。看来，表意文字对大量印刷符号的需要大大降低了中国活字印刷的优越性。

另一个重要因素，在引用沈括原文时就已经得到了说明。沈括说"若止印二三本，未为简易，若印数十百千本，则极为神速。"施墨和印刷技术，在整个活字印刷工序中只占一小部分，主要的任务是排版及印完后拆版并把活字归还原处以备再用[2]。因此，只在印数巨大时活字排印才能显得优越。也只有在这种情况下，
221 才能把印成每一部书的平均时间减少到可行和合算的程度[3]。

雕版与活字版不同，可以长期地保存、一再使用，偶尔才需要修补一下[4]。因此雕版和活字印刷各有不同的特点：前者适合较长时期重复小量使用，后者则适于一次大量印刷。前者正好符合中国传统坊间的供求情况，无法用活字来代替。旧时书肆一次只印几十部就把雕版藏好，需要加印时再取出来，以避免存书过多资金呆滞。因此，雕版就在中国传统印刷中独擅胜场了。

投资方面，活字版给业主的负担要大得多。纸墨成本相对稳定，制造大量活字却需要一次付出巨额投资。这和板材及雕版的低额成本相较，十分不利。从长远考虑，活字可反复用来排印不同书籍自然是优点，但是能够作这样长期投资的人却不多。再加上雕版工人数多、工价廉，就使业主更不愿改变陈法了。

此外，学者总强调文字无误、书法秀美。活字，特别在刚问世时，并不总能达到这样的要求。雕版则能表达形形色色的印刷效果，使版面具有特色及个性。

1）清代在1728年为了印《古今图书集成》在内府造铜活字20万个以上，1773年为了印《武英殿聚珍版丛书》造木活字25万个以上。19世纪初年，福州林春祺也造了约40万个铜活字。

2）重印活字版并不容易。很多书先是用活字印，重印时就改用雕版。显然由于重新排版在经济上并不合算。

3）例如，1574年印宋代类书《太平御览》时就说以铜活字印100部以上。1847年翟金生又用泥活字印了400部。

4）许多中国文献都讲到雕版的代代相传。有些版本叫"三朝本"，即雕成于宋代，修补于元代，重印于明代。

这是呆板的活字难以望其项背的。雕版的整体效果和严谨性，使版面比活字排成的悦目。有时雕版直接用作者的手稿翻刻，更能免除排字和校对中的错误。

上面提到过，金属活字不易着上中国的水墨。陶泥和瓷质活字也有这个毛病，而且陶瓷还有焙烧时变形的缺点，使行字不匀。这些都损害了出版物的美感，使活字难以推广。

技术上，刻一百个活字，比在雕版上刻一百个字难得多。活字虽然可以重排， 222
也自有难处：必须雇佣熟手，通常还得是有相当语文修养的人才行。上述这一大堆原因累积起来就造成一种局面，使活字虽然能在中国文化中发明，却难以在同一文化中发展[1]。

(3) 中国书籍的式样和装订

(i) 标志、行格和字体

传统中国书籍只印纸张的一面，每张书叶沿中间竖线对折，成为左右两个半叶。每半叶上印有特殊的标志及行栏，顾名思义，就能了解它们在书叶中的性质及作用(图1150)。纸叶上的印刷部分，代表印版的实际大小，叫做"版面"；中间的对折处，叫做"版心"。版心中可能印有一些标志，如"象鼻"，指一条可据以对折的粗细线条；又如"鱼尾"，指上下一对V形的折标。狭窄的对折区域内还可以印上书名、叶数，有时还印上卷名、卷数、每叶字数和刻工姓名。宋版书页左上方边线外偶尔还印有方形的卷数标志，叫做"书耳"。它是书边的索引，对"蝴蝶装"书本特别有用[2]。

书叶上下边线外的区域分别叫做"书眉"(又名"天头")和"地脚"。天头一般比地脚宽。每叶上划有行格和界线，每叶包括四面的边栏，有些双线，有些单线。每半叶上的竖行数为5—10，每竖行中的字数为10—30。这种基本印刷格式以及 223
有些中国书籍传统版式方面的名称，一直沿用到现代[3]。

一本书最重要的部分，当然还是正文，一般都印成不同字体的楷书。各时代和各地所印的书字体也不相同。这种特点，不仅已成为衡量书籍艺术水平的根据，也有助于断定印本的年代[4]。中国书法中的不同字体主要以历代杰出书法家的手迹为依据，但楷书由东汉前后的隶书发展而来，在唐代其风格已趋于稳定，并

1) 见潘铭燊的著作[Poon Ming-Sun (2), pp. 185—187]。

2) 关于中国传统书籍版式方面的名称，见叶德辉(*3*)，第27—28页和李文椅(*2*)，第17页起。

3) 版本名称的译名和解释，见钱存训的著作[Tsien (7), pp. 1—18]。

4) 确定宋版年代的标准，见潘铭燊的著作[Pcon (2), pp. 204ff.]。

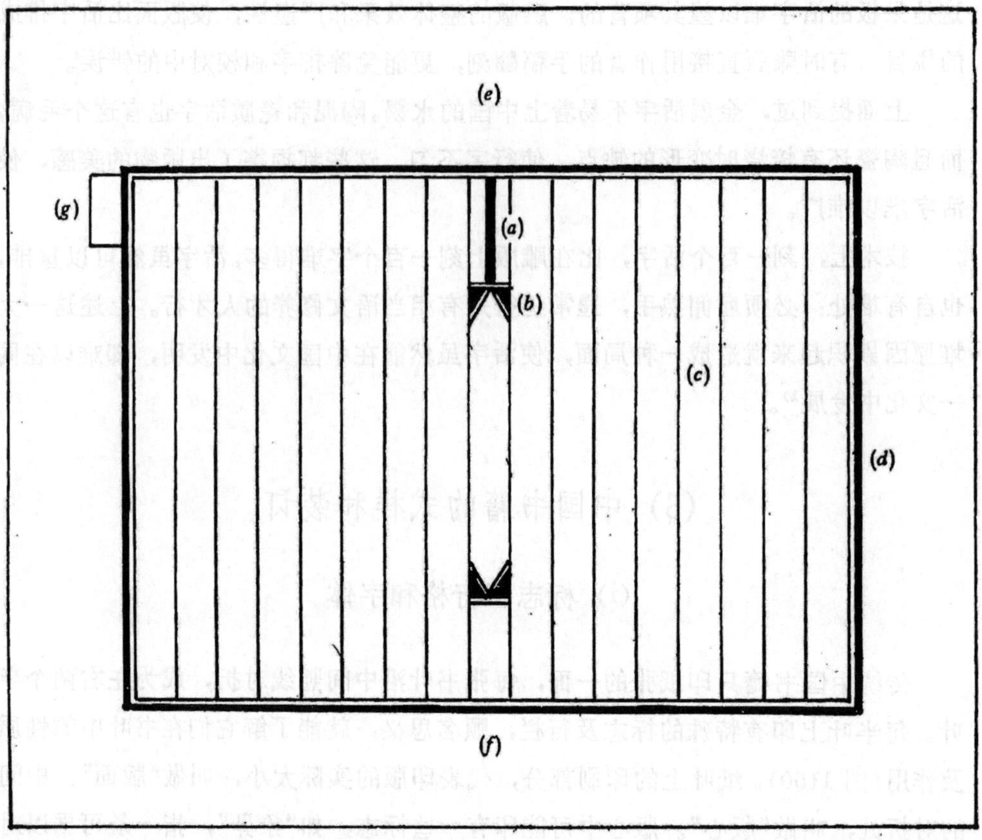

图1150 印本书叶的典型版式：(a)象鼻，(b)鱼尾，(c)界，(d)边栏，(e)书眉或天头，(f)地脚，(g)书耳。

且成为标准形式。自有印刷以来便一直被采用[1]。

224 宋代以来，刻工至少采用了三种流行的楷书字体：即欧阳询（557—641年）体、颜真卿（709—785年）体和柳公权（778—865年）体（图1151）。欧体结构匀称、线条优雅匀瘦。颜体则丰满端庄，笔触粗壮沉稳。柳体在欧、颜之间，骨力劲道，意蕴神凝。一般说来，北宋版效法颜体（图1152），南宋版则杭刻取法欧阳，建刻追随颜、柳。川刻虽以颜、柳为尚，却显示了徽宗（1101—1125在位）"瘦金体"的影响。

早期的元版继承了南宋采用颜、柳体的传统，但是后来就逐渐改为元代书法家赵孟頫(1254—1322年）的字体。这种字体特别柔弱妩媚（图1153）。明代初期
225 的版本继承了宋、元本欧、赵体的传统，然而自从16世纪中叶起逐渐改为匠体，又称"宋体"。这种字体结构方板、竖粗横轻，锋末顿、捺特重（图1154a)。

1）各体书法范例，见蒋彝[Chiang Yee (1)]、张隆延[Léon Chang (1)]、傅申[Fu Shen (1)]和曾幼荷[Tseng Yu-Ho Ecke (1)]的著作。

图1151　中国流行的著名书法家楷书手迹。(*a*)欧阳询，631年。(*b*)颜真卿，771年。(*c*)柳公权，841年。(*d*)赵孟頫，约1302年。

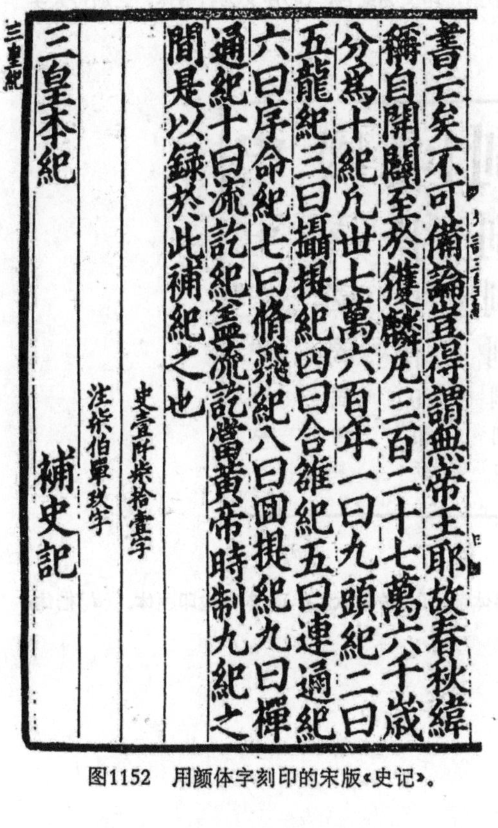

書云矣不可備論豈得謂無帝王耶故春秋緯
稱自開闢至於獲麟凡三百二十七萬六千歲
分為十紀凡卅七萬六百年一曰九頭紀二曰
五龍紀三曰攝提紀四曰合雒紀五曰連通紀
六曰序命紀七曰脩飛紀八曰回提紀九曰禪
通紀十曰流訖紀蓋流訖當黃帝時制九紀之
間是以錄於此補紀之也

史壹阡柒拾壹字
注柒伯單玖字

三皇本紀　　補史記

三皇紀

图1152　用颜体字刻印的宋版《史记》。

經史證類大觀本草卷之一

序例上

補註總叙

舊說本草經神農所作而不經見漢書藝文志亦無
錄焉平帝紀云元始五年舉天下通知方術本草者
在所為駕一封軺傳遣詣京師樓護傳稱護少誦醫
經本草方術數十萬言本草之名蓋見於此而英公
李公勣等註引班固叙黃帝内外經云本草石之寒
温原疾病之深淺此乃論經方之語而無本草之名
惟梁七錄載神農本草三卷推以為始斯為失矣或
疑其間所載生出郡縣有後漢地名者以為似張仲
景華佗輩所為是又不然也淮南子云神農嘗百草

图1153　1302年元代崇文院用赵体字刻印的《证类本草》。

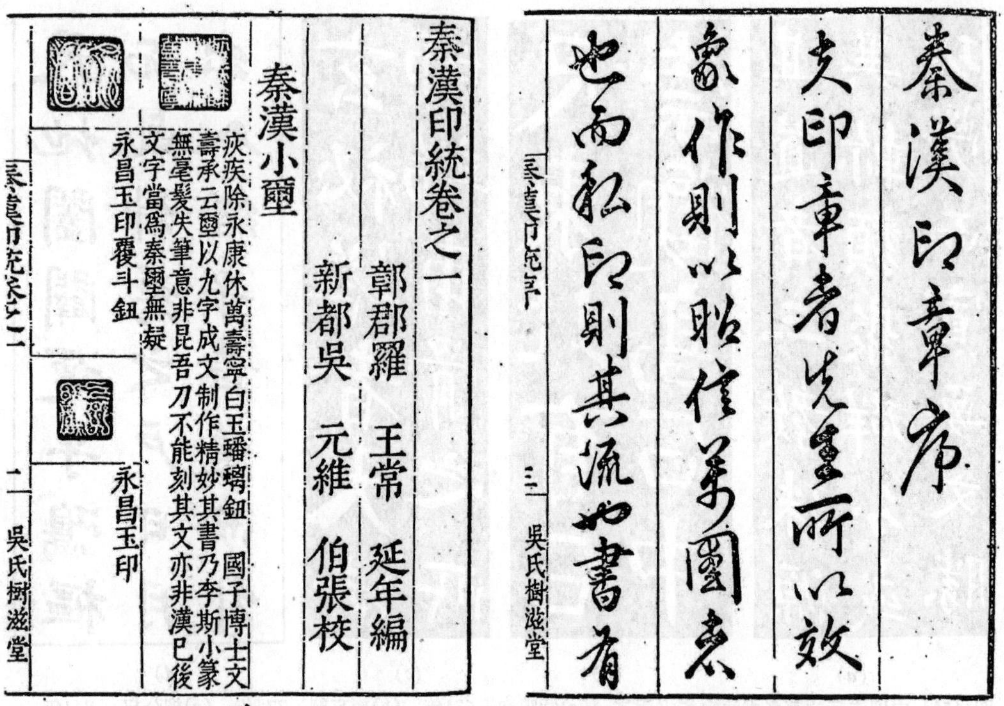

(a) (b)

图1154 明刊本，约1606年。(*a*)书籍正文用匠体字书刻，印文为红色；(*b*)序文为行书体。芝加哥大学远东图书馆。

(*a*) (*b*) (*c*) (*d*)

图1155 现代七种型号的印刷铅字。(*a*)用于标题的黑体字。(*b*)仿宋体。(*c*)老宋体或印刷体。(*d*)楷体。采自史梅岑(*1*)。

嗣后，此种拘板不灵的字体除偶有变异外，就为刻书者通用。此外，还有仿宋体和正楷，主要用于写刻书名及标题等其他特殊目的(图 1155)。

有时不由工匠抄写，而径用书籍作者本人或专门聘请的书法家，或本家书法出众者的手迹[1]。即使由工匠抄写，序文却往往书法特别优秀，因为它不是序文作者本人的手迹就是聘请名家代书(图 1154b)。这类优秀书法的精品，不仅代表了中国的观赏艺术，也经常是书籍中最能给人以艺术和审美感受之处。 227

中国印刷上的另一个特点是"讳字"。凡是当朝皇帝的名字，有时连皇帝祖先的名字，都不准印出。变通的办法是：或在讳字中省去一笔，或易以意义或声音相同的另一字[2]。讳字有时还包括刻书者本人祖先的名字[3]。印刷内容中有没有讳字，是鉴定版本年代的另一项标准。

(ii) 中国书籍形式的演变

当印刷的单页首次用于书页时，其装订方式逐渐有所演变。唐代中叶以前的中国书籍，不管用的是什么材料，其装订方式都是把许多小的单元逐一连接为长而不断的整体。竹简木牍和帛卷、纸卷都是这样。就是雕版单叶印张出现以前的写本，也保持了这种整体的形式。从文献中开始提到印刷时起，新的折装形式也跟着出现。它较紧凑，比起卷轴来具有能迅速翻阅到所需部分的优点。折装又有若干发展阶段，从宋代的"蝴蝶装"[4]，经过元、明两代的"包背装"，发展到明、清两代的"线装"[5]。20世纪初，现代印刷普及于中国后，才为西式装钉所取代。

起初，简牍用丝、麻绳编联，以便可以卷成一卷或像手风琴上的褶一般叠起来[6]。绳必须捆扎两道或三道，在第一根简牍外打上结，然后把绳子一股朝上、另一股朝下交叉套在刻出的凹口处，防止阅读时滑动；加第二根时，把凹口对准第一根上的凹口，又把绳子的两股交叉横套过去，在另一边凹口处交叉，以后依此 228
类推，直到加上最后一根再打上尾结，后面要留下较长的绳子，以备全策卷上或叠起后可以一并捆上(图 1156)[7]。捆好的策在递送时，要用各种颜色的绸或布袋

1) 见叶德辉《书林清话》中有关宋、元、明版字体的论述。

2) 有时为了保持文本的正确性，在代用字下面用注文说明原来应该用但涉及皇帝名讳的字。

3) 见屈万里和昌彼得(*1*)，第109页起；及陈垣(*4*)中的宋末至清末各代讳字一览表。

4) 见本册 pp. 230ff.。

5) 关于中国传统书籍装订发展史，见马衡(*1*)、李文祷(*1*)、李耀南(*1*)和马丁尼克的著作 [Martinique (1), (2)]。

6) 关于竹简和木牍的编扎和包封，见钱存训的著作[Tsien (2), pp. 111—113]。

7) 编扎方法，见斯坦因[Stein (6), pp. 251—253]和钱存训 [Tsien (2), pp. 111—113] 的著作。

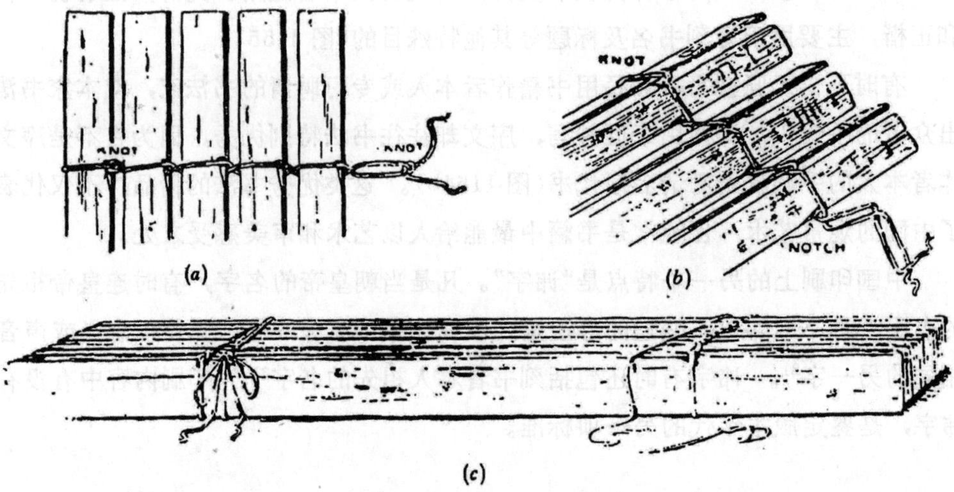

图1156 编扎木牍的方式：(*a*)打开的牍策。(*b*)编扎法。(*c*)捆在一起的牍策。采自斯坦因的著作[Aurel Stein (6)]。

包封严密。不同的颜色，代表不同的递送方法[1]。

帛纸卷轴逐渐取代了简策和牍策。现知从公元前7世纪到公元5世纪，是使用帛卷的时代。纸卷则于公元最初几个世纪中才开始使用。帛卷的长度，取决于内容，在内容结束处把帛剪断。但是如果超过40尺[2]，就要缀上另一块。纸幅制成时长2尺[3]，因而要逐张粘贴至内容结束为止。这是帛卷本和纸卷本的唯一差别，两者在其他方面都一样。因为以纸代帛是由于帛贵纸廉，装订成书卷的方法则无需改变。例如，两种卷本都在卷心结束处粘上木轴，轴的两端用昂贵的材料如青瓷、象牙、玳瑁、珊瑚、金子、红木等镶配[4]。不连轴的卷首还用绢、缎、纸糊裱，以(便于卷起后)防止卷头文字损坏。糊裱端还连上缎带以便书卷卷紧后可
229 以在卷外捆扎(图1157a)，缎带的颜色表示著作门类，这种用颜色代表著作门类的
办法也适用于卷轴上的标签(图1157b)。书卷外面用绸缎或竹帘制成的"书衣"(亦
230 称"帙")包裹保护(图1158)，竹帘外沿用白色或其他颜色的绸子、薄绢或其他织物
镶边。一帙书衣可包十卷书左右[5]，卷轴一端附有写明书名卷数的标签[6]。包上书衣后，整包堆上书架。

1) 简牍的包封及递送，见劳榦(*8*)，第一册，第75页。

2) 秦汉时素帛阔2.2尺，长40尺。

3) 敦煌古纸大多每张阔24厘米，长48厘米。

4) 参阅马衡(*1*)，第207页。

5) "帙"字有时指"十"，即源于此。

6) 参阅钱存训的著作[Tsien (2), pp. 155—156]。

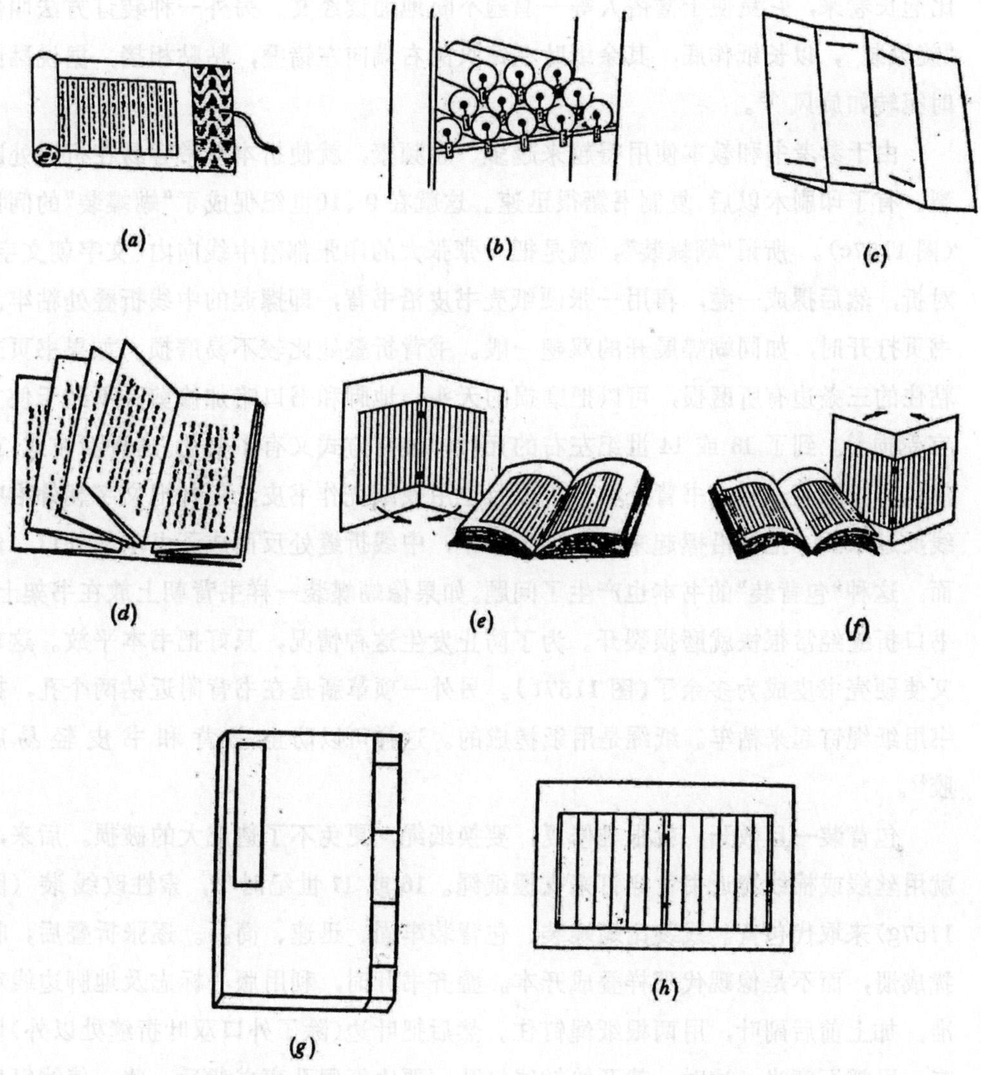

图1157 中国传统书籍形式及装订的演变。(*a*)纸卷本，卷端用绸缎糊裱并附缎带，卷心末端粘有木轴。(*b*)轴端附写明书目及卷数的标签。(*c*)折页。(*d*)经装折。(*e*)蝴蝶装。(*f*)包背装。(*g*)线装。(*h*)印有竖直行格的双叶。采自刘国钧的著作[Liu Kuo-Chün (*1*), (2)]。

(iii) 折装、包背装和线装

有一种过渡的装钉形式与佛教密切相关。佛经最初从印度传到中国时，是写在狭长贝叶上的贝叶书本。一般认为，折页可能受到贝叶书本的启发。所谓“经折装"，就是把长而粘在一起的书卷折叠成手风琴褶一般的经叶（图 1157 e）[1]。
231 比起长卷来，它更便于僧俗人等一遍遍不断地诵读经文。另外一种装订方法叫做"旋风装"，以长纸作底，其余纸叶在每页的右端向左错叠，粘贴相接，据说翻阅时宛转如旋风[2]。

由于参考书和教本使用得越来越多、越频繁，就使折本非常容易在折缝处断裂。有了印刷术以后，复制书籍很迅速。这就在 9、10世纪促成了"蝴蝶装"的问世（图 1157e）。所谓"蝴蝶装"，就是把一张张大的印张都沿中线向内（文字朝文字）对折，然后摞成一叠，再用一张硬纸壳书皮沿书背，即摞起的中线折叠处粘牢。书页打开时，如同蝴蝶展开的双翅一般。书背折叠处比较不易磨损。如果书页未粘住的三条边有所磨损，可以把磨损的天头、地脚和书口略加修剪，不致于使文字受损[3]。到了 13 或 14 世纪左右的元代，装钉方式又有了变化。这种新方式，虽然也和蝴蝶装一样在书背上粘牢，而且也用硬纸壳作书皮，但却把文字朝外沿中线反过来折，把边沿摞起来作为书背粘牢，中线折缝处反而成了书本的外口。然而，这种"包背装"的书本也产生了问题。如果像蝴蝶装一样书背朝上放在书架上，书口折缝经常很快就磨损裂开。为了防止发生这种情况，只好把书本平放。这却又使硬壳书皮成为多余了（图 1157f）。另外一项革新是在书背附近钻两个孔，把书用纸绳钉起来粘牢。纸绳是用纸搓成的。这样可以防止书背和书皮轻易脱胶[4]。

包背装一旦散开，就很难修复，要换纸绳，更免不了造成大的破损。后来，就用丝线或棉线靠近书背穿钉来支援纸绳。16 或 17 世纪时[5]，索性改线装（图 1157g）来取代包背。线装比蝴蝶装、包背装牢固、迅速、简易。逐张折叠后，收拢成册，而不是像现代那样叠成开本。叠齐书叶时，利用版心标志及地脚边线对
232 准，加上前后副叶，用两根纸绳钉住。然后把叶边（除了外口双叶折缝处以外）切齐，用浮石磨光。这时，就开始钻线钉孔，要比纸绳孔离书背远一些，使线钉后盖住纸绳处。通常钻四个孔，要选择孔点，使线钉后书叶打开时书背受力最少。碰到大本书时，还可以在上下两角再加两个钉针孔，以抵消书本重量和尺寸所产生的多余负担（图 1159）[6]。

1）参阅李耀南（*1*），第212页。昌彼得（*3*），第 3 页中认为，单独的叶子在合订成书以前业已存在。把"叶"字解释为书中一翻而过的一页，是引伸出来的意义。

2）参阅李致忠的《古书旋风装考辨》，《文物》，1981年第 2 期。

3）参阅李文裿（*1*），第545页。

4）参阅刘冰（*1*），第38页中的插图和马丁尼克的论述[Martinique (2), pp. 54—55]。

5）见李耀南（*1*），第216页。

6）见马丁尼克著作中[Martinique (1), pp. 228—230]的说明和图解。

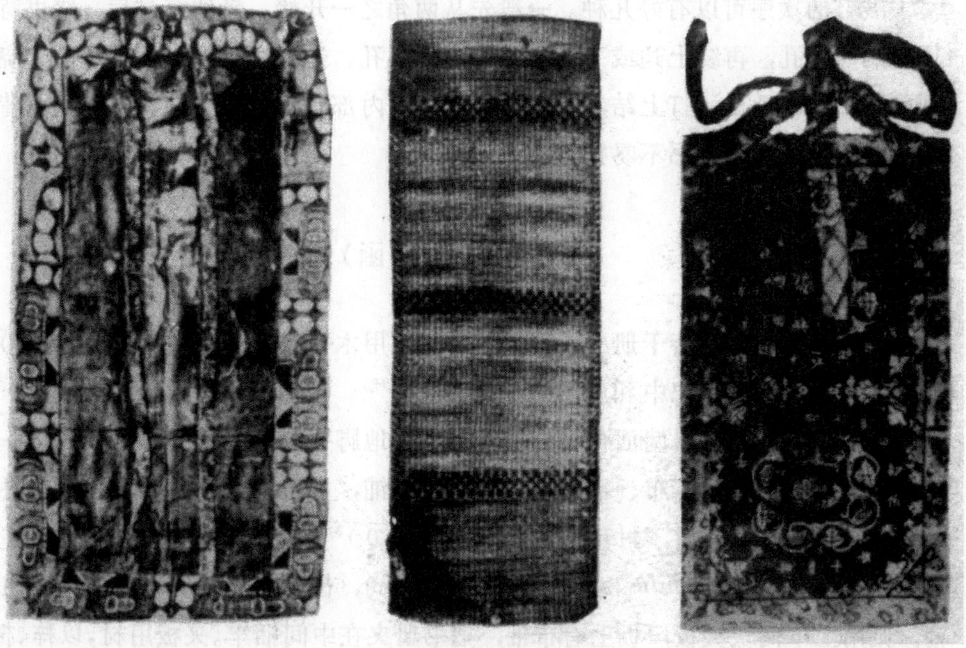

图1158 唐代包裹纸卷书的丝织书衣。(a)、(b)出土于敦煌，巴黎卢浮宫博物馆藏品。(c)日本正仓院藏品。

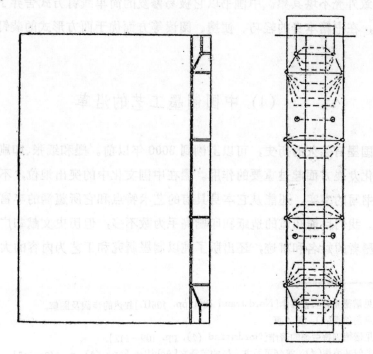

图1159 线装及线钉步骤示意图。采自诺德施特兰德的著作[Nordstrand (1)]。

线钉的次序可以有好几种。一般先从两角之一开始，针线穿过后，绕书背一圈回到原入孔，再绕上边或下边一圈回到原入孔。这样逐孔绕上横竖线圈，绕满回到第一个原孔后，打上结，并把结抽到书本内部看不见处[1]。有时还把书背上下两角包上锦缎，使书不易损坏。

(iv) 封套（函）

233 同一部著作中的若干册书，可以装入另外用木板或厚纸板专制的封套(函)。这种封套在唐代9世纪中和扁平书本同时问世[2]。它可以设计成不同的式样，但一律都能把书背、书口两面包裹，有时连天头地脚也能包住。厚板的长阔，一如所包封的书册。先把麻布、锦缎或其他织物平铺，刷上浆糊，再把纸板放上去，用织物包贴。浆糊干后，封套就制成了（图1160）[3]。特制的书箱，以江西楠(*Phoebe nanmu* or *machilus nanmu*)木制成的为尚，因为它防蠹，不易腐朽。在华南，则用上下两块夹板，板上有布带，把书册夹在中间捆牢。夹板用材，以梓、檀、枣木为佳[4]。

中国线装书能从封套中取出，这一点和西文书大不相同。线装本因而轻得多，免受西文书那种笨重的外壳、布条、麻线等重荷。西文书钉得很紧，还使用重磅纸，以致外壳不堪其累。中国书以它极易修复的简单线钉方式舍弃了紧贴和固定的封面，在书籍本身的轻巧、便携、阅读等方面优于西方形式的装钉[5]。

(4) 中国制墨工艺的沿革

中国墨有悠久的历史，可以上溯到3000年以前。墨和纸张、印刷术一起，在
234 中国文化发展方面起过重要的作用。墨在中国文化中的突出地位，不仅能从它普遍用于书写的事实，还能从它本身具有的艺术特点和它所蕴涵的丰富学识上得到证明。我们目前知道的造纸和印刷高手为数不多，但历史文献却广泛记下了几百位制墨者的姓名和事迹，还出版了纯以制墨研究和工艺为内容的大量著作。对

1）见诺德施特兰德书中[Nordstrand (1), pp. 106ff.]叙述的步骤及图解。
2）见昌彼得(*3*)，第4页。
3）见诺德施特兰德的著作[Nordstrand (1), pp. 109—112]。
4）参阅叶德辉(*4*)，第46页及方志彤的英译文[Achilles Fang (1), p. 142—143]。
5）关于中国传统书籍装钉的优点，参阅马丁尼克的论述[Martinique (2), p. 227]。

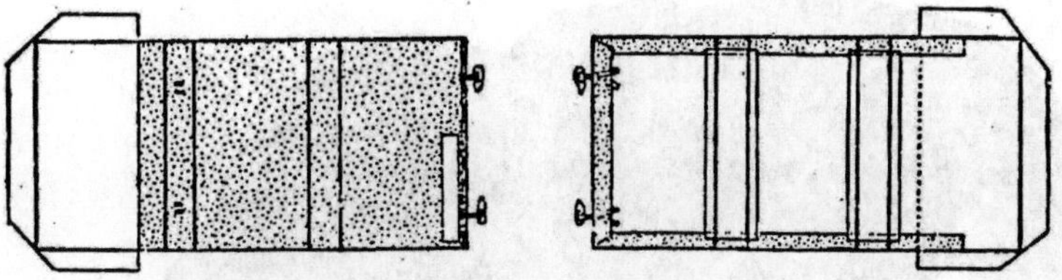

图1160 布和纸制的传统线装书封套(函)。采自诺德施特兰德的著作[Nordstrand (1)]。

墨的评价，国内国外都很高。国内一锭珍品与等重的黄金同价，国外则无论东方或西方都以中国墨锭为借鉴进行仿制。

中国墨最早出现的实例，就是写在甲、骨、石、陶、竹、木和帛、纸上的黑色和红色文字，时间从公元前1400到公元4世纪。最近还发现了公元前3世纪到公元3或4世纪所制的墨锭。有些时代较晚的墨锭工艺品，今天还能见到。由于这些古墨未曾充分化验，现在要研究它们的性质、成分和制造过程，就需要从文献上找到根据。不幸的是，汉代以前上古文献介绍的情况并不多。

汉代到宋代的墨，看来是用松烟、胶质及各种添加剂混合制成的。在此以前，可能用漆在表面坚硬的器物上写过简短的文字，但是一般书写并不用它。这一时期中，也曾用过某种石墨，但使用的场合就可能更少了。宋代开始，经常用燃烧动、植、矿物油料时取得的烟炱来代替松烟，但其它色料、粘合和添加剂则历久不变，只是比例随不同的制墨者有所调整而已。

可能从把墨锭制成棱柱带平面的形状时起，才开始在面上添加图案装饰。其首创年代可能在唐以前。从此，墨锭装饰日益成为精美的工艺。开始生产整套用连环故事或图像装饰的墨锭供人购藏。鉴赏家的雅兴，使装饰的重要性不下于书写要求的品质。

(i) 墨在中国及其它文化中的作用

在中国，书写不仅是发挥记录功能的方法，至少从汉代开始，书法就认为是主要的艺术形式之一。随着时间的推移，一切与书法有联系的事物也都在总的书法美学上占有一定的地位，它们本身也上升为艺术门类。结果，用于书写的纸、墨、笔、砚在用于产生艺术作品的同时，本身也成为艺术品(图1161)，被誉为“文房四宝”，为鉴赏家所甄选和收藏。除了用于书写外，墨还用于绘画、印刷、美容 236
甚至医药。

中国墨在使用以前，一般呈固态的墨锭形式。临用时，才以一小部分在砚台

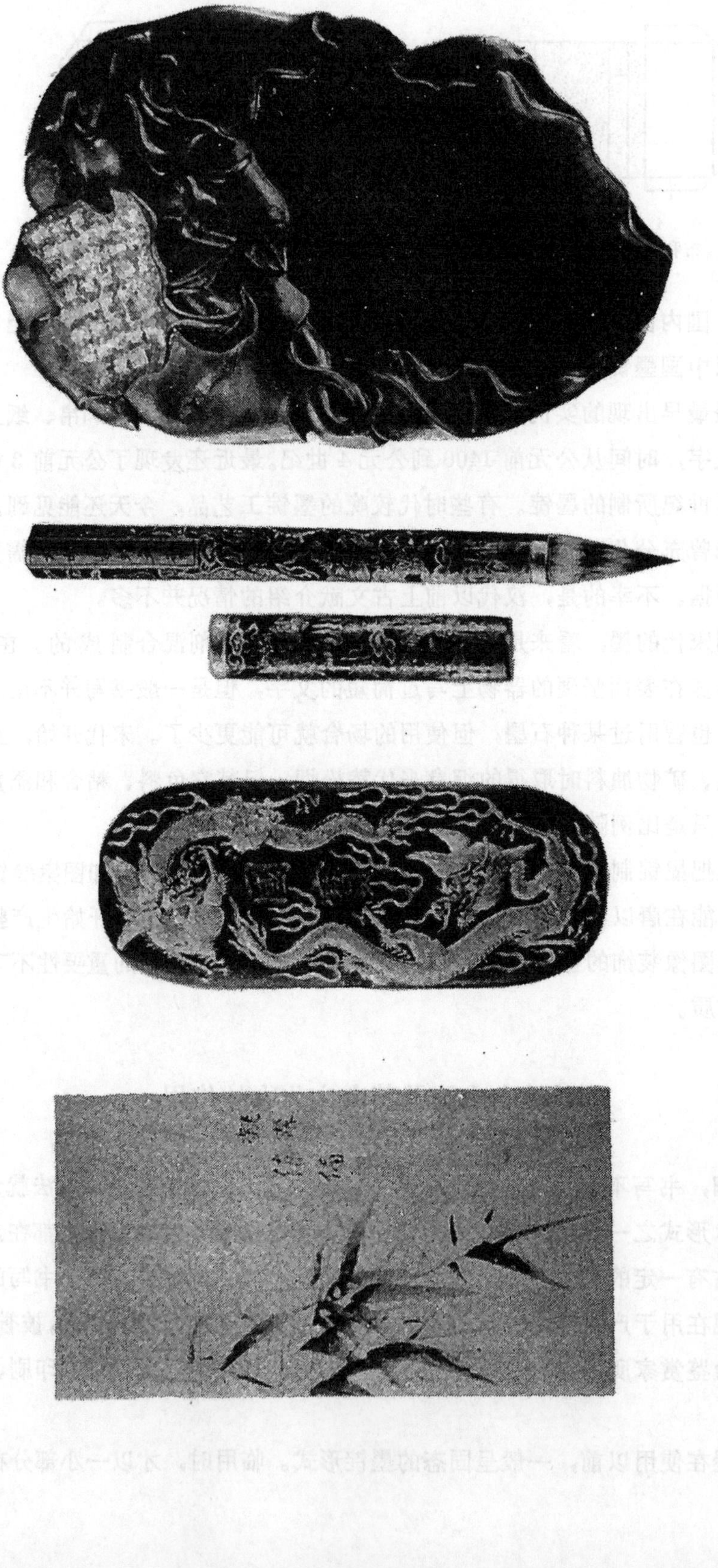

图1161 文房四宝。自左至右依次为：纸（十竹斋套印的笺谱，约1619—1633年），墨（永乐年间所制的双龙"国宝"墨，1403—1424年），笔和笔套（嘉靖时制，1522—1566年），砚（宋代米芾瓜藤砚）。台北故宫博物院。

里和水磨成液体的墨汁。保持固态可免于在蒸发中消耗，这样，墨才得以长久保存。固态亦有助于使墨锭发展为工艺品。这样，才容易在使墨锭成型的墨模上雕刻图案，或把图案直接加工到墨锭上去。墨色的经久和光泽，也是中国墨的重要特质。这一点，看一下现存千年以上的古代文献和书画就很容易体会。

中国不是用墨的唯一文明古国。有根据认为，埃及开始用墨的年代可能还要早一些，因为最晚在发明莎草片时它就已经用上墨了。从时间上算，也许比公元前2500年还要早。古埃及用的是液体的墨汁，形成它的色料可能由燃烧动物骨而得。公元前1100年以后，西亚也可能使用过这种墨汁[1]。《圣经》新旧约中都几次提到墨或提到在书中书写，这表明古代犹太人在埃及居留时就已学会了用墨[2]。

古希腊人用各种墨在羊皮和莎草片上书写。这些墨的颜色来自晒干后的葡萄酒残渣或烧成炭的象牙，并且象中国墨一样以固态贮存，临用时才用水化开。古罗马人所用的墨也差不多，但看来还利用了别种颜料，如把墓中人骨刨出烧得半焦利用黑色部分，或使用某些泥土或矿物、松脂或沥青油烟、乌贼汁及灯烟。灯烟及乌贼汁用来在莎草片上书写，字迹可以随时用海绵沾湿擦去，这点与中国墨不同，中国墨迹不能擦掉。另外一种墨汁是瘿蜂卵细胞造成的瘿（植物瘤状物），用来在羊皮上书写。古阿拉伯人的墨据知是从希腊墨演变成的，其中主要的颜料是松烟[3]。

印度用墨的历史，可能因为上古禁止以文字记录佛经而推迟。古梵文叙事诗《摩诃婆罗多》中提到，任何胆敢出售、伪造或书写《吠陀》经典者都要罚下地狱。印度开始用墨，可能在以棉织物或桦木皮作为书写材料时发生的。这是希腊作者在公元前4世纪首先报导的。公元1世纪，另一位希腊作者写道，印度巴巴利肯(Barbarikon)港，出口"印度墨"(*Indikon milau*)。普利尼(Pling)并把它与当年在罗马制成的极品墨作了比较[4]。但是，这时的印度墨已可能是从中国学来或运来的。劳弗(Berthold Laufer)就这样说[5]。因为远在西汉，许多丝绸等贸易珍品就 237
已经常从中国通过印度抵达欧洲了。

日本和朝鲜用松烟或油烟制的墨显然学自中国，因为制法几乎雷同。制墨、制纸、制笔又是到唐朝去的外国留学生必须学习的手艺。西藏看来也已从汉人那

1）古埃及和西亚用墨的情况，见维堡[Wiborg (1), pp. 70, 137]和布雷斯特德[Breasted (2), pp. 230ff.]的著作。

2）参阅维堡的著作[Wiborg (1), p. 71]。

3）关于古希腊、罗马和阿拉伯人所用的墨，见维堡的著作[Wiborg (1), pp. 71—76]。

4）维堡的著作[Wiborg (1), pp. 62—65]。

5）维堡的著作[Wiborg (1), p. 2]。

里学会了制墨，虽然藏墨以液体贮存而非固态。

没有这些墨的样品，就难以把它们与中国墨作深入的比较。然而我们知道，中国墨的特殊品质使它成为世界各地、包括欧洲在内积极仿造的抢手货。李明(Louis LeComte) 在 17 世纪提到中国墨时说，“它品质极佳。法国一直极力仿造，却未能成功”[1)]。杜赫德 (du Halde)也在 1735 年写道，“欧洲人曾想仿造这种墨，却并无成效”[2)]。劳弗认为，中国墨风行的原因可能是它总的特点。对此他评论说：

首先，它产生一种深浓而纯正的黑色，其次，它的色泽经久、永不变色，几乎无法褪除。书写的中国文献就是浸在水中几周，字迹也不会褪掉。早在汉代写成的文献，……墨色至今光泽完美，新如隔日。印刷版本上的墨色。也是这样，元、明、清各代的书籍在墨色、纸张和字体上仍然保持了完美的整体[3)]。

这些卓越的品质，当然来自配方中的各种用料以及复杂精细的制墨工序。下文即将论述这一切。

(ii) 中国墨的起源和早期实物

传说上把中国墨的发明归功于 3 世纪初的书法家韦诞 (179—253 年)。然而考古发掘和历史资料都证明，早在韦诞之前，各种墨或与墨作用类似的颜料就已
238 经广泛应用了。陕西半坡发现的彩陶就说明早在新石器时代已经使用了红、黑颜料[4)]。商代后期的甲骨中，相当多的一部分都伴随文字染有红、黑颜料痕迹，有的是刻字之前涂上的，也有的是刻有字痕之后再涂入的。经过检验，红的是朱砂，黑的是碳质物料的墨或干血[5)]。商代石、玉、陶器表面，也发现用黑色液体写的字。

西周青铜器上，最先使用了“墨”字[6)]。但显然指的不是书写用的液汁，而是黥面的刑罚。最早把“墨”字用来指书写用的液汁的，是战国时代的著作《庄子》。《庄子》上说：“宋元君将画图，众史皆至，受揖而立，舐笔和墨”[7)]。还有两部较晚的

1) 李明的著作[LeComte (1), Eng. ed 1697, p. 192]。

2) 杜赫德的著作[du Halde (1), Eng. ed. 1736—1741, vol. I, p. 370]。

3) 维堡的著作[Wiborg (1), pp. 41—42]。

4) 参阅《西安半坡》(1963年，北京)，第156页。

5) 参阅白瑞华[Britton (2), pp. 1—3]和贝内代蒂·皮希勒[Benedetti-Pichler (1), pp. 149—152]的著作。

6) 参阅高本汉的著作[Karlgren (1), no. 904 *b*]。

7) 《庄子》，卷七，第三十六页。

著作提到，春秋时代已经把墨用于书写。其中一部引了晋国赵简子的一个臣子的话。他对赵简子说:“愿为谔谔之臣，笔墨操牍，从君之过而日有记也”[1]。另一部著作则提到，齐桓公“令百官有司削方墨笔”来记下他的谕示[2]。上述三项资料中，都含有用笔把墨写或画到某种物体的表面上去的意思。《庄子》中的那一段话，更传达出在用墨之前一直把它保持固态的涵义。

考古发掘中，曾经发现许多春秋、战国和秦代用墨在玉石、竹简和木牍上书写的各类文字。50年代起，考古工作者还发现了一些古代中国制墨的原始产品。其中最古老的一块，是在1975年后半年至1976年初在湖北云梦县睡虎地一座古墓中找到的。古墓共12座，其埋葬时代可以上溯到战国后期或秦代（约公元前4—3世纪）。这块墨很小(编号为M4：12)，位于4号墓中。它呈圆柱形，墨色纯黑，直径为2.1厘米，高仅1.2厘米。在4号墓中还发现了一块石砚及一小块显然是用来在砚上研磨的石头，因为石砚和石块上都有研磨的痕迹，上面还有残墨[3]。

1965年，还曾在河南陕县刘家渠的几座东汉(25—220年)墓中发现了五件东汉的墨。发掘报告中说，有三件保存得比较完好(编号为8：60、37：45和102：9），呈圆柱形，用手捏制而成，墨的一端或两端曾研磨使用，它们的直径在 239
1.5—2.4厘米之间，高1.8—3.3厘米，其中之一有木制的墨合[4]。此外，1958年在南京老虎山两座晋(3—5世纪)墓中还发现了两件晋墨(编号分别为M_2、M_3)。发掘报告推测，M2为条形，长约6厘米，宽约2.5厘米。M3因破碎得太厉害，报告没有推测它的尺寸。据南京大学裘家奎分析，M2不是墨，而是一种含有机物的泥土。但他分析M3后，认为它显然与M2不同:

> 墨黑色，轻，有黄色小粒，似杂质黄土，在显微镜下，与现代墨比较，粒子很相似，呈团状，加热能燃烧，留下少量灰。此点与现代墨比较，也很相似。故断定为墨[5]。

根据上述分析，可以推想，M2与早期文献中提到的“石墨”成分相似，M3则可能代表经过了很大改进的墨了[6]。

1）见《韩诗外传》，卷七，第六页。

2）见《管子》，卷九，第一页。

3）见发掘报告中的有关部分，《文物》，1976年第9期，第53页及图版柒、图5.

4）报告见《考古学报》，1965年第1期，第160页.

5）见《考古通讯》，1959年第6期，第295页.

6）同上.

(iii) 中国墨的色料和成分

13世纪起，中国学者认为中国墨最初用漆，后来用矿物，最后才用松烟和油烟制成。然而，现代学者之间对是否曾用漆制墨颇有争议。现存最早提到用漆书写的资料出现在5至6世纪编写的《后汉书》和《晋书》之中，可能文中指的是汉代以前还在竹简和木牍上书写的情况。对这些资料中"漆书"这两个字的涵义，人言人殊，产生不少争论[1)]。

从现代科研和考古成果上考虑，不吸水的坚硬表面比起帛和纸来，自然需要附着性更强的着色材料。漆可能正适合这种需要。上面提到的睡虎地秦墓，有一座中还找到一些竹简文书，文中说：在公家的工具、铠甲、武器等不易雕刻的器
240 物表面，都用漆和朱砂写上衙署的名称[2)]。这些竹简文书中，还写明了漆园管理和检验漆质的规则[3)]。这些资料表明，最早确曾用漆在不吸水的金属等表面上书写。但看来也可以肯定，即便如此，漆依然不是主要的书写材料，因为在考古发掘中，还找不到在简牍等当时更常规的坚硬物上有用漆书写的证据。当然，也不完全排除某种墨中可能把漆作过辅料。

至迟在公元前5世纪，就已经在帛上书写了。中国和中亚许多地方都发现了战国到汉代的帛书[4)]。从东汉开始，纸也用于书写。2世纪起用黑色液体写的文书在居延、敦煌、楼兰和别处都有发现[5)]。但由于从来没有对这类早期写在帛和纸上的文书进行过化学分析，很难肯定这些黑色液体的成分是什么。

从曹植(192—224年)的一首诗中，可以证明韦诞已经用松烟这种博得人们喜爱的物质来作为墨的传统色料了[6)]。5世纪的一部著作中就有据说是韦诞制墨的配方，要求把舂捣得精细的烟尘筛去其中的"草莽"来作为原料[7)]。虽然配方没有讲清烟尘是怎样得来的，但是从"筛去草莽"的工序上看来，则是从燃烧木料，可能是松木时收集的。近年来用扫描电子显微镜观察，发现14世纪用松烟制的

1）关于这类争论，见钱存训的著作[Tsien (2), pp. 168ff.]。

2）《睡虎地秦墓竹简》(1978年，北京)，第71—72，121—122及138页。

3）用了"饮水"这两个字来说明验漆方法，其涵义不详。但总的可能指检验过程中用水越多，漆质越不佳。

4）参阅钱存训的著作[Tsien(2), pp. 116—117]。

5）见本册pp. 41ff.。

6）见钱存训的著作[Tsien (2), p. 166]。

7）《齐民要术》，卷九，第二三一页。

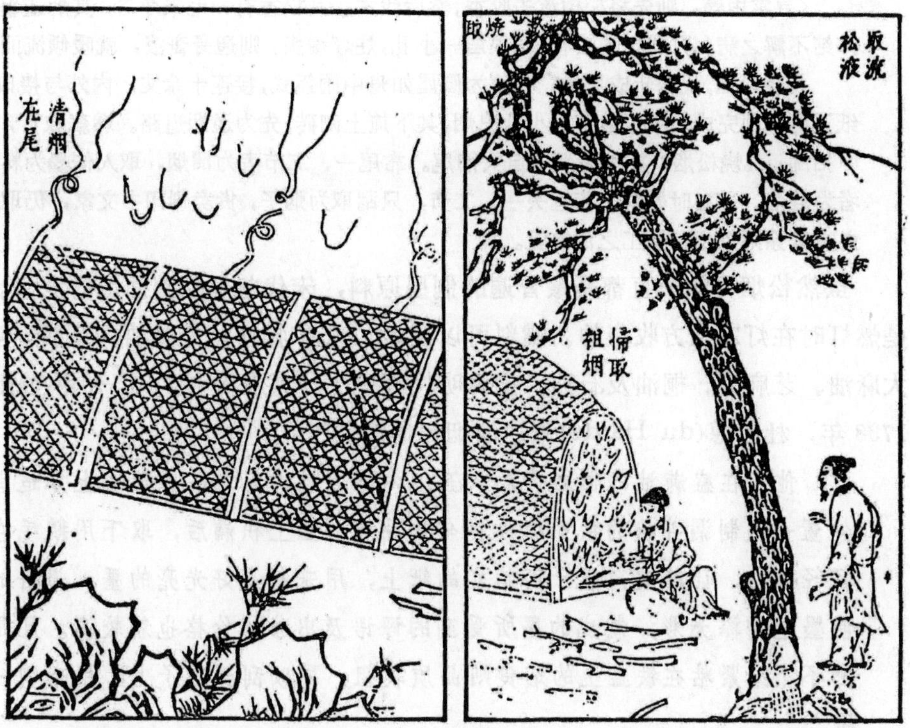

图1162 松烟制墨法，取流松液及在棚尾扫取清烟。采自《天工开物》，约1637年。

中国墨碳颗粒特别细小均匀，在这一方面，优于用烟炱制成的现代墨[1)]。

明代宋应星在著作中，说明用松烟制墨的方法如下：

> 普通的墨，是从除去树脂的松木制成的。只要木中还留下很少的树脂，制成的墨就会有滞结的毛病。除去树脂的办法是：在松树近根部处钻一小孔，放入油灯缓缓烧烤，整棵树的树脂都会流向暖处，并流出树外。
>
> 制造松烟时，把树伐倒并斫成块状。用篾编成小船上雨蓬那样的圆棚，一节节连接起来，到十多丈长时为止。棚内外和接口处都用纸和篾席糊牢， 241
> 但每隔几节要留小孔出烟。棚下要用砖土砌成烟道。
>
> 把松木块放入头一个棚子处烧过几天后，就可让棚子凉下来，入内收取烟灰(图1162)。棚子尽头一两节处的是"清"烟，用来造最上乘的墨；中间几节的是"混"烟，用来造一般的墨；靠近头一两节的收来后，只能作为下等烟出售，由印书坊研细后用于印刷，剩下的粗烟可供漆工、瓦工配制墨漆、青灰时使用[2)]。

1）见温特的著作[J. Winter (1), pp. 209, 213—214, 219]。

2）见《天工开物》，第二七六至二七七页；英译文见Sun & Sun (1), pp. 286—287.

〈寻常用墨，则先将松树流去胶香，然后伐木。凡松香有一毛未净尽，其烟造墨，终有滓结不解之病。凡松树流去香，木根凿一小孔，炷灯缓炙，则通身膏液，就暖倾流而出也。

凡烧松烟，伐松斩成尺寸，鞠篾为圆屋如舟中雨篷式，接连十余丈。内外与接口，皆以纸及席糊固完成。隔位数节，小孔出烟，其下掩土砌砖，先为通烟道路。燃薪数日，歇冷入中扫刮。凡烧松烟，放火通烟，自头彻尾。靠尾一、二节者为清烟，取入佳墨为料。中节者为混烟，取为时墨料。若近头一、二节，只刮取为烟子，货卖刷印书文家，仍取研细用之。其余则供漆工垩工之涂玄者。〉

虽然松烟可能一直都是最普遍的制墨原料，宋代起却受到油烟的竞争。油烟是燃灯时在灯芯上方收集的。燃料可以是动、植、矿物油，如鱼油、菜油、豆油、大麻油、芝麻油、桐油及石油。据说明代制墨，什九用松烟，什一用油烟[1]。1738年，杜赫德(du Halde)叙述油烟制墨法如下：

242 他们在盛满油的器皿内放入五、六根点燃的灯芯，在器皿上方适当距离处置一铁制漏斗状的铁盖以收集全部油烟。盖上积满后，取下用鹅毛在底上轻轻拂扫，让烟炱落在干而结实的纸上，用来制上好光亮的墨。最好的油能使墨色增添光彩，制成的墨所受到的评语及出售的价格也就较高。凡是鹅毛拂不下来紧粘在铁盖上的烟炱则品质较粗，可以刮到碟子上，用来制一般的墨[2]。

早期中国文献中，还提到另外一种墨——石墨。看来它是某种矿物，可直接使用或研磨后再用，可能是煤、石油、或石墨(炭精)之类，因为早期资料中所说它的许多产地都在目前石墨(炭精)产区之内[3]。

松烟和油烟的主要成分都是碳。纯碳不易与别种物质混合，因而要把它制成墨就必须用粘合剂使碳的墨色附着在书写面上。在中国墨中，粘合剂还有把碳粒粘成固态的作用。

中国墨中的粘合剂都是传统的动物胶，包括皮胶、筋胶、骨胶、甲壳胶、角胶、鱼皮胶、鱼鳞胶及鳔胶[4]。熬胶的水质也很重要。上述胶料之一用水煎熬后，把稠汁乘热用绢或布滤去杂质，冷却凝固后备用[5]。制墨之前，先把固体的胶用梣(小叶白蜡树, *Fraxinus bungeana*, D. C. var. *Pubinervis wg*)皮汁等溶剂溶化[6]。胶与色料的比例可能要因原料的性质和所需墨的粘度而有所变动，粘度又可能取决于书写面的性质。例如，18世纪初的类书所载制墨配方中就规定用等量

1）见《天工开物》，第二七六页；英译文见Sun & Sun(1)，p. 286. 注中说，一斤油燃烧后，可产优质烟炱一两多。

2）见杜赫德的著作[du Halde (1), vol. 1, p. 371].

3）参阅钱存训的著作[Tsien (2), pp. 71—72].

4）见陈家仁的著作[Kecskes (1), p. 55].

5）参阅钱存训的著作[Tsien (2), p. 167].

6）见《齐民要术》，卷九，第二三一页。

的油烟和胶料[1]。

除了主要的色料和粘合剂以外，特别在明代以前，还经常加上一些别的物质来改进墨的经久性、色泽和香气。有时，各种添加物竟可达到1100种之多[2]，包括加强经久性的蛋清、藤黄、生漆、皂荚、巴豆，改进色泽的朱砂、栲皮、紫草、茜草根、黄蒲、黑豆、胆矾、五倍子、地芋（*Sanguisorba officinalis*）、卷柏（*Selaginella involvens*）、核桃、芍药皮、猪胆、鲤鱼胆、珍珠、零陵香豆、石榴 243
皮、银朱，以及增添香气的丁香、檀香、甘松（*Nardostackys jatamansi D. C.*）、樟脑和麝香[3]。

(iv) 制墨工序

为了防备竞争，制墨可能都凭秘方。那些记录传世的方子可能极不完备。当然，任何配方上的用料品种一般不会太多，但精确的成分、制法、每种配料的用量，彼此可能会有相当大的出入。据李孝美（盛年1095年）、晁贯之（约1100年）、沈继孙（盛年1598年）等写的早期制墨著作上说[4]，制墨包括收取松烟或油烟、过筛、混和已溶胶料及添加剂、揉、捣、蒸、入模、涂灰、干燥、上蜡、贮藏和检验等一系列工序（图1163）。

现知最早的中国制墨配方，一般人都认为是韦诞（179—253年）传下来的。它出现在5世纪贾思勰所著的农业及加工制造的书籍上：

> 把上好而纯的松烟，用细绢制成的筛子筛到一口缸内，以除去烟内的草木杂质，使烟末细得象尘埃一般。这种烟尘极轻。筛后，要非常小心，别让它暴露在空气中，以免飞散。每制墨一斤，用好胶五两，溶化到五两栲皮汁中。栲树在江南称为"樊鸡木"。栲皮汁为绿色，它不仅能溶解胶质，也能改进墨的色泽。
>
> 然后再加入去黄的鸡蛋清五枚、珍珠粉一两、麝香一两。珍珠粉和麝香事先都要用细筛筛过。把上述各物放在铁制的臼中捣3万下，捣成的面团状物要干而稠，不能太潮湿。捣的次数越多墨质越好。
>
> 上述操作进行时，不能早于二月，也不得迟于九月，过于温暖则墨团容易腐败发臭，过于寒冷墨团又不易干燥，见到风就会潮解。每块墨的重量

1）见《格致镜原》（1735年刊本），卷三十七，第二十六至二十七页。
2）见弗兰克的著作[H. Franke (28), p. 59]。
3）参阅陈家仁的著作[Kecskes (1), p. 59]。
4）德文译文见弗兰克著作[H. Franke (28), pp. 33ff.]。

图1163 16世纪时的油烟制墨法。(*a*)室内纸幔中烧烟。(*b*)收取并筛清烟末。(*c*)捶炼墨团。(*d*)把墨团用模子压成各种形状。采自《墨法集要》，约1598年。

不宜超过二、三两。关键是：宁可小些，也不要太大[1]。

〈好醇烟擣讫，以细绢筛于缸内，筛去草莽，若细沙尘埃。此物至轻微，不宜露筛，喜失飞去，不可不慎。墨麴一斤，以好胶五两浸梣皮汁中。梣，江南樊鸡木皮也。其皮入水绿色，解胶，又益墨色。可下鸡子白，去黄，五颗。亦以真珠一两，麝香一两，别治细筛，都合调。下铁臼中，宁刚不宜泽，捣三万杵。杵多益善。合墨不得过二月、九月，温时败臭，寒则难干，潼溶，见风自解碎。重不得过三二两。墨之大诀如此。宁小不大。〉

后代甚至今天制墨的主要原料都包括在这张早期的配方中了，有色料（松烟）、粘合剂（胶水）及形形色色的添加剂（梣皮、蛋清、朱砂、麝香等）。 245

梁代（507—577年）冀公制墨法中，则规定如下：

用松烟2两，加上少许丁香、麝香、干漆，用胶水揉成棒状，在火上烘烤。一个月就造成了。如果配料时加进紫草（*Lithospernum erythrorhizon*）末墨色就发紫，加进秦皮粉就发蓝。两种色泽都悦目[2]。

〈冀公墨法：松烟二两，丁香、麝香、干漆各少许，以胶水漫作挺，火烟上薰之，一月可使。入紫草末色紫，入秦皮末色碧，其色俱可爱。〉

还有一种方子，则据说是10世纪南唐李庭珪定下的：

洗净3两牛角，锉成细末，加水10斤，浸泡7天；加入3个皂角（*Gleditschia sinensis*）后，煮一天；煮成清汁3斤。清汁中加栀子（*Gardenia florida*）仁、黄蘖（*Phellodendron amurense*）、秦皮（*Fraxinus bungeana*）、苏木（*Casalpinia sappan*）各一两，白檀半两，酸石榴皮一块，浸泡3天后，放到锅内，煮成汁一斤；再加入鱼胶2两半，浸一夜以后，再煮。煮时加入一点绿矾末。煮完后，就可以与一斤筛过的松烟揉合了[3]。

〈庭珪墨：牛角胎三两，洗净细剉，以水一斗，浸七日；皂角三挺，煮一日，澄取清汁三斤。入栀子仁、黄蘖、秦皮、苏木各一两，白檀半两，酸榴皮一枚，再浸三日，入锅煮三、五沸，取汁一斤；入鱼胶二两半，浸一宿，重汤熬熟，入绿矾末半钱同滤过，和煤一斤。〉

比这再晚一点，还有一张据说是沈继孙（盛年1398年）的方子，其中用油烟代替松烟作为色料，用十两桐油烧成的烟灰与4两半牛皮胶、半两鱼胶、半两秦皮、半两苏木一起揉制[4]。明、清两代的配方总的说来比以前要简单一些。这时，制墨者再不轻易使用那么多的添加剂了。他们认为这些添加剂反而会损害墨的品质。当然，这也可能是出于经济上的考虑。

中国制墨所追求的品质，可以从对有名制墨家的议论中反映出来。南齐竟陵

1）《齐民要术》，卷九，第二三一页；英译文见钱存训著作［Tsien (1), pp. 166—167］。
2）《文房四谱》，第六十七页。
3）《墨谱法式》，第一七二至一七三页。
4）《墨法集要》，第二十二页。

王萧子良在回答王僧虔的信中形容韦诞（179—253年）所制的墨说："仲将之墨，一点如漆"[1]。也有人把南北朝时张永制的墨与漆相比[2]。晚唐起，历史上杰出制墨者的姓名越来越多[3]。最负盛名的是制墨世家出身的李庭珪（盛年950—
246 980年）。其父李超(盛年907—936年)也是有名的制墨家。李家原来是河北易水人，姓奚。唐末，全家流离渡江，到了安徽歙县。庭珪在南唐李煜(937—978年)朝中做官，负责制墨，因功才全家赐姓李。李氏父子制的墨坚硬耐磨，特享盛名[4]。

宋代著名制墨师张遇(盛年1068—1085年)用油烟、麝香、樟脑、金箔制成的墨呈小而圆的钱币状[5]。潘谷(盛年1086年)用胶特少，每斤松烟只用胶五至十两，但他舂捣墨团则达万杵。徽宗(1101—1125年在位)御用的墨也是难以求得的珍品，配料中有特殊的苏合香（*Liquidambar orientalis*）。元代朱万初（盛年1328—1330年)只用松木所烧的烟作为色料[6]。

明、清两代制墨师则主要以制出的墨锭呈各种形状和风格著称，他们经常制出整套的精美产品，然而他们也非常重视配方和品质。吴叔大用桐烟、胶料、金粉、麝香舂捣万次做成的墨黑亮如漆，坚硬如石[7]。19世纪初年，胡开文用猪油、油烟、鹿角胶制墨，他用的其它12种添加剂中有珠粉和麝香[8]。

虽然中国墨一般制成墨锭，却也制出过一些墨汁。有时大量用竹筒贮藏，免得临用前再费研磨之工。还为印刷业等大量用墨不及每次研磨的工商业者制成特殊的墨汁。例如，印刷用的墨汁用烟室开端的粗烟加以胶料和酒制成膏状后，必须先在缸内存放三、四个夏天，才能使臭味散去，而且存放得越久，墨质也越好。如果用临时磨的墨汁印刷，就很容易化开，使字迹模糊。久贮的墨膏，临时可以加水充分混合后，用马尾制成的筛子过滤再用[9]。

最上乘的印刷用红色墨，是把银朱、红丹和粘性极强的白芨(*Bletilla striata*)根
247 一起煮成的。其次则是用茎部红色的苋菜(*Amaranthus tricolor*，L.)煮成的汁，但是苋菜汁容易泛紫，不如银朱、红铅色泽鲜红。蓝印色则用靛或木蓝（*Indigofera tinc-*

1）见《格致镜原》，卷三十七，第二十一页。

2）《老学庵笔记》，第四页。

3）陆友(约1330年)在《墨史》及麻三衡(盛年1637年)在《墨志》中，一共列出了1637年以前历代448位制墨家的姓名。

4）《墨史》，第十页起。

5）《墨志》，第二页。

6）见陈家仁的著作[Kecskes (1), pp. 27—29]。

7）参阅穆孝天(*1*)，第28页。

8）参阅陈家仁的著作[Kecskes (1), p. 42]。

9）见卢前(*1*)，第632—633页中有关中国印刷用墨的论述。这也许是唯一的文献资料。

toria）制成。蓝靛是中国传统自然染料，永不褪色，一向用来染纺织品。普鲁士蓝见水即化，不能用于印刷[1]。

至迟在12世纪，中国已经知道有一种无色书写墨水。南宋有一则故事说，有一位武将王庶，因为得罪了权奸秦桧（1090—1155年）被贬死去。王庶的儿子又因诽谤时政遭贬，剥夺了官职。不久他碰到了一位能用某种液汁在纸上书写看不见的字体的方士。把纸用水沾湿，字体就显示出来。王庶的儿子想出出闷气，就写上了"秦桧可斩"四个字，把纸投入水中。不料方士拿起字纸就准备去告发。王庶的儿子只得用许多钱财贿赂他才算罢休[2]。当时虽然把这件事看成是魔术，但是道士用来写字的显然是某种化学品如白矾的溶液。经过其它溶液处理，字迹就能显示。

最迟从10世纪起，已经把墨普遍用于治病。宋代有一位王爷的子妇产后血崩，用古墨研末和酒吞服才算止住了[3]。李时珍在《本草纲目》中提到了一些把墨列入药味的处方。把上好的松烟墨烧成末，研细后和以水、醋及其它添加剂，如莱菔、葱、生地黄汁、胆汁、酒和干姜，可以治疗产后出血、痢疾、溃疡、衄血、肿瘤、异物入目等[4]。根据病情，可口服也可外用。据说墨能有药效，是由于它具有碱性，可以中和酸性体液，清除血毒。还据说墨中的动物胶是极佳的止血剂[5]。但李时珍提醒读者，燃烧动、植物油、石油或草的烟炱不可药用。

（v）中国墨的艺术和鉴赏

在1953年发现于河北望都汉墓的壁画上，可以见到早期墨锭的形状。画中一位坐在矮榻上的主计史旁有一块墨锭，直立在三足砚石上，砚旁有一只水杯， 248
供磨墨之用。看来，墨锭剖面边缘呈圆锥形[6]。汉、晋文献中墨的量词一般为"丸"和"枚"，但是文献从未充分讲清"丸"和"枚"的实际形状。一般情况下，"丸"是小球形，"枚"则为薄条形。晋代以后，还有用"螺"为墨锭单位的，但也无法弄清

1）见卢前(*1*)，第633页。

2）见佚名作者介绍南宋都城的《东南纪闻》(约1270年)，卷一，第七页。

3）见《墨史》，第十六至十七页。

4）《本草纲目》(北京，1975年)，第四四六至四四九页。

5）见杜赫德的著作[du Halde (1), vol. 1, p. 372]。西方也有过类似的做法。弗兰奇斯科·卡莱蒂所著的《旅行见闻录》[Francesco Carletti, *Ragionamenti sopra le cose da lui vedute ne' suoi viaggi* vol. *1*, p. 84] 中提到他于1595年访问秘鲁时见到用墨治疗毒虫蜇伤，见维堡的著作 [Wiborg (1), p. 48]。

6）见《望都汉墓壁画》，第13—14页，亦见钱存训的著作[Tsien (2), p. 169, Plate XXVII]。

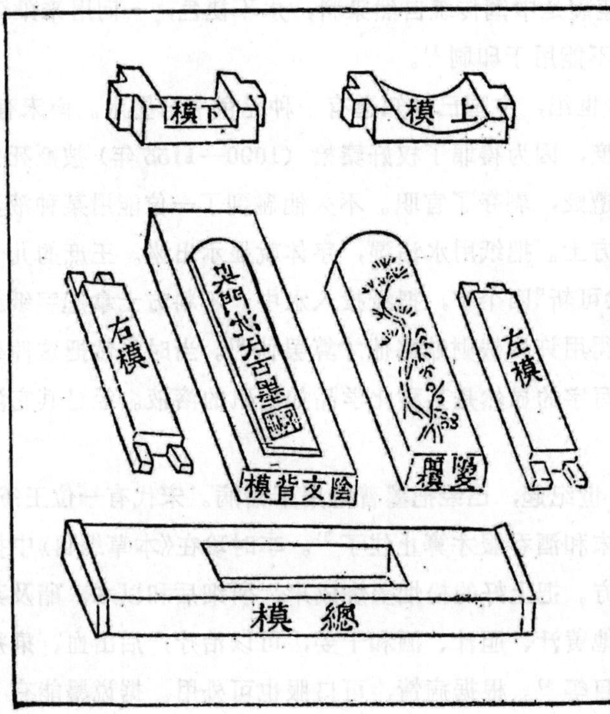

图1164 制墨模具。六块分别刻有图案和文字的模具，可以配套纳入总模。采自《墨法集要》，约1598年。

“螺”的形状到底是什么[1]。据说，唐代墨锭呈圆柱或棱柱形[2]。最近在秦汉及晋墓中发现的墨都是圆柱形。斯坦因曾在新疆发现了两块唐代墨，一件是圆柱形，另一件是棱柱形[3]。

棱柱的特点是提供许多平面。产生许多平面的原因，也许是由于在平面上最易设计图案。墨锭由单纯用品变成工艺品，图案也越来越流行。据知，唐代起最早出现在墨锭上的装饰由象征吉祥的动物如龙和鲤鱼加上文字组成。明、清两代，不少墨锭一面是图案，另一面是文字。图案经常是象征性的，有龙、狮、鲤、鹿、松、鹤、龟、葫芦、梅花、石榴、竹笋、风景、起居、发明、神象神符等形状。墨上的文字有时用金字，内容包括制墨细节、图案说明、道德格言、宗教用语、吉祥字句、诗和书法范例等。墨锭本身可以具有各种特殊形状，多半模仿各种工艺品，如玉佩、铜镜、刀币等。

墨锭的形状和图案取决于墨模的构造和雕刻。墨模可以是铜的，也可以是木的。铜模能印出高度清晰的图案，但不易雕刻。木模易于雕刻，但有时会在墨锭

1）参阅维堡的著作[Wiborg (1), pp. 22—23]。

2）同上。

3）见斯坦因的著作[Stein (4), 1, p. 316]。

表面留下木纹。墨模内面雕成凹纹，放入墨膏压制，墨锭表面上就形成凸纹。沈继孙(盛年 1398 年)书中画出了分别为墨锭六面所特制的六个分模，此外还有将六个分模拼合固定的一个总模(图 1164) [1]。

多块成套装饰的墨锭在清代已很普遍，而且直至今日还能买到。一般说来，一 249
套墨锭上的装饰全都围绕着一个主题，如几种动物、八卦、宫殿、风景名胜等。通常把每套分别放在精美的外匣中，匣盖打开后，能令人有琳琅满目之感。历来所制最大的一套，也许就是鉴古斋奉嘉庆皇帝（1796—1820 年在位）之诏所制的 64 锭御苑画墨了(图 1165) [2]。

当人们发现，两块墨在品质特色上迥异时，就可能开始搜集了。但10世纪南唐与宋代前的文献很少提到这方面的雅趣。诗人苏轼（1036—1101 年）热衷收集墨品，藏墨 500 锭。与他同时代的吕行甫也是有名的墨品收藏家。明、清两代宫廷收藏的御墨，品种之多令人目不暇接，其中许多目前还能见到。

16 世纪后期起，制墨者、墨商和收藏家出版了许多藏品目录，主要是为人们
提供鉴赏墨品艺术的方便。其中，最早影响也最大的是两种用木刻复制的墨品图 251
案集。一种是方于鲁(盛年约 1580 年)的《方氏墨谱》。它于 1588 年出版于安徽歙县，其中一共搜集了 380 多幅插图，按形式和主题分为六类，并附有许多赞美性的文字。18 年之后，方于鲁的制墨同行和对手程大约(约 1541—1616 年) 出版了《程氏墨苑》，收入约 500 种彩印图案以及许多友人写的题跋、诗篇、颂辞和鉴定 [3]。这两种著作性质和内容相似，有些图案甚至雷同，但是后者不仅在插图数量上而且在艺术水平上也超过了前者。此外，《墨苑》还具有一些特点。它刊载了利玛窦(1552—1610 年)于 1606 年送给程大约的从欧洲雕刻品中复制的西方文字和圣像(图 1166) [4]。它也许是第一种刊有西方插图的中国书籍。

另外一种墨品目录是墨商编印的，除了介绍墨谱以外，还算出了各种墨品的售价。早期这类目录之一，是程义(约 1662—1722 年)的《墨史》。程义是安徽歙县一家墨铺的业主。《墨史》中列出了每种墨的名称、原料、重量和价格以及友人对各种墨的赞辞 [5]。第三种目录以介绍私人藏品为内容。两种早期的范例是张仁熙在 1670 年出版的《雪堂墨品》和宋荦（1634—1713 年）在 1684 年出版的《漫堂墨品》[6]。两种《墨品》中都列出了制墨人姓名、墨名、图案种类、制造日期、形

1）见《墨法集要》，第六十四至六十五页上有关墨模的图解和介绍。

2）这套墨目前收藏在纽约市立艺术博物馆中，见王际真的著作 [Wang Chi-Chen (2), p. 130]。

3）有关这两位制墨对手的故事，见王际真[Wang Chi-Chen (2), pp. 126ff.]和吴光清 [K. T. Wu (6), pp. 204ff.]的著作，亦见富路德及房兆楹的著作[Goodrich L. C. & Fang Chao-Ying(1)]。

4）四种圣经故事插图的跋注明日期为1606年 1 月 6 日，这也许是利玛窦的手迹。

5）见书巢(*1*)，第72—73页。

6）参阅陈家仁的著作[Kecskes (1), pp.81—82]。

图1165 各种形状及花样的墨锭，描绘的题材是北京城内外的御苑和别墅，约1800年。纽约市立艺术博物馆。

图1166 程大约用利玛窦送给他的圣经故事画设计的墨锭图案，约1606年。采自1606年版《程氏墨苑》。

状、块数和重量，所介绍的都是上品。这种收藏和鉴赏墨品的雅趣至今不衰。直到 1956 年还出版了《四家藏墨图录》，收入了北京四家私人收藏的明、清 83 件旧墨的拓片和介绍[1]。

(g) 中国印刷术与艺术

雕版印刷不仅涉及各种技术工序，也包含许多艺术方面的重要因素。字体固 252
然体现书法上的观赏美学，用木刻及其它方法制作的插图更直接代表书画刻印艺术。插图不仅充实装饰本文，帮助理解和记忆，还能弥补文字的不足。如果没有插图，内容就会缺乏持续的吸引力，在某种情况下会难以领会。插图和书籍具有几乎同样悠久的历史，但是真正谈到它的发展，却要从有了印刷之后。

1) 四位收藏家之中，一位是化学家，一位是著名书法家，另外两位也是学者。他们介绍藏品，都是亲笔书写，径以手迹影印。各人的小传，见叶恭绰(2)。

版画在发展过程中成了高度精美的艺术。这不仅表现在它概括主题事物的技巧上，也表现在它布局和雕刻的风格上，只有依靠艺术大家和匠师个人对艺术的了解和纯熟的刀法方能奏效。中国的饾饭彩印，更证明了这一点。它要求丝毫不爽地掌握原作的线条、色彩、层次甚至气质和笔法，也许没有其它任何书画刻印艺术象它这样要求在设计者、刻工和印工之间做到心领神会的了。这样，木刻和插
253 图就起了实用和美学的双重作用。作品所体现的，往往是一代风骚，是整整一个时代的思想、观念、史实和个性。画面既是艺术品，也可能在日后会成为一代文化见微知著的唯一见证。

(1) 中国图绘刻印艺术的开端

中国文献中的绘图表现，可以上溯到文字本身的起源。汉文字的象形本质，就说明在上古时代绘画是传播的媒介。商代大部分的字，其实都是代表思想的文字画或文字画的组合。古代印文中就使用了鸟兽形符号，不是把装饰性的鸟形标识加到了普通字形上去，就是把某字的一些笔划写成了羽毛形状[1]。战争、狩猎、日常起居的画面，不是铸在青铜器上就是画在陶、漆器上，特别是画在帛上作为竹简书籍的附件，因为竹简太窄，不宜作画。岩画在有记载的木刻出现以前已经很普遍了。石刻的凹凸雕技巧及装饰性图案和线条结构技巧，更可能对后来的木刻直接产生过影响。书法和绘画间的密切关系，也可能影响过插图书籍的发展方向。因为一幅画有时需要文字来说明难以传达的意境。这种情况，正如文字需要图画来补充说明一样。

据我们所知，最早的印本书插图出现在868年的《金刚经》中。它于20世纪初出土于敦煌。经卷开始有一幅“扉画”，佛坐在画幅中央，正在与跪在地上的弟子须菩提交谈。四周侍者之中，有众神，有僧侣，也有身着汉族服装的官员(图1167)[2]。全图笔触工整，细部繁密，表情栩栩如生，衣着线条流畅，背景装饰效果极强，一切显示了盛唐成熟的木刻艺术和刀法技巧。虽然目前还没有找到比它更早的9世纪或以前的印刷插图，但是单以这幅插图而论，在它产生以前木刻艺术和技巧业已达到成熟的境界，殆无疑问。10世纪时所印刷的画幅目前还有不少实物，包括敦煌出土的单幅佛像。这些单幅印张中，上部是佛像，下部是文字，有的注明了年代，有的则没有[3]。此外，还有以红或黑色印的单幅佛像和印

1) 参阅钱存训的著作[Tsien (2), pp. 24—25, 46—47, 54—55]中关于装饰性文字发展的论述。
2) 载斯坦因的著作[Stein (4), IV, plate C]。
3) 参阅卡特的著作[Carter (1), pp. 64—65, note 12]中提到的947—971年的文献。

图1167 敦煌出土868年所印《金刚经》中的扉画，画中佛正在和弟子须菩提谈话，四周是侍者和众神。不列颠图书馆。

本日历上的绘画及另外一些附有图画的印文[1]。 254

以上提到的文物都是在西北出土的，然而中国东南部也出土过木刻版画。最有名的是吴越王钱俶于956、965和975年所印的三种不同版本的《宝箧印陀罗尼经》[2]。三种版本上的扉画都相似，只是构图略有差别，画的都是黄妃跪倒在坛前祈福(图1115)。至于雕刻技巧，则《陀罗尼经》前的图象刻得不如《金刚经》扉画那样精细。《陀罗尼经》扉面之前还有一小段文字，说明每版印数为8.4万份。看来 255
当时一切佛经印数都很巨大，因为这才符合佛教教义。据说高僧延寿（904—975年）就印过14万份《弥陀塔图》。此外，还在帛上印过2万幅观音像。《法界心图》

1）关于中国版画的一般历史，见郭味蕖(*1*)、王伯敏(*1*)和约瑟夫·赫兹拉[Josef Hejzlar (1)]的著作；有关中国版画的影印，见青山新(*1*)、郑振铎(*6*)、樋口弘(*1*)及《中国版刻图录》(北京，1961年)，第7册。

2）参阅本册 pp.157ff.。

图1168 北宋版画，图中弥勒佛端坐于莲座之上。宫廷画师高文进绘，印于984年。采自《亚洲艺术》[*Artibus Asiae*, vol. 19, No. 1]。

也印了7万份[1]。虽然后面这些木刻图象的印张均已荡然无存，但光是这样巨大的印数，就足以说明当时的印刷能力已经很强大。

宋、金、元朝时，木刻艺术又有了进一步的发展。不仅艺术和技巧水平更加提高，所表达的内容也由宗教扩大到尘世间的许多领域，如美术、考古、科学、儒学等；主题也更加宽宏，已能反映当时的民间生活，涉及设计草图、风景人物、日常琐事和文化娱乐[2]。宗教画自然还是盛行不衰。在众多的佛经插图之中，有几幅得以保存至今，包括在敦煌出土的一幅八臂菩萨像，它出现在980年印的《大随求陀罗尼经》卷之中；也包括984年所印宫廷画师高文进画于越州(浙江绍兴)的一尊弥勒像，它端坐于宝盖之下的莲座上(图1168)[3]；还包括南宋临安(杭州)贾家所印的文殊像；当然也包括971年以后所印各种版本佛经著作中描绘佛和弟子的大批扉画。最不平凡的佛经插画是一套四幅山水木刻。它出现在984—991年间所印《开宝藏》前的《御制秘藏诠》中[4]。这些木刻版画构图精细，刀法严谨，酷似宋代山水画的风格(图1169)。

10世纪起，开始印刷儒家经典著作，但是直到12世纪之前还未见附有任何插图。12世纪专为应试学子出版了上图下文的"纂图互注"本。这类著作中，《六经图》、《三礼图》和《尔雅图》也很有名。《六经图》于1166年印于福建，描绘了六经中提到的309件事物，据知宋代至少还印过另外三种版本[5]。《三礼图》印于1175年，由于专门介绍礼仪，插图中出现了祭坛、冠冕、服饰及其它礼器。《尔雅图》则以图画解释经文中各类器物和人事活动的名称。历史事件为插图提供了另一个 258
广阔的领域。早期最著名的这类插图，可以收录123位妇女故事的《列女传》中的插图为例。据说原图为4世纪名画家顾恺之的手笔，首次雕版印刷于1063年，13世纪后期由余氏勤有堂重印(图1170)。

影印技术问世之前，复印器物图象只有依靠木刻。最有名的有宋代三种考古文物图录：印于1092年左右的《考古图》收录了宫廷和民间青铜器图象，《续考古图》是它的续集，《宣和博古图》则专门收录了宣和年代(1119—1125年)约600种青铜文物的图象。这三种图录都很重要，是研究中国古代青铜器可靠的间接资料[6]。另外一种有名的花卉图录，是13世纪印的《梅花喜神谱》(图1171)。谱中收

1）见张秀民(*14*)，第76页。

2）有关宋代插画的详细论述，见吴光清的著作[K. T. Wu (*9*), pp. 173ff.]。

3）参阅《亚洲艺术》[*Artibus Asiae*, vol. 19, No. 1]及冀叔英(*3*)，第29—30页。

4）见马克斯·勒尔对这些木刻山水的分析研究[Max Loehr (1)]。

5）其中有一种是按照兴州石刻拓本雕版印刷的。其它两种则宋代史书中虽然都提到过，却已不复存在了。

6）参阅罗伯特·普尔的著作 [Robert poor (1), p. 33].

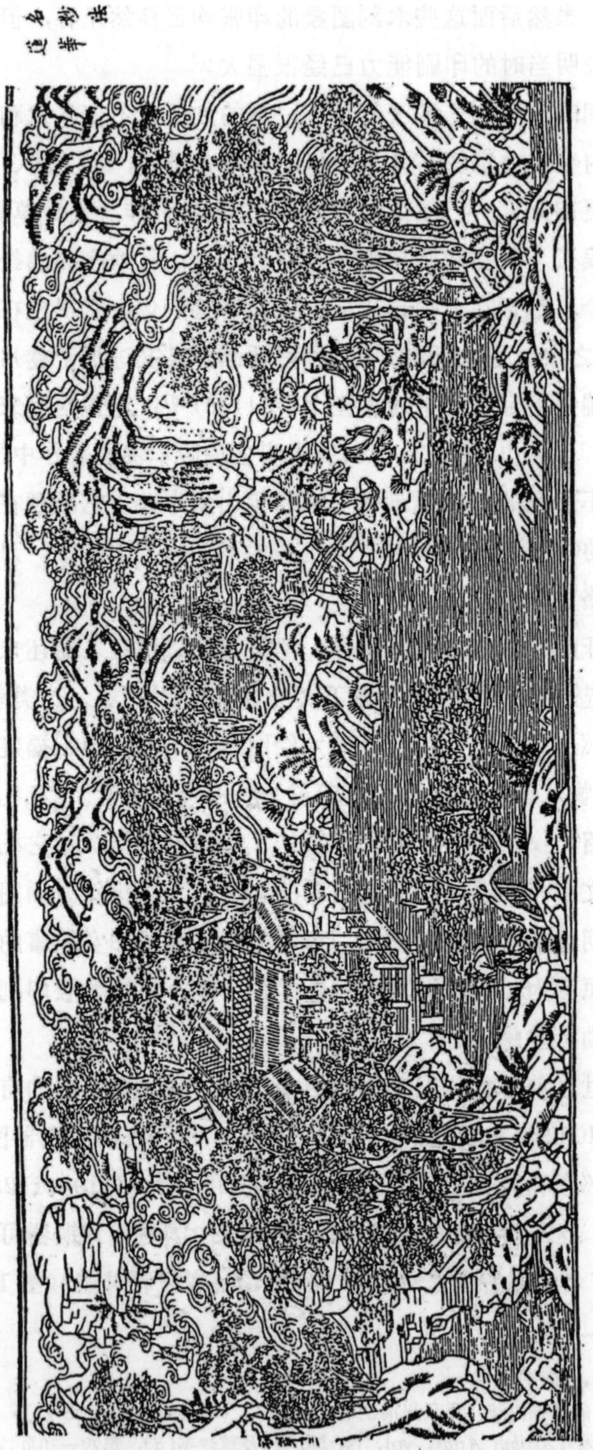

图1169《开宝藏》御制序的山水版画插图，印于10世纪。福格(Fogg)艺术博物馆。采自勒尔的著作[Loehr (1)]。

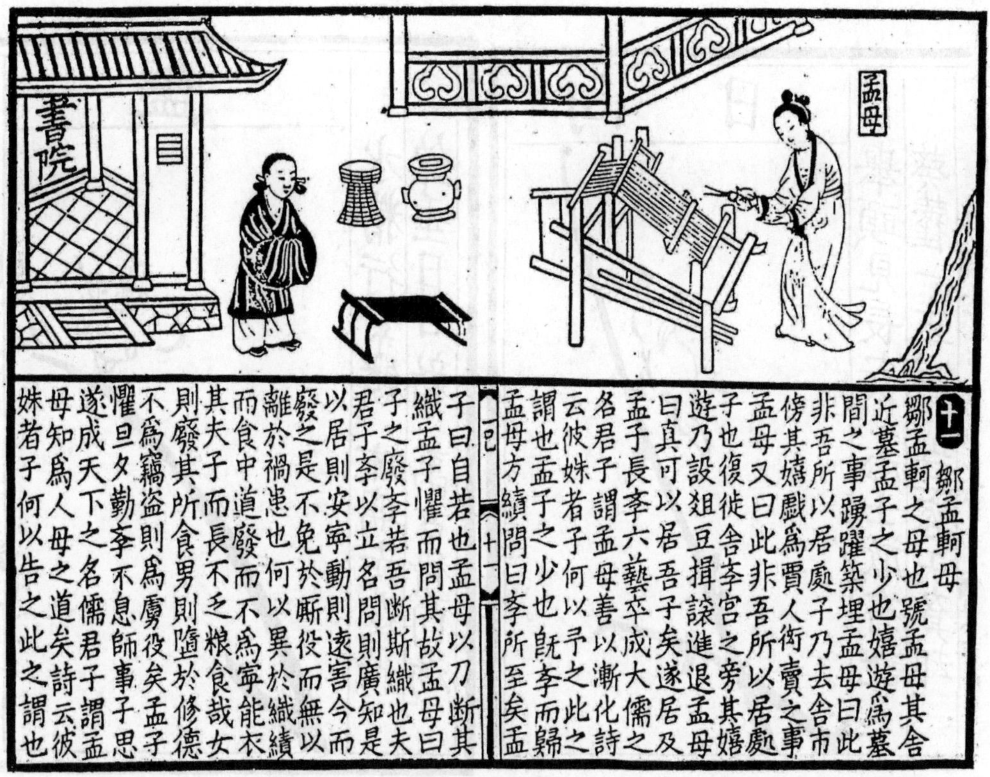

图1170　《列女传》插图之一，约13世纪。画中为孟母断织训子的故事。采自《古书丛刊》本《列女传》。

入了100幅描绘梅花开放各个过程的佳作，首次刊印于1238年，1261年重印。 259
更有一种描绘农家生活的《耕织图》收入了21幅耕地种稻图和24幅养蚕纺织图。它以1210年的石刻为本，可能于1145年首次印刷，1237年重印。

科学技术著作中，插图对理解和说明就更重要，这一点已经得到了证明。建筑方面，《营造法式》是杰出的例子。它首版于1103年，是指导公共建筑的手册（图1172）。天文方面，有一种介绍浑天仪的书籍，名《新仪象法要》，一共收入了说明这种仪器的60幅木刻，1127年出版于浙江衢州。还有两种图解明确的医学著作：一种是《铜人针灸经》，首版于1026年。这一年，朝廷诏令制造了两具显示针灸穴位的青铜人像。《铜人针灸经》也许是第一种载有人体解剖插图的书籍。另一
种是著名的药典《经史证类本草》，它收入了很多矿、植、动物药品的图象和说明， 261
首版于1108年，以后重印的版本不计其数。此外出版的插图印刷品涉及占卜、历法和其它通俗门类，包括纸币[1]。

女真和蒙古贵族虽然以少数民族入主中原，却不妨碍印刷事业继续发展。作

1）见本册pp. 97ff.早期纸币图片的说明。

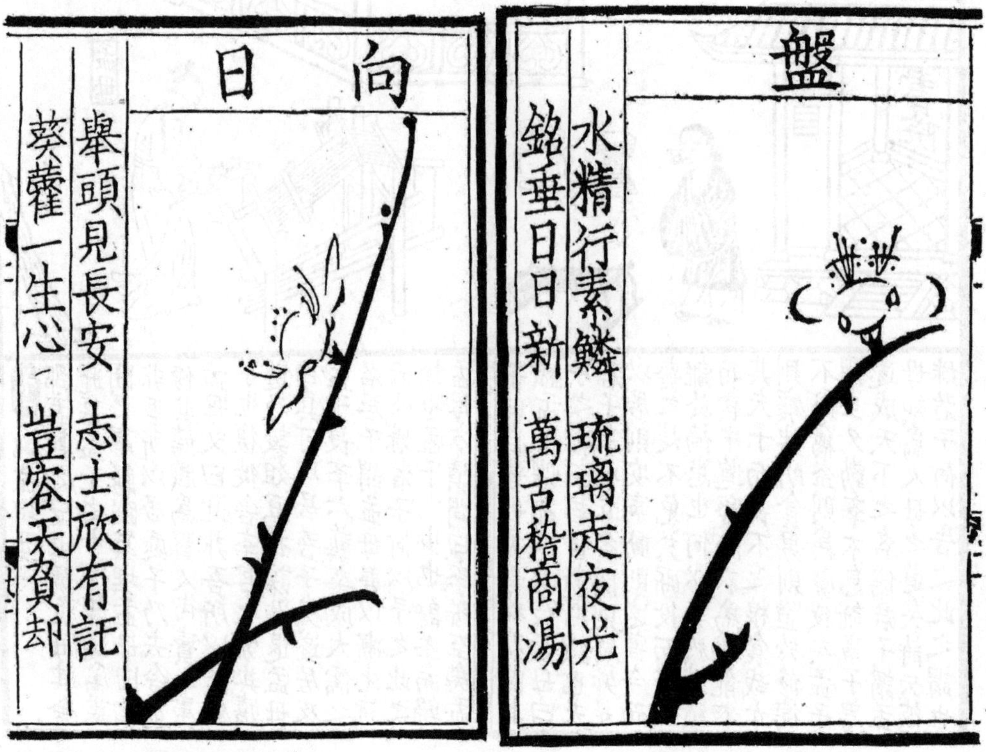

图1171 宋代所印的梅花谱，共100幅，分别描绘了梅花开放的各个阶段。每图有标题，并附有一首咏花诗。采自1261年刊本《梅花喜神谱》，上海博物馆藏。

为印刷中心的宋代故都开封固然衰落了，四川眉山也在蒙古人入袭时遭到破坏，然而平阳（今山西境内）却从12世纪起发展成主要的印刷中心之一。现在还能找到一些实物显示当时木刻的风格和式样。这一时期中最早的作品是1148—1173年间刊印的天宁寺《大藏经》，其中每卷前面都有扉画。另外一个例子是《重修政和经史证类备用本草》（图1121），1249年由张存惠刻梓于平阳[1)]。这一时期中另一个有趣的例子，是一幅用大型木刻印的单张四美图，1909年由俄国探险队发现于哈拉和托[2)]。图中画的是中国历史上四位有名的妇女，图上刻有“随朝窈窕呈倾国之芳容”十字，刻印者是平阳姬家书铺，年代大约在12世纪。这张木刻的布局、刻工和印刷技巧，都达到了完美和谐的高峰。一般认为它原来应该是配对的两幅中的一幅，供私宅装饰之用。

元代由于通俗读物流行，课本、小说、戏剧等都运用了插图，木刻画数量

1）北京于1957年重印了这一个版本，共三十卷。

2）这幅画于1916年7月首先刊载于东京《艺文》杂志第二期第119页，附植田秦藏的评注，参阅那波利贞(*1*)。

图1172 宋代建筑学著作《营造法式》中的内部装饰图案，初版印于12世纪初。采自1925年影印本。

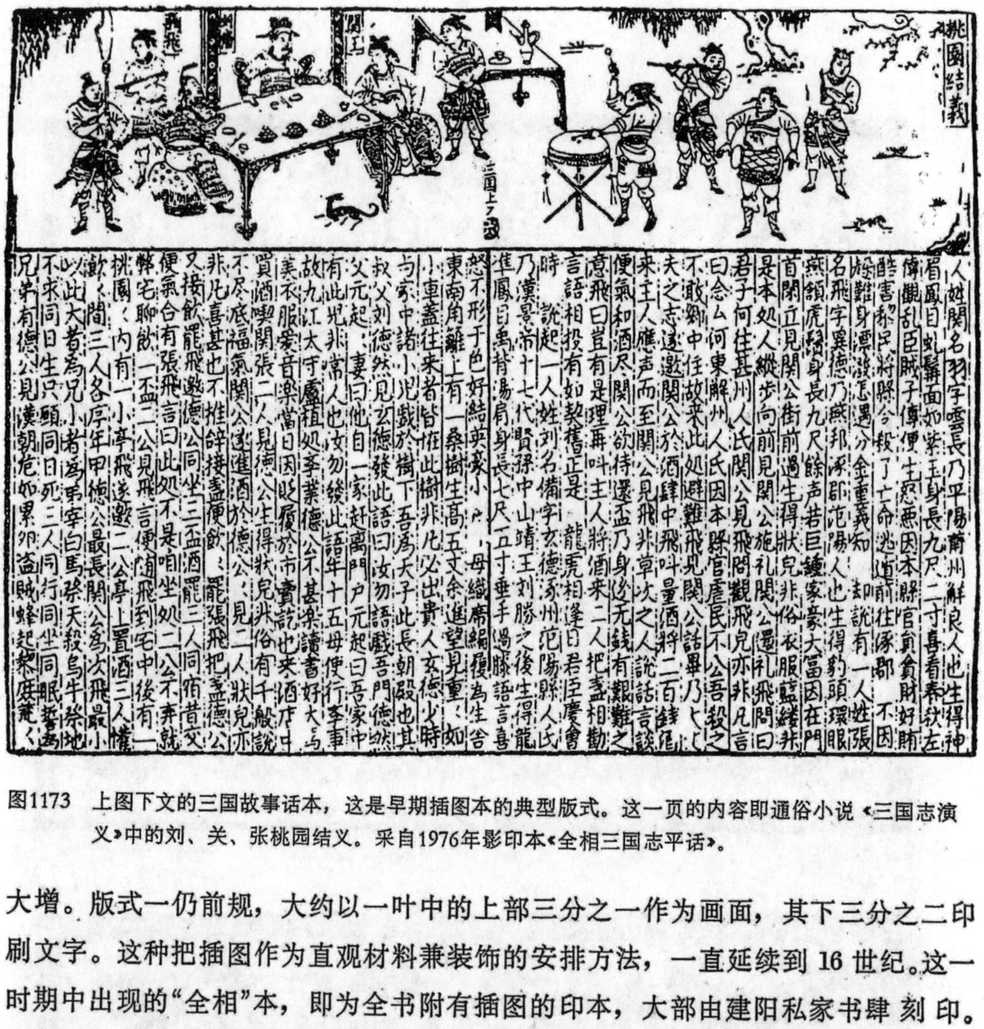

图1173 上图下文的三国故事话本，这是早期插图本的典型版式。这一页的内容即通俗小说《三国志演义》中的刘、关、张桃园结义。采自1976年影印本《全相三国志平话》。

大增。版式一仍前规，大约以一叶中的上部三分之一作为画面，其下三分之二印刷文字。这种把插图作为直观材料兼装饰的安排方法，一直延续到16世纪。这一时期中出现的“全相”本，即为全书附有插图的印本，大部由建阳私家书肆刻印。1306年，建阳出版了附注的《新刊全相成斋孝经直解》[1]。同时出版的还有全相《大学》和《中庸》。这样，就为蒙童提供了一套教材。不少历史小说也采用了这种
262 全相的办法，如《全相三国志评话》(图1173)，它是当时五种全相本小说之一[2]。这些插图略嫌粗疏简陋，但对明代初期的插图产生过一定的影响。

(2) 明、清两代的版画

在明代，特别是16世纪后期和17世纪初，木刻成了书籍插图的主流，在中国历史上达到了最高的境界。无论在数量还是技艺上，不但超越了前代，也无后

1) 1938年，北京来薰阁出过重印本。

2) 上海于1955年重印了《全相评话五种》。

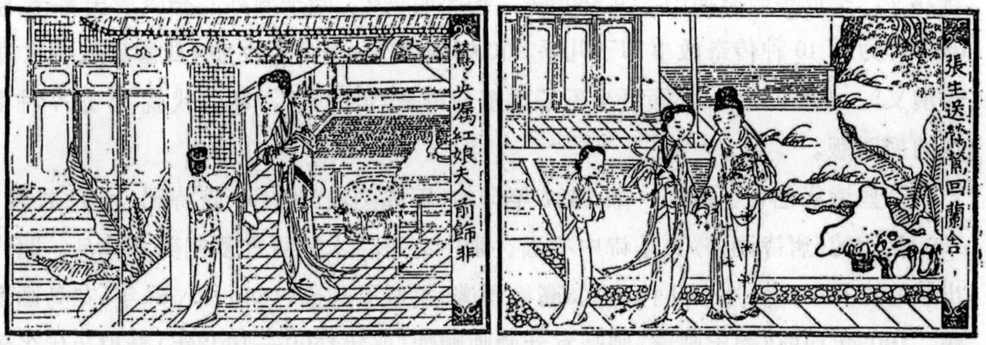

图1174　最早的插图本明代杂剧«西厢记»，印于1498年。右图是张生会见情人莺莺，左图是莺莺央求红娘在母亲面前为自己掩饰私情。采自北京荣宝斋1958年摹刻的«中国版画选»。

来者可与比拟。这种插图，至今还可以见到几千种实物。它们涉及了更众多的主题，体现了不同派别的形式和风格，运用了高度精巧的技艺和极为细致繁复的饭彩工序[1]。这一切并未得到多少官方的助力，因此应该主要归功于私营书肆。它们遍布各印刷中心城市——东南有南京、徽州、杭州和建阳，北方有北京。这是明 263
代中叶大部分时间全国政治经济形势稳定的结果，也是一代新读者崛起的结果，他们所渴求的，已不再如以往那样只限于学术或宗教读物，而已转为陶冶情操的消闲作品了[2]。

利用插图最多的书籍，有小说、戏剧、诗集、艺术作品集、科学著作、启蒙教材[3]，以及历史、地理、传记等著作。可以想象得到，大部分木刻画是为通俗文学服务的。几乎每一本小说、故事和戏剧作品都附有插图来协助说明情节。每一本上的插图，少的也有几幅，多的有四、五十幅，有些甚至拥有一百幅以上。第一种插图版《新刊奇妙全象注解西厢记》于1498年出版后(图1174)，到明末止一共陆续出版了不下10种插图本《西厢记》。这最早的一版中有150项情节需要用插图说明，有些情节，每一项就连续用了8幅插图，可以连成两三尺长的一卷。该版出版者在扉页上写道："大字魁本，唱与图合，使寓于客邸，行于舟中，闲游坐客，得此一览，始终歌唱，了然爽人心意"[4]。有一部杂剧总汇，收入300种传

1）这方面的分别论述见本册pp. 282 ff.。

2）见时学颜的著作[Shih Hsio-Yen (1)]中关于明代插图的完整论述。

3）见15世纪图解启蒙课本«新编对相四言»，附富路德(L. Carrington Goodrich)的序和注解(香港，1967年；1976年重印)。这本启蒙教材中有306幅插图，用来解释388个字，首版于1436年或更早的年代。

4）见1955年北京商务印书馆影印版。

264 统戏文，七成多附有插图，共3800幅，均为明刻[1]。除杂剧外，金陵唐氏富春堂独家即为约10种传奇故事印了几乎200幅插图[2]。著名小说如《西游记》、《三国志演义》、《金瓶梅词话》等更少不了插图。单是《水浒传》，在明代就出过7种不同的插图版。

有些诗集也有了插图，如1597年印的《百咏图谱》为100首诗配上了插图，1600年印的《唐诗画谱》更是诗中有画、画中有诗。木刻更宜复制美术作品。明代出版的这类画谱多达十几种，如《高松画谱》复制了高松(1550—1554年)花鸟画多幅，1603年印的《顾氏画谱》则是宫廷画师顾炳(盛年1599—1603年)摹拟历代名画之作(图1175)。很多传记、历史和地理著作也充分利用了插图，例如《列女传》插图本在1587到1644年之间出版了约6种，1607、1609年印的《状元图考》收入了1436至1521年之间历次殿试一甲一名共29位状元的画像，1547年印的《西湖游览志》则专门介绍杭州西湖风情。科学技术著作为了说明本文，插图更加重要，如1637年印行的农业手工业技术名著《天工开物》(图1071)，1639年问世的徐光启(1562—1633年)力作《农政全书》，1506—1521年建安印的《武经总要》，1609年印的图解类书《三才图会》以及1596、1603、1640年刊行的三种《本草纲目》版本[3]。

明代最有名的木刻艺术创作者中，陈洪绶(字老莲，1599—1652年)以善于创造人物个性著称。他在专以设计插图为业之前，画人物已卓有成就。他一共设计了五大套木刻画：1638年付梓的《九歌图》以屈原(约公元前343—前277年)的诗
266 篇《九歌》为内容，1638年出版的《西厢记》和《鸳鸯塚》是两部杂剧，1640年创作的《水浒叶子》和1653年印的《博古叶子》都是纸牌上的图案，前者画了48位梁山头领，后者画的是48位历史人物[4]。他画的白描单个人物均无背景烘托，其个性气质完全传达了原文学著作中人物的神情，加之个个躯干魁伟，衣纹精细流动，尤其令人难忘。前两套均由新安黄氏一族剞刻，线条清晰明快。

大部分刻工都默默无闻，只有少数在自己经手的雕版上留下了姓名。由于这一行业要求高超的技艺，也许只能亲自传授，因而大多在同族中代代相传，有时随全家迁移他乡。最有名的刻工出自最佳纸墨产地新安(今安徽徽州、歙县)的黄、汪、刘三姓，特别是黄姓，他们一族几代就出了100多位刻工，其中31位褒括了明代一切已知插图本中的绝大部分。刻工的发源地是新安的虬川村，后来有几家

1) 所根据的是1954—1957年上海重印的《古本戏曲丛刊》1—3辑中的戏文名目。三辑共收录了212种附有插图的明代杂剧。

2) 见郭味蕖(*1*)，第79、80页。

3) 明代插图见载于郑振铎(*6*)，第2—16、19—22册；昌彼得(*5*)、青山新(*1*)、长泽规矩也(*9*)、樋口弘(*1*)和漆启贺的著作[Tschichold(3)]及《中国版刻图录》第七册。

4) 见黄涌泉(*1*)。

图1175 明代宫廷画师顾炳在他的画集中所摹画的宋代米芾山水画，印于1603年。采自1931年影印本《顾氏画谱》。

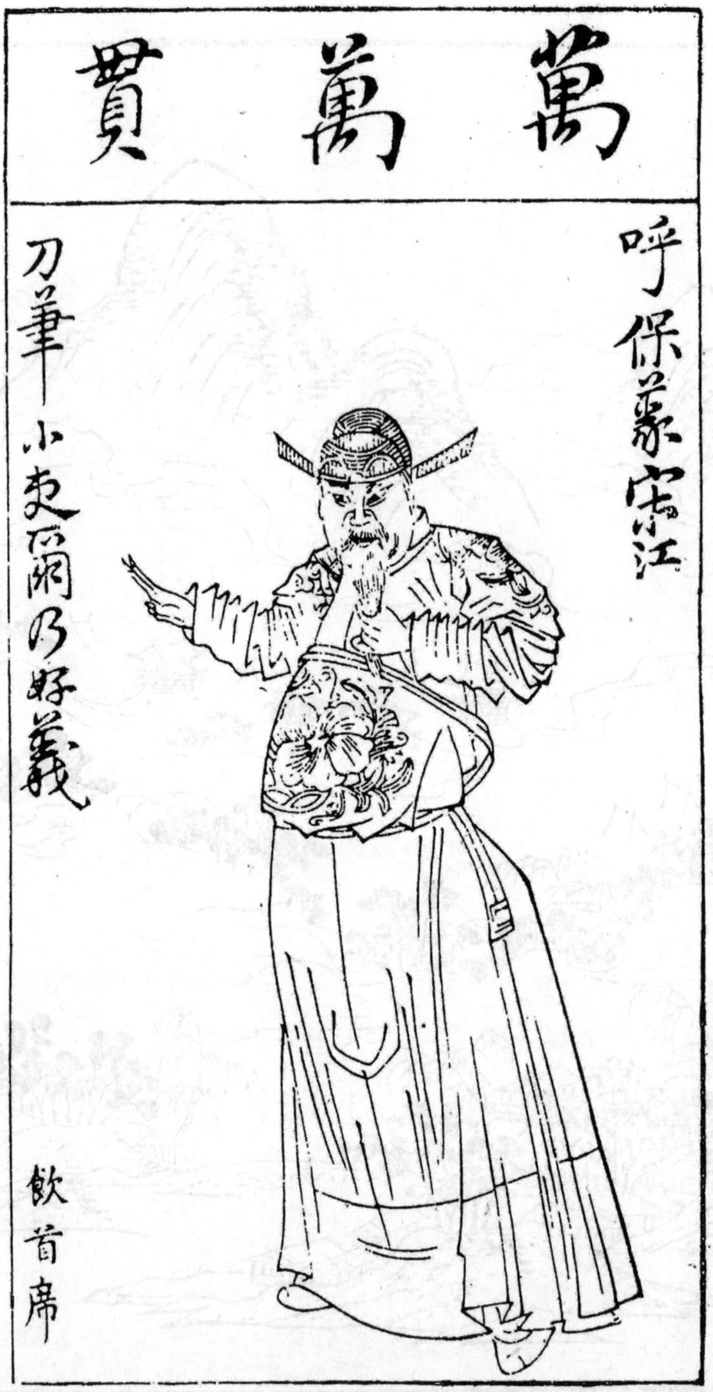

图1176 陈洪绶创作的纸牌画，1640年。画中人物为‹水浒›中的首领宋江。采自1979年影印本‹水浒叶子›，上海。

图1177　妇女荡秋千版画，百回本小说《金瓶梅》插图之一。该书插图出于"徽派"著名刻工黄氏之手，他们原籍安徽新安，当时寄寓杭州。采自影印本崇祯版《金瓶梅词话》，约 1628—1644年。

迁移到了金陵、苏州、杭州、北京及其它需要刻工的城市。由于他们隽秀清雅的风格和纤细婉丽的线条。世称“徽派”。黄家特别引人注目的是最早从事镌刻的那几位，如著名彩色版《程氏墨苑》(图1166)的刻工黄鏻(生于1564年)，三种考古文物图录刻工之一的黄德时(1560—1605年)和元杂剧集的刻工黄德新(1574—1658年)。黄德新的五个儿子也都是刻工，其中黄一楷(1580—1622年)和黄应光(生于1592年)迁移到了杭州，并一起刻了大部分通俗文学作品如《金瓶梅词话》(图1177)和好几种版本的《西厢记》。明代最后70年间，有50种插图本是由黄姓一族刻的[1)]。

一般说来，版刻艺术在有明一代逐渐发展到了精妙和成熟的高峰。初时，刀法上仍不免继承了宋元粗拙的遗风，选题更离不了释道儒的陈规。15世纪后期及
269 整个16世纪，通俗文学、画谱、文物图录、纸牌等无不需要版画，促使版画风格精细复杂。17世纪起至明末1644年止，40年中产生的版画数量空前。新的技巧使艺术愈益成熟。特征是线条娟秀，构图精细，刀法脱俗不苟。明代成了中国书画印刷史上木刻与插图的黄金时代。

清代书籍插图的木刻，在创新精神与兴旺程度上都略逊于明代。从某种意义上看来，衰落是由于某些文学形式如小说和戏剧受到压制，而以往这些种类正是促成大部分明代插图涌现的原因。另一方面看来，官方的提倡又重新开始，民间还对通俗木刻年画产生了新的兴趣[2)]。北京成为官方刻印的中心，私人和商业性的印刷业则继续在南北其它城市发展。

清初武英殿出版了十几种插图书籍，由宫廷艺人和木刻高手绘刻，多为记录皇室庆典、行幸、战功、建制而作，附有皇帝本人的题诗[3)]。其中之一是1713年庆贺康熙六十大寿的《万寿盛典图》，卤簿之长，几达二十里。画家是宫廷画师王原祁(1642—1715年)。原作画于帛上，后来由最精于木刻的朱圭雕成148幅版画，如果连成卷轴，可长达166尺。类似的还有描绘乾隆八十寿辰(1791年)的版画，刊印于1796年，但画刻均不如前者之精。另外一种性质类似的版画集是《南巡盛典》(图1178)，它记录了乾隆于1751—1765年之间行幸南方四省的盛况，把沿途数千里最美丽的景色刻画了下来[4)]。

御苑、宫廷设置、礼器等也是版画题材，并经常附有皇帝的题诗，例如《避暑山庄诗图》就描绘了热河的行宫，刊印于1712年；《圆明园四十景诗图》(1745年

---

1) 见张秀民(*13*)，第61—65页。

2) 本册pp. 287ff.另有论述。

3) 见王伯敏(*1*)，第139—148页；郭味蕖(*1*)，第133—144页和樋口弘(*1*)，第24—28页。

4) 见福克司的著作[Fuchs (10)]中影印得异常精美的48幅1765年刊印的各地佳景彩色版画及6幅1734年刊印的黑白版画。

图1178 乾隆皇帝南巡时，在江苏镇江金山附近驻跸的行宫，1765年的彩印版画。采自福克司著作[Fuchs (10)]中所载的《南巡盛典》。

印，图1179)则画出了京郊另一处避暑御苑内的四十处景色。另一组版画是《皇朝礼器图式》，画的是朝廷在礼仪上所使用的祭器、袍服、乐器、天文仪器、武器、冠冕等，初印于1759年，1766年修订后重印。功臣名将的像貌，也收入版画册中， 270
如《平定台湾三十二功臣图象》中就画出了1683年平定台湾的32位将领。少数民族形象及国外风情，也用版画描绘，如1751年的《皇清职贡图》中就收录了约600个人物及服饰的画面，有西南部的土著，也有欧洲各国人民，后者的描绘以曾出使欧洲使节的报告和观感为依据。

农业手工业等版画集中最著名的，可能就是《御制耕织图》了。它以宋代同名绘画为依据，经清代宫廷画师焦秉贞加工改绘成耕、织图各23幅，每项内容画幅的天头都有康熙及其他人的题诗（图1180)，1696年首版以彩色印制，后来又绘刻于石碑上，1712年由朱圭重新木刻印行。此外，还有1765年印的描绘种棉及棉花加工的《棉花图》，1742年所印的以徐光启农业著作为主要依据编纂的《授时 271
通考》，1776年所印介绍活字制法及其印刷工序的《武英殿聚珍版程式》(图1143)，

图1179 圆明园景色图之一，印于1745年。采自郑振铎(*1*)中所载的《圆明园四十景诗图》。

以及1728年印的大型类书《图书集成》中各个部分的数千幅插图。尽管这部书用铜活字排版，插图依然采用木刻(图1147)。

这时，由于宫廷内的许多部门已经有罗马天主教士任职，西方艺术也对宫廷
272 艺术有了影响。1766年，当《平定伊犁回部战图》等描绘平定新疆16次战役和大事的画幅完成后，皇帝就诏令把全部画幅送往巴黎制成36块铜版，于1774年制成[1]。

官方对印版插图的兴趣及精益求精的要求，促进了私人、商业性印刷业的生
273 产。以往明代由许多有名的私家书坊占尽优势的局面虽然已经逐渐消失，但少数插画家仍得以和精良的刻工合作，使清初的木刻，特别是山水、人物版画不逊于明代。最著名的画家是萧云从(1596—1673年)，他的画章法洒落，曾应安徽太平某官员之请，将太平(今安徽境内)山水43景绘成《太平山水图画》(图1181)。这些

1) 参阅石田幹之助(*1*)及伯希和的著作 [Pelliot (63), pp. 183ff.]。

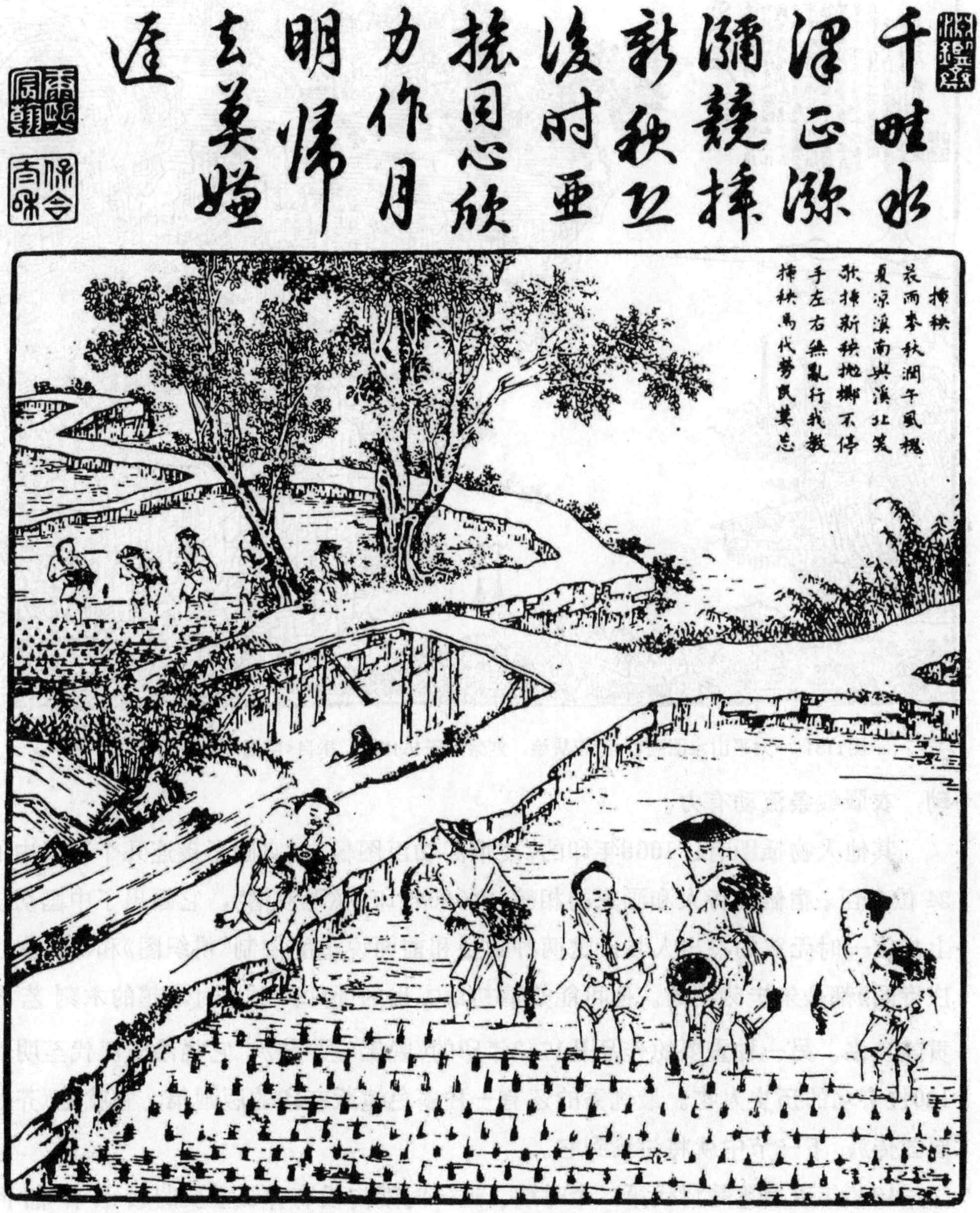

图1180　1712年根据宋代绘画重绘的耕织图之一。图中描绘了插秧的场面，右上方是宋画中原有的题诗，天头上是康熙皇帝亲笔加题的御诗。采自1712年版《御制耕织图》，不列颠图书馆。

画于1648年由精良的刻工数人刻成版画，附上了诗篇和散文，全部山水景色，刊印绝精[1]。萧云从的另一套佳作是屈原《离骚》的插图。《离骚图》印于1645年(图1182)，颇得陈洪绶笔法，刻工仍为刻前一套作品的那几个人，人物面部表情生

1）该图载郑振铎(*6*)，第16册。

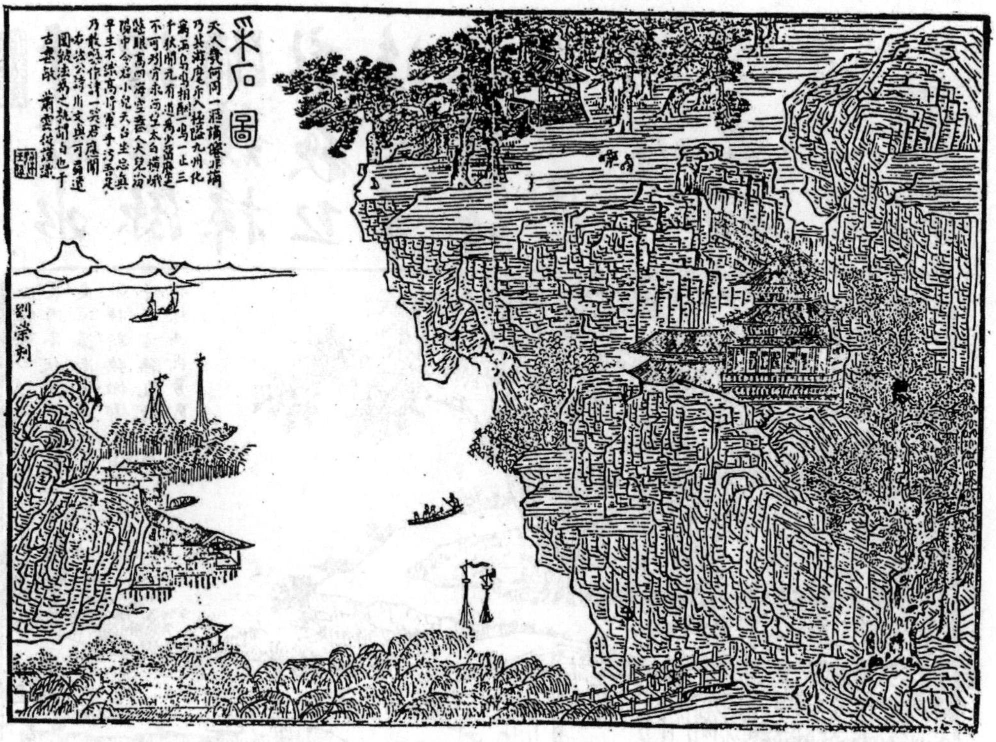

图1181 《太平山水图画》，萧云从绘，刘荣刻于1648年。采自《中国版刻图录》，图711。

动，衣服线条流动有力。

其他人物插图有：1668年印的《凌烟阁功臣图像》，它画了接连几个朝代中的
275 24位名臣、宿儒、诗人和画家的相貌；1690年印的《无双谱》，它画出了中国历史上40位一时无双的杰出人物。这两种画像和前面说过的御制《耕织图》和《避暑山庄诗图》都是朱圭刻制的。他可能是清初最杰出的匠师，对当时卓越的木刻艺术贡献良多。另一种重要的作品是1743年印的《晚笑堂画传》，它描绘了汉代至明代120位有名的历史人物。最优秀的还有一种多色饾版套印的版画集。它就是《芥子园画传》，下一节中就将讨论到它。

1800年以后算是清代第二个时期。这一时期内没有什么重要的版画作品问世。只有少数实用性插图本著作、考古文物图录、地方风景图、传奇及其他杂著是例外。科技著作方面，倒在1848年出版了一部《植物名实图考》，是在作者吴其濬（1789—1847年）死后两年出版的。书中列出了1714种植物、花卉和水果的图象，有的以早期著作为本，有的则以作者跋涉全国亲睹或亲手采集的实物为本。此外还有一种插图书籍值得一提。这就是1836年印行的水利专著《河工器具图考》，它以插图方式介绍了建筑堤坝和管理河道的工具和材料。文物考古插图著作则有1804年印的《积古斋钟鼎彝器款式》和1899年印的《古玉图考》。

图1182 1645年刊印的《离骚图》。画中人物为《离骚》的作者、公元前4世纪左右楚国名臣屈原，他在自沉于汨罗江前，在江边遇见了渔父。

图1183 改琦所绘的《红楼梦》人物林黛玉，约1884年。采自《红楼梦图咏》。

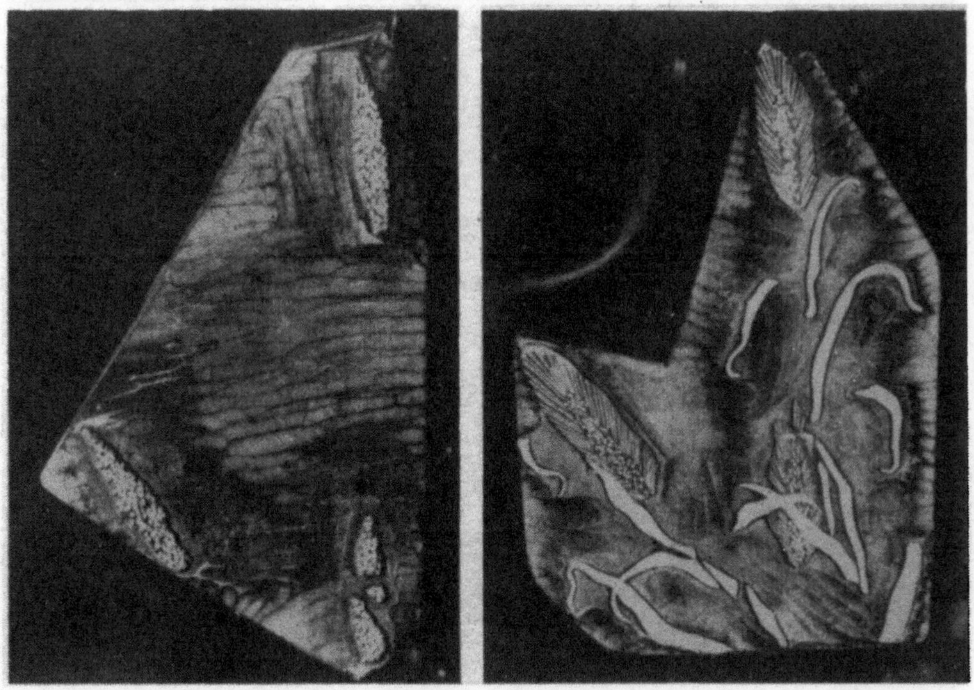

图1184　麦穗图案笺纸印版，全套共4块，分别用于套印中的不同颜色。达德·亨特造纸博物馆。

清代有些小说和短篇故事也出了插图本。特别值得注意的是《红楼梦》。最早于1791年出版的插图本中有二十几个人物的图像。但水平最高的也许是《红楼梦图咏》(图1183)，它收入了改琦(1774—1829年)画的50幅人物像，堪称格调高雅，一笔不苟。还应该提到一位著名的人物画家任熊(字渭长，约1815—1857年)。他为剑侠、高士、先贤画了三种传记，于1856—1858年间出版，又画了一套行酒令用的纸牌，于1854年印行。任熊所画的一切人物栩栩如生，形象夸张，显示了所受明代画家陈洪绶的影响。

清代末年，西方印刷技术和设备输入中国，并逐渐取代了历史悠久的雕版插图技艺。好几种图像著作，特别是点石斋印制的，都改用石印或影印。然而木刻技艺依然延续到了现代。虽然已经有一派深深受到了西方技术和版画风格的影响， 277
但是传统的一派不但依然健在，更由于人们要求用多彩饾版套印绘画、笺谱和年画而迸发了新的活力。

(3) 套色印刷术的兴起

中国的套色木版印刷术又名“套版”或“饾版”，是用一套位置准确叠合的多块

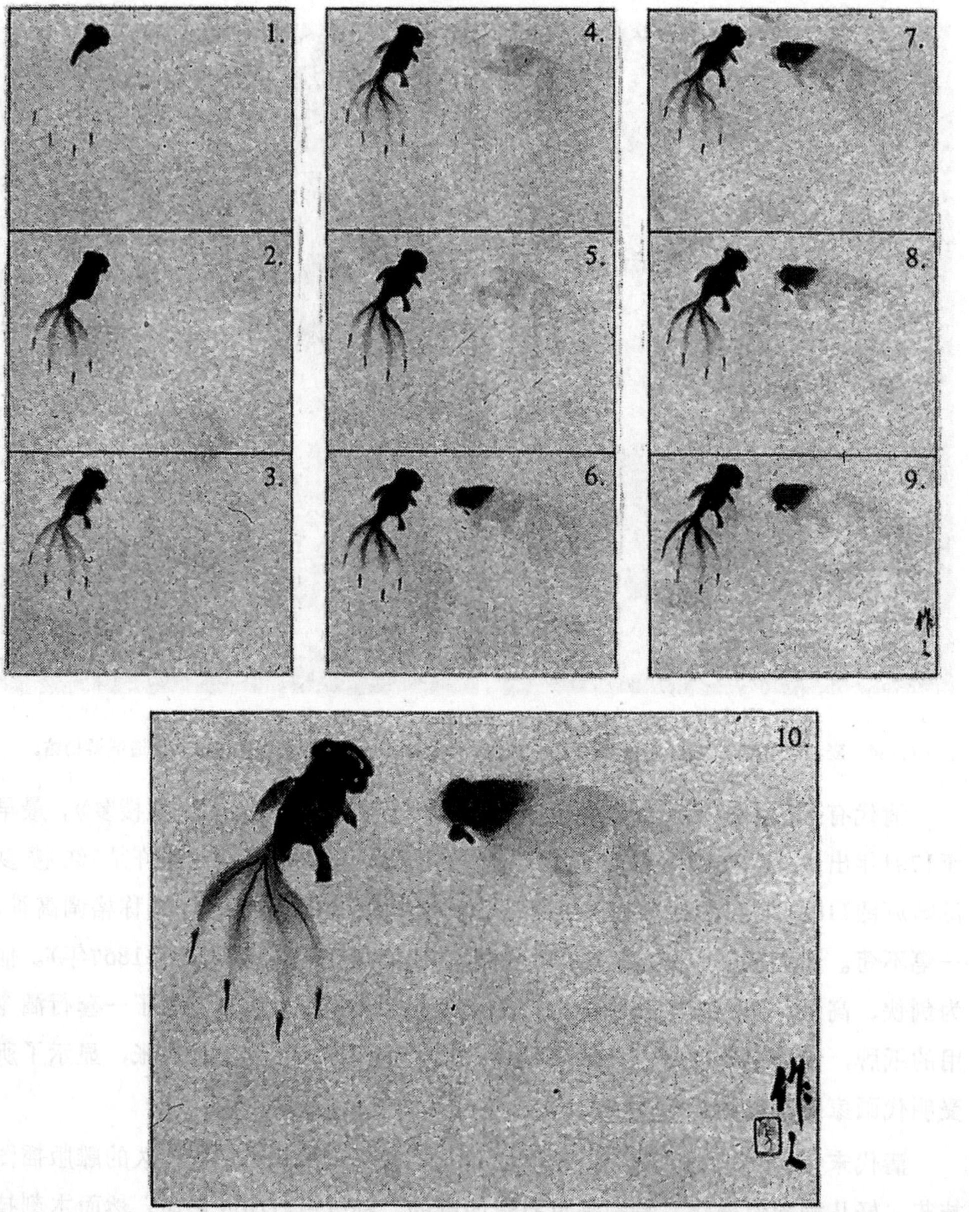

图1185　套版彩印金鱼图的十个步骤。北京荣宝斋提供。

雕版，依次以不同的水彩颜色在纸上叠印的技艺（图1184）。一套的版数，少则几块多则几十块，要取决于最后需印出的彩色种类和色调浓淡（图1185）。套版彩印用来印制二色或多色的圈点注疏本、地图、纸币、插图、笺纸、年画、绘画、书法和装饰艺术作品。

复制美术作品通常要求使用与原作完全相同的墨色、彩色及纸张。在某种程度上，其逼真的程度甚至现代的影印也达不到，因为影印版蚀出来的网线不能传

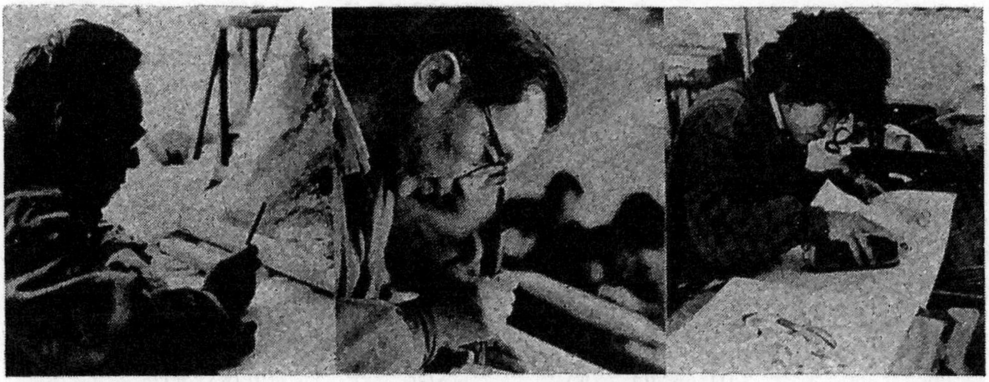

图1186 北京荣宝斋套色彩印中的描、刻、印工序。

达原作笔触的气质和精神。加之，胶印无法重现中国墨画意味深长的层次和色调，油墨又不能产生原作水彩的同样效果，而摄影制版又经常会受到背景阴影的干扰。

要有相当的技巧和专门的知识才能掌握雕版彩印中的打样、镌刻、套合、印
刷等各道工序。虽然过去彩版印刷的方法没有记录可寻，但相信和今天所用的方 279
法没有什么两样[1]。复制水彩画的第一步是研究分析原作的色彩。把每一种基本色的轮廓都分别用透明薄纸描成一份份的复制品，翻过来用米浆贴在光滑的木版面上。干后把薄纸外层轻轻擦去，就可以镌刻了[2]。由于线条和彩色所覆盖的区域必须和原著丝毫不差，刻印时都要把原作放在手边随时参考(图1186)。

中国彩印所用的纸，通常就是一切中国艺术家用来作书绘画的色白、光滑而吸水性强的宣纸。墨和水彩颜色，也与书画家所用者相同。大部分色料是矿物颜料，掺以水及桃胶或牛皮胶。调色时，应该和原作一样，使干后与原作毫无二致。操作台用两块木板组成，中间留有隔缝（图1187）。用沥青或蜡把雕版固定在左边台面上，旁边放着笔墨颜料。把一叠纸张用夹板紧夹在右边台面上。印工在版上施色时，不能使颜色渗出范围。这时，才可以把纸张放到施过颜色的版面上，用刷子轻轻拂过纸背。拂刷时，要根据原作所需的表现和特性，在版的不同部位使用不同的压力。有时要等某些颜色干了才能印上别的颜色，有时要乘前色尚湿时加印后色。原作色层，要在同一版面上反复施用由浅至深不同程度的颜色
来摹仿，或用特制的笔使颜色渗开，或在适当的地方把颜色拭去。这样操作下 280
来，印出的复制品有时简直能和原作乱真。一位著名的印刷家说："世上简直没有

1）下面所叙述的方法，都以1979年与北京荣宝斋和上海朵云轩匠师的谈话为根据，可参阅叶圣陶(*1*)，第27—28页和漆启贺的著作[Tschichold (3), pp. 41—44]。

2）参阅本册 pp. 197ff.。

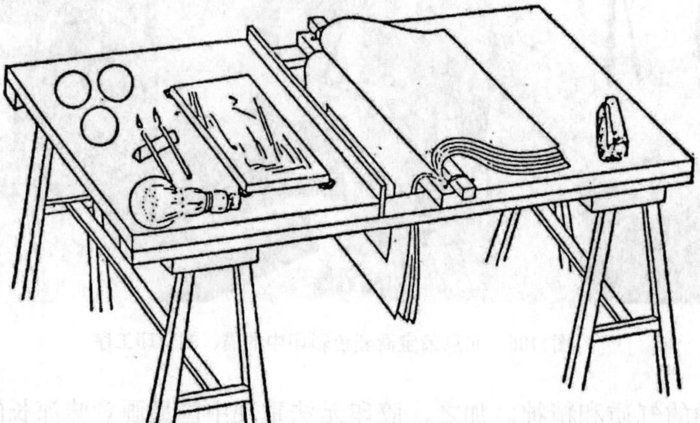

图1187 北京荣宝斋套色彩印用的工作台。

别的印刷艺术，象中国彩印那样一切仰仗印工对艺术的心领神会”[1]。

彩印法显然有过如下的发展过程：最初是在墨线钩出的轮廓中用手工填上彩色。然后是在同一块雕版的各部位上分别涂上不同的颜色。发展到对不同的颜色和不同浓淡的层次分别用许多小版饾印时，就成了高度微妙精密的艺术了。目前还存有几种最初用手工涂色的实物。敦煌发现947年印的观音像，就有类似的几幅着上了6种颜色[2]；1107年发行的纸币，上面的敕字、大料例、年限及背面的故事图案都印成黑色，圆形图案印成朱红色，“青面”则以靛蓝印成蓝色，以防止为不法之徒伪造[3]。

现存最早的彩色印件之一，也许是近年在西安发现的一张版画：画的是为人诙谐的汉代官员东方朔(生于公元前106年）的故事。传说他曾偷窃过西王母的长寿仙桃。原画作者题名为唐代吴道子(792年卒)。版画印成黑、灰、绿三色，钤印则为红色，可能是12世纪初金人统治下的平阳书坊所刻（图1188）[4]。一般认为
282 这幅版画曾经用作室内装饰画，或一种当时为通俗题材的年画。

印本中把批注印成彩色的做法，可以上溯到14世纪初年，但是实际一定开

1）见漆启贺的著作[Tschichold (3), p. 41]。

2）不列颠博物馆及巴黎基迈博物馆(Musée Guimét)收有早期彩印实物。

3）见《蜀中广记》，卷六十七，第十八至二十三页上的介绍。

4）版画于1973年修理西安碑林一座石碑时发现于支柱中的空穴内。同时还发现一幅碑文拓片、几张女真文件残片及一些铜币，其中最晚的铸于1158年。见《文物》1979年第5期第3—4页上的报导及图版贰。

图1188　现存最早的彩色版画，约12世纪初。画中描绘的是东方朔偷窃西王母长寿仙桃的故事。采自《文物》，1979年第5期。

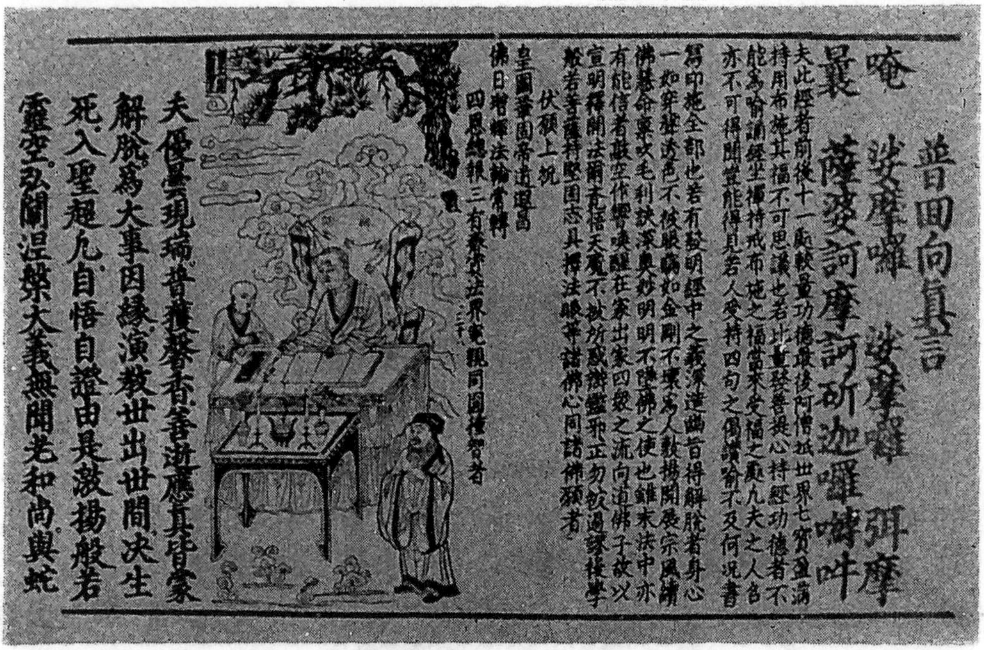

图1189 彩色套印的《金刚经》，1340年。经文以大字印，插图红色，注文以小字墨印。台北中央图书馆。

始得还要早一些[1]。现存的实例是1340年元代中兴路资福寺所印的《金刚经》，其中注文印成黑色，经文和灵芝插图则印成红色(图1189)。

16世纪末或17世纪初，套色印刷技术继续发展。浙江的闵、凌两家及其他私家、书坊以二至五种彩色套印了几百种经典著作、插图小说、杂剧戏文及医药书籍。最有名的是闵齐伋，当时仅他和另外几个人就套印了不下100种书籍[2]。1581年，凌瀛初以蓝、红、黄三色印了5世纪短篇故事集《世说新语》。17世纪初，徽州著名制墨者程大约（1541—1616年）于1606年用五种颜色印了《程氏墨苑》。
283 第一次把西方刻的圣经故事图像收入中国版画，一同首次收入的拉丁拼音汉语则显然由利玛窦提供(图1166)[3]。大约在同时，也出版过大量彩色色情图集，其中有1606年的五色套印《风流绝畅图》，刻者是有名的新安黄一民[4]。现存最早的彩色地图集也许就是1643年印的《今古舆地图》，其中收入了60幅古今对照的地图，把明代的边界印成黑色，古时的疆界和注解则印成红色[5]。然而上述这些版

1）3世纪至7世纪初，三国至隋代的书目所提到的书籍中，有一些手抄本的句读圈点和批注就以彩色字体书写。

2）见科隆(Köhn)东方艺术博物馆影印的闵齐伋1640年五色套印的《西厢记》，附埃迪特·迪特里希的说明文[Edith Dittrich (1)]，陶湘在《闵板书目》中列出了1600—1640年间闵家及别家所印的132种著作的110项书目。

3）见吴光清[K. T.Wu (6), pp. 204—206]和伯希和[Pelliot (28), p. 1]的著作。

4）高罗珮有一部著作[van Gulik (11)]论述了这一部及其它色情图集。

5）据知这一版地图集还可以在北京图书馆、法国国立图书馆和美国国会图书馆中见到。

图1190 胡正言编印的彩色套印画谱中的一幅，约1627年。采自漆启贺[Tschichold (3)]影印的《十竹斋书画谱》。

画中的彩色都是平均涂布的，没有分出浓淡层次来。

到17世纪前半期，彩印技术发展到了完美的顶峰，采用更微妙而精确的工序，印出了大量画集、书法集和装饰性的笺谱。它们与过去用黑线打好轮廓的插图不一样。新技艺的特点是直接把彩色涂在版上，不用轮廓却能显示不同深浅层次的色调。到《十竹斋书画谱》(图1190)和《十竹斋笺谱》(图1191)中的多色饾版同世时，更进入了登峰造极的境界。两种不朽的图谱均为五色套印，显示了妍丽的色调层次。编印者都是南京胡正言，前者出版于1619—1633年，后者则在1644或1645年。

胡正言(约1582—1672年)，原籍安徽休宁。当地世代都是出产上等纸墨和从事印刷的中心。后来他寄居于南京，那里是大批刻印良工从不远的休宁迁过去的地方。他原来以治学行医为业，后来兼业治印、绘画、作书和设计笺谱，最后成

图1191 套版彩印的十竹斋笺纸。采自1934年荣宝斋影印本《十竹斋笺谱》。

了套印艺术的天才。他所印的艺术品中，有一些书画作品出自他本人之手，也有一些出自当时约 30 位其他美术家之手[1]。

《十竹斋书画谱》编入了约 180 幅版画及 140 首诗的书法佳作，分成八类：翎毛、水果、兰、竹、梅、石、团扇面及一般书画。每一类中辑入了约 40 幅画和书法作品，每一幅都印在双叶纸上。在中国艺术史上，这样来对书画进行分类和 284
有系统地选辑还是第一次。

据知，在 1633 年全部《十竹斋书画谱》出版之前，已经印过一些样本，包括 1622 年印的 17 幅画竹之作，印制年代不明的 8 幅梅、兰、竹、菊以及 1627 年印的 10 幅翎毛画。1633 年印的《十竹斋书画谱》，显然是新旧版的总汇。目前，早期样本已极少流传[2]。

《十竹斋笺谱》中辑入的图样有岩石、礼器、风景、人物、植物、花卉等。其
中有些图样是彩色或无色的"拱花"。这又是中国印刷史上的一大发明[3]。这种方 286
法又名"拱版"。其具体做法或是简单地把纸覆在拱起的花样上用力下压产生浮雕效果，或是把纸放在凸凹版之间挤出真正的拱花。有一位专家认为当年采用的是后一种有凹版的办法，并且挑选纹路不显的硬木来制凹凸版[4]。然而这种技艺却不是胡正言发明的，他的笺谱也不是第一种。至少有两种笺谱出版得还要早或与它同时。一种是 1626 年在南京由吴发祥(号萝轩，生于 1578 年)编印的《萝轩变古笺谱》，这比《十竹斋笺谱》要早 19 年[5]。另一种是约与《十竹斋笺谱》同时问世的《殷氏笺谱》，其中也有拱花图案[6]。

《十竹斋书画谱》和《十竹斋笺谱》对后来的彩色版画起了楷模作用。其中特别值得注意的是《芥子园画传》(图 1192)，它的影响甚至超越了前人之作。在过去三百年间，它作为初学绘画者临摹的范本而享有盛誉。芥子园是李渔(约1611—1680年)建造在金陵的别墅。李渔是一位剧作家和多产作家，写过很多方面的书。他以芥子园的名义印过自己和别人的许多著作。虽然 1679 年出版的第一集《芥子园

1) 见向达(*6*)，第39—42页。

2) 漆启贺著作 [Tschichold (3)]中用胶印法极其精致地复制了初版的《十竹斋书画谱》。

3) 18 世纪中叶后，欧洲德国第一次出现拱花；1796 年，在英国取得专利。见斯托夫的著作 [Stoff (1)]。

4) 漆启贺的著作[Tschichold (3), p. 33]。

5) 1923年东京印行大村西崖(Omura Seigai)编的《图本丛刊》(*Zuhon Sōkan*)中，复印了《萝轩变古笺谱》残本下卷。当时错误地认为这种笺谱的编印者是翁松年(1647—1723年，号萝轩)。1964 年，上海发现了《萝轩变古笺谱》上下两册，上册序中写明了它真正编印者的姓名和出版年份。这部笺谱辑入的品类及拱花图案与《十竹斋笺谱》相似，但是它着色时先钩描出图案轮廓，色调层次也不如《十竹斋笺谱》的多。见《文物》，1964第 7 期，第 7 — 9 页；亦见本册 pp. 262ff.

6) 原版的《殷氏笺谱》在日本还能见到。青山新(*1*)，图10和长泽规矩也 (*3*)，图102中都收入了这种笺谱的影印图片。

图1192 《芥子园画传》中的果树翎毛图，饾版多色套印，约18世纪。采自施特雷尔内克的著作[Strehlneek (1)]。

画传》上有他写的序，他却显然只是一位大力赞助者而并不是画传的作者。一般都以为，《芥子园画传》第一、二、三集（后两集于1701年出版）由他的女婿沈心友编辑，插图则由王概及他的两位兄弟王蓍和王臬绘制。第四集则是1818年由其他人续编的。《芥子园画传》是由浅入深的画学津梁，第一集是山水画技法，第二集是梅、兰、竹、菊谱，第三集是鸟、虫、花卉谱，第四集是人物写真谱。这
287 部画谱在中、日两国广泛流行，两国都曾多次将它重印，还曾译成各种文字[1]。

1）从1679年首版起至1937年止，中国和日本重印过二十几种版本。有关这部画传的各种版本，见裘开明的著作[A. K. Chiu (1), pp. 55—69]；关于译本，见彼得鲁奇［Petrucci (1)］和施美美[Sze Mai-Mai (1)] 的著作；关于重印本，则见漆启贺的著作[Tschichold (5)]。

(4) 年 画 的 流 行

《芥子园画传》问世后，就没有再出现过别的重要版画集，只是出了一些影响不大的笺谱。此外，就得数年画了。中国人的新年是一年之中最隆重的节日，举国上下，接连十几天都会沉浸在除旧迎新的欢庆祝愿气氛之中。各行各业的中国 288
人都喜欢用颜色鲜明、内容吉利、黑线轮廓手涂彩色或多色版印的画幅来装饰住宅。年画的起源，可以上溯到唐代或唐代前使用室内装饰的风俗，如插图皇历、护宅门神画及描绘家庭生活的画幅。唐代以后几百年间，在主题和内容方面有所发展，到明代后期多色版画盛行时，年画作为另一种民间艺术就大为普及[1]。

年画分成不同的门类。以反映人们祈求福、禄、寿心情的最受欢迎。象征图案是蝙蝠、鱼、桃子、莲花、石榴、牡丹等。其它题材还有神像、男女英雄、山水风景、家庭生活、宁馨婴孩、耕织劳作等。现存最早的实物中，有一幅1597年印于苏州的《寿仙图》(图1193)[2]。苏州是中国东南部的工商业城市，清初尤为繁荣。它同时也是中国生产和销售年画的两大中心之一。1505年，苏州有一位艺术家造了一所别墅。别墅及所在的街道都名桃花坞，几百年之中，它成了风景区。到19世纪中叶，区内的印书坊达50多家。从1740年该处所印的年画《万年桥》(图1194)和《阊门》中，可以看到当年苏州繁荣程度的一斑[3]。

另一个中心是天津附近的杨柳青。从16世纪末起，那里开设了许多家刻印年画的作坊。至17世纪初，它成了生产和销售年画最大的中心，年生产量高达2000万张。其中仅一家作坊，就雇了几百名刻工和印工，每年生产100多万张。到19世纪中叶，在杨柳青开业的年画作坊仍有60多家[4]。每年春秋两季各出一版年画。制造春季版年画在时间上很从容，图案和颜色的品类较多，风格较为高雅。秋季版年画制作时总是为了赶时间迎合顾客迫切的需要，在风格上比较粗 291
犷[5]。由于年画的需要量日益增长，全国涌现了一批较小的制作中心，如山东杨家务、河北保定、河南朱仙镇、江苏扬州和广东佛山等。它们成了南北两大中心的补充，制作风格和格调也都分别效法这两大中心，形成了南北两派。

1）关于年画发展史，见阿英(*2*)；郭味蕖(*1*)，第182—217页；约瑟夫·赫兹拉[Jasef Hejzlar (1), pp. 48—51]和波默兰茨[Pommeranz (1)]的著作。

2）见青山新(*1*)，图6。

3）大部分苏州年画在欧洲和日本还能找到实物。青山新(*1*)，图15—67中影印了47幅精选年画；亦见阿英(*2*)。

4）见阿英(*2*)，第272页。

5）见张映雪的《杨柳青木刻年画选集》。

图1193　寿星年画，1597年印于苏州。采自青山新(*1*)，图 6 。

图1194 《姑苏万年桥》年画，1740年印于苏州。采自青山新(*2*)，图16。

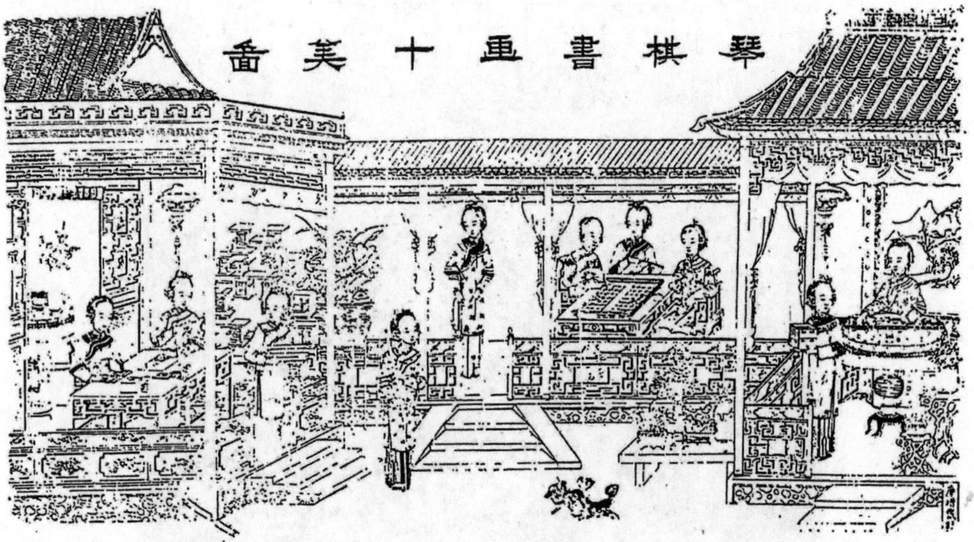

图1195　杨柳青年画《琴棋书画十美图》，由开业于18世纪的戴廉增年画铺所印。采自张映雪(*1*)。

一般说来，北派继承了平阳和北京的版印技术，在风格和题材上受到中国传统绘画特别是宫廷画师的影响。题材偏重神像、妇孺、戏剧和历史小说(图 1195)。刀法遒劲明快，色彩丰富，装饰性强。对比之下，苏州派则继承了当地明代兴起的彩印技术。图案比较细致优雅，制作精巧，装饰华丽，色调浓艳。题材包括熟悉的孩童戏耍玩具或画轴中常见的吉祥装饰。清代的年画中已可以看得出西方技法和内容的影响，使用了透视和明暗对比手法，甚至欧洲歌剧院（图 1196）和火车头的形象也作为装饰进入了中国人的住宅。总的说来，南北两派在技巧和题材上，反映了南北两地民间生活时尚及爱好。

图1196 中国年画中的欧洲歌剧院，约18世纪，采自青山新(*1*)，图27。

(h) 纸和印刷术的西渐

(1) 欧洲对中国纸的认识过程

298 10世纪中叶纸张传入欧洲，12世纪起开始在欧洲生产纸，15世纪中叶开始用于印刷[1)]。最初传入欧洲的纸张是用破布制造的，当时认为是阿拉伯人或欧洲人的发明[2)]。纸张起源于中国和逐渐传入欧洲的史实，直到本世纪开始时才得以确立。这种事实之所以迟迟未得承认，部分原因是这项发明是通过中间媒介从中国间接传入西方的，部分原因则是对纸本质的认识存在着混淆。有人不时提出真正的纸和莎草之间的关系问题，而纸张起源于西方的想法，直到现代才彻底否定[3)]。

在纸已传入西方三百年以后，欧洲人对中国人用纸的事实仍毫无所知。只是从13世纪初，欧洲旅行者来到东方才看到了中国使用纸币，虽然令他们感兴趣的主要是钱而不是纸。最早向欧洲报导中国纸币的，是在1253—1254年间奉法王之命出使到蒙古都城和林(Karakorum)的传教士罗伯鲁(William Ruysbroeck, 1215—1270年)。他回到法国后，于1255年提到中国人用棉纸制成通用货币进行商业贸易[4)]。在此以前，欧洲人可能根本没有听到过用纸作为交易媒介的事。罗杰·培根(Roger Bacon)很快就读到了罗伯鲁的报导，他在《大著作》(*Opus majus*, 约1266年)中形容这种纸币为"一张桑树制成的片子，上面印着一些线条"[5)]。然而，马可·波罗1275至1295年间在东方旅行时却对纸币的使用作了更详细和直接的观察。马可·波罗简短地介绍了桑树皮制纸的情况，并极详尽叙述了造纸币过程、流通系统、在交易中的使用及和破旧纸币的更换[6)]。

14世纪和15世纪初，文艺复兴以前的作者中对中国使用纸币的情况作了类似报导的还有：亚美尼亚王子海顿(Haytcn, 1307年)、索尔坦尼亚(Soltania)地区的大主教(约1330年)、多明我会修士约翰·德·科拉(John de Cora, 约

---

1) 欧洲最早用纸的年代，在西班牙是950年，西西里是1102年；最早制纸，在西班牙萨蒂瓦(Xátiva)是1150年，在意大利法布里亚诺(Fabriano)则是1276年。见亨特的著作[Hunter (9), pp.470—474]，亦见本册pp. 298ff.。

2) 见吉尔罗伊[Gilroy (1), p. 404]和赫恩勒[Hoernle (1), pp. 663—664]的著作。

3) 关于对纸和莎草片认识方面的混淆以及西方发明纸的理论，见钱存训的著作[Tsien(2), pp. 140—142]。

4) 参阅卡特[Carter (1), p. 115, n. 21]和拉赫[Lach (5), I, p. 34]的著作。

5) 见培根的著作[R. Bacon (1)]，参见伯克的英译本[B.Burke (Oxford,1928), I, p. 387]。

6) 玉尔的著作[Yule (1), 1. pp. 423—426]中译出了关于纸币的一章，篇幅很长。

1330 年)、方济各会修士和德理(Oderic of Pordenone,约 1331 年)、佛罗伦萨商人弗兰奇斯科·巴尔杜奇·佩戈洛蒂 (Francisco Balducci Pegolotti, 1310—1340 年) 和威尼斯使者约萨法·巴尔巴罗 (Josafat Barbaro, 1436 年)[1]。使这些早期报导者感到特别惊奇的是，用最便宜的材料能交换最贵重的东西，但这些作 294
者对纸本身或纸起源于中国却很少涉及。因此，文艺复兴时期的历史学家波利多尔·弗吉尔(Polydore Vergilius, 1555年卒)在 1499 年首版于威尼斯专门谈到发明创造的著作中写到纸时，只说它是用麻布制造的，却没有说是谁和在何处发明的[2]。

16 世纪后期，纸已经在欧洲普及，这时的旅行者写的有关中国作品不再谈纸币，而是讨论造纸原料和纸的广泛用途。葡萄牙多明我会修士加斯帕·德·克鲁兹(Gaspar de Cruz) 曾于 1556 年去中国短期访问。他在 1569 年出版了一本著作，说中国纸是用树皮、竹、丝絮及其它破织物制成的[3]。他还谈到纸在各种场合下的用途，例如用来盖印证明身份；又例如一张由当局签发的纸，就可以封住宅门和城门。谈到节日用纸时，他说大门口扎上显赫的纸牌楼，架子上悬挂着精巧的纸糊人物、神像或彩画，用蜡烛和灯笼照明。然后他又谈到葬仪用纸，解释如何把纸画的仕女挂在绳索上以帮助死者升上天堂，并且焚烧纸画偶像和纸剪的各种花样作为献给神的祭品[4]。

另外一位西班牙奥斯丁会修士马丁·德·拉达 (Martin de Rada) 曾经在 575 和 1578 年两次到过中国。他说中国的纸是用竹的内皮制成的，“它极薄，不能轻易两面书写，因为墨能渗透过去”[5]。他也谈到礼仪用纸和焚烧纸钱献给死者。拉达所提供的情况，一般都为另一位西班牙奥斯丁会僧侣门多萨(Juan González de Mendoza)采纳，并且由他于 1585 年写到了一本关于中国的畅销书中去。门多萨还补充说，“他们有大量的纸，售价极其低廉”[6]。

一直要到 17 和 18 世纪，欧洲对中国的纸及其在中国的早期发明才知道得多些。17 世纪初，派住中国的耶稣会会士利玛窦写道，中国用纸比任何别处都普遍得多，造纸的方法也比别处多得多。他说，中国纸比欧洲任何纸都薄，而用棉纤

---

1) 卡特 [Carter (1), p. 115, n. 21]及拉赫[Lach (5), I, pp. 40—46]的著作中有关于这些作者的论述和引文。

2) 见波利多尔·弗吉尔 [Polydore Vergilius (1)] 的《发明者的事业》(*De Rerum Inventoribus*), 见托马斯·兰利的英译本[Thomas Langley(New York, 1868), p. 67]。

3) 见博克瑟的译文[Boxer (1), p. 120]。

4) 见博克瑟的译文[Boxer (1), pp. 97, 101, 143, 147, 216]。

5) 见博克瑟的译文[Boxer (1), pp. 295, 306]。

6) 参阅斯汤顿编辑的门多萨著作[Mendoza (1), ed. Staunton I, p. 123]。

维造的纸和西方最好的纸一样白[1]。中国发明纸的年代，是由另外一位耶稣会士谢务录(Alvare de Semedo)提供的。他在1640年左右写道："自从他们发明造纸以来，已有一千八百年。中国纸的品样这样多，数量这样大，使我由衷地相信，在
295 这些方面，她都在全世界处于领先地位，而在精致方面无人能超过"。他接着说，纸"是用某种树造成的。这种树，在印度叫做'斑卜'(*Bambù*)，在中国叫做'竹'。中国制纸的方法也和我们的相似。但是最好最白的纸，是用棉布造的"[2]。谢务录对竹纸的观察报告与宋应星在1637年出版的有关中国工艺的著作同时[3]，宋著中专门有一章谈到制造竹纸。谢务录把造纸的起源追溯到公元前2世纪的确特别有趣，因为没有任何其他作者曾经说过造纸的历史可以上溯到那么早，而且只有近年来找到了西汉古纸实物之后，这一点才得以证实。

虽然中国发明造纸已经由耶稣会士作了报导，但是17世纪的欧洲学术界显然对之还一无所知。1689年在乌尔姆(Ulm)出版了埃弗哈德·哈佩留斯(Everhard Happelius)专门谈发明的著作《奇妙的世界》(*Mundus mirabilis*)。书中依然说不知谁是纸的发明者，但是应当给他以最高的荣誉。

耶稣会士得知蔡伦的故事，是因为它在中国早已流行，蔡伦已经成了全国许多公共场所设祠崇拜的传奇人物。然而蔡伦的简要传记则一直要到1735年才在欧洲问世。杜赫德(Jean du Halde)的多卷本中国史最初在巴黎出版。关于蔡伦，这部著作谈到：

> 官中有一位名蔡伦的大官于和帝时发明了更好的纸，名为'蔡侯纸'。他用各种树的皮、旧丝絮和破麻布，不断蒸煮，直到变成稠液。再把稠液稀释成薄的浆汁，用来制各种纸。他还用绳头造纸，叫麻纸。中国人勤劳的使这些发明完善后，又掌握了抛光技术的秘密，使纸面光泽[4]。

18世纪传教士从中国发回欧洲的报导中很少提到纸，只有一项报导说中国纸是用楮的树皮造成的，并说这种原料可以产生细、白、长而类似丝的纤维，还建议法国引进这种原料树种[5]。直到19世纪中叶以后，一切关于中国纸的消息大都以杜赫德的论述为主，似乎把它认为是中国造纸史的权威之作了[6]。要到19世纪

1）参阅德礼贤的著作[P. M.d'Elia (2), I, p. 25]及加拉格尔译的《利玛窦日记》[*Journal of Matteo Ricci*, tr. Gallagher (1), p. 16]。

2）见谢务录的著作[Semedo (1), p. 34]。

3）即《天工开物》，见本册pp. 68ff.上的论述。

4）见杜赫德著作的英文版[du Halde (1), Eng. ed., II, pp. 417—418]。

5）见《北京耶稣会士关于中国历史、科学、艺术、道德、习俗等的研究报告》[*Mémoires concernant l'histoire, les sciences, les arts, les moeurs, les usages, etc. des Chinois par les missionnaires de Pékin*… (15 vol, Paris, Nyon, 1776—1791), vol. II, p. 295]。

6）见德·维恩著作[de Vinne (1), p. 133, n. 1]中的引文。

末年及本世纪初年，在埃及、敦煌、新疆发现古纸遗物并且作了科学鉴定之后，人 296
们对中国早在公元之初发明了纸及其逐渐西传至欧洲的事实才确信无疑[1]。

(2) 纸和造纸术的西传

中国的纸，只在达到可供书写的完美水平、成为日常生活用品之后，才经由各个方向传播到了世界各地。别国引进造纸术都经历了两个阶段，起先只是输入纸和纸制品，后来就采用了中国的造纸法自行造纸。从可以找到的证据看来，从最初输入纸品起似乎至少需要经历一到两个世纪才能发展到自行生产。以西传的史实为例，至迟在7世纪纸即已传入阿拉伯各国，但是阿拉伯造纸要到8世纪才开始；纸输入欧洲是在10世纪，但是欧洲也要等到12世纪才开办造纸作坊。

时常有人说，中国人一直严守造纸秘密，直到8世纪有几个纸工被阿拉伯人俘获，秘密才未能保住[2]。这种说法肯定是错的[3]。纸西传缓慢的主要原因是中国在地理上和文化上都与西方隔绝，并非是中国保密。中国的近邻一旦与中国文化接触，立刻就学会了造纸。东北方的朝鲜和日本、东南方的印度支那各国，引进都很早[4]，然而纸沿着丝路西传的过程很缓慢。考古工作证实，任何国家离中国本土越近，出现纸的年代也越早。

纸的西渐可能开始于3世纪，首先是进入新疆。纸从敦煌出发，经新疆跨越边界西传。20世纪初，斯文赫定和斯坦因于楼兰地区发现了3世纪的残纸，普鲁士、日本考察队也在吐鲁番和原高昌地区发现了4、5世纪的古纸，近年来中国考古队也续有发现。在和阗，斯坦因还发现了用汉、藏、梵文及古龟兹文写的8
世纪写本[5]。有些纸本文书可能是从中国内地带到这一地区，但也有证据说明当时 297
新疆已能造纸。1972年在吐鲁番发现的文书之中，有一份年代为620年之物，上面有“纸师隗显奴”及高昌行政官员的姓名。此外还有一份纸文书，内容是把囚犯送往纸坊劳动。这说明纸坊一定就在当地。中国科学家在研究了近年来发现的几

1）参阅赫恩勒的著作［Hoernle (1), pp. 663ff.］及本册下文的论述。

2）参阅亨特的著作［Hunter (9), p. 60］。

3）所谓中国保守造纸秘密之说，一定是因为欧洲本身最初对之保密而进行的揣测。欧洲纸坊主有时要求雇工宣誓不把造纸秘密透露给同业竞争者，有时业主还对原料和制纸申请专利进行垄断；见亨特的著作［Hunter (9), pp. 233—234］及本册pp. 302ff.的论述。

4）参阅本册pp. 319ff.的论述。

5）关于古纸的发现，见孔好古［Conrady (5), pp. 93, 99, 101］、欣德勒［Schindler (4), p. 225］、斯坦因［Stein (11), I, pp. 135, 271］的著作及钱存训的总结［Tsien (1), pp. 142—145］。

图1197 古代波斯巴格达附近赫尔宛(Hulwan)一所13世纪的图书馆。

十份文书以后认为，有些纸在当地造成的年代不会晚于5世纪初年[1]。上面提到的藏文写本，经研究后，其原料纤维不是新疆的产物，可能是从西藏输入的[2]。

可能在7世纪之前，纸即已继续向西传入了阿拉伯世界。阿拉伯人和中国人之间的贸易及其它交往使阿拉伯人有机会很早就知道纸。而阿拉伯词汇中当作纸的 *Kāghid* 和《古兰经》中与它相等的词 *qirtās*，据信就是从汉语中来的[3]。早在650年，中国的纸就输入了撒马尔罕，但那些纸属于珍稀物品，仅供重要文件使用[4]，一般认为，阿拉伯国家要到8世纪中叶才开始生产纸。还据说751年怛逻斯(Talas)河两岸的战役中，突厥-吐蕃联军击溃了高仙芝的军队，俘虏中有各种匠人，包括制纸工匠。这些纸工被送往撒马尔罕制纸[5]。撒马尔罕丰富的大麻和亚麻植物加上灌溉渠中的水，为造纸提供了自然资源。纸的产量逐步上升，不仅满足了

1) 见潘吉星(*10*)，第137—138，188页。

2) 见斯坦因的著作[Stein (11), I, p. 426]。

3) 夏德(Hirth)说阿拉伯语中 *Kāghid* 这个词的词源可以追溯到汉语中的"榖纸"。迈赫迪·哈桑则在著作中[Mahdihassan (49), pp. 148ff.]说，*kāghid* 和 *qirtās* 是同义词，主要指纸，其次指文件；而 *qirtās* 则是更早的外来语汇。

4) 参阅劳弗的著作[Laufer (1), p. 559]。

5) 阿拉伯资料说纸是由中国俘虏带到撒马尔罕的。中国历史上记录了这次战役，但是没有提到有纸匠被俘。当时俘虏之中有一位杜环，后来在762年回到了中国。杜环提到了俘虏中几位织工、金银匠和画匠的姓名，其中没有纸工。见他所著的《经行记》(《海宁王静安先生遗书》本)，第二页；见伯希和的译文[Pelliot (32)]。

当地的需要，而且在与外地的贸易中，“撒马尔罕”纸也成了重要的商品[1]。

造纸工业继续由撒马尔罕传到巴格达，794年左右，在那里由中国工匠开办了第二家纸坊。巴格达是伊斯兰教的宗教和文化中心(图1197)，是当时世界上最富有的城市之一。从这时起，纸张取代了羊皮作为主要书写材料。到15世纪，欧洲市场的纸一直由阿拉伯供应[2]。西亚另一处制纸中心是大马士革。大马士革出产的纸，在欧洲叫做“大马士革纸”(*Charta damascena*)。几百年间，除了纸以外大马士革还向欧洲提供其它手工业品。叙利亚还有一座班毕(Bambyn)城，也以制 298
纸著称，班毕纸却被误认为由棉花(bombycina)制成的[3]。

9世纪，纸由亚洲传入非洲，逐渐取代莎草作为主要书写工具。维也纳的赖纳(Rainer)特藏部中有大约12,500件写在莎草和纸上的文书，藏品表明，公元800年以前的文书一律写在莎草上，嗣后则年代越晚用纸越多[4]。到9世纪末，纸显然比莎草更普遍，而且还用来包裹物品。破布作为造纸原料，价格也高了起来。到10世纪中叶，纸已完全取代莎草作为书写材料，就象中国3世纪起纸取代了竹简木牍一样。可能在9或10世纪阿拉伯人征服了摩洛哥之后，非洲西北海岸对纸也熟悉起来。摩洛哥的首府非斯城(Fez)也成了造纸中心。非斯地处阿拉伯人和西班牙人角逐的要冲，纸正是从这里传入了欧洲[5]。

纸传入欧洲，可能有两条不同的路线：一条经由西班牙，另一条则通过意大利。历史资料证明，西班牙是第一个用纸书写的欧洲国家，也是第一个使造纸业得以发展和繁荣的欧洲国家。随着阿拉伯征服伊比利亚半岛的大军，至迟在10世 299
纪纸已经在西班牙出现。据说在圣多明各(Santo Domingo)发现的一份10世纪时的写本，就是欧洲最早出现的纸张标本，它由长纤维的亚麻破布制成，淀粉施胶，纸质很重，因而与阿拉伯纸相似。可能在12世纪初由摩尔人把造纸法引入了西班牙。有一份1129年的写本就写在纸和羊皮上。一般认为，此写本用的纸不是外地运进的，就是在西班牙制造的[6]。西班牙第一家纸坊设在以产亚麻著称的萨蒂瓦(Xátiva)，有一位阿拉伯旅行者在1150年写道，萨蒂瓦纸比文明世界中任何地方所造的纸都好，行销东西各方[7]。最初，这些纸坊都由阿拉伯人经营，当

1）参阅贝弗里奇[Beveridge (1), pp. 160—164]和卡特[Carter (1), p. 134]的著作。卡特引用了11世纪阿拉伯作家塔利比(Th'ālibi)的原著。

2）见姚从吾(*1*)，第82页。

3）拉丁文中*charta bam ycina*是“班毕纸”的意思，后来误写成*Charta Bombycina*，就讹为“棉纸”了。1887年，才由卡拉巴塞克和威斯纳(J. Karabacek and J. Wiesner)进行科学分析，证明是讹舛。

4）参阅卡特的著作[Carter (1), pp. 135—136]。

5）参阅布卢姆[Blum (1), pp. 24ff.]和姚从吾(*1*)，第84页。

6）参阅卡特的著作[Carter (1), p. 139, n. 11]。

7）卡特的著作[Carter (1), p. 136]所引埃德里西(El-Idrisi)的论述。

图1198 乌尔曼·施特罗梅尔(Ulman Stromer)在纽伦堡开办的纸坊，约1390年。

地基督教徒起来征服了入侵者以后，第一家基督徒经营的纸坊就于1157年在靠近法国边境的比达隆(Vidalon)开业了。许多西班牙犹太人也精于制纸，巴伦西亚(Valencia)被征服以后，犹太纸坊主继续留下来生产。只是对他们的产品征税[1]。

纸传入意大利并非经由别的欧洲国家，而是由阿拉伯国家输入的，也许就是由大马士革通过君士坦丁堡和西西里进口的。有几份早至12世纪的意大利文手稿目前还有实物遗存，这表明意大利很早就开始用纸了。据知1221年曾禁止把纸用于公文，西西里也确曾判决纸写的文书无效[2]。上面说的纸必然都是进口的，因为直到下一个世纪前还没有任何纸由当地制成。

意大利最早的纸厂1268—1276年间开设于法布里亚诺(Fabriano)，目前仍在营业。它本是生产优质破布纸最重要的中心，而且好几项革新都发生于这里。它的纸浆由短纤维制成，借金属打浆机彻底打碎，纸用动物胶施胶，十字形和圈形的水纹出现于1282年[3]。上述措施，使法布里亚诺所造的纸品质优良，并立

1）参阅布卢姆的著作[Blum (1), pp. 28—29]。
2）布卢姆的著作[Blum (1), pp. 22—23]。
3）见布卢姆[Blum (1), p. 32]和亨特[Hunter(9), pp. 301—307]的著作。

即为欧洲其它纸厂，尤其是意大利其它城市的纸厂所效法。这些城市包括波洛尼亚(Bologna, 1293)、奇维达莱(Cividale)、帕多瓦(Padua)和热那亚(Genoa)。结果在14世纪初，意大利纸在产量和质量上都超过了西班牙和大马士革。

法国的纸可能是经由邻近的西班牙城市输入的，因为两国之间有亲密的关系。13世纪起，法国开始使用西班牙纸，但法国本身造纸则从14世纪才开始。据知1348年在特鲁瓦(Troyes)附近开设了一家纸坊，1354和1388年之间，还在埃松(Essonnes)、圣皮埃尔(Saint-Pierre)、圣克卢(Saint-Cloud)和特瓦勒(Toiles)设立纸坊[1]。然而也有一种传说，说让·蒙戈尔费埃 (Jean Montgolfier) 在第二次十字军东征时被土耳其人俘获，被迫在一家纸坊内劳动，他于1157年从那
里逃回欧洲。据说他的孙子们在法国中部奥弗涅(Auvergne)省昂贝尔(Ambert) 300
镇开设了几家纸坊，在14世纪中叶也确实成了重要的造纸业中心[2]。

德国早在13世纪初便开始用纸，但大部分纸张要靠从意大利输入。德国自己的造纸业，要到14世纪末乌尔曼·施特罗梅尔开办一家纸坊时才开始(图1198)。他显然是从意大利人那里学会了这门手艺的，其中两人协助他于1390年在纽伦堡开办了上述纸坊[3]。施特罗梅尔在产品上设计了"S"形水纹。他的作坊也在1391年经历了制纸工业史上第一次工人罢工[4]。大约也正在这时，由于雕版印刷术传到了纽伦堡，对纸张的需求大大增加，15世纪中叶活字传入后，纸张的需要量更加突飞猛进(图1199)。

荷兰在1322年开始用纸。从荷兰文档案中发现的最古纸张的年份为1346年，一直保存在海牙[5]。据说1428年就有了一家纸坊，但是直到1586年两位著名的
纸业者获准在多德雷赫特(Dordrecht)开业以前，还未很好地建立起造纸业。1568 301
—1648年间的八十年战争使许多工匠迁往阿姆斯特丹，这座城市到16世纪已
经成为国际贸易的中心。1680年荷兰发明了粉碎原料的打浆机。这项重要的发
明问世后，改进了造纸生产[6]。瑞士在15世纪中叶前，一直满足于从意大利和 302
法国输入纸张，但这时教会会议需要使用大量纸作记录，就于1433年在巴塞尔(Basel)设立了一家纸坊，接着在该地又一连另外开设了好几家，使巴塞尔成了造纸中心。

英国从14世纪起才用纸作文字记录，比大陆晚得多。当时的纸只能进口，也

1) 布卢姆的著作[Blum (1), pp. 32—33]。
2) 见亨特[Hunter (9) p. 473]和卡吉奇[Kagitci (1), pp. 7—8]的著作。
3) 布卢姆的著作 [Blum (1), p. 33]。
4) 亨特的著作[Hunter (9), p. 234]。
5) 亨特的著作[Hunter (9), p. 474]。
6) 参阅亨特的著作[Hunter (9), p. 483]。

图1199 欧洲最早的制纸图，此版画由约斯特·阿曼1568年刊印于法兰克福。图中所示的工具和工序与早期中国纸坊所采用的极为相似，参阅本册图1071。采自亨特的著作[Hunter (5)]。

许从西班牙，因为迟至 1476 年，著名的早期印刷工卡克斯顿(Caxton) 最初还只用荷兰、比利时和卢森堡制的纸[1]。然而 1495 年以前就由约翰·泰特(John Tate)。在赫特福德郡 (Hertfordshire) 建立了一家纸坊，1557 年又由托马斯·瑟尔

1) 见亨特的著作[Hubter(9), p. 476].

比(Thomas Thirlby)在芬·迪顿(Fen Ditton)开设了另一家，但是早期纸坊中最负盛名的还是1588年由约翰·斯皮尔曼爵士(Sir John Spilman)在肯特郡(Kent)的达特福德(Dartford)设立的。斯皮尔曼是伊丽莎白女二的珠宝匠，他设法在1589年获得垄断全国破布以制造白色书写纸的专利[1]。17世纪末，英国已有约一百家开业的纸坊[2]。

欧洲有些地方直到15世纪后期才开始传入纸张。波兰第一家纸坊于1491年设在克拉科夫。后来又在威尔诺(1522年)和华沙(1534年)开了几家[3]。纸也许很早就传入了俄国，但俄国的第一家纸坊却迟至1576年才建立。1712年办大纸厂时，从德国招募了工人。到1801年，帝俄营业的纸厂共23家[4]。

纸也许是随着早期探险者在15世纪末或16世纪初来到美洲新大陆的。1518年胡安·德·格里哈尔瓦(Juan de Grijalva)抵达圣胡安-德乌尔纳(San Juan da Ulna)时，曾提到"纸制的书籍象西班牙布匹一样双折后叠在一起"[5]。美洲大陆还可能有过一种马雅人和阿兹特克人舂捣无花果树皮或桑树皮制成的假纸作书写用品[6]。16世纪后期，欧洲造纸者才把真正的制纸技术带到了美洲。1575年西班牙宫廷特许两名造纸者"在新西班牙造纸"并获得专利20年。1580年，他们在墨西哥城附近的库尔华坎(Culhuacán)设立了一家纸坊[7]，这是美洲新大陆的第一家。

最初，墨西哥在北殖民时期的美国所用的纸，是从欧洲主要是从欧洲大陆运来的。直到17世纪后期，北美才开始自行产纸。1690年，在德国学会造纸的德国移民威廉·里滕豪斯(William Rittenhouse)于抵达费城两年以后，伙同另外一些人在德国移民区建造了第一家纸坊。18世纪初，还有两家纸坊也在宾州建立：一家设于1710年，业主是里滕豪斯的亲戚威廉·德·韦斯(William de 303
Wees)，他可能是在里滕豪斯的纸坊里学会的手艺；另一家名常春籐纸坊，1729年由英国移民托马斯·威尔科克斯(Thomas Willcox)开设于费城附近的切斯特克里克(Chester Creek)[8]。威尔科克斯的一些雇工，后来又纷纷在邻近地区自行开办了许多纸坊。

常春籐纸坊生产的纸供宾州和纽约州日益增长的印刷业之用。与这家纸坊关

---

1) 见亨特的著作[Hunter (9), p. 480]。

2) 同上，p. 484。

3) 同上，p. 477。

4) 同上，pp. 479, 485。

5) 见迪亚斯·德尔·卡斯蒂略著作[Diaz del Castéllo (1)]中所叙述的胡安·德·格里哈尔瓦的远征之举。英译文见曼德斯利的著作[A. P. Mandslay (1), p. 162]。

6) 见亨特的著作[Hunter (9), pp.25—29]中关于huun和amatl的论述。

7) 见亨特的著作[Hunter (9), p. 479]。

8) 同上，pp. 274—276。

系密切的人之中就是本杰明·富兰克林。他虽然只是一名印刷工，却对美洲造纸业的发展和改进造纸方法深感兴趣，并为此写了一篇论文批评欧洲把小张纸粘在一起并用玛瑙或火石砑光以生产大张纸的办法。他描述中国用两名抄纸工抄制20尺长、6尺阔大幅纸张的方法，纸抄出后放在平而斜的火墙上烘干，纸面极为光滑。富兰克林详细介绍了中国的方法以后，结论说："这样就造出了平滑而施好胶料的大幅纸张，许多多余的欧洲工序就都省掉了"[1]。

最初加拿大主要从美国和欧洲输入纸张。1803年，才由美国麻省迁去的沃尔特·韦尔(Walter Ware)在魁北克省圣安德鲁斯(St. Andrews)开办了第一家纸坊。1819年，又由霍兰(R. A. Holland)在哈利法克斯附近的贝德福德盆地(Bedford Basin)建起另一纸厂[2]。新闻纸用量激增，刺激了地方纸业的生产。澳洲也是这种情况。澳洲第一家纸坊于1868年建于墨尔本附近[3]。至此，造纸术由中国传遍世界每一角落的壮举终于完成。

(3) 印刷术的西渐

中国的造纸术经由阿拉伯国家西渐至欧洲的每个阶段都可追察，然而印刷术的传播就不这样清楚了。从可能取得的资料看来，印刷术可能沿着陆上或海上丝绸之路传到欧洲，但是比造纸术的西渐要晚得多。在欧洲还不知道什么是印刷以前，中亚、西亚和非洲就已经开始印刷了。而印刷品包括纸牌、印花织物、版画和雕版书籍，据说在谷腾堡以前就已经在欧洲出现。虽然还没有人能讲清欧洲活字印刷与中国印刷术之间的直接关系，但是已经提出不少假说，倾向于认为这种
304 欧洲技术源于中国。有些理论以早期历史资料为依据；另一些则以旁证为凭，主张东西方的密切交往，特别在蒙古人西征时的接触，为西方发明活字印刷提供了背景。

与造纸术西渐相似之点是，印刷术可能最初也是先越过中国西北到今新疆的。吐鲁番地区6世纪起为突厥人所占，100年之后归于唐朝统治。8世纪中叶，其地又为回纥(维吾尔)人所占，建立政权持续达500年，到13世纪初才臣服于蒙古。在这期间，吐鲁番成了各种宗教和文化荟萃之地。这已经于本世纪初由普

1) 见富兰克林的论文"中国大幅平滑纸的制法"(Description of the process to be observed in making large sheets of paper in the Chinese manner, with one smooth surface)，载《美国哲学学会会刊》[*Transactions of the American Philosophiccl Society* (Philadelphia, 1793), pp. 8—10]。

2) 亨特的著作[Hunter (9), pp. 526, 539]。

3) 同上，p. 568。

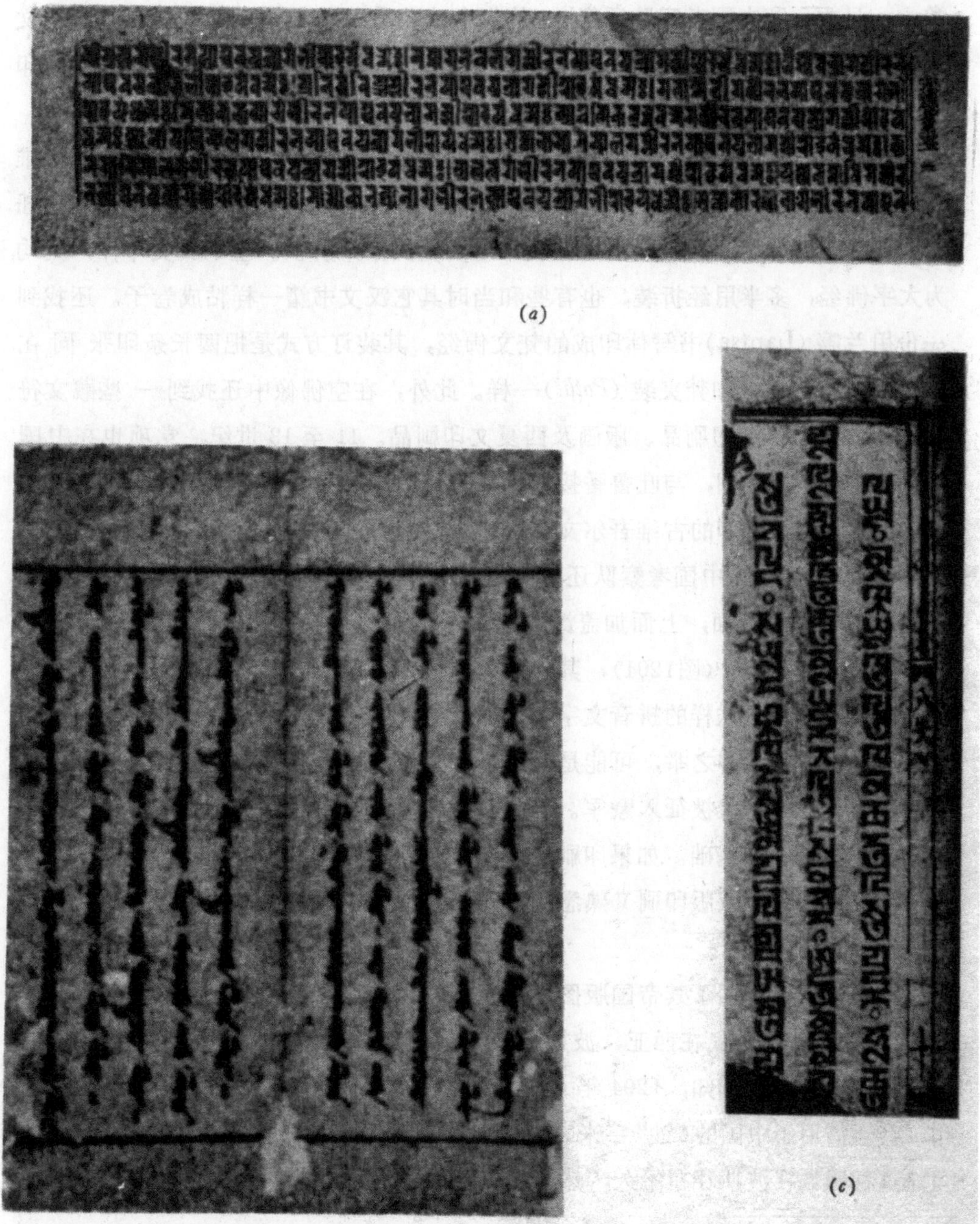

(*a*)　(*b*)　(*c*)

图1200　在吐鲁番发现的带有传统书籍风格的少数民族文字印刷品，约1300年。(*a*)梵文佛经，在右边印有汉文经名和页码。(*b*)古维吾尔文佛经，左边有汉文页码。(*c*)八思巴文佛经，在中央折缝处有汉字页码。柏林人类文化博物馆。

鲁士、日本、和中国考察队证实[1]。他们在吐鲁番发现大量以各种文字写印的文书，文字多达十七种。大部分文书是宗教经文或商务契约。其中有不少以雕版印刷的维、汉、梵、西夏、藏、蒙文材料，和敦煌文献中发现的文种相当。

古维吾尔文印件都是佛经译文，用的是古粟特(Sogdian)字母，偶而还杂有维吾尔学者的按语。有趣的是，有些经名和页数却印成汉文(图1200)。这说明担任刻、印的是汉族工匠。他们在印刷装订时要凭汉字来辨认。至于汉文印件，则均为大字佛经，多半用经折装，也有些和当时其它汉文书籍一样粘成卷子。还找到一份用兰嚓 (Lantsa)书写体印成的梵文佛经，其装订方式是把两长条印张同在一头叠粘起来，就和梵夹装 (*Pothi*)一样。此外，在空佛像中还找到一些藏文符箓，蒙古八思巴文印刷品、版画及西夏文印刷品。11 至 13 世纪，党项也在中国西北部建立了西夏国，与吐鲁番接壤，并大量用雕版和活字印刷[2]。

吐鲁番地区所印的古维吾尔文活字印刷品及版画还曾在其他场合下发现。1928—1930年之间，中国考察队还找到另外三件汉文佛经的残片。其中两片写在古维吾尔文印件的背面，上面加盖汉文印章的红色印文[3]。还在敦煌找到一套古维文木活字，有几百个(图1201)，其年份大约是 1300 年[4]。这说明，除欧洲文字以
306 外，象古维吾尔文这样的拼音文字由雕版印刷向活字版转变也是很自然的。

印刷术继续西传之举，可能是由维吾尔人在蒙古时期完成的。蒙古征服吐鲁番后，大批维吾尔人被征入蒙军。维吾尔学者成了蒙军的谋士，而维吾尔文化成了蒙古政权的初步基础。如果印刷术由东方传到西方的过程中有过那么一个中间环节的话，既熟悉雕版印刷又熟悉活字印刷的维吾尔人，极有机会在这种传播中起重要的作用。

蒙古把波斯并入了其帝国版图，而大都则在中国。中国文化在 13 世纪中叶至 14 世纪初影响波斯。在西亚，波斯是首先在文献中报导中国的印刷术并且把它付诸实用的。如所周知，1294 年大不里士 (Tabriz) 完全按照中国的制度印行纸币，甚至借用了中国的“钞”字来表示钱，接着又把这个词正式纳入波斯语汇[5]。虽然这种币制在波斯存在不久，然而从事印制纸币的木刻工匠又可能转而从事印

1）1902—1907年间普鲁士考察队员李谷克 (Albert von LeCog) 和阿尔伯特·格伦韦德尔 (Alber Grunwedel) 在吐鲁番盆地找到的文物，当时保存在柏林人类文化博物馆内，据说一部分在二次大战中毁去。有关吐鲁番地区文献的详细情况，见李谷克[von LeCog (1), p.62]、卡特[Carter (1), pp. 141—146]和黄文弼(*2*)。

2）关于西夏文印刷品，见富路德的著作 [Goodrich (29), pp. 64—65]及本册 pp. 169ff.。

3）中国考察队发现的文物，见黄文弼(*2*)。

4）古维吾尔文活字是伯希和在1907年发现的。参阅卡特的著作 [Carter (1),pp. 146—147,218]。最近有消息说，这套活字已无法找到。

5）见劳弗的著作[Laufer (1), pp. 559—560]。

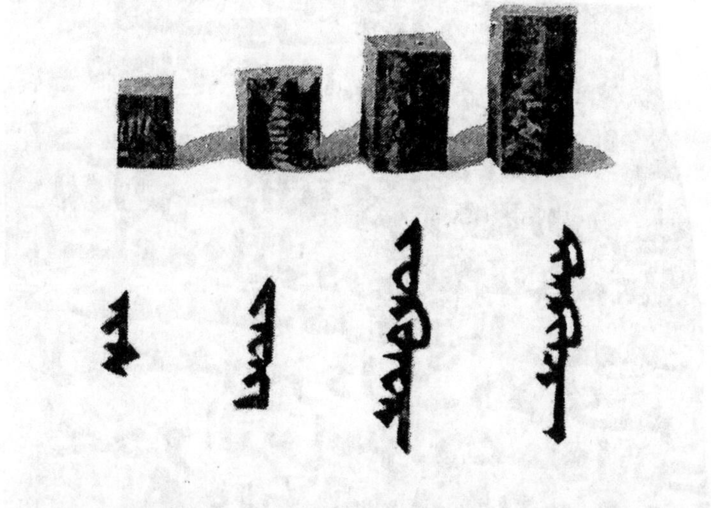

图1201 敦煌发现的古维吾尔文木活字及印文，约1300年。采自卡特的著作[Carter (1)]。

刷一些其它我们还不知道的东西。

在所有文献中最早描述中国印刷方法的，是波斯学者兼官员拉施德丁 (Rashid al-Din)的著作。拉施德丁是伊儿汗国蒙古统治者合赞汗 (Ghazan Khan)的首相。他从 1301 至 1311 年，以 10 年时间写了一部世界史，其中谈到了中国书籍的印刷和发行。他说，如果需要任何书籍，就先由精于书法者把它抄写在木板上，校对无误后，把校者的姓名刻在板背面，然后由良工刻字及书的所有页码。刻成后，把所有的雕版都封入盖章的袋中，交专人保管。任何人需要某一部书时，先向政府缴纳一定的费用，然后把版从袋中取出，逐版印在纸上。这样就不会出现讹文，使信本得以永传[1]。几年之后，拉施德丁的上述论述为一位阿拉伯作者全文引入他自己的著作中[2]。这样，中国的印刷方法，包括誊写、校对、镌刻、印刷和发行，就第一次仔细地记录下来了[3]。 307

虽然伊斯兰教义不赞成印刷，19 世纪末却在埃及发现约 50 份印刷品，据信印制于 900 — 1350 年之间[4]，都是以古阿拉伯文字印的伊斯兰教祷词、符咒和《古兰经》残片(图1202)。除一篇印成红色外，其余均在纸上印成黑色。印法和中国

1）参阅布朗的译文[E. G. Browne (1), pp. 102—103]。

2）即1317年阿布·苏莱曼·达乌德·巴纳基提 (Abu Sulaymán Da-ud of Banákití) 所著的《智者之园》(*Garden of the Intelligent*)，见布朗的译文[E. G. Browne (1), pp. 100—102]。

3）直到现代以前，中国的印刷方法始终未曾由中国作者记录下来。拉施德丁的记述虽然简短，可能是任何语言著作中有关中国印刷技术的最早记录了，这也包括中国人自己的著作。

4）公元前4世纪至公元14世纪写或印在莎草片、羊皮和纸上的10多万件文书，于某埃及古城废墟中发现，并保存在维也纳奥地利国立图书馆内的埃兹黑罗格·赖纳(Erzherzog Rainer)特藏部中。还有一些别的印刷品，则保藏在海德堡、柏林和开罗，见卡特的著作[Carter (1), pp. 176—178, 181 n. 1]。

图1202 在埃及费雍(El-Fayyum)发现的阿拉伯文印本《古兰经》残片，约10世纪初。维也纳奥地利国立图书馆埃兹黑罗格·赖纳特藏部。

印法极为相似，是刷印，不加任何压力[1]。从所用的材料、文献的宗教性质和印刷技术上看来，这些印刷品都和中国及中亚的印刷术有亲缘关系，而并非独自发展起来的[2]。至于什么时候传到埃及，就不能肯定。学者们倾向认为年代较晚，要在蒙古军西征把中国印刷术通过新疆带到阿拉伯各国之后。传播的途径，可能通过波斯，也可能由旅行者和商人通过其它途径带到埃及。因为，14世纪初年中国与北非的交往很密切[3]。

蒙军在1206年征服维吾尔、1231年征服金和高丽、1243年征服波斯后继续北上，于1240年蹂躏俄国、1259年侵略波兰、1283年践踏匈牙利。蒙军因而直抵德国边界，这里正是在蒙军征战达到高潮后不久出现了雕版印刷术。13世纪和14世纪初，随着军事扩张，欧洲和蒙古中国之间的商务、外交关系也有了发

1）在剑桥大学由泰勒-谢希特尔·吉尼查特藏(Taylor-Schechter Genizah Collection)中新近发现并研究了14世纪后期的希伯来文雕版印件。一般认为，埃及犹太人也许采用了埃及人当时使用的雕版印刷法。我要感谢富路德博士提醒我注意看一下《犹太周报》[*The Jewish Week*, 8 Oct. 1982, p. 26]中的报导。

2）参阅卡特的论述[Carter (1), pp. 179—180]。

3）参阅玉尔[Yule (2), IV, pp. 1—166]和戴闻达[Duyvendak (8)]著作中对伊本·巴图塔(Ibn Batuta, 1338年卒)旅行的报导和评论。

图1203　1289年统治波斯的蒙古汗在致法国国王信函中钤盖的汉文国玺，边长15厘米。采自卡特的著作[Carter (1)]。

展，横贯中国、波斯和俄国的道路也修造起来，以利驿马、商队、工匠、使节沿 308
途驰行。1245年，罗马教皇派使节去蒙古宫廷，教皇得到的回函上钤有由俄国人刻的汉文朱印(图 1203)[1]。不久，在 1248 和 1253 年，法国国王又派了两位使节。我们已经提到过其中一位罗伯鲁，他是首先报导中国使用纸币的欧洲人。此后，马可·波罗也在遊记中叙述过中国使用纸币的情况。1294年马可·波罗离开中国后，教皇派了罗马天主教传教士孟高维诺(John of Monte Corvino)去。他在中国住了30年以上，于1328年在华去世。他和别的传教士去过北京、福建、扬州等地，所到之处修造教堂、学习汉语、翻译圣经、画印宗教图片作为传教辅导之用[2]。由于当对中国用雕版方法印制佛教图像早已很普遍，对天主教士来说，同
样也采用雕版这种既简单又方便的办法来复制圣经译文或天主教图像，就很自然 309
了。又由于要散发给教徒和群众的数量很大，当时如果不用印刷的办法，倒反而是咄咄怪事。假如传教士确实在中国采用过印刷的办法，则 14 世纪初年宗教印刷品和版印书籍为什么会突然在欧洲出现，也就得到了合理的解释[3]。

欧洲采用活字印刷是在 15 世纪中叶，但在这以前，各种印刷品早就在欧洲出现。从年份上算，可能比谷腾堡要早 100 年或 100 多年。这些印刷品中有纸牌、

1）见卡特的著作[Carter (1)，pp. 159—160]。这枚国玺15厘米见方，印文为"辅国安民之宝"。

2）近年来在福建泉州发现了1332年的天主教墓碑，又在江苏扬州发现1342和1344年的墓碑，说明元朝有不少欧洲人来华，教民多达3万至10万，见鲁洛[Rouleau (1)，pp. 346 ff.]的著作和夏鼐(7)，第532页起。

3）本册 pp. 313ff。还要论述欧洲和中国雕版印刷的近似情况。

图1204 吐鲁番附近发现的中国纸牌，9.5×3.5厘米，约1400年。伯林人类文化博物馆。

印花织物、宗教画像及宗教书籍，全都是雕版印刷品。其中尤以纸牌为最早在欧洲出现的版画印刷品之一。这当然是由于它很早就已经在东方普遍出现之故。中国在9世纪之前就有了纸牌游戏，当时书籍也正在从纸卷变成册页[1]。这些，在十字军东征以前都已几乎遍布亚洲大陆。它们也许是由蒙古军队、商人和旅行者在14世纪初年带到欧洲的(图1204)[2]。据史料记载，它们在各国最先出现的年代分别是：德国和西班牙，1377年；意大利和比利时，1379年；法国，1381年[3]。纸牌雅俗共赏，需要量很大，但是后来由于有些人沉缅于赌博，政府和教
310 会终于以经济和道德方面的考虑为由明令禁止。

最早的纸牌有各种式样，制法也不一样：有画的，有先印好轮廓再手描颜色或用漏板着色的，有把雕版分成不同部位、着上不同彩色后再印的，还有用铜版印的。最昂贵的，则用雕成凹象的标准模版印制。近年来研究表明，谷腾堡在制成纸牌中人物的早期镂铜技术发展中起过重要作用。因为有人提出，财政拮据迫

1）见本册pp. 131ff.关于中国纸牌的叙述。

2）见布卢姆［Blum (2), p. 43］和德·维恩［de Vinne (1), p. 108］的著作。

3）17世纪意大利作者瓦莱尔·扎尼(Valére Zani)说，威尼斯是欧洲城市中第一个熟悉中国纸牌的，参阅卡特的著作[Carter (1), p. 192 n. 24]。

使他关闭美因兹的印刷所时，他曾用原来装饰42行本《圣经》的人物图印制纸牌[1]。有些评论家曾怀疑纸牌是否对印刷艺术有过具体的影响[2]。从这个把印书图案一下子改印纸牌的事例上看来，两者之间本来就密切相关。

一般认为，在织物上印花是在纸上印刷的先驱，由于印法相同，只把一种材料改用另一种材料当然也不难。何况欧洲早期织物印花和雕版印刷者之间关系本 311
来很密切。他们当然能雇佣雕版工来在任何材料上印刷[3]。事实上，织物和纸上的雕版印刷技术完全一样：挑选同样的木料，把要雕的图文从纸转移到木板上，同样雕制，甚至把织物覆盖在版上用轧棍轧和把纸张覆盖在版上用马鬃刷或拍子刷拭也并无二致。只要把织物换成纸，就成了纸上的印刷品了[4]。

欧洲现存最早的印刷织物都是法国和德国印的，是6或7世纪的古物。这甚至比敦煌和吐鲁番的出土文物还要早[5]。然而近年来长沙马王堆出土了公元前2世纪的丝绸，其中已有一套印在帛上的连环图案[6]。欧洲印刷织物曾否受到过中国的影响还不清楚。但是波斯织物图案中就有中国图案，据说有些已经传到了欧洲。1500年以前，欧洲织物图案中确实不乏酷似中国装饰花纹之作[7]。

宗教画和雕版书籍提供了谷腾堡以前印刷术的最近似的例子。它们在性质上相似，只要把单张版画合并起来就自然演变成为雕版形式。雕版画最初印于德国南部及威尼斯，1400至1450年之间逐步普及于中欧大部地区[8]。它们限以宗教为主题，都是些圣徒画像和圣经故事。拉丁文字说明则刻印在画像之下，或者刻成迴旋卷状从画面上主要人物的口中发出[9]。

目前还能见到几百幅这样的版画。画上虽然没有注明年份，估计都是在14世纪后期或15世纪早期问世的。其中只有少数几幅有艺术价值。大部分刻印得很粗糙，只是印出了轮廓然后再用手或用漏板添上彩色。但它们依然可能和中国印刷

1）莱曼-豪普特[Lehmann-Haupt (2), p. 3]把有些纸牌上的图案与42行本《圣约》上的图案对比后说，人物图案是与谷腾堡工场有业务来往的艺术家发展的，而复印的机械方法则是谷腾堡搞出的。

2）见劳弗对卡特著作的评论，载《美国东方学会会报》[*Journal of the American Oriental Society*, 47 (1927), p. 76]。

3）德·维恩在著作[de Vinne (1), pp. 107—108]中引专家的话说，当时雕版工所雕的版中，就有用来印纸牌、图象、墙纸等印刷品的。参阅卡特的著作[Carter (1), p. 197]。

4）参阅布卢姆的著作[Blum (2), p. 50]。

5）参阅卡特的著作[Carter (1), p. 194—195]。

6）见《考古》，1979年第5期，第474页。

7）参阅拉赫的著作[Lach (5), Ⅱ:1, pp. 96—97; Ⅱ: 3, p. 405]。

8）参阅德·维恩的著作[de Vinne (1), p. 75]。

9）参阅德·维恩的著作[de Vinne (1), pp. 69—87]中对个别画面的描述。

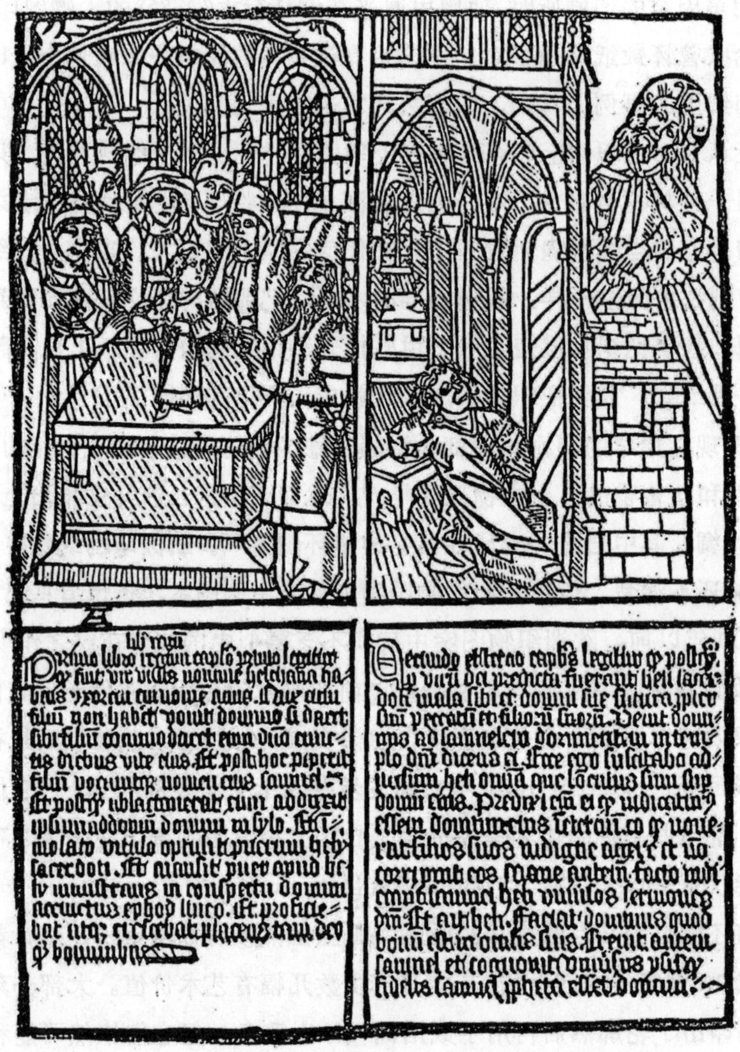

图1205 《旧约·列王纪》，上图下文的欧洲雕版印刷书籍。书页以棕黄色墨印在纸张的一面上，18×21厘米，这种版式和中国印的宗教画和插图书籍很相似。

有些联系[1]，因为这时中国早就用雕版印制佛画了，单是在敦煌就发现了大批佛像
312 和佛经故事的印刷品。根据文字记载，这类帛上或纸上印制的版画多达几万幅[2]。14世纪欧洲派遣的传教士到了中国以后，据说就曾仿印这类宗教画分赠群众。因此很可能把这种在中国行之已久的传教方式带到了别的国家。

最初印的只是单张或最多在同一页上印出双幅画像，后来就出现了把空白背面贴在一起的印张和双面印张，并且有把印张装订成册的了。现存欧洲早期雕版

1）德·维恩的著作[de Vinne (1), pp. 75—76] 中说，曾经有人以为这些宗教版印画像是从中国学来的，但却找不到早期的实例可资佐证，参阅卡特的著作 [Carter (1), p. 206]。

2）参阅本册pp. 158ff.的论述。

印件之中，有些兼有画面和文字(图1205)，有些只有画面，至于只有文字的却只占极少数。雕印者并不是僧侣，也不是在修道院内雕印的。承担这项工作的只是个体印刷业主。这些人有时还兼印纸牌和其它画像甚至花布。后来雕版书籍的需求量可能很大。因为现存少数这类书籍，据知印过的版本，均不计其数[1]。即使活版印刷盛行后，雕版印书之风仍未稍戢。原因也许是全欧洲对雕版书籍已经很熟悉，生产费用又较低，加之既然涌现了一代雕版工，就总得让他们继续按传统方法作业，直到自然消亡才算罢休。 313

欧洲早期雕版书籍和中国雕版书籍很相象。这也许就是欧洲印刷者取法于中国最有说服力的证据。两者之间不只在雕刻、印刷和装订方法上相似，就连材料和用材的方式也都相似。据说，欧洲雕版书在镌刻时也是在木板平面上顺着板材纹理刻的。此外，也是把需要刻印的图文先写在纸上，再用米浆固定在木板上，也是在一块板上刻两叶，印刷用的也是水墨，印刷时也是在薄纸的一面摩擦，连折页时也都是把空白面朝内折成双叶[2]。这一切工序不仅与中国工序雷同，而且与当时欧洲通行的做法相反。后者是按板材纹理横断镌刻，用油墨，纸上两面都印，印刷时是加压而不是刷拭[3]。

佐彻男爵罗伯特·柯松(Robert Curzon，1810-1873年)曾经说过，欧洲雕版书籍几乎在一切方面都和中国的模式完全相像，“我们只能认为，欧洲雕版书的印刷方法也一定是严格按照中国的样品复制的。把这些样品书带到欧洲来的是早期去过中国的人，只是他们的姓名没有能够流传到今天而已”[4]。由于一切技术工序完全符合中国传统而与欧洲传统不符，看来欧洲的雕版印刷者不仅看到过中国的样品，还可能得到过传教士或其他人的传授。这些人则是在中国居留期间直接从中国印刷者那里学会这项与欧洲传统迥异其趣的技术的。

(4) 欧洲印刷术的中国背景

虽然到中国旅行过的欧洲人早在13世纪就提到了中国的纸张，欧洲的文献却要到大约300年以后才对中国的印刷术有确切的记录。谷腾堡和其他早期印刷

---

1) 德·维恩的著作[de Vinne (1), p. 194]。

2) 参阅德·维恩[de Vinne (1), pp. 119—120, 203]和以赛亚·托马斯[Isaiah Thomas (1), pp. 75—76]的著作，亦见本册pp. 222ff.。

3) 参阅德·维恩的著作[de Vinne (1), pp. 83—84, 203]。

4) 参阅柯松的著作[Curzon (2), p. 23]，玉尔在著作[Yule (1), p. 139]中也引用了柯松的说法。

314 者的成就在16世纪中叶广为人知后，欧洲作者才开始记载这项发明，才想到印刷术的起源[1]。事实是，早在欧洲历史学家和其他作者意识到印刷术以前几百年，中国就运用了它。欧洲史学家及其他作者还认为，欧洲出现印刷是由于中国的影响。虽然他们这种理论从未被进一步证实，但也没有人对之提出反证。另一方面，这些早期的说法却在某种程度上激励了后人去试图探索中国印刷术和欧洲印刷术之间的联系，虽然还没有提出具体的证据，但旁证却很有力。今天即使有人仍然相信15世纪欧洲的印刷术是"自身时代和条件下独立的产物"，也承认当时的"欧洲在与东方多方接触之中曾经学到关于印刷术的某些东西，甚至也许见到过用纸印刷的文件和书籍"[2]。几乎所有为欧洲印刷单独起源说辩解的人都强调中国雕版印刷和活字印刷在技术上的不同，但却对许多早期和后期作者所提供的文化方面的背景不予重视。

早在16世纪初，葡萄牙诗人加西亚·德·雷森德（Garcia de Recende，约1470-1536年）就提出了谁是印刷术的发明者的问题。他在一首诗中顺便提出印刷术究竟是在德国还是中国首先发明的问题[3]。但是直到16世纪中叶，欧洲人才开始写有关印刷术的书籍，并且注意到印刷早就在中国见诸实用。最先明确提到中国印刷术的是意大利历史学家保卢斯·约维乌斯(Paulus Jovius，1483-1552年)。他说，印刷术发明于中国并通过俄国传入欧洲。在他1546年出版于威尼斯的《当代史》(*Historia Sui temporis*)中写道：

> 当地(广州)有印刷工，按照与我们同样的方法把历史和礼仪书籍印刷在长幅纸张上，然后朝里折成方叶。教皇利奥(Leo)曾经恩准我看到过一本这样的书。此书是葡萄牙国王和一头象一起进献给教皇的。从这件事中使我们确信，早在葡萄牙人去印度以前，象它这样能对知识作出无比贡献的印本书籍就已经通过西徐亚人和俄国人传到欧洲了。[4]

约维乌斯曾经学习过医学，但是他和意大利政治和宗教方面的当权人物关系密切，在俄国摆脱蒙古统治后不久就奉派赴莫斯科担任大使，并且写过一本关于俄

1）马蒂亚斯·里希特(Matthias Richter)写了第一部关于活字印刷的著作«活字印刷的发明»（*De Typographiae Inventione*），于1566年出版于哥本哈根。16世纪中，与此类似的著作出版了不下4种，见麦克默特里著作[McMurtrie (3)，p. 26]中列出的书名。

2）参阅麦克默特里的著作[McMurtrie (1)，p. 123]。

3）见门德斯·多斯·雷梅迪奥斯(Mendes dos Remedios)所编的«加西亚·德·雷森德杂集…»[*Garcia de Recende: Miscellanea*......(Caimbra, 1917)，p. 63]，该诗第179节中暗示了发明印刷术优先权的问题，又见拉赫的著作[Lach(7)，Ⅱ: 2，pp. 118，127]。

4）卡特的著作[Carter(1)，p. 159] 中有这一段译文，并且还附上了原文和注解（见p.164—165，n.4)；亦见拉赫的著作[Lach(5)，Ⅱ:2，p. 227]。拉赫所根据的是费雷罗(Ferrero)和维斯孔蒂(Visconti)的版本(罗马，1956—1964年)。

国的历史和几本关于俄国其它方面的著作[1]。对于中国，他也可能知道一些。我们听说，葡萄牙历史学家若昂·德·巴罗斯(João de Barros, 1498-1570年)曾 315
经把几部中国书和地图连同译本一起送给约维乌斯[2]。正如卡特所说的那样，约维乌斯在职业和学术上的资历，使他在关于俄国方面的论述值得重视[3]。虽然他声称中国早就有了印刷术而并未说明出处，但他是历史学家，立论自有相当根据。显然，在一部通史中也不必赘谈论据。在他出生不久以前，蒙古人的西征曾经使东西方的交往极为频繁。

不久，上文提到论述过纸张的两位早期访问过中国的欧洲人克鲁兹(Gaspar da Cruz)和拉达(Martin de Rada)，也对中国的印刷说了一些话。克鲁兹说，"中国人使用印刷术已有900多年。他们不仅印书，还印各种人物画"[4]。他是早期访问过中国的欧洲人中第一个指出中国不仅印书最早而且印刷画面和插图也最早的人。明代后期，正是有关印刷术起源于6或7世纪的隋代或唐代初年之说的酝酿时期[5]，也正是克鲁兹在华时期。当时，他已能看到无数书籍插图和刻印的单张画幅。

拉达则在一些报告中谈到了中国的印刷，并且把一些中国书带回了西班牙[6]。他还曾与一位中国官员谈话。这位官员"听到我们也有印刷的活字，而且我们也和他们一样印刷书籍，大为惊异，因为他们使用印刷术比我们要早几百年"[7]。这位官员还拥有许多"各种科学的印本书籍，有占星学和天文学的，也有面相术、手相术、算术的，还有关于中国的法律、医学、剑术、各种游戏和中国神道的"[8]。拉达从中国带出的书籍中有8种地方志[9]。他发现这些地方志中有关于金、银等贵重金属的记载。

后来，许多别的作者也作了类似的论述。他们之中有门多萨(Juan Gonzalez de Mendoza)。他写的介绍中国的著作于1585年出版，堪称最为全面和最有权

1) 显然，许多16和17世纪的欧洲作家都曾引用过约维乌斯的见解而未注明出处。也许理查德·史密斯(Richard Smith)是第一个说出约维乌斯姓名的人。史密斯有一部1670年写的未出版的手稿，题为《关于印刷术的首次发明》中说印刷"在欧洲毫无所闻时，早就在远东的中国见诸实用几百年了"，而且"它是在葡萄牙人去到印度以前，经由西徐亚人和俄国人传到欧洲的"，见史密斯的著作[Smith (1), p. 10]。

2) 参阅博克瑟的著作[Boxer (1), pl. XXXVI]。

3) 参阅卡特的著作[Carter (1), p. 165]。

4) 参阅博克瑟的著作[Boxer (1), p. 148]。

5) 最先主张印刷术起源于隋代(581—618年)的是明代学者陆深(1477—1544年)，他关于木刻版始于593年的说法对后来学者的影响很大。见本册pp. 148ff.的论述。

6) 拉达的报告：《福建遊记(1575年6—10月)》及《本称为"大明"(Taybin)的中国事物见闻录》写于1575年末或1576年初，译文见Boxer (1)。

7) 博克瑟的著作[Boxer (1), p. 255]。

8) 博克瑟的著作[Boxer (1), p. 295]。

9) 博克瑟的著作[Boxer (1), p. 261]中提到"得了七种这样的书"，但在293—294页上却列出了8种书名。

威。其中有整整两章论述中国书籍和印刷。一章的标题是“赫拉达（Herrada）修士及同道从中国所带来的书籍的制作材料和形式”，其中分类叙述了这些书籍的内
316 容，计有历史、地理与方志、年表、航海志及庆典礼仪、刑法、医药、地质、天文、名人传记、游戏、音乐、数学、建筑、手相、面相、书法、占卜及军事等方面的著作[1]。拉达等奥斯丁会传教士在阅读这些书籍时，必然曾取得侨居菲律宾的华人的协助，因为这些传教士当时正在菲律宾传教。门多萨写道，“修士们带来的书很多。我这本小小历史著作中记载的事物大部取材于这些书籍”[2]。有趣的是，在西班牙和葡萄牙的图书馆中果然发现了一些残存的16世纪中国书籍[3]。

另一章的标题是“早在欧洲之前，就已在中国实行的印书制度和方式”。在这一章中，门多萨论述了印刷术的发明在欧洲开始于1458年，是德意志人约翰·谷腾堡完成的，并由此传到意大利。可是他接着就说：

> 然而中国人确实证实印刷术首先开始于他们的国家。他们还把发明人尊为圣贤。显然印刷术在中国实行了多年之后，才肯定经由罗斯及莫斯科公国传到了德意志，而且可能是陆上传来的。有些从阿拉伯费利克斯(Felix)来的商人可能带来一些中国书。约翰·谷腾堡，这位历史上称为发明者的人就以这些书作为他发明的最初基础[4]。

有趣的是，门多萨除了说谷腾堡受过经由俄国传来的中国印刷术的影响以外，还提到了一条通过阿拉伯海上商路传播的路线。他的结论是：

> 看来很明显，印刷术确实是由中国传给我们的。这是真情。中国人也当之无愧。更能说明问题的是，今天还可以见到德意志发明印刷500年前中国所印的书。我手中就有一本，而且我还在西班牙、意大利和印度群岛见到过同样的书籍[5]。

门多萨对中国发明之功所下的结论对后来的作者影响很大。整个16世纪的许多作者，包括杰出的法国历史学家路易斯·勒·罗伊（Louis le Roy 1510-1577年）、著名的诗人和翻译家弗兰奇斯科·圣索维诺（Francesco Sansovino 1521-1586年）及优秀的散文家米歇尔·德·蒙泰涅（Michel de Montaigne 1533-1592年）都一再重复说，印刷术在传到欧洲启发谷腾堡发明之前几百年即已在中国发明[6]。

1）见门多萨的著作［de Mendoza (1), ed. by Staunton, pp. 134—137］。

2）同上，pp. 133—134。

3）参阅伯希和[Pelliot (66), pp. 45—50]和方豪[Fang Hao (4), pp. 161—179]的著作。

4）参阅门多萨的著作[de Mendoza (1), ed. by Staun ton, p. 132]。

5）同上。

6）见拉赫著作[Lach (5), Ⅱ:2, pp. 214, 296, 310—311]中的引文。

除了上述看来全都奉约维乌斯之说为圭臬的意见之外，还另外有一种看法，认为有西方人直接目睹了中国的印刷品。它谈到一位意大利雕刻家帕姆菲洛·卡斯塔尔迪(Pamfilo Castaldi，1398-1490年)，并说伦巴第地区在1868年塑造了一座雕像，纪念他把活字印刷术介引入欧洲。据说，他出生于威尼斯西北的费尔特雷，在看过马可·波罗带回的中国书籍后曾经从事过活字印刷。他于1426年在威尼斯印过一些折页，据说还保存在费尔特雷镇的档案中[1]，还传说谷腾堡的妻子出身于威尼斯的孔塔里尼(Contarini)家族，因此他见到过带回威尼斯的中国印刷雕版。这使他受到启发，才作出进展，发明了活字印刷[2]。提出这种说法的罗伯特·柯松(Robert Curzon)在1854至1858年之间曾就此向伦敦读书爱好者协会(Philobiblon Society)作过两次报告，引用了费尔特雷镇雅各布·法琴博士(Dr. Jacopo Facen) 1843年在报上发表的一篇文章[3]。这种说法，在几种马可·波罗著作的版本中也都可以见到。然而马可·波罗著作的杰出译者亨利·玉尔(Henry Yule)则认为这种说法并不正确，尽管他相信不少去过中国的人和往来于欧亚之间的商人很可能从中国把印刷雕版带到了欧洲[4]。 317

很多作者主张印刷起源于中国并对欧洲活字印刷产生过影响，然而也有人力排众议。他们不在文化理论上争辩，却把提出异议的根据主要放在中西方印刷技术的差别上。意大利学者和作家圭多·潘奇罗利(Guido Panciroli，1523-1599年)很早就表明了这样的看法。他认为，谷腾堡的活字在技术上与中国的印刷迥异，"中国即刷术古旧，而在门茨(Mentz)见到的是现代技术"[5]。他并未具体指明两者间的差别，但暗示现代技术远较古法为优。在论述纸和印刷起源方面声誉卓著的作者安德烈·布卢姆(André Blum)解释说，"西方发明印刷的要点，正说明它不是由木板印刷衍变而来的……，它体现在能够用易熔金属造出活字来"[6]。他说活字印刷需要做到三件事：一整套雕成阴文的字模，一种用以在字模中浇铸的合金以及一系列可以重复冲出阳文活字的技术。事实上，类似压铸金属活字的技术至少比谷腾堡早50年已经在东亚实现了[7]，而且正有一种说法认为西

1）这项记载见柯松的著作[Curzon (1)，pp. 6 ff.]，玉尔的著作[Yule(1)，pp. 138—140]中也有引文。

2）见柯松的著作[Curzon (2)，p. 23]。

3）见1843年12月27日第103期《平底船家》(*Il Gondoliere*)，玉尔的著作[Yule (1)，I, p. 139]中有引文。

4）玉尔的著作[Yule (1)，pp. 139—140]。

5）见潘奇罗利《新著》(*Nova reperta*)的英译文，标题为《逸物志》[*The History of Many Things Lost* (London 1715)，pp. 342—343]。

6）参阅布卢姆的著作[Blum (2)，pp. 20-21]。

7）见本册pp. 327 ff.中的论述。

方的活字印刷可能源于东亚[1]。赫德森(G. F. Hudson) 说,"由于朝鲜活字印刷在欧洲活字印刷出现前夕已经有了杰出的发展,东亚和日耳曼之间又可能建立了新的传播路线,那些依然硬说欧洲发明活字印刷完全不依靠外来影响的人才真正应该承担提出证据的任务哩"[2]。

318 另一个有争议的问题是,活字印刷究竟是单独的发明,还是已有技术的合并?西奥多·德·维恩 (Theodore de Vinne)说,有些学者认为"活字印刷并非创造性的发明,而只是把已有的各种印制理论和方法重新应用一下而已"。按照这种看法,则可以分别把原件的镌刻上溯到埃及的图记封印,把墨印上溯到罗马的手戳而把活字组合上溯为西塞罗 (Cicero)和圣杰罗姆 (St. Jerome)所出的主意了。谷腾堡也就当然不是第一个在纸上印刷的人,因为纸牌、版画和雕版书籍早在他出生之前都已成为商品了[3]。

如果活字印刷不是创造性的发明,那末又产生了现有技术究竟源于东方或西方的问题。英国收藏家和文物研究者约翰·巴格福德(John Bagford, 1659-1716年)在一篇题为《论印刷发明》(An Essay on the Invention of Printing) 的文章中写道:

> 大部分作者的总的观念是,我们得到过中国人(有关印刷)的提示,但是我完全不能苟同这种观念。因为我们当时对中国人全无所知。我认为提示更可能来自古代罗马人,来自他们的奖章、图记以及祭镬底下的标识和名称[4]。

虽然这位作者及他人极力想把当时已有的各种技术,包括印章、印墨和其它物料工具的使用归属于西方文化根源,事实却与之相反。这一点,已经在本书的导言中作了详细的论述[5]。一切对于印刷讲来是先决基本条件的事物,西方和中国在当时固然都已具备,但是把这一切组合起来导致印刷术的问世,却发生在中国文化而非西方文化之中。

印刷史现代权威道格拉斯·麦克默特里(Douglas McMurtrie)在论述了导致欧洲发明印刷的各种条件后争辩说,欧洲人可能从东方学到了印刷术的思想,但却没有学它的方法,而"思想不能算是发明"[6]。这种说法肯定有问题。任何一项

1) 哥伦比亚大学的房兆楹博士在未出版的论文《朝鲜印刷史论》(On Printing in Korea) 中认为,欧洲的活字印刷可能是在得知朝鲜活字印刷之后才效法的。这项知识交流可能以14世纪中同在元大都北京的欧洲居民和朝鲜学生为媒介。这种情况,正象汤若望在17世纪见到朝鲜太子的情况一样。

2) 参阅赫德森的著作 [Hudson (1), p. 168]。

3) 参阅德·维恩的著作[de Vinne (1), pp. 50, 67—68]。

4) 这篇文章最初载于《英国皇家学会哲学汇刊》第25卷(1706—1707年),1940年由美国伊利诺斯州芝加哥印刷业俱乐部印刷发明委员会予以重印。道格拉斯·麦克默特里在前言中说,评论界认为他不是学者,很不具备"这方面写作的条件。

5) 见本册pp. 3 ff.及米勒的著作 [C. R. Miller (1)]。

6) 参阅麦克默特里的著作[McMurtrie (1), p. 123]。

发明总包括创新思想和实践两个方面。缺乏创新思想的实践不能称之为发明。欧洲活字印刷的材料和工具包括墨、金属和印刷机械可能与东方已在使用的有所不同，但这些只是对已有原理和方法的改进以适合不同的情况而已。如果印刷的基本原理是用墨在纸上从反体图文获得正体的多份副本，则这种思想本身就意味着发明。

根据这样的原则，雕版印刷应是一切印刷过程的祖先，不论用木料还是金属、是雕版还是活字，也不论是平版、凹版还是凸版。如果仅仅因为活字与雕版
技术有别就算作是独立的发明，则别的印刷新方法如石印、胶印、照相凹版，就 319
都要看成是完全无所继往的独立发明了。

归纳起来，欧洲印刷术的起源看来涉及三个关键问题。首先是活字印刷是完全独立的发明，还是受到过雕版印刷原理和实践的影响？由于雕版印张和雕版印成的书籍在欧洲活字印刷的当时和以前即已在欧洲出现，因而大部分的意见都认为，欧洲印刷者即使没有见到过东方印刷的实际情况，至少对它的原理是知道的。其次，如果这是实际情况，则欧洲的雕版印刷又是否从中国传去的？在这个问题上，几乎一切意见都并不怀疑东西方雕版印刷之间的密切联系。它们的近似之处已足以令人相信，欧洲在木板上镌刻的知识一定是从中国学到的。第三，欧洲首创活字印刷的人对中国的印刷或东亚金属活字，究竟是直接获得还是间接接触的？一切提得出具体人名的传说都不可靠。然而大家都认为，印成的书籍、雕成的印版和金属活字都可能由不知名的旅行者由陆上或海上贸易路线带到了欧洲。这一切都是有力的旁证，说明欧洲印刷的起源和中国有联系。

(i) 纸和印刷术的东渐与南渐

古代汉族的许多近邻之中，有些与华夏文明形成了紧密的联系，有些则不然。北方和西方的蒙古、突厥、女真和藏族虽然由于战争和征服其历史和汉族频繁交织，但直到入居中原之前却并未与汉族文化同化。东方和西南方的朝鲜、日本和越南则从最早的时候起就显然和中国文化在观念上打成了一片。他们采用了汉字体系，追随儒家思想，政治和社会制度以中国为模式，并且采取了中国的艺术形式和物质生活方式。日本对中国保持了政治上的独立，但是朝鲜和越南则曾长时期处于中国统治之下或承认中国为宗主国。这三个国家，也许还包括琉球，都曾在某些方面成为中国文化圈的一部分。中国文化就成了东亚文明的基本组成部分。

(1)朝鲜造纸和印刷的开端

朝鲜不仅是最早吸收中国文化的国家，而且还在中国和日本于7世纪直接交
320 往之前成为中日间的文化桥梁。纸和造纸术最初何时输入朝鲜已无从稽考，但是由于中朝接壤，其年代可能很早。由于朝鲜北部的乐浪从公元前108年起直至汉代结束时都在中国统治之下，纸和纸制书籍输入朝鲜的年代不会晚于3世纪。当时纸开始盛行于中国，并且已沿西北或东南方向越过国界向外传播[1]。4世纪后半叶起，中国派遣传播佛教的使者到朝鲜。6世纪，唐都长安已经有了朝鲜僧众和留学生，更多的中国僧人、学者、工匠和画家则已派到朝鲜。当时在中国的外国留学生都要学习制造笔、墨、纸的手艺。据说造纸术就是在610年由朝鲜僧人昙徵(579－631年)介绍到日本去的[2]。朝鲜造纸业的开始不会晚于这一年份，也许早在6世纪就已经开始了。

朝鲜制纸所用的原料、工具和技术都与中国的相似。原料也包括麻、藤、桑、竹、稻草、海苔，特别是楮(朝鲜语发音 tak)。楮是东亚造纸的主要原料之一。制备纸浆的工序包括捶打楮皮纤维、蒸煮、日光漂白、添加粘性纸药，和中国所记载的完全一样[3]。此外，抄纸帘模的制作或是用竹丝或是用朝鲜草(芒草，*Miscanthus sp.*)。帘床、帘网、两根夹稳纸帘的棍棒等结构方法都和中国的一样。达德·亨特(Dard Hunter)在研究了几百张16世纪朝鲜所造的纸以后说，“帘条纹”较密，而“帘线纹”中间的距离则经常狭小而不规则，整个纸模上都是这样。每张朝鲜纸上都有这样特殊的帘纹[4]。

现在还保留着几张最早的朝鲜纸。据报道，近年来在北朝鲜出土了一张高句丽时代(37-668年)所制的白而光滑的麻纸[5]。从唐代起，朝鲜新罗王国所制的“鸡林纸”就是献给中国的贡品。其品质之精良历来得到中国艺术家和文人的高度称誉，把它描写为厚而坚牢、色白而光滑，特别适宜于书法和绘画[6]。朝鲜纸还用来装裱卷轴和拓制碑帖。还有一种纸质略粗但更为坚牢的“等皮纸”(象皮革的纸)用来

1）见本册pp. 296 ff.有关造纸术传播的论述。

2）《日本书纪》(*Nihongi*)，卷三，第450页；见阿斯顿的英译文[Aston (1), vol. Ⅱ, p. 140]。

3）参阅《天工开物》，第二十九页；英译文见 Sun & Sun (1), pp. 230—231; 亦见全相运的著作[Jeon Song-woon (1), pp. 267—268]。

4）参阅亨特的著作[Hunter (9), pp. 94—96]。

5）参阅《朝鲜文化史》[*Choson Munhwasa*(平壤，1966-), vol. 1, p. 50]及金孝锦的著作[Kim Hyo-Gun (1), p. 17]。

6）据说明代画家董其昌（1555—1636年）喜欢用朝鲜纸来画泼墨山水，见《飞凫语略》，第八至九页。

制作雨衣和窗帘及装订裱背的书[1]。几张等皮纸叠起压紧涂上油就可以铺在地板 321
上当席子，单张则可以糊在窗上代替玻璃[2]。还有一种纸大而坚韧，几张连在一起就够制成帐蓬[3]。再有一种厚而吸水性强的纸，满族人用来裹尸[4]。明代作者宋应星则指出："朝鲜白硾纸，不知用何质料"[5]。然而后来经过仔细研究，认为它的原料看来还是楮皮，只是经过再三捶打，长纤维都成了非常匀细的纸浆。这种工艺是朝鲜纸的特点。

朝鲜政府对制纸工业十分关心。早在15世纪初就在京城内设立了造纸所，集中了将近200名造纸工、制模工、木工和其他工匠，由三位官员监督[6]。各省也和几百家造纸业主建立了业务联系，以便一旦遇到大的印刷任务时得以协调全国纸张的供应情况。例如，1434年需要凑集30万张纸来印刷《资治通鉴》时[7]，以及1347年需要从各道调集大批楮皮造纸印刷《大藏经》时，这种联系协作都发挥了作用。后来由于印刷业扩大及对外贸易的需要而纸张供应紧张时，政府也采取了各种措施：从日本引进了更多的原料和技术、奖励增产的造纸业主和找到其它原料的人。这种例子不胜枚举，因为千百年来朝鲜政府一贯鼓励造纸和印刷。

朝鲜还为书写和印刷生产了良墨。很早起官府就雇佣了制墨的工匠。早在唐代，每年进贡给中国的礼品中就有朝鲜良墨。制墨的原料是老松枝烧成的烟和梅花鹿(*Cervus davidianus*)角制成的特殊胶，据说光泽如漆[8]。用铜活字印刷时则还要加上高级油料，使墨色看来没有欧洲墨那种浓腻之感[9]。朝鲜所制的纸墨一直为中国诗人及其它国家人民所珍爱。

印刷史上一些特别值得注意的文物及大事中属于朝鲜的至少有三项：朝鲜保
存着目前所知世界上最早的印刷品；朝鲜还保存着也许是目前世界上最大和最古 322
老的一整套木雕印版；朝鲜也是首先使用金属活字的国家，早于欧洲约200年。1966年在曾经是新罗王国（668—935年）都城庆州的佛国寺一座石塔中发现了现知年代最早的印刷品[10]，足以证明700年左右就已经有了印刷术。这件印刷

1）参阅庄申的著作[Chuang Shen (1), p. 94]。

2）参阅亨特的著作[Hunter (9), pp. 96—97]。

3）参阅《琉球国志略》，第一六六页。

4）参阅孙宝基的著作[Sohn Pow-Key (1), p. 102]。由于后金征索这类厚纸的数量很大，朝鲜人自己只能用薄纸来印刷。

5）见《天工开物》，第二一九页；英译文见 Sun & Sun (1), p. 231。

6）见全相运的著作[Jeon Song-Won (1),p. 267]。

7）见张秀民(*5*)，第130页中所引的朝鲜《实录》。

8）参阅《魏略辑本》，卷十二，第一页。

9）参阅麦戈文的著作[McGovern (1), p. 15]。

10）见富路德[Goodrich (31), (32)]莱迪亚德[Ledyard(2)]和李弘植(*1*)、(*2*)及本册pp. 149ff.的论述。

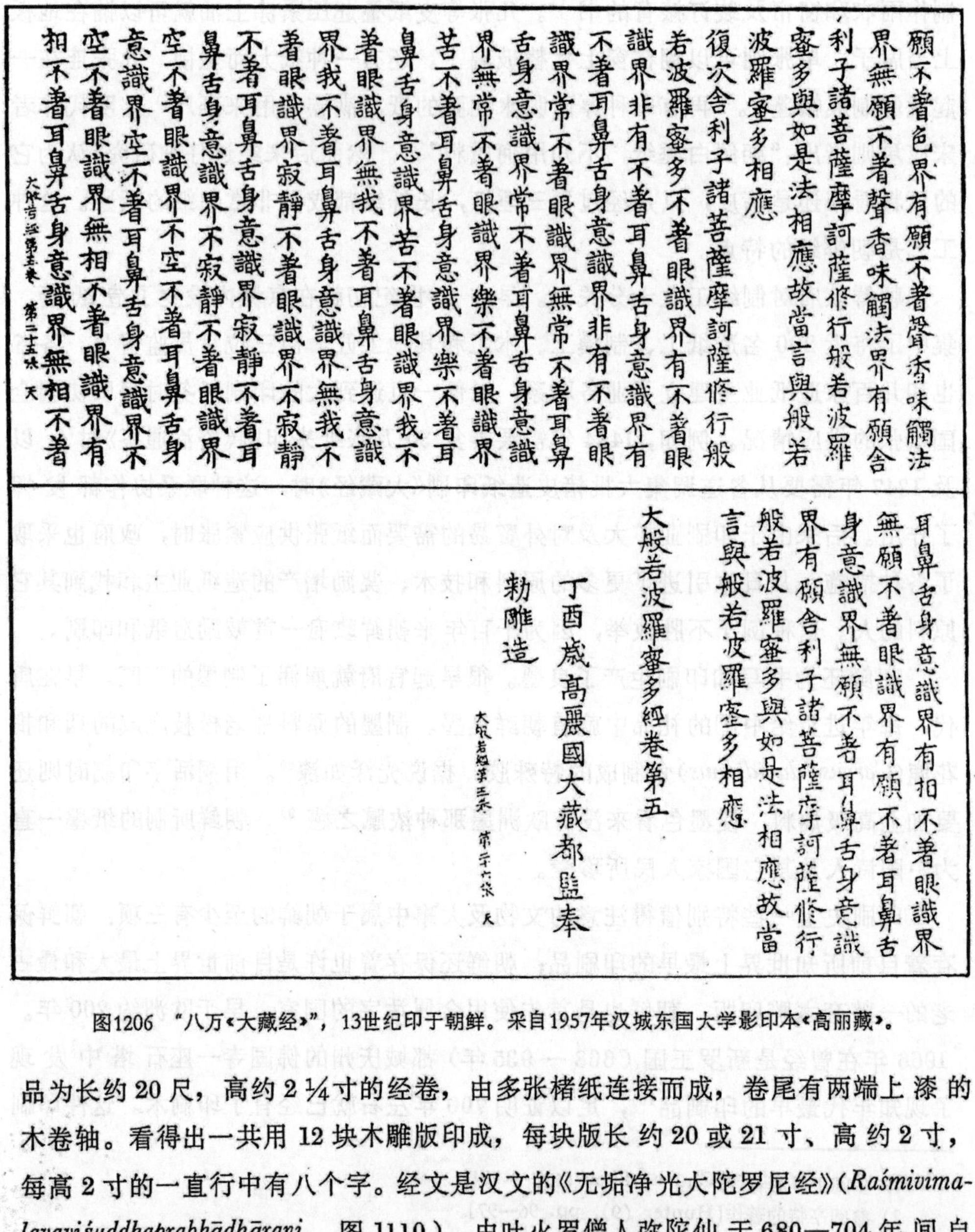
願不著色界有願不著聲香味觸法
界無願不著聲香味觸法界有願舍
利子諸菩薩摩訶薩修行般若波羅
蜜多與如是法相應故當言與般若
波羅蜜多相應
復次舍利子諸菩薩摩訶薩修行般
若波羅蜜多不著眼識界有不著眼
識界非有不著耳鼻舌身意識界有
不著耳鼻舌身意識界非有不著眼
識界常不著眼識界無常不著耳鼻
舌身意識界常不著耳鼻舌身意識
界無常不著眼識界樂不著眼識界
苦不著耳鼻舌身意識界樂不著耳
鼻舌身意識界苦不著眼識界我不
著眼識界無我不著耳鼻舌身意識
界我不著耳鼻舌身意識界無我不
著眼識界寂靜不著眼識界不寂靜
不著耳鼻舌身意識界寂靜不著耳
鼻舌身意識界不寂靜不著眼識界
空不著眼識界不空不著耳鼻舌身
意識界空不著耳鼻舌身意識界不
空不著眼識界無相不著眼識界有
相不著耳鼻舌身意識界無相不著
大般若經第五卷 第二十五張 天

耳鼻舌身意識界有相不著眼識界
無願不著眼識界有願不著耳鼻舌
身意識界無願不著耳鼻舌身意識
界有願舍利子諸菩薩摩訶薩修行
般若波羅蜜多與如是法相應故當
言與般若波羅蜜多相應
大般若波羅蜜多經卷第五
丁酉歲高麗國大藏都監奉
勅雕造
大般若經第五卷 第二十六張 天

图1206 "八万《大藏经》"，13世纪印于朝鲜。采自1957年汉城东国大学影印本《高丽藏》。

品为长约20尺，高约2¼寸的经卷，由多张楮纸连接而成，卷尾有两端上漆的木卷轴。看得出一共用12块木雕版印成，每块版长约20或21寸、高约2寸，每高2寸的一直行中有八个字。经文是汉文的《无垢净光大陀罗尼经》(*Raśmivimalavaviśuddhaprabhādhāraṇi*，图1110)，由吐火罗僧人弥陀仙于680—704年间自梵文译出，当时他正寓居唐代都城长安。这也正是武后在位(684—704年)的时期。在这一时期中大约创造了十几个汉字的新写法[1)]。其中至少有四个：埊(证)、𠁈(初)、穐(授)、埊(地)出现在这卷经文中，埊字共出现了四次。此外，这卷

1) 参阅《资治通鉴》(1956年重印本)，卷二〇四，第十四页；敦煌晚唐手卷中有47卷中出现了这种新的异体字，见翟林奈的著作[Giles (13), p. xvi]；阮顺(译音)及路易斯·里卡德 [Nghien Toan and Louis Ricard (1), pp. 114—115]的著作中，也找得到这种异体字的式样。

经文的书法字体及变体与敦煌经文中的极为相似[1]。因此一般认为，这卷经文一定是在704年由弥陀仙译毕后在中国印好，再于751年以前带到朝鲜作为礼品的。751年是石塔落成的那一年[2]。

朝鲜印刷术的发展和越南、日本的一样，首先是由于佛教传播的需要，后来又由于采取了和中国一样的科举考试而得到推动。早在10世纪时，朝鲜就从宋、辽获得了几部《大藏经》的印本[3]，后来以此为蓝本刻印了第一部《高丽藏》[4]。这部大藏经共5924卷，印于1011至1082年之间，当时是为了偿还要把契丹入侵者赶出国土去时对佛许下的誓愿。除此之外，还印了一部4000卷的《续藏》，都是 323
朝鲜、契丹、宋佛教大师的著作，编印者为王子兼僧人义天，于1101年他圆寂之前印成[5]。1232年蒙古入侵时，《高丽藏》第一次的版本被毁；1237至1251年之间，又重新刻印了一部共6791卷的版本[6]，即有名的"八万《大藏经》"(图1206)。这是因为印刷此藏一共用了81258块木兰板双面镌刻经文之故。直到今天，全部印版还几乎完全无损地保存在南朝鲜伽倻山上的海印寺中(图1207)。 324

非宗教著作的印刷来得晚一些，规模也较小。1042年才首先在王廷主持下印出了三部中国的历史著作[7]，但是朝鲜学术风气兴起后，就采取了向宋朝直接购书的办法，而且还到中国去定刻书版运回朝鲜来印刷[8]。可是宋朝某些文人官僚却以国家安全为理由，反对把中国书籍出口朝鲜[9]，这样才反而促成了朝鲜印 325
刷业的进一步发展，使朝鲜人可以在书籍方面自给自足，尤其是在儒家经典、理

1）见李弘植(*1*)，第56页；(*2*)，第183页起中这种字体的式样。

2）见富路德的著作［Goodrich (32), pp. 376 ff.］。有些朝鲜学者想证明这部佛经是在朝鲜印刷的，根据是印刷佛经用的是楮(tak)纸，而且这种新字体和某些书法中的变异体也出现于现在保存在日本的几件手稿中，见李弘植(*1*)、(*2*)。这种说法看来并不可信，因为早在2世纪起中国就用楮皮造纸了。此外，迄今还找不到其它文献能证明当时朝鲜已经有了印刷术，能确证的朝鲜出现印刷的最早年代要比当时晚300年左右，见本册pp.149ff.中的论述。

3）参阅《宋史》，卷四八七，第五页。上面说989年朝鲜向中国提出需要一部《大藏经》，两年后中国应允了这一请求，此外，从辽获得的不下六、七部。见卡特的著作[Carter(1), pp. 89, 100]和张秀民(*5*)，第105页。

4）《高丽藏》刻于9世纪中叶的说法不确，因为这种说法的根据只是某人做的一场梦，过于含混，只能目之为无中生有，见张秀民(*5*)，第104—105页。

5）义天《续藏》印成后，曾以多部分赠中国、契丹及日本，见白乐濬的著作[Paik Nak-Choon (1), pp. 69—70]。有些学者认为，《续藏》并未刊完，见张秀民(*5*)，第106—107页。

6）参阅孙宝基[Sohn Pow-Key (1), p. 97]和全相运[Jeon Song-Woon (1), pp. 107 ff.]的著作。

7）见张秀民(*5*)，第110页。

8）义天就曾从中国运回印书的雕版及4000卷左右的印本和手抄本书籍。

9）见潘铭燊的著作［Poon Ming-sun (2), pp. 55-63］，泉州印书业主徐戬于杭州为朝鲜人镌刻了2900块印版，得银3千两，因苏轼奏请而遭到流放，见《苏东坡集》，卷五，第三十八至四十页。

图1207　完整地保存于南朝鲜海印寺中的8万块13世纪《高丽藏》印版。

学著作和医学书籍方面[1]。12世纪高丽开始了大规模的印刷事业，1101年在国子监设立了印刷所，接收了王廷收藏的印版。等到宋朝官员徐兢（1091—1153年）出使高丽时，他所见到的高丽政府藏书已经达到几万本了[2]。

1270年起，在蒙古统治下，促进了朝鲜、中国和中亚之间进一步的政治和文化联系。1290年，元朝派遣了一些工匠去朝鲜修补海印寺所藏的经版。1308年就得以新版《高丽藏》进献元廷，1314年又将另一部赠蒙古[3]。一位蒙古公主曾与高

1）1058年地方官员向朝廷缴纳医药书籍印版99块，1059年缴73块，见张秀民的著作（5），第111页。

2）见《宣和奉使高丽图经》，第三十二、九十九页，

3）参阅白乐濬的著作[Paik Nak-Choon (1), p. 72]。

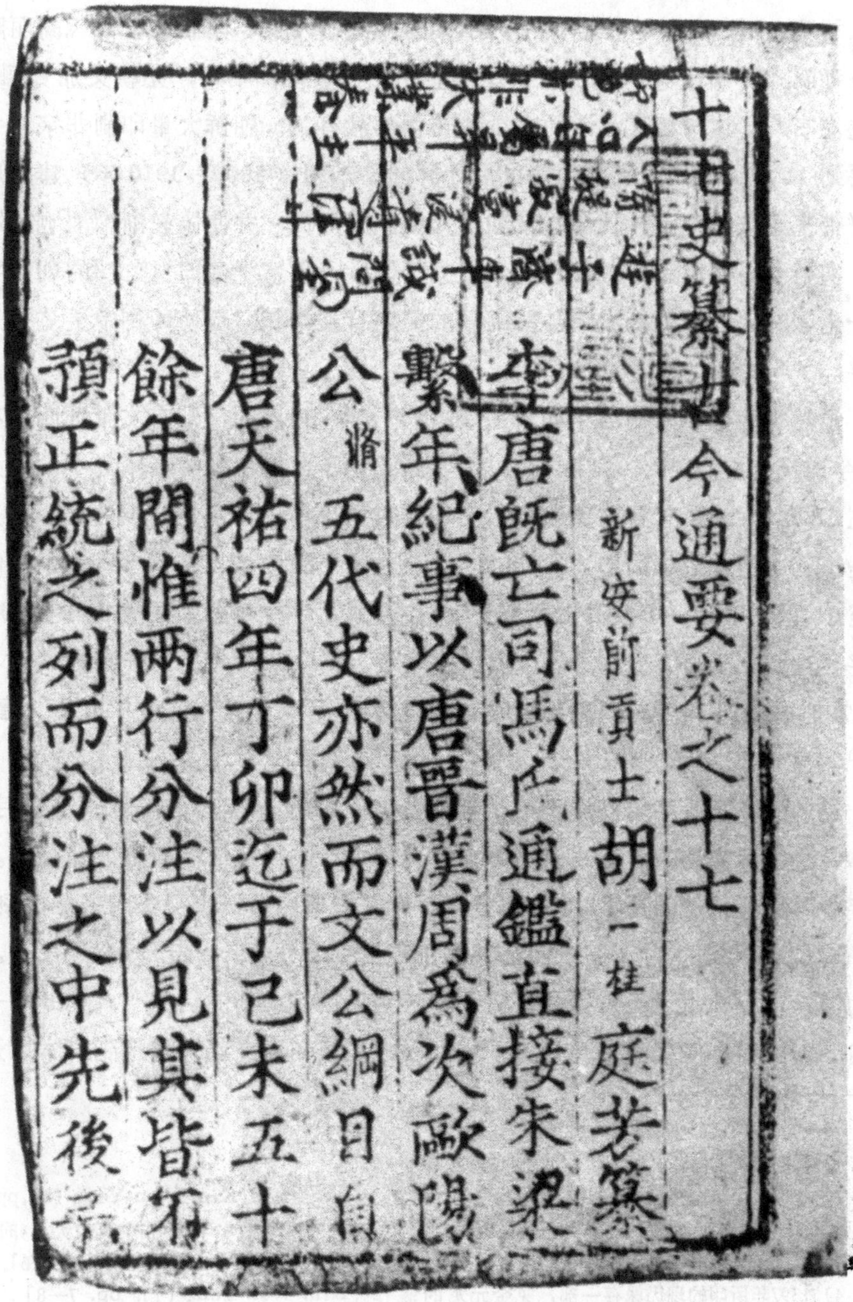
十七史纂古今通要卷之十七
新安前貢士胡一桂庭芳纂
唐既亡司馬氏通鑑直接朱梁
繫年紀事以唐晉漢周爲次歐陽
公脩五代史亦然而文公綱目自
唐天祐四年丁卯迄于己未五十
餘年閒惟兩行分注以見其皆不
預正統之列而分注之中先後

图1208 现存朝鲜最早的铜活字印本，1403年。采自孙宝基的著作[Sohn Pow-Key (2)]。

丽王和亲。1312年，这位高丽王为了向元帝致敬，下令印制五十部《高丽藏》分送各寺院[1]。1314年，高丽从中国购置了1万卷中国书籍，元朝又加赠藏书4千卷左右[2]。这一切交流活动多少和传播佛教有关。朝鲜大量印刷非宗教书籍，则要到14世纪末高丽王朝倾复以后才开始。李朝（1392-1910年）建立后，为朝鲜带来了政治稳定、社会改革和文化活跃的局面，并使儒教渐渐取佛教而代之，实行了科举取士的考试制度，设立了国学，创造了名曰"谚文"的朝鲜字母以统一全国文字。李朝统治下，对书籍的需求日益增长，促使印刷中更多地采用铜活字。

虽然现存最早的铜活字印本是15世纪初年出版的，却有文献证明，有一部《古今详定礼文》却于1234年左右以"铸字"印于西海岸外的江华岛[3]。此外，至
327 少在1395和1397年曾分别以木活字印刷过两部书：一部是明朝的律令，另一部则是李朝太祖李成桂的传[4]。1403年，又在校书馆中增设了铸字所。从那时起，直至19世纪中叶，一共铸出了不下30副金属活字，每副字数为6万至30万，总共字数达两、三百万之多[5]。金属活字之中，除了1436年所铸一副为铅字、1688和1721—1724年所铸两副为铁字外，均为铜字。此外，还刻了6—7套木活字[6]。

早期的各套活字均以六十甲子年份命名，如1403年铸的就称"癸未字"（图1208），但后来铸的，就改以书法家、所印书名或贮藏活字的地方命名了。各套活字中字体最精美的是1434年仿效4世纪东晋著名书法家卫夫人书法而刻铸的那一套（图1209）。除了很少的活字采用朝鲜字母外（图1210），全是汉字。早期铸的活字已大部由于火灾或战争失去或已重新熔炼为新的活字[7]，以1592-1598年日本侵略时期所受的损失最大，当时很多工匠和活字都被掳掠到日本以开始日

1）参阅张秀民(*5*)，第109—110页。

2）参阅卡特的著作[Carter (1), p. 223]。

3）此事曾由李奎报（1168—1241年）在文集中提到，金元龙的著作[Kim Won-Yong (1), pp. 5—6]中有引文。近年来有一种说法，认为以前还有所谓1160年左右即曾以活字印刷《古文真宝大全》的事不确，是把作者弄错了。该书的真正作者是14世纪的黄坚。见富路德的著作[Goodrich (38), p. 476]。

4）1397年所印的现仍保存一部，见金元龙的著作[Kim Won-Yong (1), pp. 7—8]。张秀民(*5*)，第87—88页中说，国立北京图书馆中有一部《御试策》是用高丽纸和与朝鲜活字相似的活字印刷的，但他认为可能是元代中国用输入的高丽纸印的。而房兆楹在一篇未出版的论文《朝鲜印刷史论》中则认为，《御试策》很可能于1333至1368年之间印于朝鲜，因为朝鲜举子来元朝应试得中进士的一般都刻印自己应试的文章供其他举子参考。从1315至1354年之间，一共有约50名朝鲜举子来大都应试，考中进士者至少有8人。如果《御试策》果真印于朝鲜，则又是现存1234至1397年间活字印刷的又一范例。

5）关于1403至1858年之间朝鲜所制活字数，金元龙的著作[Kim Won-Yong (1), pp. 12-13]中说是26副，张秀民(*5*)，第120—122页说是20副，而麦戈文[McGovern (1), pp. 19—20]则说是28副。

6）见麦戈文[McGovern (1)]和孙宝基的著作[Sohn Pow-Key (2)]中的影印件。

7）南朝鲜国立博物馆中还保存着1777年以来60万枚以上的这类活字，世界各地也保存着一些。

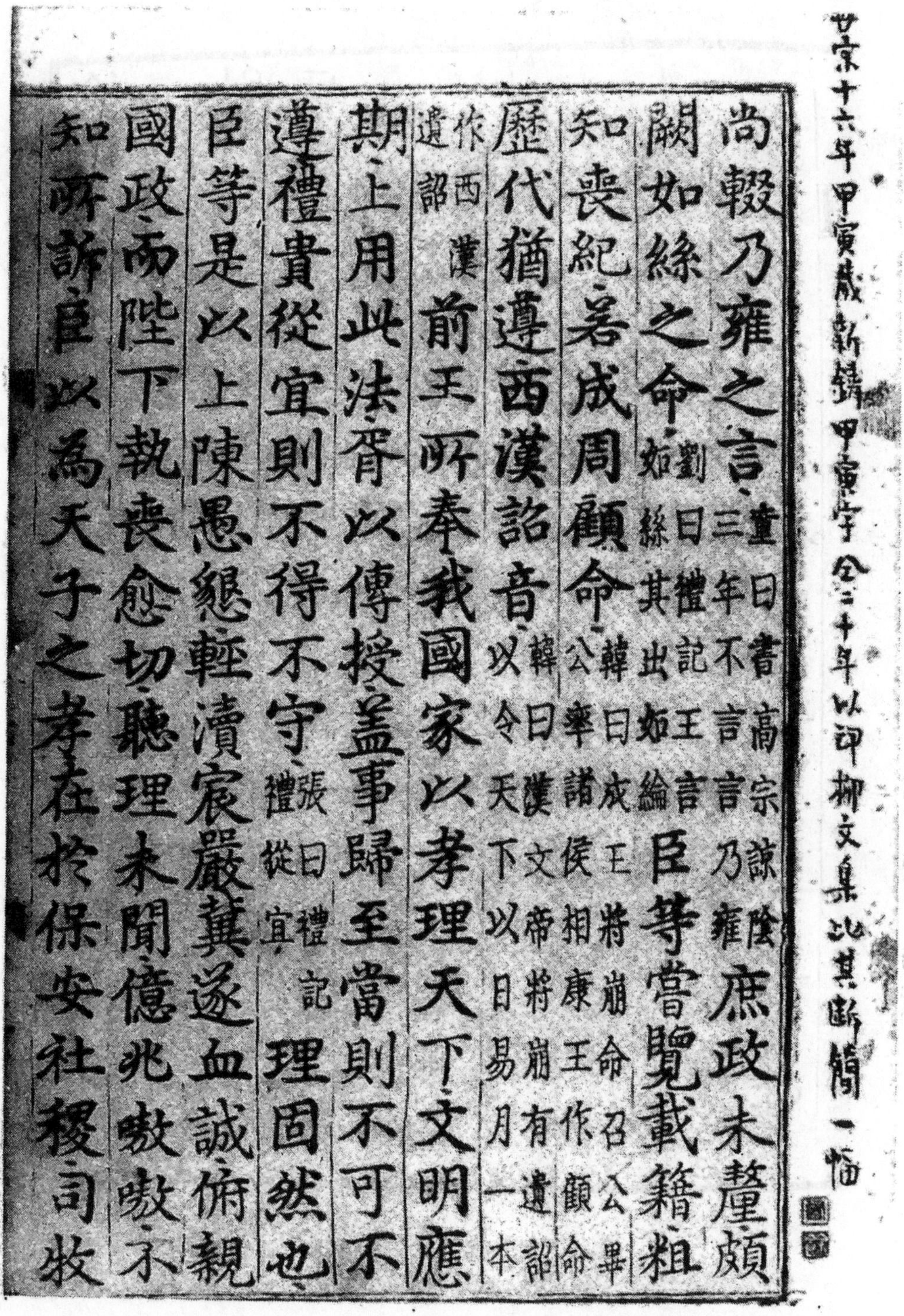
尚轂乃雍之言（書曰高宗諒陰三年不言言乃雍）庶政未釐頗
闕如綸之命（劉曰禮記王言如絲其出如綸）臣等嘗覽載籍粗
知喪紀若成周顧命（韓曰成王將崩命召公畢公率諸侯相康王作顧命）
歷代猶遵西漢詔音（韓曰漢文帝將崩有遺詔以令天下以日易月一本作西漢遺詔）前王所奉我國家以孝理天下文明應
期上用此法胥以傳授蓋事歸至當則不可不
遵禮貴從宜則不得不守（張曰禮記禮從宜）理固然也
臣等是以上陳愚懇輕瀆宸嚴冀遂血誠俯覼
國政而陛下執喪愈切聽理未聞億兆嗷嗷不
知所訴臣以為天子之孝在於保安社稷司牧

世宗十六年甲寅歲新鑄甲寅字 今二十年以印柳文集此其斷簡一幅

图1209 《柳文集》残页，1434年以卫夫人体铜活字排印。不列颠图书馆。

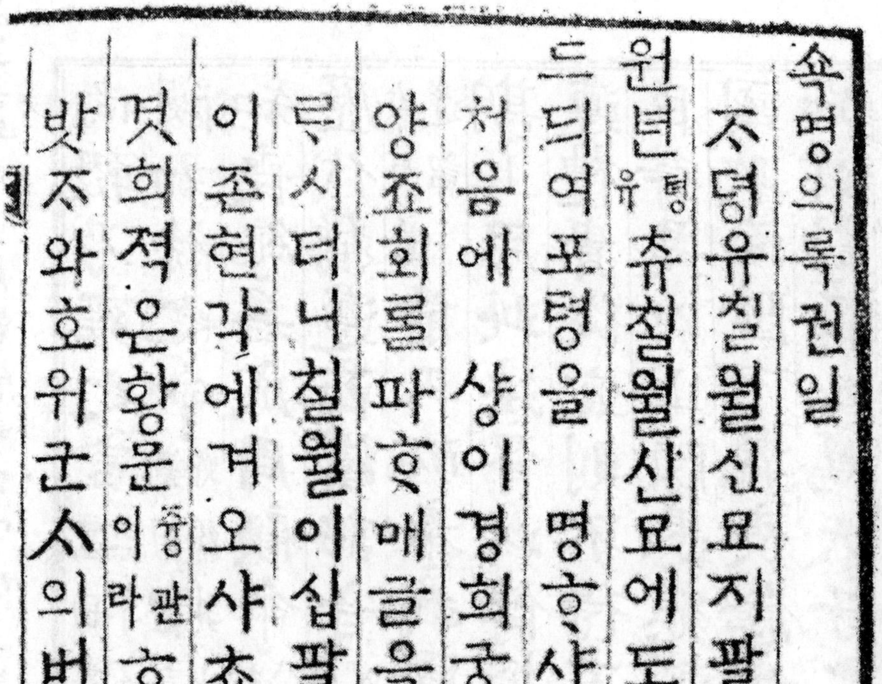
쇽명의록권일
ᄌᆞ뎡유칠월신묘지팔월경슐
원년뎡유츄칠월신묘에도적이경희궁에드니
드듸여포텽을 명ᄒᆞ샤긔포ᄒᆞ라ᄒᆞ시다
쳐음에 샹이경희궁존현각에겨오셔ᄆᆞ
양조회ᄅᆞᆯ파ᄒᆞ매글을보오샤밤이반에나
ᄅᆞ시더니칠월이십팔일밤에미처눈샹
이존현각에겨오샤쵸를혀고글을보실ᄉᆡ
겻희적은황문죵관이라ᄒᆞ나히잇다가 명을
밧ᄌᆞ와호위군ᄉᆞ의번든듸ᄅᆞᆯ가본디라좌

图1210 以韩构体铜活字排印的朝鲜文书籍，1777年。

本的活字印刷[1]。制造活字也曾采用木刻或铁铸的办法，则是由于缺铜及战争使贸易中断之故[2]。

在印刷和出书方面，特别是活字印刷方面，起主要作用的是校书馆。从15世纪时所雇工匠人数看，馆内有良好的分工和管理，计有冶铸、浇字、刻字、木雕、排字、印刷、制纸、校对、监督等工匠100名。为了保证质量，实行了严格的奖惩制度，工作认真的奖以额外津贴或予提职，工作懈怠的则每出一差错责打30下[3]。因此，朝鲜版书籍较明版书籍校勘更为精当，印制更臻上乘。

看来，朝鲜采用活字印刷受到了三方面重要的影响，多少都与中国有关。一 330
是采用活字的思想。在这一方面，无疑朝鲜是受到了中国文献的启发。1485年朝鲜金宗直为活字版《白氏文集》所写的序中明确指出，"活字法由沈括首创，至杨惟中始臻完善"[4]。金宗直虽然误把发明活字之功归于沈括，但他显然承认活字发明于中国。但至于活字的思想是怎样传入朝鲜的却不清楚，可能是由义天传回去的，因为义天曾于11世纪后期去中国杭州居住。这正是毕昇发明活字的时间和地点[5]。与义天同时期的中国人可能把这项发明告诉了他，他也可能是从沈括著作中获知的。总之，结果都一定会启发朝鲜印刷者采用活字。如果真是这样，则朝鲜开始采用活字印刷的年份，一定会比公认的1234年还要早。

第二，铸活字的技术显然来自铸钱。朝鲜学者成俔（1439—1504年）说，先用黄杨木刻成字，压入软的胶泥中做成字范，再把熔化的金属倾入范内凝固成字，最后再打磨成为能用的金属活字[6]。1102年，中国"鼓铸"铜钱之法传入朝鲜[7]。后来传说，中国铸钱使两面镌文"清而匀"的办法，对铸出清晰活字来说必不可少[8]。

第三，12世纪时文人学士对书籍日益增长的需要，只能靠活字印刷解决。铸字所设立后，印刷业蓬勃发展，以致"没有任何书没有印本"，"校书馆每天都忙于印刷中国带回的珍本"[9]。有些学者提出，既然缺乏适合的木材来镌刻印版，就应该采用铜合金及其它金属来浇铸活字[10]。但是，看来这还不是当时决定采用活

1）参阅长泽规矩也(*1*)，第135—138页及本册pp. 341ff.中有关日本活字印刷的论述。

2）参阅孙宝基的著作[Sohn Pow-Key (1), p. 102]。

3）见张秀民在(*5*)，第124、126页中所引的朝鲜记载。

4）见《慵斋丛话》，译文见孙宝基的著作[Sohn Pow-Key (1), p. 99]。

5）参阅胡道静(*4*)，第61—63页。

6）参阅孙宝基的著作[Sohn Pow-Key (1), p. 99]。

7）孙宝基在上述著作同处认为，所谓"鼓铸"符合成俔所描述的情况而与《汉书》注中所说的风扇冶炼办法不同。

8）参阅孙宝基的著作[Sohn Pow-Key (1), p. 100]。

9）见张秀民(*5*)，第125页所引的朝鲜史资料。

10）例如孙宝基的著作[Sohn Pow-Key(1), p. 98]中所说的情况。

331 字的主要理由，因为事实上几次为了印制《大藏经》就镌刻了几万块印版。看来，朝鲜所制铜活字品质非常令人满意，才是最后选定铜活字的主要原因[1]。

(2) 日本、琉球造纸和印刷的起始

纸张引进日本的具体年代不详。虽然日本历史著作中都曾提到早期的记述和文献，但却无从确定是否为写在纸上的典籍[2]。4世纪后半叶，日本太子的业师朝鲜学者王仁才向日本朝廷呈献了一些中国书籍[3]。这些却无疑是纸卷本了。6世纪，百济国王几度赠书给日本[4]。610年，高丽王贡上僧昙徵法定至日本（图1211），据说他不但“能作彩色及纸、墨”，还能“兼造碾硙”[5]。也许日本是从这时才有碾磨的。传说中，往往把昙徵东渡作为日本造纸的开始年份。实际情况并不一定就是这样，因为有关昙徵的记载着重说他贡献良多，只特别提到碾硙而没有着重提造纸。610年之前，日本可能已经开始小规模地造纸了。一般认为，5世纪中叶移居日本的中国人和朝鲜人已经把造纸术带到了日本[6]。

日本现存最早的纸写本可能是609—616年间圣德太子亲著并手书的《法华经义疏》，它所用的纸张则可能来自中国[7]。现存最早日本纸的实物是701年三处地方户籍的残帙，保藏在奈良的皇室库房正仓院内。造纸原料是各地产的楮皮，据说纸质劣于同一时代的中国纸[8]。7世纪中叶，日本政府效法唐代行政制度下的一些特殊作法，户籍即是一例。全国的户籍卷帙浩繁。因之中央和地方政府就
333 都需用大量纸张。这时，朝廷还为了抄写佛经一次即用纸数10万张。这又是一大宗纸张的需要量[9]。

701年，日本律令规定设立机构从事造纸。首都移往京都后，806—810年间设立“纸屋院”提供朝廷用纸[10]。至今正仓院内除古纸文物外（图1212）还保存着

1）见1488年中国派往朝鲜的使节董越所著的《朝鲜赋》，第十五页。董越说朝鲜出产品质优良的铜。但是为了铸造铜活字，还从日本购入铜料。

2）见寿岳文章(*1*)，第2—5页。

3）见日本《古事记》，第69页；英译文见Philippi (1)，p. 285。又见《日本书纪》，卷二，第213页；英译文见Aston (1)，vol. 1，pp. 262—263。

4）见寿岳文章(*1*)，第5页。

5）见《日本书纪》，卷三，第450页；英译文见Aston (1)，vol. II，p. 140。

6）参阅寿岳文章(*1*)，第19—20页。

7）同上，第22—24页。

8）见《正倉院の紙》(东京，1970年)，第19—21页。

9）参阅寿岳文章(*1*)，第40页。

10）同上，第39—42，51—52，207，319—320页。

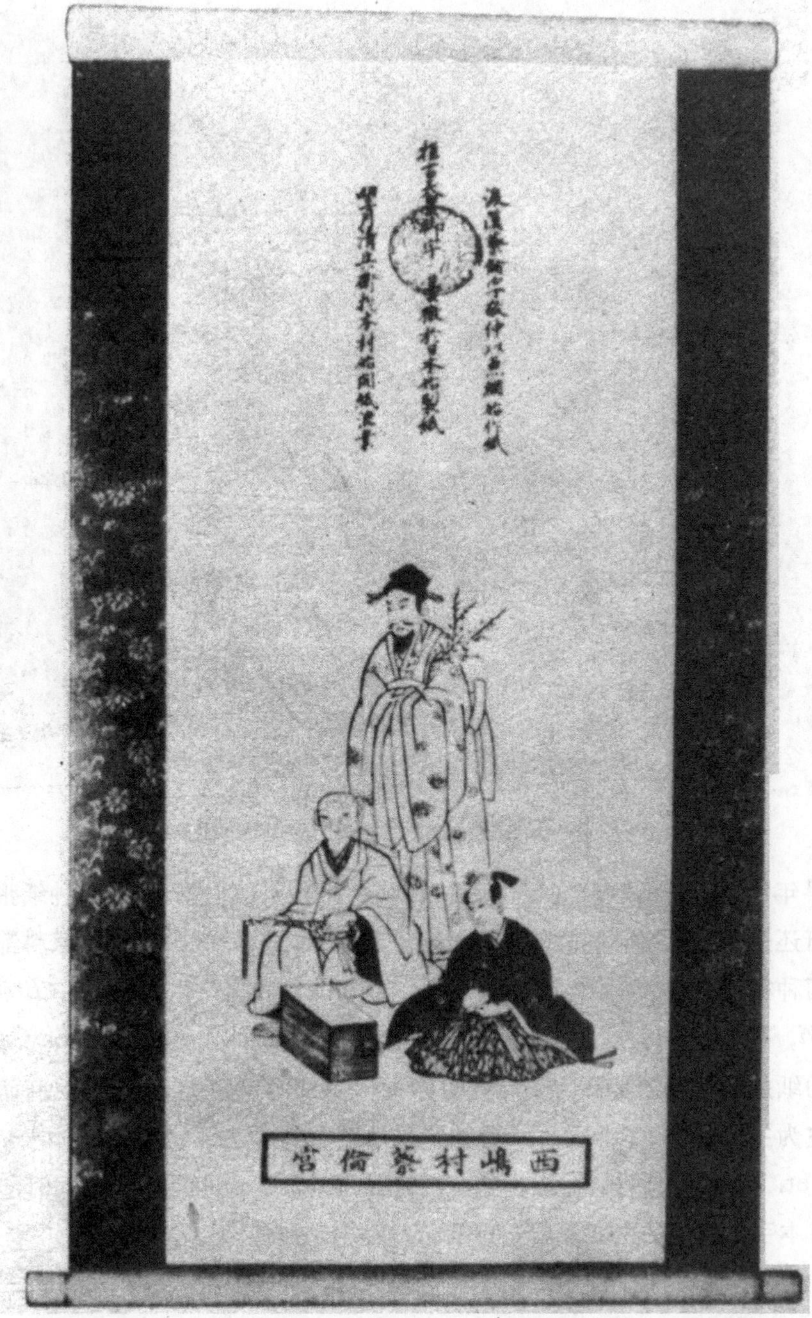

图1211 日本制纸三圣像。画卷正中的是“以鱼网始作纸”的蔡伦，左侧是“于日本始制纸”的昙徵，右侧是率先在西嶋村从事纸业的望月清兵卫。达德·亨特造纸博物馆。

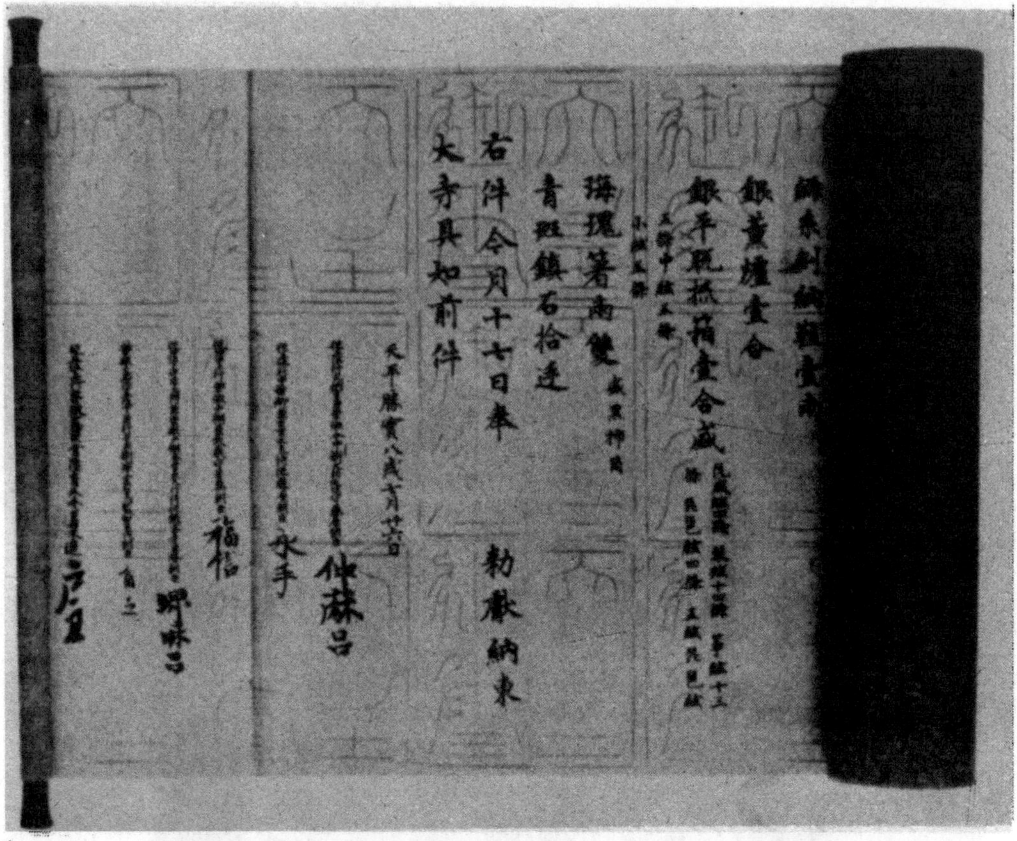

图1212 书写于楮皮纸上的东大寺献物账，756 年。日本奈良正仓院。

许多早年涉及纸张的政府文献，其中 727 — 780 年间的提到了 233 种纸张[1]。同时政府还采用了很多不同的原料来造纸。日本大部分早期的纸张其原料都是麻和桑科两种树：楮（*Broussonetia papyrifera*, Vent.）和梶の木（即葡蟠，*Broussonetia kazinoki*, Sieb.）的树皮及雁皮（*Wikstroemia sikokiana*, Franch. et Sav.）。但是
334 最好的纸主要原料还是麻。从平安朝（794 — 1185 年）开始，逐渐不用麻而以楮皮和雁皮为主要原料。多年之后，开始也采用瑞香属的三桠（*Edgeworthia papyrifera*, Sieb. et. Zucc.）为原料，据记载第一次使用的年份是 1598 年[2]。从那时起直到今天，日本手工制纸的主要原料一直是楮、雁皮和三桠。

早期日本纸采用了与中国相同的生产方法，叫作“溜漉”。这种方法，今天依旧用来生产某几种纸张。另外一种方法叫作“流漉”，是 8 或 9 世纪发展的。后来大部分的日本手工纸都是以这种方法生产的[3]。溜漉与流漉的区别，一方面是抄

1）参阅寿岳文章(*1*)，第105—110页。

2）同上，第 25，29，81，104，322 页；及休斯[Hughes (1), pp. 76—83]和亨特 [Hunter(9), pp. 56—58]的著作。

3）参阅休斯的著作[Hughes (1), pp. 84—85]及寿岳文章(*1*)，第78—81页。

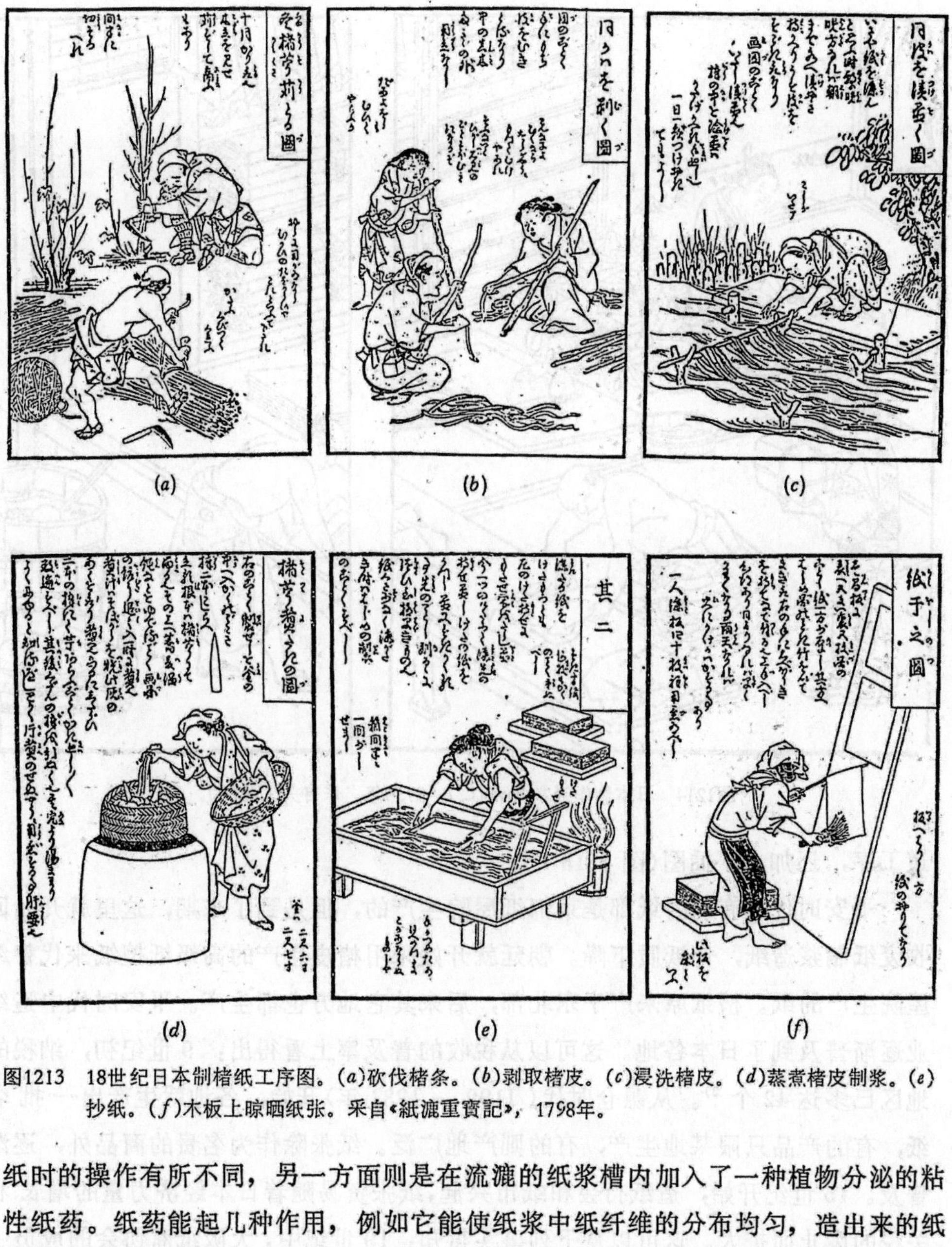

图1213　18世纪日本制楮纸工序图。(*a*)砍伐楮条。(*b*)剥取楮皮。(*c*)浸洗楮皮。(*d*)蒸煮楮皮制浆。(*e*)抄纸。(*f*)木板上晾晒纸张。采自《紙漉重寳記》，1798年。

纸时的操作有所不同，另一方面则是在流漉的纸浆槽内加入了一种植物分泌的粘性纸药。纸药能起几种作用，例如它能使纸浆中纸纤维的分布均匀，造出来的纸也就更为坚韧光滑。溜漉法中，抄纸工把帘模浸入纸浆后把帘模连纸浆取出，任凭水从帘模旁边或中间流出。但是在流漉法中，抄纸工把帘模浸入纸浆后还要前后左右振荡使纤维分布均匀，取出帘模后不止是让水自行漉干而已，还要振动帘模把水甩脱[1]。1798年出版的早期造纸著作《紙漉重寳記》中，讲清了造纸的各

1）参阅《手漉和紙大鑑》，第一卷，第31—35页。

图1214 日本制作纸衣(かみこ)，1754年。采自关义城(*3*)。

道工序，还加上了插图(图 1213)[1]。

平安时代最有名的纸都是京都纸屋院生产的，但是到了末期，这里就开始回收废纸制浆造纸，使纸质下降。朝廷就开始采用楮皮生产的高级纸檀纸来代替纸屋院生产的纸。檀纸原来产于东北部，后来其它地方也都生产。平安时代中造纸业逐渐普及到了日本各地。这可以从税收的普及率上看得出：9 世纪初，纳税的地区已多达 42 个 [2]。从镰仓时代(1192 — 1333 年)开始，各地就生产出一批名纸，有的产品只限某地生产，有的则产地广泛。纸张除作为名贵的商品外，逐渐普及。15 世纪开始，造纸行会和纸市兴起，纸张贸易随着日本经济力量的增长和关税的废止而扩大。这可以从下列事实得知：19 世纪中，大阪纸商协会的成员中有 70 个批发商、155 或 156 个经纪人及大约 500 个零售商。纸张成了大阪和东京最重要的贸易商品之一 [3]。不幸的是，由于 1870 年起陷入了廉价机制纸的竞

1) 参阅 C. E. 汉密尔顿的著作[Hamilton (1)]。

2) 参阅寿岳文章(*1*)，第205—222页。

3) 同上，第302—311页。

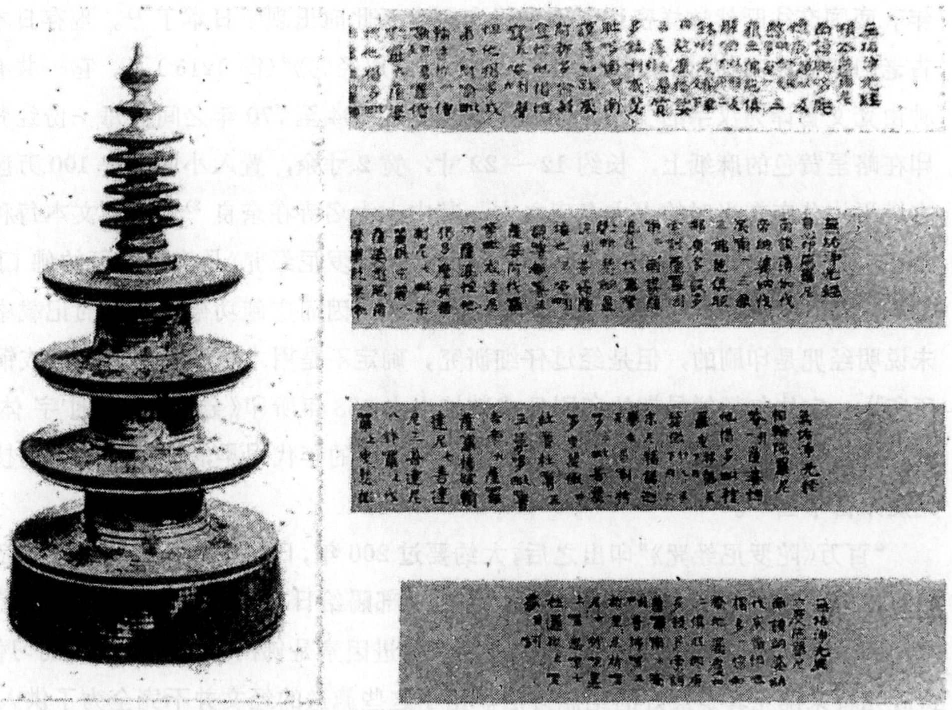

图1215　分置于100万座小木塔中的四种文本（根本、自心印、相轮、六度）«陀罗尼经咒»，约764—770年印于日本。

争下，日本手工制纸纵然质优、美观而广受欢迎，销路和产量却不得不逐年下 335
降[1]。

在日本，纸除了用作书写材料外，还用来制造纸伞、防水的覆盖物、手帕、卫生纸、窗纸、壁纸以及衣着材料[2]。纸制的衣着分为两种：直接用特殊处理过的
纸张制成的纸衣（图1087、1214），以及用纸条纺线织成纸布再制成的衣服。前者 336
源自佛教僧侣的法衣，很可能受到了中国纸衣的启发。有关日本纸衣的记载可以上溯到11世纪，但是纺织纸布却迟至1712年才有记载[3]。

上文提到过，中国书籍很早就传入了日本。645年大化革新后于701年撰成了《大宝律令》，同时佛教也广为流行。自那时起，朝廷所受中国的影响达到了顶峰。630至834年间，派遣使团去唐共15次，许多学问僧赴唐学习，往往留唐多

1）参阅«手漉和紙大鑑»（东京，1973—1974年），第一卷，第20页。

2）参阅休斯[Hughes (1), pp. 48—69]、亨特[Hunter (9), pp. 217—221]和关义城(*3*)，第77—103页；及«手漉和紙大鑑»，第四卷，第5—21页。

3）见大道弘雄（*1*），第6—8页和关义城(*3*)，第94—97页；«手漉和紙大鑑»，第四卷，第14—16页；«古今東亜紙譜»年，第二卷，第17，51页。寿岳文章在(*1*)，第317页中谈到纸衣首次在日本出现的年代可能是8世纪。

年。两国交往既然这样密切，就难怪印刷术于此时出现于日本了[1]。现存日本最
337 古老的印刷品文物，自然是有名的“百万《陀罗尼经咒》”（图 1215）了。它一共有四
种由梵文音译为汉字的文本，印刷年代可能在 764 至 770 年之间。每一份经咒都
印在略呈黄色的麻纸上，长约 12—22 寸，宽 2 寸余，置入小塔中。100 万座小
木塔平均分布在当时的十大名寺之中，其中七大名寺在奈良[2]。四种文本每种字
数在 71 至 200 余字，印成 15—40 行。抄印《陀罗尼经咒》是当时盛行的佛门功
德。8 世纪 60—70 年代正值日本内乱，称德女皇因而广施功德。当时的记载中并
未说明经咒是印刷的，但是经过仔细研究，确定不是用木版就是用石、瓷或铜版
所印[3]。字体与朝鲜早期的印刷品或敦煌出土 868 年所印《金刚经》中的字体相
338 较，显得大小不匀结构粗放。虽然这些经咒印成的年代很早，但看来其印刷技术
无疑来自中国[4]。

“百万《陀罗尼经咒》”印出之后，大约要过 200 年，日本才有第一部印成的完整书籍出现。983 年，宋太宗以《开宝藏》佛经一部赐给日本僧人奝然，由他带回了日本[5]。此举促进了日本的印书事业。另一个促进因素是佛门广施佛经行善的习俗，这对死者来说尤其是最好的纪念方法。由于这些施送的经文并不完全为了供人阅读，不必过于考究，采用印刷的办法就能最方便地得到大量的副本。据当时的文献记载，1009 年就印出了 1000 部《法华经》，1014 年又印了 1000 部。这些都是佛门善行的最早事例，称为“摺经”或印本经[6]。现存最早的日本摺经是一部《法华经》，上面手书的年代相当于 1080 年，说明实际印刷的年分就是这一年或早于这一年[7]。这类摺经的特点是墨色很淡，有的几乎难以辨认。

至于专供僧俗人等阅读的经卷，最初都是在寺院中抄写的。手写的佛经即使在有了印本以后还很重要。自从《开宝藏》印本输入日本后，加上摺经的出现，也

1）参阅木宫泰彦(*2*)，第74—84，196—214页。这些僧人把许多中国书带回了日本，大部分是佛教典籍，少数是非宗教书籍。据 865 年所编的书目看来，僧人宗睿带回的两本字典是印刷本，见本册 pp. 152 ff.。

2）参阅卡特[Carter (1), pp. 46—53] 和希克曼[Hickman (1), pp. 87—93]的著作。长泽规矩也(*11*)，第 2 册，第 2—3 页中认为，这些经咒和木塔也许只有奈良法隆寺中的才真正制成了。

3）参阅木宫泰彦(*2*)，第 4—11页及卷首插画；长泽规矩也（*11*），第 2 册，第 2—3 页。一般认为经咒是用木版雕印的，然而也有一位主要的学者川濑一马认为经咒是用铜版印刷的。见本册pp. 150ff. 中的论述。

4）见木宫泰彦(*2*)，第17—29页。

5）参阅木宫泰彦(*2*)，第302—304，307页。

6）参阅川濑一马(*2*)，第 6—7 页；(*3*)，第10—23页和木宫泰彦(*1*)，第305—306页；(*2*)，第34—37页。两者都对当时记载的摺经版本列表说明，极便读者。

7）见川濑一马(*2*)，No. 2 中的插图。奇贝特在著作 [Chibbet (1), p. 50] 中提到有一部类似的佛经，上面用手写明的年份却为1053年，然而长泽规矩也（*11*），第 2 卷，第23—24中指出奇贝特所说的手写年份出现在经文的背面，因此不能认为它是该经的印刷年份。

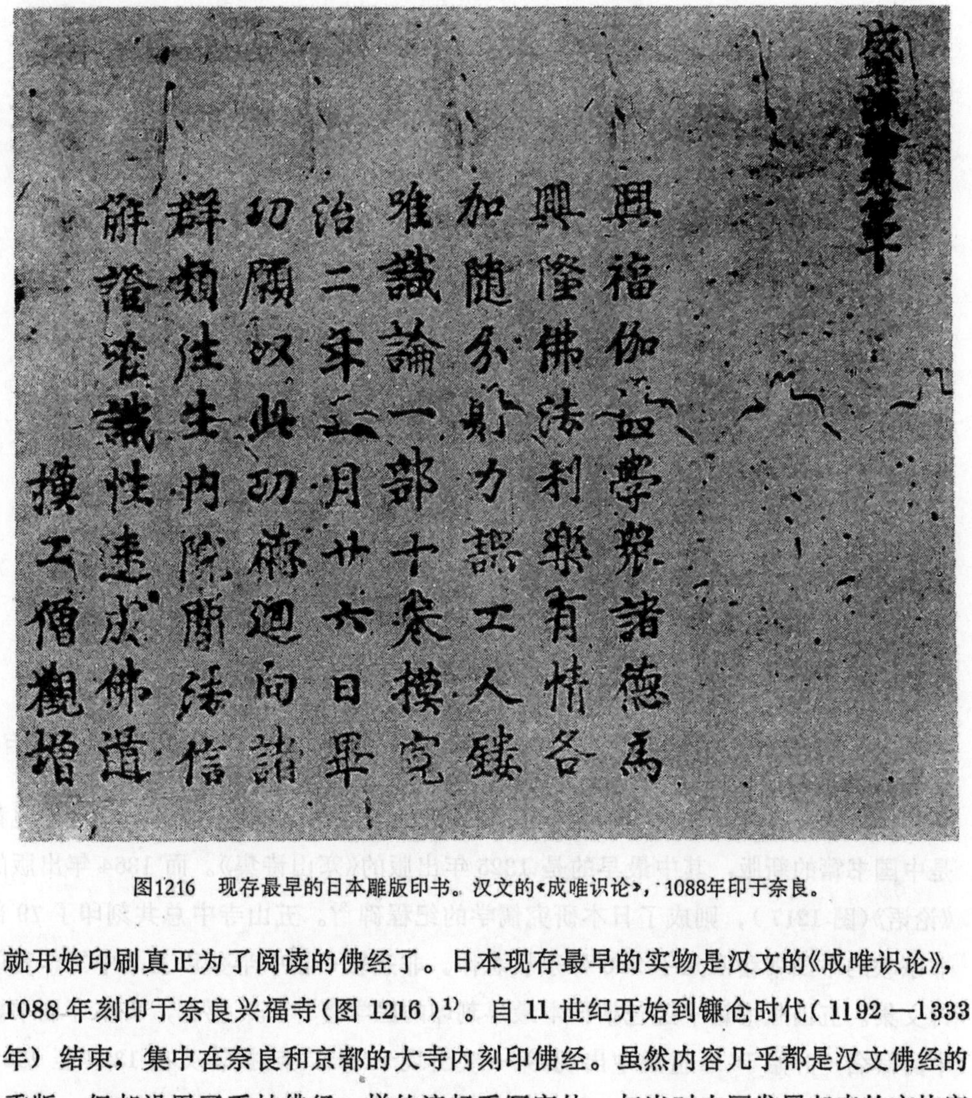
興福伽藍學衆諸德爲
興隆佛法利樂有情各
加隨分財力誂工人鏤
唯識論一部十卷摸寛
治二年三月廿六日畢
切願以此功徳迴向諸
群類往生内院聞法信
解證悟識性速成佛道
摸工僧觀增

图1216 现存最早的日本雕版印书。汉文的《成唯识论》，1088年印于奈良。

就开始印刷真正为了阅读的佛经了。日本现存最早的实物是汉文的《成唯识论》，1088年刻印于奈良兴福寺(图1216)[1]。自11世纪开始到镰仓时代(1192—1333年)结束，集中在奈良和京都的大寺内刻印佛经。虽然内容几乎都是汉文佛经的重版，但却沿用了手抄佛经一样的流畅手写字体，与当时中国发展起来的方块宋体颇异其趣[2]。

从镰仓时代开始，中国佛教中的禅宗及儒教中的理学东渡日本，并产生了巨大的影响，使得13至16世纪之间日本主要的印刷业全都集中到了京都、镰仓二地派别相同称为五山寺的五座禅宗大寺内。所刻印的经书亦称“五山版”。五山版体现了日本印刷方面的新动向：第一，它不再使用手写字体，而改用了与宋版相

---

1) 川濑一马(*2*)，No. 4。

2) 参阅川濑一马(*3*)，第24—27页；(*4*)，第47页；(*1*)，第6页及奇贝特的著作 [Chibbet (1), pp. 39—57]。

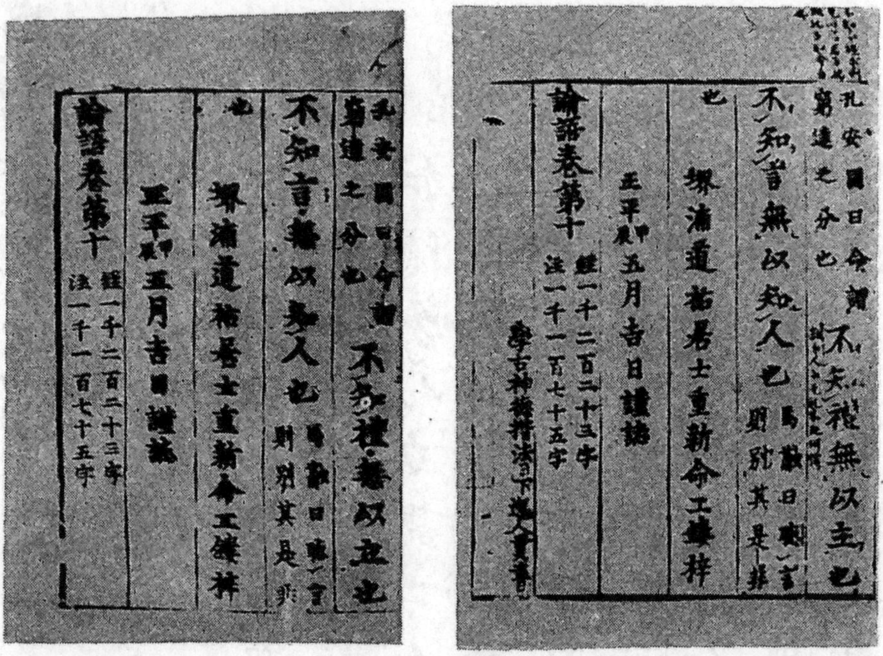

图1217　五山版《论语》，1364年首次刊印于日本。上图所示的是原版的翻刻本，单跋本在左，双跋本在右。

同的方块宋体[1]。第二，第一次刻印了非宗教的著作。值得指出的是：这些也都
339 是中国书籍的新版，其中最早的是1325年出版的《寒山诗集》。而1364年出版的《论语》(图1217)，则成了日本研究儒学的纪程碑[2]。五山寺中总共刻印了79部非宗教的中国书籍及几乎200种宗教著作。非宗教书籍中半数以上是中国作者的诗文集。五山版书籍中还包括日本最早刻印的医学著作[3]。第三，日本印刷书籍中的假名，开始于14世纪中出现，第一次出现于1321年，接着又在1387至1589
340 年出现，均用于历书中[4]。

14世纪后叶正值中国元末混乱时期，大批中国雕版工匠避乱东渡日本、投入了五山版的镌刻工作。1367年有一批雕版工匠共八人到了日本，其中可能就有陈孟才和陈伯寿，这两人都来自福州郊区的南泰[5]。他们在日本刻的第一部书于

1）见川濑一马(*3*)，第24—27，11—12页；有关五山版的基础研究，则见川濑一马(*4*)。

2）川濑一马(*3*)，第72—73页引述了长泽规矩也的著作指出，岛田翰早期作品错把《论语》另一版本认为是此版；张秀民(*5*)，第35页沿袭其误。

3）参阅川濑一马(*3*)，第70—83页；(*4*)，第190—211页及木宫泰彦(*2*)，第354—355页。

4）参阅川濑一马(*3*)，第91—92页；(*4*)，第279—280页。

5）川濑一马(*4*)，第142—143页；木宫泰彦(*1*)，第485—492页。

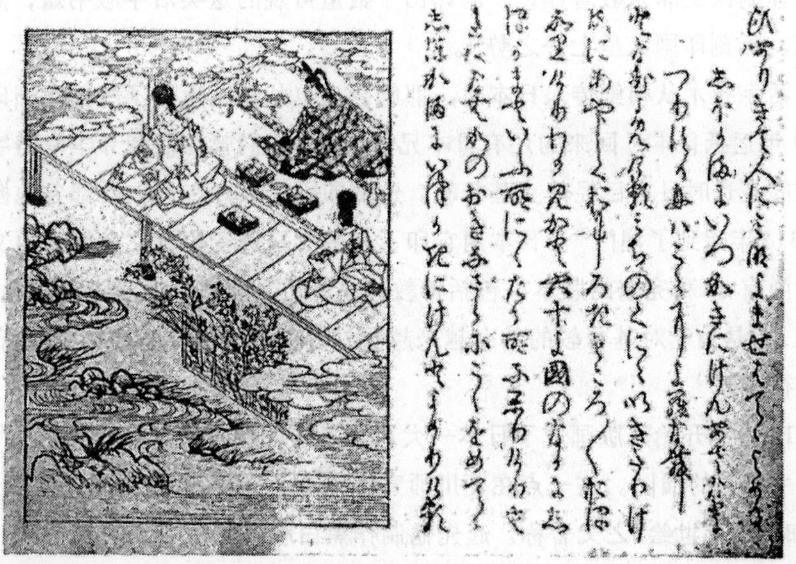

图1218 《伊势物语》，以假名写作的日本文学名著，附有精美的插图。1606年以色纸印刷。芝加哥大学远东图书馆。

1367年出版。在以后约30年中，我们知道至少有30名中国刻印工匠在日本工作[1]。书籍牌记及书口上出现得较多的刻工姓名为江南的陈孟荣及莆田的俞良甫。俞良甫具名的书籍达17部，这说明他刻书最多[2]。中国刻工作了重要的贡献，因为他们不仅使日本当时的印刷品数量增多，品质上有所提高，而且采用了中国 341
的版式，并且使很多中国著作得以在日本流传。

16世纪结束之前，日本的印刷事业完全由佛教寺院垄断。佛教界以外的印刷只在活字印刷短暂兴起时才开始。1592—1595年日本军阀丰臣秀吉力图征服朝鲜不果，但是他把朝鲜的活字印刷设备当作战利品带回日本。约至1650年，活字印刷在宫廷、私人和寺院中都普遍使用[3]。活字印刷物中最著名的实物是日本文学古典《伊势物语》的精美的嵯峨本(图1218)[4]。这不仅使这类著作首次得以在日本出版，而且还在活字方面作了重要的技术革新，使连笔假名得以出现[5]。从朝鲜掠夺回日本的活字是铜铸的，但日本却很少用它，而比较通用木活字[6]。这时仍

1）参阅川濑一马(*4*)，第147—149页；木宫泰彦(*1*)，第486—488页。所述来自元朝刻印工匠的姓名及年代之早均可能有夸张之嫌，因为有时日本复刻时把中国书版上原来刻工的具名也一并刻了下来。

2）川濑一马(*4*)，第143，151—155页。

3）川濑一马(*3*)是活字印刷方面的权威之作，后面的英文附录第1-17页是一篇概述，也见奇贝特的著作[Chibbet (1), pp. 67—78]。

4）见川濑一马(*3*)中有关嵯峨本的论述。

5）川濑一马(*3*)，第644—649页；附录第12—14页。

6）川濑一马(*3*)，第631—634页。

342 继续印刷汉文非宗教著作，一时印出了数量可观的这类活字版书籍，然而从1650年起，雕刻印刷又呈上升之势[1)]。

活字技术从朝鲜传入日本时，耶稣会士也从欧洲运来了一部欧洲印刷机，于1590年运抵日本，回来的还有日本兄弟两人，他们曾在葡萄牙学习铸字和印刷。不巧的是这时日本已经禁止基督教。这部印刷机只好在日本西部各地搬来搬去，在1614年运到了澳门[2)]。日本用它印了一些罗马拼音的日文书籍和西文书籍，现存者尚有30种完全的版本，包括传教的小册子、字典、语言学习材料和文学作品[3)]。但是由于对基督教的禁令越来越严，使传教士为日本印刷事业所能作出的贡献很有限[4)]。

17世纪开始，版画成了日本一大艺术门类。在萌芽时期，它近似引入日本的明代书籍中的插图。这一点在菱川师宣(约1618—1694年)的作品中更为明显。菱川有时以"浮世绘"之父著称。起先他制作黑白版画往往用手填入彩色，不少后人仿效了这种作法。菱川不但研究中国版画，还复制中国的美术书。1606年中国所出版的色情彩印《风流绝畅图》,到17世纪后期就由他和他的弟子以同样的名称在日本复制重版。后来还复制了其它中国彩色版画[5)]。18世纪后期日本的版画大师中，铃木春信(1725—1770年)和安藤广重(1797—1858年)的作品(图1219)特负盛名[6)]。虽然不久浮世绘就在艺术水平上超过了中国版画，进而以反映当时的题材和日本人的生活为内容，但在它形成时期即已受到的中国风格的影响依然清晰可辨[7)]。甚至连浮世绘中的透视技巧，也不象人们经常说的那样可能源自荷兰的绘画，而是从受到过西方美术作品影响的中国版画中间接学到的[8)]。

343 江户时期（1603—1867年）中，由于日本经济日趋繁荣，为了满足越来越多的城市居民的精神需要，出版的书籍也不断增加。不可胜数的插图故事及小说特别畅销。虽然早期也曾有过一些插图书籍，但这时它才开始反映当代的文化（图

1）与早期日本印刷事业相较，这一段时期中的成果是可观的。60年中一共出版了430种各种版本的书籍。这也是日本首次自行刻印佛藏的年代，而且就是用活字排印的。见川濑一马（*3*），第327页；附录第1-53页。

2）见劳瑞斯[Laures (1), pp. 1—101]和拉赫[Lach (5), vol. 2, book 3, pp. 497—501]的著作。

3）见奇贝特著作[Chibbet (1), pp. 64—65]中的书目。

4）参阅川濑一马(*1*)，第17—18页。

5）参阅藤悬静也(*2*)，载«国华»杂志，No. 485，第115-117页。

6）见沃特豪斯的«铃木及其时代»[Waterhouse (1)]。

7）参阅时学颜的硕士论文[Shih Hsio-Yen (1), p. 99]，他说中国的影响在插图方式、风格传统、室内建筑背景等方面都可以辨认得出来；亦见藤悬静也(*1*, *2*)和张秀民(*5*)，第145—147页。

8）参阅藤悬静也(*2*)，载«国华»杂志，No. 485，第115—117页。

图1219 浮世绘版画《东海道五十三次》，安藤广重绘，1832年。芝加哥大学艺术系。

1220)。印刷业日益受到大城市商业的支配。虽然京都仍不失为重要的印刷业城市，但是东京已经取代它成为最主要的印刷中心。

虽然有了这些新的动向，然而在江户时代早期中国的经典著作和佛经仍是重要的印刷内容。日本政府提倡理学，因此印刷了许多儒家著作来供给学校作为教材[1)]。几处大寺也在幕府支持之下大举印刷佛藏，17世纪时就至少完成了两项规模宏伟的出版计划。一项是6326卷的全套《大藏经》，由宽永寺天台宗僧人天海以木活字印刷陆续于1637至1648年间完成。它也许是用活字版印刷的第一部《大藏经》[2)]。大约30年后，另一套《大藏经》于1669至1681年间由中国禅宗法师隐元
的日本弟子铁眼以6万块樱桃木雕版印成。隐元是京都黄檗山万福寺的创始人。 345
今天这套雕版还完好地保存在那里[3)]。

与中国和日本都很近的是琉球群岛。虽然从14世纪开始，琉球成了中国的属国，但是琉球人民仍然保持了自己的王室传统[4)]。1392年，琉球王派遣自己的一个儿子到中国去学习，大约与此同时，明太祖派遣了36家福建船民和工匠到琉球为纳贡的使团服务。这36家中国人在一处叫作唐营的村子里定居下来，这

1）参阅川濑一马(*1*)，第17—18页。

2）虽然中国和朝鲜印过许多版《大藏经》，但是在此以前，还没有用活字印刷的。这第一版木活字《大藏经》就称作"天海版"。参阅川濑一马(*3*)，第1卷，第327-328页。

3）见万福寺赠给李约瑟的介绍材料。李约瑟曾于1971年见到该寺新建殿堂中所藏这套名为黄檗版的印版。

4）《历代宝案》中，收入了1372至1879年中国琉球间的文献263篇，它是这方面最重要的资料。台湾大学图书馆中存有手抄本，选录本见吴福源(*1*)。

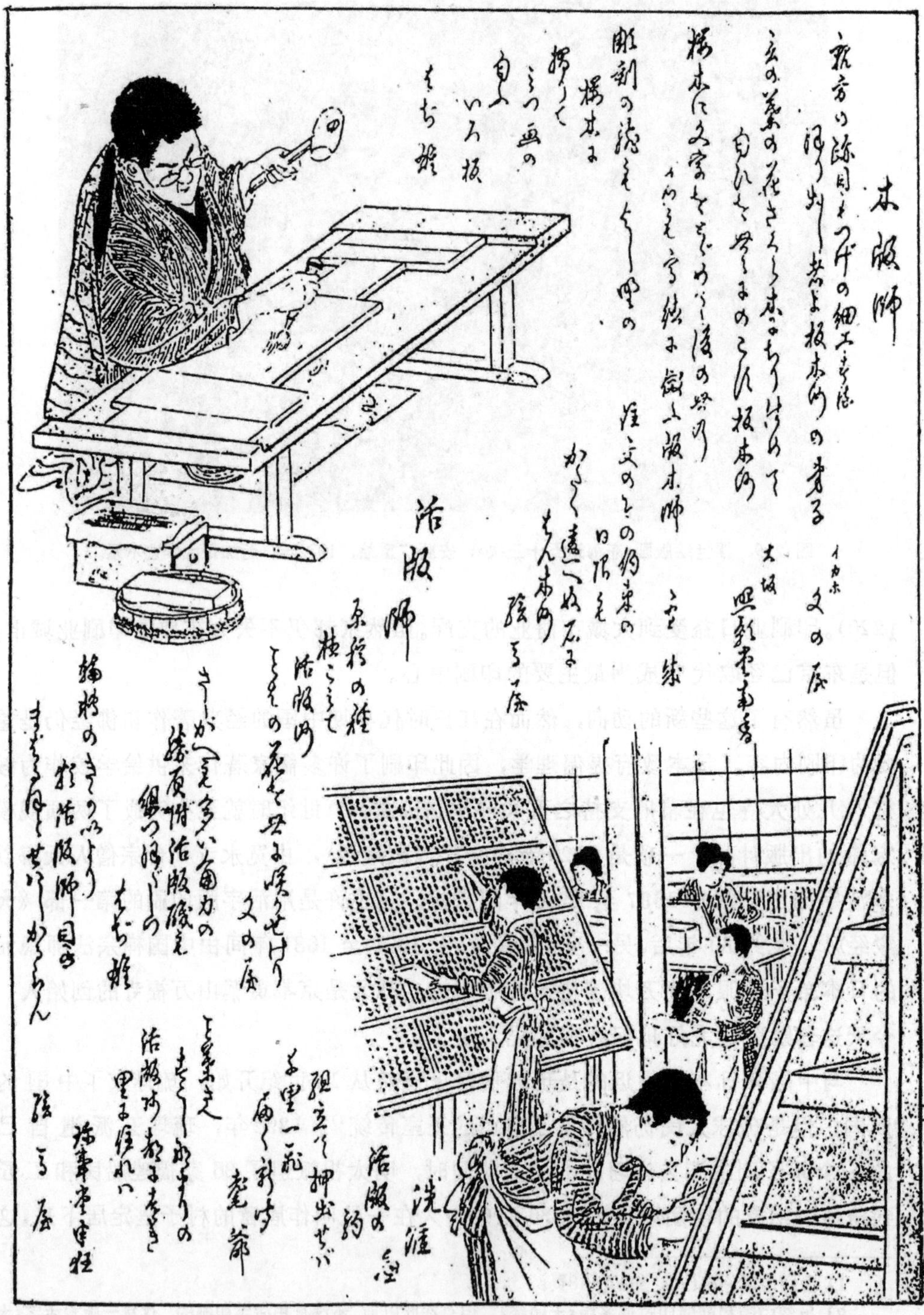

图1220 《风俗画报》所描绘的19世纪在日本同时并存的雕版工匠与活字排版工，1897年。

里也就成为一所孔庙和其它中国庙宇的所在地[1]。这些家庭的后代逐渐在琉球政府中以及在教育、文化方面起了重要的作用。1481年以后，就由他们之中定期向中国派遣留学生，琉球土生的子弟却不去了[2]。13世纪时，琉球人民原已用日文中的假名来构成自己的文字，但是在与中国交往后又同时使用了中国的方块字[3]。琉球与中国密切交往的结果之一，是使它从14或15世纪起就有了纸张。在这以前，凡是呈送到元朝的外交公文还都只能写在木牍上。

18世纪中国派到琉球去的使节曾经提到当地生产的纸。有人形容过琉球用楮皮制的各种纸张[4]，说其中最好的是护寿纸和围屏纸。围屏纸用来糊窗子和内墙[5]。1723年至1798年之间，这两种纸，再加上一种紫霞纸，曾数度作为贡品送给中国[6]。看来琉球开始造纸不会晚于17世纪。

琉球开始印刷的年份不详，但很可能在1500年左右。18世纪中国官方指定潘相担任琉球学生的教师。他对琉球的印刷事业作了很有学术价值的论述（图1221）。论述中说，在明朝的正德年间（1506—1521年），琉球王刻印了《四书》、《五经》、小学、理学、文学等书籍。用过的印版都保存在宫中[7]。为了便于阅读，
些印本上还加印了圈点，汉字旁加注假名读音[8]。但它与日本书版也有不同之处， 346
琉球版上注的是中国年号，显然直接以中国书版为据[9]。有些琉球版上甚至出现了中国书版上出版者所加的注文。例如有一版插图《四书》中就保留了中国刻印者余明台的姓名，孔子像旁也保留了原刻工的"刘"姓记录[10]。

潘相还在《琉球入学见闻录》中记下了琉球学者有关该国王室三项著作的书名及在琉球居住的中国学者所著的十四、五种书的名称，后者大部是文集[11]；其中四种的作者是程顺则。这四种中一种出版于1708年，看来这一种的书版可能刻于福建，因为同一年程顺则作为派往中国的琉球使节，曾在福建刻印《六谕衍义》，作
为在琉球讲授汉文的教科书[12]。 347

1）见《琉球入学见闻录》（1973年重印），第一一六至一二二，一八二至一八三页。

2）同上，第一一七至一二二页。

3）同上，第七十六至七十七页。

4）即陶宗仪（盛年约1360年）。《琉球入学见闻录》第七十六页上有引文。

5）见《琉球国志略》，卷十四，第二至三页；又见庄申[Chuang Shen (1), pp. 100—102]的著作。

6）参阅陈大端（*1*），第34-38页和庄申[Chuang Shen (1), pp. 100—102]的著作。

7）见《琉球入学见闻录》，第七十七至八十三页及张秀民（*5*），第161—166页。

8）见《琉球入学见闻录》，第七十八，八十一至八十二，八十五页。

9）同上，第七十八页。

10）同上，第七十九至八十一页。

11）同上，第八十三至八十五页。

12）见《琉球入学见闻录》，第八十三至八十四页；鱼返善雄（*1*），第141—142，204—205页及附录，第9—1页；《琉球国志略》，卷六，第八页上说琉球国王曾印刷圣谕十六条并且指定程顺则来作注释。

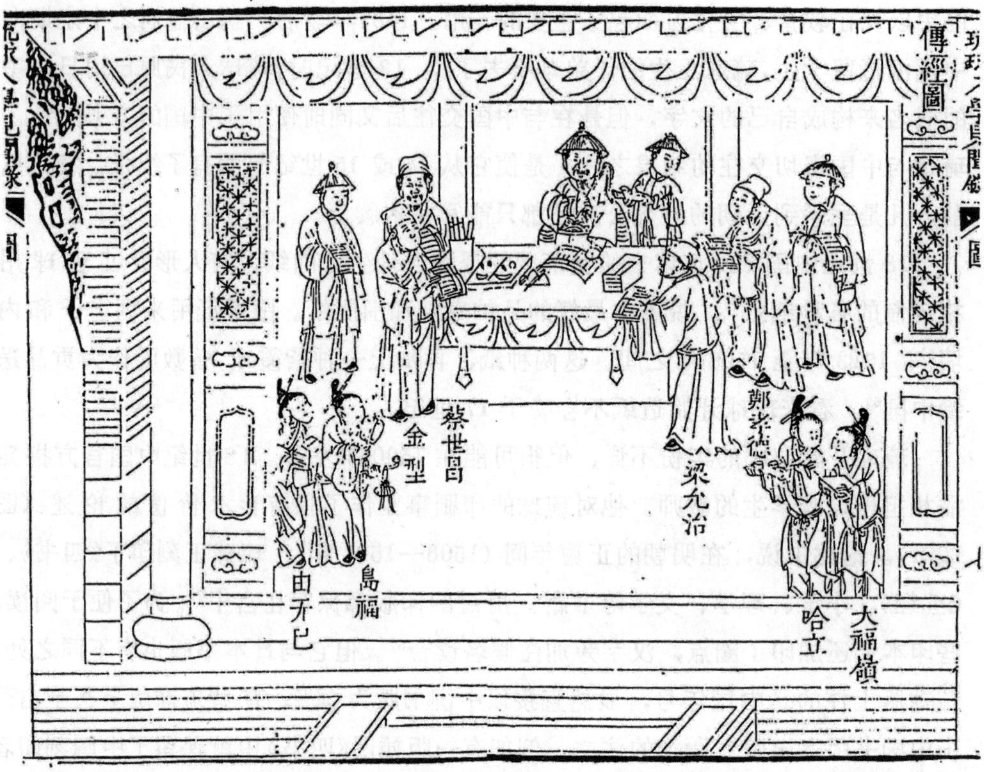

图1221 1760—1764年潘相在北京国子监为琉球学生授课。采自《琉球入学见闻录》，约1764年。

当时在琉球使用的历书每年由中国政府送去，由于运输多有延误，琉球还印过暂行的历书1)。尽管当地也逐渐有了一些工匠，1808 年中国派往琉球的使节还是觉得有必要自带一些雕版工匠同行。同时带去的还有理发师和裁缝工2)。从这件事也可以看出当时琉球的印刷规模还很有限，直到 19 世纪初，依旧要依靠中国的工匠。

(3) 越南造纸和印刷的发展

越南虽然在亚洲大陆的东南端，然而也和朝鲜、日本一样一直处在东亚文明的文化圈之内。现代越南的北方旧称东京，在中国历史上又称交州、交趾或南

1) 参阅张秀民(*5*)，第165 页；《琉球国志略》卷四中刊出琉球历中的一条说明，要求在中国历书运到后即以中国历为准。

2) 见《琉球国志略》，卷五；张秀民(*5*)，第165页上曾摘引。

越，从公元前2世纪晚年到10世纪初一直直接受到中国的统治。它的领土后来向南发展到包括半岛南部的占婆或占城。越南有连续两千年之久效法中国的生活和思想方式，实行中国的官僚和家庭制度，从中国学习儒家学说和佛教教义，在正式文献中采用汉文的书写方法。越南人在14世纪创造了自己的文字系统，称为“喃字”，实际是把汉字某些偏旁部首乃至整字合并的产物。19世纪末采用拉丁字母标音作为“国语”(图1222)。但是政府、学界、宗教界所用的主要文字系统仍然由汉字组成，一直到20世纪初年为止。

由于越南在地理位置和政治从属上均与中国关系密切，造纸术和印刷术一定很早就传入了越南。从几项中国早期文献资料中能够看出，早在3世纪越南就可能已经产纸。据说，284年就有3万番“蜜香纸”由“大秦”运到了中国。学者认为，这一定是用越南所产沉香树皮制成的纸由古代亚历山大里亚的商人用船运到中国 349
的[1]。据文献记载，265至290年之间，南越曾向中国献侧理纸万番，都是用海苔制成的[2]。另一项3世纪的资料则说，“江南人捣以为纸，荆、扬、交、广谓之榖”[3]。这里的“交”相当于今天的越南[4]。从上述资料中，我们可以设想越南北方在3世纪时已有可能造纸。

然而这些资料看来又和后来一项资料不符。1225年赵汝适在《诸蕃志》中写道：“交趾……不能造纸笔，求之省地”[5]。由于这部著作是根据中外海上商贾的口述写成的，则这里的“交趾(交阯)”可能仅指现在越南的中部及南部沿海地区，而3世纪资料中提到的“交”则指现在越南北方与中国接壤的地区。这种判断还可以在当时其它的实际情况中找到根据。当时中国的造纸术仅由陆路向东北、西北传播出境而并未经由海路[6]。据说即在现代，越南北方也一直采用与中国极为近似的造纸术。达德·亨特曾于1904年访问越南北方(当时称东京地区)，他发现当地的

1) 见《南方草木状》，卷二，第六页。对这部著作的作者及写作年代仍有争议，然而提到这种历史事件的还有几种别的资料，因此不能予以否定。关于越南首先制造蜜香纸的情况，见夏德 [Hirth (1), pp. 274—275]、夏德和柔克义 [Hirth & Rockhill (1), pp. 205—206, n. 2]、钱存训 [Tsien (1), pp. 140—141]的著作及本册pp.43ff.的论述。

2) 见《拾遗记》，卷九，第七页；钱存训的著作 [Tsien (4), p. 517] 及本册pp.44, 62ff. 的论述。

3) 见《毛诗草木鸟兽虫鱼疏》，第二十九至三十页；潘吉星(*10*)，第147—148页及本册pp. 56ff.的论述。

4) 由于当时称为交州或南越的范围除越南北方外还包括中国的一部分国土，有些学者就认为这种纸的产地可能就是中国本土，见季羡林(*3*)，第133页。然而这里的头两种记载都说明大量向中国进贡的是外国纸，则产自国外殆无疑义。

5) 见夏德和柔克义的译文[Hirth & Rockhill (1), p. 45]。

6) 见黄盛璋(*1*)，第126—127页。

图1222 越南文字体系的演变，图表展示了汉字、喃字和拉丁标音依次被采纳和取代的历程。采自德·弗朗西斯的著作[deFrancis (1)]。

造纸术与中国造纸术最为相似，而与亚洲其它各国者则略有不同[1]。

中国史料中说，越南即使在10世纪赢得独立后仍与中国保持从属关系，因而继续向中国进贡纸张。1370年，越南陈朝遣使向明朝皇帝朱元璋进献纸扇；1470年开始，连续10年，每年由越南北方6个省向中国进贡纸扇1万把[2]。另有一项 350
记载说，1730年，为了报答清朝雍正皇帝所赠的书籍、缎帛和宝玉器皿，越南回赠的礼品中有200幅金龙黄纸及斑石砚、土墨、玳瑁笔等[3]。

越南的造纸术无疑直接传自中国，因为它从原料直到工具和技法都几乎与中国的相同，原料中除了月桂树皮(*Daphne involucrata*, Wall.)和海苔是越南特产外，无非也是竹子和稻草等，技术上则帘模的织造、原料的浸渍、浆槽的构造、具体的操作更都和中国的相同。甚至连中国妇女梳头所用的刨花粘汁也在越南用作造纸中的胶料[4]。

造纸术很早就传到了越南。按理说，它同时也应该能看到中国的书。然而，关于这方面最早的记载却要到11世纪才出现。那时它才以土产和香料折价从中国购得了一批除禁止输出者以外的书籍。越南独立8年之后，收到宋朝所赠的三部佛藏和一部道藏。但越南的印刷，则可能开始于13世纪。最先提到此事的史料中说，从1251至1258年间越南曾经印刷过户籍。陈朝(1225—1400年)开始后，于1295年收到元朝所赠的佛藏一部，以弥补蒙军侵入时损失的那一部。据说还曾经安排过印刷这部佛藏的事宜，显然未能实现。4年之后，越南曾出版一部佛教礼仪书籍和一部公文文牍手册[5]。

越南在黎朝(1418—1789年)统治下，密切仿行中国的制度，第一次刻印了儒家书籍。1427年出版了《四书大全》，1467年又刻成了“五经”的印版，15世纪后半叶，印刷尤为盛行，刻成的印版极多，只好在孔庙中专门建造房舍来收藏它们[6]。后来还印了不少官版儒经、史书、诗集和字典，主要是为了满足应科举考试者的需要。

越南政府曾几次试行对书籍的印刷和发行加以控制。1734年禁止购买中国版儒经，只限购买越南版的，还经常颁布发行官版书籍的命令。1796年，下令以河 351
内所印的官版“四书五经”发行全国[7]。越南的年历则以1809年所取得的中国年

1) 参阅亨特的著作[Hunter (9), pp. 110, 141; (12), pp. 42—54].

2) 见永乐《交阯总志》，卷二。潘吉星(*9*)，第148页曾加以摘引。

3) 见《越南辑略》，卷一。潘吉星(*9*)，第148页中也曾摘引。

4) 参阅亨特的著作[Hunter (9), pp. 110, 141; (12), pp. 42—54].

5) 见张秀民(*5*)，第152—153页。

6) 同上，第153—154页。

7) 同上，第153页。

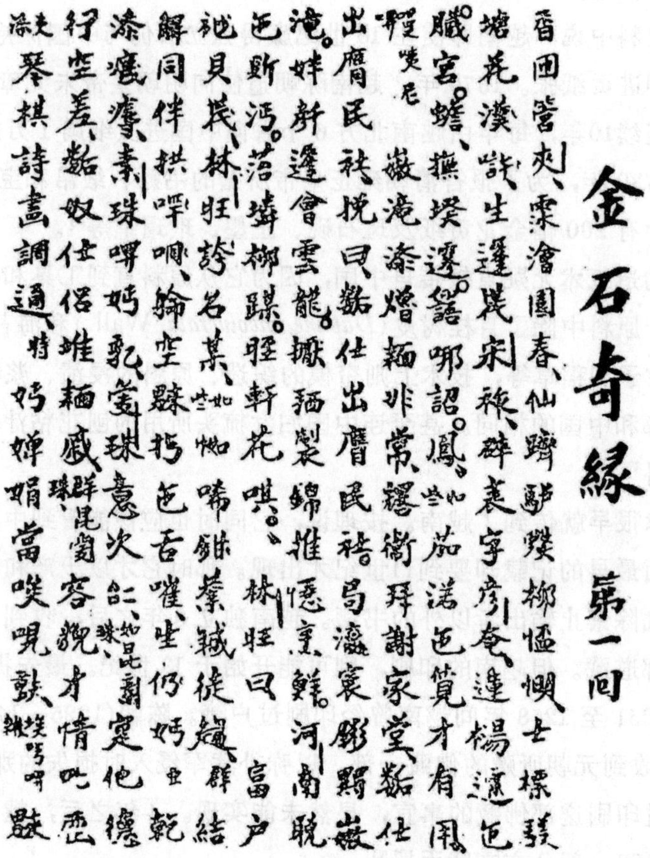

图1223 夹杂汉字书写的喃字《金石奇缘》剧本。

历为蓝本自行编印，逐年正式颁布，格式和内容都和中国的完全一样[1]。越南的官版书籍，有国子监印的，也有集贤院、内阁史馆印的，与中国中央政府的印书机构相似。书籍的印刷，集中于首都河内，其后扩及顺化和南定。

越南私刻书籍在内容上与官刻者相仿，有儒经、史书及主要是应科举考试者所需的课本。此外，还印了不少文集、宗谱、小说及医书，中国小说《三国演义》更是盛行一时。除了印中国文学书籍外，也印了不少越南作家包括妇女作家的著作。私人印书业大半集中在海阳省的嘉禄县，刻工更特别集中于该县的两个村子中[2]。

早期越南印版分为三类：全汉文版、喃字版(图 1223)及汉文喃字注音版。前远东法国学院图书馆中藏有越南人所著的汉文书籍 2258 种、喃字书籍 561 种及越

1）见伍德赛德的著作[Woodside (1), pp. 123—124, 186—188]。

2）见张秀民(*5*)，第153—154页。

图1224 越南彩印的年画，图中所绘的是中国3世纪的英雄人物关羽。其题材和印制方法都和中国的相似。采自迪朗的著作[M. Durand (1)]。

南版的中国书籍351种，看一看这些书目，就会对版本的概况有所了解[1)]。大部分越南版的中国书都是佛教、道教典籍，小部分是儒经、文学作品、史书、医书和杂著。越南虽然从未印过全套佛藏，但印了不少佛教著作，至少河内还保存着1652至1924年出版的佛经400种以上，其中20种以上是越南人作的[2)]。

大部分书是用雕版印的，也有一些是用活字印的，其中较早的印于1712年。中国曾得到两大套越南书，据说都是用活字排印的。其中有1855年印的96卷诏
352 令集及1877年印的68卷御制诗文集[3)]，还可能用铜活字印刷过。版画方面，越南彩印的年画曾经很盛行，从主题到印刷方法都与中国的很相似（图1224）[4)]。

（4）造纸和印刷向南亚和东南亚的传播

越南以外的南亚大陆和东南亚群岛上杂居着各种民族和文化传统的人民，其文明发展的情况各有不同。在欧洲人挟基督教文明东渐以前，这一地区在文化上
354 受到来自印度的印度教、佛教和伊斯兰教的统治或至少是强烈的影响。在印度和东南亚的交往中，大批印度人连同他们的思想意识东移进入了缅甸、马来亚、泰国（暹罗）、印度尼西亚和印度支那地区（现在的越南、柬埔寨和老挝）。在这些地区中，印度文化与中国文化相遇并且交织在一起。笼统地讲，越南以外的各地区，虽然在各个不同时期中也通过贸易和中国的移民感受到了一些中国的影响，就要算处在东亚文明圈之外了。

这一地区中，各地与各民族之间虽然在文化上有所区别，但也有共同之处，即普遍缺乏象中国文化中所特有的文献传统。印度宗教经典的传授主要靠口授和背诵，即使在学者之间一般也不采用书写和阅读的办法。东南亚各国都很少拥有本国早期的文献，本国的历史只存在于口头传说中，此外就只能在中国或个别的阿拉伯和波斯文献中去寻找了。因此，这一地区中普遍忽略用纸和印刷来传达思想，虽然纸张也许很早就已经传入，但是直到16世纪欧洲人到来之前却从来不知道什么叫印刷。

印度在纸张出现之前，用来书写的材料只能靠树皮、树叶、木板、皮革、织物、骨头、陶土和金属，特别是铜板。1780年，在印度东部就发现了一块9世纪

1）见松本信广(*1*)，第117—204页和山本达郎(*1*)，第73-130页。但是这些目录一般对印本和手抄本并未分别注明。

2）见上述目录，张秀民(*5*)，第155页中曾加以摘引。

3）见张秀民的著作(*5*)，第157页。

4）见尚义(*1*)，第59—61页关于现代越南年画的报导。

图1225 蒙吉尔(Mungir)发现的第一块刻有梵文的铜版，内容是关于提婆波罗王馈赠土地的情况，9世纪。顶上的饰物可能曾作印章。不列颠博物馆。

两面带有梵文的铜板(图 1225)[1]。在孟加拉和印度南部，最普通的书写用材是棕榈(贝)叶，在克什米尔和印度北部则用桦树皮。棕榈叶(图 1226)都制成统一的形状，用铁制的尖笔在上面书写，字迹上再施用染料，然后在叶上穿孔，用绳子把许多叶子连串起来[2]。虽然到 14 世纪或更早一些时候印度已经开始造纸，然而甚至直到 19 世纪它还和锡兰(斯里兰卡)、缅甸和暹罗一样，仍在使用棕榈叶[3]。在印度尼西亚，棕榈叶和桦树皮都用；在菲律宾，则竹简、棕榈叶和桦树皮也都同时使用。按中国文献所记，占婆(占城)和柬埔寨(真腊)则把鹿皮和羊皮用烟熏黑，再用竹制的尖笔和白粉在上面书写[4]。在东南亚的许多并不产纸的地方，则制造一种叫做搨布(*tapa*)的假纸。印度尼西亚、菲律宾、马来西亚及太平洋中的许多
356 小岛上，都把楮树的内皮剥下，先捶打成为小而似纸的薄片，再合为大张用作衣料[5]，偶而也用于书写[6]。

7 世纪后半叶，印度看来已熟悉并使用了纸张。正如 671 至 695 年间访问印度的中国高僧义净在其著作中证实的那样。他在带给国内的信息中说：印度的教徒和俗人“造泥制底 (*Caityas*) 及拓摸泥象，或印绢纸，随处供养”[7]。他还提到厕所使用的“故纸”以及在伞和帽中“夹纸”以“加固”的方法，并把梵文中相当于纸的迦迦利 (*Kākali*) 一词收入他编的梵文千字文中[8]。但是也要指出，当时印度等地并未自行造纸，因为义净在苏门答腊时曾向国内请求寄纸墨去抄写佛经[9]。还由于义净之前的各种记录包括早于他去印度取经的玄奘的详细记录中，都从未提到
357 过印度的纸，而玄奘又在 645 年业已回到中国，则纸张首次输入印度的年份必然在 645 至 671 年之间。

看来纸张输入印度的路线不止一条，输入的时间也不相同。一条可能是从唐朝通过吐蕃(西藏)和尼泊尔进入孟加拉地区，因为我们知道造纸术在 650 年左右

---

1) 这块铜板是在孟加拉的蒙吉尔 (Mungir) 地方发现的，上面用梵文记载着提婆波罗王 (King Devapāla) 把迈西卡 (Mesikā) 村作为礼物献给毗诃迦罗多弥湿罗 (Vihekarātamiśra)。英译文见基尔霍恩的论文[F. Kielhorn (1)]。

2) 参阅古里和拉赫曼[Ghori & Rahman (1), pp. 133ff.]及亨特[Hunter (9), pp. 11—12] 的著作。

3) 参阅特里尔[Trier (1), p. 137]和普里奥卡 [Priokar (1), pp. 38—41]的著作。

4) 见季羡林(*1*)，第134—135页中所引元明两代著作中的记载。

5) 参阅亨特的著作[Hunter (9), pp. 29ff.]。

6) 沃恩[Voorn (1), pp. 31—38]说，爪哇在17世纪或以前已经把搨布(*tapa*)作为书写材料。

7) 见日本《大正新修大藏经》，卷五十四，第二二六页；由高楠顺次郎译成英文，戈德的著作[Gode (1), p. 5]。中曾经引用。

8) 见《大正新修大藏经》，卷五十四，第二一五、二一八页；季羡林(*1*)，第122—127页曾引用，亦见黄盛璋(*1*)，第122页。

9) 见黄盛璋(*1*)，第123页。

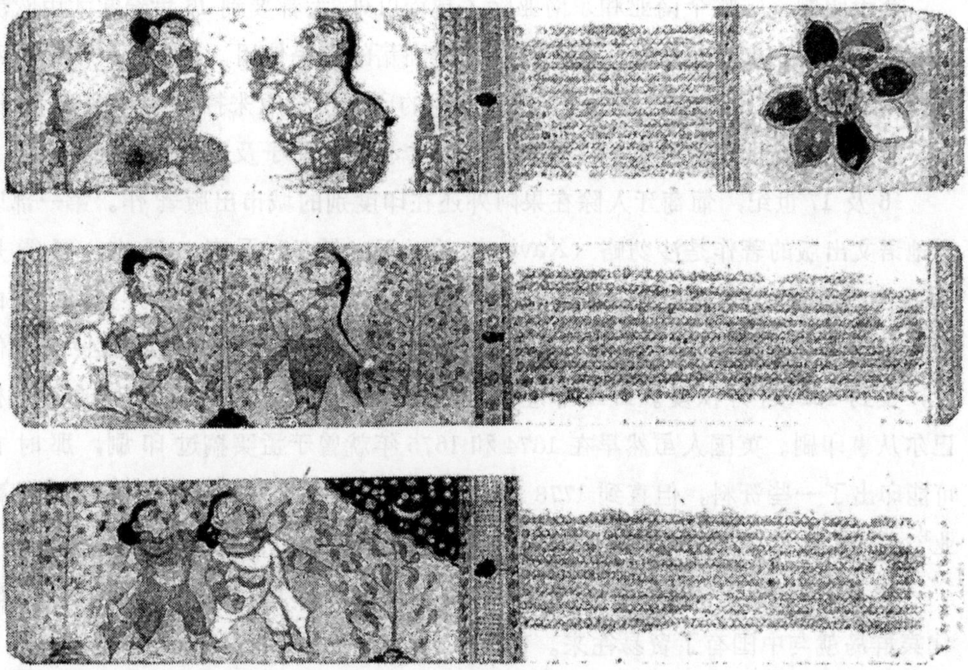

图1226　以贝叶书写并加彩绘的阇夜提婆(Yayadeva)《耆塔瞿毗陀经》(*Citagovinda*)手稿。英国印度事务部图书馆。

传播到了吐蕃，唐高宗初即位时，吐蕃王曾请蚕种及造酒碾硙纸墨之匠[1]。当时吐蕃为尼泊尔的宗主国，尼泊尔与印度的关系又极密切，很可能纸张就在此时进入了印度[2]。另一条路线则可能通过克什米尔，因为伊斯兰教徒于8世纪在印度西部建立了政权，12世纪又雄踞印度北方，很可能在输入纸张后不久就自行制造。印度最早的纸写手稿出现于11至14世纪之间[3]。15世纪初年，后来成为撒马尔罕苏丹的一位统治者把造纸钉书等工匠带到了克什米尔[4]。与此同时，随郑和"下西洋"的马欢于1406年到孟加拉访问，提到榜葛剌(孟加拉)纸时写道："一样白纸，亦是树皮所造，光滑细腻，如鹿皮一般"[5]。这样看来，1400年以前，甚至可能于11世纪时，克什米尔和孟加拉都已开始造纸殆无疑义。

1）见《旧唐书》，卷一九六；黄盛璋(*1*)，第116页。

2）639年，吐蕃王与尼泊尔公主结婚；641年又与中国公主结婚。这样，唐朝与吐蕃及吐蕃与尼泊尔之间就建立了新的贸易通路。参阅黄盛璋(*1*)，第114页起。

3）参阅戈德的著作[Gode (1), p. 7]，其中开列了1089至1323年之间的一些古老的印度手稿。

4）古里和拉赫曼的著作[Ghori & Rahman (1), pp.135—136] 中提到，克什米尔所产的纸张以品质优良著称。苏丹曾以之馈赠给各国的君主。

5）见《瀛涯胜览》(上海，1935年)，第六十一页；季羡林(*1*)，第128页及戈德的著作 [Gode (1), p. 8].

至于印刷，则整个南亚和东南亚除了越南以外，大都要到16世纪起才由欧洲人传入，而且主要供传教士、殖民政府和欧洲籍的居民使用。亚洲第一次采用欧洲技术印刷开始于16世纪中叶1)。据说所用的印刷机械原来打算运到埃塞俄比亚，事实上却被耶稣会士运到了果阿以印刷传教的小册子及别的文献2)。

16及17世纪，葡萄牙人除在果阿外还在印度别的城市出版著作。第一部以当地语文出版的著作是沙勿略（Xavier）的《天主教义》马来文译本，可能是1577年在科钦印的。至于泰米尔文著作，则于1587年在巴尼卡尔开始印刷。由于果阿在17世纪后期以葡萄牙文取代了其它各种语文，当地的印刷事业也就停
358 止，要到1821年才恢复。1713年左右，丹麦传教士开始在印度东海岸的德伦格巴尔从事印刷。英国人虽然早在1674和1675年就曾于孟买搞过印刷，那时也可能印出了一些资料，但直到1778年才算在孟加拉和胡格利开始正规的印刷事业3)。

16世纪，印刷术传入菲律宾，然而早在10世纪，早在西班牙入侵之前，菲律宾群岛就与中国有了贸易往来。14和15世纪，吕宋和棉兰老还向明朝派去了使节并馈赠了礼物。16世纪，多明我会修士把大批书籍带到了马尼拉4)，当地的华裔居民不但协助翻译，而且还引进中国的雕版和活字来印刷这些书。在菲律宾土著工匠出现之前，华裔垄断当地印刷达15年之久。现存最早的这类印刷物中有两种版本多明我会修士高母羡(JuanCobo)所著的天主教义，一种是西班牙和他加禄文版；另一种即汉文版，书名译作《无极天主正教真传实录》(图1227)。两种版本都是在1593年用木版雕印成的5)，无论从技法上还是插图的风格上看均无疑出自中国匠人之手。活字版首次出现于1604年。这一年，有一位改名胡安·德·贝拉(Juan de Vera)的华裔印工用当地铸造的金属活字印了两部书。他在刻制字模和打纸型方面技艺均极高，又不落前人的窠臼，真正称得上是活版印刷的半个发明者6)。此后几年中，他的兄弟佩特罗·德·贝拉（Petro de

1）1556年首次印刷的活页文章是安东尼奥·德·夸德罗斯的宗教论述[*Coclusões* of Antoniode Quadros]，1557年第一次印刷的书是方济各·沙勿略的《天主教义》（*Doctrina Christiana* of Francis Xavier)。参阅罗德斯的著作[Rhodes (1), pp. 11ff.]。

2）埃塞俄比亚皇帝曾于1526年向葡萄牙国王要求送去一架印书机，但由于皇帝与传教士间的关系很僵，机器始终未能运抵埃塞俄比亚。

3）参阅罗德斯[Rhodes (1), pp. 11—23]和普里奥卡[Priolkar (1), pp. 1—27]的著作，关于早期印度的印刷物，见迪尔的著作[Diehl (1)]。

4）参阅博克瑟的著作[Boxer (1), p. 295]及本册pp. 316ff.的论述。

5）参阅裴化行[Bernard-Maitre (19), p. 312]、龙彼得[van der Loon(2), pp. 2—8]的著作和方豪(*3*)，第32-33页。这部书仅存的一本共62页，现存于马德里国立图书馆中。

6）参阅龙彼得的著作[van der Loon (2), p. 25—26]。

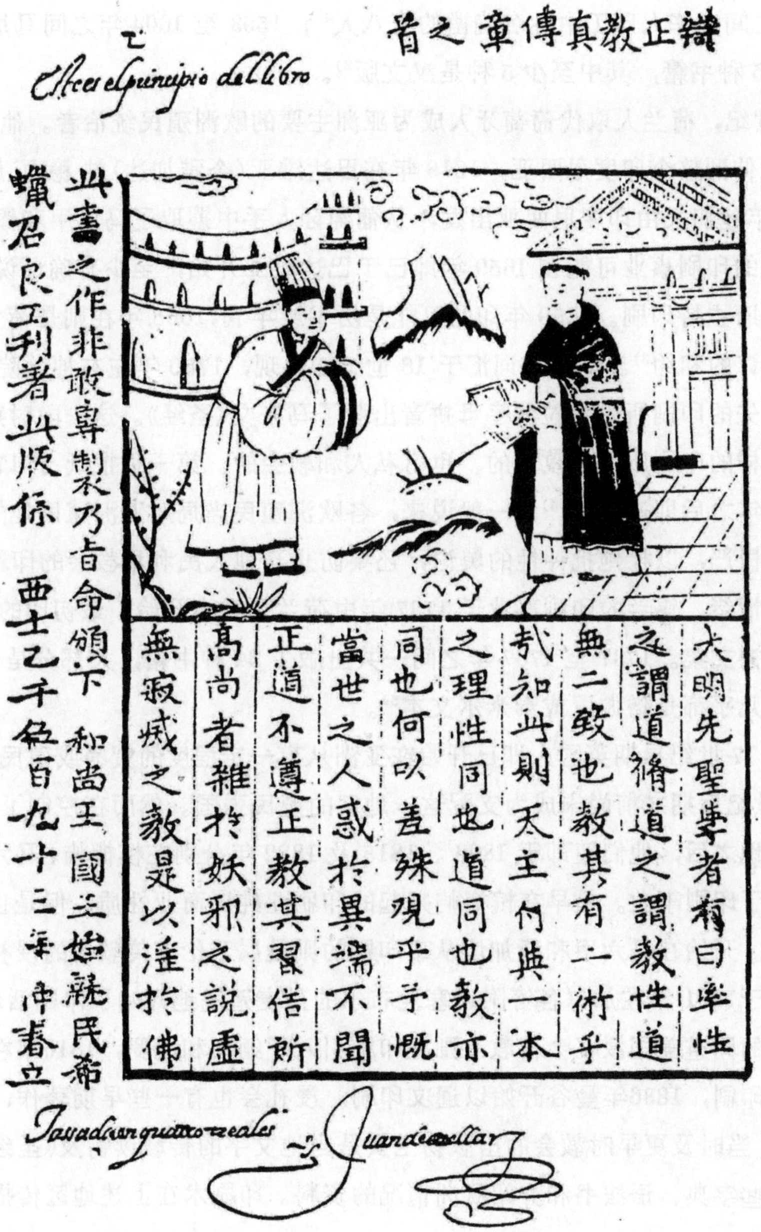

图1227 现存最早的菲律宾印书，嗃呣㖃（Juan Cobo）所著天主教义的中文译本，1593年。图中，一位多明我修士正在向中国学者展示一本书。采自龙彼得的著作[van der Loon(2)]。

Vera)和另外一名华人印工杨庚（译音，Keng Yong)也印了几种书籍。1593至1640年之间，华人印工中姓名确凿的有八人[1]，1593至1604年之间马尼拉一共出版了15种书籍，其中至少5种是汉文版[2]。

17世纪，荷兰人取代葡萄牙人成为亚洲主要的欧洲殖民统治者。他们逐渐把势力延伸到整个印度尼西亚，1619年在巴达维亚(今雅加达)站稳了脚。1641和1658年他们又由印度尼西亚出发，从葡萄牙人手中攫取了马六甲和锡兰。荷兰人在亚洲的印刷事业可能在1659年即已于巴达维亚开始，至少有确证说明1668年已由政府主持印刷。1659年印的可能是历书或年刊,1668年在则是荷兰与望加锡王子签订的和约[3]。马来文词汇于18世纪初出现，1750年左右神学院内一家不久就消失的印刷所用阿拉伯字母拼音出版了马来文《圣经》。这一段时期中出现了各种各样的印刷所，有政府的、也有私人和教会的。第一种报纸于1744年问世，但两年之后即遭取缔[4]。一般说来，各欧洲殖民当局对亚洲殖民地的印刷事
359 业都控制极严，以杜绝批评性的舆论，还要防止当地人民利用教会的印刷条件来散布对抗情绪。锡兰的印刷事业于1737年由荷兰传教士开始，最初印的是僧伽罗文的祈祷文集。1737至1767年之间一共出版了34种书籍，大部分是宗教著
360 作，而且几乎都是僧伽罗或泰米尔文本[5]。

虽然17世纪早期英国人即已开始在亚洲从事一定程度的贸易或殖民活动，但直至18世纪后期之前尚未成为支配这一地区的殖民强国。然而在控制了马来亚海峡殖民地之后，他们随即于1806、1815及1822年分别在槟榔屿、马六甲和新加坡开始了印刷事业。最早在槟榔屿兴起的印刷业纯属商业性质，但是也为殖民政府服务。开始在马六甲和新加坡从事印刷的则是属于伦敦传教会的浸礼会传教士，他们于1801年在加尔各答附近塞兰布尔的丹麦殖民地开始了印刷活动[6]。英国传教士的同道美国浸礼会传教士则把印刷引入了缅甸和暹罗，1816年在仰光开始以缅文印刷，1836年曼谷开始以暹文印刷。浸礼会也有一些早期著作，出版于新加坡[7]。当时及更早时教会的出版物主要是当地文字的传教读物及《圣经》，但也出版了一些字典、语法书和介绍欧洲情况的资料。印刷术在上述地区传播的过程

1）参阅博克瑟的著作[Boxer (3), p. 459]。

2）参阅龙彼得的著作[van der Loon (2), p. 43]。

3）参阅麦克默特里的著作[McMurtrie (5)]。

4）见德·格拉夫[de Graaf (1), pp. 11—28] 和麦克默特里[McMurtrie (5)]的著作。

5）见罗德斯[Rhodes(1), pp. 67—72]、麦克默特里[McMurtrie (4)]和普里奥卡[Priolkar (1), pp. 105-129]的著作。

6）参阅伯德[Byrd (1), pp. 2—17] 和罗德斯[Rhodes (1), p.29]的著作。

7）见罗德斯[Rhodes (1), pp. 79—95]、甘默尔[Gammel (1), pp. 187—196] 和伯德 [Byrd (1), p. 15]的著作。

中，教会印刷所起着举足轻重的作用。

(j) 纸和印刷术对世界文明的贡献

纸和印刷术的问世反映出文明进程的一个成熟阶段，它们的每一步进展都是人类史上的里程碑。最初发明纸可能纯系偶然，然而经过进化，它却成了最方便最廉价的书写材料，远远优越于以往各处使用过的每一种其他材料。它终于取代了一切笨重昂贵的书写用材，而且作为人类日常生活中的必需品渗透到社会的各处。纸肯定是印刷术的最重要的先决条件，而印刷术最初无非是用手抄写的机械延伸。但是随着印刷读物的大量涌现，它就在人类政治、社会、经济、文化生活中产生巨大影响。这种影响，在欧洲社会由中世纪转变为近代的过程中表现得尤为明显，因为普遍都承认15世纪中叶活字印刷引入欧洲是这一大转变中的转折点。

(1) 纸在中国和西方文化中的作用

15世纪末及16世纪印刷术在欧洲广泛应用之前，西方有关纸的记载并不多[1]。然而在此之前，无论在欧洲和阿拉伯国家都已把纸用于书写、包装及与文字无关的其它目的[2]。18世纪后期起，纸张的使用日益广泛，并已指定用于建筑、 361
造船及制作马车、坐椅、桌子、书架等方面[3]。19世纪末，纸成了几乎一切可以想象的个人衣着物等用品乃至厨房用具、住房装饰，甚至还谱写了一首名为《纸的时代》之歌(图1228)在伦敦音乐厅演唱[4]。

目前已经很清楚：中国对纸和纸制品类似的使用至少比欧洲早一千年。在中国，从公元1世纪起，纸除用于书写、抄印书籍及誊录文件外还早已广泛用于国

1）16世纪时法国已有500—1000架印刷机在使用，造纸作坊已能日供纸1500—3000令或每年45万至90万令，见费夫尔和马丹的著作［Febvre & Martin (1), p. 40, n. 50］。

2）据说1035年开罗已经用纸来包裹蔬菜、香料和金属制品，1140年巴格达也已用纸在食品集市上包裹食品，见亨特的著作［Hunter (9), pp. 471—472］。在欧洲，商人也都用纸制纸盒、纸牌和纸广告牌，见费夫尔和马丹的著作［Febvre & Martin (1), pp. 39—40］。

3）1772年，欧洲开始用纸制造家俱。英国于1788年指定把纸用于建筑业等，见亨特的著作［Hunter (9), pp. 503, 512］。

4）1868年，已经用纸来制围裙、衣领、硬袖、手帕、帽子、裙子、雨衣、衬衫硬胸、拖鞋、背心、匣子、纸杯、纸巾、纸碟、擦手纸、纸碗、地毯、帷幕、桌垫、屋顶遮蔽层及窗帘，见亨特的著作［Hunter(9), p.568］。

图1228 1860年霍华德·保罗(Howard Paul)所唱《纸的时代》歌词本的封面设计，他身穿纸衣。达德·亨特造纸博物馆。

其他目的。上文我们论述过，中国早就把纸染成各种彩色和制成图案作为书笺，剪折成各种花样以供玩赏、娱乐及装饰，纸作为日常必需品，还用于包装、卫生及医药方面，并制作纸杯、纸扇、纸伞、纸旗、灯笼、风筝、玩具等日用品。所有这些用途，在6世纪末之前都已在中国实现了。

纸还曾用来制作冠、巾、袍、带、靴、床单、蚊帐、幔幕、屏风、纸牌等日常用品及饰品，甚至还用来制造棺椁和盔甲。礼仪祭奠用纸的神人肖像虽然要耗去一部分纸张，但却能令死者、生人皆大欢喜，又能避免以实物作牺牲或殉葬。9世纪初，以飞钱作为汇兑交易的媒介，又用以记载交易账目和书写契约，使社会经济生活产生了革命性的变化。上述书写及书写以外的各种用途都已完成在9世纪末之前，当时欧洲还刚刚知道纸[1]。

纸的无数用途之中，对中国文化作出的最重要的贡献或许是它在中国艺术中起了独特的媒介作用。与西方崇尚雕刻或建筑形式的传统不同，书画是中国艺术中的最高形式。中国书画又主要是靠在纸上挥毫着墨发展起来的。纸为中国艺术家提供了自由驰骋的最佳天地，这也同样存在于东亚文明各国的艺术之中。

中国的书法艺术可能要上溯到2世纪的东汉时期[2]。但直到3或4世纪纸获 363
得重大改进并普遍用于书写之时，书法才发展成为专门的艺术形式[3]。流传至今的行草和楷书的基本字体都是在这一段时期中演变出来的。纸的优越性对这种艺术来说是很明显的，因为竹、木、石等都没有这种既平滑又吃墨的表面。可以说，如果没有纸，各种书法字体也就无法在千百年中如此完美地发展。

绘画最初都是画在墙上，但唐代艺术家开始在纸上作画。到了宋代，书画已并肩发展为整体的艺术，著名艺术家苏轼(1036—1101年)、米芾(1051—1117年)等的典型的墨迹可资佐证。绘画中运笔自如、流畅迅捷的所谓文人画派就是此时盛行起来的，也主要是在使用了表面洁白、光润柔软而且吃墨的纸以后才有可能达到这样微妙的和自由表达的效果(图1229)。虽然丝帛也具有某些和纸张一样的优点，但是它价格昂贵，再加上别方面的限制，就使它不能成为普及的书画材料。何况纸上能够传达的一些特殊意境如渲染、泼墨、浓淡层次等均不易在帛面上得到表现。大多数西方画家都习惯于在帆布上以油墨作画，但是中国和一切东亚的画家则发现纸才是他们艺术表现的理想媒介。

纸张不仅适用于绘画，也一直为东西方用在应用美术和装饰美术中，最普遍的产物也许就是墙纸，早在16世纪，墙纸就由中国输入欧洲，并在18世纪初输

1) 见本册 pp. 84ff. 所述有关纸和纸制品的用途。

2) 一般认为关于书法美学的论述始于东汉蔡邕(133—192年)的时代。

3) 现存最早的中国书法纸本法帖中有晋代陆机(261—302年)和王羲之(约321—379年)的真迹。

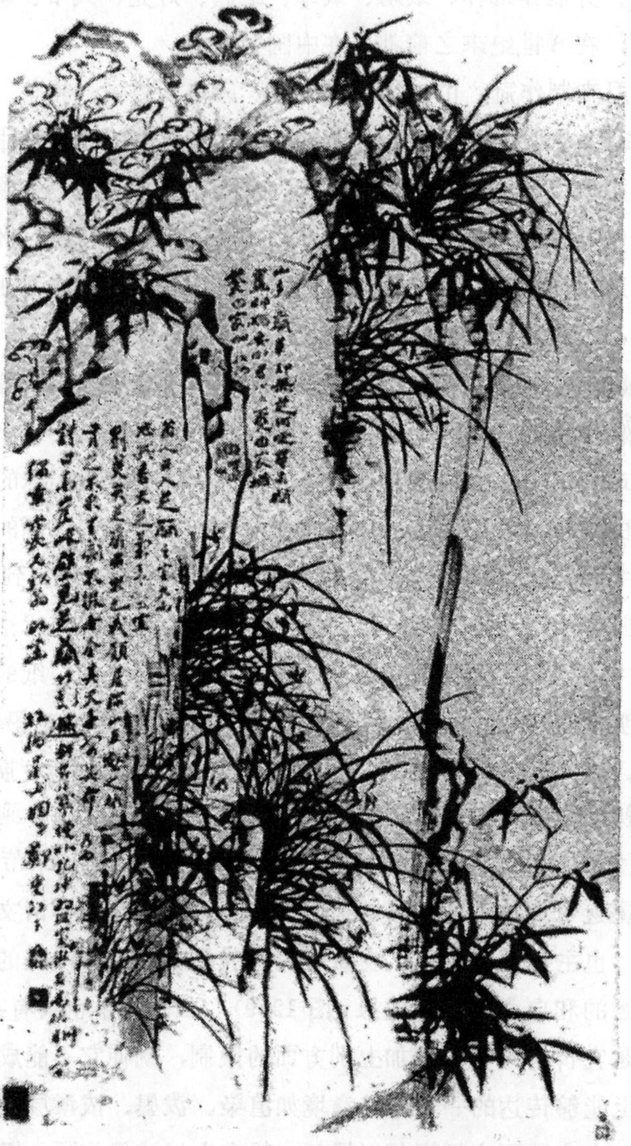

图1229 著名书画家郑燮(1693—1765年)所作的兰竹图及其自成一体的书法。

入美洲[1]。这种中国产品极受欢迎，终于取代了欧洲家庭中原来使用的昂贵的丝、皮帷帐和挂毯，使一般家庭也和富贵邸宅一样得以添增生活乐趣[2]。中国人普遍用纸来装饰居室的各种途径还有折叠屏风、挂轴、对联和年画等，都使中国居室洋溢着高雅宜人的气氛[3]。

纸的妙趣历来在无数诗文中得到证明，不仅提到纸的起源、性质和外观，也讴歌了它的各种用途。其中年代最早的是傅咸(239—293年)写的《纸赋》(图 1230)[4]： 365

盖世有质文，则治有损益。故礼随时变，而器与事易。既作契以代绳兮，又造纸以当策。犹纯俭之从宜，亦惟变而是适。

夫其为物，厥美可珍；廉方有则，体洁性贞；含章蕴藻，实好斯文。取彼之弊，以为此新。揽之则舒，舍之则卷；可屈可伸，能幽能显。

若乃六亲乖方，离群索居；鳞鸿附便[5]，援笔飞书；写情于万里，精思于一隅[6]。

过了一千多年以后，第一首以欧洲文字所写讴歌造纸的诗方才在汉斯·萨克斯(Hans Sachs, 1494—1576年)所著的一部技术性的书中出现。这首诗主要叙述了由破布到纸张成品的工艺过程[7]，于1568年出版，并附有一幅由约斯特·阿曼（Jost Amman）所刻的版画，这幅版画画出了造纸者正在以主要工具造纸的实际情况(图 1199)，它是这方面最早的一幅插图。不久以后，在1588年出现了一首托马斯·丘奇亚德(Thomas Churchyard，约 1520 — 1604 年)用英文写的描 367
述造纸的诗。原诗一共有353行，表达了与《纸赋》类似的感受，只在技术细节上有所出入。其中有几行谈纸的功能颇具特色：

我讴歌最先造纸的人，纸才能把一切美德传诵；
它产生新书并使旧著贵重；
它的价格低廉，世间更无他物可比；
虽然羊皮幅宽耐使，也不能把纸来排斥；
纸还能在人间普遍传流，羊皮只能为少数人拥有[8]。

1）有些殖民时代美国府邸的厅堂中还存有一些古老的墙纸实物，见劳弗的著作［Laufer (48), p. 21]。

2）见本册 pp. 116ff. 的论述。

3）唐代初年曾把书画装裱起来平铺在几案上以便欣赏，后来才悬挂在墙上，见高罗珮的著作［van Gulik (9), pp. 142ff.］。

4）这首赋已由笔者及潘铭燊译成英文，并由霍华德·温格(Howard W. Winger)润色为诗体，钱存训的著作［Tsien (2), p. 138］中曾引用过部分诗句，译法有所不同。

5）秦、汉两代有以尺素寄于鱼腹鸿爪的传说。

6）见《全晋文》，卷五十一，第五页。

7）这首诗的英译文见亨特的著作[Dard Hunter (5), p. 14]。

8）这首长诗的题目是《咏纸》(A Description and Playne Discourse of Paper ......1588)，亨特在其著作[Hunter (5), p. 16; (9), p. 120]中曾加摘引。

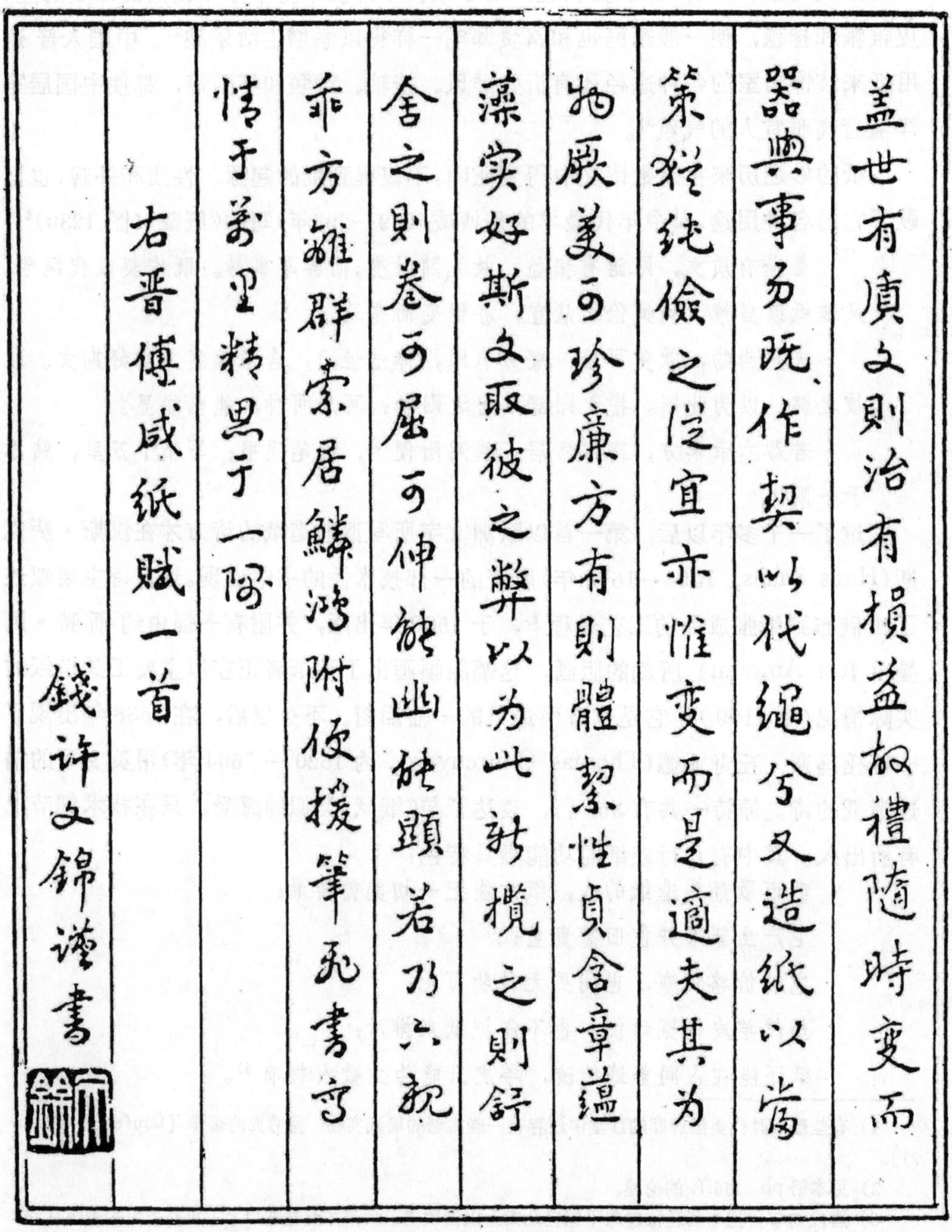
蓋世有質文則治有損益故禮隨時變而
器與事易既作契以代繩兮又造紙以當
策猶純儉之從宜亦惟變而是適夫其為
物厥美可珍廉方有則體絜性貞含章蘊
藻實好斯文取彼之弊以為此新攬之則舒
舍之則卷可屈可伸能幽能顯若乃六親
乖方離群索居鱗鴻附便援筆飛書寫
情于萬里精思于一隅
右晉傅咸紙賦一首
錢許文錦謹書

图1230　3世纪傅咸所作的《纸赋》，钱许文锦以行书录赠剑桥东亚科学史图书馆。

(2) 印刷术对西方文明的影响

15世纪后期及16世纪早期，印刷术使书籍成本降低得以大量出版发行，这对欧洲人的思想和社会都有深刻的影响。它激发了文艺复兴和宗教改革的精神，而这两项运动又反过来进一步促进造纸和印刷术发展，直到形成兴旺发达的出版工业。印刷还有助于民族语文和本国文学的建设，甚至也助长了民族主义。印刷术还使教育普及，各地文盲减少，增加了社会流动的机会。简言之，西方世界现代文明进程中的几乎每一项成就都以不同方式与印刷的引进和发展有联系[1]。

大量出版各种著作，增加了它们流传和保存的渠道，防止了由于收藏孤本不善或损坏导致著作散佚的可能性。实际上，印刷的好处远远不止此。书籍广泛发行并扩大公众阅读意味着教会对知识的垄断受到了局外人的挑战，包括来自已成为书籍重要读者的律师、商人、小贩和工匠的挑战。过去唯有宗教著作独霸书库，如今其地位已逐渐为人文作家的作品所取代[2]。读者面不断扩大，书籍的题材也五花八门，就使学者不断在过去奉为神圣的典籍中觉察到了许多古人不能自圆其说的矛盾，削弱了认为旧说都是至论的信心，从而为发展新的学问扫清了道路[3]。

由印刷术所引起的文本的标准化，与所有手抄本中要出现的不可避免的讹误 368
适成对照。当然印本中也不能绝对避免出现差错，然而付印前可以反复校读，印出后仍有差错时还可以补发勘误表，以便于再版时改正。早期印刷工的编辑功能所带来的书籍形式的系统化程度是抄本办不到的，它逐步使读者养成一种系统思考的习惯，促使他们在分散的学术领域内组织知识[4]。

欧洲印刷的发轫与宗教改革有密切的联系。马丁·路德在提到印刷时认为

1）有关印刷对西方社会和思想的冲击，见艾森斯坦[Eisenstein (1), (2)]、费夫尔和马丹[Febvre & Martin (1)]、希尔施[Hirsch (1)]和麦克卢汉[McLuhan (1)]的著作以及1963年伦敦为举办“印刷与人类思想”展览会而印发的介绍材料。

2）欧洲在1450至1500年间，总共印刷了1万一1.5万种著作，计3万一3.5万版，约2千万册，其中约70%用拉丁文印，其余则分别用意、德、法和佛兰芒文印，内容45%是宗教著作，30%为文学读物，10%为法律书籍，10%为科学作品；见斯蒂尔[Steele (1)]、伦哈特[Lenhart (1)]、费夫尔和马丹[Febvre & Martin (1), pp. 248—249, n. 344]的著作。

3）参阅艾森斯坦的著作[Eisenstein (2), pp. 72ff.].

4）布莱克的著作[Black (1), p. 432]中有引文。

“它是上帝无上而终极的恩典，使福音得以遐迩传播”[1]，1517年马丁·路德发出声明之前，宗教改革的条件业已存在。这时，已经用通俗的文字出版了一定数量的《圣经》[2]。这就使人相信，凡夫俗子也能学到并懂得福音的真理，并有可能使宗教信仰因国家情况不同而变通，与罗马教会的国际性的、但却是标准的信仰形式适成对照。新教运动的最初动机是设法纠正教会滥用特权，特别是纠正教会出卖免罪符。因为印刷术使这种行为更加扩大，教会大量制造免罪符成了一种赢利的勾当[3]。然而在另一方面，印刷术也使新教运动的观点能够以小册子、传单和宣言的形式广泛流行。确实，要是没有印刷术，那么新教运动的范围就可能局限于某一地区，不可能壮大为规模恢宏的国际运动，也就不可能结束僧侣垄断学术的局面，进而消除愚昧与迷信，使西欧得以从中世纪的黑暗时代中解脱出来[4]。

虽然在印刷术问世之前，通俗文学业已存在，但是印刷术问世后立即对通俗文学的发展产生了深刻的影响。16世纪以前西欧各国的口语已经发展成不同的文字，到17世纪即已演变为近代的形式。有些中世纪的书面语言也就在这一过程中消亡。一度通行于各国的拉丁语文也开始收缩使用的场合和范围，后来更成为濒于消亡的语文[5]。各国的专制君主和大臣也普遍赞成统一民族语言的倾向。作
369 者们也都面临选择最佳文体来表达思想的问题。出版商当然鼓励使用通俗文字，这样才能使书日益畅销。由于书籍用民族语言出版更容易些，印刷印刷术便固定了每种语言的词汇、语法、结构、拼法和发音，使之更加便于使用。小说出版并广泛发行后，通俗语言的地位也就得到了巩固，反过来又方便了民族文学和文化的发展。这一切又促成了民族意识的确认并导致了民族主义[6]。

普及教育和扫除文盲也离不开印刷术。书籍价格降低便于购买后，就使更多的人能够阅读，终究会改变他们的世界观和社会地位。书籍普及自然会使人民的识字率提高，又反过来扩大对书籍的需要量。此外，工匠们又可能从早期印刷的手册和广告中得知，如果能为自己的行业印刷一些手册和广告就可以名、利双收。

1）布莱克的著作[Black(1)，p. 80ff.]。

2）1466年首先出版了西部日耳曼语的《圣经》，到马丁·路德时已经发行了19版，见费夫尔和马丹的著作[Febvre & Martin (1)，p. 289]。

3）见1476年卡克斯顿版的一份《免罪符》。1963年的《印刷和人类思想》[Printing and the Mind of Man, p. 17]，对此曾有论述。

4）参阅艾森斯坦的著作[Eisenstein (2)，pp. 306—307]。

5）关于欧洲各国语言和印刷事业的发展，见斯坦伯格[Steinberg (1)，pp. 120ff.]、费夫尔和马丹[Febvre & Martin (1)，pp. 319ff.]及艾森斯坦[Eisenstein (2)，pp. 117—118]的著作。

6）关于语言的固定和民族主义的兴起，见蔡特的著作[Chaytor (1)，pp. 22ff.]。

这样，就又提高了工匠们本身的识字率[1]。这样印出来的手册中，显然也会包括一些识字和写作的初级自学课本，这更扩大了书籍的销售量。名人传记中不乏资料说明印刷能为地位卑下的人提供改善社会处境的机会[2]。

(3) 印刷术对中国书业的影响

印刷术在中国也和在西方一样，使书价降低扩大发行，也使各种门类的书籍和资料能够赢得更多的读者。这一切都对中国学术界和社会产生了某种程度的影响。10世纪印刷术大规模兴起后，书籍的发行量大增，例如，仅在华东某一狭小的区域内不到半个世纪中就出版了将近50万份佛经和图像[3]。有宋一代，就向全国及国外发行了6种不同版本的佛藏，每种版本都要雕成几万块印版[4]。同时出版的还有道藏。

在中国，也和在世界其它地方一样，宗教曾经是推进印刷事业的动力。但是 370
一旦印刷技艺达到更加纯熟精美的程度后，宗教出版物的垄断地位就逐渐为非宗教的出版物所侵占，宗教出版物的百分比开始下降。这种情况和后来发生在欧洲的情况如出一辙。早在10世纪，冯道就借用了佛教徒的印刷技艺来印刷标准文本的儒经，不再把它们刻在石碑上了。从此以后，经、史及其它著作的出版就日盛一日。宋朝在988年开始从事一项大规模出版计划时，国子监中所存的印版只有4千块，但是到了1005年宋真宗讯问进度时，国子监祭酒邢昺回复说，国子监中已经有了印版10万块，内容包括一切种类的经、史的正文和注疏[5]。这真是很大的成就。它说明，当时仅仅是中央官办的印刷机构就能在不到20年内使印刷量猛增25倍。

印版可以反复使用，有时甚至可以连续使用数百年至漫漶不堪或损毁时才算罢休。由于经常使用，对每付印版一共印了多少份却缺乏统计。看来各种印版的使用数之间有很大的差别，对发行范围较小而学术性较强的著作也许印数较少，对需要量较大的普及版本则可能有上万份。据一位现代学者估计，一般第一次印刷都是印30份[6]，每块新版可以印到1.5万份，修补后又可加印1万份。

1）参阅艾森斯坦的著作[Eisenstein (2), p. 242]。

2）斯特拉斯堡宗教改革的先锋人物中有两名教士，分别是鞋匠和铁匠的儿子。他们出身低微，但从印本资料中丰富了新的知识，见艾森斯坦的著作[Eisenstein (2), p. 372]。

3）937至975年，吴越国印了三种不同文本的经咒，每种印了8.4万份，还印了十几种别的经文、符咒和图像，包括14万份佛像，使总的印刷量达到40万份，见本册pp. 157ff. 的论述。

4）这几种版本的佛藏，每种都在5—7千卷之间，每卷有10—15张双页，就需要雕刻6—8万块印版，大约有一半是双面雕刻的。见本册pp. 159ff. 有关佛藏印刷的论述。

5）参阅《玉海》，卷四十三，第十八页。

6）见卢前(*1*)，第632页。

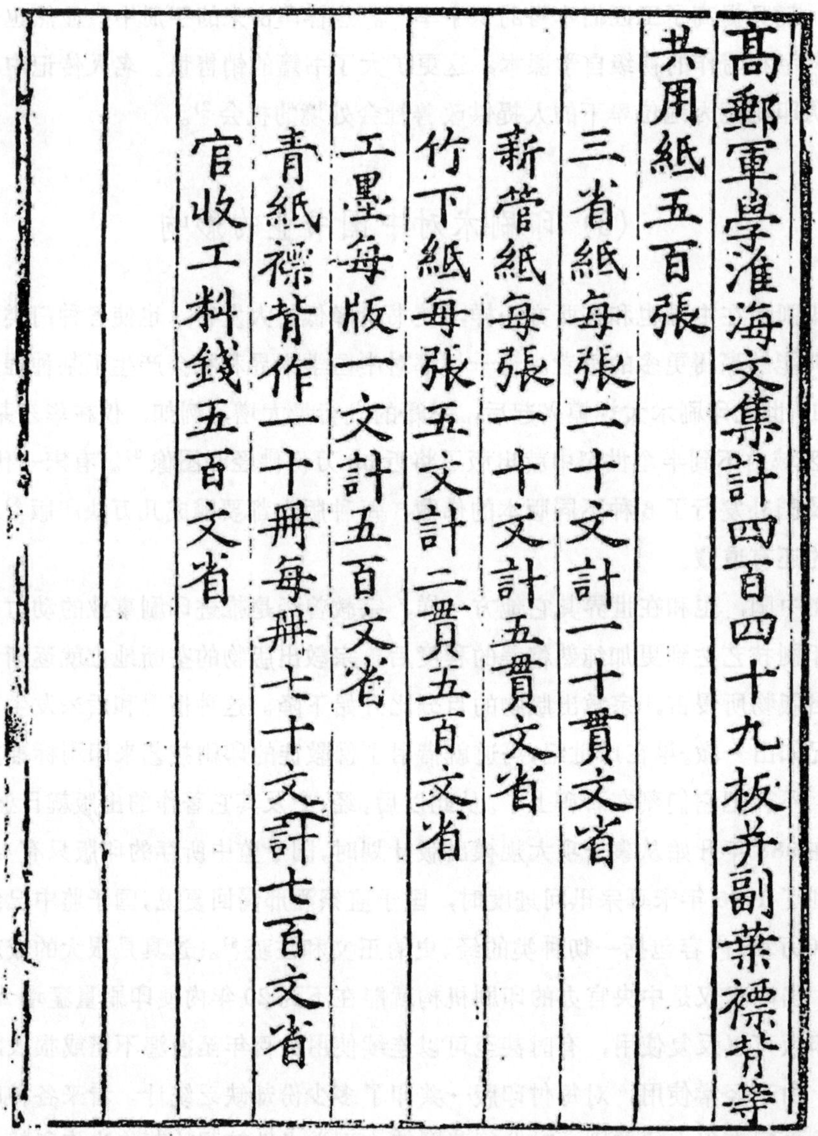
高郵軍學淮海文集計四百四十九板并副葉褾背等
共用紙五百張
三省紙每張二十文計一十貫文省
新管紙每張一十文計五貫文省
竹下紙每張五文計二貫五百文省
工墨每版一文計五百文省
青紙褾背作一十冊每冊七十文計七百文省
官收工料錢五百文省

图1231　刻印宋秦观《淮海集》所用的材料、人工费用，约1173年。该书共用印版449块，纸500张，每部售价为500文。东京内阁文库所藏原刻本。

1574年以铜活字重印宋代《太平御览》一千卷时，在卷末注明共印100部[1]。如果这部特殊类书的印数也适用于别的大部印本，则不妨估计当时每部新著或每块印版的印数也大约是100份[2]。这个印数也许也适用于其它时代的印本，因为直到19世纪中叶，印刷的方式并无大的变动。

1）见钱存训(2)，第15页第7项，通常活字版重印时都改用雕版。

2）另一部大型类书《古今图书集成》共5020卷，10亿多字，首次于1728年间印刷时用的是铜活字，1890年改用石印印了100部。此外，收书134种的《武英殿聚珍版丛书》于 1774 年左右印了300部。翟金生还在1847—1848年以陶泥活字印了友人的诗集400部。见本册pp.203,209,216。

虽然找不到每块印版印数的确切记录，但是对生产成本及印刷节省的费用却还能略知一二。某些版本上对所用材料、人工和租用印版的费用都有详细记录（图1231）。例如，宋代1147年于黄州印刷王禹偁（954—1001年）的全集《小畜集》8册30卷163,848字，就使用了432块印版。至于生产成本，则每部用纸 371
448张、青裱背纸11张、大幅纸8张，计260文；墨、刷子及印版租费计500文；裱装费430文。除纸张成本外，每部成本包括人工、租费及其它费用共1136文。每部售价为5千文[1]。从这些数字中，得出单项成本的平均数：租用每块印版加工 372
具的成本约为一文，印刷和装订每一叶的成本又是一文，这部书的零售价每册约600文。同一时期中，别的著作的零售价则大约为300—400文[2]。

元代印过一部《金陵新志》，共13册15卷，印刷成本合中统钞银为7,179,899两。没有资料提到这部书一共印了多少部，看来成本颇高[3]。明代印书的成本比这要低得多。1640年左右毛晋（1599—1659年）刻印"十三经"和"十七史"时，每镌刻100字的工价仅为20文。毛晋以他著名的汲古阁的名义一共印了约600部书，共刻印版20万块[4]。清代后期（约1875年），湖南缮写刻印100字的成本约为50—60文，19世纪上涨至80—90文，20世纪初年又涨到130文。但是湖南、江西和广东女刻工的工价据说就极为低廉，每100字仅为20—30文[5]。

比起费时费工的手抄成本来，印刷成本就要低廉得多。例如，抄写儒经白文100万字，即使抄写者每天能抄写1万字，也要100个工作日才能峻工[6]。当然在印版上刻字要慢得多，但刻成后就能以每部低廉得多的印价大量出版。印刷比起手抄来究竟能降价多少，则可以拿同一时期中印一部书的成本和手抄一部书的成本比较。

9世纪唐代后期，以抄书为业者的工价为：每抄写一卷5千—1万字的书付钱1000文。这在敦煌发现的佛经上可以得到证明。这些工价有时写在经文后面，

1）这种情况，可以在明代仿印的宋版书后面得知，见叶德辉的《书林清话》，第144—145页。从这里所提出的数字来看，纸448张应该是每一部书的用纸量；448张纸除印432块印版外，还要用白纸两张来作8册书的扉页，剩下的就用来作书皮及装裱了。此外的成本，显然就指印刷每部书的平均租版费和工价了。

2）1176年刻印《大易粹言》20册的成本为每部8000文；1184年刻印《汉隽》2册的成本为每部600文；见叶德辉的《书林清话》，第143页。

3）《金陵新志》的序言中提到全部成本为银143锭，29,899两，每锭银为50两；在元代，每两银子值钱2万文。如果这部书印了100部，每部的成本就要72两银子或14万文铜钱。这不能不令人联想到元朝吏治的腐败情况，见《书林清话》，第178—179页。

4）《书林清话》，第185—186页。

5）同上，第186页。

6）见潘铭燊的著作[Poon (2), p.67]。

373 格式一律[1]。唐代著名的女书法家吴彩鸾(盛年827—835年)抄写《唐韵》的润格，大致是这里上下两限的平均数[2]。大约在同时，日本的圆仁法师（793—864年）于838年在中国购得一部四卷本的佛经，仅用去540文[3]，与手抄本相较显得特别低廉，因而一般认为这一定是印本[4]。如果真是这样，则印本的平均成本约为每卷100文，说明印本与抄本成本的比率为1：10。

后代这种成本的比率大体维持不变。例如，根据记载，1042年宋朝印制历书的成本为3万文，而先前手抄的成本为此数的10倍[5]。明代作家胡应麟(1551—1602年)说，如果坊间买不到某部书的印本，则抄本要用去10倍的代价。每部印本书问世，抄本即无人问津，只有被搁置[6]。这一切都说明，在16世纪末年以前，印刷术已经使书籍的成本降低了90%。当然这只是总的情况，各不同时期的价格会有所波动[7]。

印刷的发展，自然使校勘更为重要，这样才能使版本更为可靠。印本一旦出版就无法改动，发行面也会很广，因此，学者在最后付梓以前总是小心翼翼，尽量想通过校核避免讹脱衍误。版本的校勘就成了许多学者专心致志的事业（图1232）。他们有的在宫廷官府机构中担任这项工作，有的则独力进行。一般在付印前至少要经过四次校对：分别在把文本抄录完毕转移到木板上去之前、找出错误并加改正之后、镌刻以前及第一次印样出来之后进行[8]。由于一般都要经过不厌其详的校对工序，就使这样的印本比抄本更加受到重视，因为抄本很难避免笔误。读者之所以挑选印本，除了它价格低廉外，它的文本较为可靠也是一个原因[9]。

1230或1300年左右刻印“九经三传”时所作的准备工作，是认真校勘的典型。校勘时，参阅了约23种不同的文本，还特别制订了《九经三传沿革例》来作为准
374 则，对选本、字体、注文、音释、句读、段落次序审核及异文的注解均作了详细的规定。这套刻印于河南相台的“九经”历来受到高度的评价，目为继传古学的里程碑及印刷优良、校勘精审的典范[10]。

375 印刷除了使所印书页在某些特点方面可能较抄本略有不同外，并未使书的外形有任何大的变化。9世纪后期书籍由卷轴演变为册页装，主要是由于纸卷不便

1）有一部40卷的佛经价3万文，另一部7卷佛经价1万文，见台静农(*1*)，第9页。

2）五卷本的《唐韵》售价为5,000文，见《书林清话》，第285页起。

3）见赖肖尔的著作[Reischauer (4), p. 48]。

4）见翁同文(*2*),第38—39页。

5）见《续资治通鉴长编》(1961年，台北)，卷一〇二，第十八页。

6）见《少室山房笔丛》(1958年，北京)，卷四，第五十七页。

7）见翁同文(*2*)，第35页起。

8）雕版印刷工序见本册pp. 200ff.。

9）参阅潘铭燊的著作[Poon Ming-Sun (2), pp. 72ff.]。

10）参阅埃尔武艾著作[Hervouet (3), p. 53]中所引钱存训对这些规定的论述。

图1232 西晋(265—316年)陶俑，60年代出土于长沙。两人正在面对面地校勘书籍。采自1972年北京英文版《新中国出土文物》。

于展开阅读而不一定是印刷的结果[1]。手抄本除刻意模仿印本者外，一般在纸面上找不到后来加到印本书页上去的那些特点，包括中线和版心指示折缝的“鱼尾”和“象鼻”。有时印页上还注明刻工的姓名和本页的字数。

印本上有一项重要的特征，就是加上了刻印者的牌记或商标。一般可以在扉页的背面或目录后面找到它。牌记的形式为用边线划出来的一小块面积，上面写满

1）有些早期印刷的佛教著作是卷轴状的，见本册 pp. 227ff. 有关书籍装钉的论述。

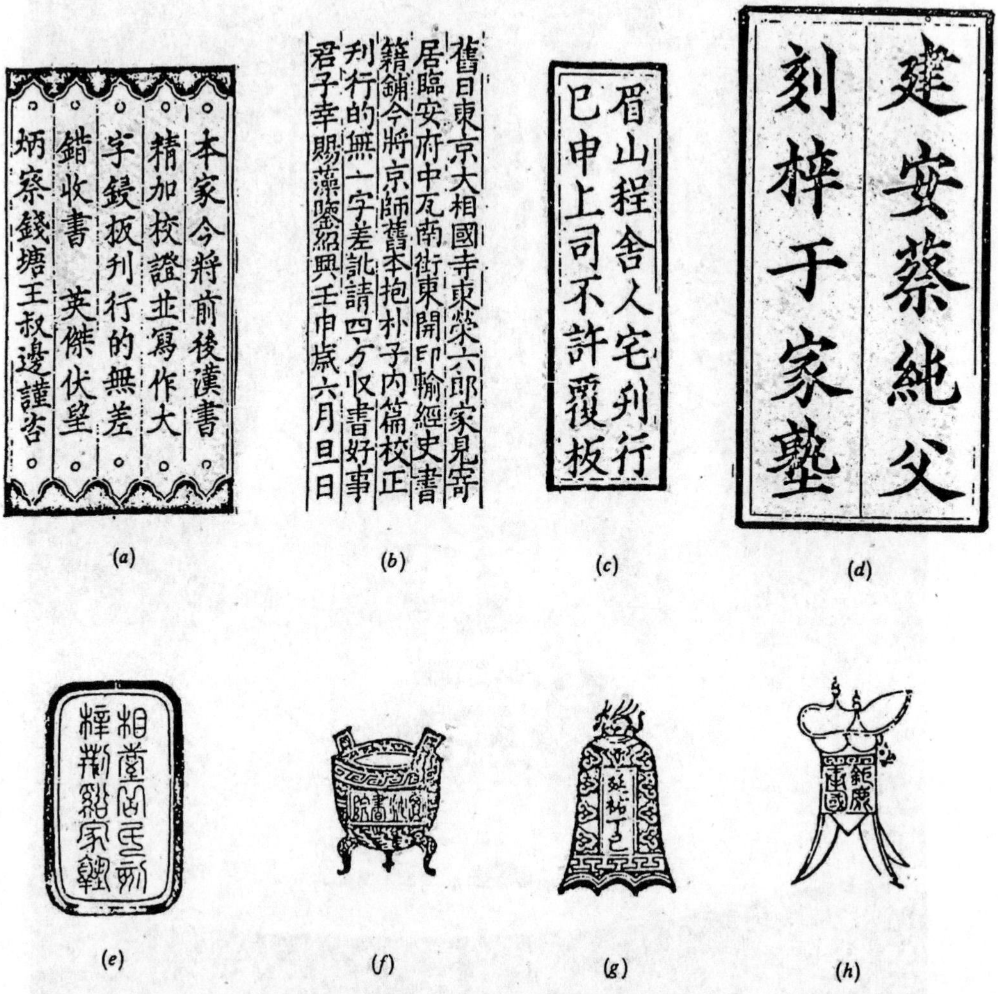

图1233 早期中国印本上的"牌记"及商标。(*a*)原籍钱塘(临安)的福建建安书坊主王叔边，约 1150—1170年。(*b*) 迁至临安(杭州)开业的原开封相国寺东的老字号荣六郎书铺，1152年。(*c*) 眉山程氏，牌记说明他已申请有司禁止他人翻刻他印的书，约1190—1194年。(*d*) 福建建安蔡纯父，约1208—1224年。(*e*)河南相台岳氏，约 13世纪。以下为14世纪元代刻书人采用的装饰性标记：(*f*)鼎状，(*g*)钟形及(*h*)爵形。采自潘铭燊的著作[Poon Ming-Sun (1)]。

了文字，面积一般为长方形，有时也呈现葫芦形、鼎状或圆的印鉴状。文字的内容则是刻印的年月、地点、刻印者的姓名，有时还注明刻印的方法或加上广告(图 1233)[1]。然而，印本外表上最明显的变化还是出现在字体上。16世纪中叶，字体由端正的手写体演变为印刷体。这种印刷体又叫做宋体。它的特点是结

1) 见潘铭燊的著作 [Poon Ming-Sun (1), pp. 39ff.]中对牌记的描述和译成的英文。

构平直方正，直线多而弧线少。由于它较易镌刻，嗣后即为各代刻工所沿用，只是有些时候出现轻微的变化而已。现代金属活字的字体就是由它演变来的。

随着印刷业的兴盛，自然就在全国形成了一些印刷中心。只要某地能找到熟练的刻工和热心的操办人，当地就会形成印刷的中心。上文提到过，宋代的印刷业中心除浙江杭州和河南开封这两座都城外，福建建安和建阳的坊刻历数百年不衰，四川眉山则直到明代还是印刷兼文化中心[1]。有宋一代所印的约1,500种书籍中，凡是知道印刷地点的什九都是在印刷中心所在的省份中刻印的[2]。现在看来已很清楚，印刷业繁荣与否与政治状况、经济实力、文化传统与原料供产有关。

然而书商所最关心的是书的销路，至于印本是否偶有差讹、印工是否精良则 376
均在其次。这也难怪，书商最乐于承印的是普及读物，如日用常识指南、尺牍、通俗小说戏文、童蒙课文及便于查索的参考资料等。这些读物之中，坊刻的数量远远超过官刻及私刻者。官刻及私刻的主持者对刻印此类通俗读物不免有所顾忌。话虽如此，书商在普及教育和扫除文盲方面还是功不可没，因为他们刻印的
普及本价格低廉可以人手一册。如果没有这些普及本，有些读者就会买不起书， 377
也会买不到书[3]。

(4) 印刷术对中国学术和社会的影响

中国文化在许多方面有广泛的文献传统，它以其多产性、延续性和多样性而在世界文明中与众不同。中国文献在其硕果累累、持续时间之长以及不间断与广泛传播知识方面是独一无二的。从上古起，大量的著作和文献就已问世并得以流传，特别是史书和各种编年记录几乎迄无中断的连续至今。谈到它规模的恢宏，则往往一部著作就洋洋数百万言。敬惜文字是一种功德。从古代起的几千年之中，皓首穷经不但是中华的传统，也为东亚各国人民奉为圭臬。这种崇尚文字的本本主义传统，使得中国所产生的抄本和印本直到17世纪末年以前还比西方多得

1）宋代56所刻印书籍的书坊中就有55所在杭州、建安和建阳，见潘铭燊的著作[Poon Ming-Sun (2), p. 167]。

2）总共1478种书籍中有614种(42%)印于两浙(现浙江)，231种（16%)印于福建，199种(13%)印于江南东西路(现江西、江苏)，171种(12%)印于京畿(现河南)，124种(8%)印于成都(现四川)，见潘铭燊的著作[Poon Ming-Sun (2), p.11, table 1]。

3）关于宋代印刷的商业化，见潘铭燊的著作[Poon Ming-Sun (2), pp. 167ff.]。

多[1]。这种传统也促使中国人很早就发明了造纸和印刷术。这两者又使中国的文化遗产得以千百年来延续不绝。

到了宋代，印刷的大规模生产、发行和使文字得以永存的力量引起了经学的复兴，也改变了治学和写作的方式。唐朝奖掖佛教和道教，它在诗学方面的成就使唐诗成为一代瑰宝。与之相较，宋代则由于考据、艺术、考古、物质文明和科学方面的成就奠定了它在中国历史上风骚一代的基础。宋代儒学的复兴既表现在对儒经作出了新的解释和儒经大量出版上，也表现在语言文字学、考据、大量编写通史和地方志及版本目录学方面的研究成果上。儒学的复兴，显然标志着中国传统思想和政治哲学的胜利。朱熹(1130—1200 年)等宋代理学倡导人的学说直到 19 世纪末受到西方思潮和制度的挑战之前，都是中国社会生活的指导准则。

378 上面讲过，中国在发明印刷术时曾经受到过大量复写佛经这种社会需要的推动。至于儒经和其它学术文献的印本，则要在发明印刷术两三百年以后才出现。当时已是 10 世纪，中国南北方正在酝酿着两项大量刻印儒经的计划，均无疑标志着儒学的复兴。932 年，后唐宰相冯道(882—954 年)主持刻印“九经”；953年，后蜀大臣毋昭裔又家刻儒经。这两项计划，各有重要的意义[2]。冯道的倡议使国子监成为刻印和向全国发行经、史、儒经课本及其它书籍的官方机构，使政府成为最有影响的印书业主之一。毋昭裔的业绩则成了儒家宣传印书功德的典型事例。从此，几乎一切官刻、家刻和坊刻都由儒家学者主持。

儒学的复兴，使各地林立的学校和书院平添无限动力。这些学校为科举考试培养人材，而科举考试又以儒家著作和思想为基础。两宋的都城开封和杭州就设立了三座或三座以上的高等学府：太学平均有应试录取的生徒 2,000 人；国子监招收各级官员子弟 200 名；四门学入学者是一般家庭的子弟[3]。宋代各地官、私院校在 1000 所以上，几乎遍及各州县[4]。国子监在中央政府的印刷事业中起主

1）在欧洲于15世纪广泛使用印刷术之前，中国各代艺文志及其它目录中所收入的书籍已达5万余种，共50多万卷；见杨家骆(2)，第27页中的估计。斯温格尔[Swingle (13), p. 121]和拉图雷特[Latourette (1), p. 770]都认为，到1700甚至1800年为止，中国抄、印本总的页数要比世界上用一切语文写成的页数总和都多。

2）见本册 pp. 156ff. 对这两项印书事业的论述。

3）1071年，宋都国立高等学府的招生名额为1,000名，1103年增加到3,800 名。国子监生徒数 975年为70名，1044年为300名，1078年为200名。四门学1058年为 450 名，1062 年为 600 名。见查非的著作[Chaffee (1), p. 45, table 6]。

4）宋代地方各级院校共1099所，内189所为州一级，464所为县一级，446所为私学，见查非的著作[Chaffee (1), p. 167, table 11]。

要作用。各学校也刻印教材、字典、史书、子书及医书[1]。有宋一代仅国子监刻印的书籍即不下250种，各地学校所刻则超过300种[2]。

印刷对中国的科举考试无疑起了协助作用。科举考试为政府在儒生中甄选人 379
材，这种考试制度可以上溯到汉代乃至更早一些，但要到唐宋两代它才充分发挥作用[3]，实际是到了宋代才进一步完备。此时应试人数激增，朝廷身居高位的官员中的进士两倍于前朝[4]。宋代通过考试人数增长的速度更是可观。从宋初到宋末，入京考中进士的人数增加了三倍，整个宋代进士的总人数达4万人以上[5]。为了入京考中进士必须先通过乡试中举。这也不容易。但是12世纪的举人总数估计即有20万名，13世纪达到40万名[6]。再把高等学府和各地院校生徒的人数加上去，宋代知识分子的总人数一定非常可观了。

各级科举考试着重考查以儒家学说为基础的文、史和学术知识。为准备应考而必须读的书有儒家的经、史以及工具书如字典、类书和辅助考试的范文，乃至可带入考场的一些袖珍本。对以上这类书籍的巨大需求量就似乎足以说明宋代为什么刻印那么多的课本等材料了。上面说的两次大量刻印儒经之举，必然也是考虑到印本的方便和价廉而决定的。

印刷术和科举之间的确切关系还可以从下面的现象中得到证明，凡考中进士的人数最多的地区也正是当地印刷的数量最多的地区。例如，宋代全国东、南、西、中部五个最突出的省份中考中进士的人数占全体进士人数的84%，同一时期中，这五个省印书的总数为全国印本的90%[7]。从另外一方面看，西南部某一贫瘠的省分考中进士的人数最少，所印的书籍也最少[8]。这种书籍与考试间的相互关 380
系清楚地说明了印刷对普及教育与提高学术水平所作的贡献。反过来说一样，考

1）1130年左右，江宁（现南京）府学内有65种书籍的印板2万块，参阅查菲的著作[Chaffee (1), p. 94]

2）国子监所刻印的256种书籍中，有108种经书、61种史书、83种子书、4种文集；各地学院及其它机构刻印的324种书籍中，有83种经书、81种史书、87种子书、73种文集；私学刻书17种；书坊所刻128种。见潘铭燊的著作[Poon Ming-Sun (2), pp. 123, 134, 154, 170]。

3）关于中国科举考试制度通史，参阅徐宗泽的著作[Etienne Zi (1)]和邓嗣禹(*1*)。

4）参阅克拉克[Kraeke (1), p. 55, tables 3, 60]和查菲[Chaffee (1), p. 63, table 9]的著作。查菲的图表中，说明宋代从997至1022年政府官员的人数是9,785名，1196年为42,000名。

5）960至997年共有进士1,587人，1241至1274年有6,177人，整个宋代有41,357人，参阅查菲的著作[Chaffee (1), p. 354, table 31]。

6）参阅查菲的著作[Chaffee (1), p. 59]。

7）两浙（现浙江）、福建、成都（现四川），江南西（现江西）和江南东（现江苏）路就出了全体28,926名进士中的24,172名，这几路在宋代所印的1,303种书籍中就印了1,168种。各府进士人数，见查菲的著作[Chaffee (1), table 3]；各省版本印数等，见潘铭燊的著作[Poon Ming-Sun (2), p. 101, table 6]，这张表上引用的数字虽然仅取1145和1256两年，但这些数字大体与整个宋代的统计数字相符。

8）贵州省(今贵州)只有103名进士，也只印过两部书。

试制度也促进了印刷业的发展与繁荣。

科举考试提供了一个公平的制度，把各个社会阶层和不同地区的合格人材选拔到政府中来供职。聪慧的人材，那怕出身低微也能登上考试的竞争阶梯，并终究会成为中国官僚政府中主要的行政长官之一。这种考试制度总的说来是公平的，这可以从以下的事实中得到证明：在宋代，大部分通过考试的人都出身于与官方并无瓜葛的家庭[1]。书籍得以发行到较贫寒的人士之手，就在一定程度上为他们通过考试制度由社会低层向上攀登创造了条件，尽管社会上贫富分化愈演愈烈，由于印本书籍远比抄本低廉，也能有助于做到需要者几乎可以人手一册的程度[2]。

印刷在西方主要是一宗获利的买卖，然而在中国社会里它却具有强烈的道德涵义。一个人如果能够保存和传播知识，就无疑是一种功德，如果他积下了这种功德，就会在政治上受到善报，赢得群众的支持。儒家基本教条之一就是崇敬古代圣贤的著作，秦始皇在公元前212年焚书一直被儒家学者强烈谴责为历史上最无可宽恕的罪行。汉代以后，几乎一切统治者都把儒教当作治国的根本原则，从登基之日起，就以收罗和保存古籍为己任。对一般人来说，这样做乃是一项美德，可以为家庭和本人获得荣誉。《书林清话》的作者叶德辉在这部著作的第一章中，就开宗明义举出了中国历史上的许多事例来说明印书对于造福、对于乱世保全财产以及赢得他人的崇敬都至为紧要[3]。此外，还特别强调刻书和印书人要注意使版本正确可靠，否则纵使不会在人间受罚也会受到鬼神的恶报[4]。显然，从事印
382 刷在中国主要不是为了谋利，在中国社会中，促进和发展印刷事业的重要原因之一是把它当作一项道德义务（图1234）。

（5）结 束 语

一般说来，纸和印刷术在东方和西方都为类似的目的服务，然而它们对两种社会所产生的影响是不同的。看来，纸在中国比在西方起了更大的作用。中国人在文献中很少谈到印刷，然而对纸就不一样，从很早的时代起就以纸为题材歌颂

1）1148和1256年中试的进士中，大约有40%出身于以往政府官员的家庭中，却有60%来自父系连续三代无人做官的家庭；见克拉克的著作[Kracke (1), p. 69]。

2）关于明清两代的印刷和社会流动情况，见何炳棣的著作[Ho Ping-ti (2), pp. 212ff.]。

3）这些故事中的一则谈到蜀国的宰相毋昭裔家刻儒经，结果在965年蜀国为宋所灭后仍能为他全家和后代赢得政治地位和财富，相比之下，其他许多蜀国的权门不是被杀就是罹祸入狱。见叶德辉的《书林清话》，第1页起。

4）洪迈（1123—1202年）就说过，有四名刻工由于窜改了一部医书中的处方遭到雷轰，见洪迈的《夷坚志》，第八十九页。

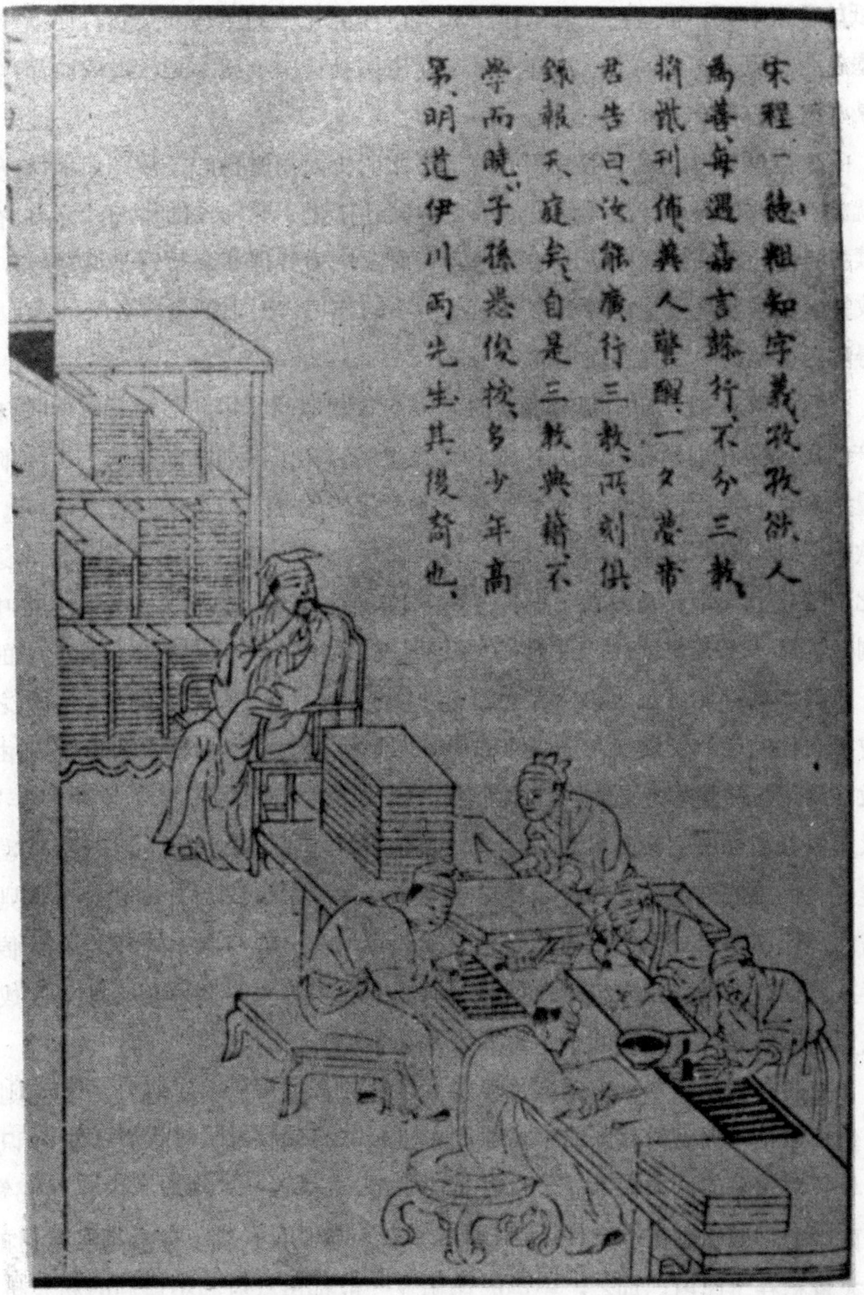
宋程一德粗知字義孜孜欲人
為善每遇嘉言懿行不分三教
捐貲刊佈與人警醒一夕夢帝
君告曰汝能廣行三教所刻俱
錄報天庭矣自是三教典籍不
學而曉子孫悉俊拔多少年高
第明道伊川兩先生其後裔也

图1234 刻书的福报。上图描绘的是宋代程一德在家中刻印书籍的情景。程一德读书不多，但是他的儿子程灏和程颐都是著名的学者。据说这是上天因为他出资刻印儒、佛、道家劝人为善的好书而赐予他的福报。采自《阴骘文图注》。

纸的品质和用途。帝王把纸赐给学士和大臣作为无上的荣誉和奖赏，而纸和笔、墨、砚一起成了文房四宝。这样看来，在中国社会中纸就不是一般的商品，却总是和声望与学识有联系。

中国很早就把纸用于书写和成书，是文明史上划时代的一步。如果没有纸，就肯定不会有印刷术。上面谈过，纸在中国还产生了更深远的影响：它有助于延续中国的文化传统，美化中国的艺术，在商业中为管理和交易铺平道路，并且在改善家庭和其它日常生活环境方面起了不小的作用。用上纸后，各地的人们才觉得生活得更容易、更方便、更满意。

在中国和欧洲，印刷都对书籍的生产起着相似的作用，然而它对两种社会所产生的影响则在规模和方式上有所不同。当然它在中国和欧洲都使书价降低，产量激增，发行更广，使著作标准化和更便于流传保存。然而在其它方面，中国和欧洲的印刷就以不同的程序朝不同的方向发展。久之，在西方，印刷术逐渐机械化、精密化，终于成长为大规模生产和发行的强大的出版工业。但是在中国，印刷却继续以手工方式进行，直到现代以前，在技术上始终没有什么重大的改变。

谈到印刷对文化生活和社会所产生的影响，则东西方又有某些相似之处，都曾促使文化发展，使读书人感兴趣的研究题材更加广泛，也都曾使重心由宣传宗教转移到正统的学术方面来。印刷使教育普及、文盲率降低、文艺更加丰富多彩，只是东西方在程度上略有出入而已。但是在西方，印刷还产生了知识界动荡，发展了各国民族的语言，并使各国都用本国文字来从事写作。而在中国，则情况正巧相反，印刷术使书面语言更具有持续性和普遍性，因而成为维持文化传统的重要工具。这特别表现在为科举考试而印刷儒家经典及类似材料上，因而成为相对
383 稳定的中国文化与社会中的一个重要因素。

还有另外一项差别，中国文化总是有广泛的文献传统，而西方文明则直到中世纪结束以前只拥有极有限的书籍遗产。可是欧洲摆脱黑暗时代后，知识界的觉醒导致了对书籍的巨大需求。一旦有了印刷术，就最大限度地用来出版书籍。在这方面就和中国的印刷术不一样了，中国只是为了眼前的需要印刷适当数量的书，并不大量积存于库内。加之，中国的印刷业一般都由政府和不谋利的私人机构所数主持，而欧洲印刷业常常作为谋利的商业而运营。看来，不同的印刷动机使这项发明对社会产生的作用也有所不同。

总之，欧洲的印刷业从 16 世纪起就开始急剧发展，支持了思想上和社会上许多激烈而急进的改革。反之，中国和其它东亚国家的印刷业的发展却相对稳定如常，在稳定的传统内没有发生较大的变化。这种不同反映了东西方文化不同的特征，特别表现在对待物质生活的不同态度上。中国社会长期受儒家学说所支

配，其所关心的主要是借助道德和伦理教育维持正常的人与人之间的关系和社会秩序，而不是追求物质上的改善和社会上的重大变革。中国历史上，特别是从13到19世纪的长时期内，这种社会和文化的高度稳定性与同时期内西方生活中的长期变动和知识界的动荡形成极强烈的对照。中西方这种不同的环境必然对印刷的作用产生影响。在这种意义上，不但印刷的进展取决于当时的政治和社会条件，它也会对这些条件产生同样的影响。

参考文献*

缩略语表

A、1800年以前的中文和日文书籍

B、1800年以后中文和日文的书籍和论文

C、西文书籍和论文

说　明

1. 参考文献A，现以书名的汉语拼音为序排列。

2. 参考文献B，现以作者姓名的汉语拼音为序排列。

3. A和B收录的文献，均附有原著列出的英文译名。其中出现的汉字拼音，属本书作者所采用的拼音系统。其具体拼写方法，请参阅本书第一卷第二章(pp. 23 ff.)和本册书末的拉丁拼音对照表。

4. 参考文献C，系按原著排印。

5. 在B中，作者姓名后面的该作者论著序号，均为斜体阿拉伯数码；在C中，作者姓名后面的该作者论著序号，均为正体阿拉伯数码。由于本册未引用有关作者的全部论著，因此，这些序号不一定从(1)开始，也不一定是连续的。

6. 在缩略语表中，对于用缩略语表示的中文书刊等，尽可能附列其中文原名，以供参阅。

7. 关于参考文献的详细说明，见于本书第一卷第二章(pp. 20 ff.)。

---

* 姜丽蓉　康小青据原著编译。

缩 略 语 表

AA	*Artibus Asiae*
AAN	*American Anthropologist*
ACASA	*Archives of the Chinese Art Soc. of America*
ACP	*Annales de Chemie et de Physique*
ACQ	*Asian Culture Quarterly* (Thaipei)
ACTAS	*Acta Asiatica (Bull. of Eastern Culture, Tōhō Gakkai,* Tokyo)
ADVC	*Advances in Chemistry*
AJSLL	*American Journal of Semitic Languages and Literatures*
AM	*Asia Major*
AMP	*American Printer*
APR	*Asian Pacific Record* (Singapore)
ARSI	*Annual Reports of the Smithsonian Institution* (Washington, D.C.)
ARTY	*Ars Typographie*
AS/A	*Chung Yang Yen Chiu Yüan Yüan Khan (Annals of Academia Sinica,* Thaipei) 《中央研究院院刊》(台北)
AS/BIE	*Bulletin of the Institute of Ethnology, Academia Sinica* (Thaipei) 《中央研究院民族学研究所集刊》(台北)
AS/BIHP	*Bulletin of the Institute of History and Philology, Academia Sinica* (Shanghai, Thaipei) 《中央研究院历史语言研究所集刊》(上海，台北)
AS/MIE	*Monographs of the Institute of Ethnology, Academia Sinica* (Thaipei) 《中央研究院民族学研究所专刊》(台北)
ASQR	*Asiatic Quarterly Review; Asian Review*
ASS	*Asian Scene; Business Japan*
BALA	*Bulletin of the American Library Association*
BBSK	*Bulletin of the Bibliographical Society of Korea*
BCEAL	*Bulletin (Newsletter) of the Committee on East Asian Libraries, Assoc. for Asian Studies*
BCS	*Bulletin of Chinese Studies (Chung-Kuo Wen Hua Yen Chiu Hui Khan,* Chhengtu) 《中国文化研究汇刊》(成都)
BCSH	*Pai Chhüan Hsüeh Hai* (1921) 《百川学海》
BEFEO	*Bulletin de l'École Française de l'Extrême Orient* (Hanoi)
BGTI	*Beiträge z. Gesh. d. Technik u. Industrie* (continued as *Technik Geschichte)*
BH	*Pai Hai* (1965) 《稗海》
BIB	*Bibliographica*
BIPH	*Bulletin of the International Association of Paper Historians*
BJRL	*Bull. John Rylands Library* (Manchester)
BLAC	*Bulletin of the Library Association of China (Chung-Hua Thu Shu Kuan Hsi Hui Hui Pao)* 《中华图书馆协会会报》
BLSOAS	*Bulletin of the London School of Oriental and African Studies*
BMFA	*Bulletin of the Museum of Fine Arts*
BMFEA	*Bulletin of the Museum of Far Eastern Antiquities* (Stockholm)
BMQ	*British Museum Quarterly*
BNISI	*Bull. National Inst. of Sciences of India*
BSEI	*Bulletin de la Société des Études Indochinoises*
BSVP	*Bull. Soc. le Vieux Papier*
BSZA	*Bull. Scc. Zool. Acclim*
BUA	*Bulletin de l'Université de Aurore* (Shanghai)
BURM	*Burlington Magazine*
BV	*Bharakiya Vidya* (Bombay)
CCB	*Chhung-Chi Bulletin (Chhung-Ch Hsiao Khan,* Hongkong*)*

《崇基校刊》(香港)

CCSC Che-Chiang Shu Chu (浙江书局)

CCSM *Chang Chü-Sheng Hsien Sheng Chhi Shih Sheng Jih Chi Nien Lun Wen Chi* (A Festschrift in Honour of the 70th Birthday of Mr. Chang Yüan-Chi, Shanghai, 1937) 《张菊生先生七十生日纪念论文集》(上海)

CCTH *Cheng Chi Ta Hsüeh Hsüeh Pao (National Cheng Chi University Journal*, Thaipei) 《政治大学学报》(台北)

CCUL *Chinese Culture* (Thaipei)

CCWH *Che-Chiang Ta Hsüeh Wen Hsüeh Yüan Chi Khan* (Tsun-I, Kweichow) 《浙江大学文学院季刊》(遵义，贵州)

CFC *Cahiers Franco-Chinois* (Paris)

CFTS *Chung Fa Han Hsüeh Yen Chiu So Thu Shu Kuan Kuan Khan (Scripta Sinica: Bulletin Bibliographique*, Peking) 《中法汉学研究所图书馆馆刊》(北京)

CGJ *Canadian Geographical Journal*

CHB *Cambridge History of the Bible*

CHFH *Chung-Hua Wen Hua Fu Hsing Yüeh Khan (Chinese Cultural Renaissance Monthly*, Thaipei) 《中华文化复兴月刊》(台北)

CHHP *Chhing-Hua Ta Hsüeh Hsüeh Pao* (Peking) 《清华大学学报》(北京)

CHINE *La Chine*

CHJ/T *Chhing-Hua (Tsinghua) Journal of Chinese Studies* (new series, publ. Thaiwan) 《清华学报》(台湾)

CHSC Chiang-Hsi Shu Chü (江西书局)

CHTH/S *Chiang-Hsi Ta Hsüeh Hsüeh Pao, She Hui Kho Hsüeh* (Nanchhang) 《江西大学学报·社会科学》(南昌)

CHWH *Chung Han Wen Hua Lun Chi* (Collected Essays on the Chinese — Korean Culture, Thaipei, 1955) 《中韩文化论集》(台北)

CHY *Chhen Hsiu Yüan Hsien Sheng I Shu Chhi Shih Erh Chung* (1803) 《陈修园先生医书七十二种》

CIBA/A *Ciba Review* (Textile Technology)

CINA *Cina*

CJ *China Journal of Science and Arts*

CJWH *Che-Chiang Ta Hsüeh Wen Hsüeh Yüan Chi Khan* (Tsun-I, Kweichow) 《浙江大学文学院季刊》(遵义，贵州)

CKCP/CT *Chung-Kuo Chin Tai Chhu Pan Shih Liao* (Materials for the Study of Modern Chinese Publishing, 1862—1918, Shanghai, 1954) 《中国近代出版史料》(上海)

CKCP/HT *Chung-Kuo Hsien Tai Chhu Pan Shih Liao* (Materials for the Study of Contemporary Chinese Publications, 1919—1949, Peking, 1955) 《中国现代出版史料》(北京)

CKIC *Chung-Kuo I Chou* (Thaipei) 《中国一周》(台北)

CKKC *Chung-Kuo Kho Hsüeh Chi Shu Fa Ming Ho Kho Hsüeh Chi Shu Jen Wu Lun Chi* (Essays on Chinese Discoveries and Inventions of Science and Technology, and on the Men who Made Them. Peking, 1955) 《中国科学技术发明和科学技术人物论集》(北京)

CKLS *Chung-Kuo Li Shih Po Wu Kuan Kuan Khan* (Peking) 《中国历史博物馆馆刊》(北京)

CLC *Columbia Library Columns*

CLIT *Chinese Literature*

COJ *Contemporary Japan*

CPNM *Chhen Pai-Nien Hsien Sheng Chih Chiao Wu Shih Chou Nien Chi Pa Shih Ta Chhing Chi Nien Lun Wen Chi* (A Festschrift in Honour of the 50th Anniversary of Teaching and 80th Birthday of Mr Chhen Pai-Nien, Thaipei, 1965) 《陈百年先生执教五十周年暨八十大庆纪念论文集》(台北)

CPTC *Chih Pu Tsu Chai Tshung Shu* (1921) 《知不足斋丛书》

CPYK *Chhu Pan Yüeh Khan* (Thaipei) 《出版月刊》(台北)

CR *China Review* (Hongkong and Shang-

hai)
CREC *China Reconstructs*
CRR *Chinese Recorder*
CRRR *Chinese Repository*
CSHK *Chhüan Shang Ku San Tai Chhin Han San Kuo Liu Chhao Wen* (Complete Collection of Prose Literature from Remote Antiquity through the Chhin and Han Dynasties, the Three King-doms, and the Six Dynasties, 1930)
《全上古三代秦汉三国六朝文》
CSOH *Chinese Studies of History*
CTH *Chia Tshao Hsien Tshung Shu* (1918)
《嘉草轩丛书》
CTPS *Chin Tai Pi Shu* (1922)
《津逮秘书》
CUMC *Cooper Union Museum Chronicle*
CWTM *Chhing Chu Chiang Wei-Thang Hsien Sheng Chhi Shih Jung Chhing Lun Wen Chi* (A Festschrift in Honour of the 70th Birthday of Dr Chiang Fu-Tshung, Thaipei, 1968)
《庆祝蒋慰堂先生七十荣庆论文集》(台北)
CWYK *Chin Wen Yüeh Khan* (Chungking)
《今文月刊》(重庆)
CYTSK *Chung Yang Thu Shu Kuan Kuan Khan* (Bulletin of the National Central Library, Thaipei)
《中央图书馆馆刊》(台北)
CYWH *Chung Yüeh Wen Hua Lun Chi* (Collected Essays on Chinese-Vietnamese Culture, Thaipei, 1956)
《中越文化论集》(台北)
DAW/MN *Denkschriften d. k. Akademie d. Wissensch* (Math. -Nat. kl.)
DAW/PH *Denkschriften d.k. Akademie d. Wissensch* (Phil.-Hist.kl.)
DPN *Dolphin*
EAST *East* (Tokyo)
EB *Encyclopaedia Britanica*
EHOR *Eastern Horizon* (Hongkong)
EHSTC *Explorations in the History of Science and Technology in China*. Shanghai, 1982.
EQ *Education Quarterly*
ER *Eclectic Review*
ESCH *Essays on the Sources for Chinese History* (Canberra)
ESSS/TW *Erh Shih Ssu Shih* (Thung Wen Shu Chü, 1886)
《二十四史》(同文书局)
ETH *Ethnos*
EYT *Erh Yu Thang Tshung Shu* (1821)
《二酉堂丛书》
FCWH *Fu-Chien Wen Hua* (Foochow)
《福建文化》(福州)
FCWS *Fu-Chien Wen Hsien* (Thaipei)
《福建文献》(台北)
FER *Far Eastern Review* (London)
FF *Forschungen und Fortschritte*
FJHC *Fu Jen Hsüeh Chih* (Peiping)
《辅仁学誌》(北平)
FMNHP/AS *Field Museum of Natural History (Chicago) Publications; Anthropological Series*
GB *Geibon* (Tokyo)
《艺文》(东京)
GUF *Gutenberg Festschrift*
GUJ *Gutenberg Jahrbuch*
HCH *Hsin Chung Hua* (Shanghai, Chhungking)
《新中华》(上海、重庆)
HCTY *Hsüeh Chin Thao Yüan* (1916)
《学津讨原》
HGSH *Han'guk Sakhoekwahak Nonjip* (Collected Essays on Social Sciences of Korea, Seoul, 1968)
《韩国社会科学论集》(汉城)
HHTP *Hua Hsüeh Thung Pao* (Peking)
《化学通报》(北京)
HHYK *Hsin Hua Yüeh Pao; Hsin Hua Pan Yüeh Khan* (Peking)
《新华月报》、《新华半月刊》(北京)
HJAS *Harvard Journal of Asiatic Studies*
HK *Hua Kuo* (Hongkong)
《华国》(香港)
HLW *Hai-Ning Wang Ching-An Hsien Sheng I Shu* (Collected Works of Wang Kuo-Wei, 1936)
《海宁王静安先生遗书》
HNMM *Harper's New Monthly Magazine*.
HPIS *Hu-Pei Hsien Cheng I Shu* (1923)
《湖北先正遗书》
HSCK *Hsüeh Shu Chi Khan* (Thaipei)
《学术季刊》(台北)
HSL *Hsüan Lan Thang Tshung Shu* (1947)

《玄览堂丛书》
HSYK Hsüeh Shu Yüeh Khan (Shanghai) 《学术月刊》(上海)
HTD History Today
HTF Hsin Tung Fang Tsa Chih (Shanghai) 《新东方杂志》(上海)
HTFH Hsien Tai Fo Hsüeh (Peking) 《现代佛学》(北京)
HTHY Hsien Tai Hsüeh Yüan (Thainan, Thaiwan) 《现代学苑》(台南)
HTSH Hsien Tai Shih Hsüeh (Canton) 《现代史学》(广州)
HWTS Han Wei Tshung Shu (Shanghai, 1925) 《汉魏丛书》(上海)
HYHTS Hsi Ying Hsien Tshung Shu (1846) 《惜阴轩丛书》
IAQ Indian Antiquity
AQR Imperial and Asiatic Quarterly Review; Asian Review
EC/AE Industrial and Engineering Chemistry; Analytical Edition
IHCC I Hai Chu Chhen 《艺海珠尘》
IJHS Indian Journ. History of Science
IMP Imprimature
QR Irish Quarterly Review
ISHP I Shu Hsüeh Pao (Bulletin of National Taiwan Academy of Art, Thaipei) 《艺术学报》(台北)
ISIS Isis
JA Journal Asiatique
JACU Journal of Asian Culture (University of California, Los Angeles)
JAOS Journal of the American Oriental Society
JAS Journal of Asian Studies (Continuation of Far Eastern Quarterly, FEQ)
JFI Journal Franklin Institute
JHI Journal of the History of Ideas
JICC/HK Journal of the Institute of Chinese Studies, Chinese University of Hong Kong 《香港中文大学中国文化研究所学报》
JMH Journal of Modern History
JMWH Jen Min Wen Hsüeh (Peking) 《人民文学》(北京)
JOB Journal of Occasional Bibliography
JOSHK Journal of Oriental Studies (Hongkong Univ.)
JPOS Journal of the Peking Oriental Society.
JQ Japan Quarterly
JRAS Journal of the Royal Asiatic Society
JRAS/HK Journal of the Hongkong Branch of the Royal Asiatic Society
JRAS/KB Journal (or Transactions) of the Korea Branch of the Royal Asiatic Society
JRAS/NCB Journal (or Transactions) of the Royal Asiatic Society (North China Branch)
JSHS Japanese Studies in the History of Science (Tokyo)
JUB Journ. Univ. Bombay
JWYK Jen Wen Yüeh Khan (Shanghai) 《人文月刊》(上海)
KBK Kobunka (Tokyo) 《古文化》(东京)
KHCH Kuo Hsüeh Chuan Khan (Shanghai) 《国学专刊》(上海)
KHCK Kuo Hsüeh Chi Khan (Peking) 《国学季刊》(北京)
KHCP Kuo Hsüeh Chi Pen Tshung Shu (Collected Works of Basic Studies in Sinology, Shanghai, 1935) 《国学基本丛书》(上海)
KHHK Ku Hsüeh Hui Khan (Shanghai, 1912) 《古学汇刊》(上海)
KHTP Kho Hsüeh Thung Pao (Peking) 《科学通报》(北京)
KHTS Chung Yang Ta Hsüeh Kuo Hsüeh Thu Shu Kuan Nien Khan; Chiangsu Sheng Li Kuo Hsüeh Thu Shu Kuan Nien Khan (Nanking) 《中央大学国学图书馆年刊》、《江苏省立国学图书馆年刊》(南京)
KI Ku I Tshung Shu (1884) 《古逸丛书》
KJ Korea Journal
KKCK Ku Kung Chi Khan (Thaipei) 《故宫季刊》(台北)
KKHP Khao Ku Hsüeh Pao (Peking) 《考古学报》(北京)
KKT Kuan Ku Thang Hui Kho Shu (1920) 《观古堂汇刻书》
KKTH Khao Ku Thung Hsün; Khao Ku 《考古通讯》、《考古》

KKTS Ku Kung Thu Shu Chi Khan (Quarterly Journal of Bibliography, National Palace Library, Thaiwan) «故宫图书季刊»(台湾)

KKWW Khao Ku Yü Wen Wu (Sian) «考古与文物»(西安)

KKYK Ku Kung Po Wu Yüan Yüan Khan (Peking) «故宫博物院院刊»(北京)

KMF Korean Mission Field

KR Korean Repository

KRW Korea Review

KSTK Ku Shu Tshung Khan (1922) «古书丛刊»

KT Korea Today

KTHP Kuo Tshui Hsüeh Pao (Shanghai) «国粹学报»(上海)

KTHS Kuang Tshang Hsüeh Chiung Tshung Shu (Shanghai, 1916) «广仓学窘丛书»(上海)

KTPH Chung-Kuo Ku Tai Pan Hua Tshung Khan (Collection of Block-printed Books with Illustrations, Peking, 1961) «中国古代版画丛刊»(北京)

KTWH Kuangtung Wen Hsien Tshung Than (Hong Kong) «广东文献丛谈»(香港)

KTWW Kuangtung Wen Wu (Canton) «广东文物»(广州)

LC/QJCA Library of Congress Quarterly Journal of Current Acquisitions; Quarterly Journal of the Library of Congress

LIB The Library

LIBRI Libri

LNHP Lingnan Hsüeh Pao (Lingnan Journal, Canton) «岭南学报»(广州)

LQ Library Quarterly

LSCH Li Shih Chiao Hsüeh (Tientsin) «历史教学»(天津)

LSJ Lingnan Science Journal

LSYC Li Shih Yen Chiu (Peking) «历史研究»(北京)

MAI/NEM Mémoires de l'Académie des Inscriptions et Belles-Lettres, Paris (Notices et Extraits des MSS)

MGSC Memoirs of the Geological Survey of China

MID Midway

MMB Metropolitan Museum Bulletin

MMS Metropolitan Museum Studies

MN Monumenta Nipponica

MNANS Museum Notes of the American Numismatic Society

MPYK Ming Pao Yüeh Khan (Hong Kong) «明报月刊»(香港)

MR Modern Review

MRA Mémoires Relatifs à L'Asie

MRDTB Memoirs of the Research Dept. of Toyo Bunko (Tokyo)

MS Monumenta Serica

MSAF Mémoires de la Sociétié (Nat.) des Antiquaires de France

MSHU Mei Shu (Peking) «美术»(北京)

MSPER Mitteilungen aus der Sammlung der Papyrus Erzherzog Rainer

MSSJ Mémoires de la Société Sinico-Japonaise

MSTS Mei Shu Tshung Shu, ser. 1—6 (Thaipei) «美术丛书»(台北)

MSYC Mei Shu Yen Chiu (Shanghai) «美术研究»(上海)

MTPL Min Tsu Phing Lun (Thaipei) «民族评论»(台北)

NCR New China Review

NCSAS Newsletter of the Midwest Chinese Student and Alumni Services (Chicago)

NM New Mandarin

NPMB National Palace Museum Bulletin

NQCJ Notes and Queries on China and Japan

NRW New Review

OEO Orient et Occident

ORE Oriens Extremus (Hamburg)

PA Public Affairs

PAM Paper Maker

PAP Paper

PAPR Das Papier

PBLN Philobiblon (Nanking)

PC People's China

PCSH Pei-ching Ta Hsüeh She Hui Kho Hsüeh Chi Khan (Peiping) «北京大学社会科学季刊»(北平)

PDM Periodico di Matematiche

PENA *Penrose Annual*
PG *Papier-Geschichte*
PPA *Przeglad Papierniczy*
PPI *Pulp and Paper International*
PPKK *Pei-Phing Thu Shu Kuan Kuan Khan* (Peiping)
《北平图书馆馆刊》(北平)
PPMC *Pulp and Paper Magazine of Canada*
PSHB *Paeksan Hakbo* (Seoul)
《白山学报》(汉城)
PSL/M *Philobiblon Society* (London) *Miscellanies*
PTJ *Printing and Twine Journal*
PTRS *Philosophical Transactions of the Royal Society*
PULC *Princeton University Library Chronicle*
QBCB/C *Quarterly Bulletin of Chinese Bibliography (Chinese Edition), Thu Shu Chi Khan*
《图书季刊》(中文版)
RCC *Revue des Cultures Colonies*
RD *Renditions; a Chinese-English Translation Magazine* (Hong Kong)
RH *Revue Historique*
RO *Rocznik Orientalistyczny*
ROA *Revue de l'Or. et de l'Alq.*
S *Sinologica* (Basel)
SCENE *Scene*
SF *Shuo Fu* (1927)
《说郛》
SFSTK *Sung Feng Shih Tshung Khan* (1908—22)
《诵芬室丛刊》
SG *Shigaku* (Tokyo)
《史学》(东京)
SGZ *Shigaku Zashi* (Tokyo)
《史学杂誌》(东京)
SH *Shih Huo* (Shanghai, Peiping)
《食货》(上海、北平)
SHCH *She Hui Kho Hsüeh Chan Hsien*
《社会科学战线》
SHCS *Ssu Hsiang Chan Hsien* (Kunming)
《思想战线》(昆明)
SHHP *Shan-Hsi Shih Fan Hsüeh Yüan Hsüeh Pao* (Linfeng, Shansi)
《山西师范学院学报》(临汾,山西)
SHKH *She Hui Kho Hsüeh* (Shanghai)
《社会科学》(上海)
SHTH *Shan-hsi Ta Hsüeh Hsüeh Pao; Che Hsüeh She Hui Kho Hsüeh Pu Men (Shanxi University Journal; Philosophy and Social Sciences,* Thaiyüan)
《山西大学学报·哲学社会科学部门》(太原)
SKCS *Ssu Khu Chhüan Shu Chen Pen* (1934—)
《四库全书珍本》
SKCSTM *Ssu Khu Chhüan Shu Tsung Mu Thi Yao*
《四库全书总目提要》
SLHP *Shih Liao Hsü Pien* (Thaipei, 1968)
《史料续编》(台北)
SMCK *Shu Mu Chi Khan* (Thaipei)
《书目季刊》(台北)
SMTP *Shu Mu Tshung Pien,* ser. 1—5 (Thaipei, 1967—72)
《书目丛编》(台北)
SPPY *Ssu Pu Pei Yao* (1936)
《四部备要》
SPTK *Ssu Pu Tshung Khan,* ser. 1—3 (1929—36)
《四部丛刊》
SS *Studia Serica* (Chhengtu)
SSGK *Shoshigaku* (Tokyo)
《书誌学》(东京)
SSKTS *Shou Shan Ko Tshung Shu* (1922)
《守山阁丛书》
ST *Shih Thung* (1937)
《十通》
STTK *Shih Ti Tshung Khan* (Shanghai)
《史地丛刊》(上海)
SWAW/PH *Sitzungsberichte d. k. Akad. d. Wissenschaften Wien* (Phil. -Hist. Klasse), Vienna
SWYK *Shuo Wen Yüeh Khan* (Shanghai, Chungking)
《说文月刊》(上海、重庆)
TAPS *Transactions of the American Philosophical Society*
TAS/J *Transactions of the Asiatic Society of Japan*
TCKY *Tsao Chih Kung Yeh* (Peking)
《造纸工业》(北京)
TCULT *Technology and Culture*
TFTC *Tung Fang Tsa Chih(Eastern Miscellany,* Shanghai)
《东方杂志》(上海)

TG/K *Tōhō Gakuhō,* Kyoto
《东方学报》(京都)

TG/T *Tōhō Gakuhō,* Tokyo (*Tokyo Journal of Oriental Studies*)

TH *Thien Hsia Monthly* (Shanghai)

THG *Tōhōgaku (Eastern Studies),* Tokyo

TKTT *Tang Kuei Tshao Thang Tshung Shu* (1863—6)
《当归草堂丛书》

TLTC *Ta Lu Tsa Chih* (Thaipei)
《大陆杂志》(台北)

TMWS *Tshung Mu Wang Shih I Shu* (Chhangsha, 1886)
《丛睦汪氏遗书》(长沙)

TP *T'oung Pao (Archives concernant l'Histoire, les Langues, la Geographie, l'Ethnographie et les Arts de l'Asie Orientale),* Leiden
《通报》(莱顿，荷兰)

TPYL *Thai Phing Yü Lan* (SPTK)
《太平御览》(四部丛刊)

TSCC *Thu Shu Chi Cheng* (Thaipei reprint, 1964)
《图书集成》(台北重印)

TSHCC *Tshung Shu Chi Chheng* (1935—7)
《丛书集成》

TSK *Thu Shu Kuan* (Peking)
《图书馆》(北京)

TSKH *Thu Shu Kuan Hsüeh Chi Khan (Library Science Quarterly,* Peiping)
《图书馆学季刊》(北平)

TSKP *Thu Shu Kuan Hsüeh Pao (Journal of Library Science,* Thaichung, Taiwan)
《图书馆学报》(台中，台湾)

TSKT *Thu Shu Kuan Kung Tso* (Peking)
《图书馆工作》(北京)

TSKTH *Thu Shu Kuan Hsüeh Thung Hsün* (Peking)
《图书馆学通讯》(北京)

TSPL *Thu Shu Phing Lun* (Nanking)
《图书评论》(南京)

TSPY *Tse Shan Pan Yüeh Khan* (Chhengtu)
《责善半月刊》(成都)

TXR *Textil-Rundschau*

TYCK *Tzu Yu Chung-Kuo* (Thaipei)
《自由中国》(台北)

TYG *Tōyō Gakuhō (Reports of the Oriental Society of Tokyo)*
《东洋学报》(东京)

TYPM *Chhing Chu Tshai Yüan-Phei Hsien Sheng Liu Shih Wu Sui Lun Wen Chi* (A Festschrift in Honour of the 65th Birthday of Mr Tshai Yüan-Phei, Shanghai, 1933—5)
《庆祝蔡元培先生六十五岁论文集》(上海)

UNESC *Unesco Courier*

VBQ *Visvabharati Quarterly*

VOHD *Verhand lung der Orientalischen. Handschriften in Deutschland*

WE *West and East* (Thaipei)

WH *Wen Hsien* (Peking)
《文献》(北京)

WIFH *Wen I Fu Hsing Yüeh Khan* (Thaipei)
《文艺复兴月刊》(台北)

WL *Wu Lin Chang Ku Tshung Pien* (1883)
《武林掌故丛编》

WLHP *Wen Lan Hsüeh Pao* (Hangchow)
《文澜学报》(杭州)

WSC *Wen Shih Che* (Tsingtao)
《文史哲》(青岛)

WSKK *Washi Kenkyū* (Tokyo)
《和纸研究》(东京)

WWTK *Wen Wu* (formerly *Wen Wu Tshan Khao Tzu Liao)*
《文物》(文物参考资料)

WYTCC *Wu Ying Tien Chü Chen Pan Tshung Shu* (Canton, 1899)
《武英殿聚珍版丛书》(广州)

WYWK *Wan Yu Wen Khu* (1930)
《万有文库》

YCHP *Yenching Hsüeh Pao (Yenching University Journal of Chinese Studies)*
《燕京学报》

YCTS *Yü Chang Tshung Shu* (1917)
《豫章丛书》

YJSS *Yenching Journal of Social Studies*

YYT *Yüeh Ya Thang Tshung Shu* (1853)
《粤雅堂丛书》

ZB *Zeitschrift f. Bücherfreunde*

ZDMG *Zeitschrift der Deutschen Morgenländischen Gesellschaft*

ZINB *Zinbun* (Kyoto)

A. 1800年以前的中文和日文书籍

«爱日斋丛钞»
Miscellaneous Notes from the Ai-Jih Studio.
宋
著者不详
«守山阁丛书»

«白氏六帖»
见«六帖»

«白氏文集»
Literary Collections of Pai Chü-I.
唐，824年
白居易
«四部丛刊»

«百咏图谱»
Illustrations of 100 Poems.
明，1597年

«般若波罗蜜多经»
Prajnaparamita Sutra; The Perfection of Wisdom.
印度，约3世纪；5世纪传到中国
著者不详
译本：Lamotte (1); Conze (4).

«抱朴子»
Book of the Preservation-of-Solidarity Master.
晋，4世纪初，可能为320年左右
葛洪
«四部丛刊»

«北户录»
Northern Family Records.
唐，875年
段公路
«湖北先正遗书»

«北堂书钞»
Book Records of the Northern Hall [encyclopaedia].
唐，约630年
虞世南
1888年刊本

«本草纲目»
The Great Pharmacopoeia.
明，1596年
李时珍
北京，1975年

«避暑山庄诗图»
Poems and Illustrations on the Summer Resort [in Jehol].
清，1712年
沈喻绘，录有康熙皇帝诗

«博物志»
Records of the Investigation of Things.
晋，约290年
张华
«汉魏丛书»

«册府元龟»
Collection of Material on the Lives of Emperors and Ministers.
宋，1013年
王钦若　杨亿编
1640年刊本

«茶经»
Book on Tea.
唐
陆羽
«学津讨原»

«茶谱»
Treatise on Tea.
明，约1640年
顾元庆
«说郛»

«禅月集»

Collected Poems of Master Chhan-Yüeh.
五代，923年
贯休

《长物志》
Records on Cultural Objects.
明
文震亨
《美术丛书》(台北)

《朝鲜赋》
Impressions of Korea.
明，约1490年
董樾
魏元旷编
《豫章丛书》

《成唯识论》
Vijnapti-mātratā-siddhi; Completion of the Doctrine of Mere Ideation [by Vasubandhu 天亲，+5th century, and ten commentators]
印度，5世纪末
玄奘编译，唐，约650年
译本：de la Vallee Poussin (3).

《程氏墨苑》
Chheng's Collection of Inkcake Designs.
明，1606年
程大约
1606年刊本

《池北偶谈》
Chance Conversations North of Chih (-chow)
清，1691年
王士祯
1701年刊本

《重修政和经史证类备用本草》
New Revision of the Pharmacopoeia of the Cheng-Ho Reign-Period; the Classified and Consolidated Armamentarium (A combination of the Cheng-Ho ... Cheng Lei ... Pen Tshao with the Pen Tshao Yen I.).
元，1249年；此后多次重刻，特别是明代(1468年)，至少有7种明刊本，最后一种刻于1624或1625年
唐慎微撰
寇宗奭衍义
张存惠重修

《初学记》
Entry into Learning [encyclopaedia].
唐，700年
徐坚
北京，1962年

《楚辞》
Elegies of Chhu (State).
周(汉代有增补)，约公元前300年
屈原等
节译：Waley (23).
《四部丛刊》

《淳祐临安志》
Shun-Yu Reign-Period Topographical Records of the Hangchow District.
宋，约1245年
施谔
《武林掌故丛编》

《辍耕录》
Talks while the Plough is Resting.
元，1366年
陶宗仪
《丛书集成》

《大观经史证类本草》
见《证类本草》

《大明会典》
History of the Administrative Statutes of the Ming Dynasty.
明，1509年初版，1587年二版
申时行等编
1589年刊本

《大明一统志》
Comprehensive Geography of the Chinese Empire (under the Ming Dynasty).
明，约1450年(1461年?)
李贤编

《大清会典事例》
见参考文献B，崑岗(*1*)

«大唐六典»
见«唐六典»

«大唐西域记»
Records of the Western Countries in the Time of the Thang.
唐，616年
玄奘
辩机编
«守山阁丛书»

«大越史记全书»
The Complete Book of the History of Great Annam.
越南，约1479年
吴士连 (Ngô Si-Lien)

«道藏»
Taoist Patrology [containing 1464 Taoist works].
历代著作，宋代第一次汇辑并刊印，此后在金(1186—1191年)、元和明代(1445、1598和1607年)都曾刊印
«引得»第25号
上海，1924—1926年

«道藏辑要»
Essentials of the Taoist Patrology.
历代著作，1906年成都二仙庵刻本
作者众多
(清)贺龙骧 彭瀚然辑
成都，1906年

«道德经»
Canon of the Virtue of the Tao.
周，公元前300年前
传为李耳(老子)撰
译本：Waley (4); Chhu Ta-Kao (2); Lin Yü-Thang (1); Wieger (7)及其他多种

«道德经广圣义»
Study of Emperor Hsüan-Tsung's Commentary on *Lao Tzu*.
唐，913年
杜光庭

«道乡集»
Collected Works of [Tsou] Tao-Hsiang.
北宋，约1100年
邹浩
1831年刊本；重印，台北，1970年

«东观汉记»
An Official History of the Later Han Dynasty.
东汉，约120年
刘珍
«四部备要»

«东京梦华录»
Dreams of the Glories of the Eastern Capital (Khaifeng).
南宋，1148年；初版，1187年
孟元老
«丛书集成»

«东南纪闻»
Miscellaneous Notes about the Southeast, i.e. Southern Sung.
元，约1270年
著者不详
«守山阁丛书»

«东坡志林»
Journal and Miscellany of (Su) Tung-Pho.
宋，1097—1101年
苏轼
«丛书集成»

«洞天清录(集)»
Clarifications of Strange Things [Taoist].
宋，约1240年
赵希鹄
«美术丛书»(台北)

«蛾术编»
The Antheap of Knowledge [Miscellaneous Essays].
清，约1770年
王鸣盛
1841年刊本

«尔雅»
Literary Expositor [dictionary].
西汉，约公元前200年
郭璞注，约300年
«引得特刊»第18号
«四部丛刊»

《法书要录》
Catalogue of Famous Calligraphy.
唐，约847年
张彦远
《丛书集成》

《法言》
Admonitory Sayings [in admiration, and imitation, of the Lun Yü].
新莽，公元5年
扬雄
《四部丛刊》

《法苑珠林》
Forest of Pearls in the Garden of the [Buddhist] Law.
唐，668年
道世
《四部丛刊》

《番汉合时掌中珠》
Bilingual Glossary of Tangut-Chinese.
西夏，1190年
骨勒
《嘉草轩丛书》

《方氏墨谱》
Fang's Collection of Inkcake Designs.
明，1588年
方于鲁
1589年刊本

《飞凫语略》
Brief Notes Taken from Quick Moments.
明，约1600年
沈德符
《丛书集成》

《风俗通义》
Popular Traditions and Customs.
东汉，175年
应劭
《通检丛刊》之三
《四部丛刊》

《封氏闻见记》
Things Seen and Heard by Mr Feng.
唐
封演
北京，1958年

《福建通志》
General Topographical History of Fukien Province.
清，1737年
郝玉麟等修
1737年刊本

《负暄野录》
Miscellaneous Notes by the Rustic while Warming Himself under the Sun.
宋，13世纪
陈槱
《知不足斋丛书》

《陔余丛考》
Collection of Miscellaneous Studies.
清
赵翼
1750年刊本

《高峰文集》
Collected Works of Liao Kang.
宋，约12世纪
廖刚
《四库全书珍本》

《高松画谱》
Painting Manual of Plants and Birds by Kao Sung [in several parts].
明，约1550—1554年
高松

《格古要论》
Essential Discussions of Appreciating Antique Objects.
明，1388年
曹昭
《丛书集成》

《格致镜原》
Mirror of Scientific and Technological Origins.
清，1735年
陈元龙
1735年刊本

《耕织图》

Pictures of Tilling and Weaving.
宋,完成于1145年,可能当时即首次木刻印行。1210年刻石,1237年可能又木刻印行。
楼璹、焦秉贞奉敕重绘,1712年刻印

《公门不费钱功德录》
Public Records of Merits without Expenditures.
清
著者不详
《丛书集成》

《古今事物考》
Origins of Things Ancient and Modern.
明
王三聘
《丛书集成》

《古今书刻》
Printed Works of Old and Modern Times.
明,约1559年
周弘祖
《观古堂汇刻书》

《古今图书集成》
见《图书集成》

《古今注》
Commentary on Things Old and New.
晋,4世纪中期
崔豹
《汉魏丛书》

《古列女传》
见《列女传》

《古事记》
Record of Ancient Matters [of Japan].
日本,712年
译本:D.L. Philippi (1).

《古语拾遗》
Collected Missing Passages from Classical Languages.
日本,807年
斎部広成 (Inbe Hironari)

《古玉图》
Illustrated Description of Ancient Jade Objects.
元,1341年
朱德润
1752年刊本

《顾氏画谱》
Collection of Paintings [by Famous Artists of Successive Dynasties] Compiled by Mr Ku.
明,约1603年
顾炳

《管子》
The Writings of Master Kuan.
周和西汉
传为管仲撰

《广川书跋》
The Kuang-chhuan Bibliographical Notes.
宋,约1125年
董逌
《丛书集成》

《广弘明集》
Further Collections of Essays on Buddhism.
参见《弘明集》
唐,约660年
道宣
《四部丛刊》

《广西通志》
General Topographical History of Kuangsi Province.
清,1800年
谢启昆编
1891年刊本

《广韵》
Enlargement of the *Chhieh Yün* Dictionary of Sounds of Characters.
宋,1011年
陈彭年
《丛书集成》

《归田录》
On Returning Home.
宋,1067年
欧阳修
《说郛》

«癸辛杂识»
Miscellaneous Information from Kuei-Hsin Street (in Hangchow).
宋，13 世纪末，也许 1308 年前未完稿
周密
«学津讨原»

«国史补»
见«唐国史补»

«韩诗外传»
Moral Discourses Illustrating the Han Text of the *Book of Odes*.
西汉，约公元前 135 年
韩婴
«四部丛刊»

«汉官仪»
The Civil Service of the Han Dynasty and its Regulations.
东汉，197 年
应劭
章宗源编
«丛书集成»

«翰林志»
On the Han-Lin Academy.
唐
李肇
«百川学海»

«弘简录»
A History of the Thang and Sung Dynasties, including Liao, Chin, and Hsi-Hsia.
明，1557 年
邵经邦
«史料续编»(台北)

«弘明集»
Collected Essays on Buddhism.
参见«广弘明集»
宋/齐，约 500 年
僧祐
«四部丛刊»

«后汉书»
History of the Later Han Dynasty [+25—220].
刘宋，450 年
范晔
«引得»第 41 号
«二十四史»(同文书局)

«华阳国志»
Record of the County South of Mount Hua [Historical Geography of Szechuan].
晋，347 年
常璩
«四部丛刊»

«画史»
History of Painting.
宋
米芾
«丛书集成»

«淮南子»
[＝淮南鸿烈解]
The Book of (the Prince of) Huai Nan [Compendium of Natural Philosophy].
西汉，约公元前 120 年
传为(淮南王)刘安撰
«通检丛刊»之五
«四部丛刊»

«皇朝礼器图式»
Illustrated Description of Sacrificial Articles for Imperial Rites of the Reigning Dynasty.
清，1759 年
允禄等编

«皇朝事实类苑»
Classified Miscellanea of Sung Events.
宋，1145 年
江少虞辑
«诵芬室丛刊»

«皇清职贡图»
Pictures of Foreigners Paying Tributes to the Imperial Chhing Court.
清，约1571 年
傅恒等编

«积古斋钟鼎彝器款识»
Inscriptions of Bronze Sacrificial Vessels from the Studio of Accumulated Antiques.
清
阮元

«集古录»
Collection of Ancient Inscriptions.
宋，约 1050 年
欧阳修
«说郛»

«集注分类东坡诗»
Classified Variorum Edition of Su Shih's Poetry.
宋
苏轼
王十朋撰
«四部丛刊»

«几何原本»
Elements of Geometry (Euclid's) [first six chapters].
明，1607 年
中译本：利玛窦和徐光启初译，傅兰雅和李善兰完成(1857 年)

«嘉泰会稽志»
Chia-Thai Reign-Period Gazette of Kuei-Chi.
宋，1201 年
施宿
1926 年刊本

«笺纸谱»
[＝蜀笺谱]
On Paper.
元，14 世纪
费著
«丛书集成»

«剑南集»
Collected Works of Lu Yu.
宋
陆游
«四部丛刊»

«江西省大志»
Local History of Chianghsi Province.
明，1556 年
王宗沐

«蕉窗九录»
Nine Discussions from the (Desk at the) Banana-Grove Window.
明，约 1575 年
项元汴
«丛书集成»

«芥子园画传»
The Mustard-Seed Garden Guide to Painting.
清，1679 年
李渔(作序)
王概(撰文和绘图)
译本：Petrucci (1), Sze Mai-Mai (1).
参见 A.K. Chiu (1).

«巾箱说»
Notes from the Kerchief Box.
清，18 世纪
金埴
«古学汇刊»

«今古舆地图»
Maps of Geographical Areas in Contemporary and Ancient Times.
明，1643 年

«金刚经»
Vajracchedikā Sūtra [Kumarajiva's Condensation of the *Prajnāpāramitā Sūtra*]; Diamond-cutter Sutra.
晋，405 年
鸠摩罗什婆(Kumārajiva)

«金陵新志»
New Gazette of Nanking.
元，约 1305 年
张铉
«四库全书珍本»

«金瓶梅词话»
Plum Blossoms in a Golden Jar [novel].
明，约 16 世纪
笑笑生

«金石录»
Records of Bronze and Stone Inscriptions.
宋，1132 年
赵明诚

«金粟笺说»
On the Paper from the Chin-su Monastery.
清，约 1800 年

张燕昌
《丛书集成》

《金台纪要》
Accounts in the Hanlin Academy.
明，约 1505—1508 年
陆深
《丛书集成》

《锦绣万花谷》
A Splendid Kaleidoscopic Encyclopaedia.
宋，约 1188 年
著者不详
1536 年；重印，台北，1969 年

《晋书》
History of the Chin Dynasty.
唐，644 年
房乔等
《二十四史》(同文书局)

《荆楚岁时记》
Annual Folk Customs of the States of Ching and Chhu.
可能为梁，约 550 年；部分为隋，约 610 年
宗懔
《四部备要》

《经典释文》
Textual Criticism of the Classics.
隋，约600年
陆德明
《四部丛刊》

《经史证类本草》
见《证类本草》

《经行记》
Record of Travels.
唐，8 世纪
杜环
王国维校录
《海宁王静安先生遗书》

《九边图说》
Maps and Description of the Northern Border Regions.
明，1538年
许论
《玄览堂丛书》

《九经三传沿革例》
Specifications for Transmission of the Nine Classics and Three Commentaries.
宋或元，1230或1300年
据说是岳珂或岳浚撰
《知不足斋丛书》

《九章算术》
Nine Chapters on the Mathematical Art.
东汉，公元 1 世纪(包括西汉史料)
著者不详

《旧唐书》
Old History of the Thang Dynasty [+618—906].
五代，945 年
刘昫
《二十四史》(同文书局)

《旧五代史》
Old History of the Five Dynasties [+907—59].
宋，947 年
薛居正
《二十四史》(同文书局)

《就目录》
Daily Journal.
宋
赵氏
《说郛》

《桔录》
Orange Record [Citrus horticulture].
宋，1178 年
韩彦直
译本：Hagerty (1).
《百川学海》

《郡斋读书志》
Memoir on the Authenticities of Ancient Books.
宋，约1151 年
晁公武
《四部丛刊》

《开宝本草》
Khai-Pao Reign-Period Pharmacopoeis.

宋，约970年
刘翰 马志

《考古图》
Illustrations of Ancient Objects.
宋，1092年
吕大临
1752年刊本

《考槃余事》
Further Works by the Recluse.
明，约1600年
屠隆
《丛书集成》

《坤舆万国全图》
Map of All Countries in the World.
明，1584年
利玛窦 (Matteo Ricci)

《兰亭考》
Investigation of the Meeting at Orchid Pavilion [and a preface to it written by Wang Hsi-Chih].
宋，约1224年
桑世昌
《知不足斋丛书》

《老学庵笔记》
Notes from the Hall of Learned Old Age.
宋，约1190年
陆游
《学津讨原》

《老子道德经》
见《道德经》

《离骚图》
Pictures on the Elegy on Encountering Sorrows.
清，1645年
萧云从

《李渔全集》
Collected Works of Li Yü.
清，17世纪
李渔
重印，台北，1970年

《历代名画记》
Catalogue of Famous Painting.
唐，847年
张彦远
《丛书集成》

《梁溪漫志》
Bridge Pool Essays.
宋，1192年
费衮
《知不足斋丛书》

《列女传》
Lives of Celebrated Women.
年代不清，主要内容可能为汉代
刘向撰
《古书丛刊》

《凌烟阁功臣图像》
Portraits of Meritorious Persons in the Hall of Ling-Yen.
清，约1668年
刘源

《琉球国志略》
Account of the Liu-Chhiu Islands.
清，1757年
周煌
《丛书集成》

《琉球入学见闻录》
Records of Liu-Chhiu as Learned from its Students in China.
清，1764年
潘相
重印，台北，1973年

《六经图》
Illustrations of Objects Mentioned in the Six Classics.
宋，约1155年
杨甲
1740年刊本

《六帖》
The Six Cards [Encyclopaedia].
唐，约800年
白居易
(宋)孔传续编

《龙龛手鉴》
Handbook of Khitan-Chinese Glossary.
辽，约 997 年
行均
《四部丛刊》

《陆士龙文集》
Collected Works of Lu Yün.
晋，3 世纪
陆云
《四部丛刊》

《栾城集》
Collected Works of Su Chhe.
宋
苏辙
《国学基本丛书》

《论衡》
Discourses Weighed in the Balance.
东汉，公元 82 年或 83 年
王充
《通检丛刊》之一
《四部丛刊》

《萝轩变古笺谱》
Collection of Letter-Papers with Antique and New Designs from the Wisteria Pavilion.
明，1626 年
吴发详

《漫堂墨品》
Inks from the Boundless Pavilion.
清，1684 年
宋荦
《丛书集成》

《毛诗》
Mao's Version of the *Book of Odes*.
周
毛亨撰，郑玄笺注
《四部丛刊》

《毛诗草木鸟兽虫鱼疏》
On the Various Plants, Birds, Animals, Insects and Fishes Mentioned in the *Book of Odes*.
三国，3 世纪
陆玑
《丛书集成》

《梅花喜神谱》
An Album of the Life-like Flowering Plum.
宋，1238 年
宋伯仁
《知不足斋丛书》

《孟子》
The Book of Master Meng (Mencius).
周，约公元前 290 年
孟轲
译本：Legge (3); Lyall (1).
《引得特刊》第 21 号
《四部丛刊》

《梦粱录》
Dreaming of the Capital while the Rice is Cooking.
宋，1275 年
吴自牧
《丛书集成》

《梦溪笔谈》
Dream Pool Essays.
宋，1086年；最后一次续补，1091年
沈括
《丛书集成》

《秘书监志》
Records of the Bureau of Publications.
元，约 1350 年
王士点
《广仓学窘丛书》

《棉花图》
Pictures of Cotton Growing and Weaving.
清，1765 年
方观承

《妙法莲华经》
Saddharma-pundarika Sūtra; The Lotus of Wonderful Law.
印度，约 200 年，5 世纪传入中国
中译本：鸠摩罗什婆
英译本：Soothill (3)

《闽小记》

Notesabout Fukien.
清
周亮工
《丛书集成》

《闽杂记》
见参考文献 B，施鸿保(1)

《名医别录》
Informal (or Additional) Records of Famous Physicians (on Materia Medica).
梁，约 510 年
传为陶弘景编
《陈修园先生医书七十二种》

《明季北略》
Miscellaneous Notes on the Affairs of the Northern Capital during the Late Ming Dynasty.
计六奇
《国学基本丛书》

《明史》
History of the Ming Dynasty.
清，1646年初修，1736 年完成，1739 年初刊
张廷玉等
《二十四史》(同文书局)

《墨法集要》
Essentials of Inkmaking Methods.
明，1398 年
沈继孙
《丛书集成》

《墨经》
Classic of Ink.
宋，约 1100 年
晁贯之
《美术丛书》(台北)

《墨谱法式》
Handbook of Ink Recipes and Inkmakers.
宋，1095 年
李孝美
《美术丛书》(台北)

《墨史》
History of Ink.
元，约 1330 年
陆友
《丛书集成》

《墨志》
Record of Ink.
明，约 1637 年
麻三衡
《丛书集成》

《墨庄漫录》
Recollections from the Estate of Literary Learning.
宋，约 1131 年
张邦基
《稗海》

《墨子》
The Book of Master Mo.
周，公元前 4 世纪
墨翟
《引得特刊》第 21 号
译本：Mei Yi-Pao (1); Forke (3).
《四部丛刊》

《牧庵集》
Literary Collections of (Yao) Mu-An.
元，约 1310 年
姚燧
《四部丛刊》

《穆天子传》
Account of the Travels of Emperor Mu.
周，公元前 245 年以前
著者不详
《四部丛刊》

《南方草木状》
An Account of the Plants of the Southern Regions.
晋，3 世纪或以后
传为嵇含撰
《汉魏丛书》

《南海寄归内法传》
Record of Buddhist Practices Sent Home from the South Seas.
唐，约 689 年
义净

‹南华真经›
见‹庄子›

‹南巡盛典›
Imperial Inspection Tours to Southern Provinces from +1751 to + 1765.
清，1776 年
高晋等

‹倪文正公年谱›
Annalistic Biography of Ni Yüan-Lu (+1593—1644).
清
倪会鼎[元璐]
‹丛书集成›

‹农书›
Treatise on Agriculture.
元，1313 年
王祯
北京，1956 年

‹农政全书›
Complete Treatise on Agriculture.
明，1625—1628 年撰写，1639 年刊行
徐光启
陈子龙编
1837 年刊本

‹盘洲文集›
Collected Works of Hung Kua.
宋，12 世纪
洪适
‹四部丛刊›

‹平定伊犁回部战图›
Pictures on Battles and Memorable Events in the Conquests of Ili and Chinese Turkestan.
清，1776 年

‹评纸帖›
Commentaries on Paper.
宋，约1100 年
米芾
‹美术丛书›(台北)

‹齐民要术›
Important Arts for the People's Welfare.
北魏(和东魏或西魏)，533—544 年之间
贾思勰
‹丛书集成›

‹前汉书›
History of the Former Han Dynasty [-206 to -24].
东汉，约 100 年
班固
‹二十四史›(同文书局)

‹乾淳岁时记›
Annual Customs of the Chhien-Tao and Shun-Hsi period.
宋，13 世纪
周密
‹说郛›

‹切韵›
Dictionary of the Sounds of Characters [rhyming dictionary].
隋，601 年
陆法言
见‹广韵›

‹钦定古今图书集成›
见‹图书集成›

‹钦定日下旧闻考›
见‹日下旧闻考›

‹清秘藏›
On Connoisseurship.
明
张应文
‹美术丛书›(台北)

‹清异录›
Records of the Unworldly and the Strange.
五代，约 950 年
陶穀
‹惜阴轩丛书›

‹曲洧旧闻›
Old Stories Heard in Chhü-Wei (Hsin-Cheng, Honan).
宋，12 世纪
朱弁
‹丛书集成›

‹全晋文›
见参考文献 B, 严可均(1)

‹全唐文›
Collected Prose Literature of the Thang Dynasty.
清
董诰等编
1818年刊本

‹日本国见在书目录›
Bibliography of Extant Books in Japan.
日本(平安), 约 895 年
藤原佐世(Fujiwara Sukeyo)

‹日本纪›(‹日本书纪›)
Chronicle of Japan [from the Earliest Times to +696].
日本(奈良), 720年
译本: Aston (1).

‹日下旧闻考›
Archaeological and Historical Descriptions of the Imperial Precincts in Peking and the Immediate Dependencies.
清
朱彝尊 于敏中奉敕修订
1774 年刊本

‹日知录›
Daily Additions to Knowledge.
清, 1673 年
顾炎武
‹丛书集成›

‹入唐求法巡礼行记›
Record of a Pilgrimage to China in Search of the (Buddhist) Law.
唐, 838—847 年
圆仁
译本: Reischauer (2).

‹三才图会›
Universal Encyclopaedia.
明, 1609 年
王圻
1609 年刊本

‹三辅故事›
Anecdotes concerning the Han Capital.
清, 约1820 年
张澍辑
‹二酉堂丛书›

‹三辅决录›
Miscellaneous Notes on the Han Capital.
东汉, 约 200 年
赵岐
‹二酉堂丛书›

‹三国志演义›
The Three Kingdoms Story [novel].
元
罗贯中
译本: Brewitt-Taylor (1).

‹三字经›
Trimetrical Primer.
宋, 约 1270 年
王应麟

‹山堂群书考索›
Critical Compilation from All Books by Shan-Thang.
宋, 1210 年
章如愚
1508 年刊本

‹山左金石志›
Bronze and Stone Inscriptions of Shantung Province.
清
毕沅 阮元
1797 年刊本

‹剡录›
Local History of Shan-Chhi [Chheng-Hsien, Chekiang].
宋, 约 1184 年
高似孙编
1870年刊本

‹伤寒论›
Treatise on Fevers caused by Cold.
东汉
张机
(晋)王叔和辑
‹四部丛刊›

《少室山房笔丛》
Notes from Shao-Shih-Shan-Fang.
明，约 1598 年
胡应麟
北京，1964 年

《圣教实录》
Catechism of Christianity.
明，1582 年
罗明坚 (Michele Ruggieri)

《诗余画谱》
Manual of Painting with Themes from Lyrical Poetry.
明，约 1612 年
汪氏编

《十纸说》
见《评纸笺》

《十竹斋笺谱》
Ornamental Letter-paper Designs from the Ten Bamboo Studio.
明，1645 年
胡正言
参见 Tschichold (4).

《十竹斋书画谱》
Manual of Calligraphy and Painting from the Ten Bamboo Studio.
明，约 1619—1633 年
胡正言
参见 Tschichold (3).

《石门文字禅》
Literary Works at Shih-Men Monastery.
宋
德洪
《丛书集成》

《拾遗记》
Memoirs on Neglected Matters.
晋，约 370 年
王嘉
《汉魏丛书》

《史记》
Historical Records.
西汉，约公元前 90 年
司马迁及其父司马谈
《二十四史》(同文书局)

《史通》
Generalities on History.
唐，710 年
刘知几
《四部丛刊》

《世说新语》
New Discourse on the Talk of the Times [notes of minor incidents from Han to Chin].
刘宋，约 5 世纪
刘义庆
(梁)刘峻注
译本：Mather (1).
《四部丛刊》

《事物纪原》
Record of the Origins of Affairs and Things.
宋，约 1085 年
高承
《丛书集成》

《释名》
Explanation of Names [dictionary].
东汉，约 100 年
刘熙
《四部丛刊》

《授时通考》
Complete Investigations of the Works and Days [Imperially Commissioned; a treatise on agriculture, horticulture and all related technologies].
清，1742 年
鄂尔泰　张廷玉　蒋溥等编撰

《书史》
History of Calligraphy.
宋，约 1100 年
米芾
《丛书集成》

《菽园杂记》
The Bean Garden Miscellany.
明，1475 年
陆容
《丛书集成》

《蜀笺谱》
见《笺纸谱》

《蜀中广记》
Treatise on Szuchuan.
明，约 1600 年
曹学佺
《四库全书珍本》

《水浒传》
The Story of the Lake [novel = All Men are Brothers].
明，约 1380 年
一般认为是施耐庵撰
译本：Buck (1)

《顺天府志》
Local History of Shun-Thien Prefecture, Chili Province.
清
缪荃孙修纂
1885 年刊本

《说文解字》
Analytical Dictionary of Characters.
东汉，121 年
许慎
《四部丛刊》

《四库全书》
Complete Library of the Four Categories (of Literature). [Chhing Imperial MS Collection.]
清，1772—1782 年
选印：《四库全书珍本》初集-，1934 年-

《四明续志》
Local History of Ningpo, a supplement.
宋，约13世纪
梅应发
1854年刊本

《宋朝事实》
Records of Affairs of the Sung Dynasty.
元，13 世纪
李攸
《丛书集成》

《宋史》
History of the Sung Dynasty [+960—1270].
元，约 1345 年
脱脱 欧阳玄
《二十四史》(同文书局)

《苏东坡集》
Collected Writings of Su Shih.
宋，约 11 世纪
苏轼
《国学基本丛书》

《隋书》
History of the Sui Dynasty [+581—617].
唐，636—656 年
魏徵等撰
《二十四史》(同文书局)

《太平广记》
Copious Records Collected in the Thai-Phing Reign-Period [anecdotes, stories, mirabilia and memorabilia].
宋，978 年
李昉编
北京，1959 年

《太平惠民和剂局方》
Standard Formularies of the (Government) Great Peace People's Welfare Pharmacies [based on the *Ho Chi Chü Fang*, etc.].
宋，1151 年
陈师文 裴宗元 陈承编

《太平山水图画》
Landscape Pictures of Thai-Phing [in Anhui].
清，1648 年
张万选
萧云从绘

《太平圣惠方》
Prescriptions Collected by Imperial Benevolence during the Thai-Phing Reign-Period.
宋，982 年敕修，992 年完稿。
王懷隐 郑彦等编撰

《太平御览》
Than-Phing Reign-Period Imperial Encyclopaedia.
宋，983 年

李昉辑
《引得》第23号
《四部丛刊》

《唐大诏令集》
Collected Imperial Edicts of the Thang Dynasty.
宋，1070年
宋敏求编
上海，1959年

《唐国史补》
Supplements to the History of the Thang Dynasty.
唐，820年
李肇
《津逮秘书》

《唐会要》
History of the Administrative Statutes of the Thang Dynasty.
宋，961年
王溥
北京，1955年

《唐六典》
Institutes of the Thang Dynasty.
唐，738或739年
李林甫编撰
日本刊本，1836年

《唐诗画谱》
Manual of Painting with Themes from the Thang Poetry.
明，约1600年
黄凤池编

《唐韵》
Thang Dynasty Rhyme Sounds.
唐，677年
长孙纳言　孙愐撰

《天工开物》
The Exploitation of the Works of Nature.
明，1637年
宋应星
译本：Sun Jen I-Tu & Sun Shou-Chüan (1).
《国学基本丛书》

《天主实录》
见《圣教实录》

《亭林文集》
Collected Writings of Ku Yen-Wu.
清，17世纪
顾炎武
《四部丛刊》

《通典》
Reservoir of Source Material on Political and Social History.
唐，约812年
杜佑
《十通》

《通俗编》
Thesaurus of Popular Terms, Ideas and Customs.
清，1751年
翟灏
1751年刊本；重印，台北，1977年

《通志》
Historical Collections.
宋，约1150年
郑樵
《十通》

《铜人针灸图经》
Book on the Charts of Tract of the Bronze Man for Acupuncture and Moxibustion.
宋，1026年
王惟一　王惟德

《童蒙训》
An Admonition to Those Who are Immature and Ignorant.
宋，初版，1215年
吕本中
《当归草堂丛书》

《图书集成》
Imperial Encyclopaedia.
清，1726年
陈梦雷等编
索引　见Giles (2).
台北，1964年

‹晚笑堂画传›
Noted Figures in History from the Wan-Hsiao-Thang.
清，约 1743 年
上官周

‹万寿圣典图›
Illustrations of the Scenes at the Celebration of Emperor Khang-Hsi's 60th Birthday.
清，1713—1716 年
王原祁

‹纬略›
Compendium of Non-Classical Matters.
宋，12 世纪末
高似孙
‹丛书集成›

《渭南文集›
(Collected Works of Lu Yu).
宋，1210 年
陆游
‹四部丛刊›

‹魏略辑本›
Memorable Things of the Wei State (San Kuo), Reconstructed Version.
三国(魏)或晋，3 或 4 世纪
鱼豢撰；张鹏一辑
1924 年刊本

‹魏书›
History of the (Northern) Wei Dynasty [+386—556].
北齐，554 年；修订，572 年
魏收
‹二十四史›(同文书局)

‹文房四谱›
Collected Studies of the Four Articles for Writing in a Scholar's Studio.
宋，986 年
苏易简
‹丛书集成›

‹文献通考›
Comprehensive Study of (the History of) Civilisation.
宋和元，可能早自 1270 年初编，至 1317 或 1322 年前完稿
马端临
‹十通›

‹文选›
General Anthology of Prose and Verse.
梁，530 年
萧统(梁太子)编

‹文苑英华›
The Brightest Flowers in the Garden of Literature.
宋，987 年；初版，1567 年
李昉等编
重印：中华，北京，1966 年

‹无双谱›
Album of Unique Personalities of Chinese History.
清，约 1690 年
金古良

‹五代会要›
History of the Administrative Statutes of the Five Dynasties.
宋，961 年
王溥
‹丛书集成›

‹五代史记›
见‹新五代史›

‹武备志›
Treatise on Armament Technology.
明，1621 年
茅元仪
1621 年刊本

‹武经总要›
Collection of the Most Important Military Techniques.
宋，1040(1044)年
曾公亮奉敕编撰

‹武英殿聚珍版程式›
Printing Manual for Wooden Movable Type.
清，1776 年
金简
译本：Rudolph (8).

《武英殿聚珍版丛书》

《西湖游览志》
Record of Sceneries of the West Lake [in Hangchow during the Southern Sung Period]
明，1547 年
田汝成
《武林掌故丛编》

《西京杂记》
Miscellaneous Records of the Western Capital.
梁或陈，6 世纪中叶
传为(西汉)刘歆、(晋)葛洪撰，但也可能是(晋)吴均撰
《稗海》

《西溪丛语》
Western Pool Collected Remarks.
宋，约 1150 年
姚宽
《丛书集成》

《西遊记》
A Journey to the West.
明，约 1583 年
吴承恩
译本：Waley (17); Yü (1).

《咸淳临安志》
Hsien-Shun Reign-period Topographic Records of the Hangchow District.
宋，1274 年
潜说友
1830 年刊本

《香奁诗草》
Collected Poems from the Trousseau.
明
桑贞白
《丛书集成》

《香谱》
A Treatise on Incense and Perfumes.
元，1322 年
熊朋来

《相台书塾刊正九经三传沿革例》
见《九经三传沿革例》

《小畜集》
Complete Works of Wang Yü-Chheng.
北宋，12 世纪
王禹偁
《四部丛刊》

《小儿方诀》
A Collection of Pediatric Prescriptions.
宋
钱乙撰
熊宗立注
明刊本

《新安志》
Gazette of Hsin-An.
宋，12 世纪
罗願
1888 年刊本

《新编妇人良方补遗大全》
A Complete Collection of Good Prescriptions for Gynaecology, Supplement.
宋
陈自明
(明)薛己编

《新刊补注铜人腧穴针灸图经》
见《铜人针灸图经》

《新刊全相成斋孝经直解》
Newly Cut and Fully-Illustrated Edition of the *Book of Filial Piety* with Commentaries by Chheng-Chai.
元，约 1308 年
贯云石
重印，1938 年

《新刊袖珍方大全》
Newly Printed Medical Prescriptions.
明，1505 年
朱橚

《新唐书》
New History of the Thang Dynasty.
宋，1061 年
欧阳修　宋祁
《二十四史》(同文书局)

‹新五代史›[五代史记]
New History of the Five Dynasties [+907—59].
宋，约 1070 年
欧阳修
‹二十四史›(同文书局)

‹新仪象法要›
New Design for an Astronomical Clock (lit. Essentials of a New Device for Making an) Armihary Sphere and a Celestial Globe (Revolve) [including a Chain of Years for Keeping Time and Striking the Hours, the Motive Power Being a Water-wheel Checked by an Escapement].
宋，1094 年
苏颂

‹性理大全(书)›
Collected Works of (120) Philosophers of the Hsing-Li (Neo-Confucian) School.
明，1415年
胡广等编
明刊本

‹修慝余编›
Record of Evil Doings.
清
陈芪
‹丛书集成›

‹续资治通鉴长编›
Collected Data for the Continuation of the Comprehensive Mirror for Aid in Government, covering the Period +960－1127.
宋，1183年
李焘编撰
世界书局，台北，1961 年

‹宣和博古图录›
Hsüan-Ho Reign-Period Illustrated Record of Ancient Objects.
宋，1111—1125 年
王黼等
1752 年刊本

‹宣和奉使高丽图经›
Illustrated Record of an Embassy to Korea in the Hsün-Ho Reign-period.
宋，1124(1167)年
徐兢
‹丛书集成›

‹玄都宝藏›
Comprehensive Treasures of Taoist Literature from the Hsüan-Tu Monastery.
金，约 1188—1191 年
孙明道编

‹学斋佔毕›
Glancing into Books in a Learned Studio.
宋，13 世纪
史绳祖
‹百川学海›

‹雪堂墨品›
Inks from the Snow Pavilion.
清，1670 年
张仁熙
‹丛书集成›

‹询刍录›
Inquiries and Suggestions (concerning Popular Customs and Usages).
明
陈沂
‹丛书集成›

‹延喜式›
Collected Texts [on Shinto Ceremonies and Japanese Customs] of the Engi Period (+901—2).
日本，927 年
藤原时平 (Fujiwara Tokihira) 藤原忠平 (Fujiwara Tadahira)

‹铅书›
Local History of Chhien-Shan, Chiangsi.
明，1608 年
笪维良 柯仲炯编
明万历刊本

‹颜氏家训›
Mr. Yen's Advice to his Family.
隋，约 590 年
颜之推
译本：Teng Ssu-Yü (3).
‹四部丛刊›

‹演繁露›

Extension of the String of Pearls (on the Spring and Autumn Annals), [on the Meaning of Many Thang and Sung Expressions].
宋，1180年
程大昌
《说郛》

《燕闲清赏笺》
The Use of Leisure and Innocent Enjoyments in a Retired Life.
明，1591年
高濂
《美术丛书》(台北)

《叶戏原起》
Origins of Card-games.
清，18世纪
汪师韩
《丛睦汪氏遗书》

《伊势物语》
Tale of Ise.
日本，10世纪
著者不详
译本：McCullough (1).

《猗觉寮杂记》
Miscellaneous Records from the I-Chio Cottage.
宋，约1200年
朱翌

《夷坚志》
Strange Stories from I-Chien.
宋，约1185年
洪迈
《丛书集成》

《艺文类聚》
Literary Records Collected and Classified [encyclopaedia].
唐，约620年
欧阳询

《易经》
The Classic of Changes [Book of Changes].
周，有东汉增补
编者不详
译本：R. Wilhelm (2); Legge (9); de Harlez (1).
《引得特刊》第21号

《饮膳正要》
Principles of Correct Diet [on deficiency diseases, with the aphorism 'Many diseases can be cured by diet alone'].
元，1330年，1456年奉敕重刊
忽思慧
见 Lu & Needham (1).
《四部丛刊》

《营造法式》
Treatise on Architectual Methods.
宋，1097年；初版1103年；修订1141年
李诫
北京，1925年

《瀛涯胜览》
Triumphant Visions of the Ocean Shores [relating to the voyages of Cheng Ho].
明，1451年
马欢
冯承钧校注
上海，1935年

《慵斋丛话》
Collected Essays of Song Hyon.
朝鲜，15世纪
成俔(Song Hyōn)
重印，汉城，1964年

《永乐大典》
Grand Encyclopaedia of the Yung-Lo Reign-Period [only in manuscript].
共计11095册，22877卷，目前尚存370卷
明，1407年
解缙编纂
见 袁同礼(1)

《游宦纪闻》
Things Seen and Heard on My Official Travels.
宋，约1233年
张世南
《丛书集成》

《酉阳杂俎》
Miscellany of the Yu-yang Mountain (Cave)

[in S.E. Szechuan].
唐，863 年
段成式
«丛书集成»

«舆地山海全图»
见«坤舆万国全图»

«舆服志»
Monograph on Ceremonies.
东汉，约 3 世纪
董巴
收入«太平御览»

«玉海»
Ocean of Jade [encyclopaedia].
宋，1267 年
王应麟
浙江书局，1883 年

«玉篇»
Book of Jade [Dictionary].
梁，523 年
顾野王
(宋)陈彭年等重修
«四部丛刊»

«玉台新咏»
Anthology of Regulated Verses.
梁，约 6 世纪
徐陵
«四部丛刊»

«御制文»
Collected Imperial Writings of Emperor Khanghsi.
清，1711 年
张玉书等编

«元和郡县图志»
Yüan-Ho Reign-Period General Geography.
唐，814 年
李吉甫
«丛书集成»

«宛署杂记»
Records of the Seat of Government at Yüan (-Phing) (Peking).
明，1593 年
沈榜
北京，1961年

«圆明园四十景诗图»
Poems and Illustrations on 40 Scenes of the Yüan-Ming Garden.
清，1745 年
孙祜 沈源奉敕作

«源氏物语»
The Tale of (Prince) Genji.
日本，1021 年
紫式部(Murasaki Shikibu)

«乐律全书»
Collected Works on Music and Acoustics.
明，约 1606 年
朱载堉(明世子)

«越绝书»
Lost Records of the State of Yüeh.
东汉，约公元 52 年
传为袁康撰
«四部丛刊»

«云溪友议»
Discussions with Friends at Cloudy Pool.
唐，约870年
范摅
«稗海»

«云仙散录»
Scattered Remains of Clouded Immortals.
唐或五代，约901或926年
传为冯贽撰，也可能为王铚撰
«艺海珠尘»

«战国策»
Intrigues of the Warring States.
周，约公元前 5 世纪—前 3 世纪
刘向编订
译本：Crump (1).

«真西山文集»
Collected Works of Chen Te-Hsiu(+1178—1235).
宋
真德秀
1665年刊本

《证类本草》
Reorganised Pharmacopoeia.
宋，1108年
唐慎微

《纸笺谱》
A Manual on Paper.
元，约1300年
鲜于枢
《丛书集成》

《紙漉重寳記》
A Handy Guide to Papermaking.
日本，1798年
国东治兵卫 (Kunisaki Jihei)
译本：C.E. Hamilton (1).

《纸墨笔砚笺》
On Paper, Ink, Pen and Ink-slab.
明，约1600年
屠隆
《美术丛书》(台北)

《志雅堂杂钞》
Notes Taken at the Hall of Refined Temperament.
宋，13世纪末
周密
《粤雅堂丛书》

《中华古今注》
Commentary on Things Old and New in China.
五代(后唐)923—926年
马缟
《百川学海》

《周髀算经》
The Arithmetical Classic of the Gnomon and the Circular Path (of Heaven).
汉，公元前后1世纪(可能包括周代的材料)
著者不详

《周礼》
Record of the Rites of (the) Chou (Dynasty) [descriptions of all government posts and their duties].
西汉，可能包括一些周代的材料
编者不详
译本：E.Biot (1).
《四部丛刊》

《周易说略》
Commentary on the *Book of Changes*.
清，1719年
徐志定

《朱文公文集》
Collected Works of Chu Hsi.
宋
朱熹
《四部丛刊》

《朱子全书》
Complete Collections of Chu Hsi.
宋(明代编)；初版，1713年
朱熹
(清)李光地等辑
节译本：Bruce (1); Le Gall (1).
江西书局

《诸臣奏议》
Collected Memorials of Northern Sung Officials.
宋，1186年
赵汝愚

《诸病源候论》
Discourses on the Origin of Diseases [Systematic Pathology].
隋，约607年
巢元方

《诸蕃志》
Records of Foreign Peoples (and their Trade).
宋，1225(或1242、1258)年
赵汝适
译本：Hirth & Rockhill (1).
《丛书集成》

《竹书纪年》
The Bamboo Books [Annals].
周，公元前296年或以前
《汉魏丛书》

《庄子》
「＝南华真经」

The Book of Master Chuang.
周，约公元前290年
庄周
译本：Legge (5); Feng Yu-Lan (5); Lin Yü-Thang (1); Wieger (7).
‹四部丛刊›

‹装璜志›
Methods of Mounting and Treatment of Paper Materials.
清
周嘉胄
‹丛书集成›

‹状元图考›
Illustrated Work of the Highest Graduates [from Imperial Examinations in +1436 to+1521].
明，约1607年
黄应瑞

‹酌中志›
An Enlightened Account of the Life in the Imperial Palace of the Ming.
明，约1641年
刘若愚
‹丛书集成›

‹资治通鉴›
Comprehensive Mirror (of History) for Aid in Government [+403—959].
宋，1065年始修，1084年完成
司马光
重印，1956年

‹紫桃轩杂缀›
Miscellany from the Purple Peach Studio.
明
李日华
1768年刊本

‹遵生八笺›
Collection of Essays on the Daily Life and Interest of a Scholar.
明，1591年
高濂
1810年刊本

‹左传›
Master Tsochhiu's Enlargement of the *Chhun Chhiu* (Spring and Autumn Annals), [dealing with the period −722 to −468].
周，约公元前400—前250年
传为左丘明撰
‹四部丛刊›

B. 1800年以后中文和日文的书籍和论文

阿英(*1*)
《中国连环图画史话》
A History of Picture-Story Comics in China.
中国古典艺术，北京，1957年

阿英(*2*)
《中国年画发展史略》
A Brief History of Chinese New Year Pictures.
朝花美术，北京，1954年

阿英(*3*)
《民间窗花》
Folk Paper Cuts.
美术出版社，北京，1954年

安春根 (An Ch'un-Gun) (*1*)
《韓國書誌學》
Korean Bibliography.
同文馆，汉城，1967年

安志敏(*1*)
《长沙新发现的西汉帛画》
A Tentative Interpretation of the Western (Former) Han Silk Painting Recently Discovered at Chhangsha (Ma-Wang-Tui, No. 1 Tomb).
《考古》(北京)，1973年，1期(总第124期)，第43页

奥野彦六 (Okuno Hikoroku) (*1*)
《江户時代の古版本》
Old Editions of the Edo Period.
东洋堂，东京，1944年

伯希和 (P. Pelliot) 和陆翔(*1*)
《巴黎图书馆敦煌写本书目》
Catalogue of Tun-huang Manuscripts in the Bibliothèque Nationale, Paris.
《北平图书馆馆刊》(北平)，1933，**7** (no. 6)，21；1934，**8** (no. 1)，37

蔡季襄(*1*)
《晚周缯书考证》
A Critical Study of the Silk Document of the Late Chou Dynasty.
艺文印书馆，台北，1944年

柴子英(*1*)
《谈十竹斋刊印的几种印谱》
On the Manuals Printed by the Ten Bamboo Studio.
《文物》(北京)，1960年，8—9期，第76页

昌彼得(*2*)
《元刊本赝品知见记》
On Forged Yüan Editions Known or Seen by the Author.
《民族评论》(台北)，1959，**10**(no.16)，8

昌彼得(*3*)
《唐代图书形制的演变》
The Evolution of the Physical Format of Books in the Thang Dynasty.
《图书馆学报》(台中)，1964，**6**，1

昌彼得(*4*)
《我国版本学上的几个有待研究的课题》
Some Problems Concerning Chinese Printing.
《书目季刊》(台北)，1966，**1**(no.1)，3

昌彼得(*5*)(编)
《明代版画选》
Selections of Ming Woodcuts.
2册
汉华，台北，1969年

昌彼得(*6*)
《版本目录学论丛》
Collection of Essays on Chinese Printing and Bibliography.
2册
学海，台北，1977年

昌彼得(*7*)

«明藩刻书考»
A Bibliography of Books Printed by the Ming Princes.
«学术季刊»(台北), 1955, 3 (no. 3), 142; (no. 4), 139

昌彼得(8)
«中越书缘»
The Relationships of Books and Publishing between China and Vietnam.
载于«中越文化论集»(台北), 1956年, 第一册, 第180—189页

长泽规矩也 (Nagasawa Kikuya) (3)
«和漢書の印刷とその歴史»
A History of Japanese and Chinese Printing.
吉川弘文馆, 东京, 1952年

长泽规矩也(4)
«版本の鑑定»
A Critical Study of Editions.
大东急纪念文库, 东京, 1960年

长泽规矩也(5)
«版本の考察»
A Study of Editions.
大东急纪念文库, 东京, 1960年

长泽规矩也(6)
«書誌學序説»
An Introduction to Bibliography.
吉川弘文馆, 东京, 1960年

长泽规矩也(7)
«宋刊本刻工名表初稿»
Table of Blockcutters'Names in the Sung Printed Editions; a Preliminary Draft.
«書誌學»(东京), 1934, 2 (no.2), 1

长泽规矩也(8)
«元刊本刻工名表初稿»
Table of Blockcutter's Names in the Yüan Printed Editions; a Preliminary Draft.
«書誌學»(东京), 1934, 2 (no.4), 35

长泽规矩也(9)(编)
«明代挿図本図録»
An Illustrated Catalogue of Books of the Ming Period.
日本书誌学会, 东京, 1962年

长泽规矩也(10)
«書誌學論考»
Studies in Bibliography.
松云堂, 东京, 1937年

长泽规矩也(11)
«図解和漢印刷史»
An Illustrated History of Japanese and Chinese Printing.
2册
汲古书院, 东京, 1976年

长泽规矩也(12)
«図書學参考図録»
5册
An Illustrated Introduction to Japanese and Chinese Bibliography.
汲古书院, 东京, 1973—1976年

陈彬和 查猛济(1)
«中国书史»
A History of Chinese Books.
商务印书馆, 上海, 1935年

陈大川(1)
«中国造纸艺术盛衰史»
The History of Papermaking in China.
中外出版社, 台北, 1979年

陈大端(1)
«雍乾嘉时代的中琉关系»
Relations between China and Liu-Chhiu during the Yung-Cheng, Chhien-Lung and Chia-Chhing Eras.
台北, 1956年

陈国庆(1)
«古籍版本浅说»
Introduction to Old Chinese Editions.
辽宁人民, 沈阳, 1957年

陈锦波(1)
«中国艺术考古论文索引»
Chinese Art and Archaeology; a Classified Index to Articles Published in Mainland China Periodicals.
香港大学, 1966年

陈梦家(*5*)

«汲冢竹书考»

A Study of Bamboo Books Discovered in the Wei Tombs in the+3rd Century.

«图书季刊»(中文版), 1944 (n.s.), **5** (no. 2/3), 1

陈槃(*8*)

«以水击絮为漂解»

On the Stirring of Refuse Silk in Water.

«大陆杂志»(台北), 1951, **3** (no. 8), 21

陈槃(*9*)

«由古代漂絮因论造纸»

On the Invention of Paper from the Process of Stirring Refuse Silk.

«中央研究院院刊»(台北), 1954, **1**, 257

陈彭年(*1*)

«关于宣纸问题»

On the Problem of Hsüan Paper.

«造纸工业»(北京), 1957, 2期, 第24页

陈垣(*4*)

«史讳举例»

On the Taboo Changes of Personal Names in History; Some Examples.

中华, 北京, 1962年; 重印, 1963年

陈垣(*5*)

«敦煌劫余录»

Catalogue of Tun-huang Rolls in the National Library of Peiping.

6册

国立中央研究院历史语言研究所, 北平, 1931年

程溯洛(*4*)

«论敦煌吐鲁番发现的蒙元时代古维文木刻活字和雕版印刷品与我国印刷术西传的关系»

On the Wooden Movable Types in Uigur and Block-Printing of the Yüan Dynasty discovered at Tun-Huang and Turfan, and Their Relationship to the Westward Spread of Printing.

载于«中国科学技术发明和科学技术人物论集»(北京), 第225—235页

池田秀男 (Ikeda Hideo) (*1*)

«和紙年表»

A Chronology of Japanese Paper.

三茶书房, 东京, 1974年

初仕宾　任步云(*1*)

«居延汉代遗址的发掘和新出土的简册文物»

The Excavation of the Beacon Fire Site at Chu-Yen and Inscribed Bamboo Slips of the Han Dynasty recently Unearthed in Kansu Province.

«文物»(北京), 1978年, 1期, 第1页

川瀨一马 (Kawase Kazuma) (*1*) (编)

«旧刊影譜»

Collection of Facsimile Specimens of Old Printing.

日本书志学会, 东京, 1932年

川瀨一马(*2*)

«嵯峨本図考»

An Illustrated Study of Saga Editions.

一诚堂, 东京, 1932年

川瀨一马(*3*)

«古活字版之研究»

A Study of Early Movable Type Editions.

3册

日本古书籍商协会, 东京, 1967年

川瀨一马(*4*)

«五山版の研究»

A Bibliographical Study of Gozamban Editions.

2册

日本古书籍商协会, 东京, 1970年

川瀨一马(*5*)

«日本書誌學概説»

An Outline of Japanese Bibliography.

讲谈社, 东京, 1950年; 再版, 1972年

大道弘雄 (Ōmichi Kōyū) (*1*)

«紙衣»

Paper Clothing.

リーチ书店, 大阪, 1955年

大谷光瑞 (Otani Kozui) (*1*)

«西域考古図譜»

Illustrations of Archaeological Explorations in the Northwest Regions.

2 册
国华社，东京，1915 年

戴裔煊(1)
《纸币印刷考》
A History of Paper Money Printing.
《现代史学》(广州)，1933, 1 (no. 4), 206

党寿山(1)
《甘肃省武威旱滩坡东汉墓发现古纸》
Ancient Paper Discovered at Han-than-pho, Wu-wei, Kan-Su Province.
《文物》(北京)，1977 年，1 期，第 59 页

岛田翰 (Shimada Kan) (1)
《古文舊書考》
Studies of Old Chinese Books.
民友社，东京，1905 年

邓嗣禹(1)
《中国考试制度史》
The History of the Chinese Examination System.
南京，1936 年；台北，重印，1966 年

邓嗣禹(2)
《中国印刷术之发明及其西传(书评)》
The Invention of Printing in China and its Spread Westward; a Review.
《图书评论》(南京)，1934, 2 (no. 11), 35

邓衍林(1)(译)
《宋元刊本刻工名表初稿》
A Table of Blockcutters' Names in Sung and Yüan Printed Editions; a Draft.
《图书馆学季刊》(北平)，1934, 8 (no. 3), 451
参见 长泽规矩也(7,8)

邓之诚(1)
《骨董琐记；续记；三记》
Notes on Antiques and Cultural Objects, ser. 1—3.
北京，1933 年

丁福保(1)
《说文解字诂林》
Collected Commentaries on the Analytical Dictionary of Characters.
医学书局，上海，1930 年

董作宾(12)
《甲骨文断代研究例》
On the Dating of Shell and Bone Inscriptions.
载于《庆祝蔡元培先生六十五岁论文集》(上海)，I，第 323—418 页

杜伯秋 傅惜华(1)(编)
《明代版画书籍展览目录》
Exposition d'Ouvrages Illustres de la Dynastie Ming.
巴黎大学北平汉学研究所，北京，1944 年

渡边忠一 (Watanabe Tadaichi) 等(1)
《絵畫顔料蠟筆墨汁製造法》
Methods of Making Pigments, Crayons and Liquid Inks.
译本：蔡弃民
商务印书馆，上海，1939 年

多贺秋五郎 (Taga Akigorō) (2)
《宗譜の研究》
An Analytical Study of Chinese Genealogical Books.
东洋文库，东京，1960 年

反町茂雄(Sorimachi Shigeo) (1)(编)
《和紙関係文献目録》
Bibliography of Sources relating to Japanese Paper (Collected by Frank Hawley).
弘文荘，东京，1962 年

方汉城(1)
《造纸概论》
Introduction to Papermaking.
商务印书馆，上海，1924年

方豪 (3)
《方豪文录》
Collected Essays of Fang Hao (on Chinese-Western Cultural Contacts).
上智，北平，1948 年

方豪(4)
《流落于西葡的中国文献》
Old Chinese Documents Found in Spain and Portugal.
《学术季刊》(台北)，1952, 1 (no. 2), 149; 1953, 1 (no. 3), 161

方豪(5)
«明万历间马尼拉刊印之汉文书籍»
Earliest Chinese Books Printed in Philippines.
«现代学苑»(台南), 1967, **4** (no. 8), 1

方豪(6)
«宋代佛教对中国印刷及造纸之贡献».
The Contributions of Buddhism on Printing and Papermaking in the Sung Dynasty.
«大陆杂志»(台北), 1970, **41** (no. 4), 15

冯承钧(1)
«中国南洋交通史»
History of the Contacts of China with the South Sea Regions.
商务印书馆，上海，1937年；重印，台北、香港，1963年

冯承钧(2)
«诸蕃志校注»
Comments and Notes on *Records of Foreign Peoples.*
商务印书馆，上海，1940年；重印，北京1956年
参见 Hirth & Rockhill (1) (译本)

冯汉骥(2)
«记唐印本陀罗尼经咒的发现»
Discovery of Dharani Charms Printed in the Thang Dynasty.
«文物参考资料»(北京)，1957年，5期，第48页

冯贞群(1)
«鄞范氏天一阁书目内编»
Catalogue of the Thien-I-Ko Library of the Fan Family of Ningpo.
重修天一阁委员会，宁波，1940年

富永牧太 (Tominaga Makita) (*1*)
«きりしたん版の研究»
A Study of Christian Publications.
天理大学出版部，天理，1973年

傅振伦(1)
«蔡敬重造纸考»
On the Invention of Paper by Tsai Lun.
«中华图书馆协会会报»，1933，**8** (no. 4)，1

傅振伦(2)
«中国纸的发明»
The Invention of Paper in China.
«历史教学»(天津)，1955年，8期，第14页

改琦(1)
«红楼梦图咏»
Illustrations for the *Dream of the Red Chamber.*
1884年

高明(1)
«中国版本学发凡»
An Introduction to Chinese Bibliography.
«政治大学学报»(台北)，1966，**14** (no. 1)

高楠顺次郎 (Takakusu Junjirō) 渡边海旭 (Kaigyokū) (1) (编)
«大正新修大蔵経»
Tripitaka Compiled during the Taishō Period.
东京，1924—1935年
附插图12卷；佛经目录3卷；提要和索引3卷.

辜瑞兰(1)
«中国书院刊刻图书考»
Books Printed by private Schools in China.
«中央图书馆馆刊»(台北)，1976 (n.s.) **9** (no. 2), 27

关义城 (Seki Yoshikuni) (*1*)
«古今東亜紙譜»
An Album of Ancient and Modern Paper Specimens of East Asia.
2册
东京，1957年

关义城(2)
«和漢紙文献類聚»
Classified Documents on Japanese and Chinese Papers.
2册
思文阁，京都，1973—1976年

关义城(3)
«古今紙漉紙屋図繪»
Collection of Pictures on Papermaking and Paper Shops in Ancient and Modern Times.
木耳社，东京，1975年
附英文解说和前言

关义城(4)
«手漉紙史の研究»

A Study of the History of Handmade Paper.
木耳社，东京，1976年

关义城(5)
«江戸明治紙屋とその広告図集»
A Collection of Pictures on Advertisements of Paper Shops of the Edo and Meiji Periods.
2册
自印，东京，1966—1967年

郭伯恭(*1*)
«永乐大典考»
A Study of the Yung-lo Encyclopaedia.
商务印书馆，上海，1938年

郭良(*1*)
«纸笔史话»
A Popular History of Paper and Brush.
中华书局，香港，1957年

郭沫若(*13*)
«两周金文辞大系»
The Western and Eastern Chou Dynasties.
8册
文求堂，东京，1935年

郭沫若(*14*)
«石鼓文研究»
A Study of Stone Drum Inscriptions.
商务印书馆，上海，1940年

郭沫若(*15*)
«关于晚周帛画的考察»
A Study of the Silk Painting of the Late Chou Period.
«人民文学»(北京)，1953年，11期，第113页；12期，第108页

郭味蕖(*1*)
«中国版画史略»
A Brief History of Chinese Woodcuts.
朝花美术，北京，1962年

和田万吉 (Wada Mankichi) (*1*)
«古活字本研究資料»
Materials for the Study of Chinese and Japanese Old Movable Type Editions.
青闲舍，京都，1944年

和田维四郎 (Wada Tsunashirō) (*1*)
«嵯峨本考»
A Study of Saga Editions.
仝人刊，东京，1916年

贺圣鼐(*1*)
«中国印刷术沿革史略»
A Short History of the Development of Printing in China.
«东方杂志»(上海)，1928, **25** (no. 18), 59

黑田亮 (Kurodo Ryō) (*1*)
«朝鮮舊書考»
Studies of Old Korean Books.
岩波书店，东京，1960年

洪光　黄天佑(*1*)
«中国造纸发展史略»
A Brief History of the Development of Papermaking in China.
轻工业出版社，北京，1957年

洪业(*3*)(编)
«杜诗引得»
Concordance to the Poems of Tu Fu.
燕京大学哈佛燕京学社，北平，1940年；重印，台北1966年

后藤清吉郎 (Coto Seikichiro) (*1*)
«日本の紙»
Japanese Paper.
2册
美术出版社，东京，1958—1960年

后藤清吉郎(*2*)
«紙の旅»
The Travels of Paper (woodcuts of papermaking process).
美术出版社，东京，1964年
限印300册

胡道静(*1*)
«梦溪笔谈校证»
Complete Annotated and Collated Edition of the *Dream Pool Essays* (of Shen Kua, +1086).
2册
上海出版公司，上海，1956年

胡道静(2)
《新校正梦溪笔谈》
New Corrected Edition of the *Dream Pool Essays* (with additional annotations).
中华，北京，1958年

胡道静(4)
《活字版发明者毕昇卒年及地点试探》
On the Time and Place of Pi Sheng's Death.
《文史哲》(青岛)，1957年，7期，第61页

胡道静(5)
《〈古今图书集成〉的情况、特点及其作用》
A Study of the Grand Encyclopaedia: Its Conditions of Compilation, Specialties and Usefulness.
《图书馆》(北京)，1962年，1期，第31页

胡厚宣(6)
《五十年甲骨文发现的总结》
A Summary of Fifty Years' Discoveries of Shell and Bone Inscriptions.
商务印书馆，上海，1951年

胡厚宣(7)
《五十年甲骨学论著目》
A Bibiliography of the Study of Shell and Bone Inscriptions.
中华，上海，1952年

胡适(12)
《论初唐盛唐还没有雕版书》
On Block Printing Had Not been in Existence in the First Half of the Thang Dynasty.
《自由中国》(台北)，1959，**21** (no. 1)，7.

胡韫玉(1)
《纸说》
On Paper.
朴学斋丛刊，1923年

胡志伟(1)(译)
《中国印刷术的发明及其西传》
Invention of Printing in China and its Spread Westward.
商务印书馆，台北，1968年
译自 Carter (1)，1955年版

胡志伟(2)
《造纸术西传的经过》
A History of the Introduction of Paper to the West.
《大陆杂志》(台北)，1955，**10** (no. 1)，1；**10** (no. 2)，17

黄慈博(1)
《广东宋元明经籍椠本纪略》
On the Confucian Classics Block-Printed in Kuangtung from Sung to Ming.
《广东文物》(广州)，1941，**1**，861

黄节(1)
《版籍考》
On the Formats of Chinese Books.
《国粹学报》(上海)，1908 (no. 47)，1；(no. 49)，1

黄盛璋(2)
《关于中国纸和造纸法传入印巴次大陆的时间和路线问题》
On the Date and Place of Introduction of Chinese Paper and Papermaking Methods to the Sub-Continent of India and Pakistan.
《历史研究》(北京)，1980年，1期，第113页

黄文弼(1)
《罗布淖尔考古记》
Archaeology of Lopnor.
北京，1948年

黄文弼(2)
《吐鲁番考古记》
Archeology of Turfan.
中国科学院，北京，1954年

黄涌泉(1)
《陈老莲版画选集》
Selections of Woodcuts by Chhen Hung-Shou.
北京，1957年

冀叔英(1)
《新发现的泥活字印本》
Recent Discovery of Books Printed by Clay Movable Type.
《图书馆工作》(北京)，1958年，1期，第22页

冀叔英(2)
《谈谈版刻中的刻工问题》

On the Role of Carvers in Block-printing.
《文物》(北京)，1959年，3期，第4页

翼叔英(3)
《北宋刻印的一幅木刻画》
On a Picture Printed in the Northern Sung Dynasty.
《文物》(北京)，1962年，1期，第29页

季羡林(1)
《中印文化关系史论丛》
Studies on the Interrelationship between Chinese & Indian Cultures.
人民出版社，北京，1957年

季羡林(2)
《中国纸和造纸法输入印刷的时间和地点问题》
On the Date and Place of the Introduction of Chinese Paper and Papermaking Methods to India.
《历史研究》(北京)，1954年，4期，第25页

季羡林(3)
《中国纸和造纸法最初是否由海路传到印度去的？》
Was Paper and Papermaking Method First Introduced to India via the Sea Route?
载于《中印文化关系史论丛》，第130—136页

贾祖章 贾祖珊(1)
《中国植物图鉴》
Illustrated Dictionary of Chinese Flora [Arranged by the Engler System; 2602 entries].
中华，北京，1936年；重印，1955年、1958年

翦伯赞(1)
《中国史纲》
Outline of Chinese History.
2册
生活，上海，1946年；重印，北京1979年

姜亮夫(1)
《敦煌——伟大的文化宝藏》
Tun-Huang—a Great Cultural Treasure.
古典文学，上海，1956年

蒋复聪(1)
《中韩书缘》
The Relationships of Books and Publishing between China and Korea.
载于《中韩文化论集》(台北)，1955年，第二册，第275页。

蒋复聪(2)
《中日书缘》
The Relationships of Books and Publishing between China and Japan.
载于《中日文化论集》(台北)，1958年续编，第二册，第337—341页

蒋复聪(3)
《中国图书版刻的起源问题》
The Question on the Origins of Printing in China.
载于《陈百年先生执教五十周年暨八十大庆纪念论文集》(台北)，1965年，第301页

蒋玄佁(1)
《墨拓术》
Methods of Inked Squeezing.
《说文月刊》(上海)，1939年，1期，第785页

蒋吟秋(1)
《书画与装璜》
On Mounting Calligraphy and Painting.
载于滕固编《中国艺术论丛》，商务印书馆，上海，1938年

蒋元卿(1)
《中国书籍装订术的发展》
On the Development of Chinese Bookbinding.
载于《中国现代出版史料》(北京)，丁编，第661页

金元龙 (Kim Won-Yong) (1)
《韓國古活字概要》
Early Movable Type in Korea.
乙酉文化社，汉城，1954年
正文有朝鲜文和英文

靳极苍(1)
《中国书籍制度与古书》
The Format of Chinese Books and Ancient Books.
《新东方杂志》(上海)，1940, **1**, (no. 3), 170

净雨(1)
《清代印刷史小纪》

A Brief History of Printing During the Chhing Dynasty.
载于《中国近代出版史料》(上海)，二编，第339—360页

久米康生 (Kume Yasuo (1)
《和紙の文化史》
A Cultural History of Japanese Paper.
木耳社，东京，1976年

久米康生(2)
《昭和民芸紙譜》
Specimens of Locally-made Japanese Paper of the Shōwa Period.
思文阁，东京，1977年
限印500册

鞠清远(1)
《唐宋官私工业》
Government and Private Industries of Thang and Sung Period.
上海，1934年；台北，1978年

崑岗(1)(编)
《大清会典事例》
History of the Administrative Statutes of the Chhing Dynasty with Illustrative Cases.
1899年；重印，台北1963年

劳榦(7)
《论中国造纸术之原始》
The Invention of Paper in China.
《国立中央研究院历史语言研究所集刊》(上海)，1948，**19**，489

劳榦(8)
《居延汉简考释》
Decipherment and Critical Studies of the Inscriptions on the Wooden Tablets from Chü-yen.
4册
中央研究院，重庆，1943—1944年

劳榦(9)
《敦煌及敦煌的新史料》
Tun-huang and New Historical Sources from Tun-huang.
《大陆杂志》(台北)，1950，**1** (no. 3), 6

劳榦(10)
《从木简到纸的应用》
From Wooden Tablets to Paper.
乔衍琯译
《中央图书馆馆刊》(台北)，1967 (n.s.), **1** (no. 1), 3

赖少其(1)
《套板简帖》
Colour Prints for Business Stationery.
上海，1964年

李光璧　钱君晔(1)(编)
《中国科学技术发明和科学技术人物论集》
Essays on Chinese Discoveries and Inventions in Science and Technology and on the Men Who Made Them.
三联书店，北京，1955年
(缩写：*CKKC*)

李光涛(1)
《记朝鲜实录中之铸字》
On the Casting of Type as Mentioned in the Korean Veritable Records.
《大陆杂志》(台北)，1968, **36** (no. 1), 6

李弘植 (Yi Hong Jik) (1)
《木板印刷를中心으로본新羅文化》
The Silla Culture as Viewed from Block Printing.
《韩国社会科学论集》(汉城)，1969，8，53.

李弘植(2)
《慶州佛國寺釋迦塔發現의無垢淨光大陀羅尼經》
The *Dharani* Sutra Recovered from the Sokka Pagoda in Pulguksa Monastery in Kyongju.
《白山学报》(汉城)，1968，**4**，169

李桦(1)
《木刻板画技法研究》
A Study of Woodcut Techniques.
人民美术，北京，1954年

李晋华(1)
《明代敕撰书考》
Bibliography of Official Publications of the Ming Dynasty.

燕京大学哈佛燕京学社，北平，1932年；重印，台北1966年

李乔苹(*1*)
《中国化学史》
A History of Chemistry in China.
商务印书馆，长沙，1940年；第二次增订版，台北，1955年

李圣仪 (Yi Song Ui) (*1*)
《古铜活字冊標本砻目》
A Catalogue of Old Bronze Type Imprint Specimens.
汉城，无日期

李书华(*4*)
《唐代以前有无雕版印刷》
On Whether Printing Had Been Invented Before the Thang Dynasty.
《大陆杂志》(台北)，1957，**14** (no.4)，1

李书华(*5*)
《印刷发明的时期问题》
On When Printing Was Invented.
《大陆杂志》(台北)，1958，**17** (no. 5)，1；(no. 6)，12

李书华(*6*)
《再论印刷发明的时期问题》
Further Study on when Printing was Invented.
《大陆杂志》(台北)，1959，**18** (no. 10)，1

李书华(*7*)
《五代时期的印刷》
Printing in the Five Dynasties.
《大陆杂志》(台北)，1960，**21** (no. 3)，1

李书华(*8*)
《敦煌发现有年代的印本》
Printed Books with Dates Discovered at Tun-huang.
《大陆杂志》(台北)，1960，**21** (no, 11)，1

李书华(*9*)
《唐代后期的印刷》
The Printing of Books in the Later Half of the Thang Dynasty.
《清华学报》(台湾)，1961，**2** (no. 2)，18

李书华(*10*)
《活字版印刷的发明》
The Invention of Movable Type.
《大陆杂志》(台北)，1962年，特刊第2期，第117页

李书华(*11*)
《中国印刷术起源》
The Origin of Chinese Printing.
新亚书院，香港，1960年

李书华(*12*)
《造纸的发明及其传播》
The Invention and Spread of Paper.
《大陆杂志》(台北)，1955，**10** (no. 1)，1；(no. 2)，53

李书华(*13*)
《造纸的传播及古纸的发现》
The Spread of the Art of Papermaking and the Discoveries of Old Paper.
《学术季刊》(台北)，1957，**6** (no. 2)，16；历史博物馆，台北，1960年(有英文)

李书华(*14*)
《印章与摹拓的起源及其对于雕版印刷发明的影响》
The Origins of Seals and Inksqueezing and their Influence on the Invention of Printing.
《中央研究院历史语言研究所集刊》(台北)，1956，**28** (no. 1)，107

李文裿(*1*)
《中国书籍装订之变迁》
A Sketch of the Evolution of Chinese Book Binding
《图书馆学季刊》(北平)，1929，**3** (no. 4)，539

李文裿(*2*)
《板本名称释略》
Some Bibliographical Terms Explained.
《图书馆学季刊》(北平)，1931，**5** (no. 1)，17

李兴才(*1*)
《印刷术的发明与熹平石经》
The Hsi-Phing Stone Inscriptions of Confucian Classics and the Invention of Printing.
《中国一周》(台北)，1964，(no. 731)，6

李学勤 李零(*1*)
«平山三器与中山国史的若干问题»
The Three Bronze Vessels of Phing-shan and Some Problems Concerning the History of the State of Chung-shan.
«考古学报»(北京)，1979年，2期，第147页

李埏(*1*)
«北宋楮币起源考»
The Origin of Paper Money in the Northern Sung Dynasty.
«浙江大学文学院季刊»(遵义)，1944，**4**，1

李耀南(*1*)
«中国书装考»
The Evolution of Bookbinding in China.
«图书馆学季刊»(北平)，1930，**4** (no. 2) 207

李元植 (Yi Won-Jik) (*1*)
«韩国活字版的演变»
The Development of Movable Type Printing in Korea.
«政治大学学报»(台北)，1964，**9**，521

李元植
参见 李弘植 (Yi Hong-Jik)

李致忠(*1*)
«善本浅说»
An Introduction to Rare Editions.
«文物»(北京)，1978年，12期，第69页

梁上椿(*1*)
«中国古镜铭文丛谭»
Studies of Ancient Chinese Mirror Inscriptions.
«大陆杂志»(台北)，1951，**2** (no. 3)，1；(no. 4)，18；(no. 5)，16

梁上椿(*2*)
«隋唐式镜之研究»
Studies of Mirrors of the Sui and Thang Dynasties.
«大陆杂志»(台北)，1953，**6** (no. 6)，181

梁子涵(*1*)
«日本现存宋本书录»
Bibliography of Sung Editions Preserved in Japan.
«学术季刊»(台北)，1953，**2** (no. 2)，159；1954，**2** (no. 3)，152；**2** (no. 4)，114；**3** (no. 1)，179

梁子涵(*2*)
«明代的活字印书»
Movable Type Printing in the Ming Dynasty.
«大陆杂志»(台北)，1966，**33** (no. 6)，13；(no. 7) 30

梁子涵(*3*)
«元朝的活字版»
On Movable Type of the Yüan Dynasty.
«出版月刊»(台北)，1967，**2** (no. 11)，85

梁子涵(*4*)
«中国图书版刻起源隋朝的一条伪证»
A Refutation of the Theory that Chinese Printing Originated in the Sui Dynasty.
«图书馆学报»(台中)，1967，**8**，131

梁子涵(*5*)
«建安余氏刻书考»
On the Block-printing by the Yü Family of Chien-an, Fukien.
«福建文献»(台北)，1968，**1**，53

林存和(*1*)
«福建之纸»
The paper Industry of Fukien.
福州

林泰辅 (Hayashi Taisuke) (*1*)
«朝鲜の活版術»
Typography of Korea.
«史学杂志»(东京)，1906，**17**，3

麟庆(*2*)
«河工器具图说»
Illustrations and Explanations of the Techniques of Water Conservancy and Civil Engineering.
1836年

凌纯声(*7*)
«树皮布印文陶与造纸印刷术发明»
Bark-cloth, Impressed Pottery, and the Inventions of Paper and Printing.
中央研究院民族学研究所，南港，台湾，1963年

凌纯声(21)
《中国古代的树皮布文化与造纸术发明》
Bark-cloth Culture andthe Invention of Papermaking in Ancient China.
《中央研究院民族学研究所集刊》(台北), 1961, (no. 11), 1

凌纯声(22)
《宋元以后造楮钞法与树皮布纸的关系》
The Relation between Bark-paper and Paper Money Since the Sung and Yüan Dynasties.
《大陆杂志》(台北),1962年,特刊, no. 2, 259

凌纯声(23)
《唐宋以来的纸甲纸衣纸帏考》
A Study of Paper Armours, Clothes and Curtains of Thang, Sung and Later Dynasties.
《中央研究院民族学研究所专刊》(台北), 1963, (no. 3), 69.

凌纯声(24)
《北宋初年的金粟笺考》
Studies of the Chin-Shu Paper of Early Northern Sung.
《中央研究院民族学研究所专刊》(台北),1963, (no. 3), 81

凌纯声(25)
《树皮布印花与印刷术发明》
Decorative Prints on Bark Cloth and the Invention of Printing.
《中央研究院民族学研究所集刊》(台北), 1962, **14**, 193

凌纯声(26)
《印文陶的花纹及文字与印刷术发明》
Designs and Inscriptions on Impressed Pottery and the Invention of Printing.
《中央研究院民族学研究所集刊》(台北), 1963, **15**, 1

凌曼立(1)
《台湾与环太平洋的树皮布文化》
Bark-cloth in Thaiwan and the Circum-pacific Areas.
《中央研究院民族学研究所专刊》(台北), 1963 (no. 3), 211

刘冰(1)
《中国装订简史》
A Brief History of Chinese Bookbinding.
汉华，台北，1969年

刘国钧(1)
《中国书的故事》
The Story of the Chinese Book.
中国青年，北京，1955年；郑如斯增订，1979年

刘国钧(2)
《中国书史简编》
A Brief History of Chinese Books.
高等教育，北京，1958年

刘国钧(3)
《中国古代书籍史话》
A History of Books in Ancient China.
中华，北京，1962年

刘厚泽(1)
《中国史上之纸币与通货膨胀》
Paper Money and Inflation in Chinese History.
《北京大学社会科学季刊》(北平), 1943, (n.s.) **2** (no. 1) 41

刘家璧(1)(编)
《中国图书史资料集》
Collection of Materials for the History of Chinese Books.
龙门书店，香港，1974年

刘锦藻(1)
《清朝续文献通考》
Supplement to the Collected Institutions of the Chhing Dynasty.
编纂者前言，1921年
商务印书馆，上海，1936年

刘麟生(1)(译)
《中国印刷术源流史》
A History of the Inventions of Chinese Printing.
商务印书馆，上海，1938 年
节译自 Carter (1), 1925年版

刘铭恕(5)
《宋代出版法及对辽金之书禁》
Laws Concerning Publication during the Sung

Dynasty and concerning the Prohibition of Books going to the Khitans and Jurchens.
《中国文化研究汇刊》(成都), 1946, 5 (no. 1), 95

刘乾(1)
《浅淡写刻本》
Brief Discussion of Printed Editions with Regular-Style Calligraphy.
《文物》(北京), 1979 年, 11 期, 第 46 页

刘仁庆(1)
《中国古代造纸史话》
A Brief History of Papermaking in Ancient China.
轻工业出版社, 北京, 1978 年

刘仁庆 胡玉熹(1)
《我国古纸的初步研究》
A Preliminary Study of Ancient Chinese Papers.
《文物》(北京), 1976 年, 5 期, 第 74 页

刘体智(1)
《小校经阁金文拓本》
Inked Rubbings of Bronze Inscriptions in the Liu Collection.
1935 年

刘雅农(1)
《装褫浅说》
Introduction to Mounting.
艺林社, 台北, 1963年

刘永成(3)
《乾隆苏州元长吴三县议定纸坊条议章程碑》
Notes on the Regulations for Paper Mills Agreed to by the Three Districts Of Yüan (-ho), Chhang (chou) and Wu during the Chhienlung Reign-period [+1736 to +1795].
《历史研究》(北京), 1958 年, 2 期, 第 85 页

柳诒徵(1)
《南监史谈》
On the Standard Histories Printed by the National Academy at Nanking in the Ming Dynasty.
《中央大学国学图书馆年刊》(南京), 1921, 3, 1

卢前(1)
《书林别话》
Separate Talks on Books.
载于《中国现代出版史料》, 丁编下卷, 第 627—636 页

罗济(1)
《竹类造纸学》
The Art of Making Bamboo Paper.
1935 年

罗锦堂(1)
《历代图书版本志要》
The Evolution of Chinese Books.
历史博物馆, 台北, 1958 年

罗西章(1)
《陕西省扶风中颜村发现西汉窖藏铜器和古纸》
Bronze Objects and Old Paper Specimens Found in a Western Han Tomb at Chung-Yen Village, Fu Feng County, Shensi Province.
《文物》(北京), 1979 年, 9 期, 第 17 页

罗振玉(4)
《松翁近稿》
Recent Writings of Lo Chen-Yü.
3 卷, 1925—1928 年

罗振玉(5)
《永丰乡人稿》
Collection of Miscellaneous Writings by Lo Cheng-Yü.
6 册, 1920 年

马衡(1)
《中国书籍制度变迁之研究》
A Study of the Evolution of the Chinese Book.
《图书馆学季刊》(北平), 1926, 1 (no. 2), 199

马衡(2)
《石鼓为秦刻石考》
An Examination of the Theory that the 'Stone Drum' Inscriptions Were Made by the Chhin State.
《国学专刊》(上海), 1923, 1, 17

马衡(3)
《汉石经概述》
A Treatise on the Stone Classics of the Han Dynasty.
《考古学报》(北京)，1955年，5期，第1页

马泰来(1)
《蜜香纸抱香履》
Honey-Fragrance Paper and Fragrance Sandal.
《大陆杂志》(台北)，1969，**38**，199

马泰来(2)(译)
《中国对造纸及印刷术的贡献》
Chinese Contributions to Papermaking and Printing.
《明报月刊》(香港)，1972，**7** (no. 12)，2
译自 Tsien (6).

马泰来(3)(译)
《中国古代的造纸原料》
Raw Materials for Old Papermaking in China.
《香港中文大学中国文化研究所学报》，1974年，**7** (no. 1)，27
译自 Tsien (8).

马子云(1)
《传拓技法》
Techniques for Making Rubbings.
《文物》(北京)，1962年，10期，第53页；11期，第50页

毛春翔(1)
《古书版本常谈》
Talks on Old Chinese Books.
中华，北京，1962年

木宫泰彦 (Kimiya Yasuhiko) (1)
《日華文化交流史》
A History of Cultural Relations between Japan and China.
富山房，东京，1955年
文摘：*RBS*, 1959, **2**, no. 37

木宫泰彦(2)
《日本古印刷文化史》
A Cultural History of Old Japanese Printing.
富山房，东京，1932年

牧野善兵卫 (Makino Zembei) (1)
《徳川幕府時代書籍考》
A Study of Publications of the Tokugawa Period.
书籍商组合事务所，东京，1912年

穆孝天(1)
《安徽文房四宝》
Four Treasures of a Scholar's Study Manufactured in Anhui.
上海，1962年

那波利贞 (Naba Toshisada) (3)
《コヅロフ氏発見南宋時代版画》
A Woodcut of the Southern Sung Dynasty Discovered by M. Kozlov.
《史学杂志》(东京)，1929，**5**，95

潘承弼　顾廷龙(1)
《明代版本图录》
Facsimile Specimens of Ming Editions.
4册
上海，1941年

潘吉星(1)
《世界上最早的植物纤维纸》
The World's Earliest Specimen of Paper Made of Plant Fibre.
《文物》(北京)，1964年，11期，第48页

潘吉星(2)
《敦煌石室写经纸的研究》
A Study of the Paper used for Copying *Sutras* from the Tun-huang Caves.
《文物》(北京)，1966年，3期，第39页

潘吉星(3)
《关于造纸术的起源》
On the Origins of Papermaking.
《文物》(北京)，1973年，9期，第45页

潘吉星(4)
《新疆出土古纸研究》
A Study of Old Paper Specimens Discovered in Sinkiang.
《文物》(北京)，1973年，10期，第52页

潘吉星(5)
《故宫博物院藏若干古代法书用纸之研究》

A Study of Early Papers Used for the Calligraphy Preserved at the Palace Museum.
《文物》(北京)，1975年，10期，第84页

潘吉星(*6*)
《从出土古纸的模拟实验看汉代造麻纸技术》
Techniques of Making Hemp Paper in the Han Dynastyas Observed in Experiments Imitating Old Papers Discovered at Ancient Sites.
《文物》(北京)，1977年，1期，第51页

潘吉星(*7*)
《中国古代加工纸十种》
On Ten Kinds of Processed Paper in Ancient China.
《文物》(北京)，1979年，2期，第38页

潘吉星(*8*)
《谈世界上最早的植物纤维纸》
On the World's Earliest Specimen of Paper Made of Plant Fibres.
《化学通报》(北京)，1974年，5期，第45页

潘吉星(*9*)
《中国造纸技术史稿》
History of Chinese Papermaking Technology; a Draft.
文物，北京，1979年

潘吉星(*10*)
《谈旱滩坡东汉墓出土的麻纸》
On the Hemp Paper Unearthed from an Eastern Han Tomb at Han-Tan-Pho, Kansu Province.
《文物》(北京)，1977年，1期，第62页

潘吉星(*11*)
《喜看中颜村西汉窖藏出土的麻纸》
Viewing with Relish the Hemp Paper of Western Han Unearthed from a Vault at Chung-Yen Village, Fufeng, Shensi Province.
《文物》(北京)，1979年，9期，第21页

潘吉星(*12*)
《西汉麻纸不容否定》
Paper Made of Hemp in Western Han Cannot Be Denied.
《江西大学学报·社会科学》(南昌)，1980年，4期，第69页

潘美月(*1*)
《两宋蜀刻的特色》
Special Features of Szechuan Printing during the Northern and Southern Sung Dynasties.
《中央图书馆馆刊》(台北)，1976，**9** (no.2),45

潘铭燊(*1*)
《宋代私家藏书考》
History of Private Collections in the Sung Dynasty.
《华国》(香港)，1971，**6**，201

潘铭燊(*2*)
《宋刻书刊记之研究》
A Study of Printers' Colophons in the Sung Dynasty.
《崇基校刊》(香港)，1974 (no. 56), 35

潘天祯(*1*)
《明代无锡会通馆印书是锡活字》
Tin Movable Type Used for Printing by the Hui-Thung-Kuan of Wu-hsi in the Ming Dynasty.
《图书馆学通讯》(北京)，1980年，1期，第51页

彭信威(*1*)
《中国货币史》
A History of Chinese Currency.
人民出版社，上海，1958年

彭泽益(*1*)
《中国近代手工业史资料(1840—1949)》
Materials for the Study of the History of the Chinese Handicraft Industry between 1840 and 1949.
4卷
三联，北京，1957年

平岡武夫 (Hiraoka Takeo) (*1*)
《竹冊と支那古代の記録》
Bamboo Tablets as Records of Ancient China.
《東方學報》(京都)，1943，**13**，163

前间恭作 (Maema Kyōsaku) (*1*) (编)
《古鮮冊譜》

Record of Old Korean Books.
3册
东洋文库，东京，1944—1957年

钱存训(*1*)
《汉代书刀考》
A Study of the Book-Knife of the Han Dynasty.
《中央研究院历史语言研究所集刊》(台北)，1961，外编，no. 4, 997.
参见 J.Winkleman (1) (译本)

钱存训(*2*)
《论明代铜活字版问题》
Bronze Movable Type of Ming China: Problems of its Origin and Technology.
载于《庆祝蒋慰堂先生七十荣庆论文集》(台北)，第 129 页

钱存训(*3*)
《中国对造纸及印刷术的贡献》
Chinese Contributions to Papermaking and Printing.
马泰来译
《明报月刊》(香港)，1972, **7** (no. 12), 2

钱存训(*4*)
《中国古代的造纸原料》
Raw Materials for Old Papermaking in China.
马泰来译
《香港中文大学中国文化研究所学报》，1974, **7** (no. 1),27

钱存训(*5*)
《中国古代书史》
A History of Writing Materials in Ancient China.
香港中文大学，1975 年
参见日译本：宇都木章 (Utsugi Akira) 等(*1*)

钱存训(*6*)
《书籍文房装饰用纸考略》
Graphic and Decorative Use of Paper in China.
《香港中文大学中国文化研究所学报》，1978, **9** (no. 1), 83

钱存训(*7*)
《中国古代文字记录的遗产》
The Legacy of Early Chinese Written Records.
周宁森译
《香港中文大学中国文化研究所学报》，1971, **4** (no. 2), 273

钱存训(*8*)
《中国古代的简牍制度》
The System of Bamboo and Wooden Tablets in Ancient China.
周宁森译
《香港中文大学中国文化研究所学报》，1973, **6** (no. 1), 45

钱存训(*9*)
《英国剑桥藏本橘录题记》
On Dating the Edition of the *Chü Lu* at Cambridge University.
《清华学报》(台湾)，1973(n.s.) **10** (no. 1) 111

钱存训(*10*)
《翻译对中国现代化的影响》
The Impact of Translation on the Modernization of China.
戴文伯译
《明报月刊》(香港)，1974, **9** (no. 8), 2

钱存训
另见参考文献 C: Tsien Tshun-Hsün

钱基博(*1*)
《版本通义》
Introduction to Book Editions.
商务印书馆，上海，1933 年

钱穆(*1*)
《唐代雕版术之兴起》
The Rise of Block Printing in the Thang Dynasty.
《责善半月刊》(成都)，1941, **2** (no. 18), 21

乔衍琯(*1*)
《我国套色印刷简说》
Introduction to Chinese Multi-Colour Printing.
《中央图书馆馆刊》(台北)，1971, **4** (no. 1),17

乔衍琯 张锦郎(*1*)(编)
《图书印刷发展史论文集》

Collection of Materials for History of the Development of Books and Printing.
文史哲(台北)，1975年；续编，1977年

秦钦峙(*1*)
《华侨对越南经济文化发展的影响》
Contributions of Overseas Chinese to the Economic and Cultural Development of Vietnam.
《历史研究》(北京)，1979年，6期，第57页

青山新 (Aoyama Arata) (*1*)
《支那古版畫図録》
Collection of Old Chinese Woodcuts.
黑田源次作序
大塚工艺社，东京，1932年

裘锡圭(*1*)
《谈谈随县曾侯乙墓的文字资料》
Notes on the Written Documents Found in the Tomb of Tseng Hou-I at Sui-Hsien, Hupei.
《文物》(北京)，1979年，2期，第25页

屈万里　昌彼得(*1*)
《图书版本学要略》
Fundamentals of Chinese Bibliography.
台北，1953年

瞿启甲(*1*)
《铁琴铜剑楼宋金元本书影》
Facsimile Specimens of Sung, Chin, and Yüan Printing in the Iron Guitar and Bronze Sword Pavilion.
9册
常熟，1922年

全汉昇(*4*)
《元代的纸币》
Paper Money of the Yüan Dynasty.
《国立中央研究院历史语言研究所集刊》(上海)，1948，**15**，1

饶宗颐(*4*)
《从石刻论武后之宗教信仰》
The Religious Beliefs of Empress Wu as Seen from Stone Inscriptions.
《中央研究院历史语言研究所集刊》(台北)，1974，**45** (no. 3)，397

容庚(*3*)
《金文编》
Bronze Forms of Characters [Shang and Chou Dynasties].
北京，1925年；重印，1959年
续编(秦、汉)，1935年

容庚(*4*)
《商周彝器通考》
A General Treatise on the Sacrificial Bronzes of the Shang and Chou Dynasties.
2册
燕京大学哈佛燕京学社，北平，1941年

阮元(*4*)
《积古斋钟鼎彝器款识》
Inscriptions of Bronze Sacrificial Vessels from the Studio of Accumulated Antiques.
1804年

澁江全善 (Shibue Zenzen) 等(*1*)
《経籍訪古志》
Bibliographical Notes on Old Chinese Books.
据手稿重印，1935年

澁井清 (Shibui Kiyoshi) (*1*)
《江戸の板画》
Woodcut Prints of the Edo Period.
桃源社，东京，1965年

山本达郎 (Yamamoto Tatsurō)
《河内仏国極東学院所蔵字喃本及び安南版漢籍書目》
A Catalogue of *Nom* Character Editions and Annamese Editions of Chinese Books in the Ecole fran aise d'Extrême Orient, Hanoi.
《史學》(东京)，1938，**16** (no. 4)，73

善因
见　姚从吾

上村六郎 (Uemura Rokurō) (*1*)
《支那古代の製紙原料》
On the Materials for Paper Manufacture in Ancient China.
《和紙研究》(东京)，1951，**14**，15

上村六郎(*2*)

«支那の古代染色と本草学»
The Dyeing Art and Materia Medica in Ancient China.
«古文化»(东京)，1952，**1**，9

上里春生 (Uesato Shunsei) (*1*)
«江戸書籍商史»
A History of Edo Booksellers.
出版タイムズ社，东京、大阪，1930年

尚义(*1*)
«越南书简»
Report on Vietnam.
人民出版社，上海，1957年

沈燮元(*1*)
«明代江苏刻书事业概述»
Printing Industry of Chiangsu Province during the Ming Dynasty.
«学术月刊»(上海)，1957年，9期，第78页

沈之瑜(*1*)
«剪纸探源»
The Origins of Paper-cutting.
«文物参考资料»(北京)，1957年，8期，第13页

沈之瑜(*2*)
«跋萝轩变古笺谱»
A Postcript to the Collection of Letter Papers with Antique and New Designs from the Wisteria Pavilion.
«文物»(北京)，1964年，7期，第7页

师道刚(*1*)
«水文纸制成年代质疑»
Inquiries into the Dating of Watermarks on Chinese Paper.
«山西大学学报·哲学社会科学部门»(太原)，1981年，1期，第51页

施鸿保(*1*)
«闽杂记»
Miscellaneous Records of Fukien.
闽粤，台北，1968年

石谷风(*1*)
«谈宋代以前的造纸术»
The Art of Paper-making Before and During the Sung Dynasty.
«文物»(北京)，1959年，1期，第33页

石声汉(*1*)
«齐民要术今释»
New Commentaries on the *Chhi Min Yao Shu*.
科学出版社，北京，1957—1958年

石田幹之助 (Ishida Mikinosuke) (*1*)
«パリ開雕乾隆年間準回両部平定得勝図に就て»
A Picture of the Victory over the Chun and Hui Tribes Engraved in Paris during the Chhien-Lung Period.
«東洋學報»(东京)，1919，**9**，396

石田茂作(Ishida Mosaku) 和田军一(Wada Cunichi) (*1*)
«正倉院»
The Shōsōin: an Eighth Century Treasure House.
每日新闻社，东京，1954年

石志廉(*1*)
«北宋人像雕版二例»
Two Examples of Woodblock Carving of Human Figures in Northern Sung.
«文物»(北京)，1981年，3期，第70页

史梅岑(*1*)
«中国印刷发展史»
A History of Chinese Printing.
商务印书馆，台北，1966年

史梅岑(*2*)
«印刷术的源流发展»
The Origin and Development of Printing.
«艺术学报»(台北)，1966，**1**，243

史梅岑(*3*)
«纸张发明后的传播及其文化功用»
The Spread of Paper and its Effects on Civilization.
«艺术学报»(台北)，1968，**3**，1

史梅岑(*4*)
«中国印刷的演进及现代概况»
The Evolution and Present Condition of Chi-

nese Printing.
‹艺术学报›(台北)，1969，**4**，52

矢作胜美 (Yahagi Katsumi) (*1*)
‹明朝活字›
Movable Types of the Ming Dynasty.
平凡社，东京，1976年

寿岳文章 (Jugaku Bunshō) (*1*)
‹日本の紙›
The Papers of Japan.
吉川弘文馆，东京，1967年

寿岳文章(*2*)
‹和紙の旅›
The Travels of Japanese Paper.
芸艸堂，东京，1973年

书巢(*1*)
‹记墨书四种›
On Four Books on Ink.
‹文物›(北京)，1979年，6期，第72页

叔英
见 冀叔英

舒学(*1*)
‹我国古代竹木简发现出土情况(资料)›
A Survey of the Discoveries of Bamboo and Wooden Tablets of Ancient China; sources.
‹文物›(北京)，1978年，1期，第44页

水谷不倒 (Mizutani Futō) (*1*)
‹古版小説挿畫史›
A History of Illustrations in Old Editions of Novels.
大岡山书店，东京，1935年

水原尧荣 (Mizuhara Gyōei) (*1*)
‹高野板の研究›
A Study of Koya Editions.
森江书店，东京，1932年

松本信广 (Matsumoto Nobuhiro) (*1*)
‹河内仏国極東學院所蔵安南本書目›
A Catalogue of Books in Chinese by Annamese Authors at the École française d'Extrême-Orient, Hanoi.
‹史學›(东京)，1934，**13**，117

苏莹辉(*1*)
‹敦煌所出北魏写本历日›
A Hand-copied Calendar of the Northern Wei Dynasty from Tun-huang.
‹大陆杂志›(台北)，1950, **1** (no. 9), 4, 8

苏莹辉(*2*)
‹赫蹏考›
What Was Ho-Ti ?
‹大陆杂志›(台北)，1967, **34** (no. 11), 333

苏莹辉(*3*)
‹论蔡侯纸以前之纸›
Paper before Tshai Lun.
‹图书馆学报›(台中)，1967，**8**，81

苏莹辉(*4*)
‹敦煌学概要›
An Introduction to Tun-huang Studies.
台北，1964年

苏莹辉(*5*)
‹雕版印书不始于初唐论›
Wood-block Printing Did Not Originate in the Early Thang Dynasty.
‹中央图书馆馆刊›(台北)，1970, **3** (no. 2), 28

苏莹辉(*6*)
‹论金石刻画对雕版印书的启发›
A Discussion of the Influence of Carving Pictures on Metals and Stone upon Block-printing.
‹大陆杂志›(台北)，1964, **29** (nos. 10/11), 111

苏莹辉(*7*)
‹从早期文字流传的工具谈到中国图书的形成›
From the Ancient Tools of Writing to the Forms of Earlier Chinese Books.
‹图书馆学报›(台中)，1965，**7**，23

苏莹辉(*8*)
‹论铜器铭文为石刻行格及胶泥活字之先导›
On Bronze Inscriptions as Forerunner of Stone Carving and Earthenware movable Type.
‹故宫季刊›(台北)，1969, **3** (no. 3), 19

宿白(*1*)
‹南宋的雕版印刷›

Block Printing of the Southern Sung.
《文物》(北京), 1962年, 1期, 第15页

宿白(2)
《赵城金藏与弘法藏》
The Chao-Chheng Edition of the Chinese Tripitaka of the Chin Dynasty and the Hung-Fa Edition of the Chinese Tripitaka.
《现代佛学》(北京), 1964年, 2期, 第13页

宿白(3)
《唐五代时期雕版印刷手工业的发展》
Block Printing and its Development in the Thang and Five Dynasties.
《文物》(北京), 1981年, 5期, 第65页

孙宝明 李仲凯(1)
《中国造纸植物原料志》
Plant Materials for Papermaking in China.
轻工业出版社, 北京, 1959年

孙殿起(1)
《琉璃厂小志》
Notes on the Liu-li-chhang District of Peking.
北京出版社, 北京, 1962年

孙毓修(1)
《中国雕版源流考》
The Development of Chinese Printing.
商务印书馆, 上海, 1916年、1930年

台静农(1)
《谈写经生》
On Professional Copyists of the Buddhist *Sutras.*
《大陆杂志》(台北), 1950, 1 (no. 9), 9

谭旦冏(3)
《中华民间工艺图说》
Illustrated Description of Chinese Folk Handicrafts.
中华丛书委员会, 台北, 1956年

唐兰(4)
《石鼓文年代考》
On the Dating of the Stone Drum Inscriptions.
《故宫博物院院刊》(北京), 1958年, 1期, 第4页

唐凌阁(1)
《用纸问题的研究》
A Study of the Uses of Paper.
《东方杂志》(上海), 1935, **32** (no. 18), 75

唐凌阁(2)
《中国墨之研究》
A Study of Chinese Ink.
《东方杂志》(上海), 1937, **34** (no. 11), 61

陶然(1)
《中国活字版考》
On Chinese Movable Type.
《国学专刊》(上海), 1926, **1** (no. 1), 45

陶湘(1)
《闵板书目》
A Catalogue of Colour Printings by the Min and Other Families.
常州, 1933年

陶湘(2)
《涉园所见宋版书影》
Facsimile Specimens of Sung Editions in the She-Yüan Collection, series 1—2.
2册
常州, 1937年

陶湘(3)(编)
《涉园墨萃》
Books on Ink in the She-Yüan Collection.
常州, 1927—1929年

陶湘(4)
《武英殿聚珍版丛书目录》
List of Titles in the Wu-Ying-Tien Collection.
《图书馆学季刊》(北平), 1929, **3** (nos. 1—2), 205

陶湘(5)
《故宫殿本书库现存目》
Extant Titles in the Collection of Palace Editions in the Palace Museum.
北平, 1933年

滕固(1)(编)
《中国艺术论丛》

Collected Essays on Chinese Art.
商务印书馆，上海，1938年

藤悬静也 (Fujikake Shizuy) (*1*)
«支那版画と浮世絵版画»
Chinese Woodblock Prints and *Ukiyoe* Prints.
«国华», 1930, no. 459

藤悬静也(*2*)
«支那版画の浮世絵版画に及ぼせる影響»
The Influence of Chinese Woodcuts upon *Ukiyoe* Prints.
«国华», 1931, nos. 484—486

田野(*1*)
«陕西省霸桥发现西汉的纸»
Discovery of C/Han Paper at Pa-Chhiao, Shensi Province.
«文物参考资料»(北京)，1957年，7期，第78页

田渊正雄 (Tabuchi Masao) (*1*)
«清代木活字版印刷技術考»
Techniques of Wooden Movable Type Printing of the Chhing Dynasty.
Biblia, 1980 (no. 75), 434

田中敬 (Tanaka Kei) (*1*)
«粘葉考»
A Study of Traditional Bookbinding.
岩松堂，东京，1932年

田中敬(*2*)
«図書學概論»
An Introduction to the History of Books.
富山房，东京，1924年

田中亲美 (Tanaka Chikayoshi) (*1*) 等
«日本の工芸：紙»
Japanese Handicrafts; Paper.
淡支新社，京都，1966年

樋口弘 (Higuchi Hiroshi) (*1*)
«中国版盡集成»
Collection of Chinese Woodblock Prints.
味灯书屋，东京，1967年
图版326幅，7集，第一盒有活页说明文字

佟坡(*1*)
«民间窗花»
Chinese Folk Lattice Designs.
人民美术，北京，1954年

禿氏祐祥 (Tokushi Yūshō) (*1*)
«東洋印刷史序説»
Introduction to the History of Oriental Printing.
平乐寺书店，京都，1951年

外守素心庵 (Togari Soshinan) (*1*)
«唐墨和墨図説»
Illustrated Description of Chinese and Japanese Ink-cakes.
美术出版社，东京，1953年

丸山林平 (Maruyama Rinpei) (*1*)
«定本日本書記»
Authentic Editions of the Records of Japan.
4册
讲谈社，东京，1966年

万斯年(*1*)
«唐代文献丛考»
Studies on Some Literary Relics of the Thang Dynasty.
商务印书馆，上海，1957年

汪应文(*1*)
«国纸小史»
A Brief History of Chinese Paper.
«今文月刊»(重庆)，1942, **1** (no. 2), 54

王伯敏(*1*)
«中国版画史»
A History of Chinese Woodcuts.
人民，上海，1961年

王伯敏(*2*)
«胡正言及其十竹斋的水印木刻»
Hu Cheng-Yen and the Multi-colour Printing of his *Shih-Chu-Chai*.
«美术研究»(上海)，1957年，3期，第77页

王重民(*1*)
«说装潢»
On Paper Dyeing.
«图书馆学季刊»(北平)，1931, **5**, 39

王重民(*2*)

《安国传》
Biography of An Kuo.
《图书季刊》(中文版), 1948, 9 (no. 1/2), 22

王方中(*1*)
《宋代民营手工业的社会经济性质》
The Social-Economic Nature of Private Handicraft Industries during the Sung Dynasty
《历史研究》(北京), 1959 年, 2 期, 第 39 页

王丰谷(*1*)
《我国历代书版之演进》
The Development of Chinese Printing During the Successive Dynasties.
《出版月刊》(台北), 1965 (no. 3), 7

王国维 (*1*a)
《海宁王静安先生遗书》
Collected Works of Wang Kuo-Wei.
48册
1936年

王国维(*3*)
《显德刊本宝箧印陀罗尼经跋》
Postscript to an Edition of a Dharani *Sūtra* Printed in the Hsien-Te Period (+954 – 60).
收入《海宁王静安先生遗书》, 第九册

王国维(*4*)
《五代刻本宝箧印陀罗尼经跋》
Postscript to an Edition of a Dharani *Sūtra* Printed in the Five Dynasties.
收入《海宁王静安先生遗书》, 第十二册

王国维(*5*)
《五代两宋监本考》
On Books Printed by the Government during the Five Dynasties and the Sung Dynasty.
收入《海宁王静安先生遗书》, 第三十三册

王国维(*6*)
《两浙古刊本考》
On Early Editions of Books Printed in the Chiangsu-Chekiang Area.
收入《海宁王静安先生遗书》, 第三十四、三十五册

王国维(*7*)
《晋开运刻毗沙门天王像跋》
Postscript on an Icon of Vaisravana Printed in the Khai-Yün Period (+944 – 6).
收入《海宁王静安先生遗书》, 第十二册

王国维(*8*)
《元刊本西夏文华严经残卷跋》
Postscript on an Incomplete Edition of Buddhāvatamsakam in the Hsi-Hsia Language Printed in the Yüan Dynasty.
收入《海宁王静安先生遗书》, 第九册

王国维(*9*)
《释史》
An Interpretation of the Character *Shih*.
收入《海宁王静安先生遗书》, 第三册

王国维(*10*)
《魏石经考》
A Study of the Stone Classics Engraved in the +3rd Century.
收入《海宁王静安先生遗书》, 第八册

王国维(*11*)
《简牍检署考》
A Study of Bamboo and Wooden Documents and Their System of Sealing.
收入《海宁王静安先生遗书》, 第二十六册

王红元(*1*)
《三十年来的考古发现与书史研究》
Archaeological Discoveries and Studies in Chinese Calligraphy during the Past 30 Years.
《文献》(北京), 1979年, 1 期, 第 283 页

王静如(*1*)
《河西字藏经雕版考》
On the Hsi-Hsia Tripitaka.
收入《西夏研究》第一卷第一部分
国立中央研究院, 北平, 1932年

王静如(*2*)
《西夏文木活字版佛经与铜牌》
Buddhist *Sutras* Printed with Wooden Movable Type and Bronze Plate in the Tungut Language.
《文物》(北京), 1972年, 11期, 第 8 页

王菊华 李玉华(*4*)
《从几种汉纸的分析鉴定试论我国造纸术的发明》
On the Invention of Papermaking Based on the Analysis and Study of Paper Specimens of the Han Dynasty.
《文物》(北京)，1980年，1期，第78页

王明(*1*)
《蔡伦与中国造纸术的发明》
Tshai Lun and the Invention of Paper in China.
《考古学报》(北京)，1954年，8期，第213页

王明(*6*)
《隋唐时代的造纸》
Papermaking during the Sui and Thang Dynasties.
《考古学报》(北京)，1956年，11期，第115页

王冶秋(*1*)
《琉璃厂史话》
A History of the Liu-li-chhang District in Peking.
三联，北京，1963年

王庸(*1*)
《中国地图史纲》
A Brief History of Chinese Cartography.
三联，北京，1958年

王抒(*1*)
《马王堆汉墓的丝织物印花》
Silk Textiles with Printed Patterns Discovered in a Han Tomb at Ma-wang-tui, Chhangsha.
《考古》(北京)，1979年，5期，第474页，图版十二

微子(*1*)
《安徽省泾县东翟村发现泥活字宗谱》
A Genealogical Record of the Chai Family Printed with Clay Movable Type Discovered in Ching County, An-Hui.
《文物》(北京)，1960年，4期，第86页

翁同文(*1*)
《九经三传刻梓人为岳浚考》
A Discussion of Yüeh Chün as the Publisher of an Edition of the Nine Confucian Classics with the Three Commentaries to the *Chhun Chhiu*.
《大陆杂志》(台北)，1966, **32** (no. 7) 1

翁同文(*2*)
《印刷术对于书籍成本的影响》
Decreases in the Costs of Books Following the Invention of Printing.
《清华学报》(台湾)，1967, **6** (no. 1/2), 35

翁同文(*3*)
《近人引述毋昭裔刻书事订补》
On Wu Chao-I's Printing Activity.
《大陆杂志》(台北)，1968, **37** (no. 9), 27.

吴昌绶(*1*)(编)
《十六家墨说》
A Collection of Sixteen Works on Ink.
吴氏双照楼，仁和，1922年

吴大澂(*1*)
《古玉图考》
Illustrated Study of Ancient Jades.
同文，上海，1889年

吴幅员(*1*)
《琉球历代宝案选录》
Selections from the Liu-Chhiu Archives of Successive Dynasties.
台北，1975年

吴其濬(*1*)
《植物名实图考》
Illustrated Study and Description of Botany.
商务印书馆，上海，1933年

吴猷(*1*)
《吴友如画宝》
A Collection of Paintings by Wu Yu.
上海，1909年

吴泽炎(*1*)(译)
《中国印刷术的发明和它的西传》
The Invention of Printing In China and Its Spread Westward.
北京，1957年
译自 Carter (1), 1925 年版。

吴梓林(*1*)

‹谁发明纸›
Who Invented Paper ?
‹思想战线›(昆明)，1977年，6期，第58页

西川宁 (Nishikawa Yasushi) (*1*)
‹西安碑林›
The Forest of Stone Tablets in Sian.
讲谈社，东京，1966年

下中弥三郎 (Shimonaka Yasaburo) 下中邦彦 (Shimonaka Kunihiko) (*1*)(编)
‹書道全集›
Collected Specimens of Chinese and Japanese Calligraphy.
25册
平凡社，东京，1956—1961年

夏鼐(*2*)
‹考古学论文集›
Collected Papers on Archaeological Subjects.
中国科学院，北京，1961年

夏鼐(*7*)
‹扬州拉丁文墓碑和广州威尼斯银币›
Latin Tombstones of Yangchow and the Venetian Coins from Kuangchow.
‹考古›(北京)，1979年，6期，第532页

冼玉清(*1*)
‹佛山的锡铸活字版›
The Tin Movable Type of Fo-Shan, Kuangtung.
载于‹广州文献丛谈›(香港)，1965年，第73页

向达(*3*)
‹唐代长安与西域文明›
Western Cultures at the Chinese Capital (Chhang-an) during the Thang Dynasty.
‹燕京学报›，专号2，北平，1933年

向达(蟫螸生)(*6*)
‹记十竹斋›
On the Ten Bamboo Studio.
‹图书季刊›(中文版)，1935, **2** (no. 1), 39

向达(*7*)
‹中国印刷术之发明及其传入欧洲考›
The Invention of Printing in China and Its Spread Westward.
‹北平图书馆馆刊›，1940, **2** (no. 2), 103

向达(*8*)(译)
‹现存最古印本及冯道雕印群经›
The Printing of the Confucian Classics Under Feng Tao, +932 to +953.
‹图书馆学季刊›(北平)，1943, **6** (no. 1), 87
译自 Carter (1), Ch. 9.

向达(*9*)(译)
‹中国雕板印刷术之全盛时期›
The High Tide of Chinese Block Printing. (+960－1368).
‹图书馆学季刊›(北平)，1942, **5** (nos, 3—4), 367
译自 Carter (1), ch. 10.

向达(*10*)(译)
‹论印钞币›
The Printing of Paper Money.
‹图书馆学季刊›(北平)，1943, **6** (no. 4), 503
译自 Carter (1), ch. 11.

向达(*11*)(译)
‹吐鲁番回鹘人印刷术›
Printing of the Uighurs in Turfan.
‹图书馆学季刊›(北平)，1926, **1** (no. 4), 597
译自 Carter (1). ch. 14.

向达(*12*)(译)
‹高丽之活字印刷术›
The Wide Use of Movable Type in Korea.
‹图书馆学季刊›(北平)，1928, **2** (no. 2), 247
译自 Carter (1), ch. 23

向达(*13*)
‹唐代刊书考›
Printing in the Thang dynasty.
‹中央大学国学图书馆年刊›(南京)，1928, (no. 1), 1

小野忠重 (Ono Tadashige) (*1*)
‹支那版画叢考›
Studies in Chinese Woodcuts.
双林社，东京，1944年

晓菡(*1*)
‹长沙马王堆汉墓帛书概述›
Silk Manuscripts Discovered in Han Tomb

No. 3 at Ma-Wang-Tui, Chhangsha.
《文物》(北京)，1974年，9期，第40页

谢国桢(3)
《从清武英殿版谈到扬州诗局的刻书》
On Printing from the Wu-Ying-Tien to the Yang-Chou Poetry Bookshop.
《故宫博物院院刊》(北京)，1981年，1期，第15页

熊正文(1)
《纸在宋代的特殊用途》
The Special Usages of Paper in the Sung Dynasty.
《食货》(北平)，1937，**5**(no.12)，34

徐家珍(1)
《风筝小记》
A Note on Aeolian Whistles (attached to Kites).
《文物》(北京)，1959年，2期，第27页

徐珂(1)
《清稗类钞》
Classified Anecdotes in Chhing Times.
商务印书馆，上海，1917年

徐蔚南(1)
《中国美术工艺》
Chinese Artistic Handicrafts.
中华，上海，1940年

徐信符(1)
《广东版片记略》
Printing Blocks in Kuangtung.
《广东文物》(广州)，1941，**1**，858

许国霖(1)
《敦煌石室写经题记》
Notes on Tun-Huang Manuscripts.
商务印书馆，上海，1937年

许鸣岐(1)
《瑞光寺塔古经纸的研究》
A Study of the Old Paper for Buddhist *Sutras* Discovered in the Pagoda of the Jui-Kuang Temple in Soochow.
《文物》(北京)，1979年，11期，第34页

许同莘(1)
《华氏谱略(无锡华氏谱跋)》
A Brief Genealogical History of Hua Sui's Family in Wu-Hsi, Chiangsu Province, with a Postface.
《北平图书馆馆刊》(北平)，1934，**8**(no.4)，73

严可均(1)(编)
《全晋文》
Collected Prose Literature of the Chin Dynasty.
收入《全上古三代秦汉三国六朝文》

燕义权(1)
《铜版和套色版印刷的发明与发展》
The Invention and Development of Bronze Block and Multi-colour Printing.
载于《中国科学技术发明和科学技术人物论集》，第205—215页.

燕石(1)
《几块有关镇压踹坊染纸坊手工工人的碑刻资料》
Some Stone Tablets Telling about the Suppression [and Exploitation] of Textile and Paper-mill Workers.
《文物参考资料》(北京)，1957年，9期，第38页

杨家骆(1)(编)
《四库全书学典》
Bibliographical Index of the *Ssu Khu Chhuan Shu* Encyclopaedia.
世界书局，上海，1946年

杨家骆(2)
《中国古今著作名数之统计》
An Estimate of Chinese Publications from Ancient to Modern Times.
《新中华》(上海)，1946，(n.s.) **4**(no. 7)，22

杨守敬(1)
《留真谱》
Facsimile of Rare Editions by Woodcut.
1—2辑
刊本，1901—1917年；重印，收入《书目丛编》(第5册)，台北，1972年

杨寿清(1)
《中国出版界简史》
A Brief History of Chinese Publishing.

永祥印书馆，上海，1946年

杨维新(*1*)
«日本版本之历史»
A History of Japanese Printing.
«图书馆学季刊»(北平)，1929，**3**，551；1930，**4**，23

杨钟义(*1*)
«雪桥诗话续集»
Further Discourse about Poetry by [the Recluse of] Snow-Bridge.
1917年

姚从吾(*1*)
«中国造纸术输入欧洲考»
The Introduction of the Chinese Method of Papermaking to Europe.
«辅仁学志»(北平)1928，**1**，1；«书目季刊»(台北)，1966—1967，**1** (nos. 2—4)

姚名达(*1*)
«中国目录学史»
A History of Chinese Bibliography.
商务印书馆，上海，1938年

姚士鳌
见 姚从吾

叶长青(*1*)
«闽本考»
Books Printed in Fukien.
«图书馆学季刊»(北平)，1927，**2**(no.1)，115

叶德辉(*2*)
«书林清话»
Plain Talks on Chinese Books.
观古堂，长沙，1920年；重印：北京，1959年、1961年；台北，1960年

叶德辉(*3*)
«书林余话»
Further Talks on Chinese Books.
上海，1928年；重印：北京，1959年、1961年；台北，1960年

叶德辉(*4*)
«藏书十约»
The Bookman's Decalogue.
古典文学，上海，1957年

译本：参见 A. Fang [Chih-Thung] (1).

叶恭绰(*1*)
«历代藏经考略»
Chinese Editions of the Tripitaka from Various Dynasties.
载于«张菊生先生七十生日纪念论文集»(上海)，1937年，第25—42页

叶恭绰(*2*)(编)
«四家藏墨图录»
An Illustrated Catalogue of Four Ink Collections.
〔北京，约1956年〕

叶圣陶(*1*)
«荣宝斋的彩色木刻画»
Chinese Colour Wood-block Printing by Jung Pao-chai.
«新观察»(北京)，1954年10期，第17页

易波(*1*)
«荣宝斋的木版水印画»
The Wood-Block Prints of Jung-Pao-Chai.
«美术»(北京)，1955年，10期，第20页

尹润生(*1*)
«明清两代的集锦墨»
Decorated Ink Sets of the Ming and Chhing Dynasties.
«文物参考资料»(北京)，1958年，12期，第12页

于为刚(*1*)
«印刷术发明于隋朝的新证析疑»
Questions concerning the 'New Evidence for the Invention of Printing in the Sui Dynasty' by Chang Chih-Che.
«文献»(北京)，1981年，4期，第231页

于霞裳(*1*)
«金元时期平水印刷业初探»
A Preliminary Study of the Printing Industry at Phing-Shui during the Chin and Yüan Periods.
«山西师范学院学报»(临汾)，1958年，1期，第27页

于省吾(*1*)

《双剑誃古器物图录》
Illustrations of Antique Objects in the Yü Collection.
北平，1940年

余嘉锡(1)
《书册制度补考》
Further Study on the Evolution of Chinese Books.
收入《余嘉锡论学杂著》，下册，第539—556页，北京，1963年

喻诚鸿 李沄(1)
《中国造纸用植物纤维图谱》
An Illustrated Repertory of Plant Fibres for Papermaking in China.
科学出版社，北京，1955年

宇都木章 (Utsugi Akira) 等(1)(译本)
《中国古代書籍史》
A History of Books and Inscriptions in Ancient China.
法政大学出版局，东京，1980年
译自 Tsien (1).

袁翰青(1)
《中国化学史论文集》
Collected Papers on the History of Chemistry in China.
三联，北京，1956年

袁翰青(2)
《造纸在我国的发展和起源》
The Origin and Development of Paper in China.
《科学通报》(北京)，1954年，12期，第62页

袁同礼(1)
《永乐大典现存卷目表》
Table of Extant Volumes of the *Yung-Lo Ta Tien*.
《图书季刊》(中文版)，1939(n.s.) 1 (no. 3)，246

曾我部静雄 (Sogabe Shizuo (1)
《紙幣発達史》
The Development of Paper Money.
印刷厅，东京，1945年

翟金生(1)
《泥版试印初编》
First Experimental Printing with Earthenware Type.
1844年

张秉伦(1)
《关于翟金生的泥活字问题的初步研究》
A Preliminary Study of Chai Chin-Sheng's Earthenware Movable Type.
《文物》(北京)，1979年，10期，第90页

张德钧(1)
《关于造纸在我国的发展和起源的问题》
On "The Origin and Development of Paper in China" (by Yüan Han-Chhing).
《科学通报》(北京)，1955年，10期，第85页

张仃(1)
《桃花坞年画》
New Year Pictures from the Peach Blossom Village of Soochow.
《美术》(北京)，1954年，8期，第44页

张凤(1)
《汉晋西陲木简汇编》
Wooden Tablets of the Han and Chin Dynasties Discovered in Chinese Turkestan During Aurel Stein's Three Expeditions.
上海，1931年

张国淦(1)
《历代石经考》
A History of Stone Classics Engraved during the Successive Dynasties.
北平，1930年

张珩(1)
《怎样鉴定书画》
How to Appraise the Authenticity of Calligraphy and Painting.
《文物》(北京)，1964年，3期；文物，北京，1966年

张怀礼(1)
《印刷术的发明和演进》
The Invention and Development of Printing.
《历史教学》(天津)，1955年，7期，第43页

张静庐(1)

《中国近代出版史料》
Materials for a History of Publishing in Modern China, 1862—1918.
二编
群联，上海，1954年

张静庐(2)
《中国现代出版史料》
Materials for a History of Publishing in Contemporary China, 1919—49.
四编
中华，北京，1955年

张静庐(3)
《中国出版史料补编》
Further Materials for a History of Publishing in China, 1862—1949.
中华，北京，1957年

张铿夫(1)
《中国书装源流》
The Evolution of Book Formats in China.
《岭南学报》(广州)，1950，**10** (no. 2)，193

张曼陀(1)
《中国制纸与印刷沿革考》
The Development of Paper-Making and Printing in China.
《史地丛刊》(上海)，1933，**1**，1

张思温(1)
《活字版西夏文华严经卷十一至卷十五简介》
A Brief Introduction to a Movable Type Edition of a Tangut Translation of the *Avatamsaka Sutra*, Chapters 11—15.
《文物》(北京)，1979年，10期，第93页

张心澂(1)
《伪书通考》
A Complete Investigation of (Ancient and Medieval) Books of Doubtful Authenticity.
2册
商务印书馆，长沙，1939年；重印，1957年

张星烺(1)
《中西交通史料汇编》
Materials for the Study of the Intercourse of China and the West. 6 vols.
辅仁大学出版社，北平，1928年、1930年；世界书局重印，台北，1962年

张秀民(1)
《金元监本考》
On the Books Printed by the Government during the Chin Dynasty.
《图书季刊》(中文版)，1935，**2** (no. 1)，19

张秀民(2)
《宋孝宗时代刻书述略》
A Brief Sketch of Block Printing during the Reign of Sung, Hsiao-Tsung (+1163—89).
《图书馆学季刊》(北平)，1936，**10** (no. 3)，385

张秀民(3)
《中国印刷术的发明及其对亚洲各国的影响》
The Invention of Printing in China and its Influence on Other Asian Countries.
《文物参考资料》(北京)，1952年，2期，第20页

张秀民(4)
《朝鲜的古印刷》
Early Printing in Korea.
《历史研究》(北京)，1957年，3期，第61页

张秀民(5)
《中国印刷术的发明及其影响》
The Invention of Printing in China and its Influence.
人民，北京，1958年

张秀民(6)
《辽金西夏刻书简史》
A Short History of Printing in Liao, Chin and Hsi-Hsia.
《文物》(北京)，1959年，3期，第11页

张秀民(7)
《清代泾县翟氏的泥活字印本》
On the Books Printed with Clay Movable Type by the Chai Family of Ching County, An-Hui, in the Chhing Dynasty.
《文物》(北京)，1961年，3期，第30页

张秀民(8)
《南宋刻书地域考》
On Printing Centres in the Southern Sung Dynasty.
《图书馆》(北京)，1961年，3期，第52页

张秀民(9)
《明代的铜活字》
On Bronze Movable Type of the Ming Dynasty.
《图书馆》(北京), 1961年, 4期, 第55页

张秀民(10)
《清代的铜活字》
Copper Type in the Chhing Dynasty.
《文物》(北京), 1962年, 1期, 第49页

张秀民(11)
《元明两代的木活字》
On Wooden Movable Type of the Yüan and Ming Dynasties.
《图书馆》(北京), 1962年, 1期, 第56页

张秀民(12)
《清代的木活字》
The Wooden Movable Type of the Chhing Dynasty.
《图书馆》(北京), 1962年, 2期, 第60页; 3期, 第60页

张秀民(13)
《明代徽派版画黄姓刻工考略》
On the Huang Carvers of Anhui during the Ming Dynasty.
《图书馆》(北京), 1964年, 1期, 第61页

张秀民(14)
《五代吴越国的印刷》
Printing of the Wu-Yüeh Kingdom in the Five Dynasties.
《文物》(北京), 1978年, 12期, 第74页

张秀民(15)
《蔡伦传》
Biography of Tshai Lun.
载于《中国古代科学家》, 第18—20页
科学出版社, 北京, 1963年

张秀民(16)
《明代印书最多的建宁书坊》
The Printers in Chien-Ning (Fukien) Who Printed Most of the Books in the Ming Dynasty.
《文物》(北京), 1979年, 6期, 第76页

张秀民(17)
《雕版印刷开始于唐初贞观说》
The Beginnings of Block Printing in the Chen-Kuan Period (+627—59) of the Early Thang Dynasty.
《社会科学战线》, 1979年, 3期, 第345页

张秀民(18)
《明代北京的刻书》
Printing in Peking in the Ming Dynasty.
《文献》(北京), 1980年, 1期, 第298页

张秀民(19)
《明代南京的印书》
Printing in Nanking in the Ming Dynasty.
《文物》(北京), 1980年, 11期, 第78页

张贻惠(1)
《福建版本在中国文化上之地位》
The Position of Fukien Printing in Chinese Culture.
《福建文化》(福州), 1933, 1 (no. 7), 1

张映雪(1)
《杨柳青木刻年画选集》
Woodcut New Year Pictures from Yang-Liu-Chhing.
北京, 1957年

张永惠(1)
《中国造纸原料之研究》
A Study of the Raw Materials for Papermaking in China.
重庆, 1943年

张志哲(1)
《印刷术发明于隋朝的新证》
New Evidence for the Invention of Printing in the Sui Dynasty.
《社会科学》(上海), 1979年, 3期, 第154页

张子高(2)
《中国化学史稿(古代之部)》
A Draft History of Chinese Chemistry (Ancient Section).
科学, 北京, 1964年

张子高(7)
《关于蔡伦对造纸术贡献的评价》

An Evaluation of Tshai Lun's Contribution to Paper-making.
《清华大学学报》(北京), 1960, **7** (no. 2)

张仲一(*1*)等
《徽州明代住宅》
Ming Dynasty Dwelling-Houses in Hui-chou.
建筑工业出版社，北京，1957年

朝昌亀三 (Asakura Kamezō) (*1*)
《日本古刻書史》
History of Old Japanese Printing.
国书刊行会，东京，1909年

赵鸿谦(*1*)
《宋元本行格表》
A Table of the Formats of Some Sung and Yüan Editions.
《中央大学国学图书馆年刊》(南京), 1928 (no. 1), 1

赵万里(*1*)
《两宋诸史监本存佚考》
On the Survival of Standard Histories Printed by the Government during the Sung Dynasty.
载于《庆祝蔡元培先生六十五岁论文集》(上海), 第167页

赵万里(*2*)
《程氏墨苑杂考》
On Chheng Chün-Fang's Inkcake Designs.
《中法汉学研究所图书馆馆刊》(北京), 1946, 2, 1

赵万里(*3*)
《从简牍文化说到雕版文化》
From Bamboo Strips to Block Printing (as the Media of Diffusion of Knowledge).
《文物参考资料》(北京), 1951, **2** (no. 2), 21

赵万里(*4*)
《中国印本书籍发展简史》
A Short History of the Development of Printed Books in China.
《文物参考资料》(北京), 1952年, 4期, 第5页

赵万里(*5*)
《汉魏南北朝墓志集释》
Collected Inscriptions on Grave Tablets from the + 2nd to + 7th Centuries.
6册
科学，北京，1955年

針ケ谷鐘吉(Harigaya Kanekichi) 等(*1*)
《浮世絵文献目録》
Ukiyoe Bibliography (books and catalogues in languages other than Japanese).
2册
味灯书屋，东京，1972年

郑师许(*1*)
《元朝私刻本表》
Table of Private Printing in the Yüan Dynasty.
《人文月刊》(上海), 1935, **6** (no. 5), 1; (no. 7), 17
参见：长泽规矩也(*6*)

郑振铎(*6*)(编)
《中国版画史图录》
Illustrations to the History of Chinese Woodcuts. Series 1—5
5辑24册
上海，1940—1947年

郑振铎(*7*)
《中国印本书籍展览引言》
A Foreward to 'An Exhibition of Printed Chinese Books'.
《文物参考资料》(北京), 1952年, 4期, 第1页

郑志超 荣元恺(*1*)
《两汉麻纸质疑》
Questions on the Hemp Paper of Western Han.
《江西大学学报·社会科学》(南昌), 1980年, 2期, 第56页

织田一磨 (Oda Kazuma) (*1*)
《浮世絵と挿絵芸術》
The Art of *Ukiyōe* and Book Illustration.
万里阁，东京，1931年

植田寿藏 (Ueda Juzō) (*1*)
《南宋の版画》
Woodblock Prints of the Southern Sung.
《艺文》(东京), 1916, **7** (no. 2), 119

中村不折 (Nakamūra Fusetsu) (*1*)
«新疆と甘粛の探険»
Archaeological Explorations of Sinkiang and Kansu.
雄山阁，东京，1934年

中山久四郎 (Nakayama Kyushirō) (*1*)
«世界印刷通史»
A Comprehensive World History of Printing.
三秀舍，东京，1930年

钟崇敏(*1*)
«四川手工业纸调查»
A Survey of the Hand-made Paper Industry in Szechuan.
重庆，1943年

仲田胜之助 (Nakada Katsunosuke) (*1*)
«絵本の研究»
A Study of Illustrated Books.
美术出版社，东京，1950年

周宝中(*1*)
«铅丹防蠹纸的研究»
A Study of Litharge-Treated Paper for Prevention of Bookworms.
«中国历史博物馆馆刊»(北京)，1980年，2期，第194页

周法高(*1*)
«论中国造纸术之原始后记»
Postscript on Lao Kan's 'The Invention of Paper in China'.
«国立中央研究院历史语言研究所集刊»(上海)，1948, **19**, 499

周骏富(*1*)
«中国活字版传韩考辨»
On the Introduction of Movable Type from China to Korea.
«中华文化复兴月刊»(台北)，1971, **4** (no. 9), 17

周叔迦(*1*)
«北平图书馆藏西夏文佛经小记»
On the Hsi-Hsia *Sutras* Preserved in the National Peiping Library.
«辅仁学誌»(北平)，1931, **2** (no. 2), 55

周一良(*1*)
«纸与印刷术——中国对世界文明的伟大贡献»
Paper and Printing—China's Great Contributions to Civilisation.
«新华月报»(北京)，1951, **4** (no. 1), 24

周祖达(*1*)
«台湾产纤维制造纸浆之研究论集»
Studies of Pulp from Taiwan's Fibres.
台北，1966年
附英文提要

朱传誉(*1*)
«宋代新闻史»
History of Journalism in the Sung Dynasty.
台北，1967年

朱家濂(*1*)
«清代泰山徐氏的磁活字印本»
On the Books Printed with Clay Movable Type by the Hsü Family of Thai-Shan, Shantung, in the Chhing Dyasty.
«图书馆»(北京)，1962年，4期，第60页

朱士嘉(*3*)
«中国地方志综录»
A Union Catalogue of Chinese Local Histories.
商务印书馆，上海，1935年；再版，北京1958年；重印，东京，1968年；台北，1975年

竹田悦堂 (Takeda Etsudō) (*1*)
«和紙要録»
Notes on Japanese Paper.
文海堂，东京，1966年

竹尾荣一 (Takeo Eiichi) (*1*)
«手漉和紙»
Japanese Handmade Papers.
竹尾株式会社，东京，1969年

竹尾荣一 (Takeo Eiichi) (*2*)
«紙»
Handmade Papers of the World.
竹尾株式会社，东京，1979年
原文为日文和英文，盒内有纸样

庄司浅水 (Shōji Sensui) (*1*)
«書籍装訂の歴史と実際»

The Art of Bookbinding; its History and Craft.
荣光社（くろりあそさえて），东京，1929年

庄葳(1)
《唐开元"心经"铜范系铜版辨》
On the Use of Bronze Plates for Printing the *Hsin Ching* during the Khai-Yüan Reign Period of the Thang Dynasty.
《社会科学》(上海)，(no. 3)，151.

庄严(1)
《雷峰塔藏宝箧印陀罗尼经跋》
Postscript on the Dharani *Sutra* Preserved in the Thunder Peak Pagoda, Hangchow.
《图书馆学季刊》(北平)，1926，**1** (no. 2)，331

宗政五十绪 (Munemasa Isoo) 若林正治 (wakabayashi Shoii) (1)
《近世京都出版资料》
Materials on Modern Publishing in Kyoto.
日本古书通信社，东京，1965年

Anon.* (22)
《四川汉画像砖选集》
A Selection of Bricks with Stamped Reliefs from Szechuan.
文物，北京，1957年

Anon. (43)
《新中国的考古收获》
Successes of Archaeology in New China.
文物，北京，1961年

Anon. (109)
《中国高等植物图鉴》
Iconographia Cormophytorum Sinicorum (Flora of Chinese Higher Plants).
5册
科学，北京，1972—1976年

Anon. (110)
《常用中草药图谱》
Illustrated Flora of the Most Commonly Used Drug Plants in Chinese Medicine.
人民卫生，北京，1970年

Anon. (225)
《浙江之纸业》
The Paper Industry of Chekiang.
杭州，1930年

Anon. (226)
《竹扉旧藏名纸目录》
A Catalogue of Famqus Papers Originally Collected by Chu-Fei.
华西协合大学，成都，1947年

Anon. (227)
《中国古代版画丛刊》
Collection of Old Illustrated Books of China.
44册
中华，北京，1961年

Anon. (228)
《中国版画选》
Selected Specimens of Chinese Woodblock Illustrations (re-engraved in facsimile).
2册
荣宝斋，北京，1958年

Anon. (229)
《中国版刻图录》
Collection of Facsimile Specimens of Chinese Printing.
北京图书馆编
8册
文物，北京，1961年

Anon. (230)
《河北平山县发现的至元通行宝钞铜版》
Bronze Plate for Printing Chih-Yüan Period Paper Currency Discovered in Phing-Shan, Hopei Province.
《考古》(北京)，1973年，1期，第42页

Anon. (231)
《西安半坡》
The Neolithic Village at Pan-Pho, Sian.
中国科学院考古研究所，北京，1963年

Anon. (232)
《古代竹简的脱水处理》

*Anon 表示所列文献的作者未署名，其中多为集体编著的作品——编译者

Dehydration Treatment of Ancient Bamboo Tablets.
«考古»(北京)，1976 年，4 期，第 276 页

Anon. (233)
«六朝陵墓调查报告»
Report of Investigations of Six Dynasties Tombs.
中央古物保管委员会，南京，1935 年

Anon. (234)
«马王堆汉墓帛书»
Silk Books Discovered in the Han Tomb at Ma-Wang-Tui, Chhangsha.
8 册
文物，北京，1975 年

Anon. (235)
«手工业生产经验选编——造纸»
Selections on Experience in Handicraft — Papermaking.
北京，1958 年

Anon. (236)
«睡虎地秦墓竹简»
Bamboo Tablets Discovered in a Chhin Tomb at Shui-Hu-Ti, Yün-Meng Hsien, Hupei Province.
文物，北京，1978 年

Anon. (237)
«对明清时期防蠹纸的研究»
A Study of Specimens of Ming-Chhing Moth-Proof Paper.
«文物»(北京)，1977 年，1 期，第 47 页

Anon. (238)
«望都汉墓壁画»
Painting of a Han Tomb Discovered at Wang-Tu, Hopei Province.
历史博物馆，北京，1955 年

Anon. (239)
«文物考古工作三十年»
Thirty Years of Cultural and Archaeological Work, 1949—1979.
文物，北京，1979 年

Anon. (240)
«中国の明清時代の版画»
Chinese Woodcuts and Etchings of the Ming, and Chhing Dynasties.
奈良，大和文华馆，1972 年

Anon. (241)
«正倉院の紙»
Various Papers Preserved in the Shōsōin.
日本经济新闻社，东京，1970 年

Anon. (242)
«正倉院の書蹟»
Calligraphy Kept at the Shōsōin.
日本经济新闻社，东京，1964 年

Anon. (243)
«手漉和紙大鑑»
Comprehensive Collection of Handmade Japanese Paper.
每日新闻社，东京，1973—1974 年
5 函，共 1000 张纸样

Anon. (244)
«東洋文庫朝鮮本分類目録(附安南本目録)»
A Classified Catalogue of Korean Editions in the Collection of Tōyō Bunko (appended with a Catalogue of Annamese Editions).
东京，1939 年

Anon. (245)
«朝鲜文化史»
Cultural History of Korea.
朝鲜民主主义人民共和国社会科学院历史研究所编
平壤，1966—

C. 西文书籍和论文

A CHING (1). 'Chinese New-Year Pictures.' *CLIT*, 1959, no. 2, 171.

ACKERMAN, P. (1). *Wall Paper; its History, Design and Use.* Stokes, New York, 1923.

AHJUNG (1). 'Art Recreated; the Woodblock Prints of the Jung Pao Chai Studio.' *CLIT*, 1972, no. 2, 102.

AKATSUKA KIYOSHI (1). 'A New Study of the *Shih-Ku-Wen*.' *ACTAS*, 1963, no. 3, 80.

ALDEN, H.M. (1). 'Origin of Printing and Why the Ancients had no Printing Press.' *ER*, 1824, **40**, 366; *IQR*, 1859, **8**, 20; *HNMM*, 1868, **37**, 394, 637.

ALIBAUX, H. (1). 'L'invention du papier.' *GUJ*, 1939, 9.

ANDERSON, D.M. (1). *The Art of Written Forms; the Theory and Practice of Calligraphy.* Holt, Rinehart & Winston, New York, 1969.

ANDERSON, W. (1). *Japanese Wood Engravings; the History, Technique and Characteristics.* Seeley, London; Macmillan, New York, 1895.

ANDREWS, A.E. (1). *Rags; being an Explanation of why they are used in the Making of Paper.* Strathmore Paper Co., Mittineague, Mass., [1927].

ANON. (180). 'Aperçu sur le développement de I'industrie du papier.' *OEO*, 1935, **59**, 32.

ANON. (181). *The Art of Papermaking: A Guide to the Theory and Practice of the Manufacture of Paper; being a Compilation from the Best-known French, German and American Writers.* 2nd ed. London, 1876.

ANON. (182). *Chinese Paper; A Catalogue of the Chu-Fei Collection.* West China Union University Museum, Chhengtu, 1947.

ANON. (183). *Comprehensive Collection of Handmade Japanese Paper.* Mainichi Newspapers, Tokyo, 1973-4. Text in Japanese and English with samples of raw materials and some 1000 paper specimens in 5 boxes.

ANON. (184). *Dard Hunter Paper Museum.* MIT, Cambridge, Mass, 1939; Institute of Paper Chemistry, Appleton, Wisconsin, 1965 ?

ANONl. (185). *The Dictionary of Paper, including Pulp, Paperboard, Paper Properties, and Related Papermaking Terms.* 3d ed. American Paper and Pulp Association, New York, 1965; 4th ed., 1980.

ANON. (186). 'An Exhibition of Painted and Inscribed Fans.' *CLIT*, 1961, no. 7, 134.

ANON. (187). *Fan Paintings by Late Ch'ing Shanghai Masters.* An Exhibit at the Hong Kong Museum of Art, Feb. 15 to March 20, 1977. Urban Council, Hong Kong, 1977.

ANON. (188). *Manuscrits et peintures de Touen-houang; Mission Pelliot 1906–09, Collection de la Bibliothèque et du Musée Guimet.* Editions des Musées nationaux, Paris, 1947.

ANON. (189). *A Millennium of Printing in China, Korea and Japan; an Inaugural Exhibition, Nov. -Dec. 1972.* Royal Library, Stockholm, 1972.

ANON. (190). *Paper and Paper Products in China.* Comp. by U.S. Bureau of Foreign and Domestic Commerce. Government Printing Office, Washington, 1925. (Trade Information Bulletin 309).

ANON. (191). *Papermaking, Art and Craft; an Account Derived from the Exhibition Presented in the Library of Congress, Washington, D.C. and Opened on April 21, 1968.* Library of Congress, Washington, D.C., 1968.

ANON. (192). *Plane Geometry and Fancy Figures; an Exhibition of Paper Folding Held in Cooper Union Museum.* New York, 1959.

ANON. (193). 'Wallpaper; a Picture-book of Examples in the Collection of the Cooper Union Museum.' *CUMC*, 1961, **3** (nos. 1—3), 1.

ANON. (194). 'Who Invented Paper ?' *CREC*, 1972, **21** (no. 6), 20. Reprinted in *CSOH*, 1973, **6** (no. 4), 24.

ASHLEY, M. (1). 'On a Method of Making Rubbings.' *AAN*, 1930, n.s., **32**, 578.

ASTON, W.G. (1) (tr.). *Nihongi; Chronicles of Japan from the Earliest Times to A.D. 697.* 2 vols. Kegan Paul, Trench, Trübner, London, 1896; Allen & Unwin, London 1956.

ASTON, W.G. (2). *A History of Japanese Literature.* Appleton, New York, 1937. Rev. ed. Tuttle, Rutland, Vt., 1972.

ATKYNS, R. (1). *The Origin and Growth of Printing; Collected out of History, and the Records of this Kingdome.* London, 1664.

BACON, ROGER (1). *Opus Majus.* Eng. tr. by Robert B. Burke. Oxford University Press, 1928; University of Pennsylvania Press, Philadelphia, 1938; Russoll & Russell, New York, 1962.

BAGFORD, J. (1). 'An Essay on the Invention of Printing.' *PTRS,* 1706–7, 25. Repr., Committee on the Invention of Printing, Chicago, 1940.

BARKER, L. (1). *A Seminar in Handmade Papermaking for the Fine Arts.* Cranbrook Academy of Art, Bloomfield Hills, Mich., 1962.

BARNARD, N. (2) (ed.). *Early Chinese Art and its Possible Influence in the Pacific Basin.* A symposium arranged by the Department of Art History and Archaeology, Columbia University, New York City, Aug. 21–25, 1967. In collaboration with Douglas Fraser. New York, 1972. 3 vols.

BARNARD, N. (3). *The Chhu Silk Manuscript; Translation and Commentary.* National University of Australia, Canberra, 1973.

BARUCH, W. (1). 'The Writing and Language of the Si-hsia.' In *Sino-Tibetan Art,* ed. by Alfred Salmony. Paris, 1933.

BASANOFF, A. (1). *Itinerario della carta dall' Oriente all'Occidente e sua diffusione in Europa.* (Traduzione di Valentina Bianconcini). Edizioni il Palifilo, Milano [1965].

BATTEUX, C. & DE BRÉQUIGNY, L.G.O.F. (1) (eds.). *Mémoires concernant l'histoire, les sciences, les arts, les moeurs, les usages, etc. des Chinois par les missionnaires de Pékin.* 15 vols. Nyon, Paris, 1776–91.

BEATTY, W.B. (1). 'The Handmade Paper of Nepal' *PAM,* 1962, **31,** 13.

DE BELLECOURT, DUCHESNE (1). 'Note sur l'écorce de l'arbuste à papier du Japon.' *BSZA,* 1865 (2e sér.), **2,** 36.

BENEDETTI-PICHLER, A.A. (1). 'Microchemical Analysis of Pigments Used in the Fossae of the Incisions of Chinese Oracle Bones.' *IEC/AE,* 1937, **9,** 149.

BERGMAN, FOLKE (1). *Archeological Researches in Sinkiang.* Reports of the Sino-Swedish [Scientific] Expedition [to Northwest China], 1939, vol. 7 (pt. 1).

BERGMAN, FOLKE (4). 'Travels and Archeological Field Work in Mongolia and Sinkiang.' In *History of the Expedition in Asia, 1927–1935.* Part 4 (Sino-Swedish Expedition Publications no. 26), 135. Göteborg Elander, Stockholm, 1945.

BERGMAN, FOLKE (5). 'Lou-lan Wood-carvings and Small Finds Discovered by Sven Hedin.' *BMFEA,* 1935, **7,** 71.

BERNARD-MAITRE, H. (18). 'Les adaptations chinoises d'ouvrages européens; bibliographie chronologique depuis la venue des Portugais à Canton jusqu'à la mission Française de Pékin, 1514–1688.' *MS,* 1945, **10,** 309.

BERNARD-MAÎTRE, H. (20). 'Les origines chinoises de l'imprimerie aux Philippines.' *MS,* 1942, **7,** 312.

BESTERMAN, T. (1). *Early Printed Books to the End of the Sixteenth Century; a Bibliography of Bibliographies.* Societas Bibliographica, Geneva, 1961.

BEVERIDGE, H. (1). 'The Papermills of Samarkand.' *ASQR,* 1910, 160.

BIELENSTEIN, H. (3). *The Bureaucracy of Han Times.* Cambridge, 1980.

BIGMORE, E.C. & WYMAN, C.W.H. (1). *A Bibliography of Printing.* London, 1880–6; 2nd ed. 1945.

BINYON, L. (5). *Catalogue of Japanese and Chinese Woodcuts Preserved in the Sub-department of Oriental Prints and Drawings in the British Museum.* London, 1916.

BLACK, M.H. (1). 'The Printed Bible.' In *CHB,* vol. 3, p. 408. Cambridge, 1963.

BLANCHET, A. (1). *Essai sur l'histoire du papier et de sa fabrication.* E. Leroux, Paris, 1900.

BLAND, D. (1). *A History of Book Illustration; the Illuminated Manuscript and the Printed Book.* World Pub. Co., Cleveland, 1958; 2nd rev. ed., University of California Press, Berkeley and Los Angeles, 1969.

BLISS, D.P. (1). *A History of Wood Engraving.* 2nd ed., Spring Books, London, 1964.

BLUM, A. (1). *On the Origin of Paper.* Tr. by H.M. Lydenberg. Bowker, New York, 1934. Tr. of 'Les origines du papier.' *RH,* 1932, **170,** 435.

BLUM, A. (2). *Origins of Printing and Engraving.* Tr by H.M. Lydenberg. New York, 1940. Tr. of 2nd and 3rd parts of *Les origines du papier, de l'imprimerie et de la gravure,* Paris, 1935.

BOATWALA, M. & MARCIEL, W. (1). 'Handmade Paper in India.' *PENA,* 1964, **57,** 281.

BOCKWITZ, H.H. (1). 'Die internationale Papiergeschichtsforschung und ihr gegenwärtiger Stand.' *FF*, 1945, **25**, 101.

BODDE, D. (12) (tr.). *Annual Customs and Festivals in Peking, as Recorded in the 'Yen Ching Sui Shih Chi' by Tun Li-Chhen.* Henri Vetch, Peiping, 1936; Hongkong, 1965.

BODDE, D. (13). *China's Gift to the West.* American Council on Education, Washington, 1942. (Asiatic Studies in American Education, no. 1).

BODDE, D. (30). *China's Cultural Tradition; What and Whither ?* Rinehart & Co., New York, 1957.

BOHN, H.G. (1). 'The Origin and Progress of Printing.' *PSL/M*, 1857–58, **4** (no. 2).

BOJESEN, C.C. & ALLEY, R. (1). 'China's Rural Paper Industry.' *CJ*, 1938, **28**, 233.

BOWYER, W. & NICHOLS, J. (1). *The Origin of Printing in Two Essays, with Occasional Remarks and an Appendix.* 2nd ed Privately printed, London, 1776.

BOXER, C.R. (1) (ed.). *South China in the Sixteenth Century; being the Narratives of Galeote Pereira, Fr. Gaspar da Cruz, Fr. Martin de Rada (1550—1575).* Hakluyt Society, London, 1953.

BOXER, C.R. (9). 'Manila Galleon, 1565–1815.' *HTD*, 1958, **8**, 538.

BOXER, C.R. (10). 'Chinese Abroad in the Late Ming and Early Manchu Periods, compiled from Contemporary Sources, 1500–1750.' *TH.* 1939, **9** (no. 5), 459.

BOYER, A. (1). *Kharosthi Inscriptions Discovered by Sir Aurel Stein in Chinese Turkestan.* Tr. by E. J. Rapson and A.E. Senart. 2 vols. Clarendon Press, London, 1920–7.

BREASTED, J.H. (2). 'The Physical Processes of Writing in the Early Orient and Their Relation to the Origin of the Alphabet.' *AJSLL*, 1916, **32**, 230.

BRETSCHENIEDER, E. (1). *Botanicon Sinicum; Notes on Chinese Botany from Native and Western Sources.* Repr. from *JRAS/NCB*, n.s., **16, 25, 29** (1882–1895). 3 vols. Trübner, London, 1882–95; Royal Asiatic Society, Tokyo, 1937; Kraus, Nendeln/Liechtenstein, 1967.

BRETSCHNEIDER, E. (10). *History of European Botanical Discoveries in China.* 2 vols. Unveränderter Nachdruck von K.F. Koehlers Antiquarium, Leipzig. 1935.

BRIQUET, C.M. (1). 'Recherches sur les premiers papiers employés en Occident et en Orient du Xe au XIVe siècle.' *MSAF*, 1886, **46**.

BRITTON, R.S. (1). *The Chinese Periodical Press, 1800–1912.* Kelly & Walsh, Shanghai, 1933.

BRITTON, R.S. (2). 'Oracle-bone Color Pigments,' *HJAS*, 1937, **2**, 1.

BRITTON, R.S. (3). 'A Horn Printing Block.' *HJAS*, 1938, **3**, 99.

BROWN, L.N. (1). *Block Printing and Book Illustration in Japan.* Routledge, London, 1924.

BROWNE, E.G. (2). *A Literary History of Persia.* Vol. 3: *The Tartar Dominion (1265–1502).* Cambridge, 1956.

BROWNING, B.L. (1). *Analysis of Paper.* Marcel Dekker, New York, 1969.

BROWNING, B.L. (2). 'The Nature of Paper.' *LQ*, 1970, **40**, 18.

BUEHLER, C. (1). *The Fifteenth Century Book; the Scribes, the Printers, the Decorators.* University of Pennsylvania Press, Philadelphia, 1960.

BULLEN, H.L. (1). 'History of Printing and Paper in China and Japan.' *FER*, 1915, **12**, 195.

BURGES, FRANCIS (1). *Some Observations on the Use and Origins of the Noble Art and Mystery of Printing.* Norwich, 1701. Reprint in *Harleian Miscellany*, vol. 3, pp. 154–57. London, 1809.

BURKE, R.B. (1) (tr.). *The 'Opus Majus' of Roger Bacon.* 2 vols. University of Pennsylvania Press, Philadelphia, 1938.

BUSHELL, S.W. (5). 'The Stone Drums of the Chou Dynasty.' *JRAS/NCB*, 1874, n.s., **8**, 133.

BUSHELL, S.W. (6). 'Specimens of Ancient Chinese Paper Money.' *JPOS*, 1889, **2**, 308.

BUSHNELL, G.H. (3). *From Papyrus to Print.* Grafton, London, 1947.

BUTLER, P. (1). *Origin of Printing in Europe.* University of Chicago Press, 1940.

BYRD, C.K. (1). *Early Printing in the Straits Settlements, 1806–1858.* Singapore National Library, Singapore, 1970.

CARRE, A. (1). *The Travels of the Abbé Carré in India and the Near East, 1672 to 1674.* Tr. from the manuscript journal of his travels in the India Office by Lady Fawcett and ed. by Sir Charles Fawcett with the assistance of Sir Richard Barn. Hakluyt Society, London, 1947.

CARTER, J.W. & MUIR, P.H., (1) (ed.). *Printing and the Mind of Man; a Descriptive Catalogue Illustrating the*

Impact of Print on the Evolution of Western Civilization during Five Centuries. Cassell, London, 1967.

CARTER, T.F. (1.). *The Invention of Printing in China and its Spread Westward*. Columbia University Press, 1925; revised ed., 1931; 2nd ed. revised by L. Carrington Goodrich. Ronald, New York, 1955, Rev. B. Laufer, *JAOS*, 1927, **47**, 71; A C. Moule, *JRAS*, 1926, 140; H.H. Frankel, *FEQ*, 1956, **15**, 284.

CARTER, T.F. (2). 'The Westward Movement of the Art of Printing; Turkestan, Persia, and Egypt in the Long Migration from China to Europe.' In A. Waley, ed. *Yearbook of Oriental Art and Culture*, vol. 1, p. 19. Benn, London, 1925.

CARTER, T.F. (3). 'The Chinese Origins of Moveable Types.' *ARTY*, 1925, **2**, 3.

CARTER, T.F. (4). 'The Chinese Background of the European Invention of Printing.' *GUJ* , 1928, 9.

CARVALHO, D.N. (1). *Forty Centuries of Ink; or, a Chronological Narrative concerning Ink and its Backgrounds*. Banks Law Pub. Co., New York, 1904.

CATHERINOT, NICOLAS (1). *An Essay on Writing and the Art and Mystery of Printing*. A translation out of the anthology. London, 1696. Reprint in *Harleian Miscellany*, vol. **1**, pp. 526–8. London, 1808.

CERNY, J. (1). *Paper and Book in Ancient Egypt*. H.K. Lewis, London, 1952.

CHAFFEE, J.W. (1). 'Education and Examination in Sung Society (960–1279).' Thesis (Ph D.), University of Chicago, 1979.

CHANDRA, LOKESH (1) (ed.). *Buddha in Chinese Woodcuts*. International Academy of Indian Culture, New Delhi, 1973. (Indo-Asian Literatures, vol. 98). Reproduction of *Shih Chia Ju Lai Ying Hua Shih Chi*, probably of the Ming dynasty (1368–1644).

CHANG HSIU-MIN (1). 'A Note on the Date of the Invention of Paper in China.' *PG*, 1959, **9**. 51.

CHANG, LÉON L.Y. (1). *La calligraphie chinoise; un art à quatre dimensions*. Le Club français du livre, Paris, 1971.

CHANG TEH-CHHANG (1). 'Geographical Distribution of Book Printing Trade in the Chhing Dynasty and Its Cultural Significances.' *ACQ*, 1975, **3** (no. 3), 65.

CHAPPELL, W. (1). *A Short History of the Printed Word*. Alfred Knopf, New York, 1970.

CHATTO, W.A. (1).. *Facts and Speculations on the Origin and History of Playing Cards*. London, 1948.

CHATTO, W.A. & JACKSON, J. (1). *A Treatise on Wood Engraving, Historical and Practical*. London, 1961; Gale Research Co., Detroit, 1969.

CHAUDHARY, Y.S. (1). *Handmade Paper in India*. Lucknow, India, 1936.

CHAVANNES, É. (12). 'Introduction to "Les documents chinois découverts par Aurel Stein dans les sables du Turkestan Oriental".' *NCR*, 1922, **4**. 341.

CHAVANNES, É. (12a). *Les documents chinois découverts par Aurel Stein dans les sables du Turkestan Oriental*. Oxford, 1913.

CHAVANNES, É. (24). 'Les livres chinois avant l'invention du papier.' *JA*, 1905, **11** (no. 5), 1.

CHAVANNES, É. & PELLIOT, P. (1). *Un traité manichéen*. Paris, 1913.

CHAYTOR, H.J. (1). *From Script to Print: an Introduction to Medieval Vernacular Literature*. Heffer, Cambridge, 1950.

CHEW, N.D. (1). 'Printing in Korea.' *KMF*, 1906, **2** (no. 3), 47.

CHHEN, KENNETH [CH'EN KUAN-SENG] (8). 'Notes on the Sung and Yüan Tripitaka.' *HJAS*, 1951, **14**, 208.

CHHIEN TSHUN-HSUN. *See* TSIEN TSUEN-HSVIN.

CHIANG WEI-PU (1). 'Chinese Picture-story Books.' *CLIT*, 1959; **3**, 144.

CHIANG, YEE (1). *Chinese Calligraphy; an Introduction to its Aesthetic and Technique*. Methuen, London, 1938.

CHIBBETT, D. (1). *The History of Japanese Printing and Book Illustration*. Kodansha International Ltd., Tokyo, New York & San Francisco, 1977.

CHIEN, FLORENCE (1). 'The Commercial Press and Modern Chinese Publishing, 1887–1949.' Thesis (MA), University of Chicago, 1970.

CHIEN HSUIN-YUI (1). 'Eine Studie zur Geschichte der chinesischen Druckkunst.' *GUJ*, 1952, **34**.

CHIERA, EDWARD (1). *They Wrote on Clayn; the Babylonian Tablets Speak Today*. University of Chicago Press, 1938; Phoenix Books, 1956.

CHIU, A. KAI-MING (1). '*The Chieh Tzu Yüan Hua Chuan* (Mustard Seed Garden Painting Manual); Early Editions in American Collections.' *ACASA*, 1951, **5**, 55.

CHOW, A. (1). 'A Survey of Modern Chinese Woodcut.' *JÁCU*, 1977, 36.

CHUANG LIEN (1). 'The Development of Ancient Book Editions as Revealed by theExhibition of Rare Books,'

WE, 1966, **11** (no. 4), 10; **11** (no. 5), 8.
CHUANG SHEN (1). 'Ming and Chhing Exotica; a Reflection of Literary Taste.' *JOSHK*, 1971, **8** (no. 1), 92.
CLAIR, C. (1). *A History of European Printing*. Academic Press, London & New York, 1976.
CLAPPERTON, R.H. (1). *Paper; an Historical Account of its Making by Hand from its Earliest Times down to the Present Day*. Shakespeare Head Press, Oxford, 1934.
CLAVERIE, F. (1). 'L' arbre à papier du Tonkin (Cây gio).' *RCC*, 1904, 175.
CLUNE, G. (1). *The Medieval Gild System*. Browne & Nolan, Dublin, 1943.
COLEMAN, D.C. (1). *The British Paper Industry, 1495–1860*. Clarendon Press, Oxford, 1958.
CONRADY, A. (5) (ed.). *Die chinesischen Handschriften und sonstigen Kleinfunde Sven Hedins in Lou-lan*. Generalstabens Lithografiska Anstalt, Stockholm, 1920.
CORDIER, H. (16). *Ser Marco Polo; Notes and Addenda to Sir Henry Yule's Edition, Containing the Results of Recent Research and Discovery*. New York, 1920.
COURANT, M. (1). *Bibliographie Coréenne*. 3 vols. Paris, 1894–6; reprint, Burt Franklin, New York, 1960. Supplément, 1901.
COURANT, M. (3). *Catalogue des livres Chinois, Coreens, Japonais, etc.* 3 vols. Ernest Leroux, 1900–12.
CRAWFORD, M. DE C. (1). *The Influence of Invention on Civilization*. World Publishing Co., Cleveland and New York, 1942.
CREEL, H.G. (1). *Studies in Early Chinese Culture* (ist series). Waverly, Baltimore, 1938.
CREEL, H.G. (13). 'Bronze Inscriptions of the Western Chou Dynasty as Historical Documents.' *JAOS*, 1936, **56**, 335.
CURZON, ROBERT (1). 'A Short Account of Libraries of Italy.' *PSL/M*, 1854, **1**, 6.
CURZON, ROBERT (2). 'The History of Printing in China and Europe.' *PSL/M*, 1860, **6**, 1.

DAHL, SVEND (1). *The History of the Book*. Scarecrow Press, Metuchen, N.J., 1968.
DAVENPORT, C. (1). *The Book; its History and Development*. Constable, London, 1907; Van Nostrand, New York, 1917.
DAVIS, A. (1). *Ancient Chinese Paper Money as Described in a Chinese Work on Numismatics*. Boston, 1918.
DAVIS, J.F. (1). *The Chinese; a General Description of the Empire of China and its Inhabitants*. 1st ed. 1836, 2 vols. Knight, London, 1844, 3 vols., 1847, 2 vols. French tr. by A. Pichard, Paris, 1837, 2 vols. German tr. by M. Wesenfeld, Magdeburg, 1843, 2 vols. and M. Drugulin, Stuttgart, 1847, 4 vols.
DAWE, E.A. (1). *Paper and its Uses; a Treatise for Printers, Stationers and Others*. C. Lockwood and Son, London, 1919.
DE BARY, W.T. (3) (ed.). *Self and Society in Ming Thought*. Columbia University Press, New York, 1970.
DELAND, J. (1). 'The Evolution of Modern Printing and the Discovery of Movable Metal Types by the Chinese and the Koreans in the Fourteenth Century.' *JFI*, 1931, **212**, 209.
DEMIEVILLE, P. (9). 'Notes additionnelles sur les éditions imprimées du canon bouddhique.' In P. Pelliot, *Les débuts de l'imprimerie en Chine*, pp.121–38. Paris, 1953.
DE VINNE, T.L. (1). *The Invention of Printing*. F. Hart, New York, 1876.
DIAZ DEL CASTÉLLO, B. (1). *The True History of the Conquest of New Spain*. Ed. and published in Mexico by G. Garcia, tr. into English with intro. and notes by A.P. Mandslay. Hakluyt Society, London, 1980.
DIEHL, K.S. (1). *Early Indian Imprints*. Scarecrow Press, New York & London, 1964.
DIRINGER, D. (1). *The Alphabet, a Key to the History of Mankind*. Hutchinson's Scientific and Technical Publications, London & New York, 1948; 2nd ed., 1949.
DIRINGER, D. (2). *The Hand-produced Book*. Philosophical Library, New York, 1953.
DODGSON, C. (1). *Woodcuts of the Fifteenth Century in the John Rylands Library, Manchester*. Reproduced in facsimile with an introduction and notes. University Press, Manchester, 1915.
DOUGLAS, R.K. (3). 'Chinese Illustrated Books.' *BIB*, 1896, **2**, 452.
DOUGLAS, R.K. (4). 'Japanese Book Illustration.' *BIB*, 1897, **3**, 1.
DUBS, H.H. (1). 'The Reliability of Chinese Hitory.' *JAS*, 1946, **6**, 23.
DUREAU DE LA MALLE, A.J.C.A. (1). 'Mémoire sur le papyrus et la fabrication du papier chez les anciens.' *MAI/NEM*, 1851, **19**, 140.
DUTT, A.K. (1). 'Papermaking in India; a Resumé of the Industry from the Earliest Period until the Year 1949.' *PAM*, 1955, **24**, 11.

DUYVENDAK, J.J.L. (8). *China's Discovery of Africa; Lectures Given at the University of London, 1949*. Probsthain, London, 1949. (Lectures given at London University, Jan. 1947; rev. P. Paris, *TP*, 1951, **40,** 366.)
DUYVENDAK, J.J.L. (22). 'Coster's Chinese Ancestors.' *NM*, 1926, 1 (no. 3).
DYE, D.S. (1). *A Grammar of Chinese Lattice*. 2 vols. Harvard-Yenching Institute, Cambridge, Mass., 1937 (Harvard-Yenching Monograph Series, nos. 5, 6).

ECKE, TSENG YU-HO (1). *Chinese Calligraphy*. Philadelphia Museum of Art, 1971.
ECKE, TSENG YU-HO (2). *Chinese Folk Art in American Collections, from the Early 15th Century to the Early 20th Century*. Honolulu, Hawaii. 1977.
EDGREN, S. (1). 'The Printed Dhārānī-sūtra of A.D. 956.' *BMFEA*, 1972, no. 44, 141.
EDKINS, J. (18). 'On the Origin of Paper Making in Chian.' *NQCJ*, 1867, **1** (no. 6), 67.
EDKINS, J. (19). 'Paper—A Chinese Invention.' *CR*, 1900, **24,** 269.
EDKINS, J. (20). *Chinese Currency*. Presbyterian Mission Press, Shanghai, 1901.
EISEN, G.A. (1). *Ancient Oriental Cylinder and Other Seals with a Description of the Collection of Mrs. William H. Moore*. University of Chicago Press, 1940. (University of Chicago Oriental Institute Publications, vol. 47.)
EISENSTEIN, E.L. (1). 'Some Conjectures about the Impact of Printing on Western Society and Thought: a Preliminary Report.' *JMH*, 1968, **40,** 1.
EISENSTEIN, E.L. (2). *The Printing Press as an Agent of Change; Communications and Cultural Transformation in Early Modern Europe*. 2 vols. Cambridge University Press, 1979.
D'ELIA, PASQUALE (2) (ed.). *Fonti Ricciane; Storia dell'Introduzione del Cristianesimo in Cina*. 3 vols. Libreria dello stato, Rome, 1942–49.
ENGEL, S. (1). *An Inquiry into the Origin of Printing in Europe, by a Lover of the Art*. Gibson, London, 1752.
ENTWISLE, E.A. (1). *The Book of Wallpaper; a History and an Appreciation*. Barker, London, 1954.
ENTWISLE, E.A. (2). *A Literary History of Wall Paper*. Batsford, London [1960].
ERKES, E. (13). 'Der Druck des taoistischen Kanon ...'. *GUF*, 1925, 326.
ERKES, E. (23). 'Buch und Buchdruck in China.' *GUF*, 1925, 338.
ERKES, E. (24). 'Zur ältesten Geschichte des Siegels in China.' *GUJ*, 1934, 67.

FANG, A. [CHIH-THUNG] (2) (tr.). 'Bookman's Decalogue.' *HJAS*, 1950, **13,** 132. Tr. Yeh Te-Hui, *Tshang Shu Shih Yüeh*.
FANG, A. [CHIH-THUNG] (3). 'On the Authorship of the *Chiu-ching san-chuan yen-ko-li*.' *MS*. 1946, **11,** 65.
FANG CHAO-YING (1). 'Some Notes on Metal Types.' *BBSK*, 1960, **2,** 28.
FANG CHAO-YING (2). *The Asami Library; a Descriptive Catalogue*. Ed. Elizabeth Huff. University of California Press, Berkeley, 1969.
FARROKH, ROKN OD DIN HOMAYUN (1). *History of Books and the Imperial Libraies of Iran*. Tr. Abutaleb Sarèmi. Ministry of Culture and Art, Tehran, 1968.
FEBVRE, L. &. MARTIN, H. (1). *The Coming of the Book; the Impact of Printing, 1450–1800*. NLB, London; Humanities Press, Atlantic Highlands, 1976. Tr. of *L'apparition du livre* by David Gerard. Albin Michel, Paris, 1958.
FINEGAN, M.H. (1). 'Urbanism in Sung China; Selected Topics on the Society and Economy of Chinese Cities in a Premodern Period.' Thesis (Ph.D.), University of Chicago, 1976.
FITZGERALD, C.P. (11). *The Southern Expansion of the Chinese People*. Barrie and Jenkins, London, 1972.
FLUG, K.K. (1). *Istoriia Kitaiskoi Pechatnoi Knigi Sunskoi Epokhi X-XIII vv*. Izdatel stvo Akademii Nauk SSSR, Moscow-Leningrad, 1959. Partial English tr. by Sidney O.Fosdick (1).
FOSDICK, S.O. (1). 'Chinese Book Publishing during the Sung Dynasty (A.D. 960–1279); a Partial Translation of *Istoriia Kitaiskoi Pechatnoi Knigi Sunskoi Epokhi* by Konstantine Konstantinovich Flug with Added Notes and an Introduction.' Thesis (MA), University of Chicago, 1968.
FOSS, T.N. (1). 'A Jesuit Encyclopedia for China, a Guide to Jean-Baptiste DuHalde's Description ... de la Chine (1735).' Thesis (Ph. D.), University of Chicago, 1979.
FOSTER, W. (1). *Early Travels in India, 1583–1619*. S. Chand & Co., India, 1968. Reprinted with permission of the Oxford University Press, Bombay.

FRANKE, H. (19). (ed.). *Sung Biographies.* 3 vols. Steiner, Wiesbaden, 1976.
FRANKE, H. (27). 'A Mongol (Yüan) Calendar Fragment from Turfan.' *CINA,* 1964, **8,** 32.
FRANKE, H. (28). *Kulturgeschichtliches über die chinesische Tusche.* Bayerische Akad. d. Wiss., München, 1962.
FRANKE, W. (4). *An Introduction to the Sources of Ming History.* University of Malaya Press, Kuala Lumpur, 1968.
FRANKFORT, H. (4). *Cylinder Seals.* Macmillan, London, 1939.
FREY, J. P. (1). *Craft Unions of Ancient and Modern Times.* Washington, D.C., 1945.
FU SHEN (1). *Traces of the Brush; Studies in Chinese Calligraphy.* Yale University Art Gallery, 1977.
FUCHS, W. (2). *Der Jesuiten-Atlas der Kang-Hsi-Zeit.* Peking, 1943.
FUCHS, W. (8). 'Rare Chhing Editions of the *Keng-Chih-Thu.*' *SS,* 1947, **6,** 149.
FUCHS, W. (9). 'Der Kupferdruck in China vom to bis 19 Jahrhundert.' *GUJ,* 1950, 67.
FUCHS, W. (10). *Die Bilderalben für die Südreisen des Kaisers Kienlung im 18. Jahrhundert.* Franz Steiner Verlag, Wiesbaden, 1976.
FUHRMANN, O.W. (1). 'The Invention of Printing'. *DPN,* 1938, **3,** 25.
FUJIEDA AKIRA (1). 'The Tunhuang Manuscripts; a General Description.' *ZINB,* 1966, **9,** 1; 1969, **10,** 17.
FUJIECA AKIRA (2). 'The Tunhuang Manuscripts.' In *ESCH,* 1975, 120.

GALLAGHER, L.J. (1) (tr.). *China in the 16th Century; the Journal of Matteo Ricci, 1583–1610.* Random House, New York, 1953.
GAMMELL, W. (1). *A History of American Baptist Missions in Asia, Africa, Europe and North America.* Boston, 1849.
GAN TJIANG-TEK (1). 'Some Chinese Popular Block-prints.' In Rijksmuseum voor Volkenkunde, *The Wonder of Man's Ingenuity,* pp. 26–36. Brill, Leiden, 1962.
GARDNER, K. (1). 'The Book in Japan.' In H.D. Vervliet, ed., *Liber Librorum; the Book through 5000 Years,* pp. 129–38. Arcade, Bruxelles, 1973.
GARNETT, R. (1). 'Early Arabian Paper Making.' *LIB,* 1903, 2nd ser., **4,** 1.
DE GAULLE, J. (1). Des végetaux employés au Japon pour la fabrication du papier.' *BSZA,* 1872 (2e ser.), **9,** 287.
GELB, I.J. (1). *A Study of Writing.* University of Chicago Press, 1952; rev. ed., 1963.
GENTRY, H. & GREENHOOD, D. (1). *Chronology of Books and Printing.* Rev. ed. Macmillan, New York, 1936.
GERNET, J. (6). 'La découverte d'un livre vieux de deux mille ans. *CFC,* 1961, **11,** 86.
GERNET, J. &. WU CHI-YU (1) (eds.). *Catalogue des manuscrits chinois de Touen-houang (Fonds Pelliot chinois).* Vol. 1, nos. 2001–2500. Bibliothèque nationale, Paris, 1970.
GHORI, S.A.K. & RAHMAN, A. (1). 'Paper Technology in Medieval India.' *IJHS,* 1966, **1** (no. 2), 133.
GILES, L. (1). 'A Note on the *Yung-Lo Ta Tien.*' *NCR,* 1920, **2,** 137.
GILES, L. (2). *An Alphabetical Index to the Chinese Encyclopaedia (Chhin Ting Ku Chin Thu Shu Chi Chheng).* British Museum, London, 1911.
GILES, L. (13). *Descriptive Catalogue of the Chinese Manuscripts from Tunhuang in the British Museum.* British Museum, London, 1957.
GILES, L. (15). 'Chinese Printing in the Tenth Century.' *JRAS,* 1925, 513.
GILES, L. (16). 'Early Chinese Printing.' *BMQ,* 1929, **4,** 86.
GILES, L. (17). 'Dated Chinese Manuscripts in the Stein Collection. '*BLSOAS,* 1933/35, **7,** 809; 1935/37, **8,** 1; 1937/39, **9,** 1; 1940/42, **10,** 317; 1943, **11,** 148.
GILROY, C.G. (1). *History of Silk, Cotton, Linen, Wool, and Other Fibrous Substances; including Observations on Spinning, Dyeing and Weaving; also an Account of the Pastoral Life of the Ancients, their Social State and Attainments in the Domestic Arts; with Appendices on Pliny's Natural History, on the Origin and Manufacture of Linen and Cotton Paper; on Felting, Netting, etc.* Harper, New York, 1845.
GLAISTER, G. (1). *An Encyclopedia of the Book; Terms Used in Papermaking, Printing, Bookbinding and Publishing.* World Pub. Co., Cleveland, 1960.
GLUB, J. (1). *A Short History of the Arab Peoples.* Hodder and Stoughton, London, 1969.
GODE, P.K. (8). 'The Migration of Paper from China to India'. In *Studies in Indian Cultural History,* vol. 3, pp. 1–12. Poona, 1964.

GODE, P.K. (9). 'Studies in the Regional History of the Indian Paper Industry.' *BV*, 1944, **5**, 87.

GOLDSCHMIDT, E.P. (1). *Medieval Texts and their First Appearance in Print.* Oxford, 1943.

GOLDSCHMIDT, E.P. (2). *The Printed Book of the Renaissance; Three Lectures on Type, Illustration, Ornament.* Cambridge, 1950.

GOODRIÇH, L.G. (2). *The Literary Inquisition of Chhien-Lung.* American Çouncil of Learned Societies, New York, 1935; reprint with addenda & corrigenda, Paragon, New Yor, 1966.

GOODRICH, L.C. (7). 'The Revolving Bookcase in China.' *HJAS*, 1942–3, **7**, 130.

GOODRICH, L.C. (27). 'A Bronze Block for the Printing of Chinese Paper Currency (ca. 1287). '*MNANS*, 1950, **4**, 127.

GOODRICH, L.C. (28). 'The Development of Printing in China and its Effects on the Renaissance under the Sung Dynasty (960–1279).' *JRAS/HK*, 1963, **3**, 36.

GOODRICH, L.C. (29). 'Earliest Printed Editions of the Tripitaka.' *VBQ*, 1953-54, **19**, 215.

GOODRICH, L.C. (30). 'The Origin of Printing.' *JAOS*, 1962, **82**, (no. 4), 557.

GOODRICH, L.G. (31). 'Printing; a New Discovery.' *JRAS'HK*, 1967, **7**, 39. 2 ill.

GOODRICH, L.C. (32). 'Printing; Preliminary Report on a New Discovery.' *TCULT*, 1967, **8** (no. 3), 376.

GOODRICH, L.C. (33). 'Paper; a Note on its Origin.' *ISIS*, 1951, **42**, 145.

GOODRICH, L.C. (34). 'More on the *Yung-Lo Ta-Tien.*' *JRAS/HK*, 1970, **10**, 17.

GOODRICH, L.C. (35). 'Two Notes on Early Printing in China.' *P.K. Gode Commemoration Volume*, 1960, no. 93, 117 (Poona Oriental Series).

GOODRICH, L.C. (36). 'Two New Discoveries of Early Block Prints.' In Hans Widmann, ed., *Der gegenwärtige Stand der Gutenberg-Forschung*, Bd, **1**, p. 214. Anton Hiersemann, Stuttgart, 1972.

GOODRICH, L.C. (37). 'Tangut Printing.' *GUJ*, 1976, 64.

GOODRICH, L.C. (38). 'Movable Type Printing; Two Notes.' *JAOS*, 1974, **94**, 476.

GOODRICH, L.C. (39) (ed.) *Illustrated Chinese Primer; Hsin Pien Tui Hsiang Ssu Yen.* University of Hong Kong, 1967; reprint, 1976.

GOODRICH, L.C. & FANG CAHO-YING (1). *Dictionary of Ming Biography, 1368—1644.* 2 vols. Columbia University Press, New York, 1976.

GOSCHKEWITSCH, J. (2). *Die Methode der Tuschbereitung nebst einem Anhange über die Schminke*. Berlin, 1858.

DE GRAAF, H.J. (1). *The Spread of Printing, Eastern Hemisphere: Indonesia.* Vangendt, Amsterdam, 1969.

GRAY W.S. (1). *The Teaching of Reading and Writing: an International Survey.* Unesco, Paris, 1956.

GREEN, J.B. (1). *Notes of Making Hand-made Paperi.* Maidstone School of Arts and Crafts, Maidstone, England, 1945.

GRINSTEAD, E.D. (1). *Title Index to the Descriptive Calatogue of Chinese Manuscripts from Tunhuang in the British Museum.* British Museum, London, 1963.

GRINSTEAD, E.D. (2). *Guide to Chinese Decorative Script.* Drawn by Yoshihiko Zizuka. Studentlitteratur, Lund, 1970. (Scandinavian Institute of Asian Studies Monograph series no. 4.)

VAN GULIK, R.H. (2). *Mi Fu on Ink-stones.* Henri Vetch, Peiping, 1938.

VAN GULIK, R.H. (3). *'Pi Hsi Thu Khao'; Erotic Colour-Prints of the Ming Period, with an Essay on Chinese Sex Life from the Han to the Chhing Dymasty (—206 to + 1644).* 3 vols. in case. Privately printed, Tokyo, 1951 (limited edition, 50 copies). Çrit. W.L. Hsü, *MN*, 1952, **8**, 455; H. Franke, *ZDMG*, 1955 (NF) **30**, 380.

VAN GULIK, R.H. (9). *Chinese Pictorial Art as Viewed by the Connoisseur.* Instituto Italiano per il Medio ed Estremo Oriente, Rome, 1958. (Serie Orientale Roma 19.)

VAN GULIK, R.H. (10). 'Yin-ting (Silvor Nails) and Yin-ting (Silver Ingots),' *ORE*, **2**, 204.

VAN GULIK, R.H. (11). 'A Note on Inkcakes.' *MN*, 1955–56, **11**, 84.

GUPPY, H. (2). *Stepping-stones to the Art of Typography,* with Fourteen Facsimiles. Manchester University Press, 1928.

GUPPY, H. (3). 'The Evolution of the Art of Printing.' *BJRL*, 1940, **24**, 198.

DU HALDE, J.B. (1). *Description Géographique, Historique, Chronologique, Politique et Physique de l'Empire de la Chine et de la Tartarie Chinoise.* 4 vols. Paris, 1735, 1739; The Hague, 1736. Eng. tr. R. Brookes, London, 1736, 1741.

HALL, H.R. (1). *Scarabs.* London, 1929.

HAMILTON, C.E. (1) (tr.). *Kamisuki Chōhōki; a Handy Guide to Papermaking, after the Japanese edition of 1798*, by Kunisaki Jihei; illus. by Seichūan Tōkei (pseud.). Book Arts Club, University of California, Berkeley, 1948. English and Japanese texts on opposite pages.

HANSARD, T. (1). *Typographia; an Historical Sketch of the Origin and Progress of the Art of Printing.* London, 1825.

HARBIN, R. (1). *Origami; the Art of Paper Folding.* Hodder Paperbacks, London, 1971.

HARDERS-STEINHÄUSER, M. (1). 'Microscopic Study of Some Ancient East Asian Tun-huang papers.' Eng. tr. from *PAPR*, 1969, 23 (no. 4), 210; (no. 5), 272.

HARDERS-STEINHÄUSER, M. & JAYME, G. (1). 'Study of the Paper of Eight Different Na-Khi Manuscripts.' Eng. tr. of 'Untersuchung des Papiers acht verschiedener alter Na-Khi Handschriften auf Rohstoff und Herstellungsweise.' *VOHD*, 1963, *suppl.* 2, 50.

HARGRAVE, C.P. (1). *A History of Playing Cards and a Bibliography of Cards and Gaming.* Houghton Mifflin, Boston, 1930.

HARRIS, J. (3). *A Pleasant and Compendious History of the First Inventors and Instituters of the Most Famous Arts, Mysteries, Laws, Customs and Manners in the Whole World.* London, 1686.

HART, H.H. (1). *Marco Polo, Venetian Adventurer.* University of Oklahoma Press, Norman, 1967.

HAYES, J.R. *Invention; its Attributes and Definitions.* Addison-Wesley Press, Cambridge, Mass., 1942.

HEDIN, S. (1). *Reports from the Scientific Expedition to the Northwestern Province of China under the Leadership of Dr. Sven Hedin.* Göteborg Elander, Stockholm, 1943—45. (Sino-Swedish Expedition Publications nos. 23-26.)

HEJZLAR, J. (2). *Chinese Paper Cut-outs.* Photographs by W. and B. Forman. Tr. I. Havlu. Spring House, London, 1960.

HEJZLAR, J. (3). *Early Chinese Graphics.* Octopus Books, London, 1973.

HELD, M. (1). 'China as Illustrated in European Books, 1705—1810.' Thesis (MA), University of Chicago, 1973.

HELLER, J. (1). *Papermaking.* Watson-Guptill Publications, New York, 1978.

HENNING. W.B. (2). 'The Date of the Sogdian Ancient Letters.' *BLSOAS*, 1948, **12**, 601.

HERBERT, T. (1). *Travels in Persia, 1627—1629.* Abridged and ed. by Sir W. Foster, C.I.F., with an introduction and notes. Routledge, London, 1928.

HERRING, R. (1). *Paper and Paper Making, Ancient and Modern.* Longmans, London, 1855.

HERRMANN, A. (13). *An Historical Atlas of China.* New ed. by N. Ginsburg, with prefatory essay by Paul Wheatley. Aldine, Chicago, 1966.

HERVOUET, Y. (2). 'Les manuscrits chinois de l'École Française d'Extrême Orient.' *BEFED*, 1955, **47** (fasc. 2), 435.

HERVOUET, Y. (3) (ed.). *A Sung Bibliography (Bibliographies* des *Sung).* Chinese University Press, Hong Kong, 1978.

HESSIG, W. (1). *Catalogue of Mongol Books, Manuscripts and Xylographs.* The Royal Library, Copenhagen, 1971.

HICKMAN, B.F. (1). 'A Note on the Hyakumanto Dharani.' *MN*, 1975, **30** (no. 1), 87.

HIND, A.M. (1). *An Introduction to a History of Woodcut; with a Detailed Survey of Work Done in the Fifteenth Century.* 2 vols. Constable, London, 1935.

HIRSCH, R. (1). *Printing, Selling, and Reading, 1450—1550.* Harrassowitz, Wiesbaden, 1967.

HIRTH, F. (1). *China and the Roman Orident.* Kelly & Walsh, Shanghai, 1885; Alfred A. Knopf, 1925.

HIRTH, F. (28). 'Western Appliances in the Chinese Printing Industry.' *JRAS/NCB*, 1886, **20**, 163.

HIRTH, F. (29). 'Die Erfindung des Papiers in China.' *TP*, 1890, **1**, 1.

HIRTH, F. & ROCKHILL, W.W. (1) (tr.). *Chau Ju-Kua; his Work on the Chinese and Arab Trade in the + 12th and + 13th Centuries, Entitled Chu-Fan-Chih.* Imperial Academy of Sciences, St. Petersburg, 1911; Paragon Book Reprint Corp., New York, 1966.

HITTI, P.K. (1). *History of the Arabs from the Earliest Times to the Present.* 10th ed. Macmillan, London; St. Martin's Press, New York, 1970.

HO PING-TI (2). *The Ladder of Success in Imperial China; Aspects of Social Mobility, 1386—1911.* Columbia University Press, 1962.

HOERNLE, A.F.R. (1). 'Who Was the Inventor of Rag-paper?' *JRAS*, 1903, 663.

HOERNLE, A.F.R. (2). 'Note on the Invention of Rag-paper.' *JRAS,* 1904, 548.
HOH SHAI-WONG (1). 'Supplement to McClure; Native Paper Industry in Kwangtung.' *LSJ,* 1938, **17,** 71.
HOLLOWAY, O.E. (1). *Graphic Art of Japan; the Classical School.* London, 1957.
HOLT, W.S. (1). 'The Mission Press in China.' *CRR,* 1879, **10,** 206.
HONDA ISAO (1). *The World of Origami.* Japan Publication Trading Co., Tokyo & New York, 1965.
HORNE, C. (1). 'Paper Making in the Himalayas.' *IAQ,* 1877, **6,** 94.
HOSIE, A. (5). *Szechwan; its Products, Industries and Resources.* Kelly and Walsh, Shanghai, 1922.
HOWORTH, H.H. (1). *History of the Mongols, from the 9th to the 19th Century.* London and New York, 1888.
HSIAO CHING-CHANG (1). 'Chinese Wood-block Printing.' *CLIT,* 1962, **1,** 98.
HU SHIH (12). 'The Gest Oriental Library at Princeton University.' *PULC,* 1954, **15,** 113.
HUDSON, G.F. (1). *Europe and China; a Survey of their Relations from the Earliest Times to 1800.* Arnold, London, 1931; Beacon Press, Boston, 1961.
HUGHES, S. (1). *Washi; the World of Japanese Paper.* Kodansha International, Tokyo, 1978.
HULBERT, H.B. (4). 'Xylographic Art in Korea.' *KRW,* 1901, 97.
HULLE, H. (2). *Über den alten chinesischen Typendruck und seine Entwickelung in den Ländern des Fernen Ostens.* Berlin, 1923.
HULME, E.W. (1). *Statistical Bibliography in Relation to the Growth of Modern Civilization.* Grafton, London, 1923.
HUMMEL, A.W. (2) (ed.). *Eminent Chinese of the Chhing Period, 1644—1912.* 2 vols. Government Printing Office, Washington, D.C., 1943-4.
HUMMEL, A.W. (23). 'The Development of the Book in China.' *JAOS,* 1941, **61,** 71.
HUMMEL, A.W. (24). 'Movable Type Printing in China; a Brief Survey.' *LC/QJCA,* 1943, **1,** 18.
HUMMEL, A.W. (25). 'The printed Herbal of 1249 A.D." *ISIS,* 1941, **33,** 439.
HUMPHREYS, H.N. (1). *A History of the Art of Printing, from its Invention to its Widespread Development in the Middle of the Sixteenth Century.* Quaritch, London, 1867.
HUNG, C. (1). 'King Yung-Lo Stole a March on Gutenberg.' *SCENE,* 1952, **3,** 20.
HUNTER, D. (1). *Primitive Papermaking.* Mountain House, 1927. (Limited ed. of 200.)
HUNTER, D. (2). *Chinese Ceremonial Paper.* Monutain House, 1937. (Limited ed. of 125.)
HUNTER, D. (3). *Handmade Paper and its Watermarks; a Bibliography.* The Mill, Marlborough-on-Hudson, 1917.
HUNTER, D. (4). 'Laid and Wove.' *ARS* (for 1921), 1922, 587.
HUNTER, D. (5). *The Literature of Papermaking, 1390-1800.* Mountain House, 1925. (Limited ed. of 190.)
HUNTER, D. (6). *The Romance of Watermarks.* Stratford Press, Cincinnati, 1939 (Limited ed. of 210.)
HUNTER, D. (7). *Old Papermaking.* Mountain House, 1923. (Limited ed. of 200).
HUNTER, D. (8). *Old Papermaking in China and Japan.* Mountain House, 1932. (Limited ed. of 200.)
HUNTER, D. (9). *Papermaking; the History and Technique of an Ancient Craft.* A. A. Knopf, New York, 1943; 2nd ed., 1947; Dover Publications, New York, 1978.
HUNTER, D. (10). *Papermaking by Hand in America.* Mountain House, 1950. (Limited ed. of 200.)
HUNTER, D. (11). *Papermaking by Hand in India.* Pynson Printers, New York, 1939. (Limited ed. of 370.)
HUNTER, D. (12). *Papermaking in Indo-china.* Mountain House, 1947. (Limited ed. of 182.)
HUNTER, D. (13). *Papermaking in Pioneer America.* University of Pennsylvania Press, 1952.
HUNTER, D. (14). *Papermaking in Southern Siam.* Mountain House, 1936. (Limited ed. of 115.)
HUNTER, D. (15). *Papermaking in the Classroom.* Manual Arts Press, Peoria, 1931.
HUNTER, D. (16). 'Papermaking Moulds in Asia.' *GUJ,* 1940, 9.
HUNTER, D. (17). *A Papermaking Pilgrimage to Japan, Korea and China.* Pynson Printers, New York, 1936. (Limited ed. of 370)
HUNTER, D. (18). *Papermaking through Eighteen Centuries.* Wm. F. Rudge, New York, 1930.
HUNTER, D. (19). 'Papermaking in the South Seas.' *PPMC,* 1927, **25,** 580.
HUNTER, D. (20). 'Sacred Papers of the Orient.' *PTJ,* 1943, **16,** 17.

ISHIDA MOSAKU (1). *Japanese Buddhist Prints.* Tr. Charles S. Terry. Kodansha International, Tokyo, 1974.
IVINS, W.M., JR. (1). 'A Neglected Aspect of Early Print-making.' *MMB,* 1948, **7,** 51.

IVINS, W.M., JR. (2). *Prints and Visual Communication.* Harvard University Press. 1953.
IWASAKI TAKEO (1). 'Printed Culture.' *ASS*,1963, **8**, 44.

JACKSON, J.B. (1). *An Essay on the Invention of Engraving and Printing in Chiaro Oscuro, as Practised by Albert Durer, Hugo di Carpi, & c. and the Application of It to the Making of Paper Hangings of Taste, Duration and Elegance.* A. Millar, London, 1754.
JAGGI, O.P. (1). *Science and Technology in Medieval India.* Atma Ram & Sons, Delhi, 1977. (History of Science and Technology in India, Vol. 7.)
JAMETEL, M. (1). *L'encre de Chine; son histoire et sa fabrication d'après des documents chinois.* Enrest Leroux, Paris, 1882.
DE JANCIGNY, P.B. (1). 'Le papier en Chine.' *TP*, 1908, **9**, 589.
JEON SONG-WOON (1). *Science and Technology in Korea; Traditional Instruments and Techniques.* MIT Press, Cambridge, Mass., 1974.
JOHNSON, P. (1). *Creating with Paper; Basic Forms and Variations.* Seattle, 1958.
JONES, G.H. (2). 'Printing and Books in Asia.' *KR*, 1898, **5** (no. 2), 55.
JORDANUS, C. (1). *Mirabilia descripta; Wonders of the East.* By Friar Jordanus of the Order of Preachers and Bishop of Columbum in India the Greater, ca. 1330. Tr. from the Latin original and published in Paris in 1839 in the *Recueil de Voyages et de Mémoires,* of the Society of Geography, with the addition of a commentary by Colonel H. Yule. Hakluyt Society, London, 1858.
JUGAKU BUNSHO (1). *Paper-making by Hand in Japan.* Meiji Shobo, Tokyo, 1959.
JUGAKU BUNSHO (2). 'Where They Still Make Paper by Hand.' *JQ*, 1957, **4**, 249.
JULIAN, A.L. (1). 'A Printing Millennary.' *HTD*, 1954, **4**, 668.
JULIEN, S. (12). 'Documents sur l'art d'imprimer a l'aide de planches au bois, de planches au pierre et de types mobiles.' *JA*, 1847 (4e ser.), **9**, 508.
JULIEN, S. (13). 'Fabrication du papier du bambou.' *ROA*, 1856, **20**, 74.
JULIEN, S. (14). *Industries anciennes et modernes de l'empire chionis.* Eugene Lacroix, Paris, 1869.
JULIEN, S. & CHAMPION, P. (2). 'Procédés des chinois pour la fabrication de l'encre.' *AVP*, 1833, **53**, 308-14.

KAGITCI, M.A. (1). *Historical Study of the Paper Industry in Turkey.* Gradik Sanatlar Matbaasi, Istanbul, Turkey, 1976.
KARABACEK, J. (1). *Der Papyrusfund von El-Faijúm.* Wien, 1882.
KARABACEK, J. (2). *Das Arabische Papier; eine Historisch-Antiquarische Untersuchung.* Wien, 1887.
KARABACEK, J. (3). 'Neue Quellen zur Papiergeschichte.' *MSPER*, 1888, **4**, 75.
KARLGREN, B. (1). *Grammata Serica; Script and Phonetics on Chinese and Sino-Japanese. BMFEA*, 1940, **12**, 1.
KARIGREN, B. (18). 'Early Chinese Mirror Inscriptions.' *BMFEA*, 1934, **6**, 9.
KAWASE KAZUMA (1). *An Introduction to the History of Pre-Meiji Publishing; a History of Wood-block Printing in Japan.* Tr. and annotated by Yukihisa Suzuki and May T. Suzuki. Yushodo Booksellers Ltd., Tokyo, 1973.
KAWASE KAZUMA (2). *Old Printed Books in Japan.* Japan Foundation, Tokyo, 1979.
KECSKES, LILY CHIA-JEN (1). 'A Study of Chinese Inkmaking; Historical, Technical and Aesthetic.' Thesis (M.A.); University of Chicago, 1981.
KEIGHTLEY, D.N. (1). *Sources of Shang History; the Oracle-Bone Inscriptions of Bronze Age China.* University of California Press, Berkeley, 1978.
KELLING, R. *et al.* (2). *Zum chinesischen Stempel-und Holztafeldruck, nebst vermischten Beiträgen aus dem Gesamtgebiete der Schrift-und Buchgeschichte.* Harrassowitz, Leipzig, 1940.
KENMORE, A.H. (1). 'Bibliographié koréene.' *KR*, 1897, **6** (no. 6).
KENYON, F.G. (1). *Ancient Books and Modern Discoveries.* Caxton Club, Chicago, 1927.
KHAN, M.S. (1). 'Early History of Bengali Printing.' *LQ*, 1962, **32**, 51.
KHAN, M.S. (2). *The Early Bengali Printed Books.* Gutenberg, 1966.
KIELHORN, F. (1). 'The Mungir Copper-plate Grant of Devapaladeva.' *IAQ*, 1892, **31**, 253.
KIM DOO-JONG (1). 'History of Korean Printing (until the Yi Dynasty),' *KJ*, 1963, **3**, 22.
KIM DOO-JONG (2). 'Movable Types of the Yi Dynasty Seen from Calligraphic Form.' *BBSK*, 1960, **1**, 17.

KIM HYO-GUN (1). 'Printing in Korea and its Impact on Her Culture.' Thesis (M.A.), University of Chicago, 1973.
KIM WON-YONG (1). *Early Movable Type in Korea.* Eul-yu Pub., Seoul, 1954.
KIM WON-YONG (2). 'Supplementary Notse on the Kemi-ja Type.' *BBSK,* 1960, **1,** 35.
KING, S. (1). 'Essai de bibliographie en vue d'une "Historie du livre chinois".' *BUA,* 1938/39 (2e ser.), **38,** 69.
KING, S. (2). 'L'invention du papier chinois, d'après les sources chinois.' *BUA,* 1933 (2e ser.), **25,** 14.
KLAPROTH, J. (1). *Lettre a M. le Baron A. de Humboldi sur l'invention de la boussole.* Paris, 1834.
KLAPROTH, J. (10). 'Sur l'origine du papier-monnaire.' *MRA,* 1824, 375.
KOOIJMAN, S. (1). *Ornamented Bark-cloth in Indonesia.* Leiden, 1963.
KOOPS, M. (1). *Historical Account of the Substances Which Have Been Used to Describe Events, and to Convey Ideas, from the Earliest Date to the Invention of Paper.* Jacques, London, 1800; 2nd ed., 1801.
KRACKE, E.A., JR. (1). *Civil Service in Early Sung China, 960—1067.* Harvard University Press, 1953.
KRACKE, E.A., JR. (2). 'Sung Socierty; Change within Tradition.' *JAS,* 1955, **14,** 479.
KRACKE, E.A., JR. (3). 'Family vs. Merit in the Examination System.' *HJAS,* 1947, **10,** 103.
KRACKE, E.A., JR. (5). 'Region, Family, and Individual in the Chinese Examination System.' In J.K. Fairbank, ed., *Chinese Thought and Institutions,* pp. 251-68. University of Chicago Press, 1957.
KUNISAKI JIHEL (1). *An Abridged Reproduction of 'Kamisuki Chōchōki'; the Handbook for Papermaking, Originally Published at Osaka in 1798.* IIS Craft, Tokyo, 1963.

LABARRE, E.J. (1) (ed). *A Dictionary of Paper and Paper-making Terms with Equivalents in French, German, Dutch and Italian.* N.V. Swets & Zeitlinger, Amsterdam, 1937.
LABARRE, E.J. (2) (ed). *Monumenta chartae papyraceae historiam illustrantia; or Collection of Works and Documents Illustrating the History of Paper.* 1- . The Paper Publications Society, Hilversum (Holland), 1950-.
LACH, D.F. (5). *Asia in the Making of Europe.* 2 vols. in 6 parts. University of Chicago Press, 1965-.
LAKSHMI, R. (1). 'Handmade Paper in India.' *PAM,* 1957, **26,** 31.
LALOU, M. (1). 'The Most Ancient Tibetan Scrolls Found at Tunhuang.' *RO,* 1957, **21,** 150.
LALOU, M. (2). *Inventaire des manuscrits tibetains de Touen-houang consevés à la Bibliothèque Nationale (Fonds Pelliot tibétain).* 3 vols. Bibliothèque Nationale, Paris, 1939-61.
LANG JU-HENG (1). 'The Four Treasures of the Study.' *WE,* 1970, **15** (no. 3), 6.
LAO KAN (1). 'From Wooden Slip to Paper.' *CCUL,* 1967, **8** (no. 4), 80.
LATOUR, A. (1). 'Paper; a Historical Outline.' *CIBA/T,* 1949, **72,** 2630.
LATOURETTE, K.S. (1). *The Chinese; their History and Culture.* 3rd ed. Macmillan, New York, 1946.
LAUFER, B. (1). *Sino-Iranica; Chinese Contributions to the History of Civilisation in Ancient Iran. FMNHP/AS,* 1919, 15 (no. 3). (Pub. no. 201) Rev. and crit. Chang Hung-Chao, *MGSC,* 1925 (ser. B), no. 5.
LAUFER, B. (4). 'Pre-history of Aviation.. *FMNHP/AS,* 1928, 18 (no. 1). (Pub. no. 253.)
LAUFER, B. (24). 'The Early History of Felt.' *AAN,* n.s., 1930, **32,** 1.
LAUFER, B. (48). *Paper and Printing in Ancient China.* Caxton Club, Chicago, 1931; repr. Burt Franklin, New York, 1973.
LAUFER, B. (49). 'Papier und Druck im alten China.' *IMP,* 1934, **5,** 65.
LAUFER, B. (50). *Descriptive Account of the Collection of Chinese, Tibetan, Mongol, and Japanese Books in the Newberry Library.* Newberry Library, Chicago, 1913.
LAUFER, B. (51). 'History of the Finger-print System.' *ARSI* (for 1912), 1913, 631.
LAURES, J. (1). *The Ancient Japanese Mission Press.* Monumenta Nipponica, Tokyo, 1940.
LECOMTE, LOUIS (1). *Nouveaux mémoires sur l'état présent de la Chine.* Anisson, Paris, 1696. Eng. tr. *Memoirs and Observations ...* London, 1697.
VON LECOQ, A. (1). *Buried Treasures of Chinese Turkestan; an Account of the Activities and Adventures of the 2nd and 3rd German Turfan Expeditions.* Allen & Unwin, London, 1928. Eng. tr. by A. Brawell, *Auf Hellas Spuren in Ost-Turkestan.* Berlin, 1926.
VON LECOQ, A. (2). *Von Land und Leuten in Ost-Turkestan.* Hinrichs, Leipzig, 1928.
VON LECOQ, A. (3). 'Exploration archéologique à Tourfan.' *JA,* 1909 (10e ser), **14,** 321.
VON LECOQ, A, (4). 'Origin, Journey and Results of the First Royal Prussian Expedition to Turfan.' *JRAS,* 1909, 299.

LEDYARD, G.K. (1). "Two Mongol Documents from the Koryo Sa.' *JAOS*, 1963, **83**, 225.
LEDYARD, G.K. (2). 'The Discovery in the Monastery of the Buddha Land.' *CLC*, 1967, **16** (no. 3), 3.
LEE, S. B. & KIM, W.Y. (1). *A History of the Korean Alphabet and Movable Types*. Ministry of Culture and Information, Seoul, 1970.
LEGGE, J. (8) (tr.). *The Chinese Classics, etc.* vol. 4, pts. 1 and 2. *The Book of Poetry*. Land Grawford, Hong Kong, 1871; Trübner, London, 1871. Repr. Commercial Press, Shanghai, n. d.; Peiping, 1936; Hongkong University Press, 1960.
LEGMEN, G. (1). 'Bibliography of Paper-folding.' *JOB*, 1952, 3.
LEHMANN-HAUPT, H. (1). *Seventy Books about Book-making; a Guide to the Study and Appreciation of Printing*. Columbia University Press, New York, 1941.
LEHMANN-HAUPT, H. (2). *Gutenberg and the Master of the Playing Cards*. Yale University Press, 1966.
LEIF, I.P. (1). *An International Sourcebook of Paper History*. Shoe String Press, Hamden, Conn., 1978.
LENHART, J.M. (1). *Pre-Reformation Printed Books; a Study in Statistical and Applied Bibliography*. New York, 1935. (Franciscan Studies, no. 14.)
LESLIE, D.D., MACKERRAS, C. & WANG GUNGWU (1) (ed.). *Essays on the Sources of Chinese History*. Australian National University Press, Canberra, 1973; University of South Carolina, Columbia, S.C., 1975.
LEVEY, M. (1). 'Chemical Technology in Mediaeval Arabic Bookmaking.' *TAPS*, 1962, **52** (no. 4), 5.
LEWIS, B. (1). *The Arabs in History*. Harper & Brothers, New York, 1960.
LEWIS, J. (1). *The Anatomy of Printing; the Influence of Art and History on its Design*. Faber and Faber, London, 1970.
LEWIS, N. (1). *L'industrie du papyrus dans l'Egypt Gréco-Romain*. Librarie L. Rodstein, Paris, 1934.
LICHHIAO-PHING (1). *The Chemical Arts of Old China*. Journal of Chemical Education, Easton, Pa., 1948; repr. AMS Press, New York, 1979.
LI CHUN (2). 'A Woodcut Artists' Group.' *CLIT*, 1964, **11**, 110.
LI SHAO-YEN (1). 'Writing-paper with Art Deisngs.' *CLIT*, 1961, no. 6, 135.
LI SHU-HUA (4). 'The Early Development of Seals and Rubbings.' *CHJ/T*, 1958, **1**, (no. 3), 61.
LI SHU-HUA (5). *The Spread of the Art of Paper-making and the Discovery of Old Paper*. National Historical Museum, Taipei, 1958. Text in Chinese and English.
LIBISZOWSKI, S. (1). 'Papiernia-Muzeum.' *PPA*, 1971, **27**, 53.
LIN YU-THANG (1). *A History of the Press and Public Opinion in China*. Kelly & Walsh, Shanghai, 1936, University of Chicago Press, 1936; Greenwood Press, New York, 1968.
LIPMAN, M. (1). *How Men Kept Their Records*. Nelson, New York, 1934.
LIU KUO-CHÜN (1). 'Paper-making and Printing.' *PC*, 1954, no. 12, 19.
LIU KUO-CHÜN (2). *The Story of the Chinese Book*. Foreign Language Press, Peking, 1958.
LIU KUO-CHÜN (3). 'Ancient Chinese Book Production.' *CLIT*, 1962, no. 5, 72.
LIU TSHUN-JEN (4). *Chinese Popular Fiction in Two London Libraries*. Lung-men Bookstore, Hongkong, 1967.
LIU TSHUN-JEN (5). 'The Compilation and Historical Value of the Tao-tsang.' In *ESCH*, 1975, 104.
LO CHIN-THANG (1). *The Evolution of Chinese Books*. National Historical Museum, Taipei, 1960 ? Text also in Chinese.
LOEBER, E. G. (1). 'History of Paper-making in Australia.' *PG*, 1958, **8**, 74.
LOEBER, E. G. (2). 'Prehistoric Origins of Paper.' *BIPH*, 1979, **13** (no. 4), 87.
LOEHR, M. (1). *Chinese Landscape Woodcuts from an Imperial Commentary to a Tenth Century Printed Edition of the Buddhist Canon*. Harvard University Press, 1968.
LOEWE, M. (1). 'Some Notes on Han-time Documents from Chüyen.' *TP*, 1959, **47**, 294.
LOEWE, M. (4). *Records of Han Administration*. Cambridge, 1967.
LOEWE, M. (13). 'Some Notes on Han-time Documents from Tun-huang.' *TP*, 1963, **50**, 150.
LOEWE, M. (14). 'Manuscripts Found Recently in China; a Preliminary Survey.' *TP*, 1978, **63**, (nos. 2-3), 7.
VAN DER LOON, P. (2). 'The Manila Incunabula and Early Hokkein Studies.' *AM*, 1966, n.s., **12** (no. 1), 1.
LOWENTHAL, R. (1). 'Printing paper; its Supply and Demand in China., *YJSS*, 1938, **1**, 107.
MCCLURE, F.A. (1). 'Native Paper Industry in Kwangtung.' *LSJ*, 1927, **5**, 255.

McClure, F.A. (2). 'Some Chinese Papers Made on the Ancient "Wove" Type of Screen.' *LSJ*, 1930, **9**, 115.

McCune, G.M. (1). 'The Yi Dynasty Annals of Korea.' *JRAS/KB*, 1939, **29**, 57.

McDowell, R.H. (1). *Stamped and Inscribed Objects from Seleucia on the Tigris.* University of Michigan Press, Ann Arbor, 1935.

McGovern, M.P. (1). *Specimen Pages of Korean Movable Types.* Dawson's Book Shop, Los Angeles, 1966. Crit. T.H. Tsien, *LQ*, 1967, **37**, 40.

McGovern, M.P. (2). 'Early Western Presses in Korea.' *KJ*, 1967, **7**, 21.

McIntosh, G. (1). *The Mission Press in China; being a Silver Jubilee Retrospect of the American Presbyterian Mission.* American Presbyterian Mission Press, Shanghai, 1895.

McIntosh, G. (2). 'Printing in China.' *PENA*, 1923, **25**, 61.

McLuhan, H.M. (1). *The Gutenberg Galaxy; the Making of Typographic Man.* University of Toronto Press, 1962.

McMurtrie, D.C. (1). *The Book; the Story of Printing and Bookmaking.* Covici-Friede, New York, 1937; 3rd ed. rev., Oxford, 1943.

McMurtrie, D.C. (2). *The Golden Book.* Covici, Chicago, 1927.

McMurtrie, D.C. (3) (ed.). *The Invention of Printing; a Bibliography.* Chicago Club of Printing House Craftsmen, Chicago, 1942.

McMurtrie, D.C. (4). *Memorandum on the First Printing in Ceylon, with Bibliography of Ceylonese Imprints of 1737-1767.* Chicago, 1931.

McMurtrie, D.C. (5). *Memorandum on the History of Printing in the Dutch East Indies.* Chicago, 1935.

Ma Keh (1). 'The Weifang New Year Pictures.' *CLIT*, 1960, no. 8, 153.

Ma Thai-Lai [Ma Tai-Loi] (1). 'The Authenticity of the *Nan-Fang Ts'ao-Mu Chuang*.' *TP*, 1978, **64**, 218.

Mahdihassan, S. (49). 'Chinese Words in the Holy Koran; 5, Quirtas, Meaning Paper, and its Synonym, Kagaz.' *JUB*, 1955, **24**, 148.

Major, R.H. (2). *India in the Fifteenth Century; Being a Collection of Narratives of Voyages to India, in the Century Preceding the Portuguese Discovery of the Cape of Good Hope; from Latin, Persian, Russian and Italian Sources.* Hakluyt Society, London, 1857.

Mangamma, J. (1). *Book Printing in India; with Special Reference to the Contribution of European Scholars to Telugu (1746-1857).* Bangorey Books, Nellore, S. India, 1975.

Marchlewska, J. (1). 'Das Polnische Papiermuseum in Duszniki (Reinerz).' *PG*, 1972, **22**, 27.

Marchlewska, J. (2). 'Niemieckie Muzeum Papieru.' *PPA*, 1973, **29**. 22.

Martin, G.T. (1). *Egyptian Administrative and Private-Name Seals.* Ashmolean Museum, Griffith Institute, Oxford, 1971.

Martinique, E. (1). 'The Binding and Preservation of Chinese Double-leaved Books.' *LQ*, 1973, **43**, 227.

Martinique, E. (2). *Chinese Traditional Bookbinding; a Study of its Evolution and Techniques.* Thesis (MA). University of Chicago, 1972; Chinese Materials Center, San Francisco & Thaipei, 1983. (Asian Library Series, No. 19.)

Maspero, H. (29). *Les documents de la troisième expédition de Sir Aurel Stein en Asie centrale.* British Museum, London, 1953.

Mattice, H.A. (1). *English-Chinese-Japanese Lexicon of Bibliographical, Cataloguing and Library Terms.* New York Public Library, 1944.

Medina, J.C. (1). *La imprenta en Manila desde sus origenes hasta 1810.* Impresoy Grabads en Casa de Autor, Chile, 1896.

Mel Yi-Pao (1) (tr.). *The Ethical and Political Works of Motse.* Probsthain, London, 1929.

de Mendoza, J.G. (2). *The History of the Great and Mighty Kingdom of China and Situation Thereof.* Ed. by George T. Staunton with an introduction by R.H. Major. Burt Franklin, New York, 1970. (Reprint of Hakluyt Society Works.) 2 vols.

Menzel, J. M. (1) (ed.). *The Chinese Civil Service; Career Open to Talent ?* Heath, Boston, 1963.

Middleton, T.C. (1). *Some Notes on the Bibliography of the Philippines.* The Free Library, Philadelphia, 1900. (Bulletin of the Free Library of Philadelphia, no. 4.)

MILLER, C.R. (1). 'An Inquiry into the Technical and Cultural Pre-requisites for the Invention of Printing in China and the West.' Thesis (MA), University of Chicago, 1975.

MILLER, J.A. (1). *Pulp and Paper History; a Selected List of Publications on the History of the Industry in North America.* St Paul, Minn., 1963.

MITCHELL, C.A. & HEPWORTH, T.C. (1). *Inks; their Composition and Manufacture.* Griffin, London, 1916.

MITCHELL, C.H. (1). *The Illustrated Books of Naga, Maruyama, Shijo and Other Related Schools of Japan; a Biobibliography.* Dawson's Bookshop, Los Angeles, 1972.

MONTELL, G. (4). 'To the History of Writing and Printing.' *ETH,* 1942, **7**, 166.

DE MORGA, A. (2). *The Philippine Islands, Moluccas, Siam, Cambodia, Japan, and China at the Close of the Sixteenth Century, tr. from the Spanish, with Notes and a Preface.* Hakluyt Society, London, 1858.

MORRISON, H.M. (1). 'Making Books in China.' *CCJ,* 1949, **39**, 234.

MOULE, A.C. (18). 'Chinese Printing of the Tenth Century.' *JRAS,* 1925, 716.

MOULE, A.C.& PELLIOT, P. (1) (tr. and annot.). *Marco Polo (+1254–1325); the Description of the World.* 2 vols. Routledge, London, 1938. Further notes by P. Pelliot (posthumously pub.). 2 vols. Impr. Nat., Paris, 1960.

MUNDY, P. (1). *The Travels of Peter Mundy in Europe and Asia, 1608-1667.* Ed. E. C. Temple. Hakluyt Society, London, 1907–36.

MUNSELL, J. (1). *Chronology of the Origin and Progress of Paper and Paper Making.* 5th. ed. Albany, privately printed, 1876.

MURRAY, J. (1). *Practical Remarks on Modern Paper, with an Introductory Account of its Former Substitutes, also Observations on Writing Inks, the Restoration of Illegible Manuscripts, and the Presservation of Important Deeds from the Effects of Damp.* T. Cadell, London, 1829.

MURRAY, W.D.& RIDNEY, F.J. (1). *Fun with Paper-folding.* Revell, New York, 1928, 1953.

NA CHTH-LIANG (1). 'Chinese Woodcut Illustration.' *NPMB,* 1970, **5** (no. 5), 6.

NACHBAUR, A. (1). 'Le papier en Chine.' *CHINE,* 1923, **42**, 573.

NARAYANASWAMI, C.K. (1). *The Story of Handmade Paper Industry.* 2nd ed. Khadi and Village Industries Commission, Bombay, India, 1961.

NARITA KIYOFUSA (1). 'Suminagashi.' *PAM,* 1955, **24**, 27.

NARITA KIYOTUSA (2). 'The First Machine-made Paper in Japan.' *PAM,* 1957, **26**, 11.

NARITA KIYOFUSA (3). 'Japanese Paper and Paper Products.' *PG,* 1959, **9**, 84.

NARITA KIYOFUSA (4). 'Making Paper by Hand in Japan.' *PAM,* 1962, **31**, 38.

NARITA KIYOFUSA (5). 'A Brief History of Papermaking by Hand in Japan.' *PAM,* 1965, **34**, 5.

NARITA KIYOFUSA (6). *A Life of Tshai Lun and Japanese Papermaking.* Rev. ed. Dainihon Press, Tokyo, 1966.

NARITA KIYOFUSA (7). 'Paper Museum in Tokyo (Japan).' *PG,* 1954, **4**, 29.

NEEDHAM, JOSEPH (47). 'Science and China's Influence on the West.' Art. in *The Legaoy of China,* ed. R.N. Dawson. Oxford, 1964, p. 234.

NEEDHAM, JOSEPH (58). 'The Chinese Contribution to Science and Technology.' Art .in *Reflections on our Age* (Lectures delivered at the Opening session of UNESCO at Sorbonne, Paris, 1964), ed. D. Hardman & S. Spender. Wingate, London, 1948, p. 211.

NEEDHAM, JOSEPH (64). *Clerks and Craftsmen in China and the West* (Collected Lectures and Addresses). Cambridge, 1970.

NEEDHAM, JOSEPH (65). *The Grand Titration; Science and Society in China and the West.* (Collected Addresses.) Allen & Unwin, London, 1969.

NEWBERRY, P.E. (2). *Scarabs; an Introduction to the Study of Egyptian Seals and Signet Rings.* Archibald Constable, London, 1908.

NEWBERRY LIBRARY, CHICAGO. *Dictionary Catalogue of the History of Printing.* 6 vols. G. K. Hall, Boston, 1961.

NGHIEN TOAN & RICARD, L. (1). 'Wou Tsö T'ien.' *BSEL,* n.s., **34** (no. 2), 114.

NIIDA NOBORU (1). 'A Study of Simplified Seal-mark and Finger-seals in Chinses Documents.' *MRDTB,* 1939, **11**, 79.

NORDSTRAND, O.K. (1). 'Chinese Double-leaved Books and Their Restoration.' *LIBRI,* 1967, **17**, 104.

NORDSTRAND, O.K. (2). 'The Introduction of Paper in Ceylon.' *PG,* 1961, **11**, 67.

NORRIS, F.H. (1). *Paper and Paper Making*. Oxford, 1952.

ODY, K. (1). *Paper Folding and Paper Sculpture*. Emerson, New York, 1905.
OLSCHKI, L. (7). *The Myths of Felt*. University of California Press, Berkeley, 1949.
OTTLEY, W.Y. (1). *An Inquiry concerning the Invention of Printing*. London, 1834-40.
PAIK NAK-CHOON (1). 'Tripitaka Koreana.' *JRAS/KB*, 1951, **32**, 62.
PAINE, R.T. (1). 'The Ten Bamboo Studio.' *ACASA*, 1951, **5**, 39.
PAK SHI-KYUNG (1). 'Ancient Metal Types.' *KT*, 1960, **44**, 39.
PANCIROLI, GUIDO (1). *The History of Many Memorable Things Lost*. London, 1715.
PARKER, E.H. (11). 'Paper and Printing in China.' *IAQR*, 1908 (3rd ser.), **25** (nos. 49-50), 349.
PARKER, T. (1). *A Short Account of the First Rise and Progress of Printing*. London, 1763.
PAWAR, H.H. (1). 'Glimpses of Japanese Book Publishing,' *EQ*, 1970, **22** (no. 1), 15.
PEAKE C.H. (2). 'The Origin and Development of Printing in China in the Light of Recent Research.' *GUJ*, 1935, 9.
PEAKE, C.H. (3). 'Additional Notes and Bibliography on the History of Printing in the Far East.' *GUJ*, 1939, 57.
PELLIOT, P. (28). 'La peinture et la gravure européennes en Chine au temps de Mathieu Ricci.' *TP*, 1921, **20**, 1.
PELLIOT, P. (41). *Les débuts de l'imprimerie en Chine*. (Oeuvres posthumes 4.) Imprimerie nationale, Paris, 1953.
PELLIOT, P. (47). *Notes on Marco Polo*. Ouvrage posthume. 3 vols. Impr. Nat. and Maisonneuve, Paris, 1959-73.
PELLIOT, P. (60). 'Une bibliothèque mediévale retrouvée au Kan-sou.' *BEFEO*, 1908, **8**, 501.
PELLIOT, P. (61). 'Les documents chinois trouvés par la Mission Koslov à Khara-Khoto.' *JA*, 1914, **3**, 503.
PELLIOT, P. (62). *Un traité Manichéen*. Paris, 1913.
PELLIOT, P. (63). 'Les conquêstes de l'Empereur de la Chine.' *TP*, 1921, **20**, 183.
PELLIOT, P. (64). 'Livers reçus.' *TP*, 1931, **28**, 150.
PELLIOT, P. (65). 'Un recueil de pièces imprimées concernant la "Question des rites."' *TP*, 1924, **23**, 347.
PELLIOT, P. (66). 'Notes sur quelques livres ou documents conservés en Espagne.' *TP*, 1929, **26**, 43.
PENALOSA, F. (1). 'The Mexican Book Industry.' Thesis (Ph. D.), University of Chicago, 1956.
PERKINS, P.D. (1). *The Paper Industry and Printing in Japan*. Privately printed, New York, 1940.
PETRUCCI, R. (3) (tr.). *Encyclopédie de la peinture chinoise*. H. Laurence, Paris, 1918, Tr. of *Chieh Tzu Yüan Hua Chüan*.
PEUVRIER, A. (1). 'Les origines de l'imprimerie dans l'Extrême Orient.' *MSSJ*, 1887, **6**.
PFISTER, L. (1). *Notices Biographiques et Bibliographiques sur les Jésuits de l'Ancienne Mission de Chine, 1552-1773*. 2 vols. Imprimerie de la Mission Catholique, Shanghai, 1932-4. (Variétés sinologiques, nos. 59-60.)
PHILIPPI, D.L. (1) (tr.). *Kojiki*. University of Tokyo Press, 1968.
POON MING-SUN (1). 'The Printer's Colophon in Sung China, 960-1279.' *LQ*, 1973, **43**, 39.
POON MING-SUN (2). 'Books and Printing in Sung China, 960-1279.' Thesis (Ph. D.), University of Chicago, 1979.
POOR, R. (1). 'Notes on the Sung Dynasty Archaeological Catalogs.' *ACASA*, 1965, **19**, 33.
PRIMROSE, J.B. (1). 'The First Press in India and its Printers.' *The Library*, 1939, **12**, 241.
PRIOLKAR, A.K. (1). *The Printing Press in India; its Beginnings and Early Development*. Bombay, 1958.
PROSERPIS, L. (1). 'The First Printing Press in India.' *NRW*, 1935, **2** (no. 10), 321.
PRUNNER, G. (1). *Papiergötter aus China*. Hamburgisches Museum für Völkerkunde, Hamburg, 1973.
PULLEYBLANK, E. G. (2). 'The Date of the Staël-Holstein Roll.' *AM*, 1954, n.s., **4** (pt 1), 90.
PUTNAM, G.H. (1). *Books and their Makers during the Middle Ages*. Putnam's Sons, New York, 1896-97.

REICHWEIN, A, (1). *China and Europe; Intellectual and Artistic Contscts in the Eighteenth Century*. Kegan Paul, London, 1925. Tr. from the German edition, Berlin, 1923.

REINAUD, J.T. (1) (tr.). *Relation des voyages faits par les Arabes et les Persans dans l'Inde et la Chine dans le ge siècle de l'ère Chrétienne.* 2vols. Paris, 1845.

REISCHAUER, E.O. (4) (tr.). *Ennin's Diary; the Record of a Pilgrimage to China in Search of the Law.* Ronald Press, New York, 1955.

[RENAUDAT, EUSEBIUS] (1) (tr.). *Anciennes relations des Indes et de la Chine de deux voyageurs Mohométans...* Paris, 1718. Eng. tr., *Ancient Accounts of the Travels of Two Mohammedans through India and China in the +9th Century.* In John Pinkerton, ed., *A General Collection of the Best and Most Interesting Voyages and Travels.* London, 1808-14, Vol. 7 (1811).

RENKER, A. (1). *Papier und Druck im Fernen Osten.* Gutenberg-Gesellschaft, Mainz, 1936; Berlin, 1937.

RENKER, A. (2). *Papiermacher und Drucker; ein Gespräch über alte und neue Dinge.* Druck der Mainzer Presse, Mainz, 1934.

RENKER, A. (3). 'Die Forschungsstelle Papiergeschichte im Gutenberg-Museum zu Mainz.' In Horst Kunze, ed., *Buch und Papier.* Otto Harrossowitz, Leipzig, 1938, pp. 80-9.

RETANA, W. E. (1). *Tablas cronologica y alfabetica de imprentas e impresores de Filipinas (1593-1898).* Libreria General de Victoriana Suarez, Madrid, 1908.

RETANA, W. E. (2). *Origenes de la Imprenta Filipina.* Manila, 1911.

RETANA, W.E. (3). *La imprenta en Filipinas; adiciones y observaciones á la imprenta en Manila de D.J.T. Medina.* Madrid, 1917.

RHODES, D. E. (1). *The Spread of Printing; Eastern Hemisphere, India, Pakistan, Ceylon, Burma and Thailand.* Van Gendt, Amsterdam, 1969.

RICHTER, M. (1). *De Typographiae Inventione.* Copenhagen, 1566.

ROBINSON, S. (1). *A History of Printed Textiles.* Studio Vista, London, 1969.

ROHRBACH, K. (1). 'Papiergeschichte im Deutschen Museum in München.' *PG*, 1974, **24**, 1-6.

ROULEAU, F.A. (3). 'The Yangchow Latin Tombs as a Landmark of Medieval Christianity in China.' *HJAS.* 1954, **17**, 346.

ROW, S. (1). *Geometric Exercises in Paper Folding.* Ed. and rev. by Beman & Smith. Chicago, 1901, 1941.

ROYDS, W.M. (1). 'Introduction to Courant's Bibliographie Coréenne.' *JRAS/KB*, 1936, **25**, 1.

RUDOLPH R.C. (9) (tr.). 'Illustrated Botanical Works in China and Japan.' In *Bibliography and Natural History; Essays Presented at a Conference Convened in June 1964 by Thomas R. Buckman*, p. 103. University of Kansas Libraries, Lawrence, 1966.

RUDOLPH, R.C. (13). 'A Reversed Chinese Art Term.' *JAOS*, 1946, **66**, 15.

RUDOLPH, R.C. (14). 'Chinese Movable Type Printing in the 18th Century.' In *Silver Jubilee Volume of the Zinbun-Kagaku Kenkyusyo*, P.317. Kyoto University, 1954.

RUDOLPH, R.C. (15) (tr.). *A Chinese Printing Manual, 1776.* Typophiles, Los Angeles, 1954. Tr. of Chin Chien, *Wu Ying Tien Chü Chen Pan Chheng Shih.*

RÜHL, I. (1). *Die Papierwirtschaft in China, Japan und Manchukuo.* Diss., Univ. Erlangen, Erlangen, 1942.

RUPPEL, A.L. (1). *Haben die Chinesen und Koreaner die Buchdruckerkunst erfunden?* Verlag der Gutenberg-Gesellschaft, Mainz, 1954. (Kleiner Druck der Gutenberg-Gesellschaft, nr. 56.)

SANBORN, K. (1). *Old Time Wall-papers; an Account of the Pictorial Papers on our Forefathers' Walls, with a Study of the Historical Development of Wall-paper Making and Decoration.* Literary Collector Press, New York, 1905.

SANDERMANN, W. (1). 'Old Papermaking Techniques in Southeast Asia and the Himalayan Countries.' *PG*, 1968, **18**, 29.

SANETOW KEISHU (1). 'Japan's Influence on Chinese Printing.' *CDJ*, 1942, **11**, 241.

SANG, C. (1). *Primitivas relaciones de Espana con Asia y Occania.* Libreria General, Victionians Sularez, Madrid, 1958.

SANSOM, G.B. (1). *Japan; a Short Cultural History.* Rev. ed. Appleton-Century-Crofts, New York, 1962.

SARTON, G. (1). *Introduction to the History of Science.* Vol. 1, 1927; Vol. 2, 1931 (2 parts); Vol. 3, 1947 (2 parts). William & Wilkins, Baltimore. (Carnegie Institution Pub. no. 376.)

SARTON, G. (15). *A Guide to the History of Science; a First Guide for the Study of the History of Science, with Introductory Essays on Science and Tradition.* Chromica Botanica Co., Waltham, Mass., 1952.

SARTON, G. and HUMMEL, A.W. (1). 'The Printed Herbal of 1249 A.D.' *ISIS*, 1941, **33**, 439.

SASAKI, S. (1) (ed.). *Publishing in Japan; Present and Past.* Japan Book Publishers Association, Tokyo, 1969.

SATOW, E.M. (3). 'On the Early History of Printing in Japan.' *TAS/J*, 1882, **10** (pt 1), 48.

SATOW, E.M. (4). *'Further Notes on Movable Types in Korea and Early Japanese Printed Books.' TAS/J*, 1882, **10** (pt 2), 252.

SATOW, E.M. (5). *The Jesuit Mission Press in Japan, 1591–1610.* Privately printed, London, 1888.

SAUVAGET, J. (2) (tr.). *Relation de la Chine et de l'Inde, rédigée en -857.* (Akhbar al-Sin wa'l-Hind.) Belles Lettres, Paris, 1948. (Budé Association, Arab Series.)

SCHAFER, E.H. (13). *The Golden Peaches of Samarkand; a Study of Thang Exotics.* University of California Press, Berkeley and Los Angeles, 1963.

SCHAFER, E.H. (16). *The Vermilion Bird; Thang Images of the South.* University of California Press, Berkeley and Los Angeles, 1967.

SCHAFER, E.H. & WALLACKER, B.E. (1). 'Local Tribute Products of the Thang Dynasty.' *JOSHK*, 1957, **4**. 213.

SCHÄFER G. (1). 'The Development of Papermaking.' *CIBA/T*, 1949, **6**, 2641.

SCHÄFER G. (2). 'The Paper Trade before the Invention of the Paper-machine.' *CIBA/T*, 1949, **6**, 2650.

SCHÄFFER, J.C. (1). *Versuche und Muster ohne alle Lumpen oder doch mit einem geringen Zusatze derselben Papier zu machen.* Regensburg, 1765–71. 6 vols.

SCHEFER, C. (2). 'Notices sur les relations des Peuples Mussulmans avec les Chinois depuis l'Extension de l'Islamisme jusqu à la fin du 15e Siècle.' In *Volume Centénaire de Ecole des Langues Orientales Vivantes, 1795–1895.* Leroux, Paris, 1895, pp. 1–43.

SCHINDLER, B. (4). 'Preliminary Account of the Work of Henri Maspero concerning the Chinese Documents on Wood and Paper Discovered by Sir Aurel Stein on his Third Expedition in Central Asia.' *AM*, 1949, n.s., **1**, 216.

SCHMIDT, A. (1). 'Der Chinesische Buchdruck.' *ZB*, 1927, n.s., **19**, 11.

SEDGWICK E. (1). 'A Chinese Printed Scroll of the Lotus Sutra.' *LC/QJCA*, 1949. **6** (no. 2), 6. With a note by A.W. Hummel.

SEMEDO, A. (1). *The History of that Great and Renowned Monarchy of China.* I. Crook, London, 1655.

SEN, S.N. (1). 'Hand-made Paper of Nepal.' *MR*, 1940, **67**, 459.

SEN, S.N. (2). 'Transmission of Scientific Ideas between India and Foreign Countries in Ancient and Medieval Times.' *BNISI*, 1963, **21**, 8,

SEUBERLICH, W. (1). 'Ein neues russisches Werk zur Geschichte des chinesischen Buchdrucks der Sung-Zeit'. In *Studia Sino-Altaica; Festschrift für Erich Haenisch zum 80, Gebutstag*, im Auftrag der Deutschen Morgen-ländischen Gesellschaft, pp.183-6. Franz Stein Verlag, Wiesbaden, 1961.

SHAFER, R. (1). 'Words for "Printing Block" and the Origin of Printing.' *JAOS*, 1960, **80**, 328.

SHAW, SHIOE-JYU LU (1). 'The Imperial Printing of Early Chhing China, 1644–1805.' Thesis (M.A.), University of Chicago, 1974.

SHEN, PHILIP (1). 'Introducing Chinese Paper-folding.' *NCSAS*, 1958, n.s., **2** (no. 1), 7.

SHIH HSIO-YEN (1). 'On the Ming Dynasty Book Illustration.' Thesis (M.A.), University of Chicago, 1958.

SIRR, H.C. (1). *China and the Chinese.* W.S. Orr & Co., London, 1849.

SITWELL, S. (1). *British Architects and Craftsmen; a Survey of Taste, Design and Style during Three Centuries, 1600 to 1830.* Pan Books, London, 1945; rev. ed., 1960.

SMITH, RICHARD (1). 'On the First Invention of the Art of Printing.' Manuscript, *c.* 1670. St. Bride Foundation Library, London; copy at Cambridge University Library.

SOHN POW-KEY (1). 'Early Korean Printing.' *JAOS*, 1959, **79**, 96.

SOHN POW-KEY (2). *Early Korean Typography.* Korean Library Science Research Institute, Seoul, 1971. Text in Korean and English.

SOMMARSTRÖM, B. (1). *Archaeological Researches in the Edsen-Gol Region, Inner Mongolia.* 2 pts. Stockholm, 1956–58.

SOONG, MAYING (1). *The Art of Chinese Paper-folding.* Harcourt, Brace, New York, 1948, 1955.

SPEAR, R.L. (1). 'Research on the 1593 Jesuit Mission Press Edition of Esop's Fables.' *MN*, 1964, **19** (no. 3-4), 222.

STARR, K. (1). 'Inception of the Rubbing Technique; a Review.' In *Symposium in Honor of Dr. Li Chi on His Seventieth Birthday*, Taipei, 1965, 281.

STARR, K. (2). 'Rubbings; an Ancient Chinese Art.' *NCSAS*, 1966, n.s., **9** (no. 3-4), 1.

STARR, K. (3). 'An "Old Rubbing" of the Later Han *Chang Chhien-Pei*.' In D. Roy & T.H. Tsien (eds.), *Ancient China: Studies in Early Civilization*. The Chinese University Press, Hongkong, 1978, pp. 283-314.

STEELE, R. (5). 'What 15th Century Books Are About.' *LIB*, n.s., 1903, **4**, 337; 1904, **5**, 337; 1905, **6**, 137; 1907, **8**, 225.

STEIN, SIR AUREL (1). *Ruins of Desert Cathay*. 2 vols. Macmillan, London, 1912.

STEIN, SIR AUREL (2). *Innermost Asia*. 2 vols. text, 1 vol. plates, 1 box maps. Oxford, 1928.

STEIN, SIR AUREL (4). *Serindia; Detailed Report of Exploration in Central Asia and Western-most China*. 4 vols. Clarendon Press, Oxford, 1921.

STEIN, SIR AUREL (6). 'Notes on Ancient Chinese Documents Discovered among the Han Frontier Wall in the Desert of Tun-huang.' *NCR*, 1921, **3**, 243.

STIEIN, SIR AUREL (7). 'A Chinese Expedition across the Pamirs and Hindukush, A.D. 747.' *NCR*, 1922, **4**, 161.

STEIN, SIR AUREL (11). *Ancient Khotan; Detailed Report of an Archaeological Exploration in Chinese Turkestan*. 2 vols. Clarendon Press, Oxford, 1907.

STEIN, SIR AUREL (12). 'Early Papermaking in the Far East Ruins of Desert Cathay.' *PAP*, 1912, **10**.

STEINBERG, S.H. (1). *Five Hundred Years of Printing*. Criterion Books, New York, 1959.

STEVENS, R.T. (1). *The Art of Papermaking in Japan*. Privately printed, New York, 1909.

STEVENSON, A.H. (1). *Observations on Paper as Evidence*. University of Kansas Press, Lawrence, Kansas, 1961. (University of Kansas Annual Public Lectures on Books and Bibliography, 7.)

STOFF, F. (1). *The Valentine and its Origins*. London, 1969.

S̄TOVICKOVA-HEROLDOVA, D. (1). 'Chinese Books'. *EHOR*, 1965, **4** (no. 8), 50.

STREHLNEEK, E.A. (1). *Chinese Pictorial Art*. Commercial Press, Shanghai, 1914.

STÜBE, R. (1). 'Die Erfindung des Druckes in China und seine Verbreutung in Ostasien.' *BGTI*, 1918, **8**, 88.

STUDLEY, V. (1). *The Art and Craft of Handmade Paper*. Van Nostrand Reinhold Co., New York. 1977.

SU YING-HUI (1). 'An Inquiry into the Chinese Pen.' *APR*, 1972, **3** (no. 4), 24.

SUGIMOTO MASAYOSHI & SWAIN, D.L. (1). *Science and Culture in Traditional Japan, A.D. 600-1854*. MIT Press, Cambridge, Mass., 1978.

SUN JEN I-TU & SUN SHOU-CHHUAN (1) (tr.). '*Thien Kung Khai Wu*', *Chinese Technology in the Seventeenth Century, by Sung Ying-Hsing*. Pennsylvania State University Press, University Park and London, 1966.

SUN MEI-LAN (1). 'Illustration for Children's Books.' *CLIT*, 1959, no. 3, 144.

SUTERMEISTER, E. (1). *The Story of Papermaking*. S.D. Warren, Boston, 1954.

SWINGLE, W.T. (13). 'Chinese Books and Libraries.' *BALA*, 1917, **11**, 121.

SWINGLE, W.T. (14). 'Chinese Books; their Character and Value and their Place in the Western Library.' In *Essays Offered to Herbert Putnam by his Colleagues and Friends on His 30th Anniversary as Librarian of Congress, 5 April, 1929*. Ed. W.W. Bishop and Andrew Keogh, p.429. Yale University Press, New Haven, 1929.

SZE MAI-MAI (1) (tr.). *The Tao of Painting*. Bollingen Foundation, New York, 1956; Modern Library, New York, 1959. Tr. of *Chieh-Tzu-Yüan Hua Chüan*.

TAAM CHEUK-WOON (1). *The Development of Chinese Libraries under the Ch'ing Dynasty, 1644-1911*. Private ed., distributed by the University of Chicago Libraries, 1935.

TAKEO EIICHI (1) (ed.). *Handmade Papers of the World*. Takeo Co., Tokyo, 1979. Text in English and Japanese with handmade paper specimens from 23 countries in one box.

TAUBERT, S. (1). *Bibliopola; Bilder und Texte aus der Well des Buchhandels* (Pictures and Texts about the Book Trade; Images et Textes sur la Librairie). 2 vols. Ernst Hauswedell, Hamburg, 1966.

TENG KWEI (1). 'Chinese Ink-sticks.' *CJ*. 1936, **24**, 9.

TENG SSU-YÜ (3) (tr.). *Family Instructions for the Yen Clan; 'Yen Shih Chia Hsün' by Yen Chih-Thui* (+531-91). Brill, Leiden, 1968. (Monograph du Toung pao, IV.)

TENG SSU–YÜ (4). 'Chinese Influence on the Western Examination System.' *HJAS*, 1943, **7**, 267.

THOMAS, LSAIAH (1). *The History of Printing in America*. 2 vols. Worcester, Mass., 1810; 2nd ed., John Munsell, Albany, New York, 1874.

TILLEY, R. (1). *Playing Cards*. Putnam's Sons, New York, 1967.

TINDALE, T.K. & TINDALE, H.R. (1). *The Handmade Papers of Japan*. 3 vols., Tuttle, Rutland, 1952.

TING WEN–YÜAN (1). 'Von der alten chinesischen Buchdruckerkunst.' *GUJ*, 1929, 9.

TODA KENJI (1). *Descriptive Catalogue of Japanese and Chinese Illustrated Books in the Ryerson Library at the Art Institute of Chicago*. Chicago, 1931.

TOKURIKI TOMIKICHIRO (1). *Wood-block Print Primer*. Japan Publications, Tokyo, 1970.

TOUSSAINT A. (1). *The Spread of Printing, Eastern Hemisphere; Early Printing in Mauritius, Reunion, Madagascar and the Seychelles*. Vangendt, Amsterdam, 1969.

TRIER, J. (1). *Ancient Paper of Nepal; Results of Ethnotechnological Field Work on its Manufacture, Uses and History—with Technical Analyses of Bast, Paper and Manuscripts*. Jutland Archaeological Society, Copenhagen, 1972.

TROLLOPE, M.N. (1). 'Korean Books and their Authors.' *JRAS/KB*, 1932, **21**, 1.

TROLLOPE, M.N. (2). 'Book Production and Printing in Corea.' *TRAS/KB*, 1936, **25**, 101.

TSAI JO–HUNG (1). 'New Year's Pictures; a People's Art.' *PC*, 1950, **1** (no. 4), 12.

TSCHICHOLD, J. (1). *Chinesische Farbendrucke der Gegenwart*. Holbein-Verlag, Basel, 1945.

TSCHICHOLD, J. (2). *Der Erfinder des Papiers, Ts'ai Lun, in einer alten chinesischen Darstellung* (Neujahrsgabe). Zurich, 1955.

TSCHICHOLD, J. (3). *Chinese Colour Prints from the Ten Bamboo Studio*. Tr. by Katherine Watson. Lund Humphries, London, 1972. Original ed., *Die Bildersammlung der Zehnbambushalle*. Rentsch Verlag, Erlenbach, Switzerland, 1970. Selected reproductions of the *Shih-Chu-Chai Shu Hua Phu*.

TSCHICHOLD, J. (4). *Chinesische Gedichtpapier vom Meister der Zehnbambushalle*. Holbein-Verlag, Basel, 1947. Selected reproductions from the *Shih-Chu-Chai Chien Phu*.

TSHCICHOLD, J. (5). *Chinese Color-prints from the Painting Manual of the Mustard Seed Garden*. Tr. E.C. Mason. Allen & Unwin, London, 1951. Selected reproductions from the *Chieh-Chih-Yüan Hua Phu*.

TSCHICHOLD, J. (6). *Early Chinese Color Prints*. Tr. E.C. Mason. Beechhurst Press, New York, 1953.

TSCHICHOLD, J. (7). *Chinese Color Printing of Today*. Tr. E.C. Mason. Beechhurst Press, New York, 1953.

TSCHUDIN, W.F. (1). 'The Oldest Papermaking Processes in the Far East.' *TXR*, 1958, **13**, 679.

TSCHUDIN, W.F. (2). *The Ancient Paper-mills of Basel and their Marks*. Paper Publications Society, Hilversum, Holland, 1958.

TSCHUDIN, W.F. (3). 'The Paper Museum at Basel, Switzerland.' *PAM*, 1957, **26**, 1.

TSIEN TSUEN–HSUIN (2). *Written on Bamboo and Silk; the Beginnings of Chinese Books and Inscriptions*. University of Chicago Press, 1962. See also Chinese and Japanese revised eds. under Chhien Tshun- Hsün in Bibliography B.

TSIEN TSUEN–HSUIN (3). 'On Dating the Edition of *Chü-lu* (Record of Oranges) at Cambridge University.' *CHJ/T*, n.s., 1973, **10**, 106.

TSIEN TSUEN–HSUIN (4). 'Raw Materials for Old Papermaking in China.' *JAOS*, 1973, **93**, 510.

TSIEN TSUEN–HSUIN (5). 'A History of Bibliographic Classification in China.' *LQ*, 1952, **22**, 307.

TSIEN TSUEN–HSUIN (6). 'Silk as Writing Material.' *MID*, 1962, **11**. 92.

TSIEN TSUEN–HSUIN (7). 'Terminology of the Chinese Book and Bibliography.' Institute for Far Eastern Librarianship, University of Chicago, 1969.

TSIEN TSUEN–HSUIN (8). 'A Study of the Book-Knife of the Han Dynasty.' Tr. by John H. Winkelman. *CCUL*, 1971, **12** (no. 1), 87.

TSIEN TSUEN–HSUIN (9). 'China; True Birthplace of Paper, Printing and Movable Type.' *UNESC*, 1972, **12**, 4; *PPI*, 1974, **2**, 50.

TSIEN TSUEN–HSUIN (10). *China; an Annotatod Bibliography of Bibliographies*. G.K. Hall, Boston, 1978.

TSIEN TSUEN–HSUIN (11). 'Rare Chinese-Japanese Materials in American Libraries as Reported in 1957.' *BCEAL*, 1966, no. 16, 10.

TSIEN TSUEN–HSUIN (12). 'Western Impact on China through Translation.' *JAS*, 1954, **14**, 305.

TSIEN TSUEN–HSUIN (13). 'Why Paper and Printing were Invented First in China and Used Later in Europe.' In *EHSTC*, pp.459–70.

TSIEN TSUEN-HSUIN. *See also* CHHIEN TSHUN-HSÜN in Bibliography B.
TUNG TSO-PIN (2). 'Ten Examples of Early Tortoise-Shell Inscriptions.' *HJAS*, 1948, **11**, 119.

USHER, A.P. (1). *A History of Mechanical Inventions.* Rev. ed. Harvard University Press, 1962.

VACCA, G. (7). 'Della piegatura della carta applicata alla Geometria.' *PDM*, 1930 (ser. 4), **10**, 43.
DE LA VALLEE-POUSSIN, L. (10). *Catalogue of the Tibetan Manuscripts from Tun-huang in the India Office Library.* With an appendix on the Chinese manuscripts by Kazuo Enoki. Oxford University Press, 1962.
VANDERSTAPPEN, H.A. (1) (ed.). *The T.L. Yuan Bibliography of Western Writing on Chinese Art and Archaeology.* Mansell, London, 1975.
VAUDESCAL, LE. C. (1). 'Les pierres gravées du Che King Chan et le Yün Kiu Sseu.' *JA*, 1914, 374.
VÉBER, M. (1). *Le papier.* Fédération Nationale des Maitres Artisans du Livre, Paris, 1969.
VERGIL, POLYDORE (1). *De Rerum Inventoribus.* 1512. English tr. by Thomas Langley with an account of the author and his works by William A. Hammond. Agathynian Club, New York, 1868.
VERVLIET, H.D. (1) (ed.). *Liber Librorum; The Book through Five Thousand Years.* Areade, Bruxelles, 1973.
VISSERING, W. (1). *On Chinese Currency, Coin, and Paper Money.* E.J. Brill, Leiden, 1877.
VIVAREY, H. (1). 'Vieux papiers de Corée.' *BSVP*, 1900, **1**, 76.
VOORN, H. (1). 'Papermaking in the Moslem World.' *PAM*, 1959, **28**, 31.
VOORN, H. (2). 'Batik Paper.' *PAM*, 1966, **35**, 5.
VOORN, H. (3). 'Javanese Deloewang Paper.' *PAM*, 1968, **37**, 32.
VOORN, H. (4). 'A Paper Mill and Museum in Holland.' *PAM*, 1967, **36**, 3.

WALEY, A. (29). 'Note on the Invention of Woodcuts.' *NCR*, 1919, 413.
WALEY, A. (30). *A Catalogue of Paintings Recovered from Tunhuang by Sir Aurel Stein, Preserved in the Sub-department of Oriental Prints and Drawings in the British Museum and in the Museum of Central Asian Antiquities,* Delhi. British Museum and Government of India, London, 1931.
WANG CHI (1). 'New Chinese Woodcuts.' *CREC*, 1959, **5**, supp., unpaged.
WANG CHI (2). 'Three Woodcut Artists.' *CLIT*, 1964, **4**, 99.
WANG CHI-CHEN (2). 'Notes on Chinese Ink.' *MMS*, 1930/31, **3**, 114.
WANG CHING-HSIEN & HO YUNG (1). 'Chinese Book Illustration.' *CLIT*, 1958, no. 7/8, 134.
WANG I-THUNG (2). 'The Origins of Chinese Book ; a Review Article.' *PA*, 1964/65, **37**, 436.
WANG YÜ-CHHÜAN (1). *Early Chinese Coinage.* American Numismatic Society. New York, 1951.
WARD, J. (1). *The Sacred Beetle; a Popular Treatise on Egyptian Scarabs in Art History.* London, 1902.
WATERHOUSE, D.B. (1). *Harunobu and his Age; the Development of Colour Printing in Japan.* British Museum, London, 1964.
WATSON, B. (1) (tr.). *'Records of the Grand Historian of China,' Translated from the 'Shih Chi' of Ssuma Chhien.* 2 vols. Columbia University Press, 1961.
WATSON, J. (1). *The History of the Art of Printing.* Edinburgh, 1713.
WATTS, ISAAC (1). *The Improvement of the Mind; Containing a Variety of Remarks and Rules for the Attainment and Communication of Useful Knowledge in Religion, in the Sciences, and in Common Life.* London, 1785.
WEAVER, A. (1). *Paper, Wasps and Packages; the Romantic Story of Paper and its Influence on the Course of History.* Container Corp. of America, Chicago, 1937.
WEEKS, L.H. (1). *A History of Paper-manufacturing in the United States, 1690–1916,* New York, 1916.
WEIR, T.S. (1). 'Some Notes on the History of Papermaking in the Middle East.' *PG*, 1957, **7**, 43.
WEITENKAMP, F. (1). *The Illustrated Book.* Harvard University Press, 1938.
WENG THUNG-WEN (WONG T'ONG-WEN) (1). 'Le véritable éditeur du Kieau-king san-tchuan.' *TP*, 1964, **51**, 429.
WERNER, E.T.C. (1). *Myths and Legends of China.* Harrap, London, 1922.
WEST, C.J. (1). *Bibliography of Pulp and Paper Manufacture.* Technical Association of the Pulp and Paper Industry, New York, 1947; 2nd ed., 1956.
WEST, C.J. (2). *Classification and Definitions of Paper.* Rev. ed. Lockwood Trade Journal Co., New York, 1928.
WHITE, W.C. (4). *Bone Culture of Ancient China.* University of Toronto Press, 1945.

WHITE, W.C. (3). *Bronze Culture of Ancient China.* University of Toronto Press, 1956.

WIBORG, F.B. (1). *Printing Ink; a History with a Treatise on Western Methods of Manufacture and Use.* Harper, New York, 1926.

WIESNER, J. (1). 'Mikroskopische Untersuchung der Papiere von El-Faijûm.' *MSPER,* 1886, **1**, 45.

WIESNER, J. (2). Die faijûmer und uschmûneiner Papiere. Eine naturwissenschaftliche, mit Rücksicht auf die Erkennung alter und moderner Papiere und auf die Entwicklung der Papierbereitung durchgeführte Untersuchung.' *MSPER,* 1887, **2/3**, 179.

WIESNER, J. (3). *Mikroskopische Untersuchungen alter ostturkestanischer und anderer asiatischer Papiere nebst histologischen Beiträgen zur mikroskopischen Papieruntersuchung. DAW/MN,* 1902, **72.**

WIESNER, J. (4). 'Ein neuer Beitrag zur Geschichte des papiers.' *SWAW/PH,* 1904, **148** (pt. 6).

WIESNER, J. (5). 'Über die ältesten bis jetzt aufgefundenen Hadernpapiere.' *SWAW/PH,* 1911, **168** (pt. 5).

WILKINSON, W.H. (2). 'The Chinese Origin of Playing Cards.' *AAN,* 1895, **8**, 61.

WILLIAMS, J.C. (1) (ed.). *Preservation of Paper and Textiles of Historic and Artistic Value.* A symposium sponsored by the Cellulose, Paper, and Textile Division at the 172nd Meeting of the American Chemical Society, San Francisco, California, Aug. 30–31, 1976. American Chemical Society, Washington, D.C., 1977. (Advances in Chemistry Series, 164.)

WILLIAMS, S.W. (1). *The Middle Kingdom; a Survey of the Geography, Government, Education, Social Life, Arts, Religion, etc. of the Chinese Empire and its Inhabitants.* 2 vols. Wiley, New York, 1848; later eds., 1861, 1900, London, 1883.

WILLIAMS, S.W. (2). 'Brief Statement relative to the Formation of Metal Types for the Chinese Language'. *CRRR,* 1834, **2**, 477.

WILLIAMS, S.W. (3). 'Chinese Metallic Types.' *CRRR,* 1835, **3**, 528.

WILLIAMS, S.W. (4). 'Movable Types for Printing Chinese.' *CRR,* 1875 **6**, 26.

WINKELMAN, J.H, (1) (tr.). 'A Study of the Book-knife of the Han Dynasty.' *CCU,* 1971, **12** (no. 1), 87. Tr. of Chhien Tshun-Hsuin (*1*).

WINKELMAN, J.H. (2). *The Imperial Library in Southern Sung China, 1127–1279; a Study of the Organization and Operation of the Scholarly Agencies of the Central Government.* American Philosophical Sociery, Philadelphia, 1974. (*TAPS,* n.s., vol. 64, pt. 8.)

WINTER, J. (I). 'Preliminary Investigations on Chinese Ink in Far Eastern Paintings.' *ADVC,* 1975, **138,** 207.

WISEMAN, D.J. (1). *Cylinder Seals of Western Asia.* Batchwork Press, London, 1958.

WOLF, E. (1) (ed.). *Doctrina Christiana.* The first book printed in the Philippines, Manila, 1593. A facsimile of the copy. Library of Congress, Washington, 1974.

WONG T'ONG-WEN. See WENG THUNG-WEN.

WONG VI-LIEN (1). 'Libraries and Book-collecting in China from the Epoch of the Five Dynasties to the End of Ch'ing.' *TH.* 1939, **8**, 327.

WOODBURY, G.E. (1). *A History of Wood Engraving.* Harper & Bros., New York, 1883.

WLODSIDE, A.B. (1). *Vietnam and the Chinese Model; a Comparative Study of Nguyen and Chhing Civil Government in the First Half of the 19th Century.* Harvard University Press, 1971.

WRIGHT, A. (9). 'The Study of Chinese Civilization.' *HJI,* 1960, **21**, 233.

WROTH, L. (1) (ed.). *History of Printed Books; being the Third Number of the Dolphin.* Limited Editions Club, New York, 1938.

WU KWANG-TSING (1). 'The Chinese Book; its Evolution and Development.' *TH,* 1936, **3,** 25.

WU KWANG-TSING (2). 'The Development of Printing in China.' *TH,* 1936, **3**, 137.

WU KWANG-TSING (3). 'Cheng Chhiao; a Pioneer in Library Method.' *TH,* 1940, **10,** 129.

WU KWANG-TSING (4). 'Colour Printing in the Ming Dynasty.' *TH,* 1940, **11,** 30.

WU KWANG-TSING (5). 'Scholarship, Book Production, and Libraries in China, 618–1644.' Thesis (Ph. D.), University of Chicago, 1944.

WU KWANG-TSING (6). 'Ming Printing and Printers.' *HJAS,* 1942, **7,** 203.

WU KWANG-TSING (7). 'Chinese Printing under Four Alien Dynasties, 916–1368.' *HJAS,* 1950, **13,** 447.

WU KWANG-TSING (8).'The Development of Typography in China during the Nineteenth Century.' *LQ,*

1952, **22**, 288.
Wu Kwang-Tsing (9). 'Illustrations in Sung Printing.' *LC/QJCA*, 1971, **28**, 173.
Wulff, H.E. (1). *Traditional Crafts of Persia; their Development, Technology, and Influence on Eastern and Western Civilizations.* MIT Press, Cambridge, Mass., 1967.
Wylie, A. (1). *Notes on Chinese Literature; with Introductory Remarks on the Progressive Advancement of the Art and a List of Translations from the Chinese into Various European Languages.* American Presbyterian Mission Press, Shanghai, 1867; reprints, Vetch, Peiping, 1939; Taipei, 1964.

Yang Lien-Sheng (3). *Money and Credit in China; a Short History.* Harvard University Press, 1952. (Harvard-Yenching Institure Monograph Series, xii.)
Yang Lien-Sheng (9). *Studies in Chinese Institutional History.* Harvard University Press, 1963. (Harvard-Yenching Institute Studies, xx.)
Yang Lien-Sheng (14). 'The Form of the Paper Note Hui-tzu of the Southern Sung Dynasty.' *HJAS*, 1953, **16**, 363.
Yeh Kung-Chho (1). 'Chinese Editions of the Tripitaka.' *PBLN*, 1946, **2**, 26.
Yen Shen-Tao (1). 'Chinese Colour Wood-block Printing.' *PC*, 1954, **17**, 25.
Yetts, W.P. (19). *The George Eumorfopoulos Collection of the Chinese and Corean Bronzes, Sculpture, Jades, Jewelry, and Miscellaneous Objects.* 3 vols. Ernest Benn, London, 1929.
Yetts, W.P. (20). 'Bird Script on Ancient Chinese Swords.' *JRAS*, 1934, 547.
Yi Sang-Beck (1). *The Origin of the Korean Alphabel.* T'ongmunkwan, Seoul, 1957.
Yule, sir Henry (1) (ed.). *The Book of Sir Marco Polo the Venetian, concerning the Kingdoms and Marvels of the East.* 3rd ed. rev. by H. Cordier. 2 vols. Murray, London, 1903.
Yule, sir Henry (2). *Cathay and the Way Thither; being a Collection of Medieval Notices of China.* Hakluyt Society Pubs. (2nd ser.), 1913–15. (1st ed. 1866.) Revised by H. Cordier. 4 vols.
Yuyama Akira (1). *Indic Manuscripts and Chinese Blockprints (non-Chinese Texts) of the Oriental Collection of the Australian National Uriversity Library.* Center of Oriental Studies, Australian National University, Canberra, 1967.

Zedler, G. (1). 'Die Erfindung Gutenbergs und der chinesische und frühholländische Büchdruck.' *GUJ*, 1928, 50.
Zi, Etienne (1). *Practique des Examens Littéraires en Chine.* Mission Catholique, Shanghai, 1894. (Variétés sinologiques, 7.)
Zigrosser, C. (1). *Prints and their Creators; a World History; an Anthology of Printed Pictures and Introduction to the Study of Graphic Art in the West and East.* 2nd ed. rev. Crown Publishers., New York, 1974.
Zolbrod, L. (1). 'Yellow-back Books; the Chapbooks of Late 18th Century Japan.' *EAST*, 1965, **1** (no. 5), 26.

补 遗

Anon. (116). *Historical Relics unearthed in New China* (album), Foreign Language Press, Peking, 1972.

Bernard-Maitre, H. (19). 'Les adaptations chinoises d'ouvrages européens; bibliographic chronologique depuis la fondation de la mission française de Pékin jusqu'à la morte de l'empereur K'ien-long, 1689-1799.' *MS*, 1960, **19**, 349.
Binyon, L. (3). 'A Note of Colour-printing in China and Japan.' *BURM*, 1907, **2**.
Binyon, L. (4). 'Chinese Colour prints of the XVII th Century.' *BMQ*, 1932, **7**, 36.
Biot, E. (1) (tr.). *Le Tcheou-Li; ou Rites des Tcheou* [Chou]. 3 vols. Imp. Nat., Paris, 1951. (Photographically reproduced, Wentienko, Peiping, 1930.)
Bloy, C.H. (1). *A History of Printing Ink.* London, 1967.
Bosch-Teitz, S.C. (1). 'Chinese Prints: *Chieh Tzu Yüan*.' *MMB*, 1924, **19**, 92.
Brewitt-Taylor, C.H. (1) (tr.). *San Kuo, or the Romance of the Three Kingdoms.* Kelly & Walsh, Shanghai, 1926.

BRUCE, J.P. (1) (tr.). *The Philosophy of Human Nature*, translated from the Chinese with notes. Probsthain, London, 1922. (Chs. 42–8, inclusive, of *Chu Tzu Chhüan Shu.*)

BUCK, P. (1) (tr.). *All Men are Brothers (The Shui Hu Chüan)*. New York, 1933.

CAPEK, A. (1). *Chinese Stone-pictures, a Distinctive Form of Chinese Art.* Spring Books, London, 1962.

CHAU, D.H.S. (1). 'Woodblock Printing, an Essential Medium of Cultural Inheritance in Chinese History.' *JRAS/HB*, 1978, **18**, 75.

CHHU TA-KAO (2) (tr.). *Tao Te Ching, a New Translation.* Buddhist Lodge, London, 1937.

CONZE, E. (4) (tr.). *Selected sayings from the 'Perfection of Wisdom;' Prajñāparamitā.* Buddhist Society, London, 1955.

CRUMP, J. (1) (tr.). *Chan Kuo Tshe.* Clarenden, Oxford, 1970.

DEFRANCIS, J. (1). *Colonialism and Language Policy in Viet Nam.* Mouton, Hague, 1977.

DITTRICH, E. (1). *Das Westzimmer; Hsi-Hsiang-Chi, chinesische Farbholzschnitt von Min Ch'i-Chi, 1640.* Museum für Ostasiatiche Kunst, Köln, 1977.

DRÈGE, JEAN-PIERRE (1). 'Papiers de Dunhuang; Essai d'analyse morphologique des manuscrits Chinois datés.' *TP*, 1981, **67**, 305.

DUBOSC, J.P. & FOU HSI-HOUA (1). *Exposition d'ouvragés illustrés de la dynastie Ming.* Centre franco-chinois d'études sinologiques, Peking, 1944.

DUFF, E.G. (1). *Early Printed Books.* Kegan Paul, Trench, Trübner, London, 1893.

DURAND, M. (1). *Imagerie popularie Vietnamienne.* École française d'Extrême-Orient, Paris, 1960.

FENG YU-LAN (5) (tr.). *Chuang Tzu; a New Selected Translation with an Exposition of the Philosophy of Kuo Hsiang.* Commercial Press, Shanghai, 1933.

FORKE, A. (3) (tr.). *Me Ti [Mo Ti] des Sozialethikers und seiner Schüler philosophische Werke.* Berlin, 1922. (*MSOS*, Beiband, **23** to **25**.)

GRANT, J. (1). *Books and Documents.* London, 1937.

VON HAGEN, V.W. (1). *The Aztec and Maya Paper-makers.* With an Introduction by Dard Hunter and an Appendix by Paul C. Standley. Augustin, New York, 1944. Enlarged Eng. tr. of *La Fabrication del Papel entre los Aztecasy los Mayas.* Nuevo Mundo, Mexico City, 1935.

HAGERTY, M.J. (1) (tr.). 'Han Yen-Chih's *Chü Lu* (Monograph on the Oranges of Wenchow, Chekiang), with introduction by P. Pelliot. *TP*, 1923, **22**, 63.

HAMBIS, L. (2). 'Chinese Woodblock-prints.' In *Encyclopaedia of World Art*, vol. 4, pp. 780 ff. London, 1961.

DEHARLEZ. C. (1). *Le Yi-king [I Ching], Texte Primitif Rétabli, Traduit et Commenlé.* Hayez, Bruxelles, 1889.

KERR, G.H. (1). *Okinawa: the History of an Island People.* Charles E. Tuttle, Rutland, Va.; Tokyo, Japan, 1958.

LAMOTTE, E. (1) (tr.). *'Mahāprajñāpāramitā Sutra'; le Traité (Mādhyamika) de la Grande Vertu de Sagesse, de Nāgārjuna.* 3 vols. Louvain, 1944. (rev. P. Demiéville, *JA*, 1950, **238**, 375.)

LEGGE, J. (3) (tr.). *The Chinese Classics, etc.:* Vol. 2. *The Works of Mencius.* Legge, Hongkong, 1981; Trübner, London, 1861.

LEGGE, J. (5) (tr.). *The Texts of Taoism.* (Contains (a) *Tao Te Ching, (b) Chuang Tzu, (c) Thai Shang Kan Ying Phien, (d) Chhing Ching Ching, (e) Yin Fu Ching, (f) Jih Yung Ching.)* 2 vols. Oxford, 1891; Photo-litho reprint, 1927. (*SBE*, nos. 39 and 40.)

LEGGE, J. (9) (tr.). *The Texts of Confucianism*, Pt. II. *The 'Yi King' ('I Ching').* Oxford, 1882, 1899. (*SBE*, no. 16.)

LEGGE, J. (11) (tr.). *The Chinese Classics, etc.:* Vol. 5, Pts. I and II. *The 'Ch'un Ts'eu' with the 'Tso Chuen' ('Chhuan Chhiu and Tso Chuan').* Lane Crowford, Hongkong, 1872; Trübner, London, 1872.'

LIN YU-THANG (1) (tr.). *The Wisdom of Laotze* [and *Chuang Tzu*], translated, edited and with an introduction and notes. Random House, New York, 1948.

LYALL, L.A. (1) (tr.). *Mencius.* Longmans Green, London, 1932.

MATHER, R.B. (1) (tr.). *Shih Shuo Hsin Yü; a New Account of Tales of the World.* University of Minnesota Press, 1976.

MATSUMOTO SOGO (1). 'Introduction to Chinese Prints.' In *Magazine of Art*, 1937, **30** (no. 7), 410.

MCCLELLAND, N. (1). *Historic Wall-papers from their Reception to the Introduction of Machinery.* Lippincott, Philadelphia & London, 1924.

MCCULLOUGH, H. C. (1) (tr.). *Tales of Ise; Lyrical Episodes from Tenth-Century Japan.* Stanford University Press, 1968.

MEDHURST, W.H. (1). China; Its State and Prospects. Boston, 1838.

MITCHELL, A.A. (1). *Inks; Their Composition and Manufacture.* London, 1937.

NACHBAUR, A. & WANG NGEN-JOUNG (1). *Les Images Populaires Chinoises.* Peiping, 1926.

PAINE, R.T. (2). 'Wen Shu and Phu Hsien, Chinese Woodblock Prints of the Wan-li Era.' *AA*, 1961, **24**, 87.

PELLIOT, P. (32). 'Des Artisans Chinois à la Capitale Abbaside en +715/+762.' *TP*, 1928, **26**, 110.

POMMERANZ, G. -L. (1). *Chineseische Neujahrsbilder.* Dresden, 1961.

REED, R. (1). *Ancient Skins, Parchments, and Leathers.* London, 1972.

SOOTHILL, W.E. (3) (tr.). *'Saddharma-pundararika Sùtra'; The Lotus of the Wonderful Law.* Oxford, 1930.

TING, S. P. (1). *A Brief Illustrated History of Chinese Military Notes and Bonds.* Thapei, 1982.

TSCHICHOLD, J. (8). 'Color Registering in Chinese Woodblock Prints.' In *Printing and Graphic Arts*, 1954, **2**, 1.

TUNG TSO-PIN (3). *An Interpretation of the Ancient Chinese Civilization.* Thaipei, 1952.

TWITCHETT, D. (11). *Printing and Publishing in Medieval China.* Frederic C. Beil, New York, 1983.

DE LA VALLEE POUSSIN (3) (tr.). *La Siddhi de Hiuen Tsang* [Hsüan Tsuang]. Paris, 1928.

WALEY, A. (4) (tr.). *The Way and its Power; a Study of the Tao Te Ching and its Place in Chinese Thought.* Allen & Unwin, London, 1934.

WALEY, A. (17) (tr.). *Monkey*, by Wu Chheng-En. Allen & Unwin, London, 1942.

WALEY, A. (23). *The Nine Songs; a Study of Shamaism in Ancient China [the Chiu Ko attributed traditionally to Chhü Yüan].* Allen & Unwin, London, 1955.

WANG, M. (1). 'Chinesische Farbendrucke aus der Bildersammlung der Zehnbambushalle.' *Alte und Neue Kunst*, 1956, **7**, 24.

WIEGER, L. (7) (tr.). *Taoism.* Vol. 2. *Les Pères du Système Taoiste* (tr. selections of *Lao Tzu, Chuang Tzu, Lieh Tzu)* Mission Press, Hsienhsien, 1913.

WILHELM, R. (2) (tr.). *I Ging [I Ching]; Das Buch der Wandlungen.* 2 vols. (3 books, pagination of 1 & 2 continuous in first volume). Diederichs, Jena, 1924. Eng. tr. C.F. Baynes (2 vols.), Bollingen, Pantheon, New York, 1950.

YU, D. (1). 'The Printer Emulates the Painter, the Unique Chinese Water-and-Ink Woodblock Print.' *Renditions*, 1976, **6**, 95.

YU KUO-FAN [ANTHONY C. YU] (1) (tr.). *The Journey to the West [Hsi Yu Chi].* 4 vols. University of Chicago Press, 1977-82.

索 引*

说 明

1. 本书索引按汉语拼音字母顺序排列。第一字同音时，按四声顺序排列；同音同调时，按笔画多少和笔顺排列。

2. 各条目所列页码，均指原著页码。数字加＊号者，表示这一条目见于该页脚注。

3. 在一些条目后面所列的加有括号的阿拉伯数码，系指参考文献；斜体阿拉伯数码，表示该文献属于参考文献 B；正体阿拉伯数码，表示该文献属于参考文献 C。

4. 除外国人名和有西文论著的中国人名外，一般未附原名或相应的英译名。

* 刘祖慰 张平据原著索引编译。

A

B

C

D

E

F

G

H

J

K

L

M

N

O

P

Q

R

S

T

W

X

Y

Z

拉丁拼音对照表

罗宾·布里连特 (ROBIN BRILLIANT) 编

汉语拼音/修订的威妥玛-翟理斯式

拼音	修订的威-翟式	拼音	修订的威-翟式
a	a	chen	chhên
ai	ai	cheng	chhêng
an	an	chi	chhih
ang	ang	chong	chhung
ao	ao	chou	chhou
ba	pa	chu	chhu
bai	pai	chuai	chhuai
ban	pan	chuan	chhuan
bang	pang	chuang	chhuang
bao	pao	chui	chhui
bei	pei	chun	chhun
ben	pên	chuo	chho
beng	pêng	ci	tzhu
bi	pi	cong	tshung
bian	pien	cou	tshou
biao	piao	cu	tshu
bie	pieh	cuan	tshuan
bin	pin	cui	tshui
bing	ping	cun	tshun
bo	po	cuo	tsho
bu	pu	da	ta
ca	tsha	dai	tai
cai	tshai	dan	tan
can	tshan	dang	tang
cang	tshang	dao	tao
cao	tshao	de	tê
ce	tshê	dei	tei
cen	tshên	den	tên
ceng	tshêng	deng	têng
cha	chha	di	ti
chai	chhai	dian	tien
chan	chhan	diao	tiao
chang	chhang	die	dieh
chao	chhao	ding	ting
che	chhê	diu	tiu

拼音	修订的威-翟式	拼音	修订的威-翟式
dong	tung	heng	hêng
dou	tou	hong	hung
du	tu	hou	hou
duan	tuan	hu	hu
dui	tui	hua	hua
dun	tun	huai	huai
duo	to	huan	huan
e	ê, o	huang	huang
en	ên	hui	hui
eng	êng	hun	hun
er	êrh	huo	huo
fa	fa	ji	chi
fan	fan	jia	chia
fang	fang	jian	chien
fei	fei	jiang	chiang
fen	fên	jiao	chiao
feng	fêng	jie	chieh
fo	fo	jin	chin
fou	fou	jing	ching
fu	fu	jiong	chiung
ga	ka	jiu	chiu
gai	kai	ju	chü
gan	kan	juan	chüan
gang	kang	jue	chüeh, chio
gao	kao	jun	chün
ge	ko	ka	kha
gei	kei	kai	khai
gen	kên	kan	khan
geng	kêng	kang	khang
gong	kung	kao	khao
gou	kou	ke	kho
gu	ku	kei	khei
gua	kua	ken	khên
guai	kuai	keng	khêng
guan	kuan	kong	khung
guang	kuang	kou	khou
gui	kuei	ku	khu
gun	kun	kua	khua
guo	kuo	kuai	khuai
ha	ha	kuan	khuan
hai	hai	kuang	khuang
han	han	kui	khuei
hang	hang	kun	khun
hao	hao	kuo	khuo
he	ho	la	la
hei	hei	lai	lai
hen	hên	lan	lan

拼音	修订的威-翟式	拼音	修订的威-翟式
lang	lang	nen	nên
lao	lao	neng	nêng
le	lê	ng	ng
lei	lei	ni	ni
leng	lêng	nian	nien
li	li	niang	niang
lia	lia	niao	niao
lian	lien	nie	nieh
liang	liang	nin	nin
liao	liao	ning	ning
lie	lieh	niu	niu
lin	lin	nong	nung
ling	ling	nou	nou
liu	liu	nu	nu
lo	lo	nü	nü
long	lung	nuan	nuan
lou	lou	nüe	nio
lu	lu	nuo	no
lü	lü	o	o, ê
luan	luan	ou	ou
lüe	lüeh	pa	pha
lun	lun	pai	phai
luo	lo	pan	phan
ma	ma	pang	phang
mai	mai	pao	phao
man	man	pei	phei
mang	mang	pen	phên
mao	mao	peng	phêng
mei	mei	pi	phi
men	mên	pian	phien
meng	mêng	piao	phiao
mi	mi	pie	phieh
mian	mien	pin	phin
miao	miao	ping	phing
mie	mieh	po	pho
min	min	pou	phou
ming	ming	pu	phu
miu	miu	qi	chhi
mo	mo	qia	chhia
mou	mou	qian.	chhien
mu	mu	qiang	chhiang
na	na	qiao	chhiao
nai	nai	qie	chhieh
nan	nan	qin	chhin
nang	nang	qing	chhing
nao	nao	qiong	chhiung
nei	nei	qiu	chhiu

拼音	修订的威-翟式	拼音	修订的威-翟式
qu	chhü	song	sung
quan	chhüan	sou	sou
que	chhüeh, chhio	su	su
qun	chhün	suan	suan
ran	jan	sui	sui
rang	jang	sun	sun
rao	jao	suo	so
re	jê	ta	tha
ren	jên	tai	thai
reng	jêng	tan	than
ri	jih	tang	thang
rong	jung	tao	thao
rou	jou	te	thê
ru	ju	teng	thêng
rua	jua	ti	thi
ruan	juan	tian	thien
rui	jui	tiao	thiao
run	jun	tie	thieh
ruo	jo	ting	thing
sa	sa	tong	thung
sai	sai	tou	thou
san	san	tu	thu
sang	sang	tuan	thuan
sao	sao	tui	thui
se	sê	tun	thun
sen	sên	tuo	tho
seng	sêng	wa	wa
sha	sha	wai	wai
shai	shai	wan	wan
shan	shan	wang	wang
shang	shang	wei	wei
shao	shao	wen	wên
she	shê	weng	ong
shei	shei	wo	wo
shen	shen	wu	wu
sheng	shêng, sêng	xi	hsi
shi	shih	xia	hsia
shou	shou	xian	hsien
shu	shu	xiang	hsiang
shua	shua	xiao	hsiao
shuai	shuai	xie	hsieh
shuan	shuan	xin	hsin
shuang	shuang	xing	hsing
shui	shui	xiong	hsiung
shun	shun	xiu	hsiu
shuo	shuo	xu	hsü
si	ssu	xuan	hsüan

拼音	修订的威-翟式	拼音	修订的威-翟式
xue	hsüeh, hsio	zhai	chai
xun	hsün	zhan	chan
ya	ya	zhang	chang
yan	yen	zhao	chao
yang	yang	zhe	chê
yao	yao	zhei	chei
ye	yeh	zhen	chên
yi	i	zheng	chêng
yin	yin	zhi	chih
ying	ying	zhong	chung
yo	yo	zhou	chou
yong	yung	zhu	chu
you	yu	zhua	chua
yu	yü	zhuai	chuai
yuan	yüan	zhuan	chuan
yue	yüeh, yo	zhuang	chuang
yun	yün	zhui	chui
za	tsa	zhun	chun
zai	tsai	zhuo	cho
zan	tsan	zi	tzu
zang	tsang	zong	tsung
zao	tsao	zou	tsou
ze	tsê	zu	tsu
zei	tsei	zuan	tsuan
zen	tsên	zui	tsui
zeng	tsêng	zun	tsun
zha	cha	zuo	tso

修订的威妥玛-翟理斯式/汉语拼音

修订的威-翟式	拼音	修订的威-翟式	拼音
a	a	chêng	zheng
ai	ai	chha	cha
an	an	chhai	chai
ang	ang	chhan	chan
ao	ao	chhang	chang
cha	zha	chhao	chao
chai	chai	chhê	che
chan	zhan	chhên	chen
chang	zhang	chhêng	cheng
chao	zhao	chhi	qi
chê	zhe	chhia	qia
chei	zhei	chhiang	qiang
chên	zhen	chhiao	qiao

修订的威-翟式	拼音	修订的威-翟式	拼音
chhieh	qie	ê	e, o
chhien	qian	ên	en
chhih	chi	êng	eng
chhin	qin	êrh	er
chhing	qing	fa	fa
chhio	que	fan	fan
chhiu	qiu	fang	fang
chhiung	qiong	fei	fei
chho	chuo	fên	fen
chhou	chou	fêng	feng
chhu	chu	fo	fo
chhuai	chuai	fou	fou
chhuan	chuan	fu	fu
chhuang	chuang	ha	ha
chhui	chui	hai	hai
chhun	chun	han	han
chhung	chong	hang	hang
chhü	qu	hao	hao
chhüan	quan	hên	hen
chhüeh	que	hêng	heng
chhün	qun	ho	he
chi	ji	hou	hou
chia	jia	hsi	xi
chiang	jiang	hsia	xia
chiao	jiao	hsiang	xiang
chieh	jie	hsiao	xiao
chien	jian	hsieh	xie
chih	zhi	hsien	xian
chin	jin	hsin	xin
ching	jing	hsing	xing
chio	jue	hsio	xue
chiu	jiu	hsiu	xiu
chiung	jiong	hsiung	xiong
cho	zhuo	hsü	xu
chou	zhou	hsüan	xuan
chu	zhu	hsüeh	xue
chua	zhua	hsün	xun
chuai	zhuai	hu	hu
chuan	zhuan	hua	hua
chuang	zhuang	huai	huai
chui	zhui	huan	huan
chun	zhun	huang	huang
chung	zhong	hui	hui
chü	ju	hun	hun
chüan	juan	hung	hong
chüeh	jue	huo	huo
chün	jun	i	yi

修订的威-翟式	拼音	修订的威-翟式	拼音
jan	ran	kuan	guan
jang	rang	kuang	guang
jao	rao	kuei	gui
jê	re	kun	gun
jên	ren	kung	gong
jêng	reng	kuo	guo
jih	ri	la	la
jo	ruo	lai	lai
jou	rou	lan	lan
ju	ru	lang	lang
jua	rua	lao	lao
juan	ruan	lê	le
jui	rui	lei	lei
jun	run	lêng	leng
jung	rong	li	li
ka	ga	lia	lia
kai	gai	liang	liang
kan	gan	liao	liao
kang	gang	lieh	lie
kao	gao	lien	lian
kei	gei	lin	lin
kên	gen	ling	ling
kêng	geng	liu	liu
kha	ka	lo	luo, lo
khai	kai	lou	lou
khan	kan	lu	lu
khang	kang	luan	luan
khao	kao	lun	lun
khei	kei	lung	long
khên	ken	lü	lü
khêng	keng	lüeh	lüe
kho	ke	ma	ma
khou	kou	mai	mai
khu	ku	man	man
khua	kua	mang	mang
khuai	kuai	mao	mao
khuan	kuan	mei	mei
khuang	kuang	mên	men
khuei	kui	mêng	meng
khun	kun	mi	mi
khung	kong	miao	miao
khuo	kuo	mieh	mie
ko	ge	mien	mian
kou	gou	min	min
ku	gu	ming	ming
kua	gua	miu	miu
kuai	guai	mo	mo

修订的威-翟式	拼音	修订的威-翟式	拼音
mou	mou	phien	pian
mu	mu	phin	pin
na	na	phing	ping
nai	nai	pho	po
nan	nan	phou	pou
nang	nang	phu	pu
nao	nao	pi	bi
nei	nei	piao	biao
nên	nen	pieh	bie
nêng	neng	pien	bian
ni	ni	pin	bin
niang	niang	ping	bing
niao	niao	po	bo
nieh	nie	pu	bu
nien	nian	sa	sa
nin	nin	sai	sai
ning	ning	san	san
niu	nüe	sang	sang
niu	niu	sao	sao
no	nuo	sê	se
nou	nou	sên	sen
nu	nu	sêng	seng, sheng
nuan	nuan	sha	sha
nung	nong	shai	shai
nü	nü	shan	shan
o	e,o	shang	shang
ong	weng	shao	shao
ou	ou	shê	she
pa	ba	shei	shei
pai	bai	shên	shen
pan	ban	shêng	sheng
pang	bang	shih	shi
pao	bao	shou	shou
pei	bei	shu	shu
pên	ben	shua	shua
pêng	beng	shuai	shuai
pha	pa	shuan	shuan
phai	pai	shuang	shuang
phan	pan	shui	shui
phang	pang	shun	shun
phao	pao	shuo	shuo
phei	pei	so	suo
phên	pen	sou	sou
phêng	peng	ssu	si
phi	pi	su	su
phiao	piao	suan	suan
phieh	pie	sui	sui

修订的威-翟式	拼音	修订的威-翟式	拼音
sun	sun	tsha	ca
sung	song	tshai	cai
ta	da	tshan	can
tai	dai	tshang	cang
tan	dan	tshao	cao
tang	dang	tshê	ce
tao	dao	tshên	cen
tê	de	tshêng	ceng
tei	dei	tsho	cuo
tên	den	tshou	cou
têng	deng	tshu	cu
tha	ta	tshuan	cuan
thai	tai	tshui	cui
than	tan	tshun	cun
thang	tang	tshung	cong
thao	tao	tso	zuo
thê	te	tsou	zou
thêng	teng	tsu	zu
thi	ti	tsuan	zuan
thiao	tiao	tsui	zui
thieh	tie	tsun	zun
thien	tian	tsung	zong
thing	ting	tu	du
tho	tuo	tuan	duan
thou	tou	tui	dui
thu	tu	tun	dun
thuan	tuan	tung	dong
thui	tui	tzhu	ci
thun	tun	tzu	zi
thung	tong	wa	wa
ti	di	wai	wai
tiao	diao	wan	wan
tieh	die	wang	wang
tien	dian	wei	wei
ting	ding	wên	wen
tiu	diu	wo	wo
to	duo	wu	wu
tou	dou	ya	ya
tsa	za	yang	yang
tsai	zai	yao	yao
tsan	zan	yeh	ye
tsang	zang	yen	yan
tsao	zao	yin	yin
tsê	ze	ying	ying
tsei	zei	yo	yue, yo
tsên	zen	yu	you
tsêng	zeng	yung	yong

修订的威-翟式	拼音	修订的威-翟式	拼音
yü	yu	yüeh	yue
yüan	yuan	yün	yun